国家精品资源共享课配套教材

CAD/CAM 工程范例系列教材

国家职业技能培训教材

UG 机械制造工程范例教程

（CAM自动编程篇）

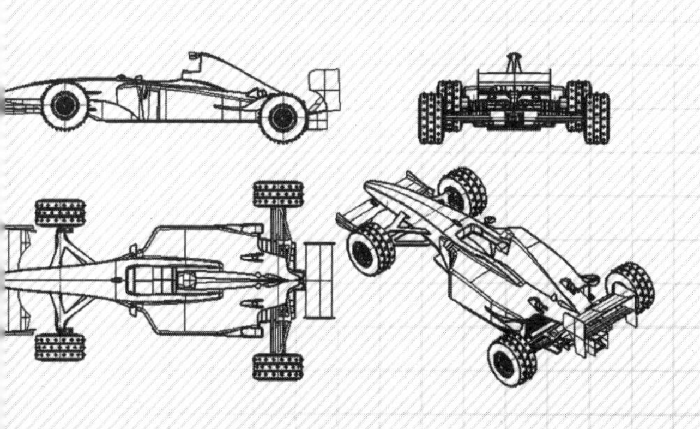

国家级数控培训基地
UGS公司授权培训中心
袁 锋 编著

附赠1CD

全书共12章，第1章为数控加工基础知识，第2章为UG NX CAM基础，第3章为平面铣操作基础，第4、第5章为平面铣工程实例，第6章为轮廓铣削操作基础，第7、第8章为轮廓铣削工程实例，第9章为钻削加工，第10章为特征加工，第11章为创建和调用自定义加工模板，第12章为后处理构造器。

本书以图文并茂的方式详细介绍了典型工程案例的数控加工工艺和UG软件的操作步骤，并配有操作过程的动画演示光盘，帮助读者更加直观地掌握UG NX8.0的软件界面和操作步骤，易学易懂。

本书可作为CAD/CAE/CAM专业教材，特别适合UG软件的初、中级用户以及大中专院校机械、数控、模具、机电及相关专业的师生教学、培训和自学使用，也可作为研究生和企业从事三维设计、数控加工、自动编程的广大工程技术人员的参考用书。

图书在版编目（CIP）数据

UG机械制造工程范例教程．CAM自动编程篇/袁锋编著．—北京：机械工业出版社，2015.11（2018.6重印）

CAD/CAM工程范例系列教材　国家职业技能培训教材　国家精品资源共享课配套教材

ISBN 978-7-111-52082-5

Ⅰ．①U…　Ⅱ．①袁…　Ⅲ．①机械制造－计算机辅助制造－应用软件－教材②机械制造－计算机辅助制造－程序设计－教材　Ⅳ．①TH164

中国版本图书馆CIP数据核字（2015）第266691号

机械工业出版社（北京市百万庄大街22号　邮政编码100037）
策划编辑：薛　礼　责任编辑：薛　礼
版式设计：霍永明　责任校对：陈　越
封面设计：路恩中　责任印制：李　洋
三河市国英印务有限公司印刷
2018年6月第1版第2次印刷
184mm×260mm·26.5印张·669千字
标准书号：ISBN 978-7-111-52082-5
　　　　　ISBN 978-7-89405-828-7（光盘）（含1CD）
定价：59.90元（含1CD）

凡购本书，如有缺页、倒页、脱页，由本社发行部调换

电话服务
服务咨询热线：010－88379833
读者购书热线：010－88379649

网络服务
机 工 官 网：www.cmpbook.com
机 工 官 博：weibo.com/cmp1952
教育服务网：www.cmpedu.com
金 书 网：www.golden－book.com

丛书序言

一、数字化设计与制造技术

1. 数字化设计与制造技术已经成为提高制造业核心竞争力的重要手段

随着技术的进步和市场竞争的日益激烈，产品的技术含量和复杂程度在不断增加，而产品的生命周期日益缩短。因此，缩短新产品的开发和上市周期就成为企业形成竞争优势的重要因素。在这种形势下，在计算机上完成产品的开发，通过对产品模型的分析，改进产品设计方案，在数字状态下进行产品的虚拟设计、试验和制造，然后再对设计进行改进或完善的数字化产品开发技术变得越来越重要。因此，数字化设计与制造技术已经成为提高制造业核心竞争力的重要手段和世界各国在科技竞争中抢占制高点的突破口。

2. UG软件已成为数字化设计与制造技术领域首选软件

Unigraphics，简称UG，是美国UGS（后被西门子公司收购）公司推出的功能强大、闻名遐迩的CAD/CAE/CAM一体化软件，是全球运用最广泛、最优秀的大型CAD/CAE/CAM软件之一。UG自1990年进入中国市场以来，发展迅速，已成为我国数字化设计与制造技术领域应用最广泛的软件之一。

3. 我国快速发展的装备制造业迫切需要大量掌握数字化设计与制造关键技术的高素质高级技能人才

我国要从制造大国向制造强国转变，真正成为“世界加工制造中心”，必须要有先进的制造技术，数字化设计与制造技术将成为“中国制造向中国创造”转变的一个重要突破口。我国快速发展的装备制造业迫切需要大量掌握数字化设计与制造关键技术的高素质高级技能型专门人才，因此编写适合高职高专培养数字化设计与制造高技能人才的教材是十分必要的。

二、CAD/CAM工程范例系列教材

CAD/CAM工程范例系列教材为国家精品资源共享课“使用UG软件的机电产品数字化设计与制造”的配套教材。其中，基础篇第2版和高级篇第2版分别被评为普通高等教育“十一五”国家级规划教材，高级篇第2版还被评为2007年度普通高等教育国家精品教材；CAD数字化建模篇第3版、CAD数字化建模实训篇第3版、CAD数字化建模课程设计篇第2版被评为“十二五”职业教育国家规划教材。本系列教材被全国100

余所高职高专院校机械类专业广泛选用，覆盖面广、影响力大，使用评价好。

本系列教材包括：《UG机械设计工程范例教程（CAD数字化建模篇）第3版》《UG机械设计工程范例教程（CAD数字化建模实训篇）第3版》《UG机械设计工程范例教程（CAD数字化建模课程设计篇）第2版》《UG机械制造工程范例教程（CAM自动编程篇）》《UG机械制造工程范例教程（CAM自动编程实训篇）》《UG机械工程范例教程（逆向工程篇）》《UG机械工程范例教程（逆向工程实训篇）》《UG机械工程范例教程（模具设计篇）》以及《UG机械工程范例教程（模具设计实训篇）》。

三、CAD/CAM工程范例系列教材的编写特点

1）系列教材以数字化设计（三维CAD建模）、数字化制造（CAM自动编程）、逆向反求、模具设计四大核心技术为重点，以工作过程为导向，将文字和形象生动的图形结合起来，详细介绍了典型机电产品的三维数字化设计与制造、逆向反求与模具设计方法，并通过基础篇、高级篇、实训篇和课程设计篇等来反映高职人才培养全过程，具有鲜明的职业技术教育特色，长期用于高职教学，符合职业教育规律和高端技能型人才的成长规律。

2）教材与行业、企业紧密联系，教材中的80%项目案例均取自于生产实际的工程案例，并将UG数字化设计与制造技术领域的知识点、技能点融于教学与实践技能培养的过程中，以“应用”为主旨构建了课程体系与教材体系，对学生职业能力培养和职业素质养成起到重要的支撑和促进作用。

3）“高等性”与“职业性”的融合是本系列教材的一大特色。教材依据国家职业标准或行业、企业标准（UGS技能证书标准），将职业技能标准融合到教学内容中，强化学生技能训练，提高技能训练效果，使学生在获得学历证书的同时顺利获得相应职业资格证书，实现“高等性”与“职业性”的融合。

4）教材以能力培养为主线，通过典型机电产品的数字化设计与制造将各部分教学内容有机联系、渗透和互相贯通，在课程结构上打破原有课程体系，以工作过程为导向，加强对学生三维数字化设计能力和UG软件操作能力的培养，激发学生的学习兴趣，提高了学生三维数字化设计与制造的工程应用能力、创新能力，提高学生理论联系实际的工作能力和就业竞争力，突出了学生对所学知识的灵活应用，做到举一反三。

5）作为国家精品资源共享课“使用UG软件的机电产品数字化设计与制造”的配套教材，结合中国大学资源共享课程，提供配套的教学资料，如相关实训、学习指导、教案、作业及题解。同步开发与本系列教材配套的教学资源库和拓展资源库，如工程案例库、素材资源库，操作动画库、视频库、试题库、多媒体教学课件等拓展资源，帮助学生全面掌握三维数字化设计与制造的工程应用能力。

本系列教材可作为CAD/CAE/CAM专业教材，特别适合UG软件的初、中级用户以及大中专院校机械、模具、机电及相关专业的师生教学、培训和自学使用，也可作为研究生和企业从事三维设计、数控加工、自动编程的广大工程技术人员的参考用书。

本系列教材在编写过程中得到了常州轻工职业技术学院、常州数控技术研究所及Siemens PLM Software的大力支持，在此一并表示衷心感谢。由于编者水平有限，谬误欠妥之处，恳请读者指正并提宝贵意见，我的E-Mail：YF2008@CZILI.EDU.CN。

袁　锋

前言

CAD/CAM 工程范例系列教材为国家精品资源共享课“使用 UG 软件的机电产品数字化设计与制造”的配套教材。目前已正式出版系列教材中的 CAD 数字化建模篇第 3 版、CAD 数字化建模实训篇第 3 版、CAD 数字化建模课程设计篇第 2 版，均被评为“十二五”职业教育国家规划教材。

本书结合了作者多年从事 UG CAD/CAE/CAM 教学和培训的经验，以 UG NX8.0 中文版为操作平台，详细介绍了数控加工基础知识、UG NX CAM 加工应用基础、固定轴铣削加工技术（包括平面铣、型腔铣和固定轴轮廓铣）、钻削加工、特征加工以及后处理构造器等集成仿真技术。

全书共 12 章，第 1 章为数控加工基础知识，第 2 章为 UG NX CAM 基础，第 3 章为平面铣操作基础，第 4、第 5 章为平面铣工程实例，第 6 章为轮廓铣削操作基础，第 7、第 8 章为轮廓铣削工程实例，第 9 章为钻削加工，第 10 章为特征加工，第 11 章为创建和调用自定义加工模板，第 12 章为后处理构造器。

本书以图文并茂的方式详细介绍了典型工程案例的数控加工工艺和 UG 软件的操作步骤，并配有操作过程的动画演示光盘，帮助读者更加直观地掌握 UG NX8.0 的软件界面和操作步骤，易学易懂。

本书可作为 CAD/CAE/CAM 专业课程教材，特别适合 UG 软件的初、中级用户以及大中专院校机械、数控、模具、机电及相关专业的师生教学、培训和自学使用，也可作为研究生和企业从事三维设计、数控加工、自动编程的广大工程技术人员的参考用书。

本书由常州轻工职业技术学院袁锋教授编著，常州数控技术研究所袁钢担任主审。

本书在编写过程中得到了常州轻工职业技术学院、常州数控技术研究所与 Siemens PLM Software 的大力支持，在此一并表示衷心感谢。由于编者水平有限，谬误欠妥之处，恳请读者指正并提宝贵意见，我的 E-Mail：YF2008@CZILI.EDU.CN。

袁　锋

目录

第 1 章
数控加工基础知识

1.1 数字控制与数控机床

数控机床是一种利用数字控制技术进行自动化加工控制，并按照事先编制好的程序，实现规定加工动作的金属切削加工机床。

数控机床的控制对象可以是各种加工过程，而任何生产都有一定的过程，数控机床控制生产过程是通过将事先编制好的程序输入计算机或专用计算装置，利用计算机的高速数据处理能力对程序进行计算和处理，然后分解为一系列的动作指令，输出并控制生产过程中相应的执行对象，从而可使生产过程在人不干预或少干预的情况下自动进行，实现生产过程的自动化。

采用了数字控制技术的数控机床会经常接触到以下概念。

1. 数字控制（Numerical Control）技术

数字控制技术是一种通过数字化信号对机床的运动及加工过程进行控制的方法，简称数控（NC）技术。

数控技术不仅用于数控机床的控制，还可用于控制其他机械设备，如工业机器人、智能纺织机和自动绘图机等。

2. 数控系统（Numerical Control System）

数控系统即采用数控技术的控制系统，它能自动阅读输入载体上事先给定的程序，并将其译码，从而使机床运动并加工零件。它一般包括数控装置、输入/输出装置、可编程序控制器（PLC）、驱动控制装置等部分，机床本体为其控制对象。

数控系统严格按照外部输入的程序对工件进行自动加工，与普通机床相比，数控机床避免了普通机床操作人员大量而又烦琐的手工操作。

3. 数控机床（Numerical Control Machine）

数控系统与机床本体的结合体称为数控机床，或者称为采用数控系统的机床。它是技术密集度及自动化程度很高的机电一体化加工设备，是一个装有程序控制系统的机床。

数控机床集机械制造、计算机、微电子、现代控制及精密测量等多种技术为一体，使传统的机械加工工艺发生了质的变化，这个变化就在于使用数控系统实现加工过程的自动化操作。

4. 计算机数控系统（Computerized NC System）

当数控系统的数控装置采用计算机数控装置（CNC 装置）时，该数控系统就称为计算机数控系统，习惯上称为CNC系统。CNC系统一般由装有数控系统程序的专用计算机、输入/输出设备、可编程序控制器（PLC）、存储器、主轴驱动及进给装置等部分组成。

目前，绝大多数的数控系统都是采用CNC装置的计算机数控系统。

1.2　数控机床的组成、工作原理和特点

1.2.1　数控机床的组成及工作原理

数控机床一般由程序载体、输入装置、数控装置、伺服系统、位置反馈系统和机床本体等部分组成，如图1-1、图1-2所示。

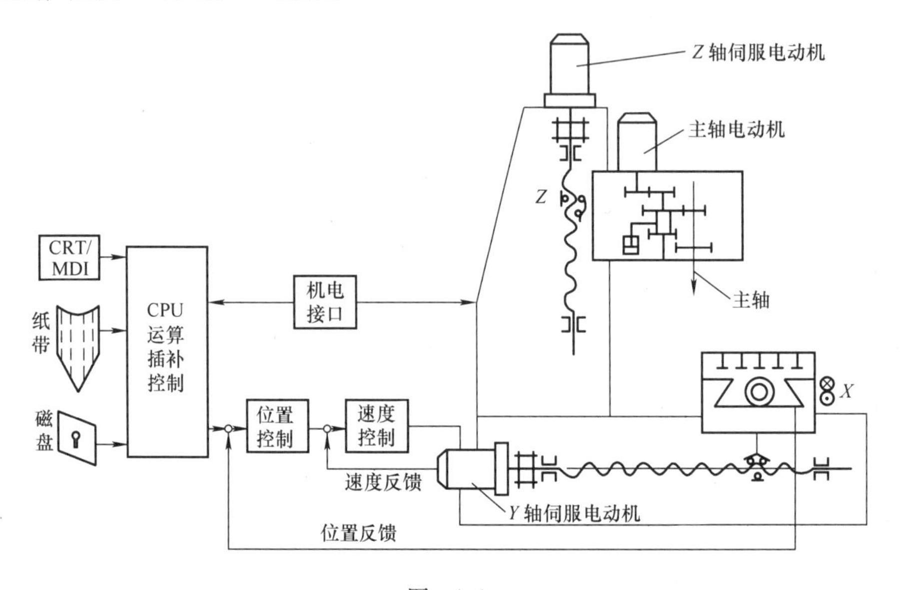

图　1-1

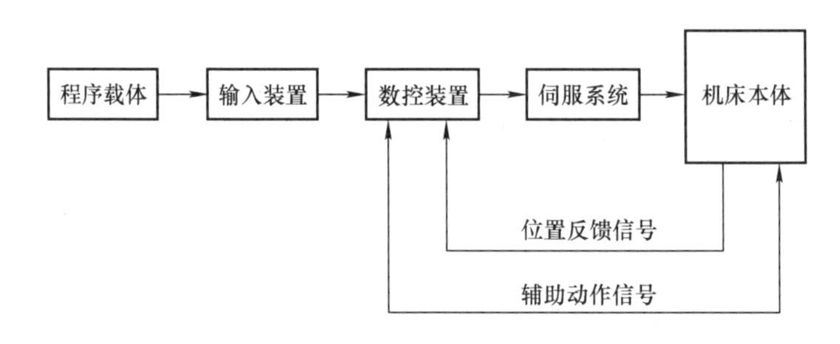

图　1-2

1. 程序载体

数控机床是按照输入的零件加工程序进行加工的。零件加工程序按照加工顺序记载着机床加工所需的各种信息，其中包括机床上刀具和工件的相对运动轨迹、工艺参数（进给量、主轴转速等）和辅助运动等指令和参数。零件加工程序以一定的格式和代码存储在一种载体上，通过数控机床的输入装置，将程序信息输入到数控机床装置内。

2. 输入装置

输入装置的作用是将程序载体内有关加工的信息读入数控装置。根据程序载体的不同，输入装置可以是光电阅读机、录音机或软盘驱动器等。

现代数控机床，还可以不用任何程序载体，只需将事先编制好的零件加工程序通过数控装置上的键盘，用手工方式（MDI 方式）输入，或者将加工程序输入到编程计算机中，再由编程计算机用通信方式传送到数控装置中。

3. 数控装置

数控装置是数控机床的核心，它根据程序载体通过输入装置传来的加工信息代码，经过识别、译码后传输到相应的存储区，再经过数据运算处理输出相应的指令脉冲以驱动伺服系统，进而控制机床的进给机构执行相应的动作。

数控装置一般由存储器、运算器、输入/输出接口及控制器等组成。其中控制器主要用于对数控机床的一些辅助动作（如刀具的选择与更换、主轴转速控制、切削液开关等）的控制。

4. 伺服系统

伺服系统的作用是把来自数控装置的位置控制指令转变成机床工作部件的运动，使工作台精确定位或按照规定的轨迹移动，加工出符合图样要求的零件。伺服系统由伺服驱动电路、功率放大电路、伺服电动机、传动机构和检测反馈装置组成，它的伺服精度和动态响应是影响数控机床加工精度、表面质量和生产率的主要因素之一。

在数控机床的伺服系统中，常用的伺服驱动元件有步进电动机、直流伺服电动机、交流伺服电动机等。根据接受指令的不同，伺服驱动元件有脉冲式和模拟式两种，其中步进电动机采用脉冲式驱动方式，而直流伺服电动机、交流伺服电动机采用的则是模拟式驱动方式。

5. 位置反馈系统

位置反馈系统的作用是通过传感器将测量到的伺服电动机的角位移和数控机床执行机构的直线位移转换成电信号，反馈给数控装置，与指令位置随时进行比较，并由数控装置发出指令纠正所产生的误差，从而实现工作台的精确定位。

闭环、半闭环数控系统的精度取决于位置反馈系统的测量装置，所以测量装置是高性能数控机床的重要组成部分，通常安装在数控机床的工作台或丝杠上。

6. 机床本体

在开始阶段，数控机床的机床本体使用通用机床，只是在自动变速、刀架或工作台自动转位和手柄等方面有点改变。后来，在数控机床设计时，采用了许多新的加强刚性、减少热变形、提高精度等措施，提高了数控机床的强度、刚度和抗振性。在传动系统与刀具系统的部件结构、操作机构等方面也都发生了很大的变化，其目的是满足数控技术的要求和更为充分地发挥数控机床的效能。

数控机床的机械部件包括主传动系统、进给传动系统及辅助装置。对于加工中心类数控机床，还有存放刀具的刀库、自动换刀装置（ATC）和自动托盘交换装置等部件。

总体说来，数控加工是通过数控机床的输入装置，将程序载体中的零件加工程序输入到数控装置内，由数控装置对输入的程序和数据进行数字计算、逻辑判断等操作，再发出各种动作指令给伺服系统，驱动数控机床的进给机构进行运动。当数控机床执行机构的位移与所需的指令位置发生误差后，由位置反馈系统反馈给数控装置，并由数控装置发出指令消除所产生的误差。

1.2.2 数控机床的特点

近年来，数控机床的柔性、精确性、可靠性和集成性等各方面功能越来越完善，在自动化加工领域的占有率也越来越高。作为一种灵活的、高效能的自动化机床，数控机床较好地解决了复杂、精密、多变的单件、小批量的零件加工问题。概括起来，与其他加工方法相比，采用数控机床具有以下特点：

（1）适应性强，适合加工单件或小批量复杂工件　在数控机床上加工零件，当零件发生变化时，只需重新编制新零件的加工程序，重新选择、更换所使用的刀具，而对机床不需要做任何调整，就能实现对新零件的加工。

（2）加工精度高　数控机床的加工完全是自动进行的，这种方式避免了操作人员的人为操作误差，同一批工件的尺寸一致性好，产品合格率高，加工质量稳定。另外，数控机床的传动系统和机床结构都具有很高的刚度和热稳定性，进给系统采用消除间隙措施，并由数控系统对反向间隙与丝杠螺距误差等进行自动补偿，所以工件的加工精度较高。

（3）生产效率高　数控机床的主轴转速和进给量的调整范围都比普通机床的范围大，机床刚性好，能根据程序中编制的指令进行快进和工进并精确定位，有效地提高了空行程的运动速度，大大缩短了加工时间。另外数控机床不需要专用的工夹具，因而可以省去工夹具的设计和制造时间。与普通机床相比，数控机床生产率可提高2～3倍。

（4）减轻工人的劳动强度　数控机床的加工是自动进行的，在工件加工过程中不需要操作人员进行繁重的重复性手工操作，使工人的劳动强度大大减轻。

（5）能加工复杂型面　数控机床能加工普通机床难以加工的复杂型面零件。

（6）有利于生产管理的现代化　用数控机床加工零件，能精确地估算零件的加工工时，为实现生产过程的计算机管理与控制奠定了基础。

1.3 数控机床的分类

自1958年第一台数控机床问世以来，数控机床无论是在品种、数量还是在技术水平等方面都已经得到了迅速发展。目前数控机床的品种很多，归纳起来，一般可以按照下面四种方法来进行分类。

1.3.1 按工艺类型分类

（1）金属切削类数控机床　如数控车床、数控铣床、数控钻床、数控磨床及加工中心等。

（2）金属成形类数控机床　如数控冲床、数控折弯机、数控剪板机、数控弯管机等。

（3）数控特种加工机床　如数控线切割机床、数控电火花机床、数控激光切割机、数控等离子切割机等。

（4）其他数控机床　如数控三坐标测量机、数控快速成形机等。

1.3.2 按控制的运动轨迹分类

按照可以控制的刀具与工件之间相对运动的轨迹，数控机床可以分为点位控制数控机床、直线控制数控机床和轮廓控制数控机床等。

1. 点位控制数控机床

点位控制数控机床的数控装置只能控制机床上的移动部件如刀具从一个位置（点）精确地移动到另一个位置（点），在移动过程中不进行加工，至于两点之间的移动速度和移动轨迹因并不影响加工的精度而没有严格的要求。为尽可能地保证精确定位并提高生产率，一般是先快速移动到接近最终定位点的位置，再以低速精确移动到最终定位点。

常见的点位控制数控机床有数控钻床、数控坐标镗床、数控冲床及数控点焊机等。图 1-3 所示为点位控制数控钻床加工示意图。

2. 直线控制数控机床

直线控制数控机床工作时，数控系统除了控制点与点之间的准确位置外，还要保证两点间移动的轨迹必须是一条直线，而且其移动速度也要进行控制，如在数控车床上车削阶梯轴、数控铣床上铣削台阶面等。由于它只能做单坐标切削进给运动，所以不能加工比较复杂的平面与轮廓。图 1-4 所示为直线控制数控机床切削加工示意图。

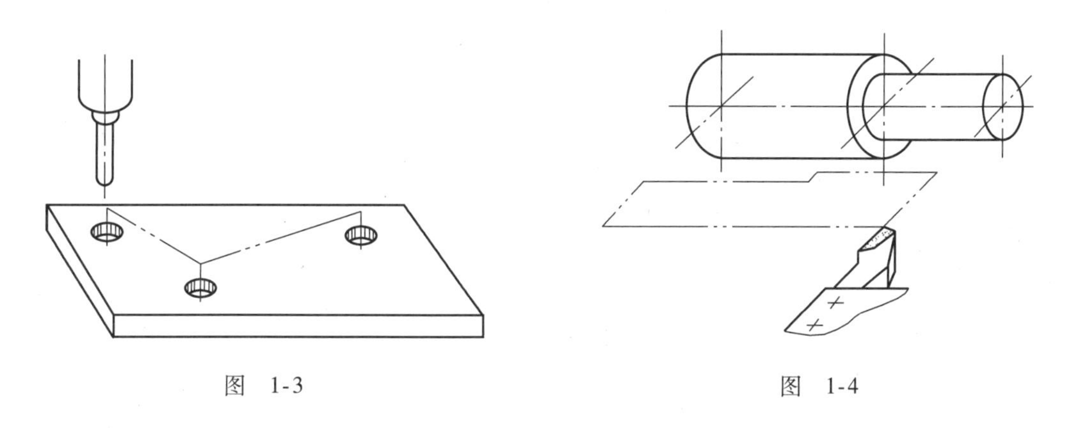

图　1-3　　　　图　1-4

3. 轮廓控制数控机床

轮廓控制数控机床能够对两个或者两个以上的坐标轴同时进行控制，不仅能控制机床移动部件的起点和终点坐标，还可以控制整个加工过程中每一点的移动速度和位置。也就是说，只要控制机床移动部件的移动轨迹，就能加工出形状复杂的零件。轮廓控制数控机床又分平面轮廓控制数控机床和空间轮廓控制数控机床。

（1）平面轮廓控制数控机床　这类机床又称为连续控制或多坐标联动数控机床，它具有两轴联动的插补运算功能和刀具半径补偿功能。典型代表有加工曲面零件的数控车床和铣削曲面轮廓的数控铣床，其加工零件的轮廓形状如图 1-5 所示。零件的轮廓可以由直线、圆弧或任意平面曲线（如抛物线、阿基米德螺旋线等）组成。不管零件轮廓由何种线段组成，加工时通常用小段直线来逼近曲线轮廓。

随着计算机数控装置向小型和廉价方向发展，其功能也在不断增加和完善。如增加轮廓控制功能，只需增加插补运算软件即可，几乎不带来硬件成本的提高。因此，除了少数专用的数控机床，如数控钻床、数控冲床等以外，现代的数控机床都具有轮廓控制的功能。

（2）空间轮廓控制数控机床　空间轮廓加工，根据轮廓形状和所用刀具形状的不同有以下几种：

1）三坐标轴两联动加工。以 X、Y、Z 三轴中任意两轴做插补运动，第三轴做周期性进给，刀具采用球头铣刀，用“行切法”进行加工。如图 1-6 所示，在 Y 向分为若干段，球

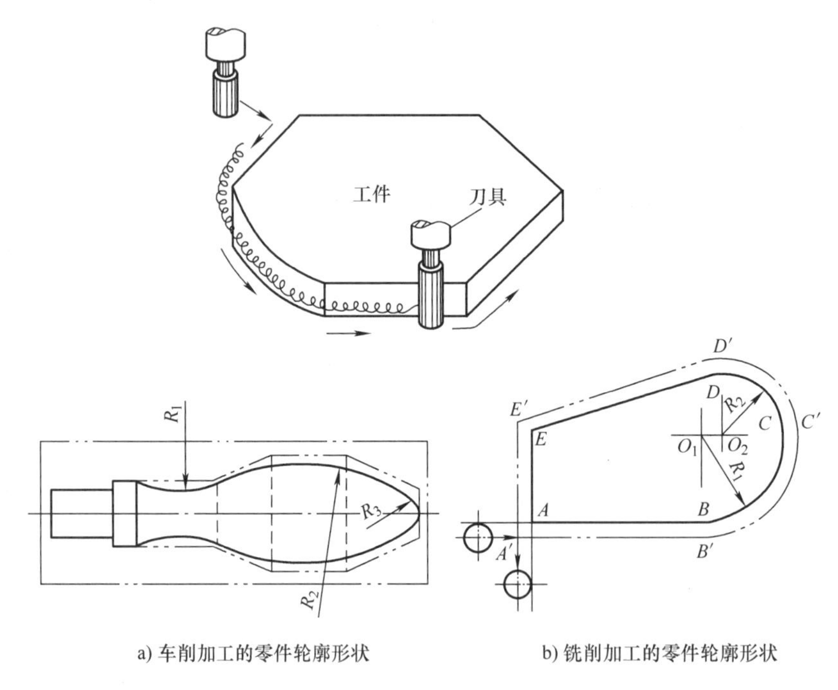

a) 车削加工的零件轮廓形状　　b) 铣削加工的零件轮廓形状

图 1-5

头铣刀沿 OXZ 平面的曲线进行插补加工，当一段加工完后进给 ΔY，再加工另一相邻曲线。如此依次用平面曲线来逼近整个曲面，这种方法也称为两轴半控制加工。

2）三坐标联动加工。图 1-7 所示为用球头铣刀加工一空间曲面，它可用空间直线去逼近，用空间直线插补功能进行加工，但编程计算较为复杂，其加工程序一般采用自动编程系统来编制。

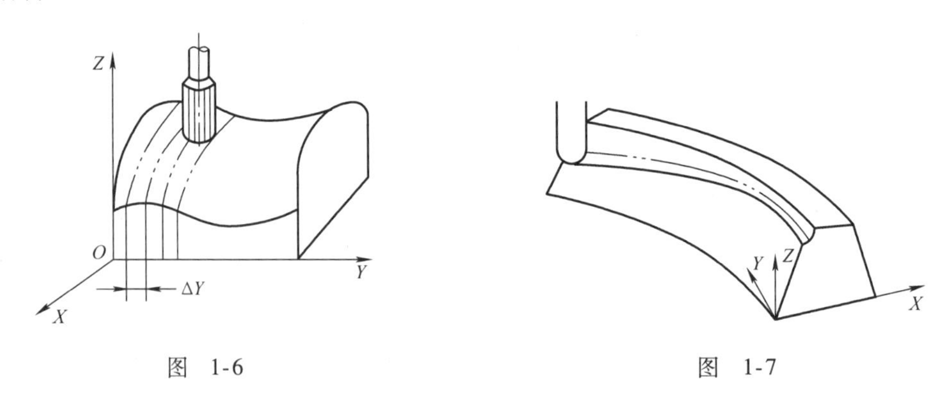

图 1-6　　图 1-7

3）四坐标联动加工。如图 1-8 所示的飞机大梁，它的加工表面是直纹扭曲面，若用三坐标联动机床和球头铣刀加工，不但生产效率低，而且零件的表面质量也很差。因此可以采用圆柱铣刀周边切削方式，在四坐标机床上加工。除三个移动坐标的联动外，为保证刀具与工件型面在全长上始终贴合，刀具还应绕 O_1（或 O_2）做摆动。由于存在摆动运动，导致直线移动坐标要有附加的补偿移动，其附加运动量与摆心的位置有关，也需在编程时进行计算。加工程序要决定四个坐标轴的位移指令，以控制四轴联动加工，因此编程相当复杂。

4）五坐标联动加工。所有的空间轮廓几乎都可以用球头铣刀按照“行切法”进行加工。对于一些大型的曲面轮廓，零件尺寸和曲面的曲率半径都比较大，改用面铣刀进行加工，可以提高生产率和减少加工的残留量（减小表面粗糙度值）。

如图 1-9 所示，用面铣刀加工时，刀具的端面与工件轮廓在切削点处的切平面相重合（加工凸面），刀位点的坐标位置可以由三个直线进给坐标轴来实现，刀具轴线的方向角则可以由任意两个绕坐标轴旋转的圆周进给坐标的两个转角合成实现。因此用面铣刀加工空间曲面轮廓时，需控制五个坐标轴，即三个直线坐标轴、两个圆周进给坐标轴进行联动。

五坐标联动的数控机床是功能最全、控制最复杂的一种数控机床，五坐标联动加工的程序编制也是最复杂的，应使用自动编程系统来编制。

上述数控机床是从加工功能来分类的，如果从控制轴数和联动轴数的角度来考虑，上述的各类机床可分为：两轴联动数控机床、三轴三联动数控机床、四轴三联动数控机床、五轴四联动数控机床和五轴五联动数控机床等。

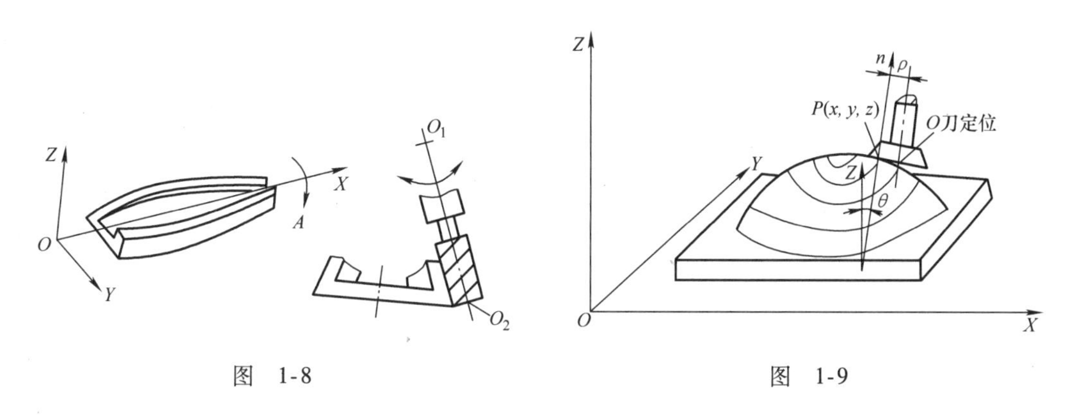

图　1-8　　图　1-9

1.3.3　按伺服系统的控制方式分类

数控系统按照对控制量有无检测反馈装置可分为开环控制系统和闭环控制系统两种。在闭环系统中，根据检测反馈装置安装的部位又分为半闭环控制系统和全闭环控制系统两种。

1. 开环控制系统的数控机床

开环控制系统中没有检测反馈装置，一般是以步进电动机或功率步进电动机作为执行元件。数控装置对工件的加工程序进行处理后，发出信号给伺服驱动系统，每发出一个指令脉冲经过驱动电路放大后，就驱动步进电动机旋转一个角度，再由传动机构带动工作台产生相应的位移。图 1-10 所示为一典型的开环控制系统。

开环控制系统结构简单、成本较低，但是由于受步进电动机步距精度和工作效率以及传动机构传动精度的影响，开环控制系统的精度和速度都较低，所以目前这类系统只在经济型数控机床上使用。

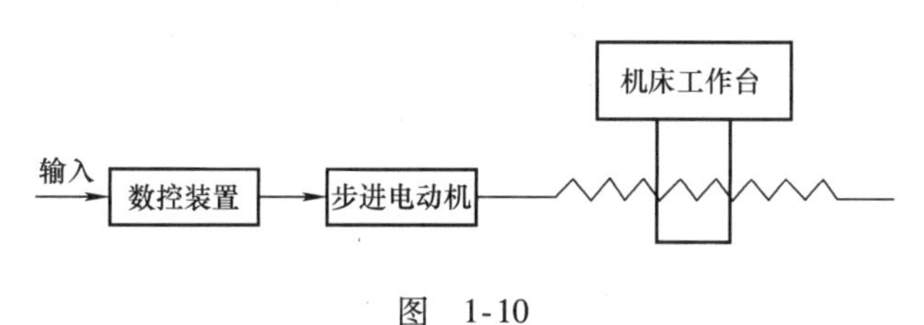

图　1-10

2. 闭环控制系统的数控机床

闭环控制系统的数控机床具有位置控制回路和速度控制回路两个回路。位置控制回路是通过装在机床移动部件上的位置反馈元件，将测量到的实际位移值反馈到数控装置中，再由数控装置对位移指令和实际位置反馈信号随时进行比较，根据比较的差值进行控制，直到差值消失为止，从而实现工作台的精确定位。而速度控制回路则是利用与伺服电动机同轴刚性连接的速度测量元件，随时对电动机的转速进行测量，得到速度反馈信号，将它与速度指令信号相比较，得到速度误差信号，对驱动电动机的转速随时校正。常用的速度检测元件是测速发电机。图 1-11 所示为一个典型的闭环控制系统，从图中可以看出闭环控制系统的位置反馈元件是安装在执行元件上的。

闭环控制系统对机床的结构以及传动链有着较为严格的要求，如果传动系统刚性不足或是存在间隙、导轨的爬行等各种因素，都将影响到闭环控制系统的性能。

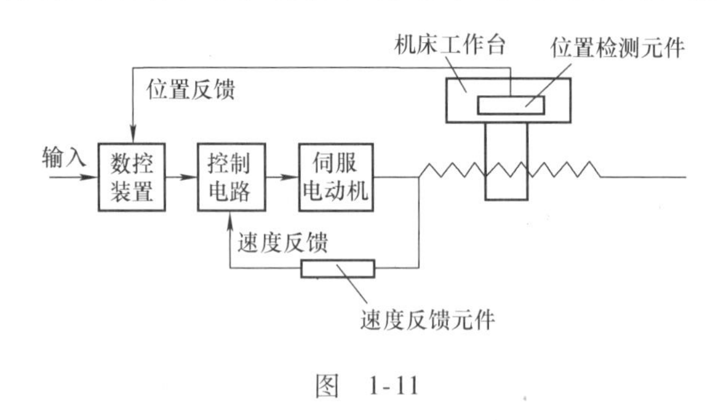

图 1-11

闭环控制系统采用直流伺服电动机或交流伺服电动机为驱动元件，这类机床的特点是加工精度高、移动速度快，但是由于伺服电动机的控制电路比较复杂，检测元件价格较为昂贵，因此伺服电动机的调试和维修比较复杂，成本比较高。

3. 半闭环控制系统的数控机床

与闭环控制系统相比，反馈系统内不包含工作台，所以称为半闭环控制系统。半闭环控制系统并不直接检测工作台的位移量，它将位置反馈元件安装在驱动电动机的端部或传动丝杠的端部，通过与伺服电动机有联系的转角检测元件如光电编码器，检测出伺服电动机或丝杠的转角，进而推算出工作台的实际位移量，反馈到计算机数控装置中进行位置比较，用差值进行控制。

半闭环控制系统可以获得比开环控制系统更高的精度，但是位移精度较闭环控制系统要低。另外，由于它稳定性好、成本较低、调试维修容易，兼顾了开环和闭环两者的特点，所以目前大多数数控机床都采用半闭环控制系统。图 1-12 所示为一个典型的半闭环控制系统。

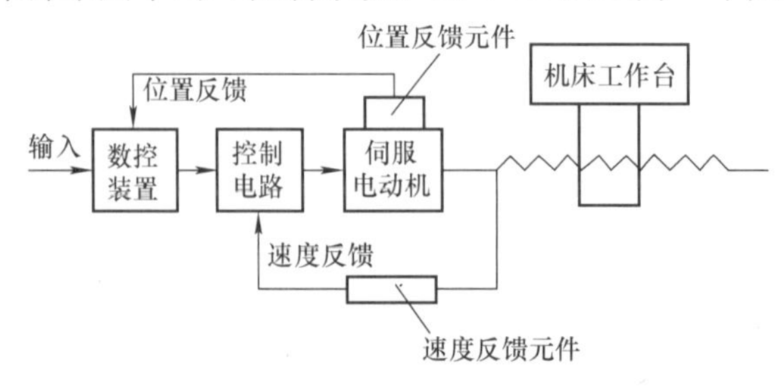

图 1-12

1.3.4　按功能水平分类

1. 经济型数控机床

经济型数控机床大多指采用开环控制系统的数控机床，这类机床的伺服系统大多采用步进电动机驱动，其功能简单，价格便宜但精度较低，适用于自动化程度要求不高的场合。

2. 标准型数控机床

标准型数控机床的伺服系统大多采用直流、交流电动机驱动，其功能较为齐全，价格适中，广泛用于加工形状复杂或精度要求较高的工件。标准型数控机床也称全功能数控机床。

3. 多功能型数控机床

多功能型数控机床功能齐全，价格较贵，一般应用于加工复杂零件的大中型机床及柔性制造系统、计算机集成制造系统中。

1.4　数控机床坐标系

1. 机床坐标系确定

数控机床坐标系为了确定工件在机床中的位置、机床运动部件的特殊位置（如换刀点、参考点等）以及运动范围（如行程范围）等而建立的几何坐标系。

数控机床上的坐标系采用右手直角笛卡儿坐标系。如图1-13所示，图中大拇指的指向为X轴的正方向，食指指向为Y轴的正方向，中指指向为Z轴的正方向。而围绕X、Y、Z轴旋转的圆周进给坐标轴A、B、C则按右手螺旋定则判定。机床各坐标轴及其正方向的确定原则如下：

（1）先确定Z轴　平行于机床主轴的刀具运动坐标为Z轴，若有多根主轴，则可选垂直于工件装夹面的主轴为主要主轴，Z坐标则平行于该主轴轴线。若没有主轴，则规定垂直于工件装夹表面的坐标轴为Z轴。Z轴正方向是使刀具远离工件的方向。例如立式铣床，主轴箱的上、下或主轴本身的上、下即可定为Z轴，且是向上为正；若主轴不能上下动作，则工作台的上、下便为Z轴，此时工作台向下运动的方向定为正向。

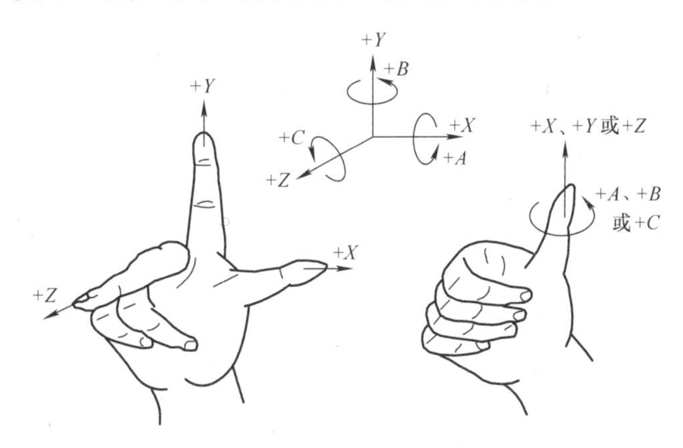

图　1-13

（2）再确定X轴　X轴为水平方向且垂直于Z轴并平行于工件的装夹面。在工件旋转的机床（如车床、外圆磨床）上，X轴的运动方向是径向的，与横向导轨平行，刀具离开工件旋转中心的方向是正方向。对于刀具旋转的机床，若 Z 轴为水平（如卧式铣床、镗床），则沿刀具主轴后端向工件方向看，右手平伸出方向为 X 轴正向；若 Z 轴为垂直（如立式铣、镗床、钻床），则从刀具主轴向床身立柱方向看，右手平伸出方向为 X 轴正向。

（3）最后确定 Y 轴　在确定了 X、Z 轴的正方向后，即可按右手定则定出 Y 轴正方向。

数控车床的机床坐标系如图 1-14 所示，数控铣床的机床坐标系如图 1-15 所示。

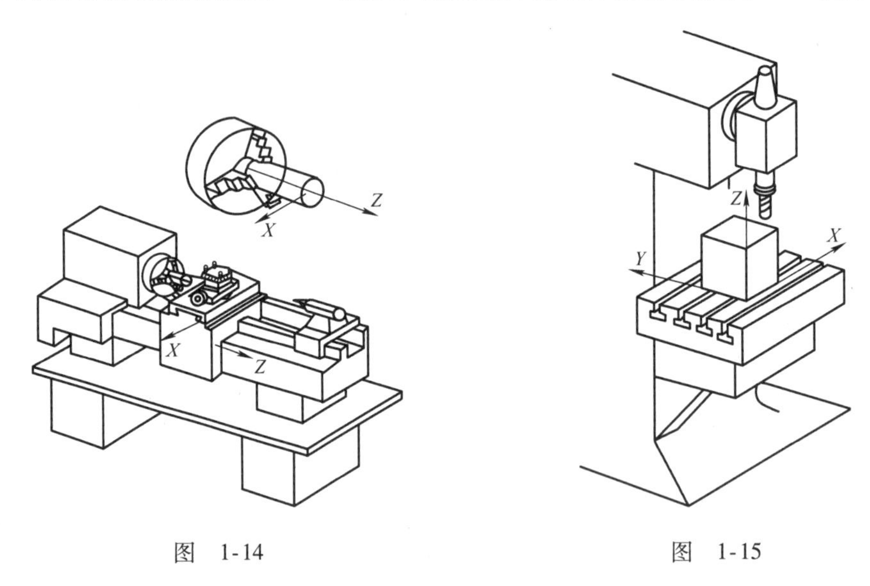

图　1-14　　　　图　1-15

卧式镗铣床的机床坐标系如图 1-16 所示，五轴加工中心的机床坐标系如图 1-17 所示。

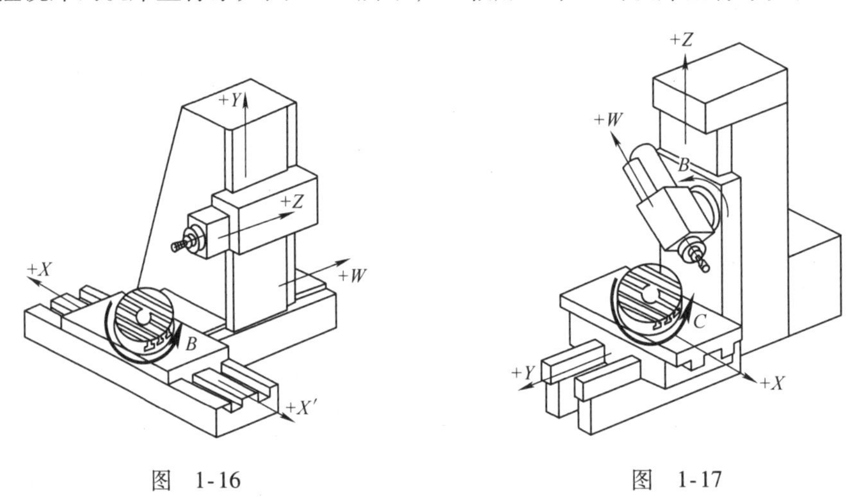

图　1-16　　　　图　1-17

2. 机床原点（机床零点）

机床坐标系是机床固有的坐标系，它是制造和调整机床的基础，也是设置工件坐标系的基础，一般不允许随意变动。机床坐标系的原点称为机床原点或机床零点，在机床经过设计、制造和调整后，这个原点便被确定下来，它是机床上固定的一个点。数控车床一般将机床原点定义在卡盘后端面与主轴旋转中心的交点上，如图 1-18a 所示；数控铣床的机床原点一般设在机床加工范围下平面的左前角，如图 1-18b 所示。

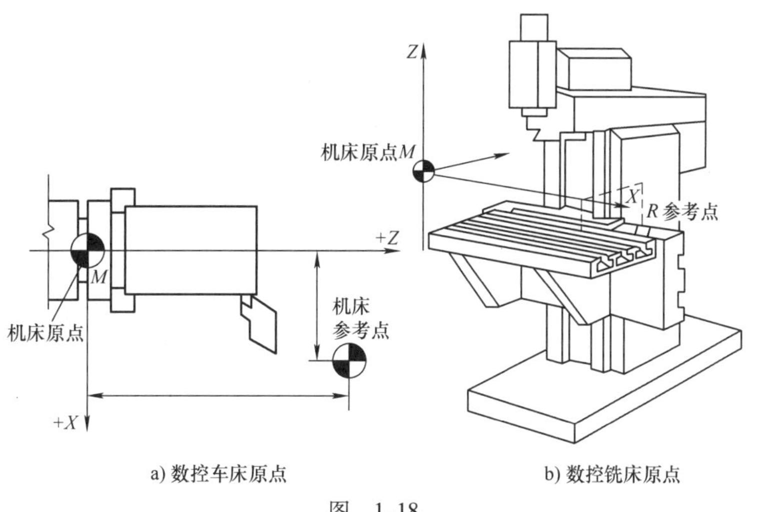

a) 数控车床原点　　b) 数控铣床原点

图　1-18

3. 参考点

参考点是机床上另一个固定点，该点是刀具退离到一个固定不变位置的极限点，其位置由机械挡块或行程开关来确定。数控机床的型号不同，其参考点的位置也不同。一般在机床起动后，首先要执行手动返回参考点的操作，数控系统才能通过参考点间接确认出机床零点的位置，从而在数控系统内部建立一个以机床零点为坐标原点的机床坐标系，在执行加工程序时，才能有正确的工件坐标系。

4. 工件坐标系（编程坐标系、加工坐标系）

工件坐标系是编程时使用的坐标系，也称编程坐标系或加工坐标系，编制数控程序时，首先要建立一个工件坐标系，程序中的坐标值均以此坐标系为依据。工件坐标系采用与机床运动坐标系一致的坐标方向。

5. 工件原点（编程原点、工件零点）

工件坐标系的原点简称工件原点或工件零点，也是编程的程序原点，即编程原点或加工原点。工件原点的位置是任意的，由编程人员在编制程序时根据零件的特点选定。程序中的坐标值均以工件坐标系为依据，将编程原点作为计算坐标值时的起点。编程人员在编制程序时，不用考虑工件在机床上的安装位置，只需根据零件的特点及尺寸来编程。工件原点一般选择在便于测量或对刀的基准位置，同时要便于编程计算。选择工件原点的位置时应注意以下几点：

1）工件原点应选在零件图的尺寸基准上，以便坐标值的计算，使编程简单。

2）工件原点尽量选在精度较高的加工表面上，以提高被加工零件的加工精度。

3）对于对称的零件，一般工件原点设在对称中心上。

4）对于一般零件，工件原点通常设在工件外轮廓的某一角上。

5）工件原点在 Z 轴方向，一般工件原点设在工件表面上。

图 1-19 所示为数控铣床机床坐标系与工

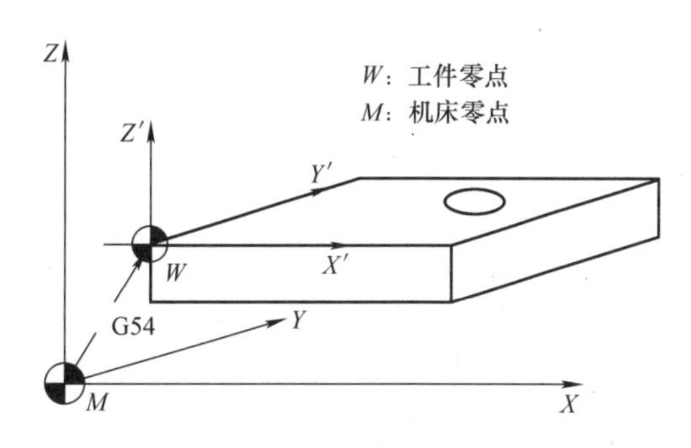

图　1-19

件坐标系的关系，X、Y、Z 为机床坐标系各坐标轴，X'、Y'、Z'为工件坐标系各坐标轴。工件坐标系原点与机床坐标系原点在各坐标轴上的偏置量可通过测量所得，然后将其数值输入到机床的可设定零点偏置寄存器中，加工时可在程序中用可设定零点偏置指令 G54、G55 等直接调用相应偏置寄存器中存储的偏置量，建立起工件坐标系。

6. 对刀点与刀位点

在加工时，工件可以在机床加工尺寸范围内任意安装，但要正确执行加工程序，必须确定工件在机床坐标系的确切位置。对刀点是工件在机床上定位装夹后，设置在工件坐标系中、用于确定工件坐标系与机床坐标系空间位置关系的参考点。选择对刀点时要考虑编程方便，对刀误差小，加工时检查方便、可靠等。

对刀点的设置没有严格规定，可以设置在工件上，也可以设置在夹具上，但在编程坐标系中必须有确定的位置，如图 1-20 所示。对刀点既可以与编程原点重合，也可以不重合，主要取决于加工精度和对刀的方便性。当对刀点与编程原点重合时，$X_1=0$，$Y_1=0$。

对刀点应尽可能选择在零件的设计基准或者工艺基准上，以保证零件的精度要求。在使用对刀点确定加工原点时，就需要进行“对刀”。所谓对刀是指使“刀位点”与“对刀点”重合的操作。每把刀具的半径与长度尺寸都是不同的，刀具装在机床上后，应在控制系统中设置刀具的基本位置。

“刀位点”是指刀具的定位基准点。如图 1-21 所示，钻头的刀位点是钻头顶点，车刀的刀位点是刀尖或刀尖圆弧中心，圆柱铣刀的刀位点是刀具中心线与刀具底面的交点，球头铣刀的刀位点是球头的球心点或球头顶点。

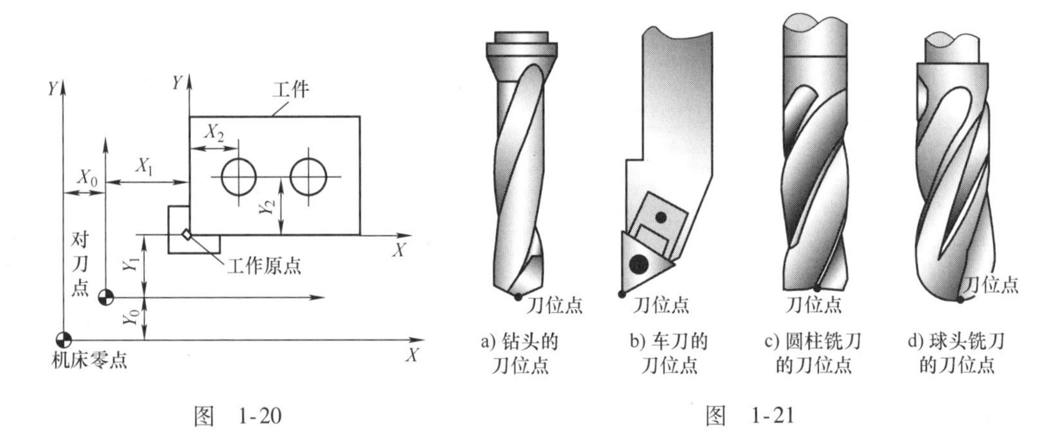

图 1-20　　　　图 1-21

1.5 刀具补偿

在数控铣床上，由于程序所控制的刀具刀位点的轨迹和实际刀具切削刃切削出的形状并不重合，它们在尺寸上存在一个刀具半径和刀具长短的差别，因此，需要根据实际加工的形状尺寸计算出刀具刀位点的轨迹坐标来控制加工，即进行刀具补偿。数控铣床刀具补偿分为以下两类：刀具半径补偿，补偿刀具半径对工件轮廓尺寸的影响；刀具长度补偿，补偿刀具长度方向尺寸的变化。

刀具补偿的方法也分为两种，即人工预刀补，人工计算刀补量进行编程；机床自动刀补，数控系统具有刀具补偿功能。

1. 刀具半径补偿

（1）刀具半径补偿的作用　在数控铣床上进行轮廓铣削时，由于刀具半径的存在，刀具中心轨迹与工件轮廓不重合。若人工计算刀具中心轨迹编程，则计算相当复杂，且刀具直径变化时必须重新计算和修改程序。

当数控系统具备刀具半径补偿功能时，数控编程只需按照工件轮廓进行加工，数控系统自动计算刀具中心轨迹，使刀具偏离工件轮廓一个半径值，即进行刀具半径补偿。

（2）刀具半径补偿的过程　刀具补偿的过程主要分为以下三步：

1）刀补创建。在刀具从起点接近工件时，刀心轨迹从与编程轨迹重合过渡到与编程轨迹偏离一个偏置量的过程。

2）刀补进行。刀具中心始终与编程轨迹相距一个偏置量，直到刀补取消。

3）刀补取消。刀具离开工件，刀心轧迹过渡到与编程轨迹重合的过程。

（3）刀具半径补偿指令　G41 为刀具半径左补偿，G42 为刀具半径右补偿。刀补位置的左右应是顺着刀具前进的方向进行判断的，如图 1-22 所示。G40 为取消刀补。使用刀具半径补偿应注意以下几点：

1）在进行刀径补偿前，必须用 G17、G18 或 G19 指定刀径补偿是在哪个平面上进行的。平面选择的切换必须在补偿取消的方式下进行，否则将产生报警。

2）刀补的引入和取消要求应在 G00 或 G01 程序段，不要在 G02/G03 程序段上进行。

3）当刀补数据为负值时，则 G41、G42 功能互换。

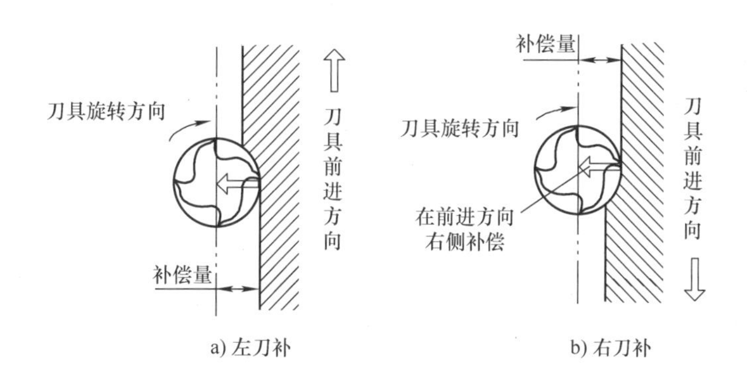

图　1-22

2. 刀具长度补偿

（1）刀具长度补偿的作用　刀具长度补偿用于刀具轴向（Z 向）的补偿，使刀具在轴向的实际位移量比程序给定值增加或减少一个偏置量。刀具长度尺寸变化时，可以在不改动程序的情况下，通过改变偏置量达到加工尺寸。利用该功能，还可在加工深度方向上进行分层铣削，即通过改变刀具长度补偿值的大小，多次运行程序来实现。

（2）刀具长度补偿的方法　刀具长度补偿的方法有如下三种：

1）将不同长度刀具通过对刀操作获取差值。

2）通过 MDI 方式将刀具长度参数输入刀具参数表。

3）执行程序中的刀具长度补偿指令。

（3）刀具长度补偿指令　刀具补偿可以使用以下指令：G43 为刀具长度正补偿，G44 为刀具长度负补偿，G49 为取消刀长补偿。G43、G44、G49 均为模态指令。具体的计算方法如图 1-23 所示，其中 Z 为指令终点位置，H 为刀补号地址，用 H00 ~ H99 来指定，它用来调用内存中刀具长度补偿的数值。

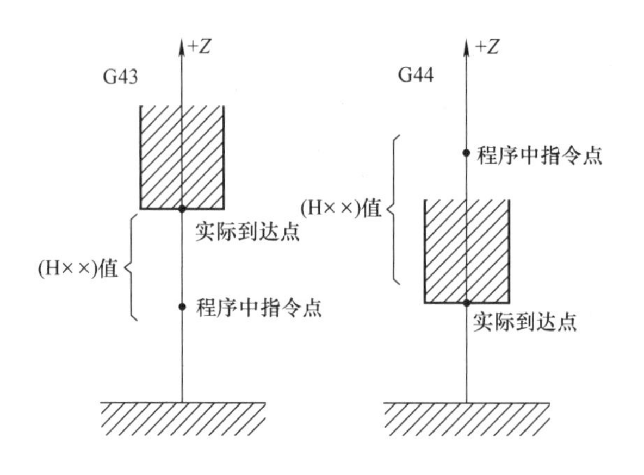

图　1-23

1.6　数控刀具

1.6.1　数控刀具系统

数控机床必须有与其相适应的切削刀具配合。随着数控机床功能、结构的发展，数控机床上所使用的数控刀具已经不是普通机床“一机一刀”的模式，而是多种不同类型的刀具同时在数控机床上轮换使用，以达到自动换刀和快速换刀的目的。因此“数控刀具”的含义应该理解为“数控刀具系统”。

数控刀具系统除了包括机床的自动换刀机构外，为了保证刀具的可互换性，还必须有刀柄和工具系统（刀杆、刀片或通用刀具）。图 1-24 所示为常见的转盘式自动换刀系统，图 1-25 所示为常用的数控刀具系统，图 1-26 所示为数控铣床刀具系统，图 1-27 所示为加工中心刀具系统。

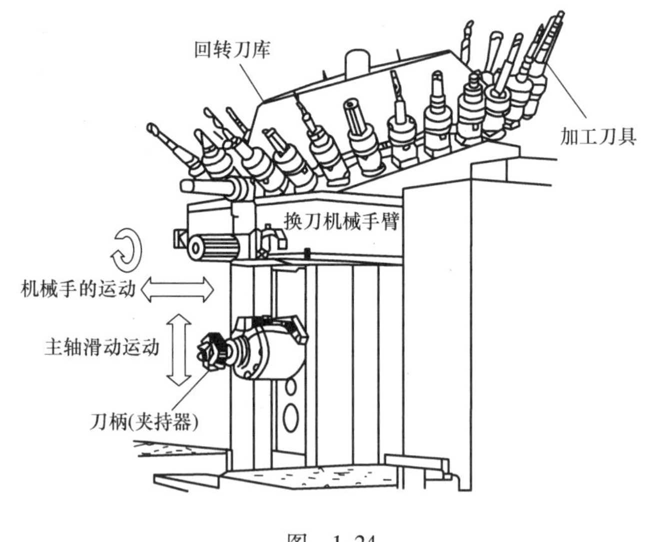

图　1-24

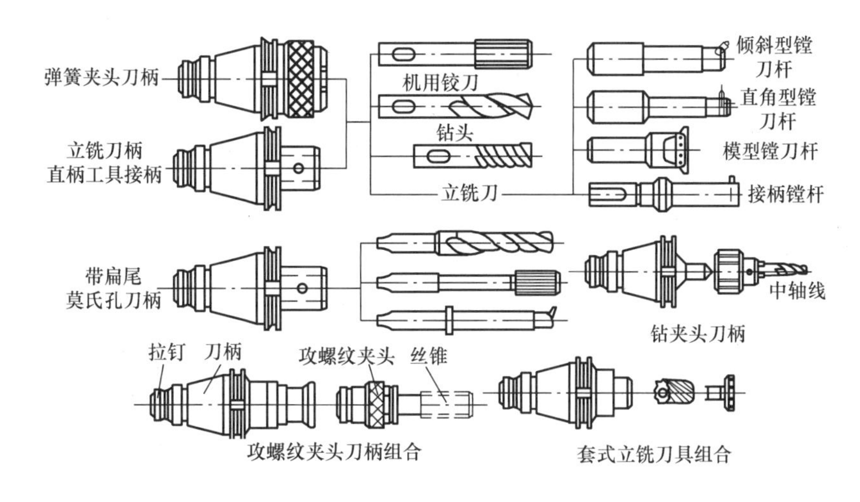

图　1-25

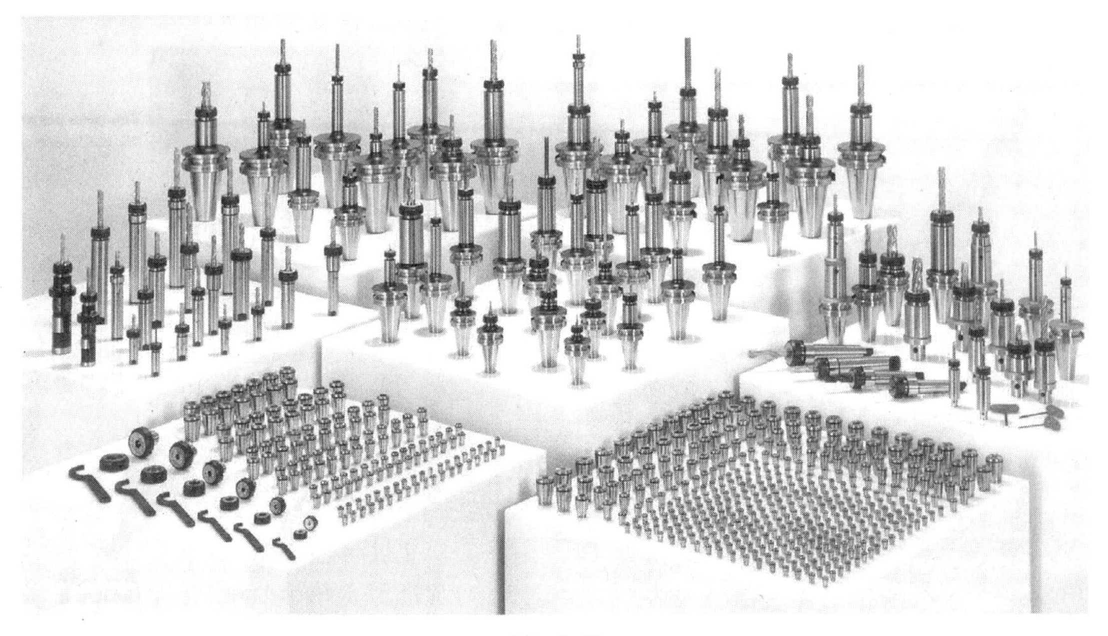

图　1-26

1.6.2　数控加工对刀具的要求

1. 刀具性能方面

数控加工具有高速、高效和自动化程度高等特点，数控刀具是实现数控加工的关键技术之一。为了适应数控加工技术的需要，保证优质、高效地完成数控加工任务，对数控加工刀具材料提出了比传统加工用刀具材料更高的要求。它不仅要求刀具耐磨损、寿命长、可靠性好、精度高、刚性好，而且要求刀具尺寸稳定、安装调整方便。数控加工对刀具提出的具体要求如下：

（1）刀具材料应具有高的可靠性　数控加工在数控机床上进行，切削速度和自动化程度高，要求刀具有很高的可靠性，并且要求刀具的寿命长、切削性能稳定、质量一致性好、

图　1-27

重复精度高。

（2）刀具材料应具有高的耐热性、抗热冲击性和高温力学性能　为了提高生产率，现在的数控机床向着高速度、高刚性和大功率发展。切削速度的增大往往会导致切削温度急剧升高。因此，要求刀具材料的熔点高、氧化温度高、耐热性好、抗热冲击性能强，同时还要求刀具材料具有很高的高温力学性能，如高温强度、高温硬度和高温韧性等。

（3）数控刀具应具有高的精度　在数控加工中，要求零件在一次装夹后即完成加工，达到精度要求，因此要求借助专用的对刀装置或对刀仪将刀具调整到所要求的尺寸精度后，再安装到机床上使用。这就要求刀具的制造精度要高，尤其在使用可转位结构的刀具时，对刀片的尺寸公差、刀片转位后刀尖空间位置尺寸的重复精度都有严格的精度要求。

（4）数控刀具应能实现快速更换　数控刀具应能与数控机床快速、准确地接合和脱开，能适应机械手和机器人的操作，并且要求刀具互换性好、更换迅速、尺寸调整方便、安装可靠，以减少因更换刀具而造成的停顿时间。刀具的尺寸应能借助对刀仪在机外进行预调，以减少换刀调整的停机时间。

（5）数控刀具应系列化、标准化和通用化　数控刀具应系列化、标准化和通用化，尽量减少刀具规格，以便于数控编程和刀具管理，降低加工成本，提高生产率。应建立刀具准备单元，进行集中管理，负责刀具的保管、维护、预调和配置等工作。

（6）数控刀具应尽量采用机夹可转位刀具　由于机夹可转位刀具能满足耐用、稳定、易调和可换等要求，因此目前在数控机床设备上广泛采用机夹可转位刀具结构。机夹可转位刀具在数量上达到整个数控刀具的30%～40%。

（7）数控刀具应尽量采用多功能复合刀具及专用刀具　为了充分发挥数控机床的技术优势，提高加工效率，对复杂零件的加工要求在一次装夹中进行多工序的集中加工，并淡化传统的车、铣、镗、螺纹加工等不同切削工艺的界限。为此，对数控刀具提出了多功能（复合刀具）的新要求，要求一种刀具能完成零件不同工序的加工，以减少换刀次数，节省换刀时间，减少刀具的数量和库存量，便于刀具管理。

（8）数控刀具应能可靠地断屑或卷屑　为了保证生产稳定进行，数控加工对切屑处理有更高的要求。切削塑性材料时，切屑的折断与卷曲常常是决定数控加工能否正常进行的重要因素。因此，数控刀具必须具有很好的断屑、卷屑和排屑性能。要求切屑不缠绕在刀具或工件上、不影响工件的已加工表面、不妨碍冷却浇注效果。数控刀具一般都采取了一定的断屑措施（例如可靠的断屑槽型、断屑台和断屑器等），以便可靠地断屑或卷屑。

（9）数控刀具材料应能适应难加工材料和新型材料加工的需要　随着科学技术的发展，对工程材料提出了越来越高的要求，各种高强度、高硬度、耐腐蚀和耐高温的工程材料越来越多地被采用。它们中多数属于难加工材料，目前难加工材料已占工件的 40% 以上。因此，数控加工刀具应能适应难加工材料和新型材料加工的需要。

2. 刀具材料方面

刀具材料的选择对刀具寿命、加工效率、加工质量和加工成本等的影响很大。刀具切削时要承受高压、高温、摩擦、冲击和振动等作用，因此刀具材料应具备如下一些基本性能：

（1）硬度和耐磨性　刀具材料的硬度必须高于工件材料的硬度，一般要求在 60HRC 以上。刀具材料的硬度越高，耐磨性就越好。

（2）强度和韧性　刀具材料应具备较高的强度和韧性，以便承受切削力、冲击和振动，防止刀具脆性断裂和崩刃。

（3）耐热性　刀具材料的耐热性要好，能承受高的切削温度，具备良好的抗氧化能力。

（4）工艺性能和经济性　刀具材料应具备较好的锻造性能、热处理性能、焊接性能、磨削加工性能以及高的性能价格比。

1.6.3　常用数控刀具材料

刀具材料是决定刀具切削性能的根本因素，对于加工质量、加工效率、加工成本以及刀具寿命都有着重大的影响。要实现高效合理的切削，必须有与之相适应的刀具材料。数控刀具材料是较活跃的材料科技领域。近年来，数控刀具材料基础科研和新产品的成果集中应用在高速、超高速、硬质（含耐热、难加工）、干式、精细、超精细数控加工领域，刀具材料新产品的研发在超硬材料（如金刚石、Al_2O_3、Si_3N_4基类陶瓷、TiC 基类金属陶瓷、立方氮化硼、表面涂层材料），W、Co 类涂层和细晶粒（超细晶粒）硬质合金体及含 Co 类粉末冶金高速钢等领域进展速度较快。尤其是超硬刀具材料的应用，导致许多新的切削理念的产生，如高速切削、硬切削和干切削等。

数控刀具的材料主要有高速钢、硬质合金、涂层刀具、陶瓷、人造金刚石和立方氮化硼六类，目前数控机床用得最普遍的刀具是硬质合金刀具。常用的刀具材料包括以下几种：

（1）高速钢　高速钢全称高速合金工具钢，也称为白钢。高速钢是含有较多钨、钼、铬、钒等元素的高合金工具钢，具有较高的硬度（热处理硬度达 62 ~ 67HRC）和耐热性（切削温度可达 550 ~ 600℃），切削速度比碳素工具钢和合金工具钢高 1 ~ 3 倍（因此而得名），刀具寿命长 10 ~ 40 倍，甚至更长，可以加工从非铁金属材料到高温合金的范围广泛的材料。

（2）硬质合金　硬质合金是用高耐热性和高耐磨性的金属碳化物（碳化钨、碳化铁、碳化钽、碳化铌等）与金属粘结剂（钴、镍、钼等）在高温下烧结而成的粉末冶金制品。常用的硬质合金有钨钴类（YG 类）、钨钛钴类（YT 类）和通用硬质合金（YW 类）三类。

1）钨钴类硬质合金（YG 类）。主要由碳化钨和钴组成，抗弯强度和冲击韧性较好，不易崩刃，很适宜切削切屑呈崩碎状的铸铁等脆性材料。YG 类硬质合金的刃磨性较好，刃口可以磨得较锋利，故切削非铁金属材料及合金的效果也较好。

2）钨钛钴硬质合金（YT 类）。主要由碳化钨、碳化钛和钴组成。由于 YT 类硬质合金的抗弯强度和冲击韧性较差，故主要用于切削切屑呈带状的普通碳钢及合金钢等塑性材料。

3）钨钛钽（铌）钴类硬质合金（YW 类）。在普通硬质合金中加入了碳化钽或碳化铌，从而提高了硬质合金的韧性和耐热性，使其具有较好的综合切削性能，主要用于不锈钢、耐热钢、高锰钢的加工，也适用于普通碳钢和铸铁的加工，因此被称为通用型硬质合金。

（3）涂层刀具　涂层刀具是在韧性较好的硬质合金或高速钢刀具基体上，涂覆一薄层耐磨性高的难熔金属化合物而获得的。常用的涂层材料有碳化钛、氮化钛、氧化铝等。碳化钛的硬度比氮化钛高，抗磨损性能好，因此对于会产生剧烈磨损的刀具，碳化钛涂层较好。氮化钛与金属的亲和力小，润湿性能好，因此在容易产生粘结的条件下氮化钛涂层较好。在高速切削产生大量热量的场合，以采用氧化铝涂层为好，因为氧化铝在高温下有良好的热稳定性能。

涂层硬质合金刀具寿命至少可提高 1 ~ 3 倍，涂层高速钢刀具寿命则可提高 2 ~ 10 倍。加工材料的硬度越高，则涂层刀具的效果越好。

（4）陶瓷材料　陶瓷材料是以氧化铝为主要成分，经压制成形后烧结而成的一种刀具材料。它的硬度可达到 91 ~ 95HRA，在 1200℃ 的切削温度下仍可保持 80HRA 的硬度。另外，它的化学惰性大，摩擦因数小，耐磨性好，加工钢件时的寿命为硬质合金的 10 ~ 12 倍。其最大缺点是脆性大，抗弯强度和冲击韧性低。因此，它主要用于半精加工和精加工高硬度、高强度钢和冷硬铸铁等材料。常用的陶瓷刀具材料有氧化铝陶瓷、复合氧化铝陶瓷以及复合氧化硅陶瓷等。

（5）人造金刚石　人造金刚石是通过合金触媒的作用，在高温高压下由石墨转化而成的。人造金刚石具有极高的硬度（显微硬度可达 10000HV）和耐磨性，其摩擦因数小，切削刃可以做得非常锋利。因此，用人造金刚石做刀具可以获得很高的加工表面质量，多用于在高速下精细车削或镗削非铁金属材料及非金属材料。尤其是用它切削加工硬质合金、陶瓷、高硅铝合金及耐磨塑料等高硬度、高耐磨性的材料时，具有很大的优越性。

（6）立方氮化硼（CBN）　立方氮化硼是由立方氮化硼在高温高压下加入催化剂转变而成的超硬刀具材料。它是 20 世纪 70 年代才发展起来的一种新型刀具材料，立方氮化硼的硬度很高（可达到 8000 ~ 9000HV），并具有很高的热稳定性（在 1370℃ 以上时才由立方晶体转变为六面晶体而开始软化），它最大的优点是在高温（1200 ~ 1300℃）时也不易与钛族金属起反应。因此，它能胜任淬火钢、冷硬铸铁的粗车和精车，同时还能高速切削高温合金、热喷涂材料、硬质合金及其他难加工材料。

1.6.4　常用的铣削加工刀具

铣刀是一种在回转体表面上或端面上分布有多个刀齿的多刃刀具，是金属切削加工中应用非常广泛的一种刀具，主要用于在卧式铣床、立式铣床、数控铣床、加工中心上加工平面、台阶面、沟槽、切断、齿轮和成形表面等，如图 1-28 所示。加工形状与铣刀的选择如图 1-29 所示。

1. 面铣刀

面铣刀主要用于立式铣床上加工平面、台阶面等，如图 1-30 所示。面铣刀的主切削刃分布在铣刀的圆柱面上或圆锥面上，副切削刃分布在铣刀的端面上。

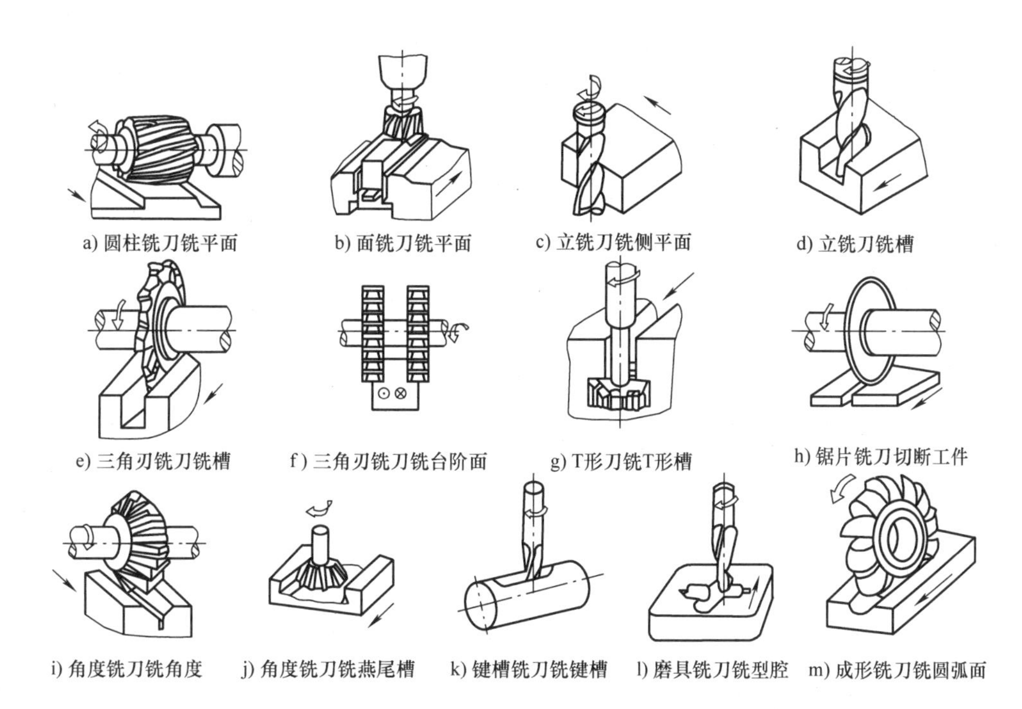

图　1-28

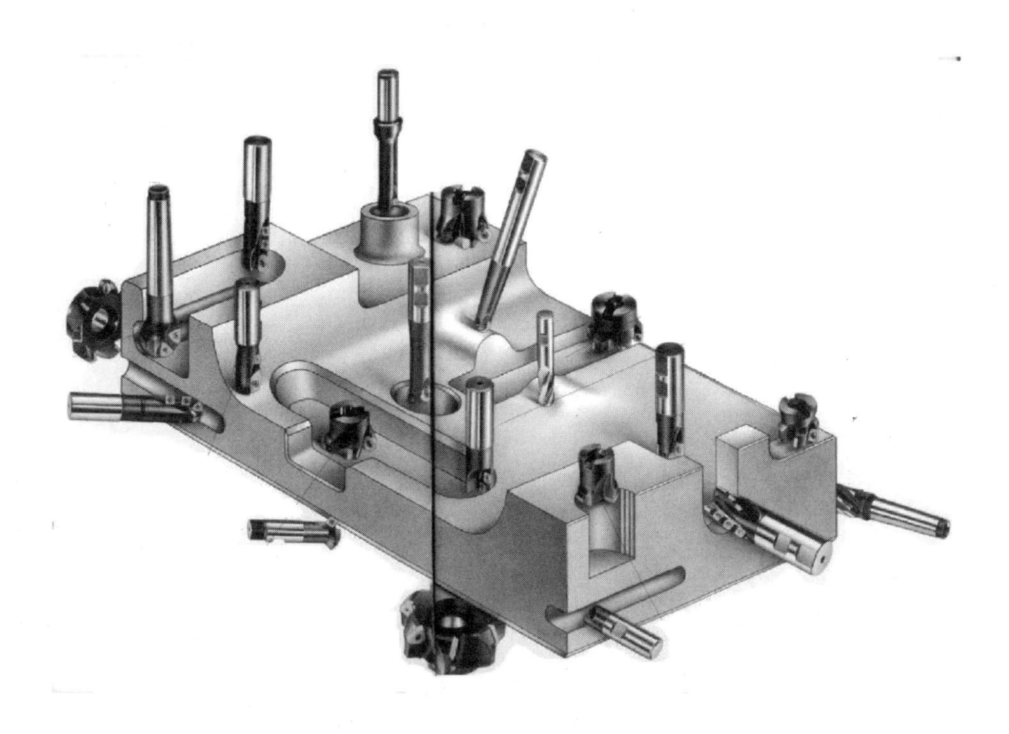

图　1-29

面铣刀按结构可以分为整体式面铣刀、硬质合金整体焊接式面铣刀、硬质合金机夹焊接式面铣刀、硬质合金可转位式面铣刀以及硬质合金可转位模块式面铣刀等形式。

图 1-30

（1）整体式面铣刀　如图 1-31 所示，整体式面铣刀往往采用高速钢材料，使其切削速度、进给量等都受到限制，阻碍了生产率的提高。由于刀齿损坏后很难修复，所以整体式面铣刀目前已很少应用。

（2）硬质合金整体焊接式面铣刀　如图 1-32 所示，硬质合金整体焊接式面铣刀由硬质合金刀片与合金钢体经焊接而成，其结构紧凑，切削效率高，制造较方便。但是，刀齿损坏后很难修复，所以该铣刀应用也不多。

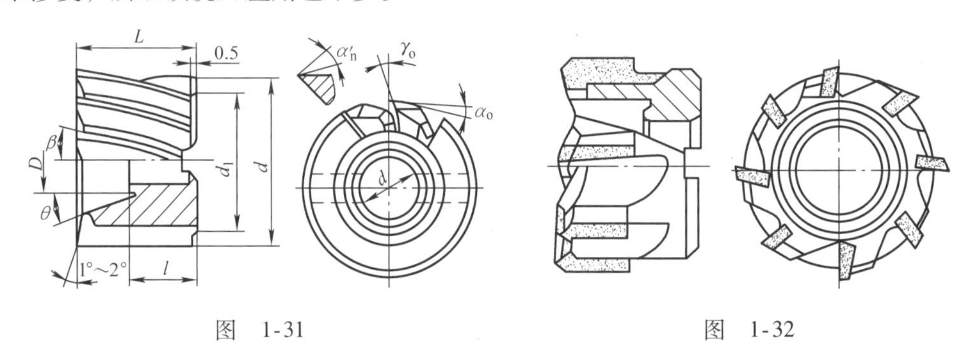

图 1-31　　图 1-32

（3）硬质合金机夹焊接式面铣刀　如图 1-33 所示，硬质合金机夹焊接式面铣刀是将硬质合金刀片焊接在小刀头上，再采用机械夹固的方法将小刀头装夹在刀体槽中，其切削效率高。刀头损坏后，只要更换新刀头即可，延长了刀体的使用寿命。因此，该铣刀应用较多。

（4）硬质合金可转位式面铣刀　硬质合金可转位式面铣刀是将硬质合金可转位刀片直接装夹在刀体槽中，切削刃用钝后，将刀片转位或更换新刀片即可继续使用，如图 1-34 所示。

装夹转位刀片的机构形式有多种，图 1-34a 所示为上压式的压板螺钉装夹机构，螺钉的夹紧力大，且夹紧可靠。当刀片的一个切削刃用钝后，可直接在机床上将刀片转位或更换新刀片。可转位式铣刀要求刀片定位精度高、夹紧可靠、排屑容易、更换刀片迅速等，同时各定位、夹紧元件通用性要好，制造要方便，并且应经久耐用。

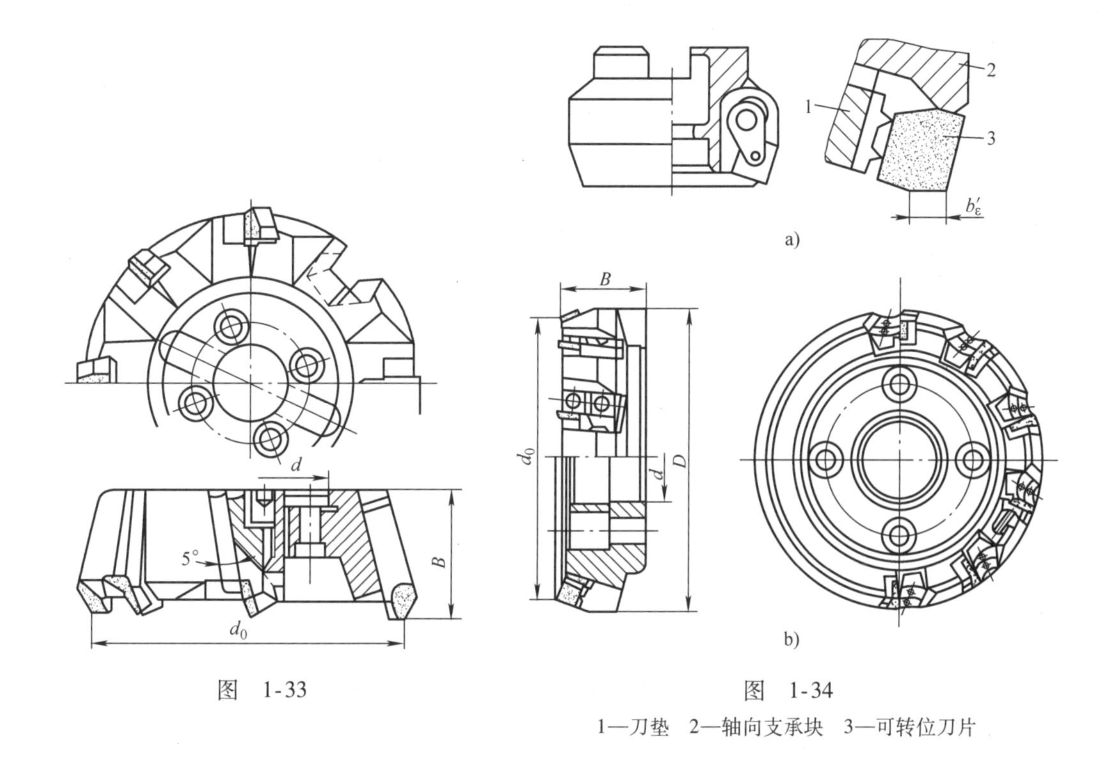

图　1-33

图　1-34

1—刀垫　2—轴向支承块　3—可转位刀片

（5）硬质合金可转位模块式面铣刀　如图 1-35 所示，硬质合金可转位模块式面铣刀的基本特点是：在同一铣刀刀体上，可以安装多种形状的小刀头模块；安装在小刀头上的硬质合金刀片，不仅几何参数可不同，而且刀片的形状也可不同，以满足不同用途的需要。

硬质合金面铣刀与高速钢铣刀相比，铣削速度较高，加工效率高，加工表面质量也较好，并可加工带有硬皮和淬硬层的工件，故得到了广泛应用。

2. 立铣刀

立铣刀是数控机床上用得最多的一种铣刀，主要用于加工凹槽、台阶面等，如图 1-36 所示。

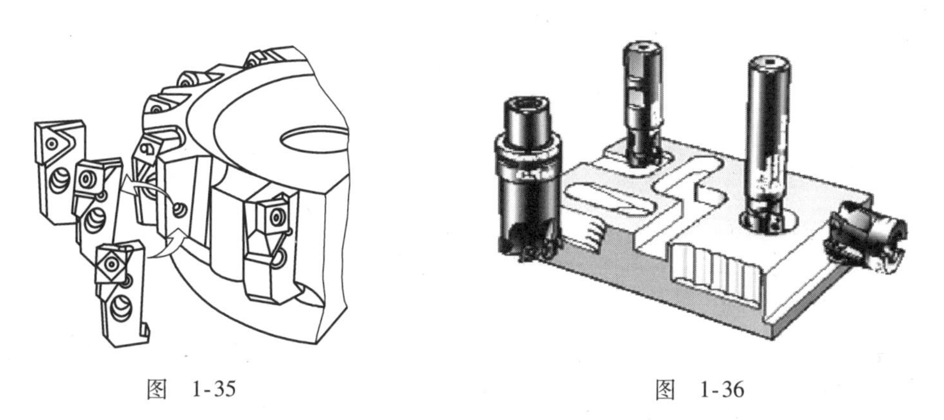

图　1-35

图　1-36

图 1-37 所示为高速钢立铣刀，它的主切削刃分布在铣刀的圆柱面上，一般为螺旋齿，副切削刃分布在铣刀的端面上，且端面中心有顶尖孔。因此，铣削时一般不能沿铣刀轴向做进给运动，只能沿铣刀径向做进给运动。端面刃主要用来加工与侧面相垂直的底平面。

立铣刀有粗细齿之分，粗齿立铣刀的齿数为 3～6 个，适用于粗加工；细齿立铣刀的齿数为 5～10 个，适用于半精加工。立铣刀柄部有直柄、莫氏锥柄、7∶24 锥柄等多种形式。

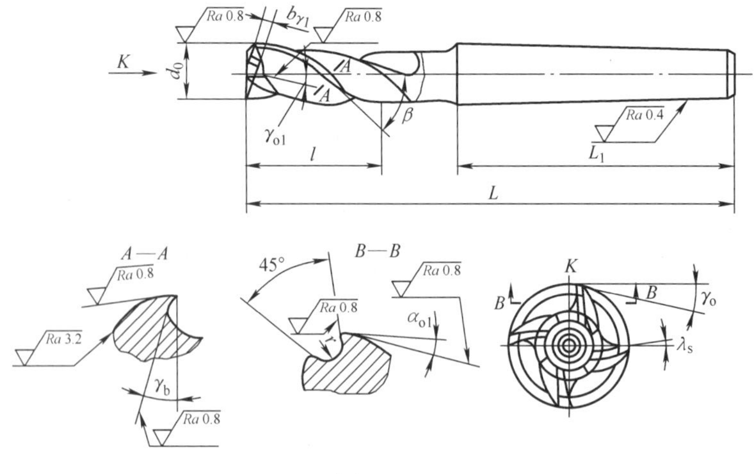

图　1-37

图 1-38 所示为硬质合金立铣刀，其基本结构与高速钢立铣刀相似，但切削效率大大提高，是高速钢立铣刀的 2～4 倍，广泛应用于数控铣床、加工中心上。

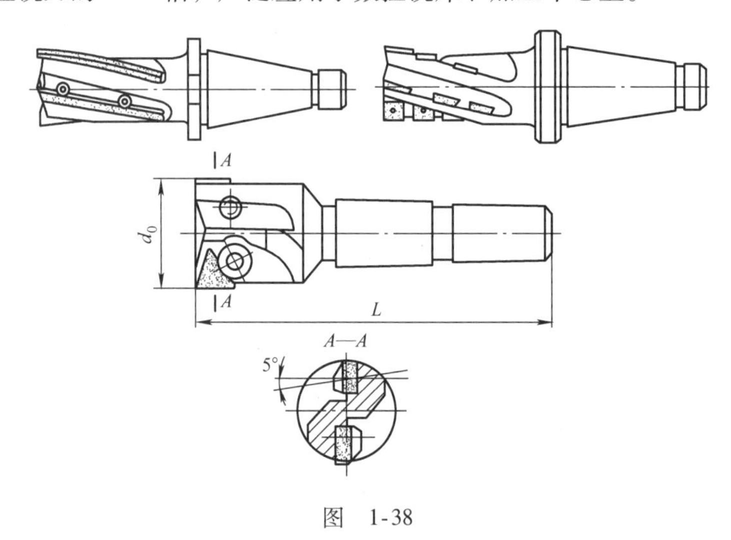

图　1-38

立铣刀的铣削方式有直线铣削、斜线铣削、圆弧铣削、螺旋铣削和钻削铣削等，如图 1-39 所示。

3. 键槽铣刀

键槽铣刀主要用于立式铣床上加工圆头封闭键槽等，如图 1-40 所示。该铣刀外形似立铣刀，但仅有两个切削刃，端面无顶尖孔，端面刀齿从外圆开至轴心，且螺旋角较小，增强了端面刀齿强度。加工键槽时，每次先沿铣刀轴向进给较小的量，此时端面刀齿上的切削刃为主切削刃，圆柱面上的切削刃为副切削刃。然后再沿径向进给，此时端面刀齿上的切削刃为副切削刃，圆柱面上的切削刃为主切削刃，这样反复多次，就可完成键槽的加工。由于该铣刀的磨损是在端面和靠近端面的外圆部分，所以修磨时只需修磨端面切削刃。因此，铣刀直径可保持不变，使加工键槽精度较高，铣刀寿命较长。

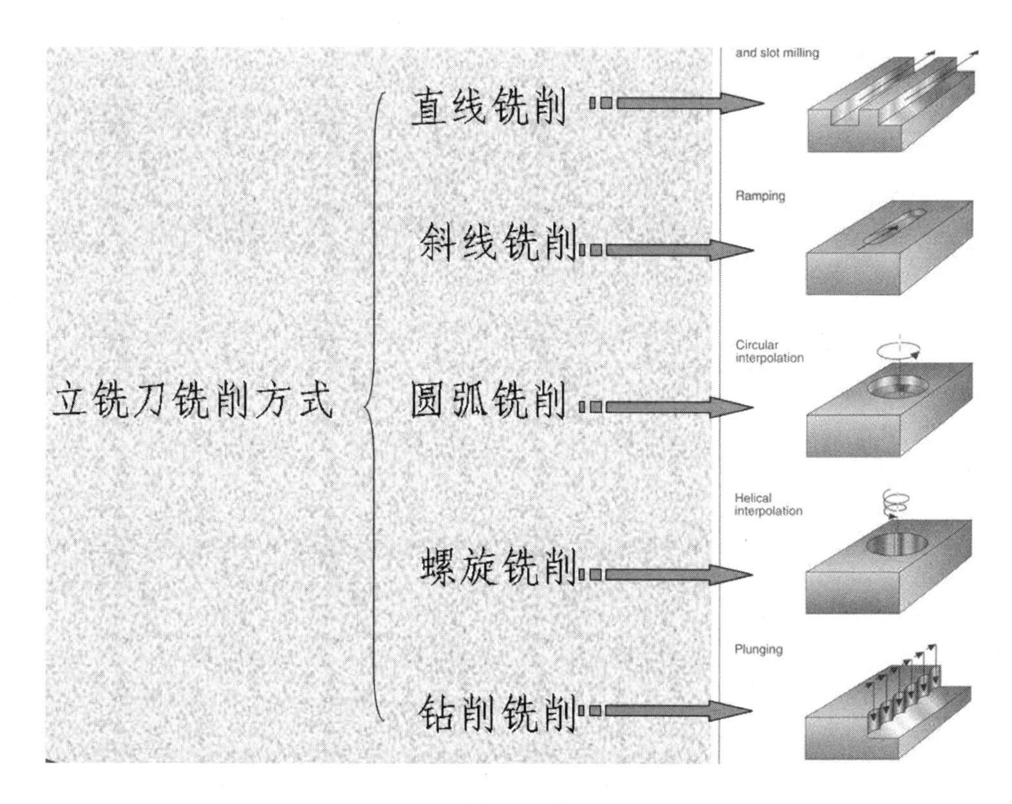

图　1-39

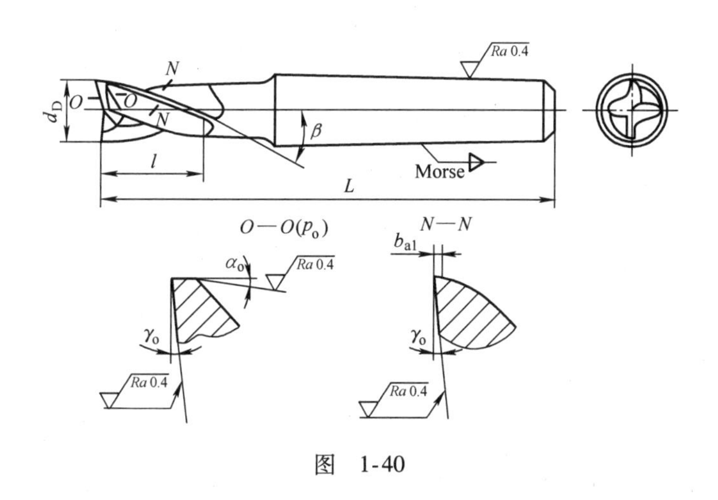

图　1-40

4. 模具铣刀

模具铣刀由立铣刀发展而来，可分为圆锥形立铣刀、圆柱形球头立铣刀和圆锥形球头立铣刀三种形式，其柄部有直柄、削平型直柄和莫氏锥柄。圆柱形球头立铣刀与圆锥形球头立铣刀的圆柱面、圆锥面和球面上的切削刃均为主切削刃，圆周刃与球头刃圆弧连接，铣削时不仅能沿铣刀轴向做进给运动，也能沿铣刀径向做进给运动，球头与工件接触为点接触。铣刀在数控铣床的控制下能加工出各种复杂的成形表面。

圆锥形立铣刀的作用与上述的球头立铣刀基本相同，只是前者可以利用本身的圆柱体方便加工出模具型腔的拔模角。

图 1-41 所示为高速钢制造的模具铣刀，图 1-42 所示为硬质合金制造的模具铣刀。小规格的硬质合金模具铣刀多制成整体结构，ϕ16mm 以上直径的常制成焊接或机夹可转位刀片结构。

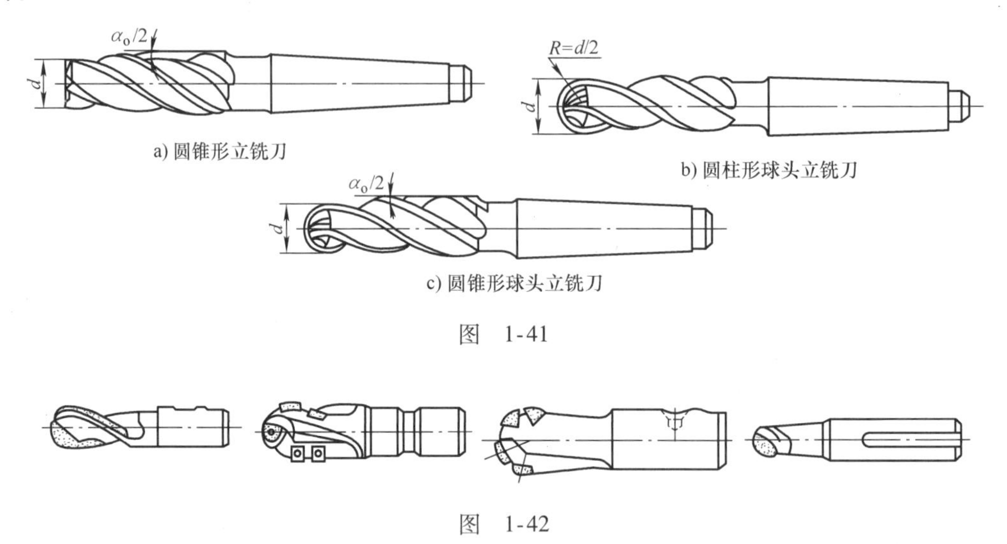

a) 圆锥形立铣刀　b) 圆柱形球头立铣刀　c) 圆锥形球头立铣刀

图　1-41

图　1-42

1.6.5　常用的孔加工刀具

从实体材料上加工出孔或扩大已有孔的刀具称为孔加工刀具。例如麻花钻、中心钻、深孔钻等可以在实体材料上加工出孔，而扩孔钻、锪钻、铰刀、镗刀等可以在已有孔的材料上进行扩孔加工。常用的钻削加工如图 1-43 所示。

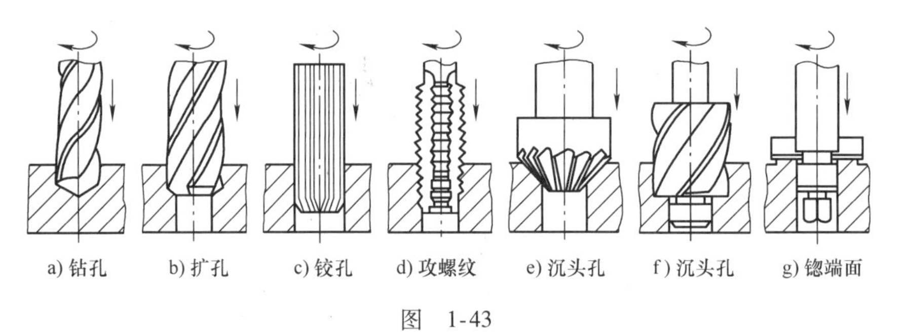

a) 钻孔　b) 扩孔　c) 铰孔　d) 攻螺纹　e) 沉头孔　f) 沉头孔　g) 锪端面

图　1-43

1. 麻花钻

麻花钻俗称钻头，是目前孔加工中应用最广的一种刀具。钻头能在钻床、铣床、车床和加工中心等机床上加工孔。因为它的结构适应性较强，又有成熟的制造工艺及完善的刃磨方法，特别是加工直径小于 ϕ30mm 的孔时，麻花钻仍为主要工具。硬质合金钻头包括无横刃硬质合金钻头和硬质合金可转位浅孔钻头等，适用于高速、大功率的切削，它的切削速度是高速钢麻花钻的 2 ~5 倍。高速钢麻花钻结构如图 1-44 所示，硬质合金麻花钻结构如图1-45 所示。

2. 中心钻

中心钻主要用于加工轴类工件中心孔或在平面上预先钻出孔的中心位置。中心钻有三种结构形式：带护锥中心钻、无护锥中心钻和弧型中心钻。

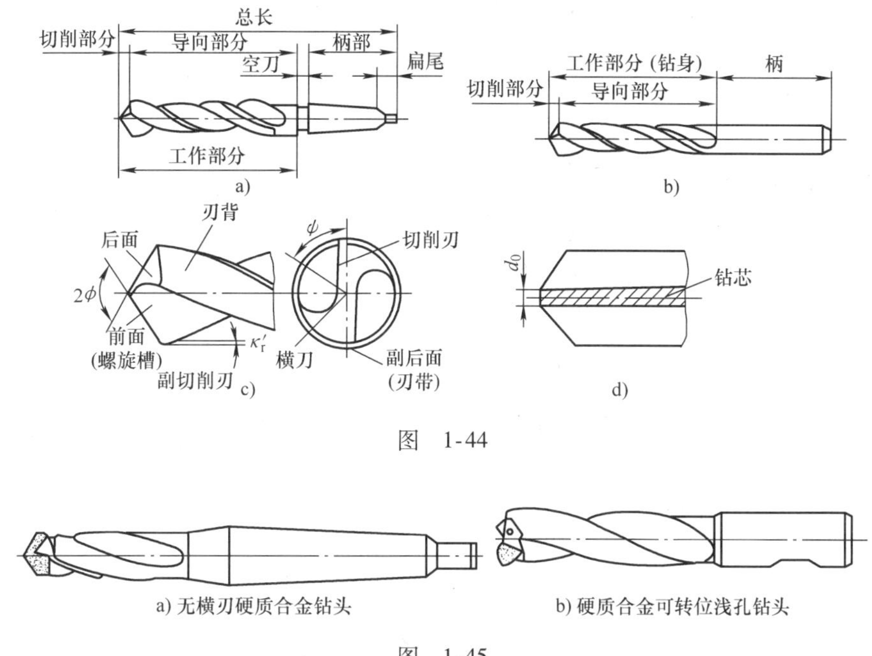

图　1-44

图　1-45

3. 深孔钻

通常把孔深与孔径之比大于 5 ~ 10 的孔称为深孔，加工所用的钻头称为深孔钻。深孔钻有很多种，常用的有外排屑深孔钻、内排屑深孔钻、喷吸钻及套料钻。

图 1-46 所示为用于深孔加工的喷吸钻。工作时，带压力的切削液从进液口流入联接套 5，其中三分之一从内管四周月牙形喷嘴喷入内管 6。由于月牙槽缝隙很窄，切削液喷入时产生喷射效应，能使内管里形成负压区。另外约三分之二切削液流入内、外管壁间隙到切削区，汇同切屑被吸入内管，并迅速向后排出，压力切削液流速快，到达切削区时成雾状喷出，有利于冷却。经喷口流入内管的切削液流速增大，加强“吸”的作用，提高排屑效果。

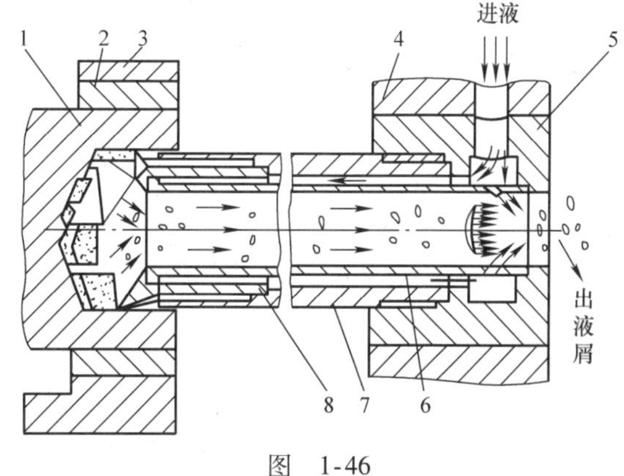

图　1-46

1—工件　2—夹爪　3—中心架　4—支承座
5—联接套　6—内管　7—外管　8—钻头

喷吸钻一般用于加工直径为 ϕ65 ~ 180mm 的深孔，孔的标准公差等级可达 IT10 ~ IT7，表面粗糙度值达 Ra1. 6 ~ 0. 8μm。

4. 扩孔钻

扩孔钻专门用来扩大已有的孔。标准扩孔钻一般有 3 ~ 4 条主切削刃，切削部分的材料为高速钢或硬质合金，结构形式有直柄式、锥柄式和套式等。图 1-47a、b、c 所示分别为锥柄式高速钢扩孔钻、套式高速钢扩孔钻和套式硬质合金扩孔钻。在小批量生产时，扩孔钻常用麻花钻改制而成。

扩孔直径较小时，可选用直柄式扩孔钻；扩孔直径中等时，可选用锥柄式扩孔钻；扩孔直径较大时，可选用套式扩孔钻。

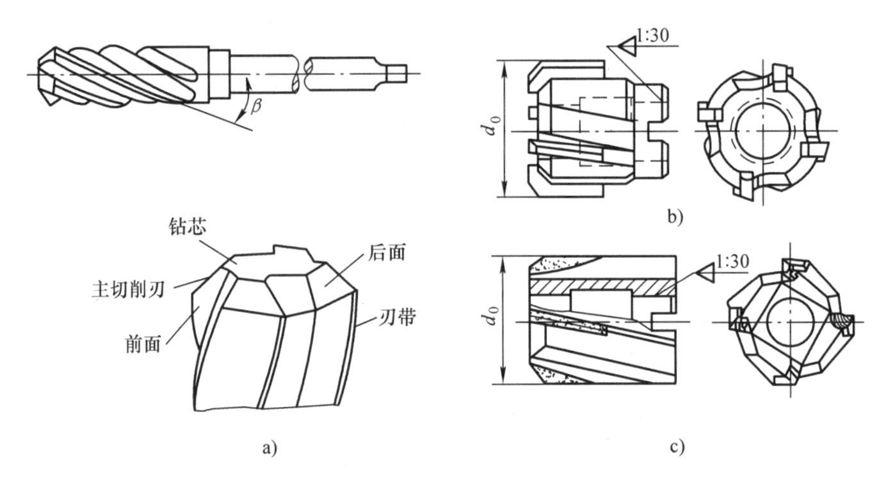

图　1-47

扩孔钻的加工余量较小，主切削刃较短，因而容屑槽浅，刀体的强度和刚度较好。它没有麻花钻的横刃，加之刀齿多，所以导向性好，切削平稳，加工质量和生产率都比麻花钻高，孔的标准公差等级可达 IT11 ~ IT10，表面粗糙度值达 *Ra*6.3 ~ 3.2μm。

5. 锪钻

常见的锪钻有三种：圆柱形沉头孔锪钻、锥形沉头孔锪钻及端面凸台锪钻。

6. 铰刀

铰刀常用于对已有孔做最后的精加工，也可对要求精确的孔进行预加工。

铰刀铰削切除余量很小，一般只有 0.1 ~ 0.5mm。它能在钻床、铣床、车床和加工中心等机床上加工直径为 ϕ1 ~ 100mm 的圆柱孔、圆锥孔、通孔和不通孔，是一种应用十分普遍的孔加工刀具，加工孔标准公差等级可达 IT11 ~ IT6，表面粗糙度值达 *Ra*1.6 ~ 0.2μm。铰刀的具体结构组成如图 1-48 所示。

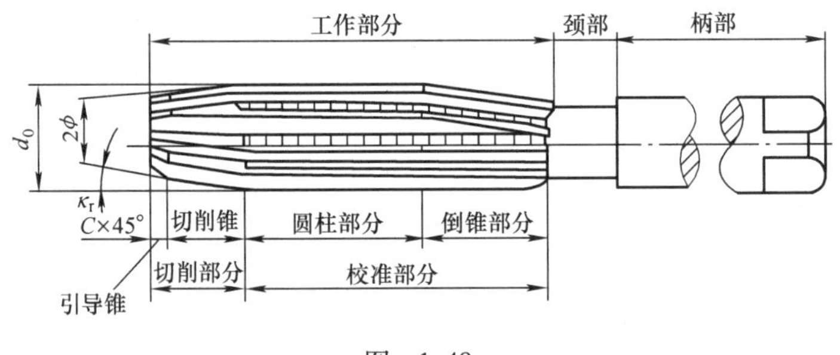

图　1-48

当加工标准公差等级为 IT7 ~ IT5、表面粗糙度值为 *Ra*0.7μm 的孔时，可采用机夹硬质合金刀片的单刃铰刀，结构如图 1-49 所示，刀片 3 通过楔套 4 用螺钉 1 固定在刀体上，通过螺钉 7、销 6 可调节铰刀尺寸。导向块 2 可采用粘结和铜焊固定。

7. 镗刀

镗刀是对工件已有孔进行再加工的刀具，可加工不同精度的孔，加工孔标准公差等级可达 IT7 ~ IT6，表面粗糙度值达 *Ra*6.3 ~ 0.8μm。

镗刀也就是安装在回转运动镗杆上的车刀，可分为单刃镗刀和多刃镗刀。

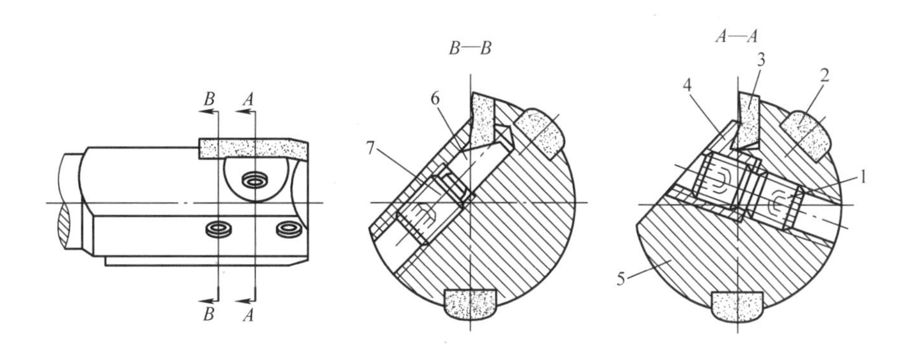

图　1-49

1、7—螺钉　2—导向块　3—刀片　4—楔套　5—刀体　6—销

镗削通孔、阶梯孔、不通孔可分别选用图 1-50a、b、c 所示的单刃镗刀。

单刃镗刀刚性差，切削时易引起振动，所以镗刀的主偏角宜选得大些，以减小径向力。

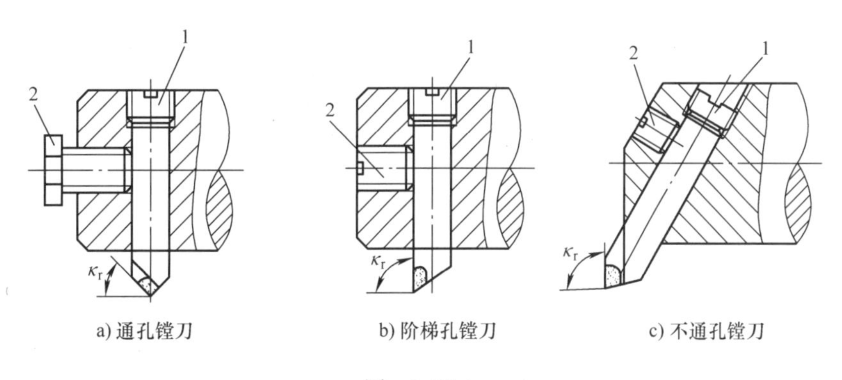

图　1-50

1—调节螺钉　2—紧固螺钉

在孔的精镗中，目前较多地选用精镗微调镗刀。这种镗刀的径向尺寸可以在一定范围内进行微调，调节方便且精度高，其结构如图 1-51 所示。调整尺寸时，先松开拉紧螺钉 6，然后转动带刻度盘的微调螺母 3，等调至所需尺寸后，再拧紧拉紧螺钉 6，使用时应保证锥面靠近大端接触，且与直孔部分同心。键与键槽配合间隙不能太大，否则微调时就不能达到较高的精度。

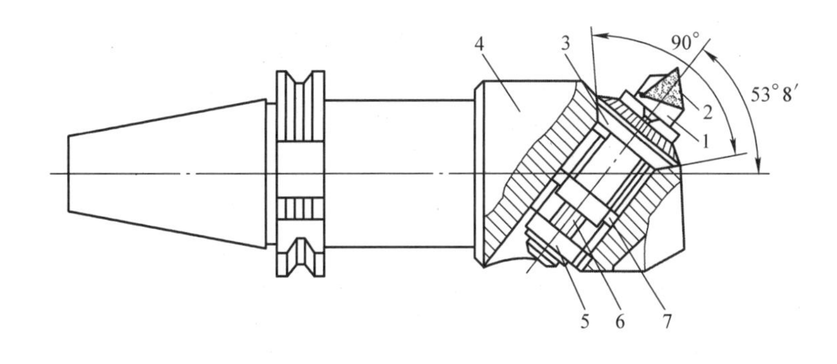

图　1-51

1—刀体　2—刀片　3—微调螺母　4—刀杆　5—螺母　6—拉紧螺钉　7—导向键

镗削大直径的孔可选用图1-52所示的双刃镗刀。这种镗刀头部可以在较大范围内进行调整，且调整方便，最大镗孔直径可达 ϕ1000mm。

双刃镗刀在镗杆轴线两侧对称装有两个切削刃，可消除径向力对镗孔质量的影响，多采用装配式浮动结构。镗刀头有整体高速钢结构和硬质合金焊接结构。图1-52所示为大直径不重磨可调双刃镗刀。

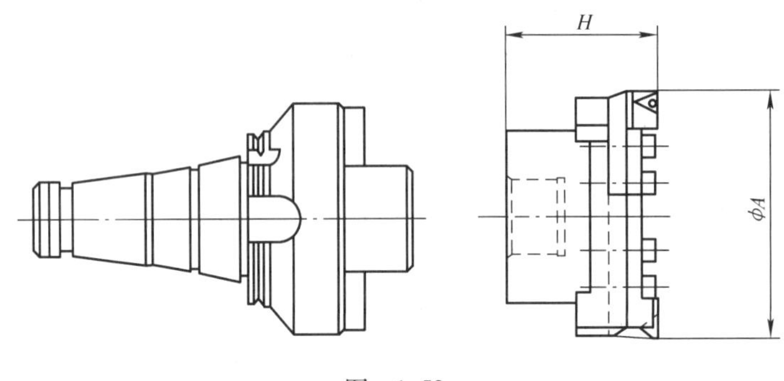

图　1-52

1.6.6　数控刀具的选择

1. 数控刀具选择原则

（1）根据被加工零件的表面形状选择刀具　若零件表面较平坦，可使用平底刀或飞刀（镶硬质合金刀粒的圆鼻铣刀）进行加工；若零件表面凹凸不平，应使用球头铣刀进行加工，以免切伤工件。

（2）根据从大到小的原则选择刀具　刀具直径越大，所能切削的毛坯材料范围越广，加工效率越高。

（3）根据曲面曲率大小选择刀具　通常针对圆角或拐角位置的加工，圆角位越小，选用的刀具直径越小，且通常圆角位的加工选用球头铣刀。

（4）根据粗、精加工选择刀具　粗加工时强调获得最快的开粗过程，则刀具的选用偏向于大直径的平底刀或飞刀；精加工强调获得好的表面质量，此时应选用相应小直径的平底刀（飞刀）或球刀。

2. 数控刀具选择因素

刀具的选择是数控加工工艺中的重要内容之一。选择刀具通常要考虑机床的加工性能、工序内容和工件材料等因素。选取刀具时，要使刀具的尺寸和形状相适应。刀具选择应考虑的主要因素如下：

（1）被加工工件的材料和性能　如金属、非金属，其硬度、刚度、塑性、韧性及耐磨性等。

（2）加工工艺类别　如车削、钻削、铣削、镗削或粗加工、半精加工、精加工和超精加工等。

（3）加工工件信息　如工件几何形状、加工余量、零件的技术指标等。

（4）刀具能承受的切削用量　主要包括切削用量三要素：主轴转速、切削速度与切削深度。

（5）辅助因素　如操作间断时间、振动、电力波动或突然中断等。

3. 数控刀具选择注意事项

1）刀具尺寸。刀具尺寸的选择应使刀具的尺寸与被加工工件的表面尺寸相适应。刀具直径的选用主要取决于设备的规格和工件的加工尺寸，还需要考虑刀具所需功率应在机床功率范围之内。

2）刀具形状。刀具形状的选择应符合铣削面。生产中，平面零件周边轮廓的加工，常采用立铣刀；铣削平面时，应选用面铣刀；加工凸台、凹槽时，应选用高速钢立铣刀；加工毛坯表面或粗加工孔时，可选取镶硬质合金刀片的玉米铣刀；对一些立体型面和变斜角轮廓外形的加工，常采用球头铣刀、环形铣刀、锥形铣刀和盘形铣刀。

3）大工件尽量使用大直径的刀具，以提高刀具的加工效率和刚性。曲面光刀和清角时，根据参考曲面凹陷和拐角处的最小半径值选择刀具。开粗先采用大直径刀具，以提高效率，再采用小直径刀具进行二次开粗，二次开粗的目的是清除上一步开粗的残余料。

4）在保证刀具刚性的前提下，刀具装夹长度依曲面形状和深度来确定，一般比加工范围高出 2mm，防止出现刀具与工件相互干涉。

5）选择小直径刀具要注意切削刃（刃长）长度。直径小于 ϕ6mm 时，刀具切削刃的直径与刀柄直径不一致，一般刀柄直径为 ϕ6mm，切削刃与刀柄之间形成锥形过渡，加工区域狭窄、深度较大时，可能出现刀柄与工件干涉。

6）选择刀具应符合精度要求，平面铣削应选用不重磨硬质合金端面铣刀或立铣刀。一般采用二次走刀，第一次走刀最好用面铣刀粗铣，沿工件表面连续走刀。选好每次走刀的宽度和铣刀的直径，使接痕不影响精铣精度。加工余量大又不均匀时，铣刀直径要选小些；精加工时，铣刀直径要选大些，最好能够包容加工面的整个宽度；表面质量要求高时，还可以选择使用具有修光效果的刀片。

7）在进行自由曲面（模具）加工时，由于球头刀具的端部切削速度为零，为了保证加工精度，切削行距一般采用顶端密距，因此球头铣刀常用于曲面的精加工。而平底刀具在表面加工质量和切削效率方面都优于球头铣刀，因此只要在保证不过切的前提下，无论是曲面的粗加工还是精加工，都应该优先选择平底刀。另外，刀具寿命和精度与刀具价格关系极大，选择好的刀具虽然增加了刀具成本，但由此带来的加工质量和加工效率的提高，可以使整个加工成本大大降低。

8）在加工中心上，各种刀具分别装在刀库上，按照程序规定可以随时进行选刀和换刀动作。因此必须采用标准刀柄，以便使钻、镗、扩、铣削等工序用的标准刀具迅速、准确地装到机床主轴或刀库上。编程人员应该了解机床上所用刀柄的结构尺寸、调整方法及调整范围，以便在编程时确定刀具的径向和轴向尺寸。

1.7　数控加工工艺

1. 数控加工工艺的内容

数控加工工艺是数控加工程序编制的依据，是采用数控机床加工零件时所运用的方法和技术手段的总和。

数控加工的工艺设计必须在程序编制工作开始以前完成，因为只有工艺方案确定以后，编程才有依据。工艺方案的好坏不仅会影响机床效率的发挥，而且将直接影响零件的加工质量。根据大量加工实例分析，工艺设计考虑不周是造成数控加工差错的主要原因之一。数控加工工艺主要包括如下内容：

1）选择适合在数控机床上加工的零件，确定工序内容。

2）分析被加工零件的图样，明确加工内容及技术要求，确定零件的加工方案，制订数控加工工艺路线，如划分工序、处理与非数控加工工序的衔接等。

3）加工工序、工步的设计。例如选取零件的定位基准，夹具、辅具方案的确定，确定切削用量等。

4）数控加工程序的调整。选取对刀点和换刀点，确定刀具补偿，确定加工路线。

5）分配数控加工中的加工余量。

6）处理数控机床上的部分工艺指令。

7）首件试加工与现场问题处理。

8）数控加工工艺文件的定型与归档。

2. 数控加工的工艺特点

数控铣削加工工艺和普通机床铣削加工工艺相比较，遵循的基本原则和使用的方法大致相同，但数控加工的整个过程是自动进行的，因而具有下列特点：

1）数控加工的工序内容比普通机床加工的工序内容复杂。数控机床上通常安排较复杂的工序，而这部分工序在普通机床上难以完成。

2）数控加工工艺内容要求具体详细。在普通机床上加工时由操作者在加工中灵活掌握，并可通过适时调整来处理的工艺问题，如工序内工步的安排、刀具尺寸、加工余量、切削用量、对刀点、换刀点、走刀路线的确定等问题，在数控加工时必须事先具体详细地设计和安排。

1.8 数控加工工艺分析和规划

1. 加工区域规划

加工区域规划是将加工对象分成不同的加工区域，分别采用不同的加工工艺和加工方式进行加工，目的是提高加工效率和质量。常见的需要进行分区域加工的情况有以下几种：

1）加工表面形状差异较大，需要分区加工。例如加工表面由水平面和自由曲面组成。显然，对于这两种类型可采用不同的加工方式以提高加工效率和质量，即对水平面部分采用平底刀加工，刀位轨迹（以下简称“刀轨”）步距可超过刀具半径，一般为刀具直径的60%～75%，以提高加工效率；而对曲面部分应使用球头刀加工，步距一般为0.08～0.2mm，以保证表面质量。

2）加工表面不同区域尺寸差异较大，需要分区加工。例如对较为宽阔的型腔可采用较大的刀具进行加工，以提高加工效率；而对于较小的型腔或转角区域，使用大尺寸刀具不能进行彻底加工，应采用较小刀具以确保加工到位。

3）加工表面的精度和表面粗糙度要求差异较大时，需要分区加工。例如，同一表面的配合部位的精度要求较高，需要以较小的步距进行加工；而对于其他精度和表面粗糙度要求较低的表面，可以较大的步距加工，以提高效率。

4）有效控制加工残余高度，针对曲面的变化采用不同的刀轨形式和行间距进行分区加工。

2. 加工路线规划

在设计数控工艺路线时，首先要考虑加工顺序的安排。加工顺序的安排应根据零件的结构、毛坯状况，以及定位安装与夹紧的需要来考虑，重点是保证定位夹紧时工件的刚性和加工精度。加工顺序安排一般应按下列原则进行：

1）上道工序的加工不能影响下道工序的定位与夹紧，要综合考虑。

2）加工工序应由粗加工到精加工逐步进行，加工余量由大到小。

3）先进行内腔加工工序，后进行外形加工工序。

4）尽可能采用相同的定位、夹紧方式或同一把刀具加工的工序最好连接进行，以减少重复定位次数、换刀次数和挪动压板次数，以保证加工精度。

5）在同一次安装中进行的多道工序，应先安排对工件刚性破坏较小的工序。

6）注意与普通工序的衔接和协调。

3. 加工方式规划

加工方式规划是实施加工工艺路线的细节设计。其主要内容包括以下几点：

（1）刀具选择　为不同的加工区域、加工工序选择合适的刀具，刀具的正确选择对加工质量和效率有较大的影响。

（2）刀轨形式选择　针对不同的加工区域、加工类型、加工工序选择合理的刀轨形式，以确保加工的质量和效率。

（3）误差控制　确定与编程有关的误差环节和误差控制参数，保证数控编程精度和实际加工精度。

（4）残余高度的控制　根据刀具参数、加工表面质量确定合理的刀轨步距，在保证加工表面质量的前提下，可以提高加工效率。

（5）切削工艺控制　切削工艺包括了切削用量控制（包括切削深度、刀具进给速度、主轴旋转方向和转速控制等）、加工余量控制、进退刀控制、冷却控制等诸多内容，是影响加工精度、表面质量和加工损耗的重要因素。

（6）安全控制　包括安全高度、避让区域等涉及加工安全的控制因素。

工艺分析规划是数控编程中较为灵活的部分，受机床、刀具、加工对象（几何特征、材料）等多种因素的影响。从某种程度上可以认为工艺分析规划基本上是加工经验的体现，因此要求编程人员在工作中不断总结和积累经验，使工艺分析和规划更符合实际工件的需要。

1.9　数控工艺粗精加工原则

模具部件形状复杂，加工要求也多种多样，复杂工件的加工可能涉及平面铣削、型腔铣削、曲面轮廓铣和钻孔加工等多种操作，要把握好这些操作，需要在实际加工中体会和总结。

1. 粗加工原则

粗加工应选用直径尽量大的刀具，设定尽可能高的加工速度。粗加工的目标是尽可能去除工件材料，并加工出与模具部件相似的工件，但必须综合考虑刀具性能、工件材料、机床负载和损耗等，从而确定合理的切削深度、进给速度、切削速度和刀具转速等参数。

一般来说，粗加工的刀具直径、切削深度和进给速度的值较大，而受机床负载能力的限制，切削速度和刀具转速较小。

UG 粗加工大多情况下使用型腔铣，选择“跟随工件”或“跟随周边”的切削方式，也可以使用面铣和平面铣进行局部的粗加工。

2. 半精加工原则

半精加工是在精加工前进行的准备工作，目的是保证在精加工之前，工件上所有需要精加工区域的余量基本均匀。如果在粗加工之后，工件表面的余量比较均匀，可以不进行半精加工。

对于平面或曲面工件，经过大直径刀具型腔铣粗加工或平面铣加工之后，可能留下不均匀的余量，一般有下面四种情况：

1）在大直径刀具无法进入的凹槽或窄槽处会留下很大的残留余量。

2）陡峭面侧壁大刀具无法清到的角落。

3）在非陡峭面上切削层与层之间留下的台阶余量。

4）大直径球头铣刀加工不到的小圆角。

半精加工的刀轨形式较为灵活，根据以上的情况相应的处理方式如下：

1）使用型腔铣设置残留毛坯加工。

2）使用型腔铣设置参考刀具进行清角。

3）使用曲面轮廓铣的区域铣削方式，并设置非陡峭面角度。

4）使用曲面轮廓铣的清根操作或径向操作，使用小刀具清理未切削材料。

在实际工作中，复杂工件往往是多种情况并存的，此时可先采用型腔铣对残留毛坯进行半精加工，然后用型腔铣参考刀具加工，最后根据具体情况，使用等高轮廓铣或曲面轮廓铣进行加工。

3. 精加工原则

半精加工后，工件表面还保留有较均匀的切削余量，而这部分余量要通过精加工方式去除。通常，使用曲面轮廓铣实现曲面精加工，设置较大的切削速度、主轴转速和较小的切削步距。而平面形工件则不同，粗加工之后使用平面铣和面铣进行精加工，设置较小的切削速度、切削步距和较高的主轴转速。

对于曲面工件，通常采用曲面轮廓铣的区域铣削方式，设置一定的步距和加工角度进行加工，但越陡峭的表面加工质量越差，可以通过陡峭面和非陡峭面刀轨、螺旋刀轨、3D 等距刀轨和优化等高刀轨等方式来提高陡峭表面的加工质量。

第 2 章 UG NX CAM 基础

2.1 UG CAM 主要加工方式及功能特点

UG NX 是 Siemens PLM Software 新一代数字化产品开发系统，它可以通过过程变更来驱动产品革新。知识管理基础是其独特之处，它使得工程专业人员能够推动革新，以创造出更大的利润。UG NX8.0 中文版的主要加工方式及特点如下：

（1）平面铣（Planar Milling） 平面铣用于平面轮廓或平面区域的粗、精加工。刀具平行于工件底面进行多层铣削，每一切削层均与刀轴垂直，各加工部位的侧面与底面垂直。平面铣用边界定义加工区域，去除的材料为各边界投射到底面之间的部分，但是平面铣不能加工底面与侧面不垂直的部位。

（2）型腔铣（Cavity Milling） 型腔铣用于对型腔或型芯进行粗加工。用户根据型腔或型芯的形状，将要切除的部位在深度方向上分成多个切削层进行切削，每个切削层可指定不同的切削深度，并可用于加工侧壁与底面不垂直的部位，但在切削时要求刀轴与切削层垂直。型腔铣在刀具路径的同一高度内完成一层切削，遇到曲面时将绕过，并下降一个高度进行下一层的切削。系统按照零件在不同深度的截面形状计算各层的刀轨。

（3）固定轴曲面轮廓铣（Fixed Axis Milling） 固定轴曲面轮廓铣用于对由轮廓曲面形成的区域进行精加工。它允许通过精确控制刀具的轴线和投影矢量，使刀具沿着非常复杂的曲面轮廓运动。其刀具路径通过将导向点投射到零件表面来产生。

固定轴曲面轮廓铣刀轨的产生过程可以分为两个阶段：首先从驱动几何体上产生驱动点，然后将驱动点沿着一个指定的矢量投射到零件几何体上，产生刀轨点，同时检查该刀轨点是否过切或超差。如果该刀轨点满足要求，则输出该点，并驱动刀具运动；否则放弃该点。

（4）可变轴曲面轮廓铣（Variable Axis Milling） 可变轴曲面轮廓铣模块支持在曲面上的固定和多轴铣功能，完全是 3 ~ 5 轴轮廓运动。其刀具方位和曲面的表面质量可以由用户规定。利用曲面参数，通过投射刀轨到曲面上和用任一曲线或点控制刀轨。

（5）顺序铣（Sequential Milling） 顺序铣模块用在用户要求创建刀轨的每一步上，它只在完全进行控制的加工情况下有效。顺序铣是完全相关的，它允许用户构造一段接一段的刀轨，但保留每一个步骤上的总控制。其循环的功能允许用户通过定义内、外轨迹，在曲面上生成多个刀路。

（6）点位加工（Point to Point） 点位加工可产生钻、扩、镗、铰和攻螺纹等操作的加工路径。该加工的特点是用点作为驱动器的几何规格。可根据需要选择不同的固定循环。

（7）螺纹铣（Thread Milling） 对于一些因为直径太大，不适合用攻螺纹加工的螺纹，可以利用螺纹铣加工。螺纹铣利用特别的螺纹铣刀通过铣削的方式来加工螺纹。

（8）车削加工（Lathe） 提供高质量车削零件需要的所有功能。UG NX/Lathe 为了自动更新，其零件几何体与刀轨间是完全相关的，它包括粗车、多刀路精车、车沟槽、车螺纹和中心钻等子程序；输出时可以直接带后处理，产生机床可读的一个源文件；用户控制的参数（除非改变参数保持模态）可以通过生成刀轨和图形显示进行测试。

（9）线切割（Wire EDM） 利用线切割模块可以方便地在二轴和四轴方式中切削零件。线切割支持线框或实体的 UG 模型，在编辑和模型更新中，所有操作是完全相关的。多种类型的线切割操作是有效的，如多刀路轮廓、线反向和区域移去，也允许粘接线停止的轨迹和使用各种线尺寸和功率设置。用户可以使用通用的后处理器，从一个特定的后置中开发出一个加工机床的数据文件。线切割模块也支持许多流行的 EDM 软件包，包括 AGIE Charmil - les 和其他工具。

UG NX8.0 中文版数控加工的其他特点如下：

（1）仿真功能 UG NX8.0 数控加工提供了完整的工具，包括 HD 3D 的三维精确描述功能，以及开放、直观的可视化环境，用于对整套加工流程进行模拟和确认。UG NX8.0 拥有一系列可扩展的模拟仿真方案，如机床刀路显示，到动态切削模拟，以及完全的机床运动仿真，内容如下：

1）机床刀路验证。作为 UG NX8.0 的标准功能，用户可以立即重新执行已计算好的机床刀路。UG NX8.0 有一系列显示选择项，包括在毛坯上进行动态切削模拟。

2）机床运动仿真。UG NX8.0 数控加工模块内完整的机床运动仿真可以由 UG NX8.0 后处理程序输出并进行驱动。机床上的三维实体模型以及加工部件、夹具和刀具将会按照加工代码以已经设定好的机床移动方式进行运动。

3）同步显示。UG NX8.0 可以使用全景或放大模式，动态地观察在完整的机床模拟环境中对毛坯进行动态切削仿真。

4）VCR（录像机）模式控制。UG NX8.0 提供了简单的屏幕按钮以控制模拟显示，与我们所熟悉的录像回放装置中的典型控制一样。

使用仿真功能具有以下优点：

1）缩短在机床上的验证时间。使用 UG NX8.0，程序员无需在机床上进行耗时的检测，只需在计算机上验证加工程序即可。

2）碰撞检测。UG NX8.0 可检测部件、正在加工的毛坯、刀具、刀柄和夹具以及机床结构之间是否存在实际的或接近的碰撞。

3）输出显示。随着模拟的运行，NC 执行代码将实时显示在滚动屏上。

（2）后处理和车间工艺文档 UG NX8.0 拥有后处理生成器，可以以图形方式创建五轴的后处理程序。运用后处理程序生成器，用户可以指定 NC 编码所需的参数文本以及用于阐释内部 NX 加工机床刀路所需的机床运动参数。

车间工艺文档的编制，包括工艺流程图、操作顺序信息和工具列表等，通常需要耗费很多时间，并被公认为最大的流程瓶颈。而 UG NX8.0 可以自动生成车间工艺文档，并以各种格式进行输出，包括 ASCII 内部局域网的 HTML 格式。

（3）定制编程环境 UG NX8.0 加工编程环境可以由用户自己定制，即用户可以根据自己的工作需要来定制编程环境，排除与工作不相关的功能，简化编程环境，使环境最符合工作需要，以减少过于复杂的编程界面带来的烦恼，有利于提高工作效率。

2.2　UG CAM 界面介绍

1. 进入加工模块

在选择菜单中的开始下拉框中选择加工(N)…模块，如图 2-1 所示，进入加工模块。

2. 设置加工环境

选择加工(N)…模块，系统弹出【加工环境】对话框，如图 2-2 所示。在【CAM 会话配置】列表框中选择【cam _ general】，在【要创建的 CAM 设置】列表框中选择【mill _ contour】，单击确定按钮，进入加工初始化，加工界面如图 2-3 所示。

图　2-1

图　2-2

3. 工具条

(1) 导航器工具条。

（程序顺序视图）：在工序导航器中显示程序顺序视图。

（机床视图）：在工序导航器中显示机床视图。

（几何视图）：在工序导航器中显示几何视图。

（加工方法视图）：在工序导航器中显示加工方法视图。

(2) 插入工具条。

（创建程序）：新建程序对象，该对象显示在工序导航器的程序顺序视图中。

（创建刀具）：新建刀具对象，该对象显示在工序导航器的机床视图中。

（创建几何体）：新建几何体组对象，该对象显示在工序导航器的几何视图中。

（创建方法）：新建方法组对象，该对象显示在工序导航器的加工方法视图中。

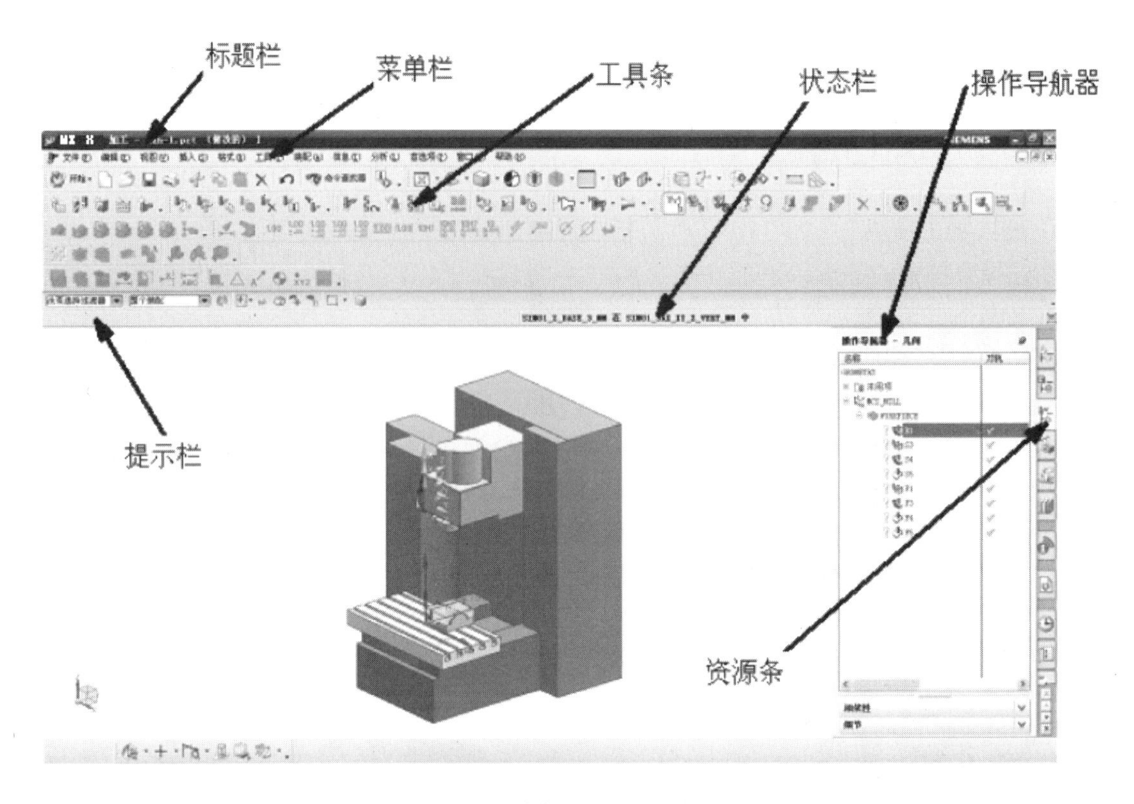

图 2-3

（创建工序）：新建操作，该操作显示在工序导航器的所有视图中。

（3）操作工具条一

（生成刀轨）：为选定操作生成刀轨。

（平行生成刀轨）：交互会话继续时，在后台生成所选操作的刀轨。

（编辑刀轨）：为选定操作编辑刀轨。

（删除刀轨）：为选定操作删除刀轨。

（重播刀轨）：在图形窗口中重现选定的刀轨。

（确认刀轨）：确认选定的刀轨并显示刀具运动和材料移除。

（列出刀轨）：在信息窗口中列出选定刀轨GOTO（相对于MCS）、机床控制信息以及进给率等。

（过切检查）：检查刀具夹持器碰撞和部件过切。

（列出过切）：列出刀具夹持器碰撞和部件过切事例。

（机床仿真）：使用以前定义的机床仿真刀轨。

（后处理）：对选定的刀轨进行后处理。

（车间文档）：创建一个加工操作的报告，其中包括刀具几何体、加工顺序和控制参数。

（批处理）：提供以批处理方式处理与NC有关的输出选项。

（4）操作工具条二

（编辑对象）：打开选定的对象进行编辑。
（剪切对象）：剪切选定的对象并将其放在剪贴板上。
（复制对象）：将选定的对象复制到剪贴板上。
（粘贴对象）：从剪贴板粘贴对象。
（重命名对象）：重命名工序导航器中的 CAM 对象。
（删除对象）：从工序导航器删除 CAM 对象。
（变换对象）：变换刀轨，同时保留与操作的关联性。
（信息）：在信息窗口中列出对象名称和对象参数。
（显示对象）：在图形窗口中显示选定的对象。
（5）几何体工具条
（分析）：单击（小三角）图标，弹出图 2-4 所示的下拉菜单。
（几何体）：单击（小三角）图标，弹出图 2-5 所示的下拉菜单。
（曲线）：单击（小三角）图标，弹出图 2-6 所示的下拉菜单。
（修补开口）：创建片体，以将开口插入到一组面中。
（同步建模）：显示同步建模工具条。
（预处理几何体）：单击（小三角）图标，弹出图 2-7 所示的下拉菜单。

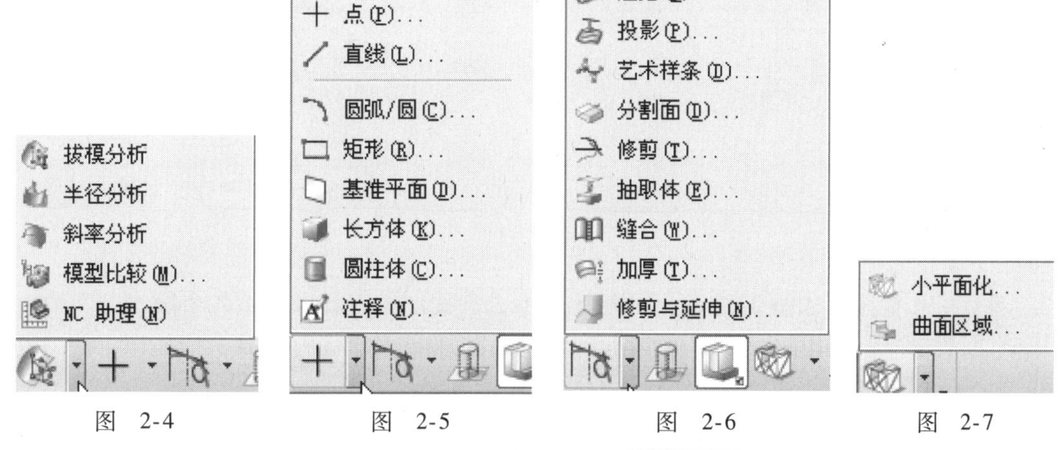

图 2-4　　图 2-5　　图 2-6　　图 2-7

（6）工件工具条（显示操作过程中的工件形状）
（显示 2D IPW）：单击（小三角）图标，弹出图 2-8 所示的下拉菜单。
（显示填充 2D IPW）：单击（小三角）图标，弹出图 2-9 所示的下拉菜单。
（3D IPW）：单击（小三角）图标，弹出图 2-10 所示的下拉菜单。

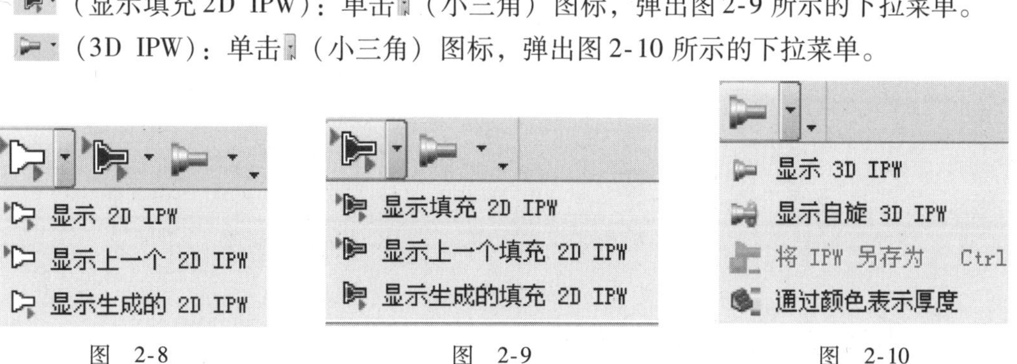

图 2-8　　图 2-9　　图 2-10

4. 工序导航器工具视图

工序导航器是各加工模块的入口位置，是用户进行交互编辑操作的图形界面，它以树形结构显示程序顺序、加工方法、几何对象及机床（刀具）等对象，以及它们的从属关系。在资源条单击（工序导航器）图标，可以打开或关闭工序导航器工具。单击工序导航器中各节点前的展开号（+）或折叠号（-），可展开或折叠各节点包含的对象。

工序导航器工具可以显示四种视图：程序顺序视图、机床视图、加工方法视图和几何视图。通过导航器工具条中的四个命令控制显示哪种视图。

（1）程序顺序视图　如图 2-11 所示的程序顺序视图，其每个操作名称的后面显示了该操作的相关信息。“换刀”列显示该操作相对于前一个操作是否更换刀具，若是更换了将显示一个（刀具符号）；【刀轨】列显示该操作对应的刀具路径是否生成，如果生成则显示 ✔ 符号，若是通过其他操作转换得来将显示 ↪ 符号。除此以外还显示了该操作所使用的刀具、刀具号、时间、几何体、方法的名称。

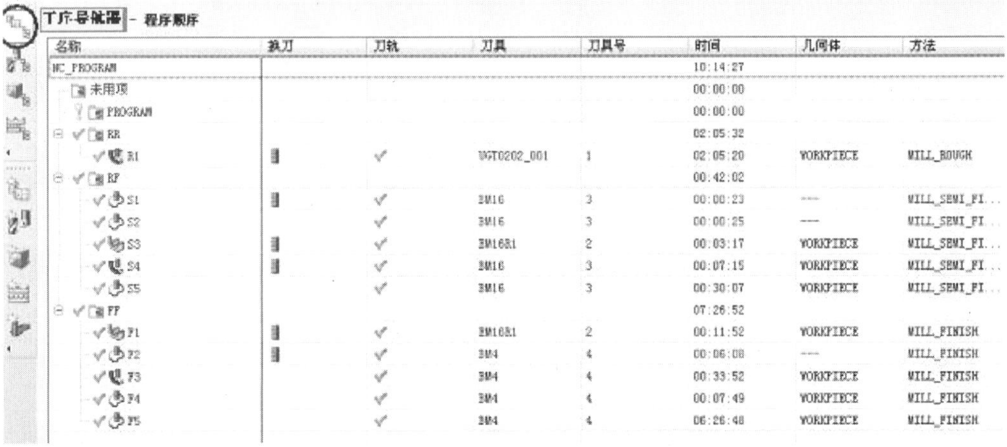

工序导航器 - 程序顺序

名称	换刀	刀轨	刀具	刀具号	时间	几何体	方法
NC_PROGRAM					10:14:27		
未用项					00:00:00		
PROGRAM					00:00:00		
RR					02:05:32		
R1	▮	✓	UGT0202_001	1	02:05:20	WORKPIECE	MILL_ROUGH
RF					00:42:02		
S1	▮	✓	BM16	3	00:00:23	---	MILL_SEMI_FI...
S2		✓	BM16	3	00:00:25	---	MILL_SEMI_FI...
S3	▮	✓	BM16R1	2	00:03:17	WORKPIECE	MILL_SEMI_FI...
S4	▮	✓	BM16	3	00:07:15	WORKPIECE	MILL_SEMI_FI...
S5		✓	BM16	3	00:30:07	WORKPIECE	MILL_SEMI_FI...
FF					07:26:52		
F1	▮	✓	BM16R1	2	00:11:52	WORKPIECE	MILL_FINISH
F2	▮	✓	BM4	4	00:06:08	---	MILL_FINISH
F3		✓	BM4	4	00:33:52	WORKPIECE	MILL_FINISH
F4		✓	BM4	4	00:07:49	WORKPIECE	MILL_FINISH
F5		✓	BM4	4	06:26:48	WORKPIECE	MILL_FINISH

图　2-11

（2）机床视图　如图 2-12 所示的机床视图，它按加工刀具来组织各个操作，其中列出了当前零件中存在的各种刀具以及使用这些刀具的操作名称。一个操作只能使用一把刀具。

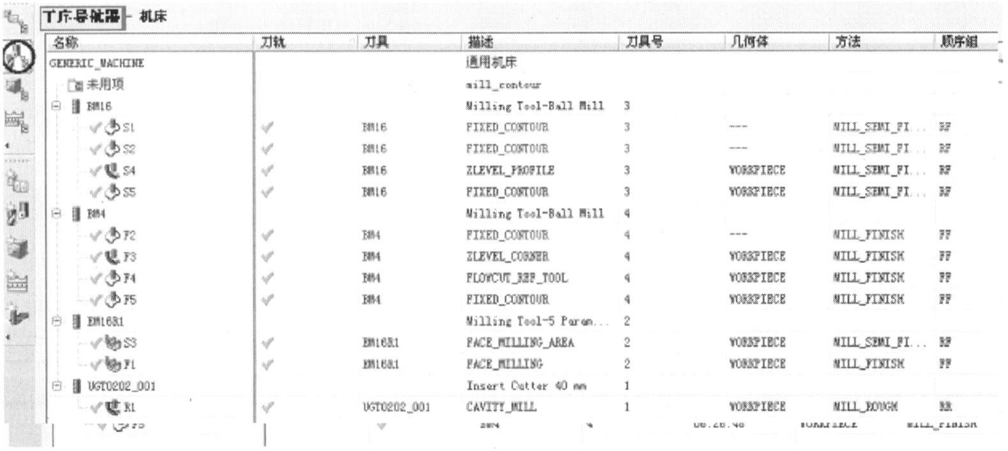

工序导航器 - 机床

名称	刀轨	刀具	描述	刀具号	几何体	方法	顺序组
GENERIC_MACHINE			通用机床				
未用项			mill_contour				
BM16			Milling Tool-Ball Mill	3			
S1	✓	BM16	FIXED_CONTOUR	3	---	MILL_SEMI_FI...	RF
S2	✓	BM16	FIXED_CONTOUR	3	---	MILL_SEMI_FI...	RF
S4	✓	BM16	ZLEVEL_PROFILE	3	WORKPIECE	MILL_SEMI_FI...	RF
S5	✓	BM16	FIXED_CONTOUR	3	WORKPIECE	MILL_SEMI_FI...	RF
BM4			Milling Tool-Ball Mill	4			
F2	✓	BM4	FIXED_CONTOUR	4	---	MILL_FINISH	FF
F3	✓	BM4	ZLEVEL_CORNER	4	WORKPIECE	MILL_FINISH	FF
F4	✓	BM4	FLOWCUT_REF_TOOL	4	WORKPIECE	MILL_FINISH	FF
F5	✓	BM4	FIXED_CONTOUR	4	WORKPIECE	MILL_FINISH	FF
BM16R1			Milling Tool-5 Param...	2			
S3	✓	BM16R1	FACE_MILLING_AREA	2	WORKPIECE	MILL_SEMI_FI...	RF
F1	✓	BM16R1	FACE_MILLING	2	WORKPIECE	MILL_FINISH	FF
UGT0202_001			Insert Cutter 40 mm	1			
R1	✓	UGT0202_001	CAVITY_MILL	1	WORKPIECE	MILL_ROUGH	RR

图　2-12

在该视图中，每个刀具就是一个刀具父节点，可以通过剪切和粘贴操作来改变其所包括的操作在刀具父节点下的位置，如将一个操作从一把刀具下移到另一把刀具下实际上就是改变了操作所使用的刀具。

除此以外，机床视图还显示了该操作刀轨是否生成、所使用的刀具、描述、刀具号、几何体、方法、顺序组的名称。

（3）几何视图　如图 2-13 所示的几何视图，它列出当前零件存在的几何体父节点组和坐标系，以及使用这些几何体组合坐标系的操作名称和相关操作信息。加工几何体父节点就是生成刀轨路径所需要指定的几何数据，它们是操作参数的主要组成部分。例如，一个型腔铣操作需要指定加工坐标系（MCS）、毛坯几何体和部件几何体。

工序导航器 - 几何

名称	刀轨	刀具	几何体	方法
GEOMETRY				
未用项				
S1	✔	BM16	---	MILL_SEMI_FI...
S2	✔	BM16	---	MILL_SEMI_FI...
F2	✔	BM4	---	MILL_FINISH
MCS_MILL				
WORKPIECE				
R1	✔	UGT0202_001	WORKPIECE	MILL_ROUGH
S3	✔	BM16R1	WORKPIECE	MILL_SEMI_FI...
S4	✔	BM16	WORKPIECE	MILL_SEMI_FI...
S5	✔	BM16	WORKPIECE	MILL_SEMI_FI...
F1	✔	BM16R1	WORKPIECE	MILL_FINISH
F3	✔	BM4	WORKPIECE	MILL_FINISH
F4	✔	BM4	WORKPIECE	MILL_FINISH
F5	✔	BM4	WORKPIECE	MILL_FINISH

图　2-13

加工几何体父节点以树状结构按层次组织起来，构成父子节点关系，每一个几何节点继承其父节点的数据。位于同一个几何父节点下的所有操作共享其父节点的几何数据。

除此以外，几何视图还显示了该操作刀轨是否生成、所使用的刀具、几何体、方法的名称。

（4）加工方法视图　如图 2-14 所示的加工方法视图，它列出了当前零件中存在的加工方法（粗加工、半精加工、精加工）以及使用这些加工方法的操作名称。

加工方法不是生成刀轨必须使用的参数，只有为了自动计算切削进给量和主轴转速才有必要指定加工方法。

除此以外，加工方法视图还显示了该操作刀轨是否生成、所使用的刀具、几何体、顺序组的名称。其中的列选项可以通过选择列标题，单击右键来勾选各选项，如图 2-15所示。

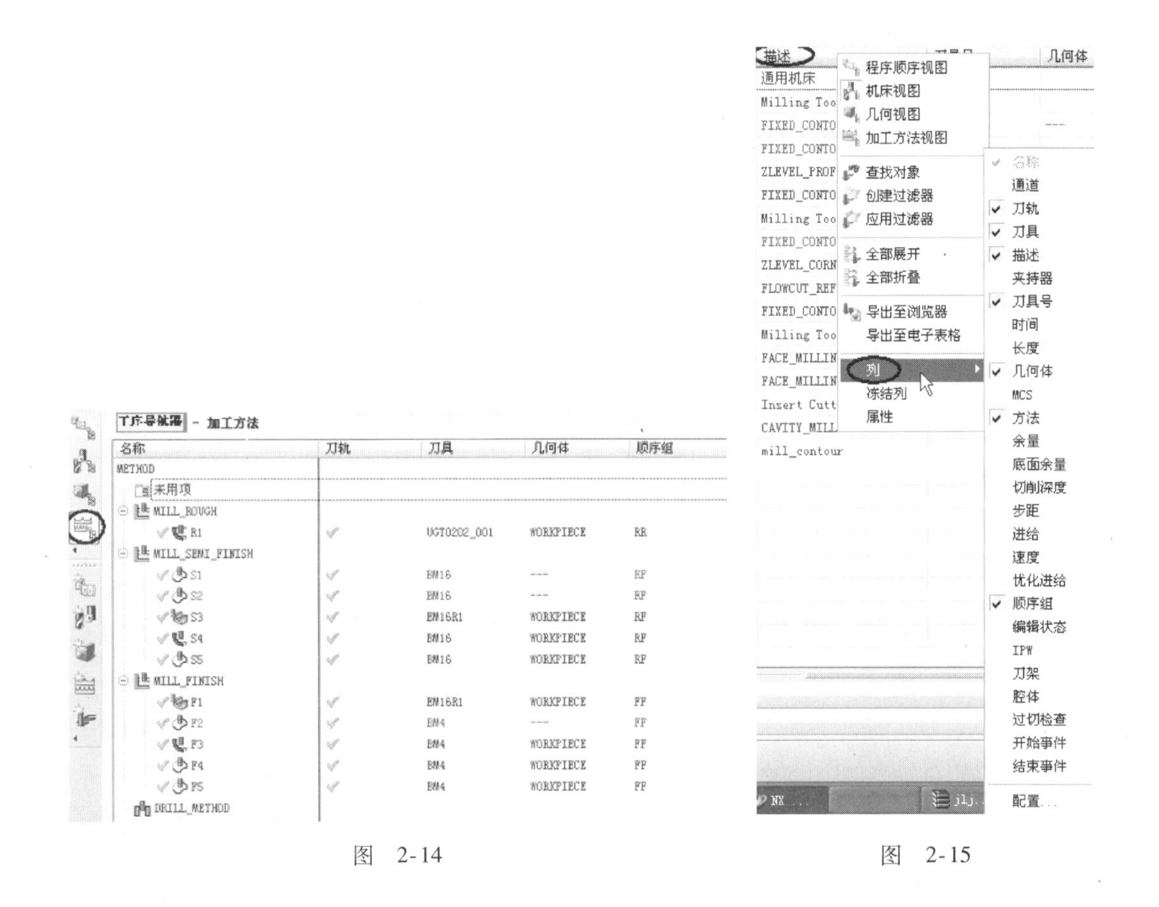

图　2-14　　　　图　2-15

2.3　UG 数控加工几何体类型

几何体用来指定加工区域，设置对加工边界及区域进行限制加工的参数，其中的各个参数都是通用的，无论是平面铣还是型腔铣，相同的几何体所代表的意思都是相同的。

1. WORKPIECE 几何体

WORKPIECE 几何体又称为铣削几何体，它包括部件几何体、毛坯几何体和检查几何体，如图 2-16 所示。

（1）部件几何体　部件几何体用来指定加工的轮廓表面，通常直接选择部件被加工后的实际表面。部件几何体可以是实体、曲面、曲线。直接选择实体或者实体表面作为部件几何体，可以保持加工刀轨与几何体的相关性。部件几何体是有界的，即刀具只能定位在指定部件几何体上的已存位置上（包括边界），而不能定位在其扩展的表面上。一般情况下指定绘图区域内的加工零件为部件几何体。

（2）毛坯几何体　毛坯几何体用来指定加工毛坯范围的参数，可以通过建模把毛坯绘制出来，或利用【指定毛坯】自带的【自动块】功能来创建毛坯。一般情况下，毛坯是一个实体。在进行二维模拟切削时，一定要指定毛坯才可以进行模拟切削，否则将出现警告。

（3）检查几何体　检查几何体是通过【指定检查】命令来实现的。检查几何体是指切削过程中刀具不能碰触的几何对象。刀具碰到检查几何体时，会自动避开，并行进到下一个安全切削位置才开始进给。

2. 面铣与平面铣几何体

面铣与平面铣几何体用于计算刀轨、定义刀具运动的范畴，并以底平面控制刀具的切削深度。平面铣中的有效切削是一个边界，而不是一个面，但可以用面或者边界来确定切削范围。如图 2-17、图 2-18 所示，在面铣与平面铣的对话框中，几何体的参数有很多不同之处。

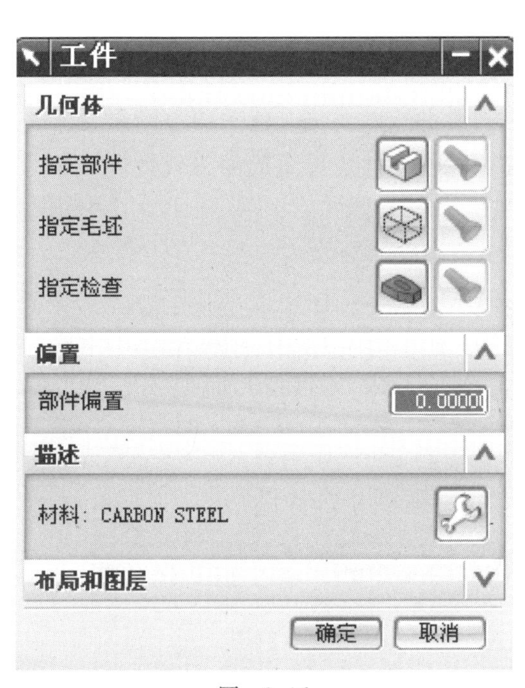

图　2-16

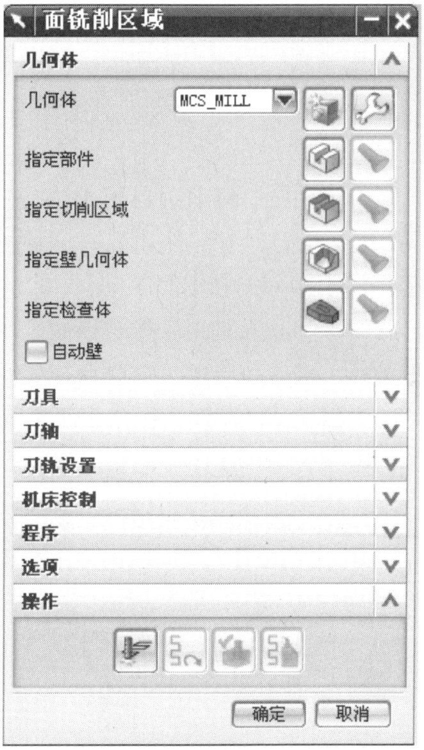

图　2-17

（1）部件　与 WORKPIECE 几何体中的部件几何体相同。

（2）面边界　面边界是指在面铣中指定面铣加工范围的参数，可以通过平面、曲线和点来指定加工范围。

（3）检查体　与 WORKPIECE 几何体中的检查几何体相同。

（4）检查边界　检查边界用于描述刀具不能碰撞的区域，如夹具和压板的位置。检查边界的定义和毛坯边界定义的方法是一样的，应注意没有敞开的边界，只有封闭的边界。用户可以通过指定检查边界的余量来定义刀具离开检查边界的距离。当刀具碰到检查几何体时，可以在检查边界的周围产生刀轨，也可以产生退刀运动，这可以根据需要在【切削参数】对话框中设置。

（5）部件边界　部件边界是用于表示加工零件的几何对象，也就是描述完成的零件。它控制刀具运动的范围，是系统计算刀轨的重要依据。可以通过选择面、曲线

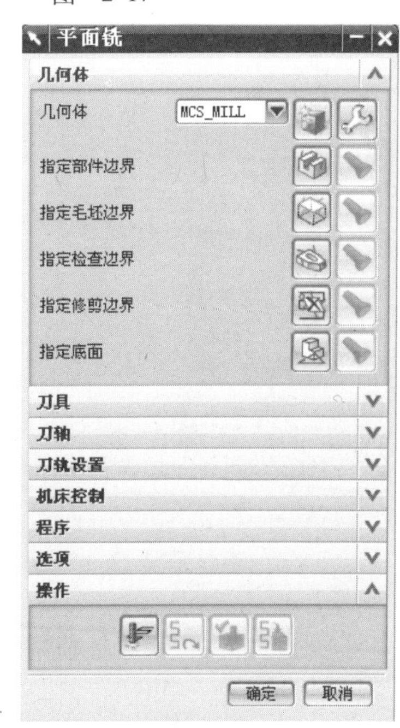

图　2-18

和点来定义部件边界。面是作为一个封闭的边界来定义的，其材料侧为内部保留或者外部保留。当通过曲线和点来定义部件边界时，边界有开放和封闭之分。对于封闭的边界，其材料侧为内部保留或者外部保留；对于开放的边界，其材料侧为左侧保留或右侧保留。

（6）毛坯边界 毛坯边界是用于表示被加工零件毛坯的几何对象，也就是用于描述将要被加工材料的范围。毛坯边界的定义和部件边界定义的方法相似，只是毛坯边界只有封闭的边界。当部件边界和毛坯边界都定义时，系统根据毛坯边界和部件边界共同定义的区域（即两种边界相交的区域）定义刀具运动的范围。利用这一特性，可以进一步控制刀具运动的范围。

（7）修剪边界 修剪边界用于进一步控制刀具的运动范围。修剪边界的定义方法和部件边界的定义相同，与部件边界一同使用时，可对由部件边界生成的刀轨做进一步的修剪。修剪的材料侧可以是内部的、外部的或者是左侧的、右侧的。

（8）底面 底面是用于指定平面铣床加工最低高度的参数。

3. 型腔铣、固定轮廓铣、可变曲面轮廓铣几何体

在型腔铣、固定轮廓铣、可变曲面轮廓铣几何体中，大部分几何体所指的参数和平面铣中的相同。其中不同的只有（切削区域）几何体，如图 2-19、图 2-20 所示。

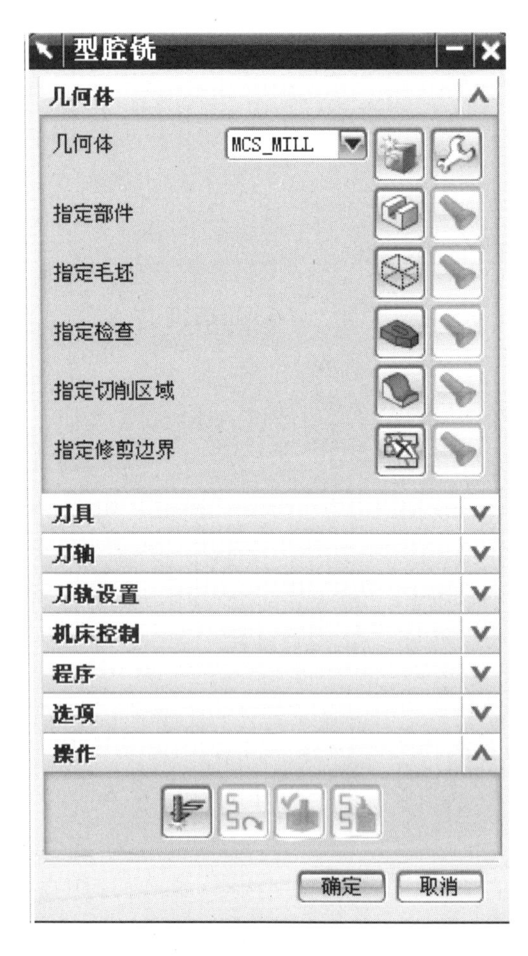

图 2-19

图 2-20

（1）部件 与 WORKPIECE 几何体中的部件几何体相同。

（2）毛坯 与 WORKPIECE 几何体中的毛坯几何体相同。

（3）检查体 与 WORKPIECE 几何体中的检查几何体相同。

（4）切削区域 表示加工区域。使用切削区域来创建局部的铣削操作，可以选择部件上特定的面来包含切削区域，而不需要选择整个实体，这样可以省去剪切边界这一操作。

（5）修剪边界 与平面铣几何体中的修剪边界相同。

4. 钻削几何体

钻削几何体中包括孔、部件表面和底面三个几何体参数，如图2-21所示。

图　2-21

（1）孔 指定钻孔的位置。UG提供了各种点捕捉方式来实现在模型上指定加工孔的位置。

（2）部件表面 指定孔加工的起始面，也就是顶面。可以选择模型上的平面来指定，也可用平面构造器来指定。

（3）底面 指定孔加工的终止面，也就是加工底面。可以选择模型上的平面来指定，也可以用平面构造器来指定。

2.4　UG加工余量的设置

工件的数控加工一般要经过粗加工、半精加工和精加工等工序，创建每一个操作时都需要为下一个操作或工序保留加工余量。UG NX 8.0提供了多种定义余量的方式。

（1）部件余量　在工件所有的表面上指定剩余材料的厚度值，如图2-22所示。

（2）部件侧面余量　在工件的侧边上指定剩余材料的厚度值。在每一切削层上，它是在水平方向上测量的数值，应用于工件的所有表面，如图2-23所示。

（3）部件底面余量　在工件的底面上指定剩余材料的厚度值。它是在刀具轴线方向上测量的数值，只应用于工件上的水平表面，如图2-24所示。

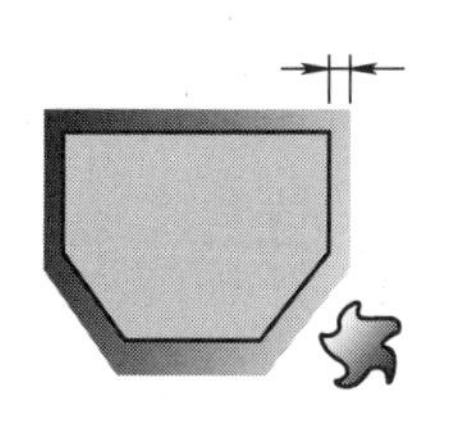

图　2-22

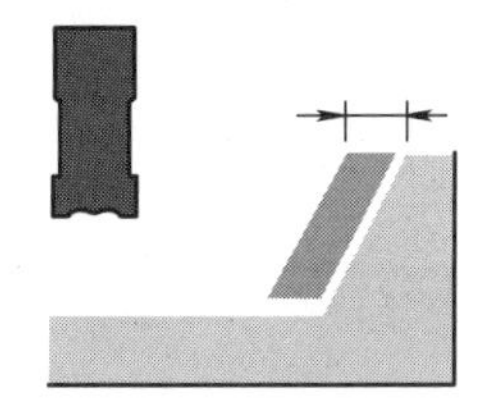

图　2-23

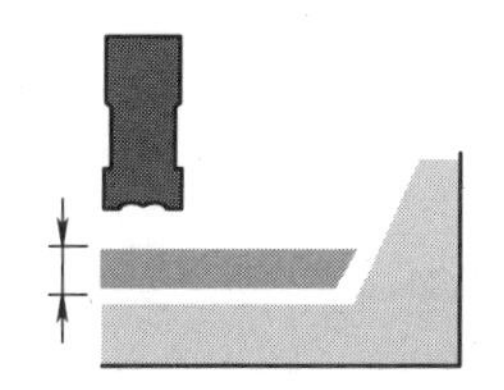

图　2-24

（4）检查余量　指定切削时刀具离开检查几何体的距离，如图 2-25 所示。将一些重要的加工面或者夹具设置为检查几何体，设置余量可以起到安全保护作用。

（5）修剪余量　指定切削时刀具离开修剪几何体的距离，如图 2-26 所示。

（6）毛坯余量　指定切削时刀具离开毛坯几何体的距离。毛坯余量可以使用负值，所以使用毛坯余量可以放大或缩小毛坯几何体，如图 2-27 所示。

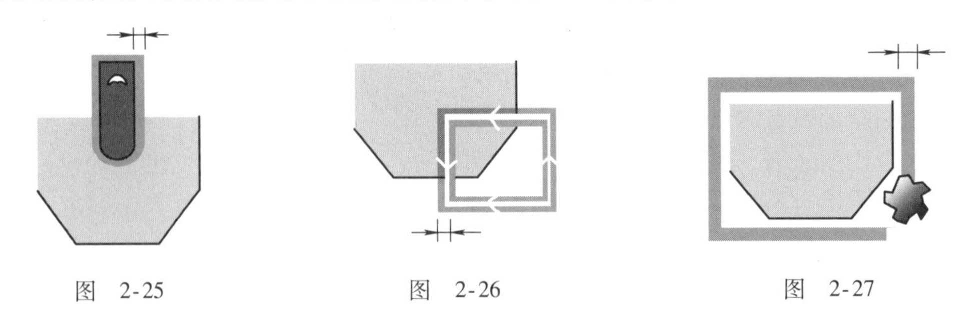

图　2-25　　图　2-26　　图　2-27

在切削参数中，还需要说明另外一个参数：毛坯距离。在工件边界或者工件几何体上增加一个偏置距离，而产生的新的边界或几何体作为新定义的毛坯几何体，此偏置距离即为毛坯距离。

2.5　UG NX 数控加工常用技术

2.5.1　平面铣（Planar Milling）加工技术

1. 平面铣概述

平面铣操作可以创建去除平面层中材料量的刀轨，这种操作类型常用于粗加工，为精加工操作做准备；也可以用于精加工零件的表面及垂直于底平面的侧面。平面铣可以不做出完整的造型，而只依据二维图形直接生成刀具路径，如图 2-28 所示。

平面铣是一种 2.5 轴的加工方式，它在加工过程中产生水平方向的 X、Y 两轴联动，而在 Z 轴方向只完成一层加工后进入下一层时才单独进行的动作。通过设置不同的切削方法，平面铣可以完成挖槽及轮廓外形加工。

平面铣可去除那些垂直于刀轴的切削层中的材料。平面铣使用边界来定义材料，用于切削具有竖直壁的部件，以及垂直于刀杆的平面岛和底面。

2. 平面铣的特点

平面铣的特点是刀轴固定，底面是平面，各侧面垂直于底面。

3. 平面铣的应用

平面铣可把直壁的、岛屿的顶面和槽腔的底面加工为平面。

4. 平面铣加工环境

打开文件，进入加工模块。当首次进入加工模块时，系统弹出【加工环境】对话框，如图 2-29 所示。首先要求进行初始化。【要创建的 CAM 设置】需在制造方式中指定加工设定的默认文件，即要选择一个加工模板集，图示选择【mill _ planar】。在【加工环境】对话框中单击【确定】按钮，系统则根据指定的加工配置，调用平面铣模板和相关的数据进行加工环境的初始化。

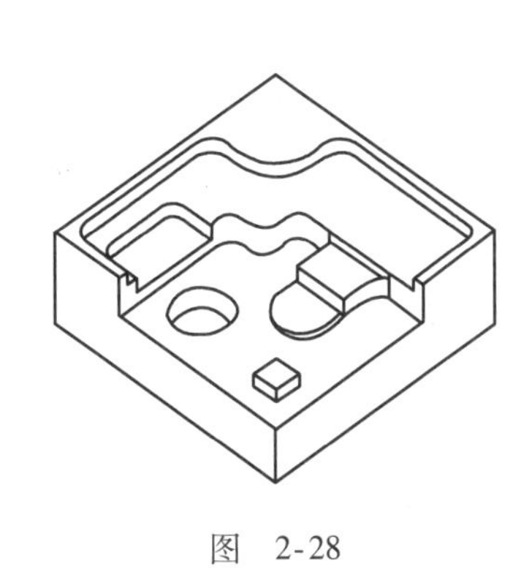

图　2-28

图　2-29

5. 平面铣各子类型功能

选择菜单中的【插入】/【操作】命令或在【插入】工具条中选择（创建操作）图标，弹出【创建操作】对话框，如图 2-30 所示。

图　2-30

平面铣常用子类型功能的说明见表 2-1。

表 2-1 平面铣常用子类型功能的说明

序号	图标	英文	中文	说明
1		FACE_MILLING_AREA	面铣削区域	面铣区域分为部件几何体、切削区域、壁几何体、检查几何体和自动壁面选择等区域
2		FACE_MILLING	面铣	基本的面切削操作，用于切削实体上的平面
3		FACE_MILLING_MANUAL	手工面铣削（混合切削）	仅铣削平面的工艺，需要定义刀轨
4		PLANAR_MILL	平面铣	通用的平面铣工艺，允许选择不同的切削方法
5		ROUGH_PROFILE	平面轮廓铣	特殊的二维轮廓铣切削类型，用于在不定义毛坯的情况下进行轮廓铣，常用于修边
6		ROUGH_FOLLOW	跟随轮廓粗加工	采用跟随工件切削方法加工零件
7		ROUGH_ZIGZAG	往复粗加工	采用往复式切削方法加工零件
8		ROUGH_ZIG	单向粗加工	采用单向切削方法加工零件
9		CLEANUP_CORNERS	清理拐角	使用来自于前一操作的二维 IPW，按跟随部件切削类型进行平面铣，常用于清除角落材料
10		FINISH_WALLS	精加工直壁	仅切削侧壁
11		FINISH_FLOOR	精加工底面	仅切削底面
12		THREAD_MILLING	螺纹铣	使用螺纹切削铣削螺纹孔
13		PLANAR_TEXT	平面文本刻字	切削制图注释中的文字，用于二维雕刻
14		MILL_CONTROL	切削控制	建立机床控制操作，添加相关后处理命令
15		MILL_USER	铣削自定义方式	自定义参数建立操作

2.5.2 型腔铣（Cavity Milling）加工技术

1. 型腔铣概述

型腔铣是三轴加工，适用于非直壁的、岛屿的顶面和槽腔的底面为平面或曲面的零件的加工，尤其适用于模具的型腔或型芯的粗加工，以及其他带有复杂曲面的零件的粗加工。

型腔铣的加工特征是刀轨在同一个高度内完成一层切削，遇到曲面时将绕过，然后下降一个高度进行下一层的切削。系统按照零件在不同深度的截面形状，计算各层的刀轨，如图 2-31 所示。

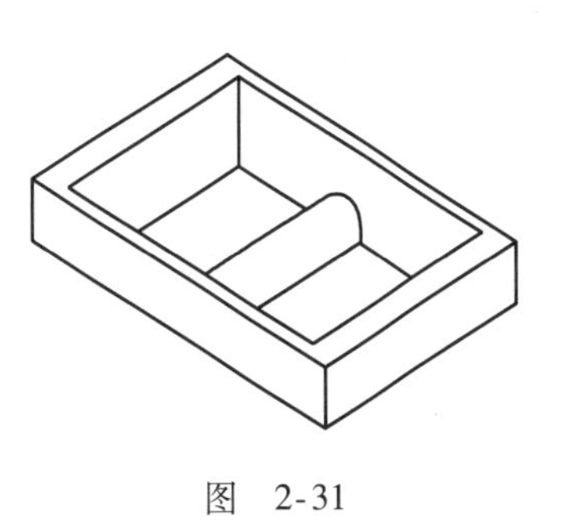

图　2-31

型腔铣的原理是：切削刀轨在垂直于刀轴的平面内，通过多层的逐层切削材料的加工方法进行加工。其中每一层刀轨称为一个切削层，每一个刀轨都是二轴刀轨。

2. 型腔铣的特点

型腔铣操作与平面铣一样是在与 *OXY* 平面平行的切削层上创建刀轨。其操作有以下特点：

1）刀轨为层状，切削层垂直于刀杆，一层一层地进行切削。

2）采用边界、面、曲线或实体定义要切除的材料（刀具切削运动区域，定义部件几何体和毛坯几何体），在实际应用中大多数采用实体。

3）切削效率高，但会在零件表面上留下层状余料，因此型腔铣主要用于粗加工；某些型腔铣操作也可以用于精加工。

4）可以用于带有倾斜侧壁、陡峭曲面及底面为曲面的工件的粗加工与精加工。典型零件如模具的动模、顶模及各类型框等。

5）刀轨创建容易，只要指定零件几何体和毛坯几何体，即可生成刀轨。

6）刀轴固定，底面可以是曲面，侧壁可以不垂直于底面。

3. 型腔铣的应用

型腔铣可把非直壁的、岛屿的顶面以及槽腔的底面加工为平面或曲面。在很多情况下，型腔铣可以代替平面铣。型腔铣在数控加工应用中最为广泛，可用于大部分粗加工及有直壁或者斜度不大的侧壁的精加工；通过限定高度值，只加工一层，型腔铣也可用于平面的精加工及清角加工等。

4. 型腔铣加工环境

打开文件，进入加工模块。当一个工件首次进入加工模块时，系统弹出【加工环境】对话框，如图 2-32 所示。首先要求进行初始化。【要创建的 CAM 设置】需在制造方式中指定加工设定的默认文件，即要选择一个加工模板集，图示选择【mill _ contour】。在【加工环境】对话框中单击【确定】按钮，系统则根据指定的加工配置，调用型腔铣模板和相关的数据进行加工环境的初始化。

5. 型腔铣各子类型功能（图 2-33）

型腔铣常用子类型功能的说明见表 2-2。

图 2-32

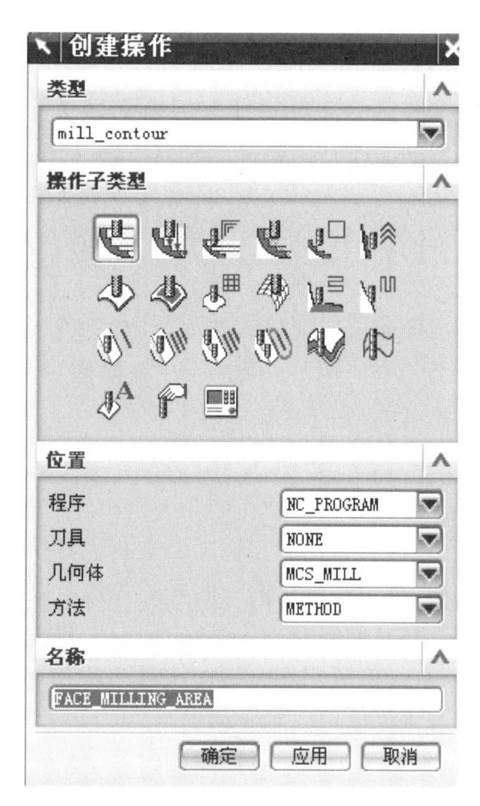

图 2-33

表 2-2 型腔铣常用子类型功能说明

序号	图标	英文	中文	说明
1		CAVITY _ MILl	型腔铣	基本型腔铣操作，创建后可以选择不同的走刀方式，多用于去除毛坯或 IPW 过程毛坯，带有许多平面切削模式
2		PLUNGE _ MILl	插铣	从 UG NX4.0 开始增加的功能，用于深腔模的插铣操作，可以快速去除毛坯材料，对刀具和机床的刚度有很高的要求，一般较少使用
3		CORNER _ ROUGH	轮廓粗加工	轮廓清根粗加工，主要对角落进行粗加工操作，用于手动或自动选取工件的角落粗铣操作
4		REST _ MILL	剩余铣	参考切削，从基本型腔铣操作中独立出来的功能，对粗加工留下的余量进行二次开粗
5		ZLEVEL _ PROFILE	等高轮廓铣	等高轮廓铣是一种固定轴铣操作，通过切削多个切削层来加工零件实体轮廓和表面轮廓
6		ZLEVEL _ CORNER	角落等高轮廓铣	以等高方式清根加工

2.5.3　固定轴曲面轮廓铣（Fixed Axis Milling）加工技术

1. 固定轴曲面轮廓铣概述

固定轴曲面轮廓铣是用于精加工由轮廓曲面形成的区域的加工方式，它允许通过投影矢量使刀具沿着非常复杂的曲面轮廓运动，可通过将驱动点投射到部件几何体来创建刀轨。驱动点是从曲线、边界、面或曲面等驱动几何体生成的，并沿着指定的投影矢量投影到部件几何体上，然后刀具定位到部件几何体以生成刀轨。

2. 固定轴曲面轮廓铣的特点

1）刀具沿复杂曲面轮廓运动，主要用于曲面的半精加工和精加工，也可进行多层铣削，如图 2-34 所示。

2）刀具始终沿一个固定矢量方向，采用三轴联动方式切削。

3）通过设置驱动几何体与驱动方式，可产生适合不同场合的刀轨。

4）刀轴固定，具有多种切削形式和进刀、退刀控制，可投射空间点、曲线、曲面和边界等驱动几何进行加工，可做螺旋线切削（Spiral Cut）、射线切削（Radial Cut）以及清根切削（Flow Cut）。

5）提供了功能丰富的清根操作。

6）非切削运动设置灵活。

3. 固定轴曲面轮廓铣各子类型功能（图 2-35）

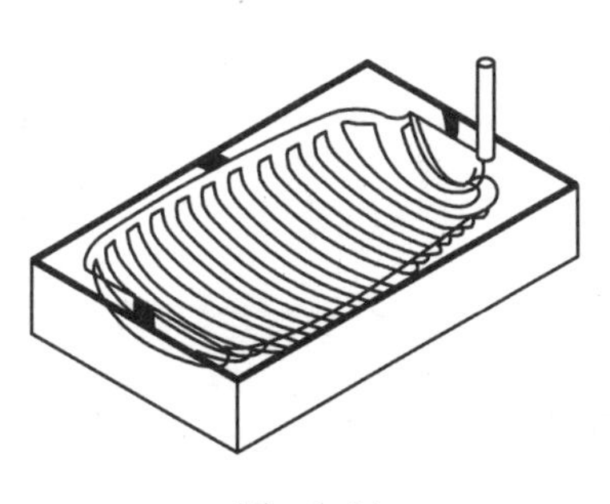

图　2-34

图　2-35

固定轴曲面轮廓铣常用子类型功能的说明见表 2-3。

表 2-3　固定轴曲面轮廓铣常用子类型功能说明

序号	图标	英文	中文	说明
1		FIXED _ CONTOUR	固定轴曲面轮廓铣	基本的固定轴曲面轮廓铣操作，用于各种驱动方式、空间范围和切削模式下对部件或切削区域进行轮廓铣，刀轴朝上 + *ZM*
2		CONTOUR _ AREA	区域轮廓铣	区域铣削驱动，用于以各种切削模式切削选定的面或切削区域。常用于半精加工和精加工
3		CONTOUR _ SURFACE _ AREA	面积轮廓铣	曲面区域驱动，常用单一的驱动曲面的 *U* – *V* 方向，或者上曲面的直角坐标栅格
4		STREAMLINE	流线铣	跟随自动或用户定义流线以及交叉曲线切削面
5		CONTOUR _ AREA _ NON _ STEEP	区域轮廓陡峭铣	与 CONTOUR _ AREA 基本相同，但只切削非陡峭区域（一般陡峭角为小于65°的区域），与 ZLEVEL _ PRORFILE _ STEEP 结合使用，以在精加工某一切削区域时控制残余高度
6		CONTOUR _ AREA _ DIR _ STEEP	区域轮廓方向陡峭铣	区域轮廓方向陡峭铣，用于陡峭区域的切削加工，常与 CONTOUR _ ZIGZAG 或 CONTOUR _ AREA 结合使用，通过与前一次往复切削成十字交叉的方式来减小残余高度
7		FLOWCUT _ SINGLE	单刀路径清根铣	用于对零件根部刀具未加工的部分进行铣削加工，只创建单一清根刀具路径
8		FLOWCUT _ MULTIPLE	多刀路径清根铣	用于对零件根部刀具未加工的部分进行铣削加工，创建多道清根刀具路径
9		FLOWCUT _ REF _ TOO	参考刀具清根	用于对零件根部刀具未加工的部分进行铣削加工，以上道加工刀具作为参考刀具来生成清根刀具路径
10		FLOWCUT _ SMOOTH	光顺清根	与 FLOWCUT _ REF _ TOO（参考刀具清根）相似，但刀轨更加圆滑，主要用于高速铣削加工
11		SOLID _ PROOFILE _ 3D	实体轮廓三维铣削	特殊的三维轮廓铣削类型，切削深度取决于实体轮廓
12		PROFILE _ 3D	边界轮廓三维铣削	特殊的三维轮廓铣削类型，切削深度取决于工件的边界或曲线，常用于修边

（续）

序号	图标	英文	中文	说明
13		CONTOUR _ TEXT	曲面刻字加工	用于在曲面上刻字加工
14		MILL _ CONTROL	切削控制	建立机床控制操作，添加相关后处理命令
15		MILL _ USER	铣削自定义方式	自定义参数建立操作

2.5.4　多轴铣削（Mill _ Multi _ Axis）加工技术

UG NX 8.0 除了提供强大的三轴加工外，还提供了比较成熟的多轴加工模块。三轴加工中刀具同时做 X、Y、Z 三个方向的移动，且 Z 轴的移动总是保持与 OXY 平面垂直。在五轴加工中刀具总是垂直于加工曲面，因此五轴加工相对于三轴加工而言，具有很大的优越性，例如可扩大加工范围、减少装夹次数、提高加工效率和加工精度，多轴铣可加工图 2-36 所示叶轮等各种复杂曲面，主要用于飞机、模具、汽车等行业的特殊加工。

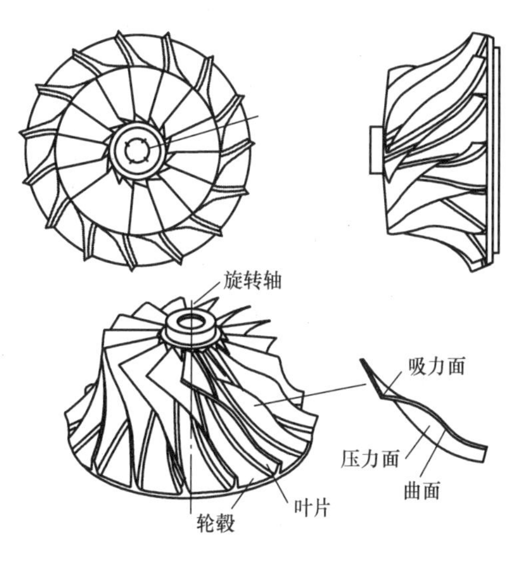

图　2-36

1. 多轴铣削加工概述

多轴铣削（Mill _ Multi _ Axis）指刀轴沿刀具路径移动时，可不断改变方向的铣削加工，它包括可变轴曲面轮廓铣（Variable _ Contour）、多层切削变轴铣（VC _ Multi _ Depth）、多层切削双四轴边界变轴铣（VC _ Boundary _ ZZ _ Lead _ Lag）、多层切削双四轴曲面变轴铣（VC _ Surf _ Reg _ ZZ _ Lead _ Lag）、型腔轮廓铣（Contour _ Profile）、顺序铣（Sequential _ Mill）和往复式曲面铣（Zig _ Zag _ Surface）等。常用的有可变轴曲面轮廓铣和顺序铣。

2. 多轴铣加工环境

打开文件，进入加工模块。当一个工件首次进入加工模块时，系统弹出【加工环境】对话框，如图 2-37 所示。首先要求进行初始化。【要创建的 CAM 设置】需在制造方式中指定加工设定的默认文件，即要选择一个加工模板集，图示选择【mill _ multi - axis】。在【加工环境】对话框中单击【确定】按钮，系统则根据指定的加工配置，调用多轴铣模板和相关的数据进行加工环境的初始化。

3. 多轴铣削各子类型功能（图 2-38）

多轴铣削常用子类型功能的说明见表 2-4。

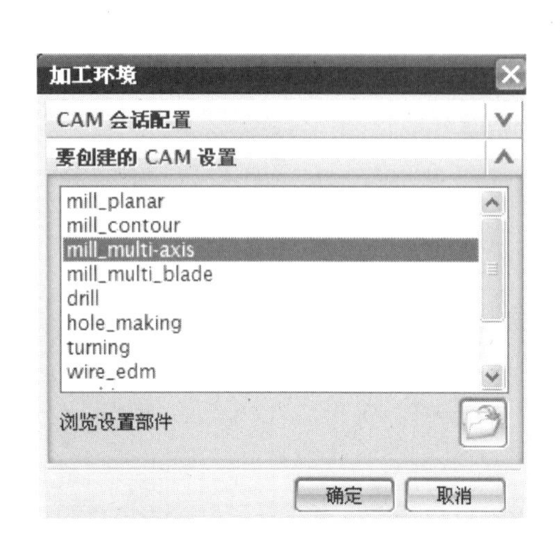

图　2-37

图　2-38

表 2-4　多轴铣削常用子类型功能说明

序号	图标	英文	中文	说明
1		VARIABLE _ CONTOUR	可变轴曲面轮廓铣	用于以各种驱动方法、空间范围和切削模式对部件或切削区域进行轮廓铣。对于刀轴控制，有多个选项
2		VARIABLE _ STREAMLINE	可变流线	根据自动或用户定义流线和交叉曲线来切削面
3		CONTOUR _ PROFILE	外形轮廓加工	使用外形轮廓铣驱动方法，用于以刀具面轮廓铣带有外角的壁
4		VC _ MULTI _ DEPTH	可变多刀路等高曲面轮廓铣	有多条刀路均偏离部件
5		VC _ BOUNDARY _ ZZ _ LEAD _ LAG	可变边界、往复切削前置/后置曲面轮廓铣	采用边界驱动方法、往复切削模式，以及用前置角和后置角定义的刀轴
6		VC _ SURF _ AREA _ ZZ _ LEAD _ LAG	可变曲面区域、往复切削、前置/后置曲面轮廓铣	采用曲面区域驱动方法、往复切削模式，以及用前置角和后置角定义的刀轴
7		FIXED _ CONTOUR	固定轴曲面轮廓铣	用于以各种驱动方法、空间范围和切削模式对部件或切削区域进行轮廓铣
8		ZLEVEL _ 5AXIS	五轴等高轮廓铣	可变的五轴等高轮廓铣，适用于加工各种有陡峭角的斜面、曲面
9		SEQUENTIAL _ MILL	顺序铣	为连续加工一系列边缘相连的曲面而设计的可变轴曲面轮廓铣

（1）可变轴曲面轮廓铣　可变轴曲面轮廓铣（VARIABLE _ CONTOUR）是相对固定轴加工而言的，指加工过程中刀轴的轴线方向是可变的。即可随着加工表面的法线方向不同而改变，从而改善加工过程中刀具的受力情况，放宽对加工表面复杂性的限制，使得原来用固定轴曲面轮廓加工时的陡峭表面变成非陡峭表面而一次加工完成。

可变轴曲面轮廓铣的驱动方法包括边界驱动、曲面区域驱动、螺旋线驱动、曲线/点驱动、刀轨驱动和径向切削驱动。这些驱动方式的定义与固定轴曲面轮廓铣一致。图 2-39 所示为使用驱动曲面的可变轴曲面轮廓铣。

（2）顺序铣（SEQUENTIAL _ MILL）　顺序铣用于连续加工一系列相接表面，并对面与面之间的交线进行清根加工，如图 2-40 所示，一般用于零件的精加工。顺序铣可进行三轴、四轴和五轴加工。顺序铣加工的特点是：可进行多轴加工；通过零件表面（PartSurface）、驱动表面（DriveSurface）、检查表面（CheckSurface）控制刀具运动；是一种空间曲线加工；利用部件表面控制刀具底部，驱动面控制刀具侧刃，检查面控制刀具停止位置。

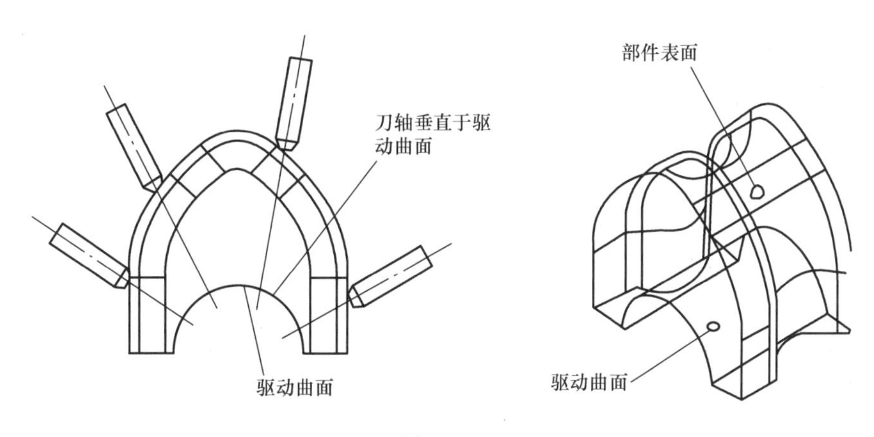

图　2-39

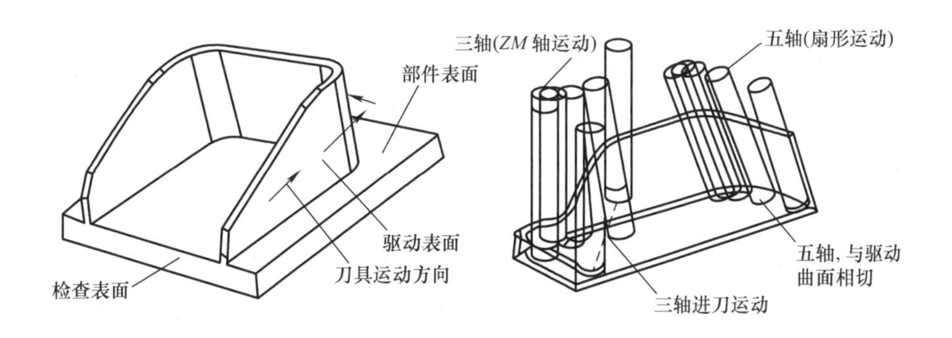

图　2-40

以上各铣削类型的关系如图 2-41 所示。

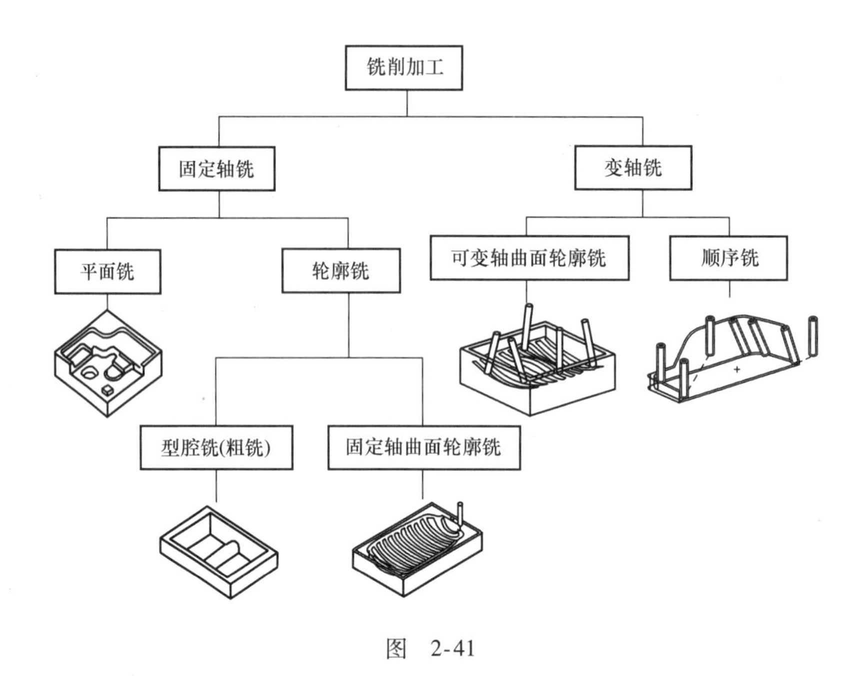

图　2-41

2.6　UG CAM 数控编程步骤

UG 提供了多种加工方式，在进行数控编程的过程中应根据零件特点选择合理的加工工艺。加工方式的优劣将直接影响到零件的加工质量和精度。例如平面铣有粗加工和精加工两种，对于粗加工平面来说，为提高加工效率，应建立辅助工艺曲面或曲线，进给量和切削速度要合理搭配，另外采用指定进刀点的进刀方式，避免直接进刀，降低切削面的垂直受力等；而对于精加工平面来说，最理想的加工方法是沿被加工面的切矢量方向倾斜接近加工曲面，这样在工件表面不会留有刀痕，提高了表面的加工质量和精度。

加工刀轨生成后，就可将其转化成刀轨源文件，刀轨源文件必须经过后置处理程序进行格式转换，才能生成能够被特定机床接受的 NC 代码。不同的机床数控系统有不同的代码格式，因此针对不同的数控系统应编制不同的后置处理程序。

本章将以铣削加工为例，介绍 UG 的数控编程步骤。

首先，编程人员根据图样或 CAD 模型分析零件几何体的特征、加工精度，构思加工过程，确定加工方法。结合机床的具体情况，考虑工件的定位、夹紧，创建刀具、方法、几何体和程序四个父节点组，指定操作参数，创建操作，生成刀轨，并用 UG 的切削仿真进一步检查刀轨。然后对所有的刀轨进行后处理，生成符合机床标准格式的数控程序。最后建立车间工艺文件，把加工信息送达给需要的使用者。UG 编程的流程图如图 2-42 所示。

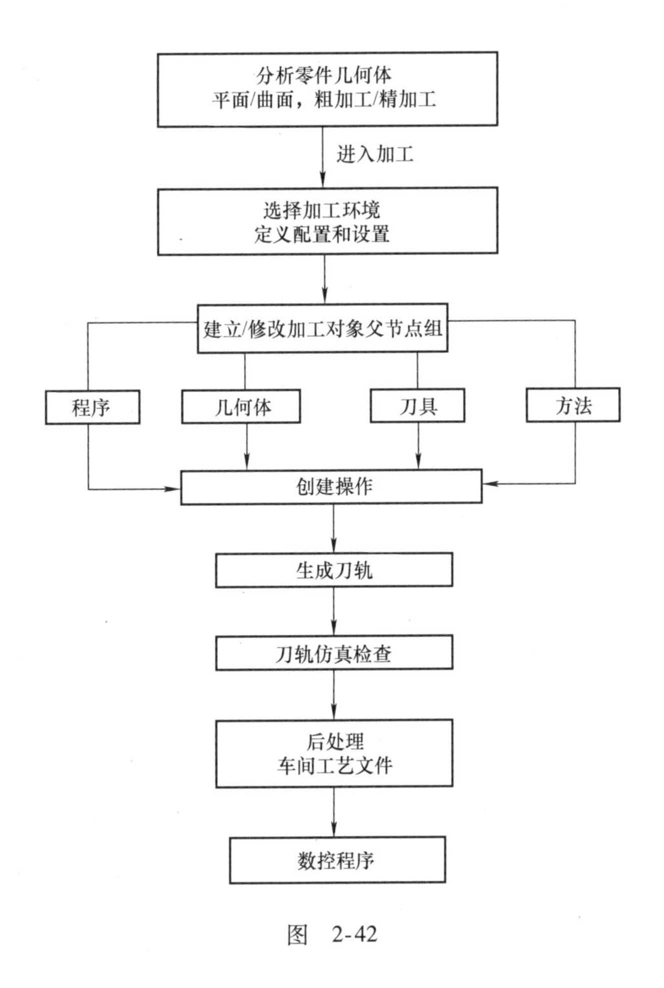

图 2-42

2.7 数控加工 UG CAM 编程操作流程

本实例以平面铣为例介绍数控加工的编程操作流程。工件模型如图 2-43 所示，毛坯外形和高度已经加工到位，毛坯材料为碳素结构钢，刀具采用硬质合金刀具。

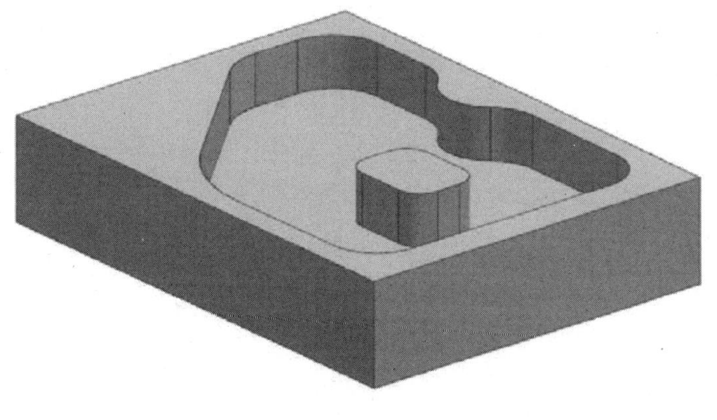

图 2-43

其加工思路为，首先导入一个 IGS 文件，分析模型的加工区域，选用恰当的刀具，加工路线如下：

1）粗加工，采用 ϕ30mm 的圆鼻铣刀铣削型腔，底面和侧壁各留余量 0.8mm。

2）半精加工，采用 ϕ30mm 的圆鼻铣刀铣削型腔，底面和侧壁各留余量 0.25mm。

3）精加工，采用 ϕ20mm 的立铣刀精加工底面和侧壁。

加工刀具见表 2-5，加工工艺方案见表 2-6。

表 2-5　平面铣加工刀具

序号	程序名	刀具号	刀具类型	刀具直径/mm	R 角/mm	刀长/mm	刃长/mm	余量/mm
1	R1	1	EM30R1 圆鼻铣刀	ϕ30	1	65	25	0.8
2	S1	1	EM30R1 圆鼻铣刀	ϕ30	1	65	25	0.25
3	S2	1	EM30R1 圆鼻铣刀	ϕ30	1	65	25	0.25
4	F1	2	EM20 立铣刀	ϕ20	0	75	25	0
5	F2	2	EM20 立铣刀	ϕ20	0	75	25	0

表 2-6　平面铣加工工艺方案

序号	方法	加工方式	程序名	主轴转速 S/(r/min)	进给速度 F/(mm/min)	说明
1	粗加工	平面铣	R1	1200	800	开粗，去除大余量
2	半精加工	平面铣	S1	1600	600	半精加工底面
3	半精加工	平面铣	S2	1600	600	半精加工侧壁
4	精加工	平面铣	F1	1800	400	精加工底面
5	精加工	平面铣	F2	1800	400	精加工侧壁

2.7.1　导入三维模型

1. 新建文件

选择菜单中的【文件】/【新建】命令或选择（New 建立新文件）图标，弹出【新建】部件对话框，在【名称】栏中输入【jg－1】，在【单位】下拉列表框中选择【毫米】选项，单击确定按钮，建立文件名为“jg－1. prt”，单位为毫米的文件。

2. 导入 IGES 文件

选择菜单中的【文件】/【导入】/【IGES】命令，弹出【导入自 IGES 选项】对话框，如图 2-44 所示，单击（浏览）图标，在光盘中浏览选择 E：\ part \ ug 2011 \ 2 \ jg－1. igs 文件，单击确定按钮，完成导入 IGES 文件。

图　2-44

3. 编辑对象显示

选择菜单中的【编辑】/【对象显示】命令，弹出【类选择】对话框，如图 2-45 所示。选择 ⊕（全选）图标，单击 确定 按钮，弹出【编辑对象显示】对话框。在【颜色】栏单击颜色区，如图 2-46 所示，弹出【颜色】选择框，选择图 2-47 所示的橘黄颜色，然后单击 确定 按钮，系统返回【对象首选项】对话框，最后单击 确定 按钮，完成编辑对象显示。

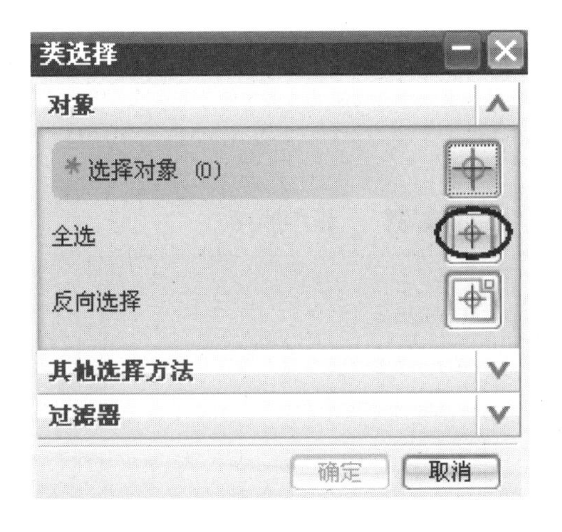

图　2-45

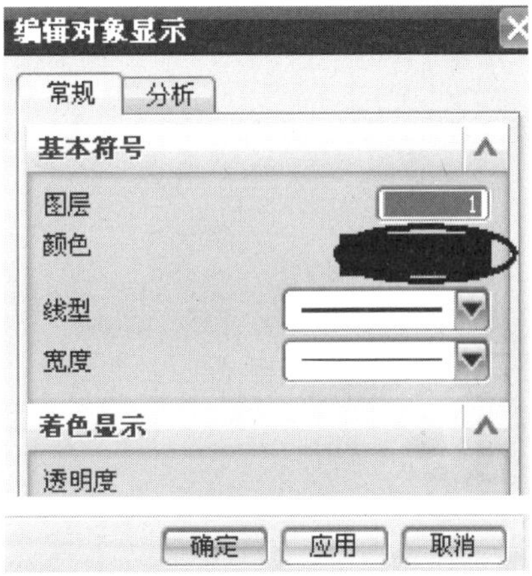

图　2-46

2.7.2　设置加工坐标系及安全平面

1. 进入加工模块

选择菜单中 开始 下拉框中的 加工(N)... 模块，如图 2-48 所示，进入加工应用模块。

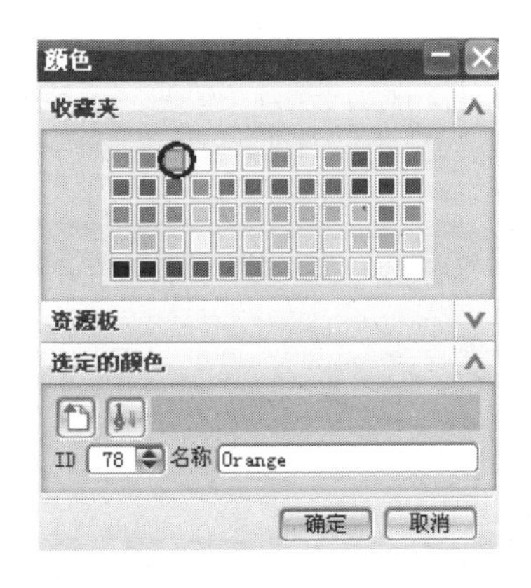

图　2-47

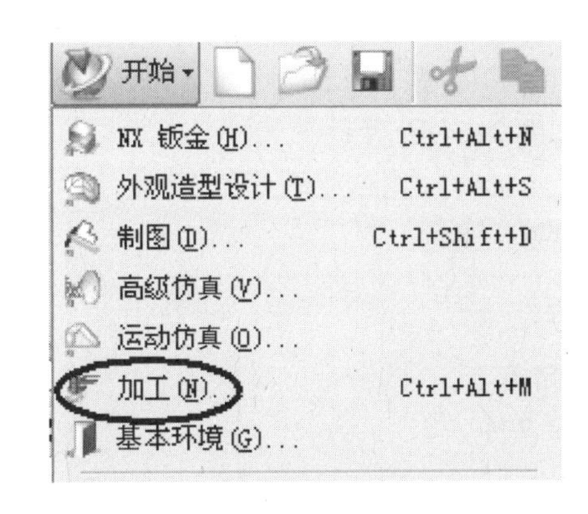

图　2-48

2. 设置加工环境

选择 加工(N)... 模块后，系统弹出【加工环境】对话框，如图 2-49 所示。在【CAM 会话配置】列表框中选择【cam_general】，在【要创建的 CAM 设置】列表框中选择【mill_planar】，单击 确定 按钮，进入加工初始化，在导航器栏弹出（工序导航器）图标，如图 2-50所示。

3. 设置工序导航器的视图为几何视图

选择菜单中的【工具】/【操作导航器】/【视图】/【几何视图】命令或在【导航器】工具条选择（几何视图）图标，工序导航器的视图更新为图 2-51 所示的几何视图。

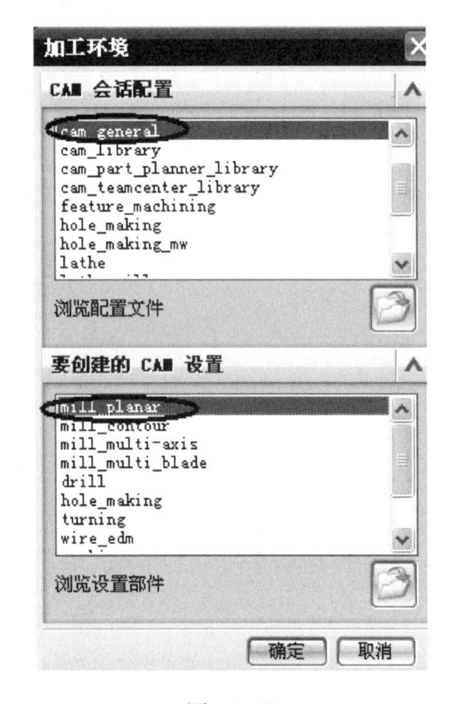

图 2-49

图 2-50

4. 设置工作坐标系

选择菜单中的【格式】/【WCS】/【定向】命令，或者在【视图】工具条中选择（WCS 定向）图标，弹出【CSYS】对话框，如图 2-52 所示。在【类型】下拉列表框中选择对象的 CSYS 选项，然后在图形中选择图 2-53 所示的平面，单击确定按钮，完成设置工作坐标系，如图 2-54 所示。

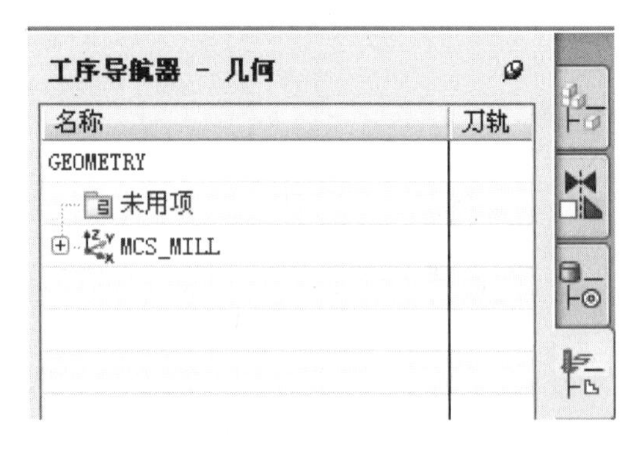

图 2-51

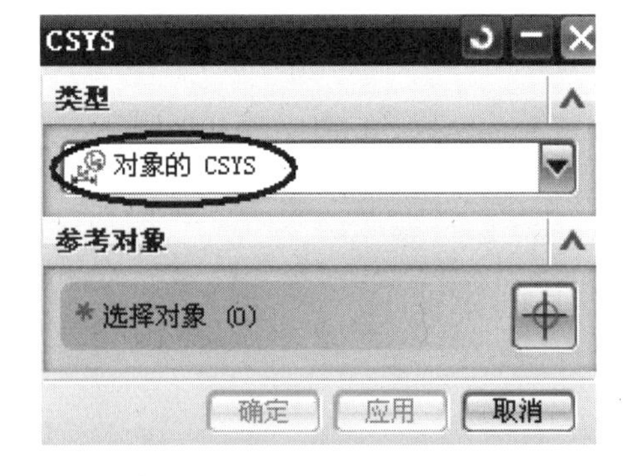

图 2-52

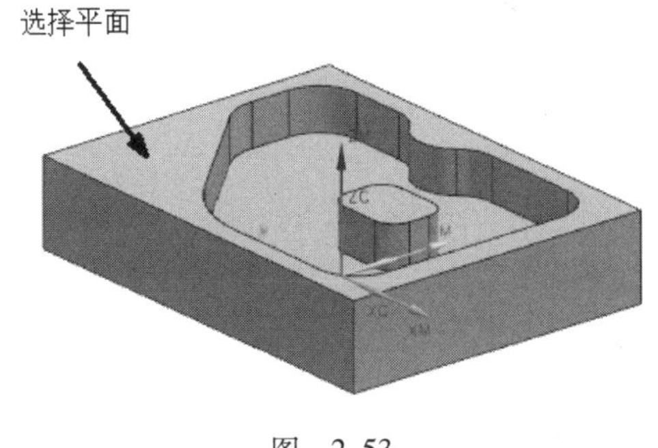

图　2-53

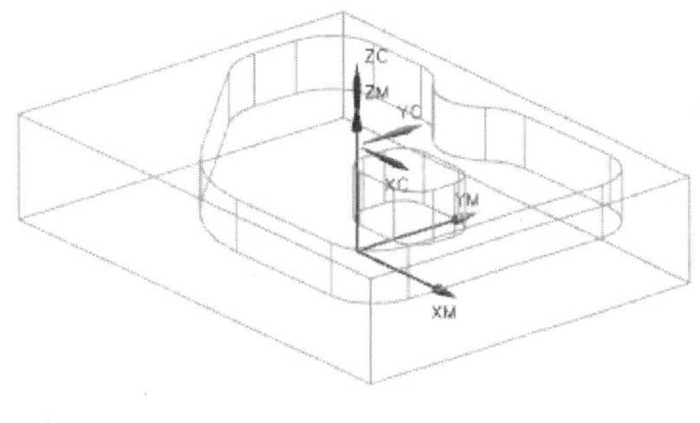

图　2-54

5. 设置加工坐标系

在工序导航器中双击MCS_MILL（加工坐标系）图标，弹出【Mill Orient】对话框，如图2-55所示。在【指定MCS】区域中选择（CSYS会话）图标，弹出【CSYS】对话框，如图2-56所示。在【类型】下拉列表框中选择动态选项，在【参考】下拉列表框中选择WCS（工作坐标系）选项，单击确定按钮，完成设置加工坐标系，即接受工作坐标系为加工坐标系，如图2-57所示。

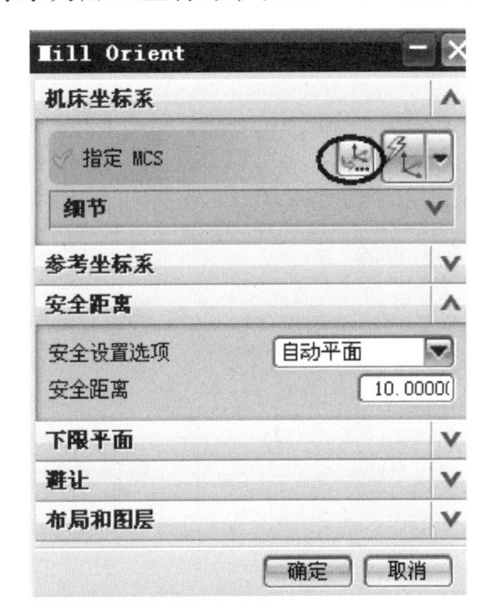

图　2-55

图　2-56

注意：【Mill Orient】对话框不要关闭。

6. 设置安全平面

在【Mill Orient】对话框的【安全设置选项】下拉列表框中选择【平面】选项，在【指定平面】区域选择（自动判断）图标，如图2-58所示，在图形中选择图2-59所示的模型顶面，在【距离】栏输入【20】，单击确定按钮，完成设置安全平面。

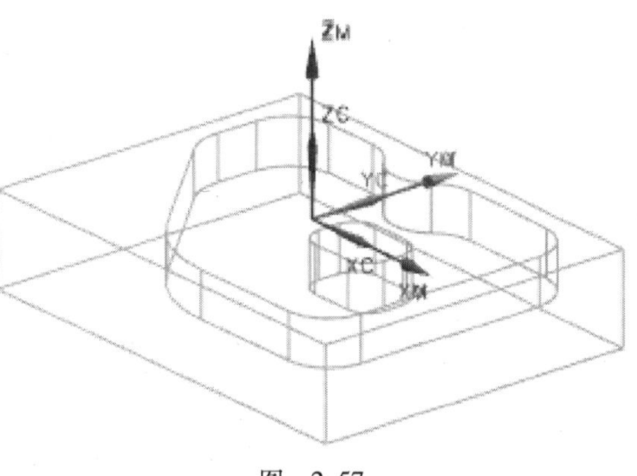

图　2-57

图 2-58

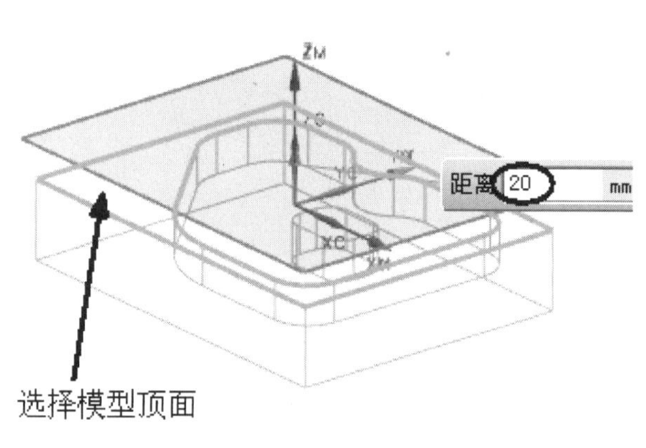

图 2-59

2.7.3 设置铣削几何体

1. 展开 MCS _ MILL

在工序导航器的几何视图中单击 MCS_MILL 前面的⊕（加号）图标，如图 2-60 所示，展开 MCS _ MILL，更新为图 2-61 所示的界面。

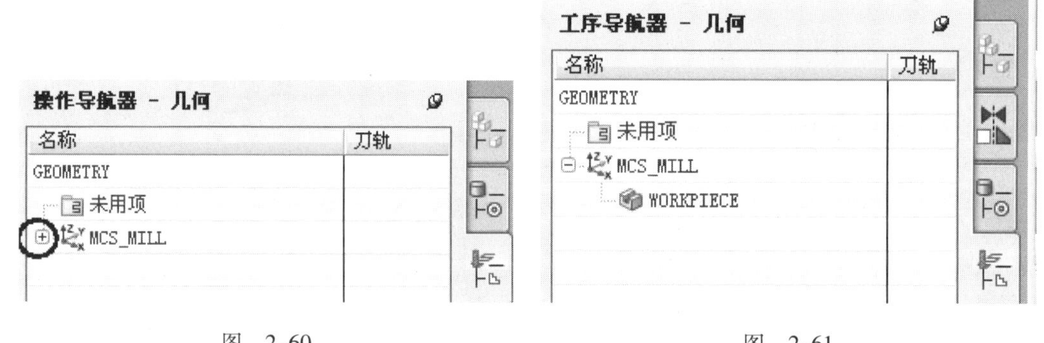

图 2-60　　　图 2-61

2. 设置铣削几何体

在工序导航器中双击 WORKPIECE （铣削几何体）图标，弹出【铣削几何体】对话框，如图 2-62 所示。在【指定部件】区域中选择（选择或编辑部件几何体）图标，弹出【部件几何体】对话框，如图 2-63 所示。在图形中框选择图 2-64 所示模型为部件几何体，单击 确定 按钮，完成指定部件。

系统返回【铣削几何体】对话框，在【指定毛坯】区域中选择（选择或编辑毛坯几何体）图标，弹出【毛坯几何体】对话框，如图 2-65 所示。在【类型】下拉列表框中选择 包容块选项，单击 确定 按钮，完成指定毛坯。

图　2-62

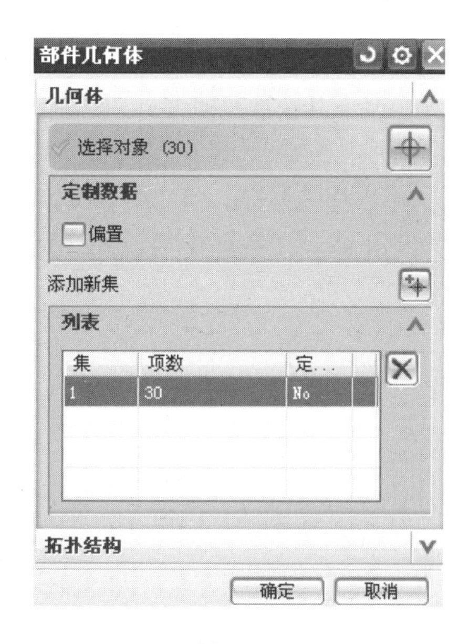

图　2-63

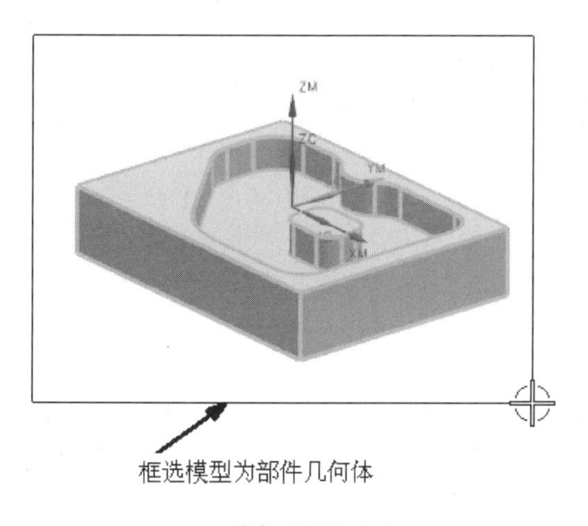

图　2-64

图　2-65

系统返回【铣削几何体】对话框，单击确定按钮，完成设置铣削几何体。

2.7.4　创建刀具

1. 设置工序导航器的视图为机床视图

选择菜单中的【工具】/【操作导航器】/【视图】/【机床视图】命令或在【导航器】工具条选择（机床视图）图标，工序导航器的视图更新为图 2-66 所示的机床界面。

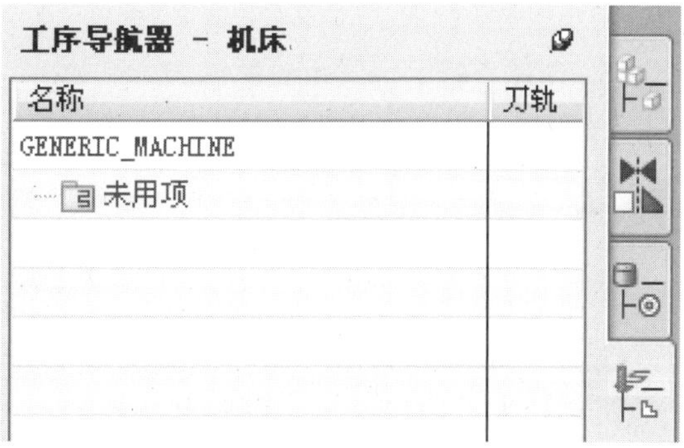

图　2-66

2. 创建直径 ϕ30mm 的圆鼻铣刀

选择菜单中的【插入】/【刀具】命令或在【插入】工具条中选择（创建刀具）图标，弹出【创建刀具】对话框，如图 2-67 所示。在【刀具子类型】中选择（铣刀）图标，在【名称】栏输入【EM30R1】，单击确定按钮，弹出【铣刀-5 参数】对话框，如图 2-68 所示。在【直径】、【（R1）下半径】栏输入【30】【1】，在【刀具号】、【补偿寄存器】、【刀具补偿寄存器】栏均输入【1】，单击确定按钮，完成创建直径 ϕ30mm 的圆鼻铣刀。

图　2-67

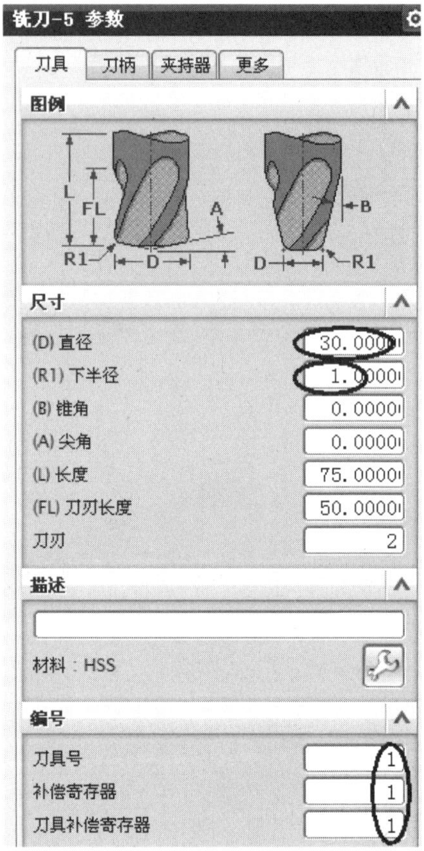

图　2-68

3. 创建直径为 ϕ20mm 的铣刀

按照 2.7.4 节中步骤 2 的方法，创建直径 ϕ20mm 的铣刀。

2.7.5　创建程序组父节点

1. 设置工序导航器的视图为程序顺序视图

选择菜单中的【工具】/【操作导航器】/【视图】/【程序顺序视图】命令，或在【导航器】工具条选择（程序顺序视图）图标，工序导航器的视图更新为程序顺序视图。

2. 创建粗加工程序组父节点

选择菜单中的【插入】/【程序】命令，或在【插入】工具条选择（创建程序）图标，弹出【创建程序】对话框，如图 2-69 所示。在【程序】下拉列表框中选择【NC_PROGRAM】选项，在【名称】栏输入【RR】，单击确定按钮，弹出【程序】指定参数对话框，如图 2-70 所示，单击确定按钮，完成创建粗加工程序组父节点。

图　2-69

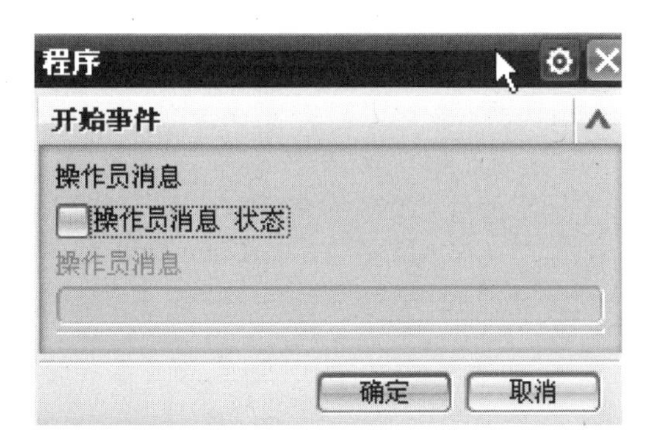

图　2-70

3. 创建半精加工程序组父节点、精加工程序组父节点

按照上述步骤 2 的方法，依次创建半精加工程序组父节点 RF 和精加工程序组父节点 FF，工序导航器视图显示创建的程序组父节点，如图 2-71 所示。

2.7.6　编辑加工方法父节点

1. 设置工序导航器的视图为加工方法视图

选择菜单中的【工具】/【操作导航器】/【视图】/【加工方法视图】命令，或在【导航器】工具条中选择（加工方法视图）图标，工序导航器的视图更新为加工方法视图，如图 2-72 所示。

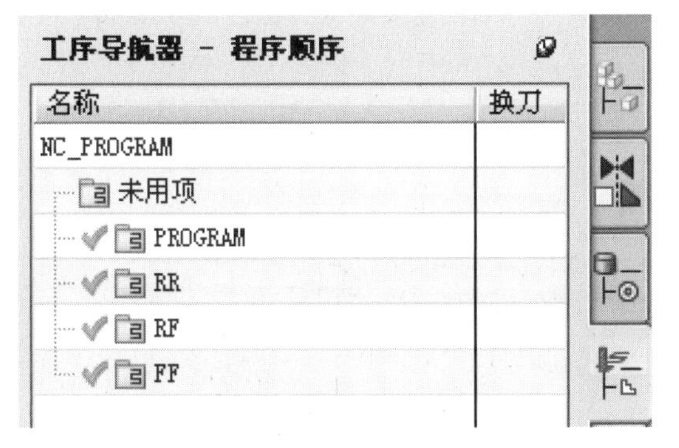

图　2-71

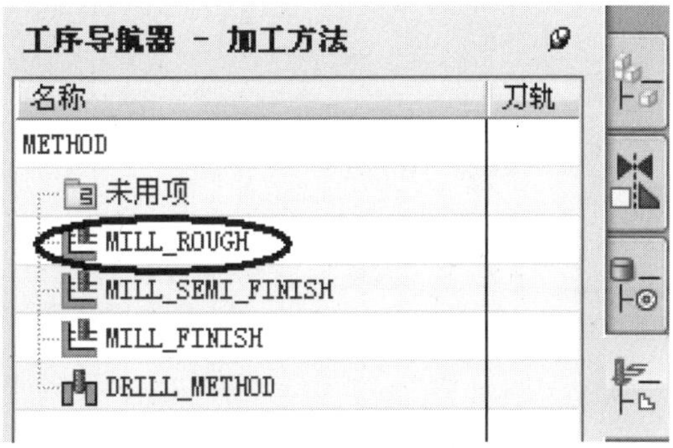

图　2-72

2. 编辑粗加工方法父节点

在工序导航器中双击 MILL_ROUGH（粗加工方法）图标，弹出【铣削方法】对话框，如

图 2-73 所示。在【部件余量】栏输入【0.8】，在【进给】区域选择（进给）图标，弹出【进给】对话框，如图 2-74 所示。在【切削】、【进刀】、【第一刀切削】、【步进】栏输入【800】【700】【650】【700】，单击 确定 按钮，系统返回【铣削方法】对话框，单击 确定 按钮，完成指定粗加工进给率。

图 2-73

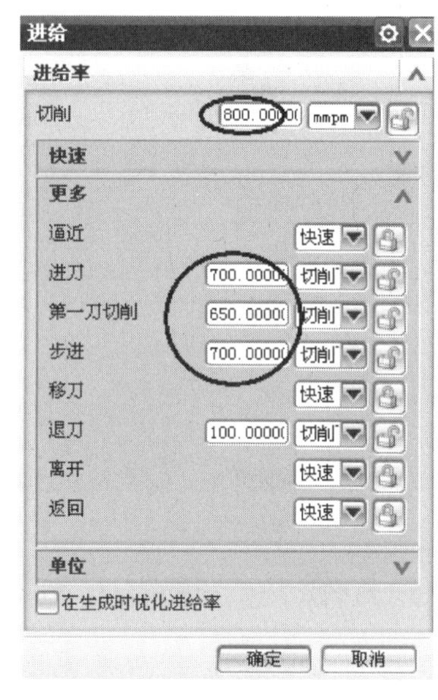

图 2-74

3. 编辑半精加工方法父节点

按照上述步骤 2 的方法，在【部件余量】栏输入【0.25】，设置半精加工进给速度如图 2-75 所示。

4. 编辑精加工方法父节点

按照上述步骤 2 的方法，使用【部件余量】默认设置的【0】，设置精加工进给速度如图 2-76 所示。

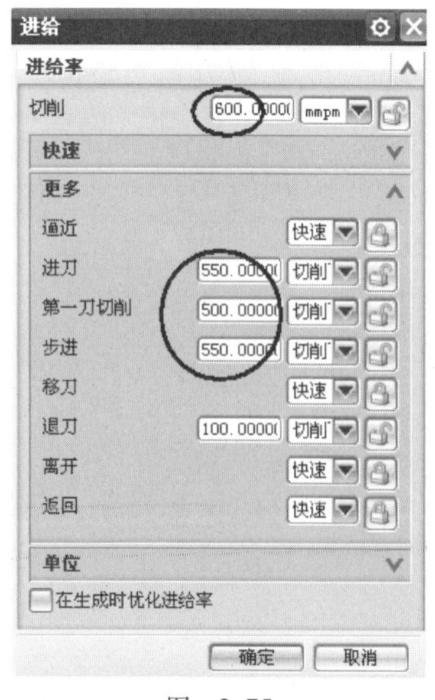

图 2-75

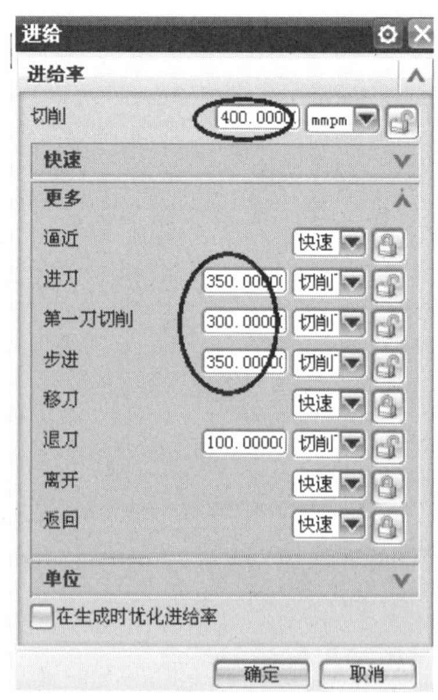

图 2-76

2.7.7 创建粗加工操作

1. 创建操作父节组选项

选择菜单中的【插入】/【操作】命令，或在【插入】工具条中选择（创建工序）图标，弹出【创建工序】对话框，如图 2-77 所示。

在【创建工序】对话框的【类型】下拉列表框中选择【mill _ planar】（平面铣），在【工序子类型】区域中选择（平面铣）图标，在【程序】下拉列表框中选择【RR】程序节点，【刀具】下拉列表框中选择 EM30R1 (铣刀-5 参 刀具节点，【几何体 】下拉列表框中选择【WORKPIECE】节点，【方法】下拉列表框中选择【MILL _ ROUGH】节点，在【名称】栏输入【R1】，如图 2-77 所示。单击 确定 按钮，系统弹出【平面铣】对话框，如图 2-78 所示。

图 2-77

图 2-78

2. 创建几何体

（1）创建部件边界 在【平面铣】对话框的【指定部件边界】区域中选择（选择或编辑部件边界）图标，弹出【边界几何体】对话框，如图 2-79 所示。在【模式】下拉列表框中选择【面】选项，然后在图形中选择图 2-80 所示的平面为边界几何体，单击 确定 按钮，完成设置部件边界，系统返回【平面铣】对话框。

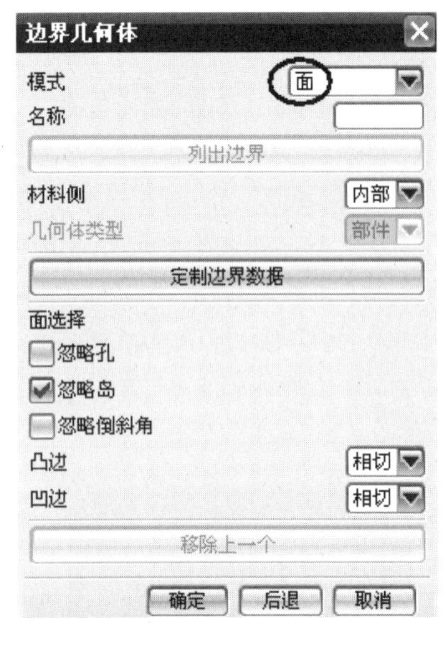

图 2-79

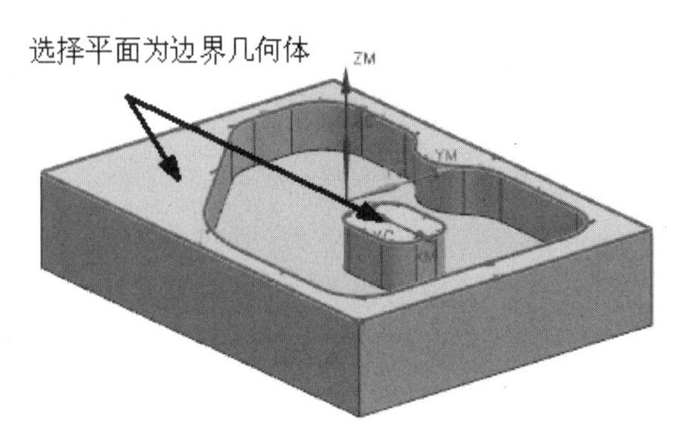

图 2-80

（2）创建毛坯边界 在【平面铣】对话框的【指定毛坯边界】区域中选择（选择或编辑毛坯边界）图标，弹出【边界几何体】对话框，如图 2-81 所示。在【模式】下拉列表框中选择【面】选项，然后勾选【忽略孔】选项，在图形中选择图 2-82 所示的平面为边界几何体，单击 确定 按钮，完成设置毛坯边界，系统返回【平面铣】对话框。

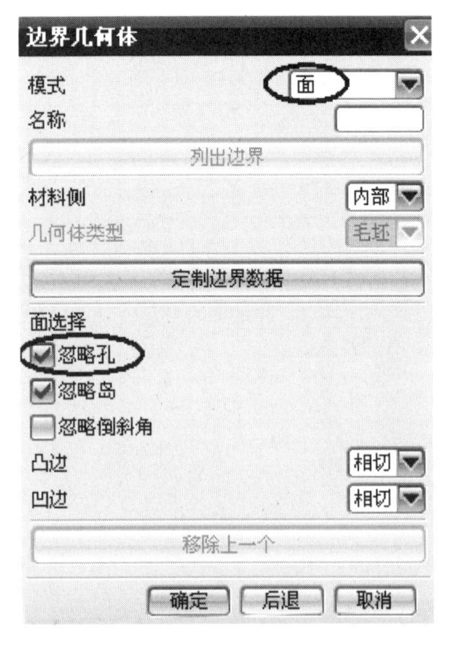

图 2-81

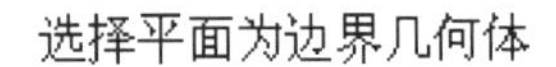

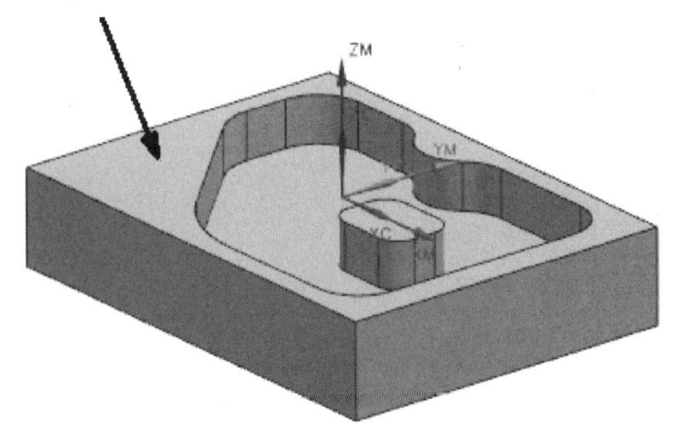

图 2-82

（3）创建底平面 在【平面铣】对话框的【指定底面】区域中选择（选择或编辑底平面几何体）图标，弹出【平面】对话框，如图 2-83 所示。在图形中选择图 2-84 所示的平面为底平面，单击 确定 按钮，完成设置底平面，系统返回【平面铣】对话框。

图 2-83

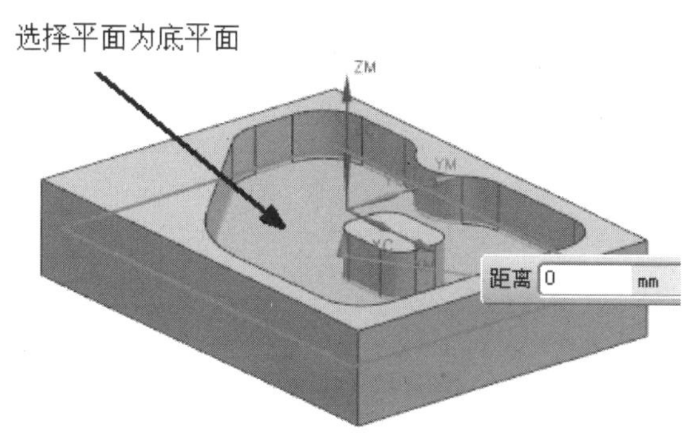

图 2-84

3. 设置加工参数

（1）设置切削模式 在【平面铣】对话框中【切削模式】的下拉列表框选择 跟随部件 选项，在【步距】下拉列表框中选择【刀具平直百分比】选项，在【平面直径百分比】栏输入【50】，如前面图 2-78 所示。

（2）设置切削层参数 在【平面铣】对话框中选择（切削层图标），弹出【切削层】对话框，如图 2-85 所示。在【类型】下拉列表框中选择【恒定】选项，【每刀深度】/【公共】栏输入【2】，单击 确定 按钮，完成设置切层参数，系统返回【平面铣】对话框。

（3）设置切削参数 在【平面铣】对话框中选择（切削参数）图标，弹出【切削参数】对话框，如图 2-86 所示。选择【余量】选项卡，在【部件余量】、【最终底面余量】栏输入【0.8】【0.8】，单击 确定 按钮，完成设置切削参数，系统返回【平面铣】对话框。

图 2-85

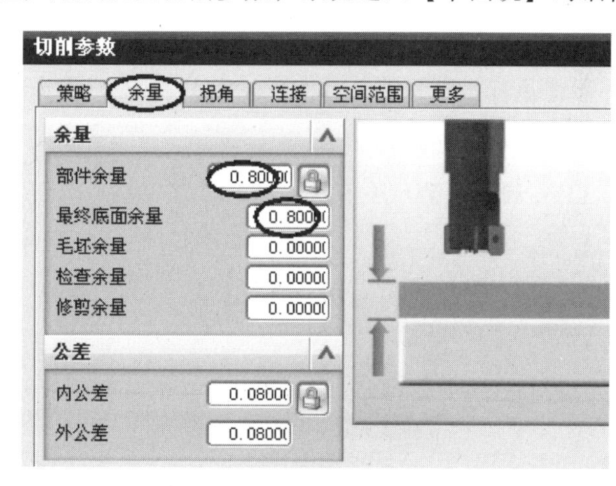

图 2-86

（4）设置进给率和速度参数 在【平面铣】对话框中选择（进给率和速度）图标，弹出【进给率和速度】对话框，如图 2-87 所示。勾选【主轴速度（rpm）】，在【主轴速度（rpm）】栏输入【1200】，单击 确定 按钮，或者按回车键，单击（基于此值计算进给和速度）按钮，单击 确定 按钮，完成设置进给率和速度参数，系统返回【平面铣】对话框。

注意：进给率参数、余量继承切削方法（ MILL_ROUGH（粗加工方法））中设定的值。

（5）生成刀轨　在【平面铣】对话框的【操作】区域中选择 （生成刀轨）图标，系统自动生成刀轨，如图 2-88 所示，单击 确定 按钮，接受刀轨。

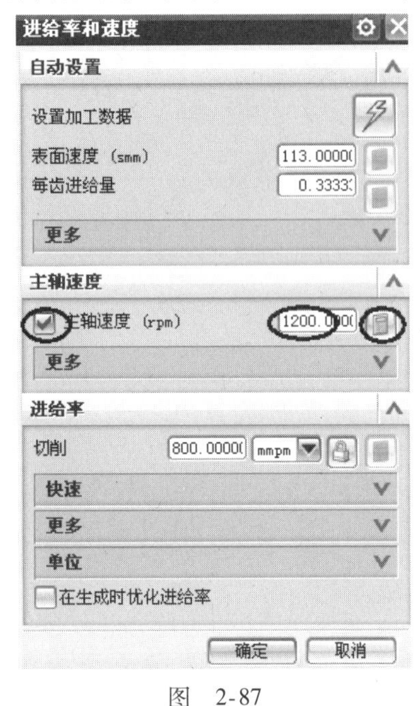

图　2-87

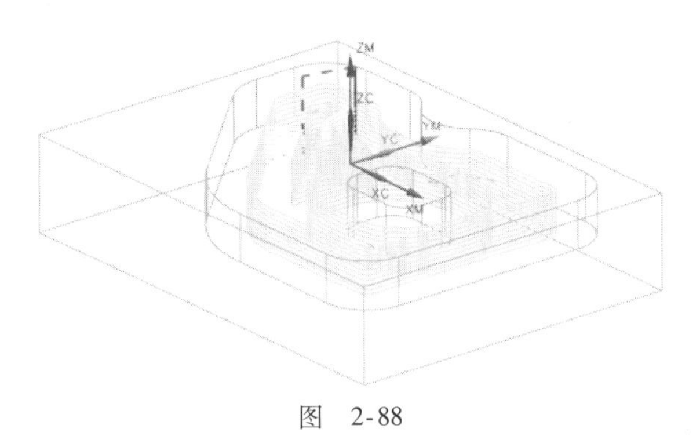

图　2-88

2.7.8　创建半精加工操作

2.7.8.1　半精加工操作——铣削底面

1. 复制操作 R1

在工序导航器程序顺序视图 RR 节点，复制操作 R1，如图 2-89 所示。然后选择 RF 节点，单击鼠标右键，单击【内部粘贴】命令，使其粘贴在 RF 节点下，重新命名为“S1”，操作如图 2-90 所示。

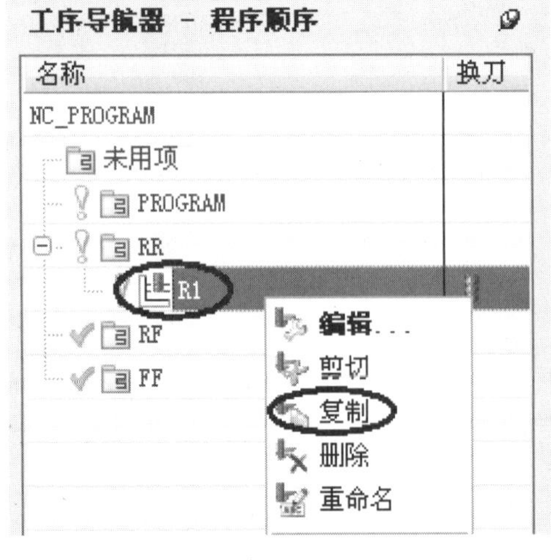

图　2-89

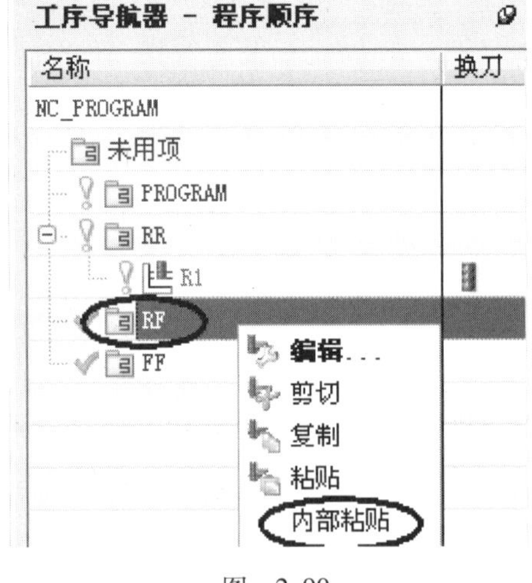

图　2-90

2. 编辑操作 S1

在工序导航器下，双击 S1 工序，系统弹出【平面铣】对话框。

3. 设置加工参数

（1）设置加工方法　在【平面铣】对话框的【刀轨设置】区域中的【方法】下拉列表框中选择 MILL_SEMI_] 节点，如图 2-91 所示。

（2）设置切削层参数　在【平面铣】对话框中选择（切削层）图标，弹出【切削层】对话框，如图 2-92 所示。在【类型】下拉列表框中选择【仅底面】选项，单击 确定 按钮，完成设置切层参数，系统返回【平面铣】对话框。

图　2-91

图　2-92

（3）设置切削参数　在【平面铣】对话框中选择（切削参数）图标，弹出【切削参数】对话框，如图 2-93 所示。选择【余量】选项卡，在【部件余量】、【最终底面余量】栏输入【0.8】【0.25】，单击 确定 按钮，完成设置切削参数，系统返回【平面铣】对话框。

（4）设置非切削参数　在【平面铣】对话框中选择（非切削移动）图标，弹出【非切削移动】对话框，如图 2-94 所示。选择 进刀 选项卡，在【封闭区域】/【进刀类型】下拉列表框中选择【沿形状斜进刀】选项，在【高度起点】下拉列表框中选择【当前层】选项，单击 确定 按钮，完成设置非切削参数，系统返回【平面铣】对话框。

（5）设置进给率和速度参数　在【平面铣】对话框中选择（进给率和速度）图标，弹出【进给率和速度】对话框，如图 2-95 所示。勾选【主轴速度（rpm）】选项，在【主轴速度（rpm）】栏输入【1600】，单击 确定 按钮，或者按回车键，单击（基于此值计算进给和速度）按钮，单击 确定 按钮，完成设置进给率和速度参数，系统返回【平面铣】对话框。

注意：进给率参数、余量继承切削方法（MILL_SEMI_FINISH（半精加工方法））中设定的值。

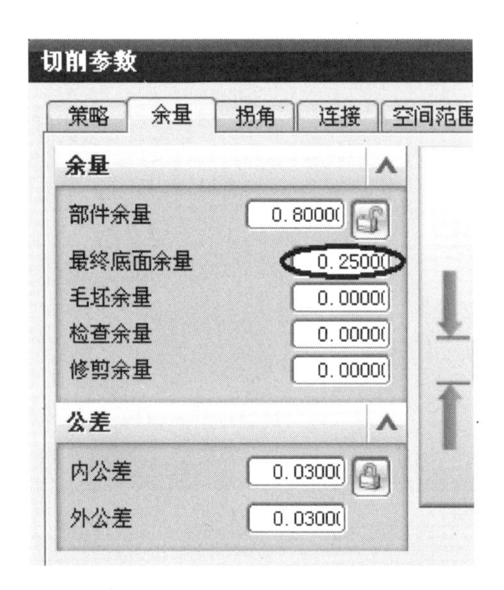

图 2-93

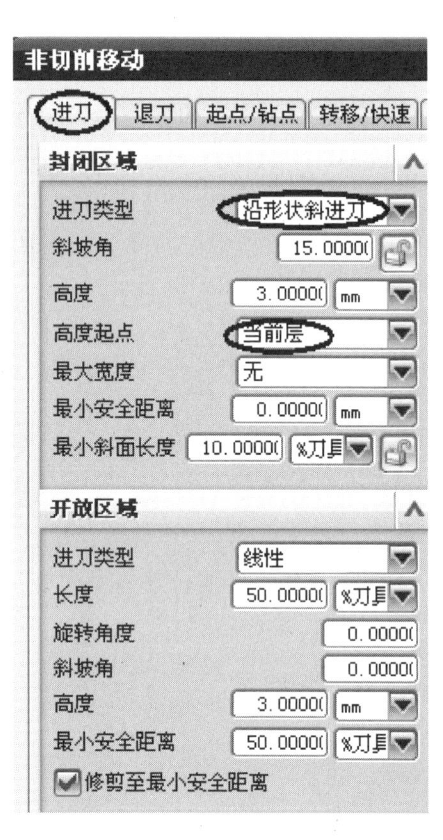

图 2-94

4. 生成刀轨

在【平面铣】对话框中的【操作】区域选择（生成刀轨）图标，系统自动生成刀轨，如图 2-96 所示，单击确定按钮，接受刀轨。

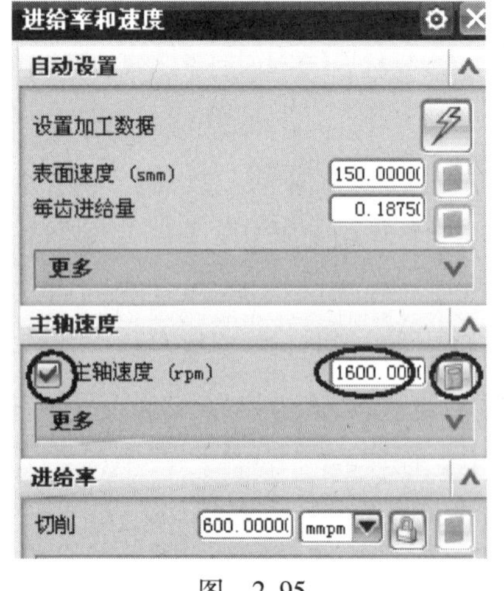

图 2-95

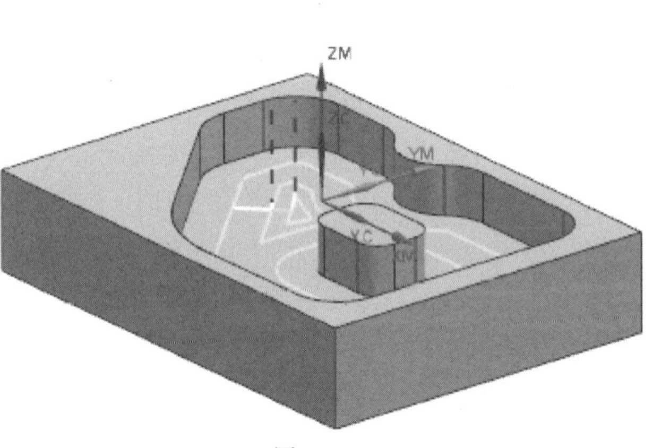

图 2-96

5. 创建刀轨仿真验证

在工序导航器几何视图选择【WORKPIECE】节点，然后在【操作】工具条中选择（确认刀轨）图标，弹出【刀轨可视化】对话框，如图 2-97 所示。选择【2D 动态】选项，单击（播放）按钮，图形中出现模拟切削动画。模拟切削完成后，在【刀轨可视化】对话框中单击 比较 按钮，可以看到切削结果，部件颜色为绿色，余量颜色为白色，反映壁面和底面还有余量，如图 2-98 所示。

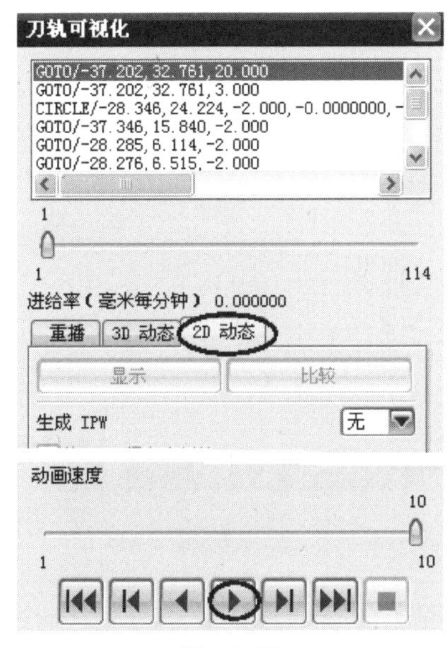

图　2-97

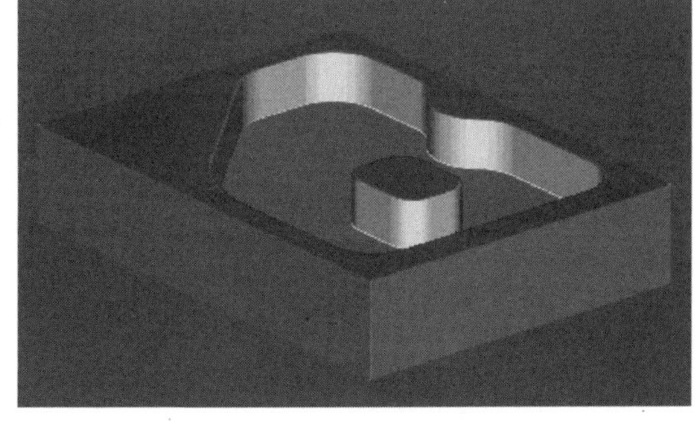

图　2-98

2.7.8.2　半精加工操作——铣削侧壁面

1. 复制操作 S1

在工序导航器程序顺序视图 RF 节点，复制操作 S1，如图 2-99 所示。然后选择 RF 节点下工序 S1，单击鼠标右键，单击粘贴命令，使其粘贴在 RF 节点下，重新命名为“S2”，操作如图 2-100 所示。

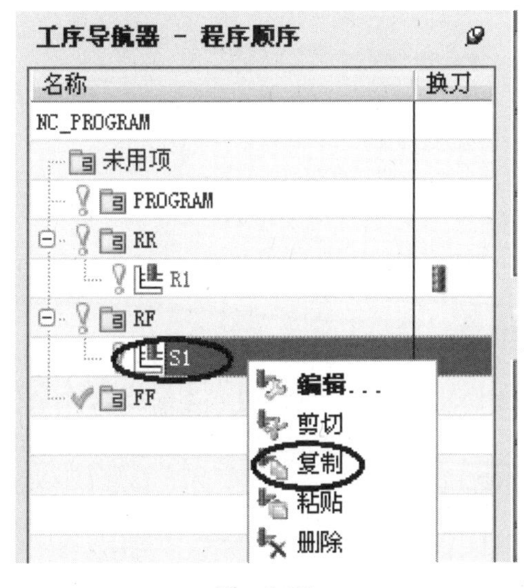

图　2-99

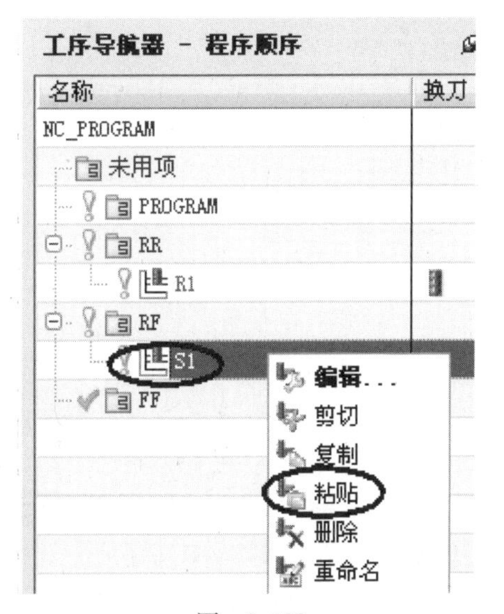

图　2-100

2. 编辑操作 S2

在工序导航器下，双击 S2 工序，系统弹出【平面铣】对话框，如图 2-101 所示。

3. 设置加工参数

（1）设置切削模式　在【平面铣】对话框中【切削模式】的下拉框中选择轮廓加工选项，如图 2-101 所示。

（2）设置切削层参数　在【平面铣】对话框中选择（切削层）图标，弹出【切削层】对话框，如图 2-102 所示。在【类型】下拉列表框中选择【用户定义】选项，在【每刀深度】/【公共】栏输入【10】，单击确定按钮，完成设置切层参数，系统返回【平面铣】对话框。

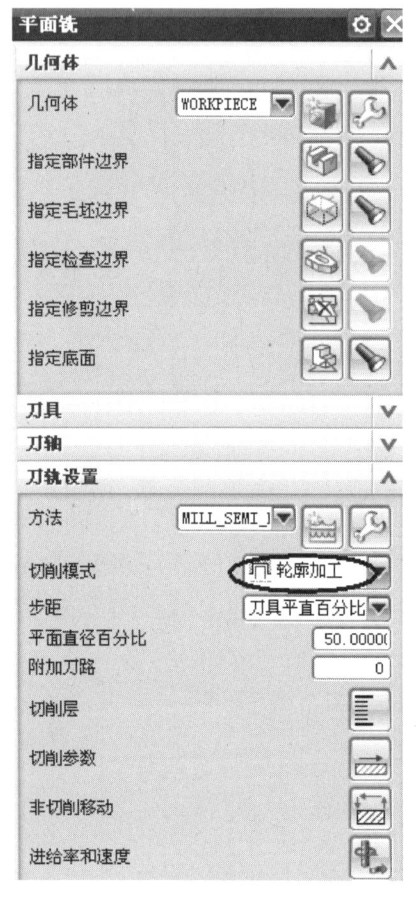

图　2-101

图　2-102

（3）设置切削参数　在【平面铣】对话框中选择（切削参数）图标，弹出【切削参数】对话框，如图 2-103 所示。选择【余量】选项卡，在【部件余量】、【最终底面余量】栏输入【0.25】、【0.25】，单击确定按钮，完成设置切削参数，系统返回【平面铣】对话框。

4. 生成刀轨

在【平面铣】对话框中【操作】区域选择（生成刀轨）图标，系统自动生成刀轨，如图 2-104 所示，单击确定按钮，接受刀轨。

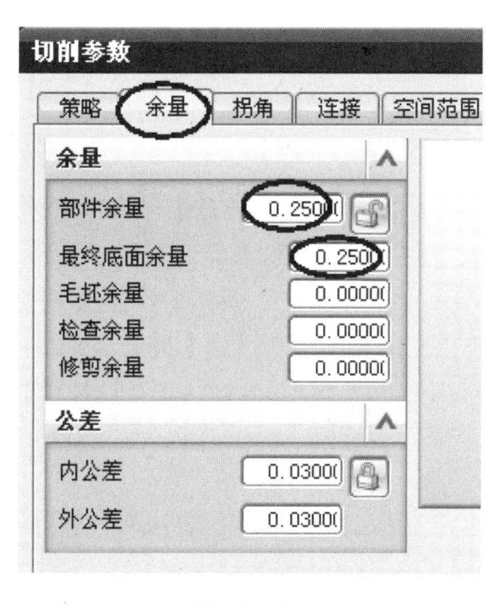

图　2-103

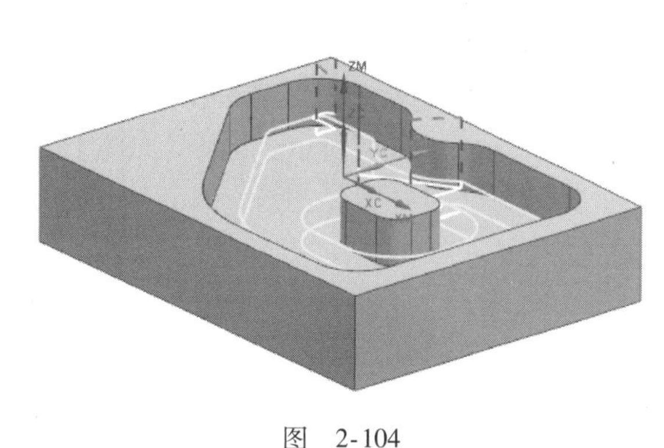

图　2-104

2.7.9　创建精加工操作

2.7.9.1　精加工操作——铣削底面

1. 复制操作S1

在工序导航器程序顺序视图RF节点，复制操作S1，如图2-105所示。然后选择FF节点，单击鼠标右键，单击【内部粘贴】命令，使其粘贴在FF节点下，重新命名为“F1”，操作如图2-106所示。

图　2-105

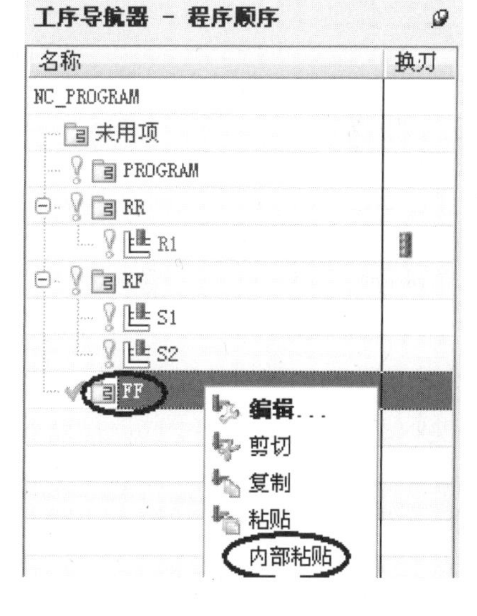

图　2-106

2. 编辑操作F1

在工序导航器下，双击F1工序，系统弹出【平面铣】对话框，如图2-107所示。

3. 编辑刀具

在【平面铣】对话框【刀具】下拉框中选择【EM20（铣刀）】选项，如图2-107所示。

4. 设置加工参数

（1）设置加工方法 在【平面铣】对话框【刀轨设置】区域的【方法】下拉列表框中选择【MILL_FINISH】节点，如图2-107所示。

（2）设置切削参数 在【平面铣】对话框中选择（切削参数）图标，弹出【切削参数】对话框，如图2-108所示。选择【余量】选项卡，在【部件余量】、【最终底面余量】栏输入【0.25】【0】，单击确定按钮，完成设置切削参数，系统返回【平面铣】对话框。

图 2-107

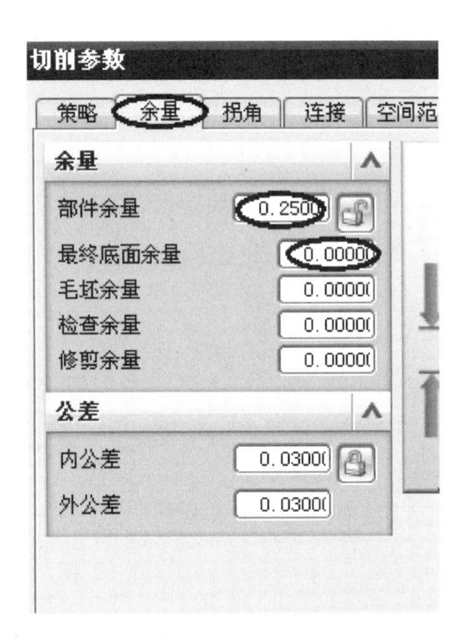

图 2-108

（3）设置进给率和速度参数

在【平面铣】对话框中选择（进给率和速度）图标，弹出【进给率和速度】对话框，如图2-109所示。勾选【主轴速度（rpm）】选项，在文本框中输入【1800】，单击确定按钮，按回车键，单击（基于此值计算进给和速度）按钮，单击确定按钮，完成设置进给率和速度参数，系统返回【平面铣】对话框。

注意：进给率参数、余量继承切削方法（MILL_FINISH，精加工方法）中设定的值。

5. 生成刀轨

在【平面铣】对话框中【操作】区域选择（生成刀轨）图标，系统自动生成刀轨，如图2-110所示，单击确定按钮，接受刀轨。

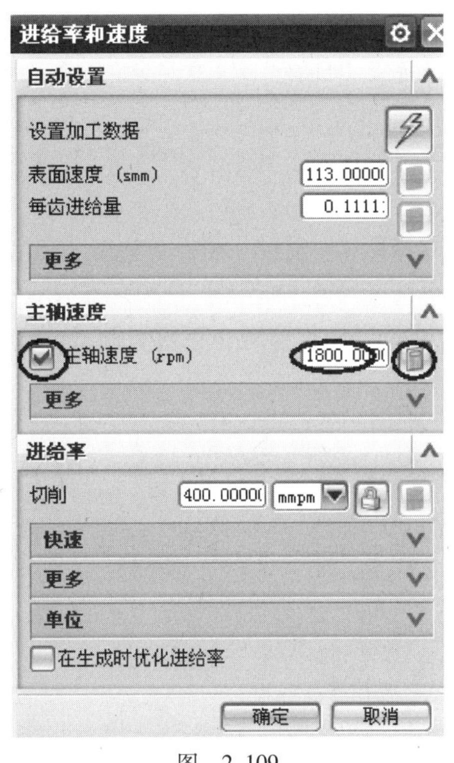

图　2-109

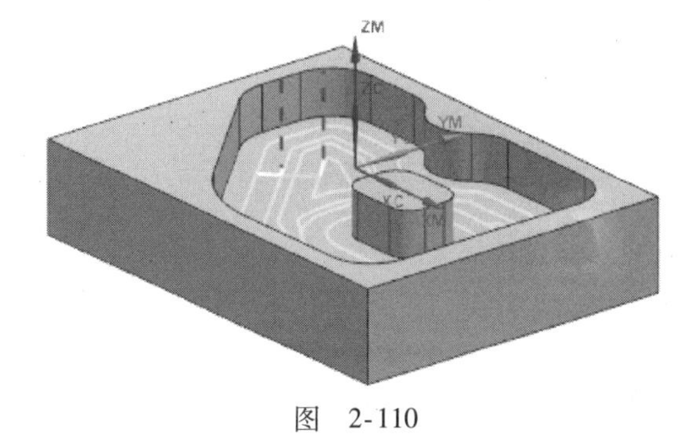

图　2-110

2.7.9.2　精加工操作——铣削侧壁面

1. 复制操作 F1

在工序导航器程序顺序视图 FF 节点，复制操作 F1，如图 2-111 所示，然后选择 FF 节点下的工序 F1，单击鼠标右键，单击 粘贴 命令，使其粘贴在 FF 节点下，重新命名为“F2”，操作如图 2-112 所示。

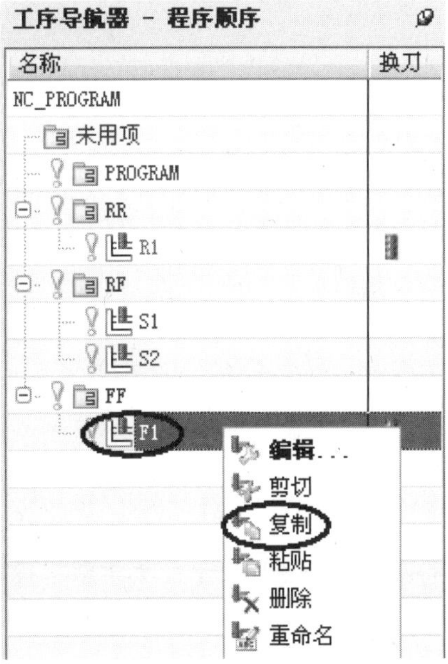

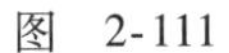

图　2-111

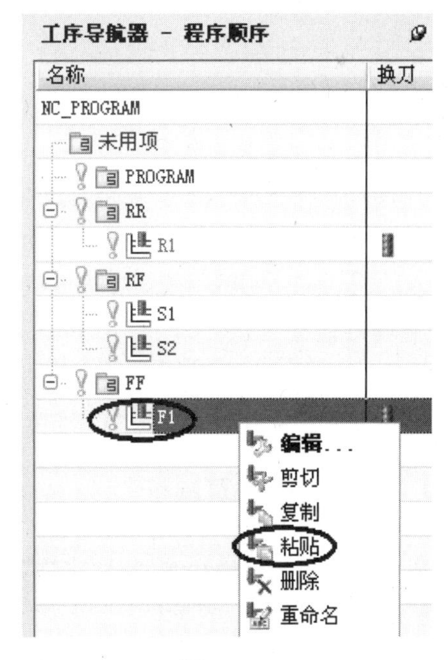

图　2-112

2. 编辑操作 F2

在工序导航器下，双击 F2 工序，系统弹出【平面铣】对话框，如图 2-113 所示。

3. 设置加工参数

（1）设置切削模式　在【平面铣】对话框的【切削模式】下拉框中选择 轮廓加工 选项，如图 2-113 所示。

（2）设置切削层参数　在【平面铣】对话框中选择（切削层）图标，弹出【切削层】对话框，如图 2-114 所示。在【类型】下拉列表框中选择【用户定义】选项，在【每刀深度】/【公共】栏输入【10】，单击 确定 按钮，完成设置切层参数，系统返回【平面铣】对话框。

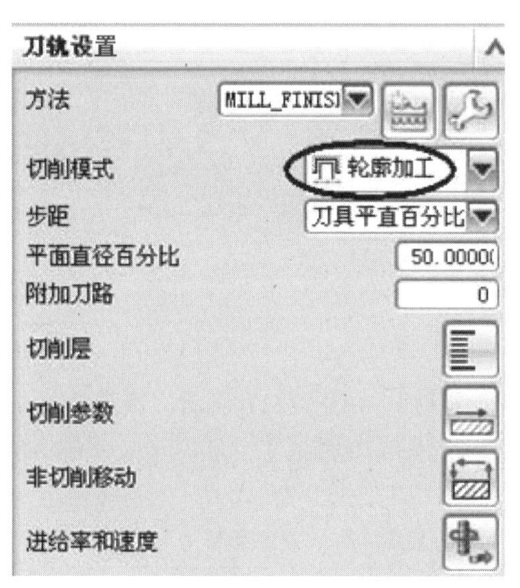

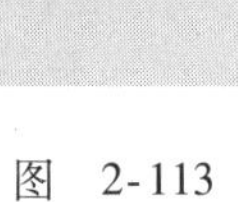

图　2-113

图　2-114

（3）设置切削参数　在【平面铣】对话框中选择（切削参数）图标，弹出【切削参数】对话框，如图 2-115 所示。选择【余量】选项卡，在【部件余量】、【最终底面余量】栏均输入【0】，单击 确定 按钮，完成设置切削参数，系统返回【平面铣】对话框。

4. 生成刀轨

在【平面铣】对话框中【操作】区域选择（生成刀轨）图标，系统自动生成刀轨，如图 2-116 所示，单击 确定 按钮，接受刀轨。

2.7.10　创建刀轨仿真验证

在工序导航器几何视图选择【WORKPIECE】节点，然后在【操作】工具条选择（确认刀轨）图标，弹出【刀轨可视化】对话框，如图 2-117 所示。选择【2D 动态】选项，单击（播放）按钮，图形中出现模拟切削动画。模拟切削完成后，在【刀轨可视化】对话框中单击 比较 按钮，可以看到切削结果，如图 2-118 所示。

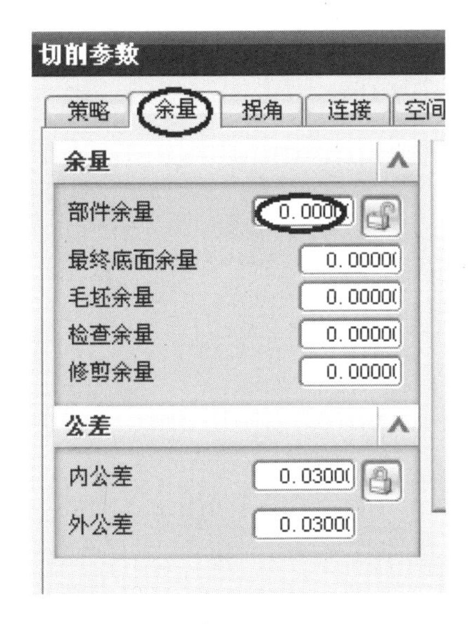

图　2-115

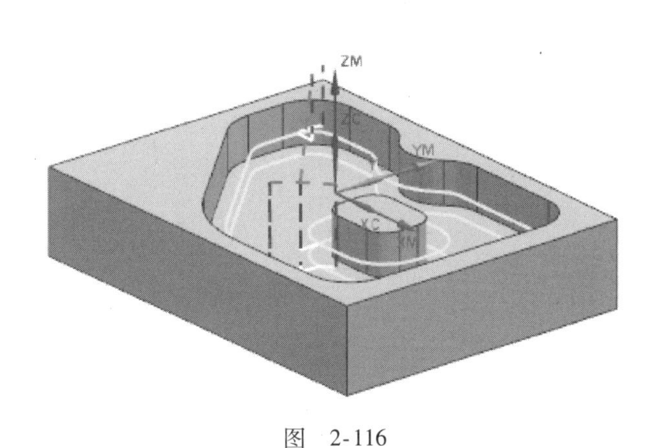

图　2-116

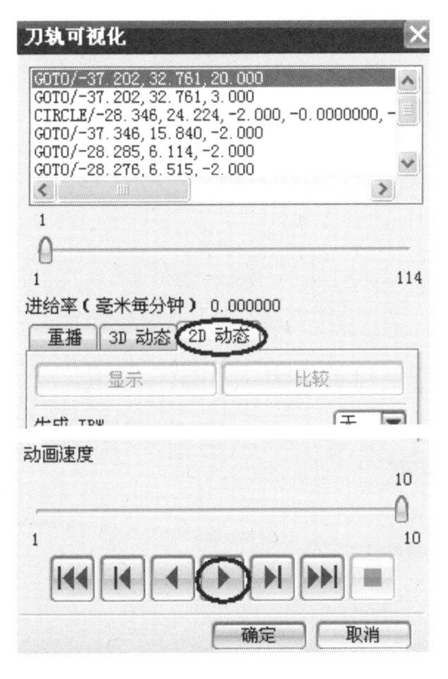

图　2-117

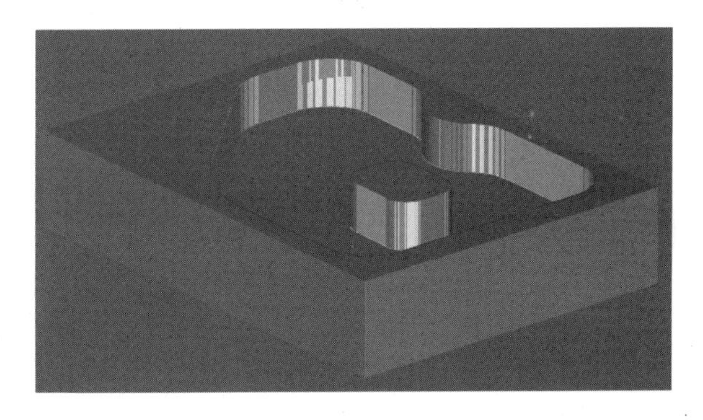

图　2-118

2.7.11　后处理

1. 粗加工后处理

在工序导航器程序顺序视图下，选择 RR 节点，单击鼠标右键，弹出下拉菜单，选择 后处理命令，弹出【后处理】对话框，如图 2-119 所示，选择【MILL 3 AXIS】机床后处理，指定输出文件路径和名称。在【单位】下拉列表框中选择【公制/部件】选项，单击 确定 按钮，完成粗加工后处理，输出数控程序文件，如图 2-120 所示。

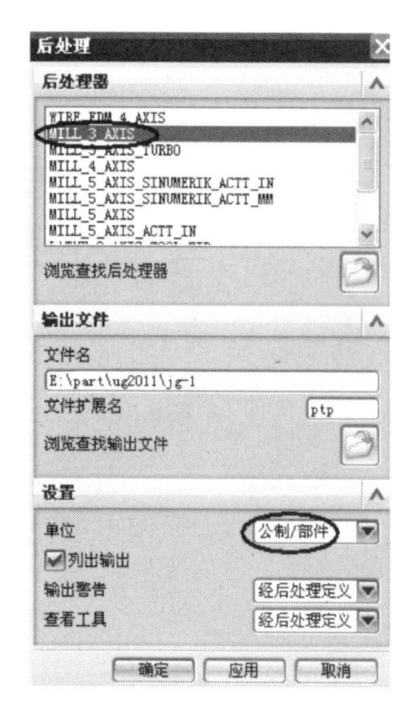

图　2-119

图　2-120

2. 半精加工、精加工后处理

按照上述步骤 1 的方法，分别选择 RF 、 FF 节点进行后处理，完成输出数控程序文件。

2.7.12　创建车间文档

在工序导航器下选择【NC _ PROGRAM】节点，在【操作】工具条中选择（车间文档）图标，弹出【车间文档】对话框，如图 2-121 所示。在【报告格式】列表框中选择【Tool List Select CHTML/Excel】选项，并指定输出文件路径和名称，单击确定按钮，完成创建刀具清单，如图 2-122 所示。

图　2-121

Tool Sheet

Part name:	jg-1	Drawing name:	"--"
Material:	"--"	Part number:	"--"
Machine:	"--"	Program Name:	"--"
Pictures：		Description：	

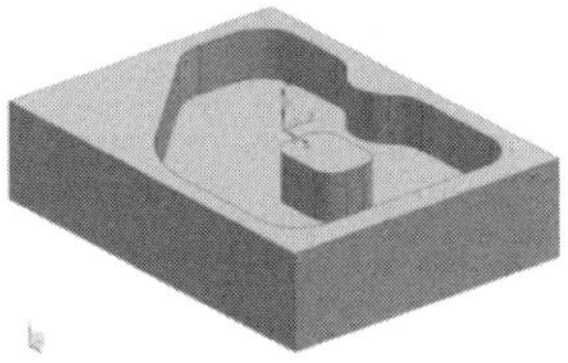

Tool Number	Tool Name	Tool Description	Tool Diameter	Adjust Register	Cutcom Register	Flute Length	Tool Length	Holder Description	Time in Minutes	Operation Name
1	EM30R1	□µ¶-5 ²ÎÊý	30.00000	1	1	50.00000	75.00000		9.551554	R1 S1 S2
2	EM20	□µ¶-5 ²ÎÊý	20.00000	2	2	50.00000	75.00000		7.168945	F1 F2

Author： Administrator　　Checker： Administrator　　Date： Thu Dec 15 21:47:07 2011

图　2-122

在【车间文档】对话框中【报告格式】列表框中选择【Operation List Select CHTML/Excel】选项，并指定输出文件路径和名称，单击 确定 按钮，完成创建加工顺序清单车间文档，如图 2-123 所示。

Page: 1 of 2

SIEMENS

Program Sheet

Part name:	jg-1	Drawing name:	"--"
Material:	"--"	Part number:	"--"
Machine:	"--"	Program type:	"--"
Pictures：		Description：	

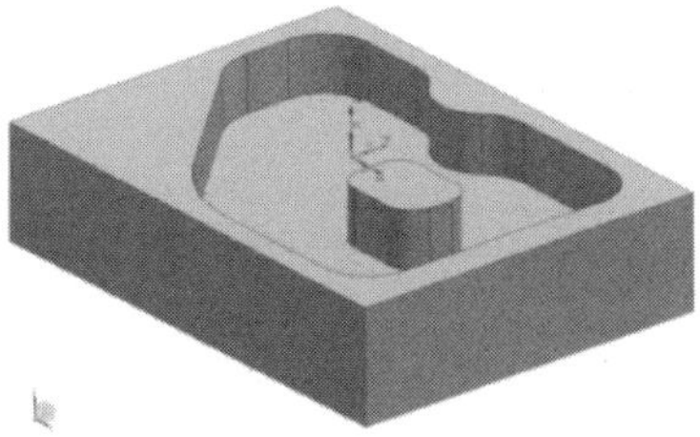

图　2-123

Index	Operation Name	Type	Program	Machine Mode	Tool Name	Path Image
1	R1	Planar Milling	RR	MILL	EM30R1	
2	S1	Planar Milling	RF	MILL	EM30R1	
3	S2	Planar Milling	RF	MILL	EM30R1	
4	F1	Planar Milling	FF	MILL	EM20	

Author： Administrator Checker： Administrator Date： Thu Dec 15 21:38:55 2011

Page： 2 of 2

SIEMENS

Program Sheet

Index	Operation Name	Type	Program	Machine Mode	Tool Name	Path Image
5	F2	Planar Milling	FF	MILL	EM20	

Author： Administrator Checker： Administrator Date： Thu Dec 15 21:38:55 2011

图 2-123（续）

第 3 章

平面铣操作基础

平面铣加工是 UG 编程的基础，虽然其刀路简洁，但参数具有代表性。充分掌握平面铣各选项参数的意义，是以后学习型腔铣和曲面轮廓铣的基础。

平面铣具有以下特点：

1）平面铣是一种 2.5 轴的加工方式，它在加工过程中产生水平方向的 XY 两轴联动，而 Z 轴方向只在完成一层加工后进入下一层时才做单独的进刀动作。

2）平面铣的加工对象是边界，是以曲线/边界来限制切削区域的。它生成的刀轨上下一致。通过设置不同的切削方法，平面铣可以完成挖槽或者轮廓外形的加工。

3）平面铣用于直壁的、岛屿顶面和槽腔底面为平面的零件加工。对于直壁的、水平底面为平面的零件，常选用平面铣操作进行粗加工和精加工，如加工产品的基准面、内腔的底面及敞开的外形轮廓等。使用平面铣操作进行数控加工程序的编制，可以取代手工编程。

4）平面铣的刀轨生成速度快，调整方便，可以控制刀具在边界上的位置。

3.1 平面铣边界介绍

3.1.1 平面铣的边界类型

边界是定义刀具切削运动的区域。边界分为永久边界和临时边界两种，其中临时边界最为常用，使用起来方便快捷。

1. 永久边界

永久边界的优点是边界可以重复使用，但是一旦被创建会一直显示在屏幕上。

2. 永久边界的创建

选择菜单中的【工具】/【边界】命令，弹出【边界管理器】对话框，如图 3-1 所示，单击 创建 按钮，弹出【创建边界 B1】对话框，如图 3-2 所示。

【创建边界 B1】对话框中各选项含义如下：

1）【成链】：单击此按钮后，选择开始的曲线，再选择结束的曲线，可以选择相连的一组曲线。

2）【刀具位置 - 相切】：此按钮是切换刀具接近边界的位置，相切是刀具与边界相切，如图 3-3 所示。

3）【刀具位置 - 开】：开是刀具中心位于边界上，如图 3-4 所示。

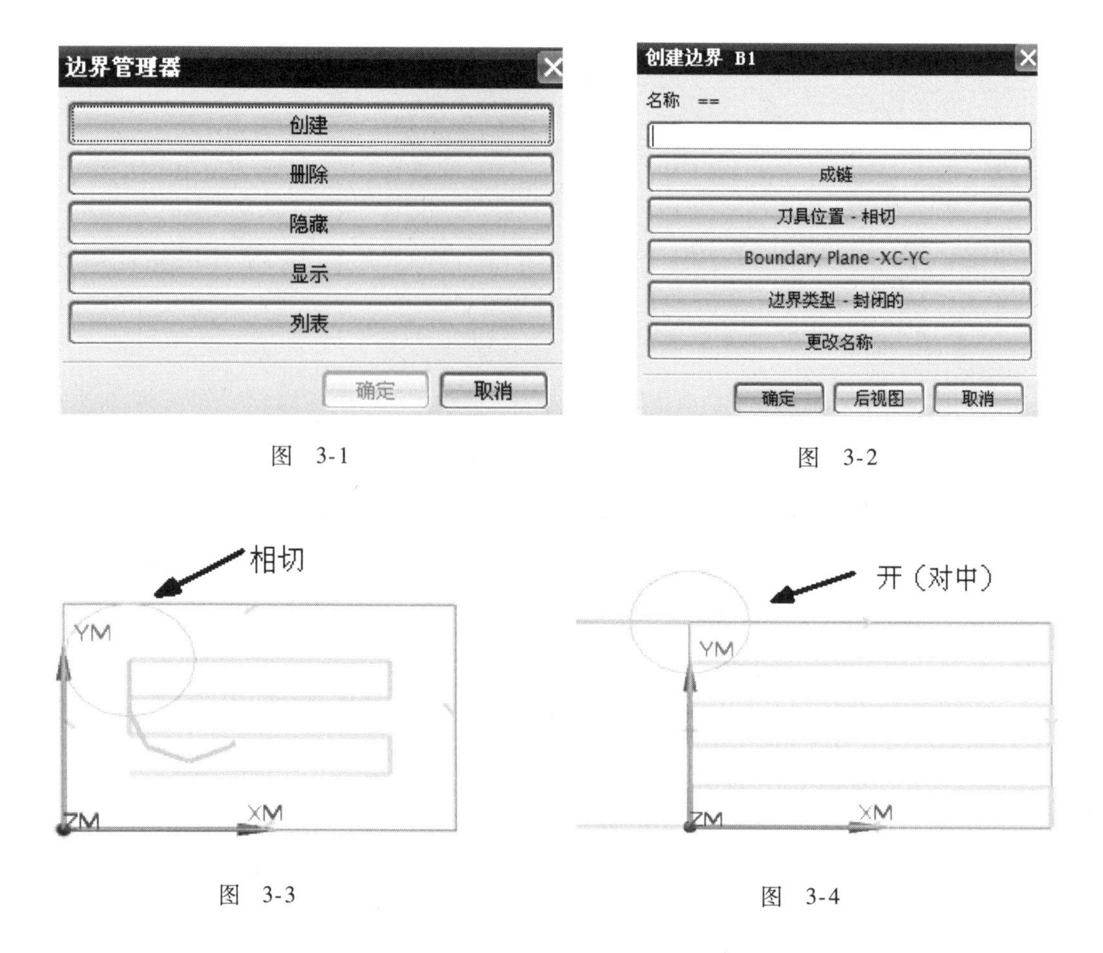

图 3-1

图 3-2

图 3-3

图 3-4

4）【Boundary Plane - XC - YC】：边界平面，使用平面构造器定义所选择的几何体为投影平面。

5）【边界类型 - 封闭的】：此按钮用于切换开放边界和封闭边界。封闭边界若没有用封闭区域来定义边界，则系统自动延伸第一条和最后一条边界，使其形成一个封闭的边界，如图 3-5 所示。

6）【边界类型 - 打开】：打开边界，定义一个敞开的轨迹，如图 3-6 所示。

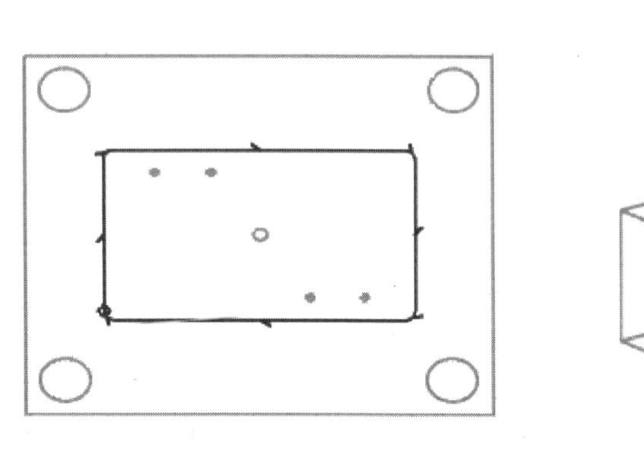

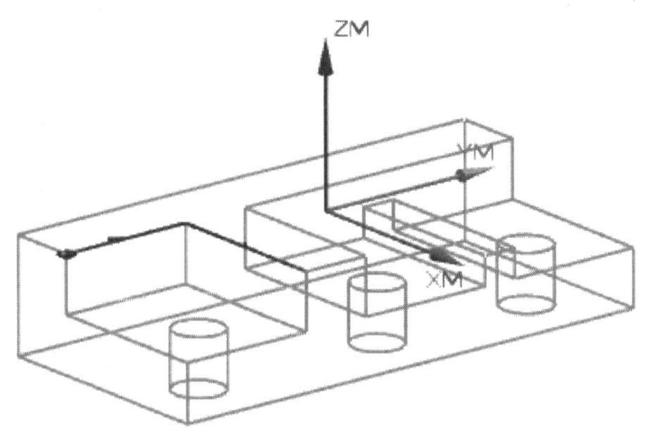

图 3-5

图 3-6

永久边界的另外一种创建方式是：用户已经创建临时边界，选择（部件边界）图标，弹出【编辑边界】对话框，单击创建永久边界按钮，如图3-7所示。

3. 临时边界

临时边界的优点是边界临时显示在屏幕上，刷新后会消失，编辑时又会显示，且与父几何体是关联的，可以反映几何体的更改。

4. 临时边界的创建

临时边界是在加工模块中创建的，在平面铣工序中选择（部件边界）、（毛坯边界）、（修剪边界）、（检查边界）图标，弹出【边界几何体】对话框，如图3-8所示。

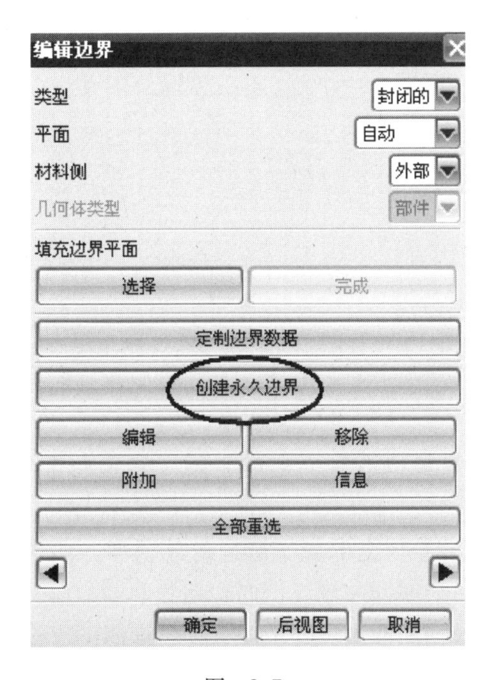

图　3-7

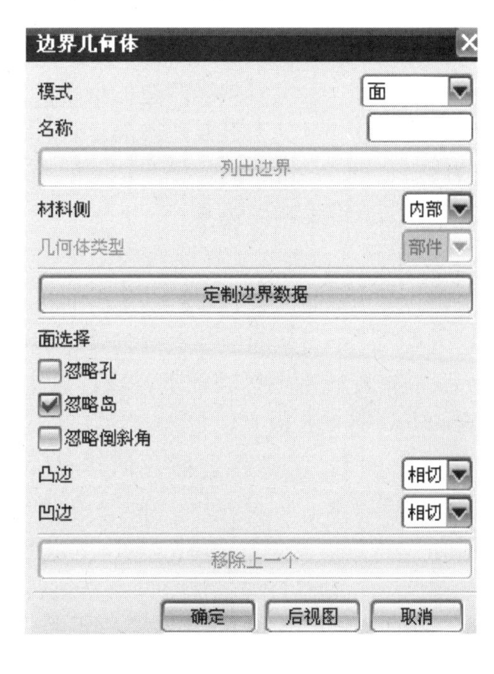

图　3-8

1）【模式】：定义边界的选择方式有四种模式：面、曲线/边、边界和点，如图3-9所示。

2）【名称】：用于输入永久边界的名称。

3）【材料侧】：定义在边界的某一侧材料是被去除或保留。

4）【定制边界数据】：设定所选择边界的公差、侧边余量、毛坯距离和切削速度等参数。

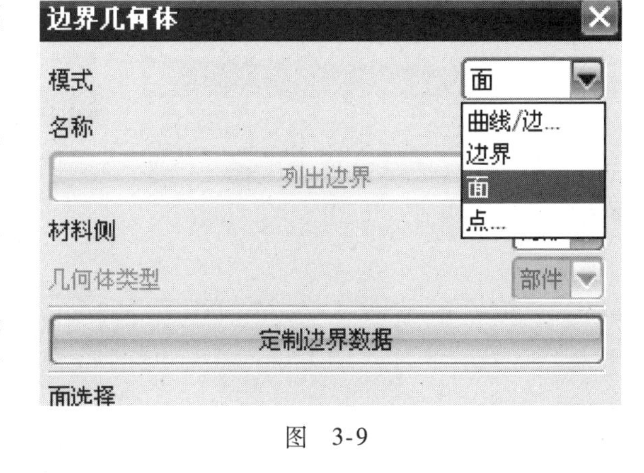

图　3-9

3.1.2　平面铣的边界选项导读

学好平面铣的关键是正确掌握边界的创建，平面铣边界的定义方式比较灵活，主要有以下几种方法。

1. 面模式定义边界

面模式是通过选择面的轮廓来定义边界。选择【面】选项后，弹出【边界几何体】对话框，如图 3-8 所示。

1)【忽略孔】：勾选该选项，在所选平面上忽略面中孔的边缘，也就是在孔的边缘上不产生边界。

2)【忽略岛】：勾选该选项，在所选平面上忽略面中岛的边缘，也就是在岛的边缘上不产生边界。

3)【忽略倒斜角】：勾选该选项，在所选平面上忽略面中与面相邻的倒斜角、倒圆角和圆角面的边缘，也就是在倒斜角、倒圆角和圆角面的边缘上不产生边界，而是在倒斜角、倒圆角和圆角面前的边缘产生边界。二次倒斜角此选项不起作用。

4)【凸边】：定义刀具在凸边的位置，即刀具与边界相切还是对中（通过边界）。

5)【凹边】：定义刀具在凹边的位置，即刀具与边界相切还是对中（通过边界）。

6)【移除上一个】：移除最后定义的边界。

2. 曲线/边模式定义边界

曲线/边模式是通过选择曲线和实体边、曲面边来定义边界。选择曲线/边... 选项后，弹出【创建边界】对话框，如图 3-10 所示。

1)【类型】：当从曲线和边缘创建边界时，指定边界有两个选项：封闭的、开放的。开放边界只能搭配轮廓或标准加工方法，如使用其他切削方法，系统会自动将此开放的外打开边界在起点与终点处以直线封闭。

2)【平面】：定义所选择几何体将投影的平面和边界创建的平面。它有两个选项：自动、用户定义。

自动选项：是默认选项。它所决定的零件边界平面取决于选择的几何体。如果选择边界的前两个元素是直线，那么两条直线所定义的平面即为边界平面；如果前两个元素是非共面的，那么前两个元素的顺序三个端点所定义的平面即为边界平面；如果前两个元素的顺序三个端点不共面，则所选的曲线或边缘沿 Z 轴方向投射到 XM－YM 平面。

用户定义选项：若选择该选项，弹出【平面】构造器对话框，如图 3-11 所示，用户可自己定义边界所在的平面。所选的曲线或边缘沿 Z 轴方向投射到指定平面来创建边界。

图 3-10

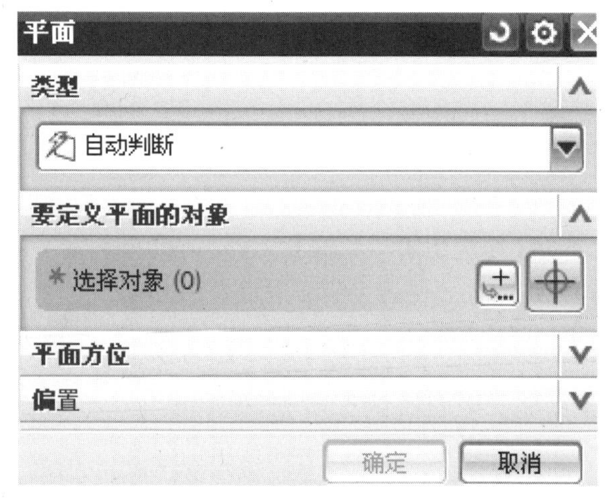

图 3-11

3）【材料侧】：定义在边界的某一侧材料是被去除或保留。

对于不同类型的边界，其内外侧的定义是不同的，若作为部件边界使用，其材料侧为保留侧，即为不加工的一侧。当边界类型是封闭的的情况时，有两个选项：内部、外部；当边界类型是开放的的情况时，有两个选项：左、右。

若作为毛坯边界使用，其材料侧为切除部分；作为检查边界时，其材料侧是保留部分；而作为修剪边界时，修剪侧为保留材料的部分。

①【刀具位置】：此选项决定刀具接近边界时的位置。它有相切和对中两种状态。当设置为相切时，刀具与边界相切；设置为对中时，刀具中心处于边界上。

②【定制成员数据】允许对所选择的边界进行公差、侧边余量、切削速度和后处理命令等参数的设置。

③【成链】：单击此按钮后，选择开始的曲线，再选择结束的曲线，可以选择相连的一组曲线。

④【移除上一个成员】：如果选择轮廓边界时选错了，可使用此选项移除最后一次定义的边界。此选项可以连续使用，直到选择的元素全部被移除为止。

⑤【创建下一个边界】：如果边界上有一个以上，则选择下一个外形边界前，须单击创建下一个边界，以告知系统创建下一个边界。

3. 点模式定义边界

点模式以直线连接定义点来定义边界，即通过【点方法】选项使用各种点定义方法来定义点，创建封闭的或是开放的的边界。

4. 边界模式定义边界

边界模式使用已经定义的永久边界来定义边界。选择永久边界作为边界时，定义方式比较简单，由于部分参数在创建永久边界时已经确定了，所以只需选择某一永久边界，并指定其材料侧即可完成边界的定义。

3.1.3　平面铣的边界编辑

如果已经定义的边界不能产生满意的刀轨时，在平面铣工序中选择（部件边界）、（毛坯边界）、（修剪边界）、（检查边界）图标，弹出【编辑边界】对话框，如图3-12所示。

在编辑边界元素时，可以对每一条边界的参数进行编辑，激活的边界以高亮显示。可以通过单击（下一个）、（上一个）按钮来切换激活的边界。

1. 编辑

在【编辑边界】对话框中单击编辑按钮，弹出【编辑成员】对话框，如图3-13所示。

在【编辑成员】对话框中，【刀具位置】的下拉框中可以重新定义相切和对中两种状态。

单击定制成员数据按钮，允许对所选择的边界进行公差、侧边余量、切削速度和后处理命令等参数的设置修改。

单击起点按钮，弹出【修改边界起点】对话框，如图3-14所示，可以通过百分比、距离选项来修改边界起点。对于开放边界，可以单击起点按钮、终点按钮，来延伸或修剪边界的起点或终点。

图 3-12

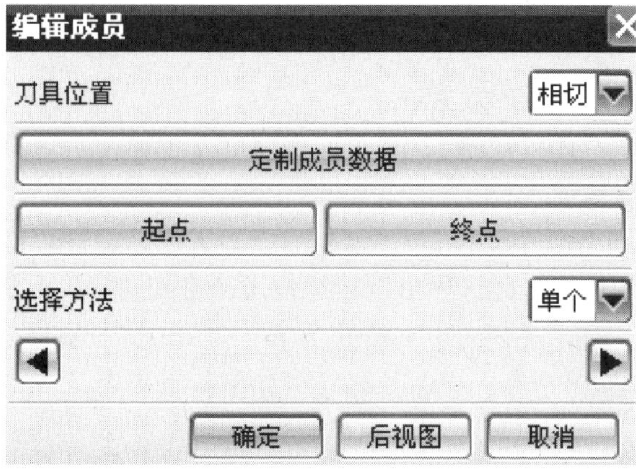

图 3-13

使用▶（下一个）、◀（上一个）按钮，可以在该边界的成员之间进行切换。

2. 移除

在【编辑边界】对话框中，单击移除按钮，可以将所选择的边界删除。

3. 附加

在【编辑边界】对话框中，单击附加按钮，可以创建新的边界。

4. 信息

在【编辑边界】对话框中，单击信息按钮，可以查看边界的相关信息。

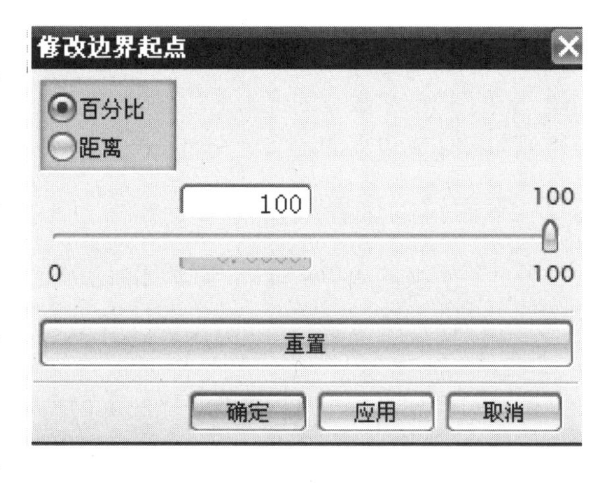

图 3-14

5. 全部重选

在【编辑边界】对话框中，单击全部重选按钮，可以去除所有选择的边界。

3.2 底平面选项介绍

底平面用于指定平面铣加工的最低高度，每一个操作中仅能有一个底平面，第二个选取的面会自动替代第一个选取的面而成为底平面。可以直接在工件上选取水平的表面作为底平面，也可以选择共面的两条曲线作为底平面，也可以将选取的表面进行偏置作为底平面，或者指定三个主要平面（XC－YC、YC－ZC、ZC－XC），且偏置一个距离后的平行平面作为底平面。

在【平面铣】对话框中选择（选择或编辑底平面几何体）图标，弹出【平面】构造器对话框，如图3-15所示。底平面创建后，在绘图区中将以虚线三角形显示其平面位置，并以箭头表示其正方向，如图3-16所示。

图　3-15

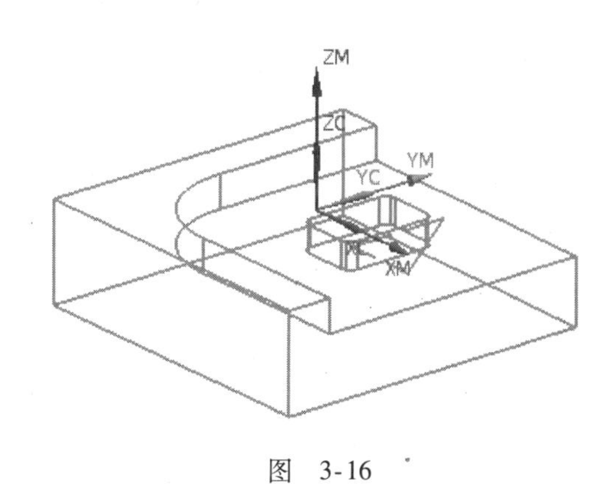

图　3-16

3.3　表面铣削

表面铣削简称面铣，是平面铣削的一种方式，它是通过选择平面区域来定义加工范围的，平面区域可以通过平面、曲线、边缘或点来定义。表面铣削又分为面区域面铣和面边界面铣两种方式。

3.3.1　面区域面铣削的几何体设置

选择菜单中的【插入】/【工序】命令或在【插入】工具条中选择（创建工序）图标，弹出【创建工序】对话框，如图3-17所示。

在【创建工序】对话框中【类型】的下拉列表框中选择【mill_planar】（平面铣），在【工序子类型】区域中选择（面铣削区域）图标，弹出【面铣削区域】对话框，如图3-18所示。

1. 指定部件

部件可以从WORKPIECE继承，也可以指定实体为部件，以方便仿真和过切检查。

2. 指定切削区域

在【面铣削区域】对话框中选择（选择或编辑切削区域几何体）图标，弹出【切削区域】对话框，如图3-19所示。可以通过选择面或特征来定义切削区域。

3. 指定壁几何体

为了让壁留有余量，在【面铣削区域】对话框中选择（选择或编辑壁几何体）图标，弹出【壁几何体】对话框，如图3-20所示。可以通过选择面或特征来定义壁几何体。

4. 指定检查体

在【面铣削区域】对话框中选择（选择或编辑检查几何体）图标，弹出【检查几何体】

对话框，如图 3-21 所示。选择夹具或加工过程中要避开的几何体，以避免刀具与其发生碰撞。

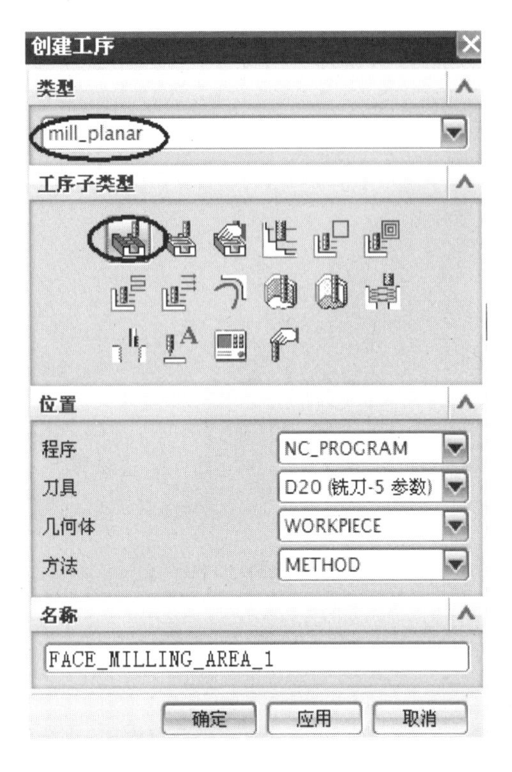

图 3-17

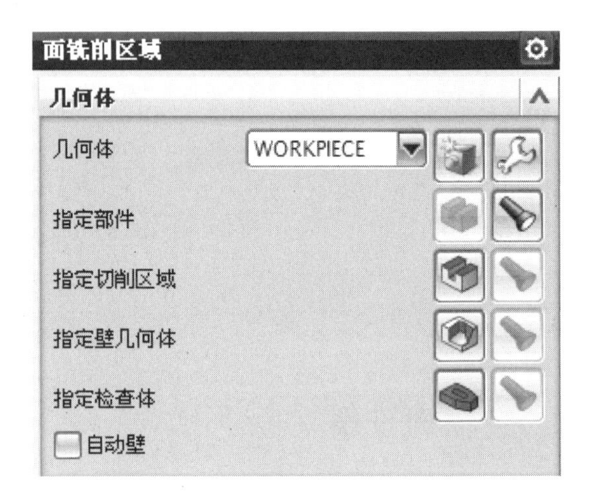

图 3-18

图 3-19

图 3-20

5. 自动壁

在【面铣削区域】对话框中勾选【自动壁】选项，系统将自动判断出壁，可以定义壁面余量。

图 3-21

3.3.2 面边界面铣削的几何体设置

选择菜单中的【插入】/【工序】命令或在【插入】工具条中选择 (创建工序) 图标，弹出【创建工序】对话框。在【创建工序】对话框中【类型】的下拉列表框选择【mill_planar】(平面铣)，在【工序子类型】区域选择 (面铣削边界) 图标，弹出【面铣】对话框，如图 3-22 所示。

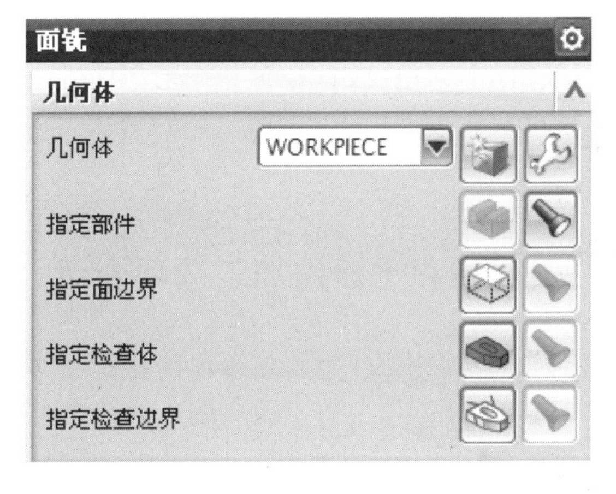

图 3-22

1. 指定面边界

在【面铣】对话框的【指定面边界】区域中选择 (选择或编辑面几何体) 图标，弹出【指定面几何体】对话框，如图 3-23 所示，可以通过选择 (面边界)、 (曲线边界)、 (点边界) 来定义面边界。

2. 指定检查体

在【面铣】对话框中选择 (选择或编辑检查几何体) 图标，弹出【检查几何体】对话框，选择夹具或加工过程中要避开的几何体，以避免刀具与其发生碰撞。

3. 指定检查边界

在【面铣】对话框中选择 (选择或编辑检查边界) 图标，弹出【检查边界】对话框，如图 3-24 所示。选择夹具或加工过程中要避开的几何体边界 (该边界必须是封闭的)，以避免刀具与其发生碰撞。

图 3-23

图 3-24

3.4 表面铣和平面铣加工选项介绍

表面铣和平面铣的一些操作参数和选项是相同的，下面将集中介绍加工选项。

3.4.1 切削模式

切削模式是生成刀轨的样式，表面铣和平面铣各有八种切削模式，其中有七种是相同的。不同的是平面铣包含标准驱动切削模式，如图 3-25 所示；而表面铣包含混合切削模式，如图 3-26 所示。

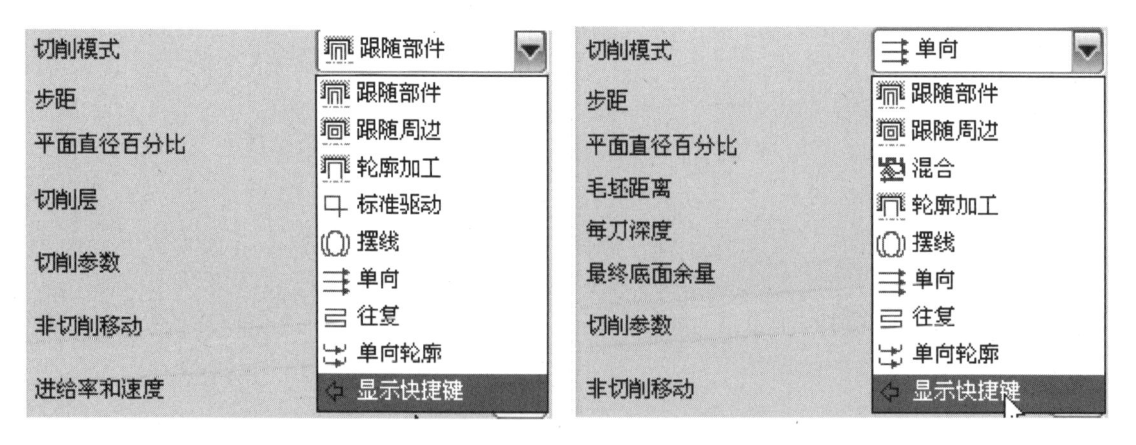

图 3-25　　图 3-26

1. 单向切削

单向：单向切削产生一系列单向的平行线性刀轨，因此回程是快速横越运动，基本能够维持单纯顺铣或逆铣，如图3-27所示。

2. 往复切削

往复：往复切削产生一系列平行连续的线性往复式刀轨。这种切削方法允许刀具在步距运动期间保持连续的进给运动，没有抬刀，能最大化地对材料进行切削，是最经济和节省时间的切削运动，因此切削效率高。这种切削方法顺铣和逆铣并存。但是如果启用操作中的清壁，会影响清壁刀轨的方向，如图3-28所示。

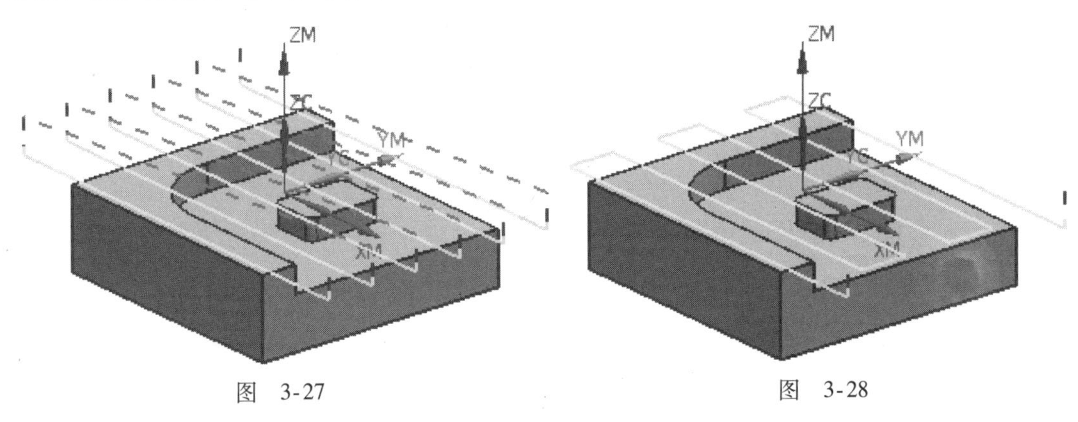

图　3-27　　　　图　3-28

3. 跟随周边切削

跟随周边：跟随周边切削产生一系列同心封闭的环行刀轨，这些刀轨的形状是通过偏移切削区的外轮廓获得的。当内部偏置的形状产生重叠时，它们将被合并为一条轨迹，再重新进行偏置产生下一条轨迹。所有的轨迹在加工区域中都以封闭的形式呈现，如图3-29所示。

此选项与往复式切削一样，能维持刀具在步距运动期间连续地进刀，以产生最大化的材料切除量。除了可以通过顺铣和逆铣选项指定切削方向外，还可以指定向内或者向外的切削。

4. 跟随部件切削

跟随部件：跟随部件切削是通过对所有指定的部件几何体进行偏置来产生刀轨。不像沿外轮廓切削只从外围的环进行偏置，而是沿零件切削从零件几何体所定义的所有外围环（包括岛屿、内腔）进行偏置创建刀轨，如图3-30所示。

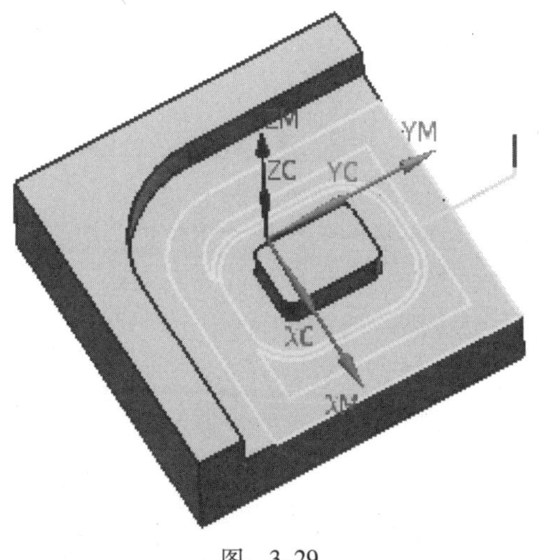

图　3-29

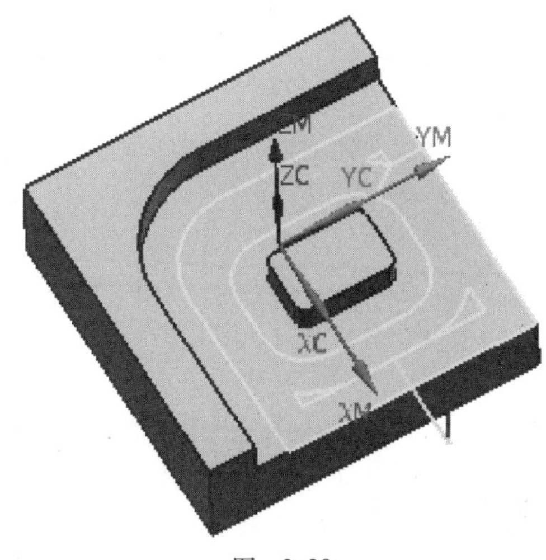

图　3-30

与跟随周边切削不同，跟随部件切削不需要制订向内或者向外的型腔切削方向（步距运动方向），系统总是按照切向部件几何体来决定型腔的切削方向。换句话说，对于每组偏置，越靠近部件几何体的偏置越靠后切削。对于型腔，步距方向是向外的；而对于岛屿，步距方向是向内的。

跟随部件的切削方法可以保证刀具沿所有的部件几何体进行切削，而不必另外创建操作来清理岛屿，因此对有岛屿的型腔加工区域，最好使用跟随部件的切削方式。当只有一条外形边界时，使用跟随周边与跟随部件切削方式生成的刀具是一样的，建议优先选用跟随部件方式进行加工。

5. 单向轮廓切削

单向轮廓：单向轮廓切削用于创建平行的、单向的、沿着轮廓的刀轨，始终维持着顺铣或者逆铣切削。它与单向切削类似，但是下刀时是下刀在前一行的起始点位置，然后沿轮廓切削到当前行的起点进行当前行的切削。切削到端点时，沿轮廓切削到前一行的端点，然后抬刀到转移平面，再返回到起始点当前行的起点下刀进行下一行的切削，如图3-31所示。

由于切削行间运动也作为切削运动，当在指定速度时，系统将不认可步进速度，因此指定的切削速度也作用于步距运动。

6. 轮廓加工切削

轮廓加工：轮廓加工产生单一或指定数量的绕切削区轮廓的刀轨。主要是实现对侧面轮廓的精加工，如图3-32所示。它能用于敞开区域和封闭区域的加工。

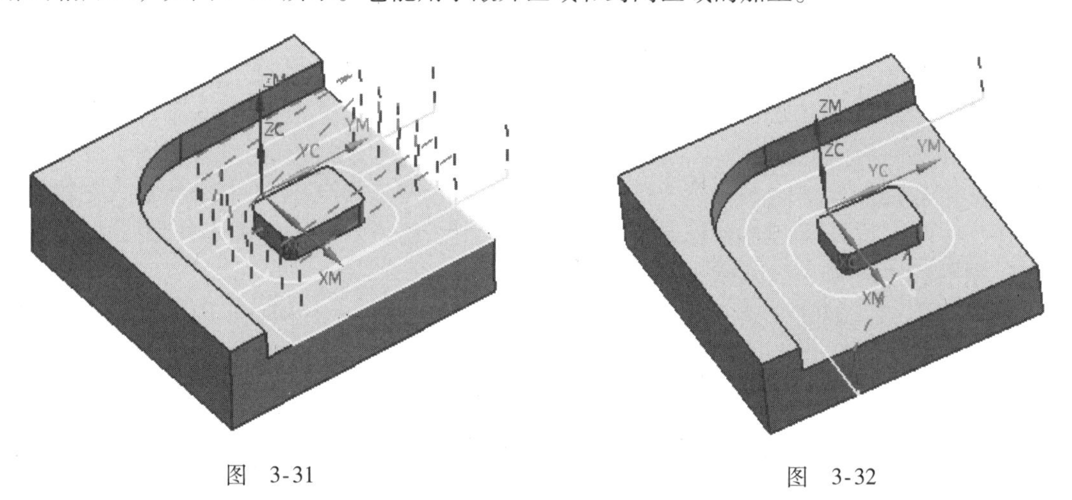

图 3-31　　图 3-32

还可以使用附加刀路选项创建切向零件几何体的附加刀轨。所创建的刀轨沿着零件壁，且为同心连续的切削。

对于一个以上的敞开区域，可以在一次操作中完成。如果敞开的区域之间很近，以至于使刀轨产生交错，那么系统将调节刀轨，使其不产生过切。如果一个敞开的外形和一个岛屿之间很近，刀轨将只从敞开的外形生成，并且在它们相交处减除后重新组合。

轮廓加工切削方法通常用于零件的侧壁或者外形轮廓的精加工或者半精加工。外形可以是封闭的或者敞开的，可以是连续的或者非连续的。具体的应用有内壁和外形的加工、拐角的补加工以及陡壁的分层加工等。

7. 摆线切削

摆线：摆线切削的目的在于通过产生一个小的回转圆圈，以避免在切削时发生全刀切入导致切削的材料量过大。摆线切削可用于高速加工，以较低的而且相对均匀的切削负荷进行粗加工，如图3-33所示。

8. 标准驱动切削

标准驱动：标准驱动切削是一种轮廓切削方法，它严格地沿着指定的边界驱动刀具运动，在轮廓切削使用中排除了自动边界修剪的功能，如图3-34所示。

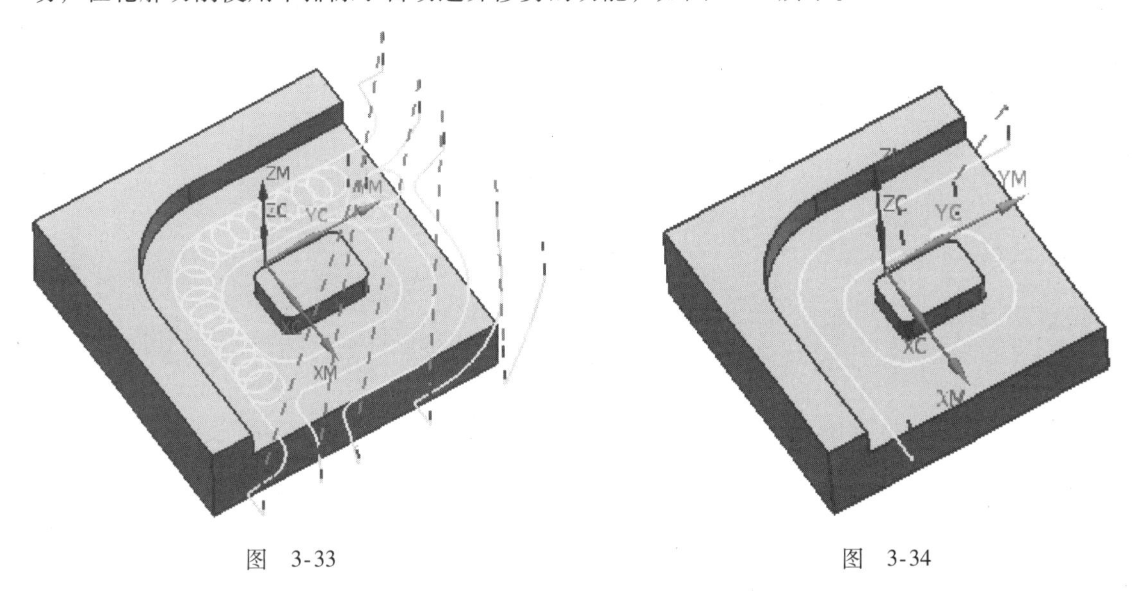

图　3-33　　　　图　3-34

使用这种切削方法时，可以允许刀轨自相交，但是不可以使用碰撞检查选项。每一个外形生成的轨迹不依赖于任何其他的外形，只由本身的区域决定，在两个外形之间不执行布尔操作。这种切削方法非常适合雕花、刻字等轨迹重叠或者相交的加工操作。

标准驱动切削与轮廓切削方法相同，但是多了轨迹自相交选项的设置。如果在切削参数中勾选【相交】选项，它可以用于一些外形要求较高的零件加工。如为了防止外形的尖角被切除，工艺上要求在两根棱相交的尖角处，刀具圆弧切出、再圆弧切入，此时刀轨要相交，即可选用标准驱动方法。另外，它还适用于雕花、刻字等容易产生轨迹自交的场合。刀具路径适用于开放或封闭的轮廓。

9. 混合切削

混合：混合切削方式是表面铣特有的切削方式，可以通过手工的方式定义刀轨。混合切削方式可以指定不同的切削区域采用不同的切削模式，【区域切削模式】对话框如图3-35所示，生成的刀轨如图3-36所示。

3.4.2　切削方式参数设置

3.4.2.1　切削步距

步距通常也称为加工间距，是两个切削路径之间的间隔距离，如图3-37所示。其间隔距离的计算方式是指在OXY平面上，铣削刀轨间的相隔距离。步距的确定需要考虑刀具的承受能力、加工后的残余材料量及切削负荷等因素。在实际编制刀轨时，要在保证切削质量的前提下设定较高的切削速度。在平行切削的切削方式下，步距是指两行间的间距；而在环绕切削方式下，步距是指两环间的间距。

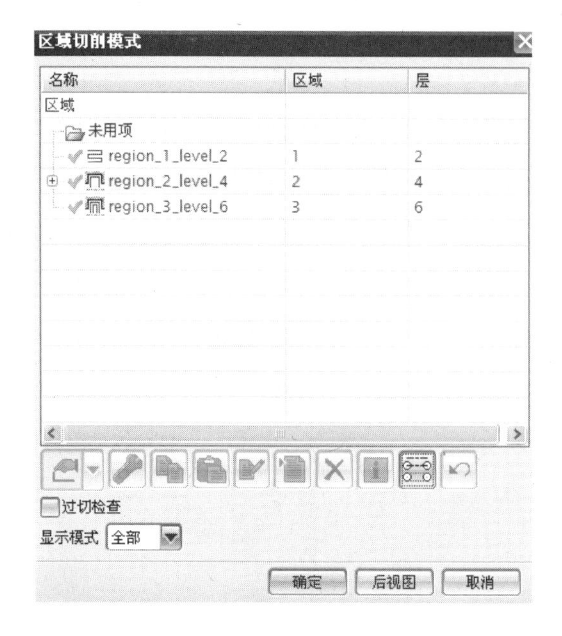

图 3-35

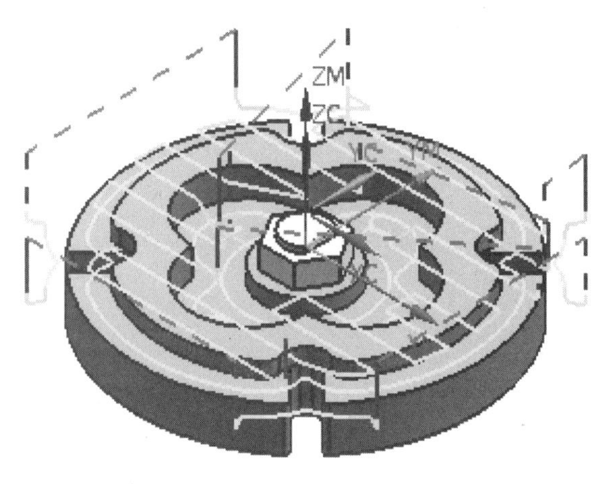

图 3-36

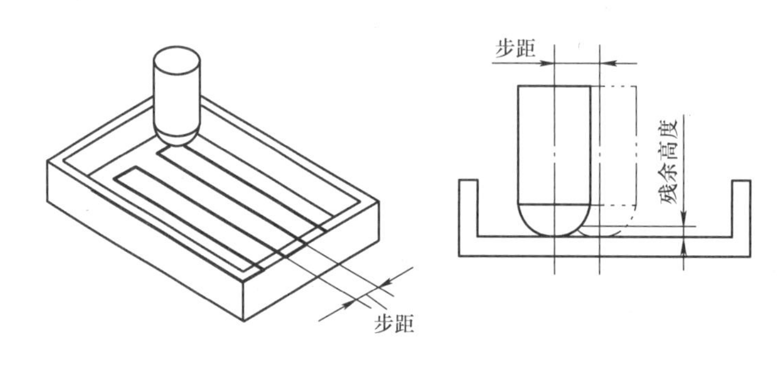

图 3-37

平面铣的步距设置有四个选项，如图3-38所示。

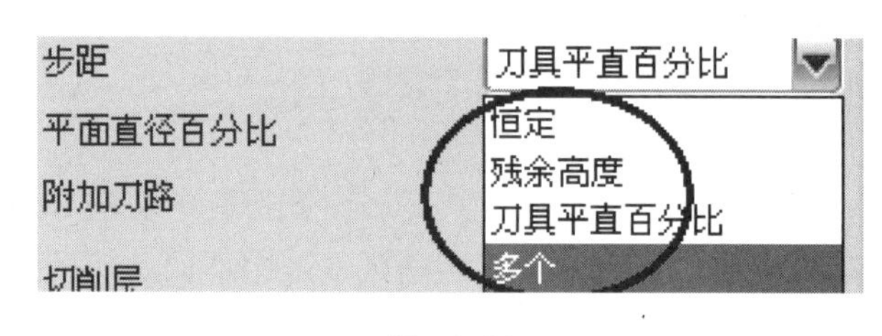

图 3-38

1）【刀具平直百分比】：设置步距大小为刀具有效直径的百分比，它是系统默认的设置步距大小的方式。在【平面直径百分比】栏内输入数值，即可指定步距大小为刀具有效直径的百分比。

2）【恒定】：指定相邻的刀轨间隔为固定的距离。当以恒定的常数值作为步进时，需要在【最大距离】栏中输入其相隔的距离数值。这种方法设置直观明了，如果指定的步距不能平均分割所在区域，系统将减少这个刀路间距以保持恒定的步进。

3）【残余高度】：根据在指定的间隔刀轨之间，刀具在工件上造成的残料高度来计算刀轨的间隔距离。该方法需要在【最大残余高度】栏输入允许的最大残余波峰高度值。这种方法设置可以由系统自动计算为达到某一表面粗糙度而采用的步进，特别适用于使用球头铣刀进行加工时步进的计算。

4）【多个】：使用手动方式设定多段变化的刀轨间隔，对每段间隔指定此种间隔的走刀次数。对于不同的切削方法，变量值字段的输入方法也不同。

使用可变步距进行平行切削时，系统会在设定的范围内计算出合适的行距与最少的走刀次数，且保证刀具沿着外形切削而不会留下残料。

在做外形轮廓的精加工时，通常会因为切削阻力的关系，而有切削不完全及精度未达到公差要求的情况。因此一般外形精加工的习惯是使用很小的加工余量，或者是做两次重复的切削加工。此时使用可变步距方式，搭配环状走刀，做重复切削的精加工。

3.4.2.2　附加刀路

附加刀路只在轮廓铣削或者标准驱动方式下才能激活，如图 3-39 所示。在轮廓加工时，刀轨紧贴加工边界，需要在【附加刀路】栏输入偏置值。使用附加刀路选项可以创建切向部件几何体的附加刀轨，所创建的刀轨沿着零件壁，且为同心连续的切削，向零件等距离偏移，偏移距离为步距。在做粗加工需考虑切削负荷及残余料时，以及在做精加工需考虑以均匀的加工余量获得较高的加工精度时，均可使用附加刀路。

图　3-39

3.4.2.3　切削角

当选择切削方式为平行切削时，如往复切削、单向切削或单向轮廓切削时，切削角选项将被激活，有四种方法定义切削角，如图 3-40 所示。

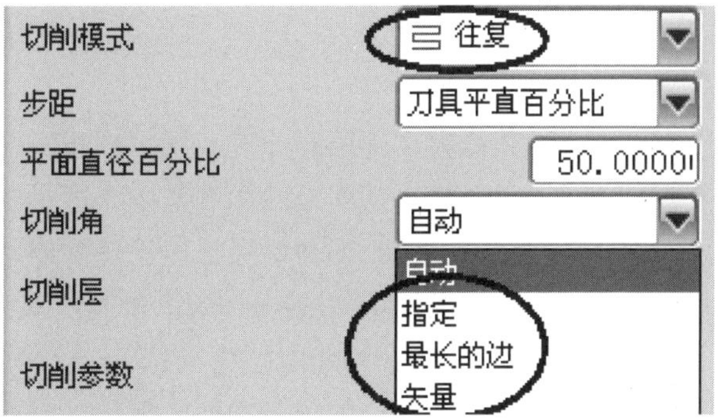

图　3-40

1）【自动】：由系统评估每一个切削区域的形状，并且对切削区域决定最佳的切削角度，以使其中的进刀次数为最少。

2）【指定】：切削角是从工作坐标系 WCS 的 XC－YC 平面中的 X 坐标测量的，该角被投射到底平面。

3）【最长的边】：由系统评估每一个切削所能达到的切削行的最大长度，并且以该角度作为切削角。

4）【矢量】：用户定义任何方向。

3.4.3　切削层

切削层即切削深度，该参数确定多深度切削操作中切削层深度，深度由岛屿顶面、底面、平面或者输入的值来定义。只有当刀轴垂直于底平面或零件边界平行于工作平面时，切削层参数才起作用，否则只在底平面上创建刀具路径。切削层的类型有五种，如图 3-41 所示。

（1）用户定义　该选项允许用户定义切削深度。选择该选项时，对话框下部的所有参数选项均被激活，可在对应的文本框中输入数值。这是最为常用的一种深度定义方式，如图 3-42 所示。

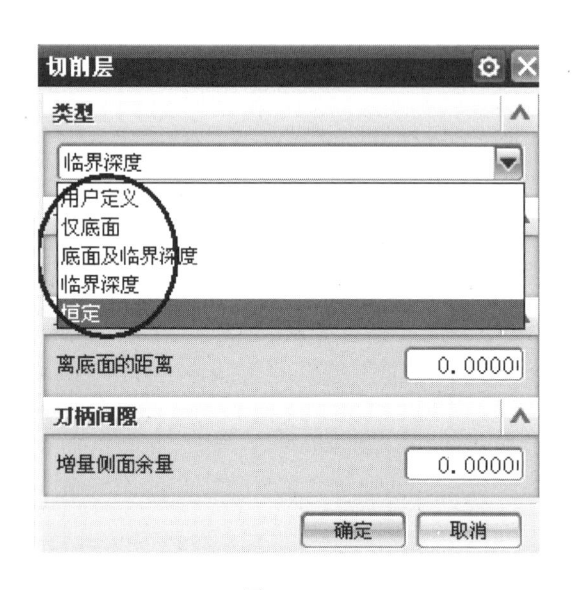

图　3-41

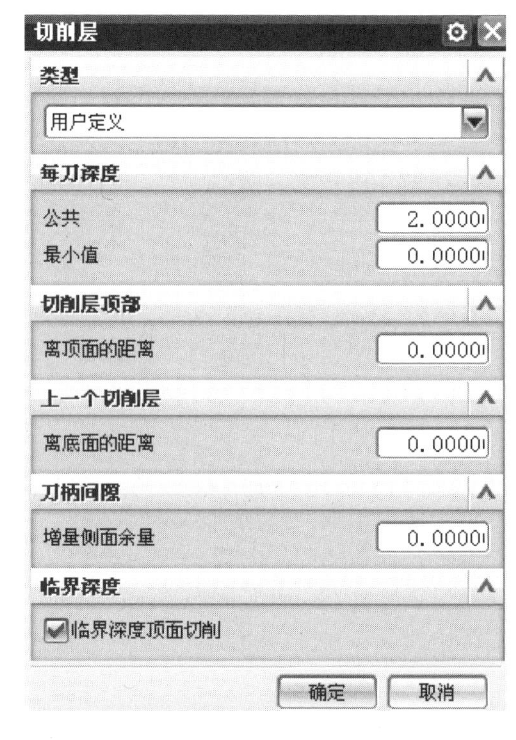

图　3-42

1）【公共】：最大切削层的深度范围，即指定一个切深。

2）【最小值】：最小切削层的深度范围，即指定一个切深。

3）【离顶面的距离】：即初始层深度。多深度平面铣操作定义的第一个切削层深度，该深度从毛坯几何体顶平面开始测量。如果没有定义毛坯几何体，将从零件边界平面处测量，而且与最大深度或最小深度的值无关。

4）【离底面的距离】：即最终深度。多深度平面铣操作定义的底平面以上的最后一个切削层的深度，该深度从底平面开始测量。如果终止层深度大于 0，系统至少创建两个切削层，一个切削层在底平面之上的“最终”深度处，另一个在底平面上。

5）【增量侧面余量】：增量侧面余量为多深度平面铣操作的每一个后续切削层增加一个侧面余量值。增加侧面余量值，可以保持刀具与侧面间的安全距离，减轻刀具深层切削的应力。

UG 的平面加工不能进行侧面有拔模角的轮廓加工，但可以通过设置增量侧面余量的方式来加工带有拔模角的零件，通过计算切削深度，以一个拔模角产生的斜度作为侧向移动量，并将其输入到增量侧面余量值中，即可加工一个带有一定拔模角度的零件。

6）【临界深度顶面切削】：启用该选项，系统将在切削层设置不能达到余量要求时，自动找到一条安全的进刀方式，在岛屿顶面产生清理刀轨。

（2）仅底面　在底面创建一个唯一的切削层。选择该选项时，对话框下部的所有参数选项均不被激活。

（3）底面及临界深度　在底面与岛屿顶面创建切削层。岛屿顶的切削层不会超出定义的岛屿边界。选择该选项时，对话框下部的所有参数选项均不被激活。

（4）临界深度　在岛屿的顶部创建一个平面的切削层。该选项与【底面和岛的顶面】选项的区别在于所生成的切削层的刀具路径将完全切除切削层平面上的所有毛坯材料。选择该选项时，对话框下部的【离顶面的距离】、【离底面的距离】、【增量侧面余量】选项被激活。

（5）恒定　指定一个固定的深度值来产生多个切削层。选择该选项时，对话框下部的【离顶面的距离】、【离底面的距离】、【增量侧面余量】选项被激活。

3.5　切削参数

切削参数主要是对刀具切削路线进行更精确的设置。在【平面铣】对话框中选择（切削参数）图标，弹出【切削参数】对话框，如图3-43所示。该对话框包括六个选项卡：【策略】、【余量】、【拐角】、【连接】、【空间范围】和【更多】。

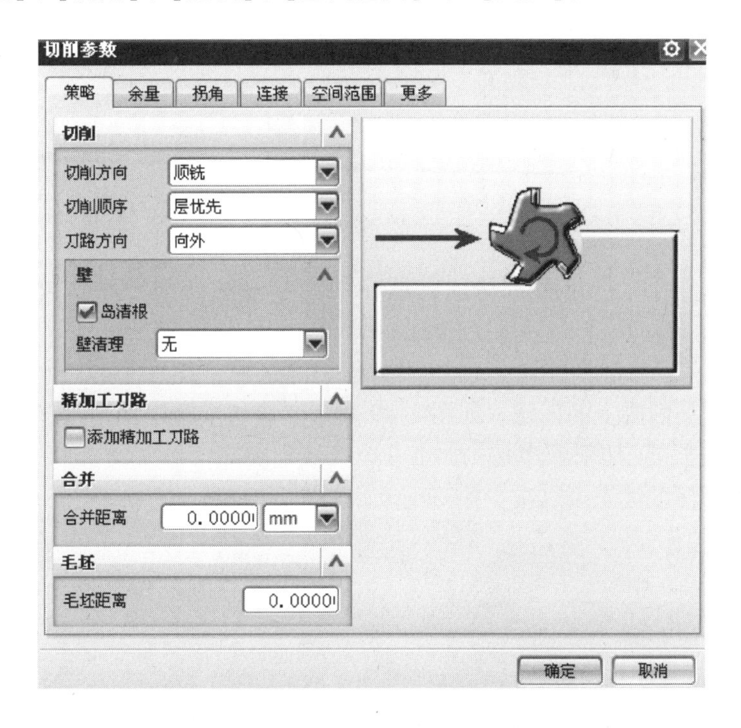

图　3-43

1.【策略】选项卡相关选项　【策略】选项卡用于对加工路线的大致设置，不同的切削模式有其对应的选项。下面介绍跟随周边切削模式的策略选项。

（1）【切削方向】　切削方向是平面铣、型腔铣、Z级切削和面切削操作都有的参数，包括【顺铣】、【逆铣】、【跟随边界】和【边界反向】等选项，如图3-44所示。

1）【顺铣】：主轴旋转方向是顺时针方向的，当切削运动方向与主轴旋转方向一致时为顺铣，如图3-45所示。

2）【逆铣】：主轴旋转方向是顺时针方向的，当切削运动方向与主轴旋转方向相反时为逆铣，如图3-46所示。

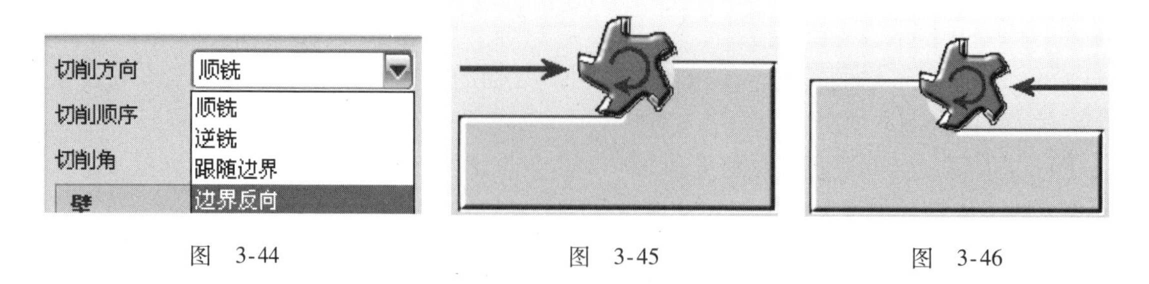

图 3-44　　图 3-45　　图 3-46

3）【跟随边界】：刀具按照边界指示符的方向进行切削，如图 3-47 所示。

4）【边界反向】：刀具按照边界指示符的反方向进行切削，如图 3-48 所示。

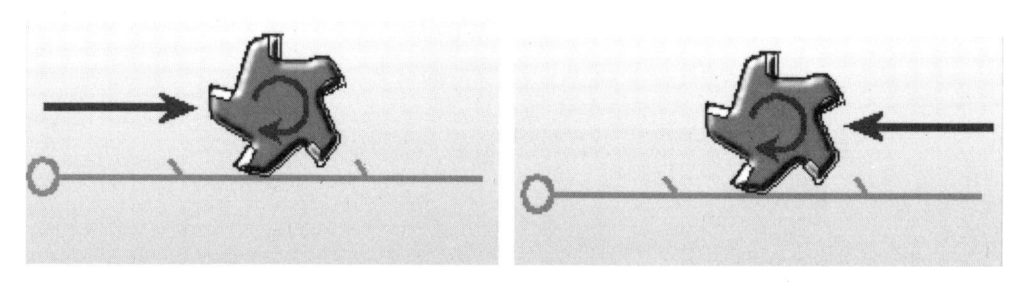

图 3-47　　图 3-48

（2）【切削顺序】 指定多个切削区域在切削层上的切削顺序，包括层优先（Level First）与深度优先（Depth First）两个选项。

1）【层优先】：该切削顺序是指逐层加工各切削区域，即加工同一切削层上的各区域后，再加工下一个切削层上的区域，如图 3-49 所示。该切削顺序特别适合于加工薄壁型腔。

2）【深度优先】：该切削顺序是先加工一个区域到底部，再去加工另一个区域，直到所有区域加工完毕。深度优先可以减少抬刀现象，如图 3-50 所示。

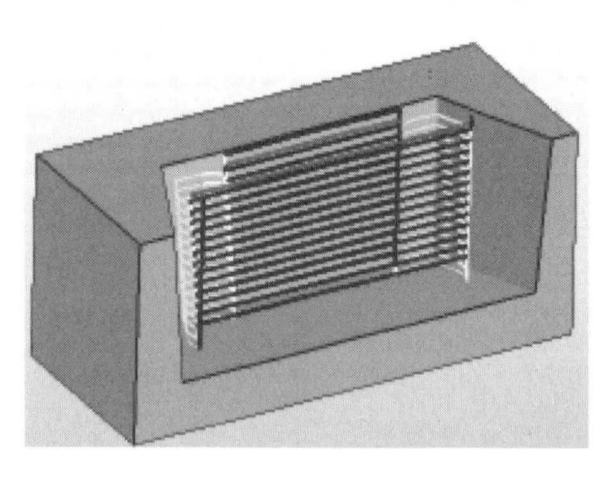

图 3-49

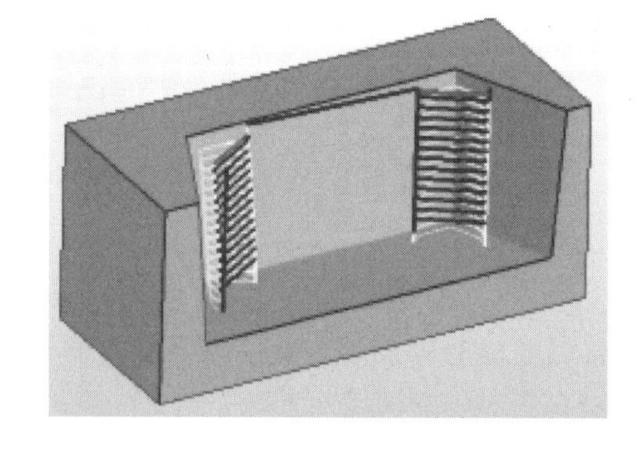

图 3-50

（3）【刀路方向】 使用跟随周边的切削模式加工时，可以设定进给方向为向内（Inward）或者向外（Outward），用来指定刀具水平的进给方向。

1）【向内】：由外轮廓向内指向中心产生刀具路径。

2）【向外】：由中心向外轮廓产生刀具路径。

（4）【壁】 当应用单向切削、往复式切削的切削方法时，用“壁清理”功能可以清理零件壁或者岛屿壁上的残留材料。它是在切削完成每一个切削层后插入一个轮廓铣轨迹（Profile Pass）。使用平行方式进行加工时，在零件的侧壁上会有较大的残余量，使用沿轮廓切削的方式可以切削这一部分的残余量，以使轮廓周边保持比较均匀的余量。

使用跟随周边时，切削参数【壁】选项里还有一个【岛清根】选项。

（5）【壁清理】有四个选项：【无】、【在起点】、【在终点】、【自动】，如图3-51所示。当使用单向切削、往复式切削的切削方法时，则无【岛清根】选项，【壁清理】仅有三个选项：【无】、【在起点】、【在终点】。

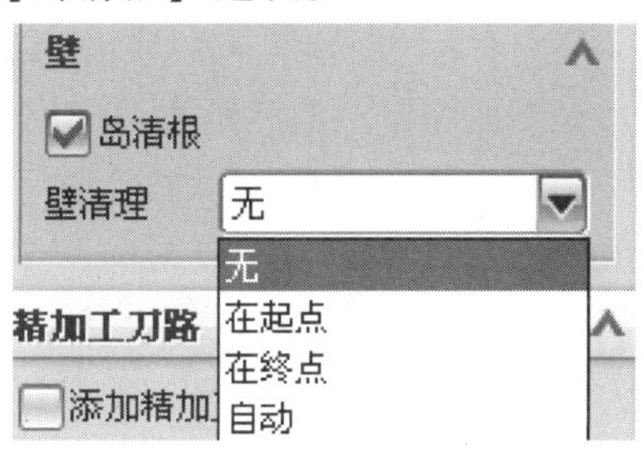

图　3-51

1）【岛清根】：刀具在铣削型腔时，如果存在岛屿，此项用于对岛周围进行清根，如图3-52所示。如果不使用此选项，刀具在能通过的情况下，也不会做岛根部的清理，如图3-53所示。

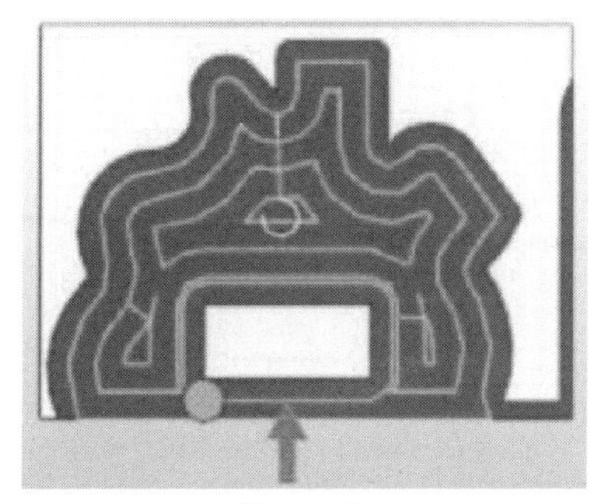

图　3-52

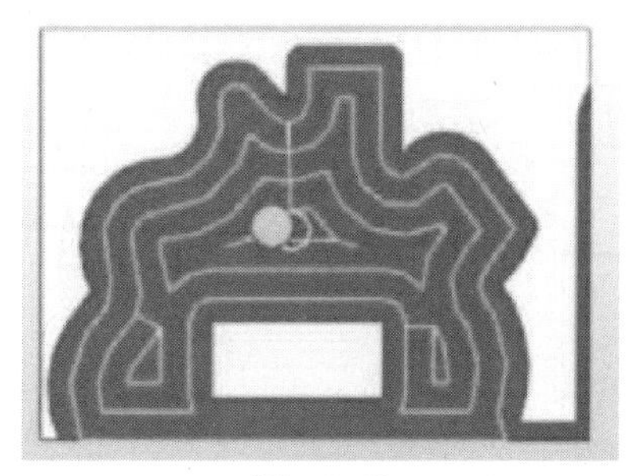

图　3-53

2）【无】：不进行周壁清理。

3）【在起点】：刀具在切削每一层前，先进行沿周边的清壁加工，再切削腔，如图3-54所示。

4）【在终点】：在每一层加工完成后做沿边界线的加工，使其在轮廓线周边保持均匀的残料。这种方式可以获得较好的加工质量和较高的加工效率，如图3-55所示。

5）【自动】：系统计算一个最适合清壁的时间进行清壁，如图3-56所示。

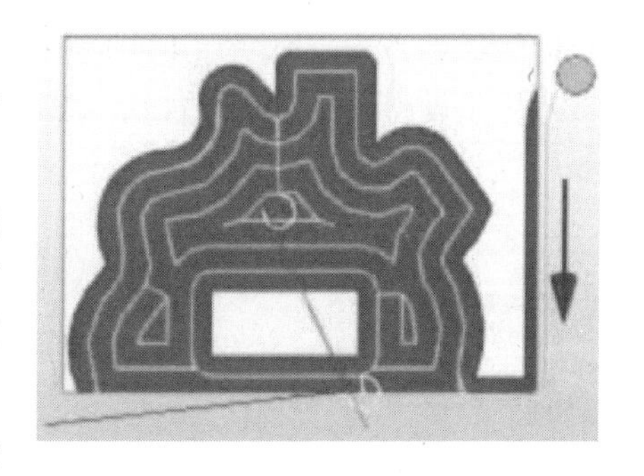

图　3-54

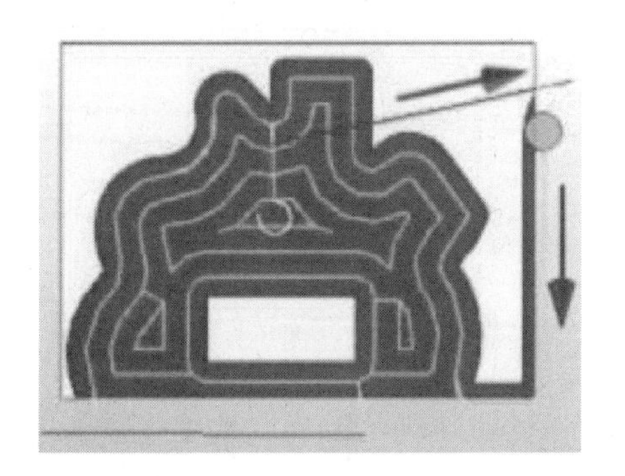

图　3-55

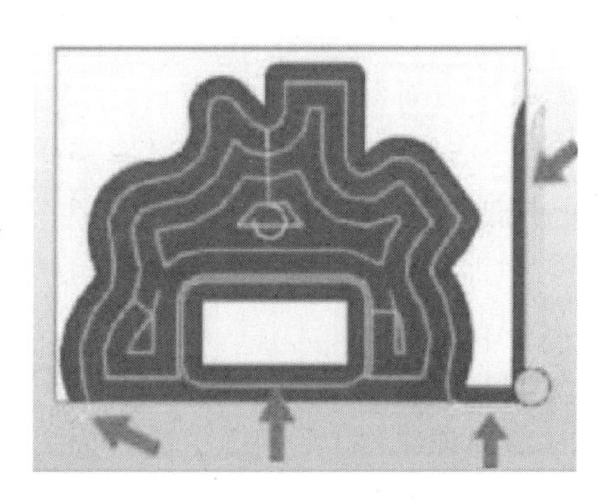

图　3-56

（6）【添加精加工刀路】 勾选该选项，添加精加工刀路是刀具在完成主切削刀轨后再增加的精加工刀轨。在这个轨迹中，刀具环绕着边界和所有的岛屿生成一个轮廓铣轨迹。

（7）【合并距离】 指定距离后，当两个刀轨之间的距离小于所指定距离时，刀轨将合并成为一个刀轨。

（8）【毛坯距离】 毛坯距离是根据零件边界或零件几何体形成毛坯几何体时的偏置距离。对于平面铣，毛坯距离只应用于封闭的零件边界。

2. 【余量】选项卡相关选项 在【平面铣】对话框中选择（切削参数）图标，弹出【切削参数】对话框，选择【余量】选项卡，如图 3-57 所示。

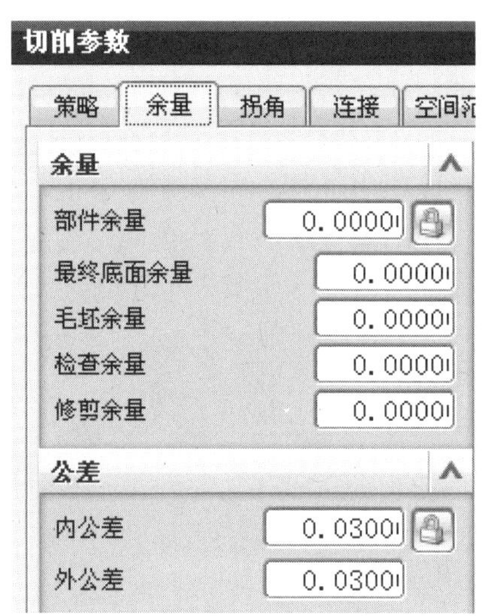

图 3-57

（1）【部件余量】 在当前平面铣削结束时，留在零件周壁上的余量。通常在做粗加工或半精加工时会留下一定部件余量以做精加工用。

（2）【最终底面余量】 完成当前加工操作后保留在腔底和岛屿顶的余量。

（3）【毛坯余量】 以加工区域边缘偏置一定的距离作为毛坯使用，可以看作一个临时毛坯。

（4）【检查余量】 设置刀具偏离检查边界的距离。

（5）【修剪余量】 设置刀具偏离修剪边界的距离。

（6）【公差】 公差定义了刀具偏离实际零件的允许范围，公差值越小，切削越准确，产生的轮廓越光顺。实际加工时应根据工艺要求给定加工精度。例如，在进行粗加工时，加工误差可以设得大一点，以加快系统运算速度，程序长度也可以较短，从而缩短加工时间，一般可以设定到加工留量的 10% ~30%；而进行精加工时，为了达到加工精度，则应减少加工误差，一般加工精度的误差控制在小于标注尺寸公差的 1/10 ~1/5。

（7）【内公差】 设置刀具切入零件时的最大偏距。

（8）【外公差】 刀具在加工完成后允许留有残料的值，即设置刀具切削零件时离开零件的最大偏距，如图 3-58 所示。

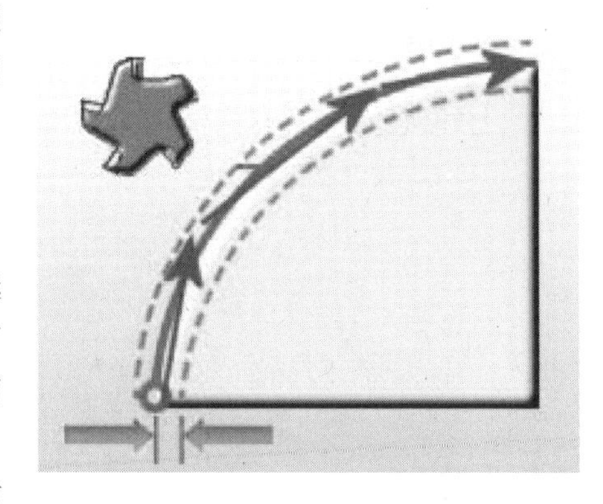

图 3-58

3. 【拐角】选项卡相关选项

在【平面铣】对话框中选择（切削参数）图标，弹出【切削参数】对话框，选择【拐角】选项卡，如图 3-59 所示。拐角在高速加工中应用广泛，目的是使切削刃处的线切削速度均匀，保持切削平稳。

（1）【凸角】 有三个选项，包括【绕对象滚动】、【延伸并修剪】和【延伸】，如图 3-60 所示。

1）【绕对象滚动】：系统将通过插入等于刀具半径的圆弧，保持刀具与材料余量接触，拐角成为圆弧的中心，如图 3-61 所示。

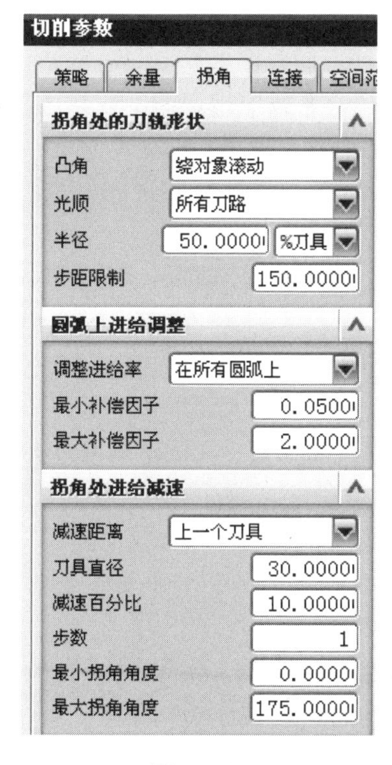

图　3-59

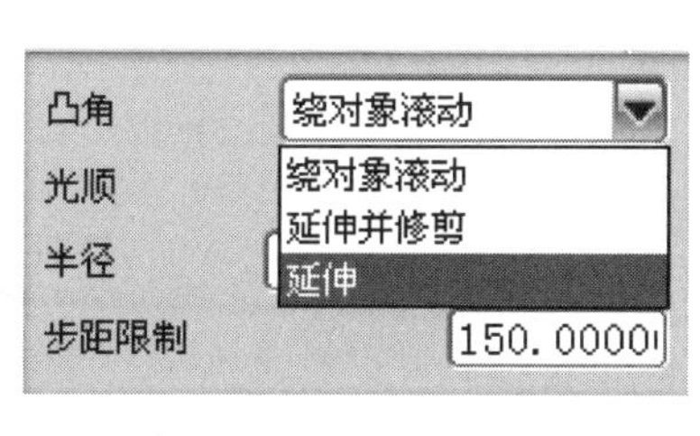

图　3-60

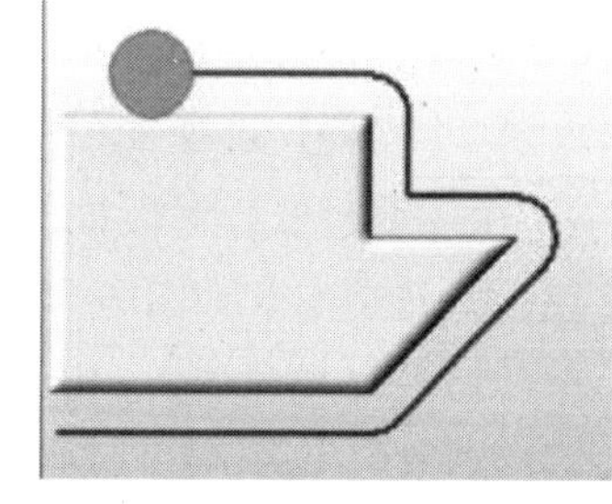

图　3-61

2）【延伸并修剪】：系统在尖角处对刀路进行修剪，延伸仅可应用于沿着壁的刀路，如图3-62所示。

3）【延伸】：系统延伸拐角处的切线来形成拐角刀路，如图3-63所示。

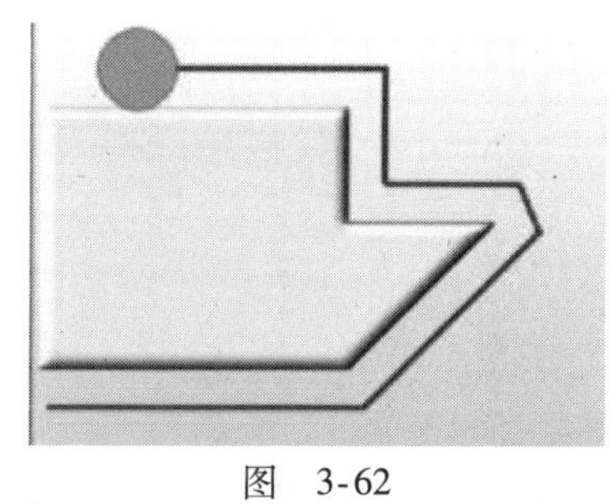

图　3-62

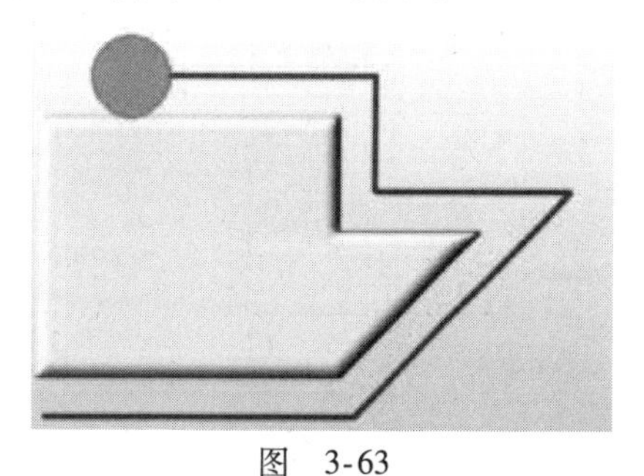

图　3-63

（2）【光顺】　可用于是否在拐角处增加圆角，有【无】和【所有刀路】两个选项。圆角可以在【半径】、【步距限制】栏输入相应数值来控制。

1）【无】：刀具在拐角处不增加圆角。

2）【所有刀路】：刀具在拐角处均增加圆角，如图3-64所示。

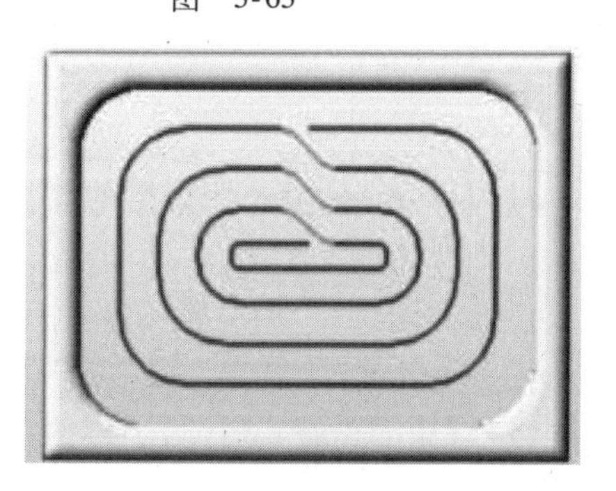

图　3-64

（3）【调整进给率】　加工内凹角时，刀具的侧边实际进给率要大于刀具中心的进给率；加工外凸角时，刀具的侧边实际进给率要小于刀具中心的进给率。此选项用于调整刀具外侧的切削速度，使其保持不变，保证在圆弧处和线性部分的切削负荷相同。可以在【最小补偿因子】、【最大补偿因子】栏输入相应的补偿系数。

拐角处进给减速：系统在加工内凹角时按照指定的减速距离，并按照指定的步数减速。完成减速后，刀具将加速到正常的进给速度，保证切削平稳，提高加工效率。

（4）【减速距离】 用于设置刀具距拐角等于该距离时开始减速。该距离可以采用【上一个刀具】、【当前刀具】的【刀具直径百分比】来控制。

（5）【减速百分比】 用于定义切削减速时最低速度等于当前正常速度的百分比。切削钢件为10% ~50%，铜件为50%。

（6）【步数】 设置减速的段数，值越大，减速段数越多，NC程序中F语句越多，减速越平缓。

（7）【最小拐角角度】、【最大拐角角度】 系统根据该值来判断拐角，在该范围内才会插入圆角或减速。

4.【连接】选项卡相关选项

在【平面铣】对话框中选择（切削参数）图标，弹出【切削参数】对话框，选择【连接】选项卡，如图3-65所示。

（1）【区域排序】 用于自动或手动指定切削区域的加工顺序，包括【标准】、【优化】、【跟随起点】、【跟随预钻点】四个选项。

1）【标准】：按边界的创建顺序确定各切削区域的加工顺序，如图3-66所示。

2）【优化】：系统按最短加工时间确定切削区域加工的顺序。其原则是：使刀具在各切削区域来回交错运动最少，并使各切削区域之间的跨越运动总距离最短，如图3-67所示。

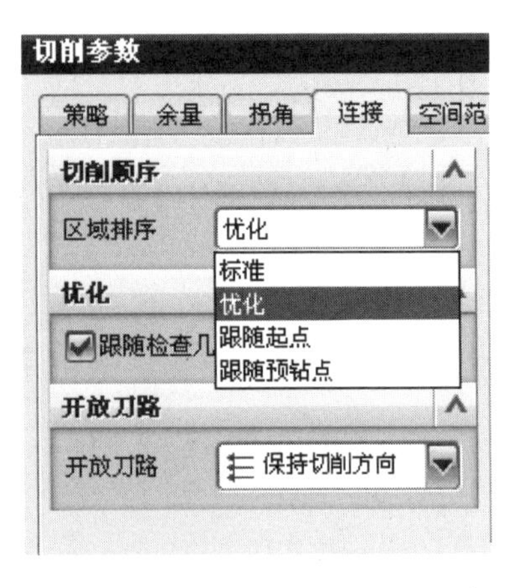

图　3-65

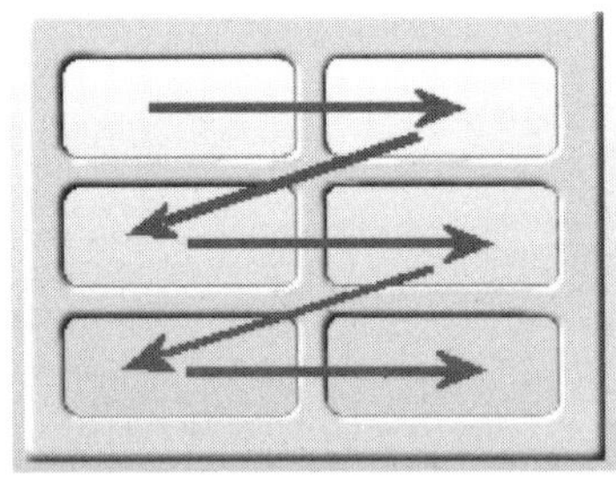

图　3-66

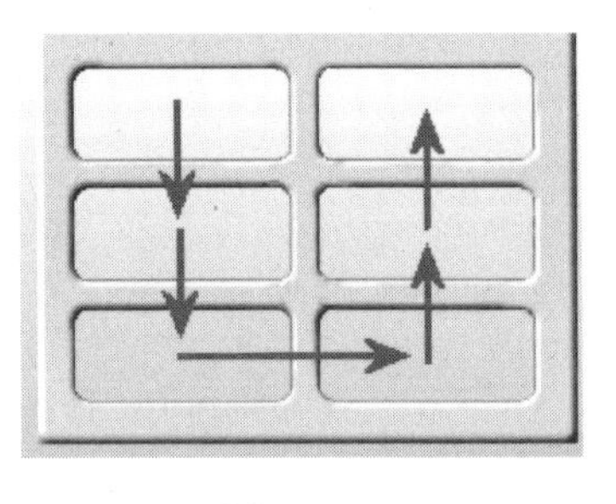

图　3-67

3）【跟随起点】：按指定的切削区域起始点确定各切削区域的加工顺序，如图3-68所示。

4）【跟随预钻点】：按指定的切削区域预钻点确定各切削区域的加工顺序，如图3-69所示。

（2）【跟随检查几何体】 该选项仅在跟随部件切削模式中出现。勾选该复选框，表示刀具沿检查几何体进行切削，如图3-70所示；不勾选该复选框，表示刀具在检查几何体处会抬刀至安全平面再进行切削，如图3-71所示。

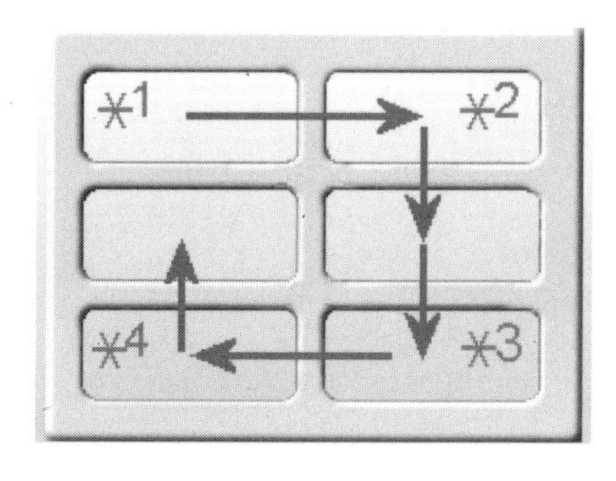

图　3-68

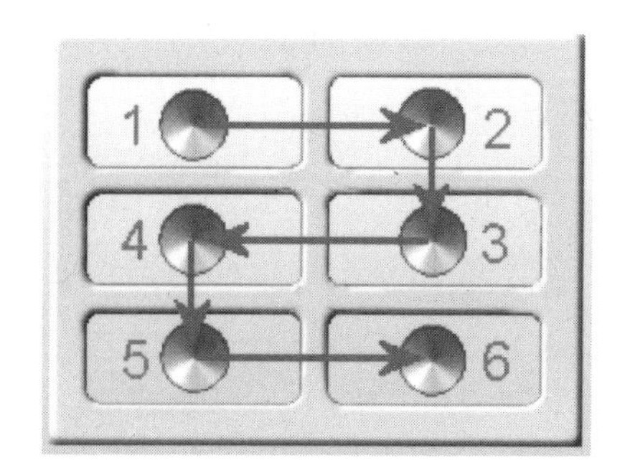

图　3-69

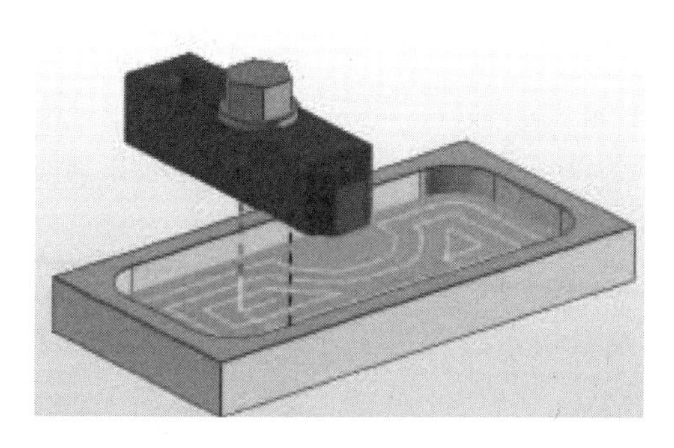

图　3-70

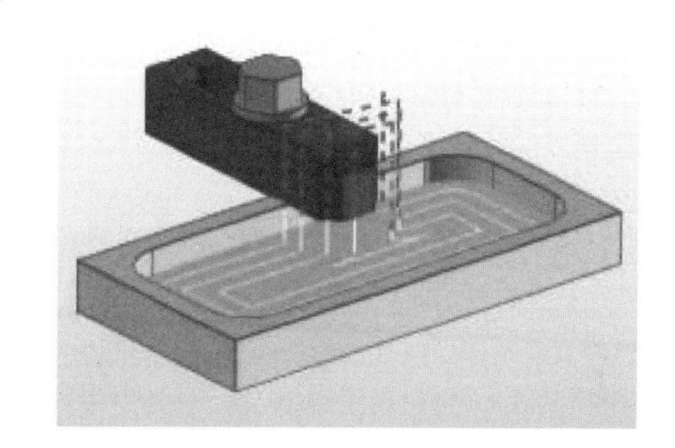

图　3-71

（3）【开放刀路】 下拉框有两个选项保持切削方向和变换切削方向。

1）保持切削方向：该选项仅在跟随部件切削模式中出现，刀具和工件保持同一方向切削，刀具的抬刀次数增多，优点是加工表面光滑，如图 3-72 所示。

2）变换切削方向：该选项仅在跟随部件切削模式中出现，刀具和工件相对方向一直在变化，顺铣和逆铣交替出现，刀具的抬刀次数少，切削效率高，如图 3-73 所示。

3）短距离移动上的进给：该选项在选择变换切削方向时激活。勾选该复选框，提刀次数少，如图 3-74 所示；不勾选该复选框，则提刀次数多，如图 3-75 所示。

可以在【最大移刀距离】栏输入一个数值来定义移刀距离，大于它则提刀，小于它则不提刀。

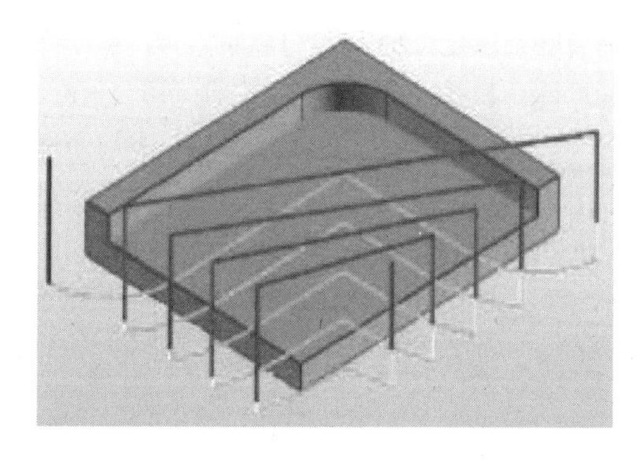

图　3-72

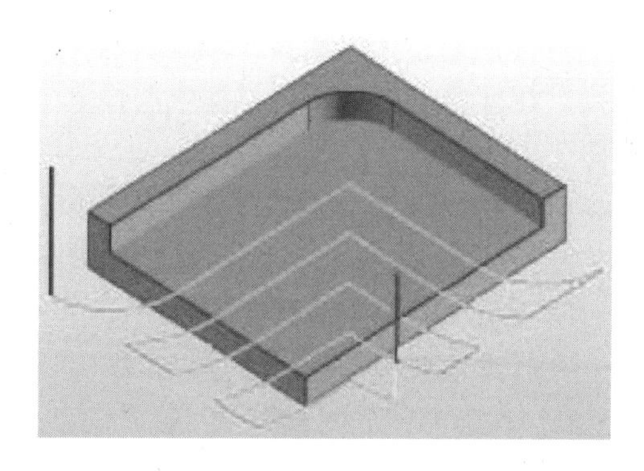

图　3-73

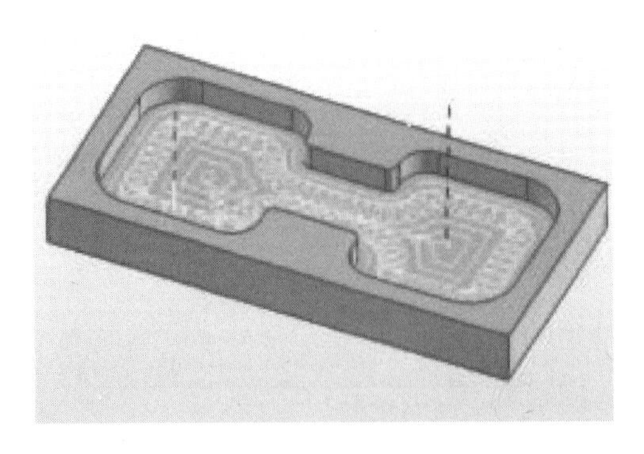

图 3-74

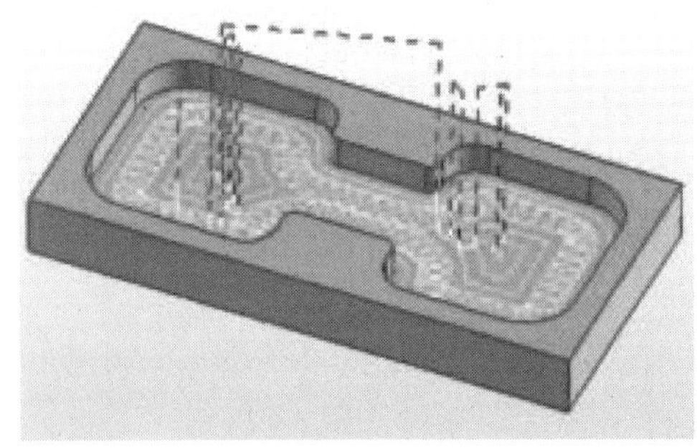

图 3-75

5. 空间范围选项卡相关选项

该功能是 UG NX8.0 增加的功能，可以识别大刀具错过的剩余材料，并将这些剩余材料指定给下一个使用较小刀具的操作。

(1)【处理中的工件】 上一步操作留下的包含未切削区域的毛坯。有三个选项：【无】、【使用 2D IPW】和【使用参考刀具】，如图 3-76 所示。

1)【无】：用于初次加工。

2)【使用 2D IPW】：针对上一步操作留下的残料角落进行加工时，可以使用该选项，只切削剩余材料部分，提高加工效率，如图 3-77 所示。

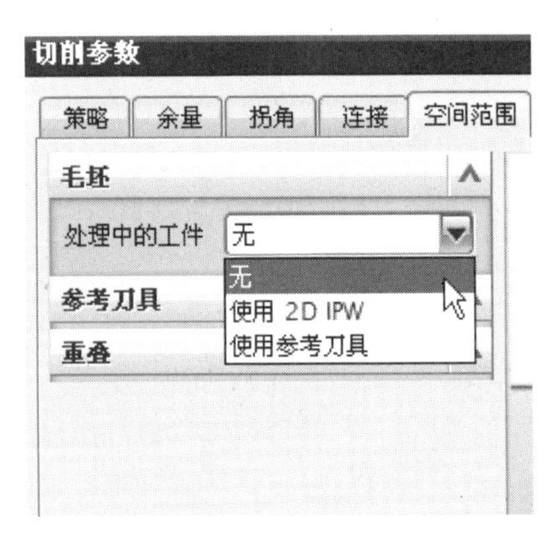

图 3-76

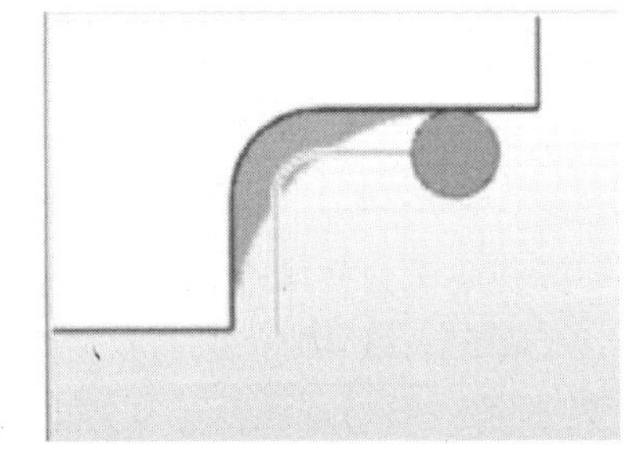

图 3-77

3)【使用参考刀具】：要加工上一个刀具未加工到的拐角处剩余的材料时，可使用参考刀具，在【参考刀具】下拉框中选择上一步使用的刀具，操作的刀轨会仅限制在拐角区域，如图 3-78 所示。

(2)【重叠】 将未切削边界按照该距离向外扩展一个边界，在下一步操作时将此边界作为修剪边界，减少空刀，实现清角加工。

6. 【更多】选项卡相关选项

在【平面铣】对话框中选择 （切削参数）图标，弹出【切削参数】对话框，选择【更多】选项卡，如图 3-79 所示。

(1)【安全距离】/【刀具夹持器】 定义刀具夹持器使用的进退距离，即与切削部件的安全距离，如图 3-80 所示。

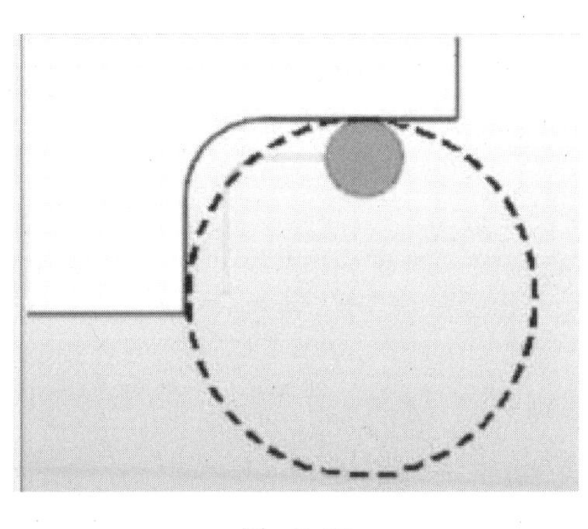

图　3-78

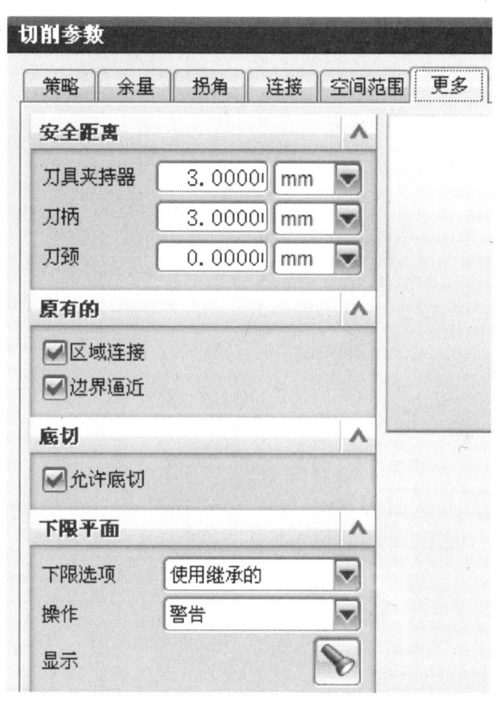

图　3-79

(2)【安全距离】/【刀柄】　定义刀柄使用的进退距离，即与切削部件的安全距离，如图 3-81 所示。

(3)【安全距离】/【刀颈】　定义刀颈使用的进退距离，即与切削部件的安全距离，如图 3-82 所示。

(4)【区域连接】　由于存在岛屿、周边轮廓不规则或其他障碍物，刀轨会被分割为若干个子切削区域，使加工不连续，如图 3-83 所示。【区域连接】选项通过从一个区域的退刀到另一个区域的再进刀把子切削区域连接起来。处理器将在轨迹之间优化步距运动，使得刀轨不重复切削，而且不使刀具抬起，如图 3-84 所示。

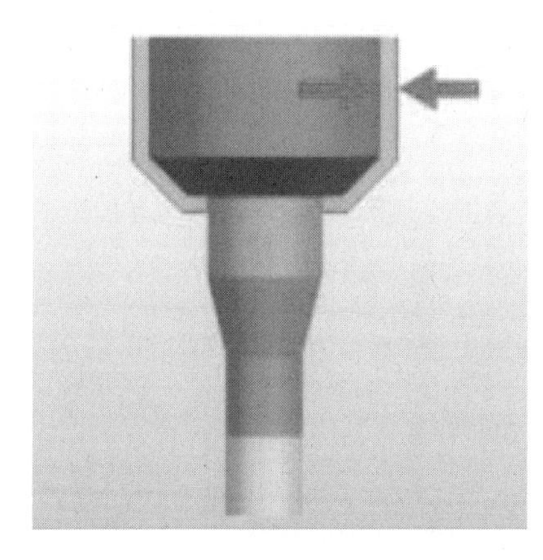

图　3-80

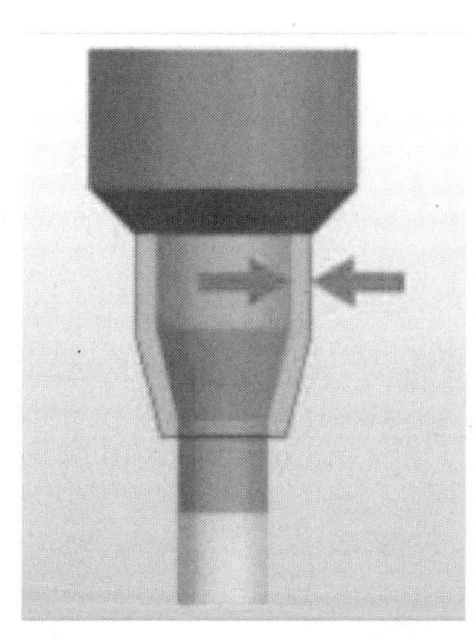

图　3-81

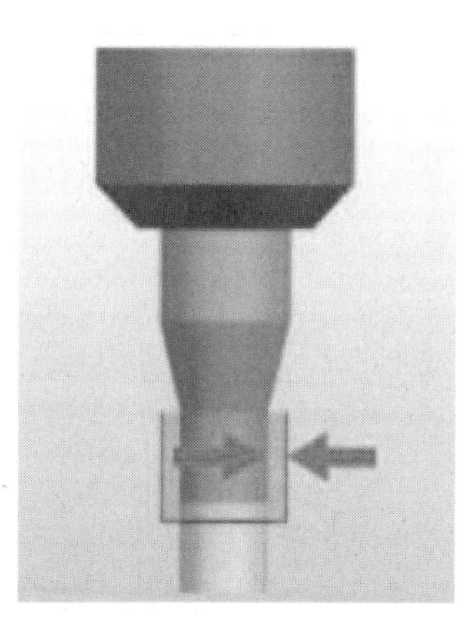

图　3-82

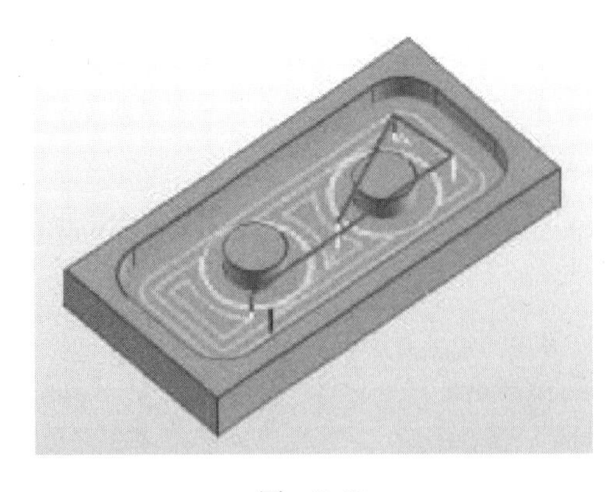

图 3-83

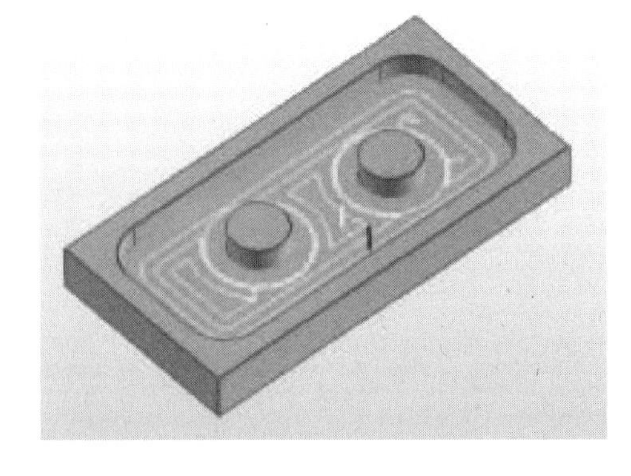

图 3-84

（5）【边界逼近】 当区域的边界或岛屿包含二次曲线或B样条曲线时，运用边界近似的方法可以减少加工时间和缩短刀轨长度。不勾选该选项时，刀轨如图3-85所示；勾选该选项后，刀轨如图3-86所示。

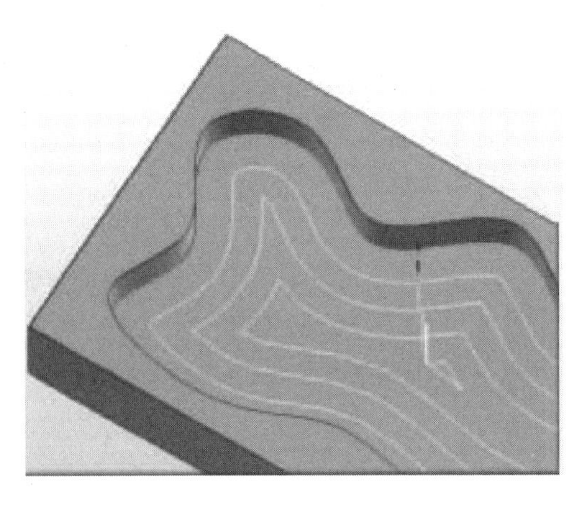

图 3-85

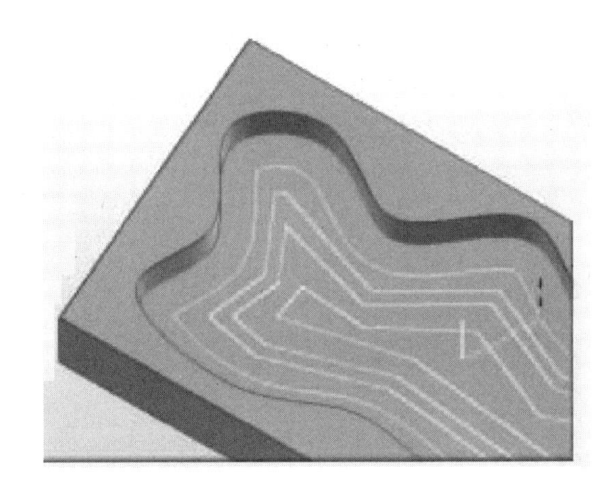

图 3-86

（6）【允许底切】 不勾选该选项时，系统将不会考虑底切几何体，如图3-87所示。勾选该选项时，系统将考虑底切几何体，定义T型刀或夹持器/刀柄直径小于刀具直径的铣刀，该刀具将伸到底切区域，且必须定义要应用于刀具/刀具夹持器非切削部分的最小安全距离，如图3-88所示。

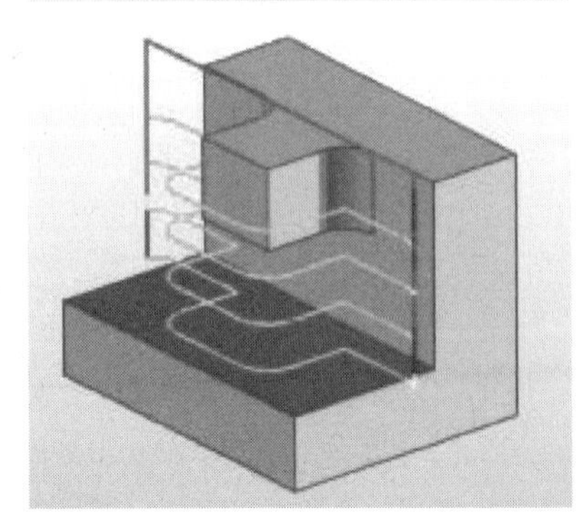

图 3-87

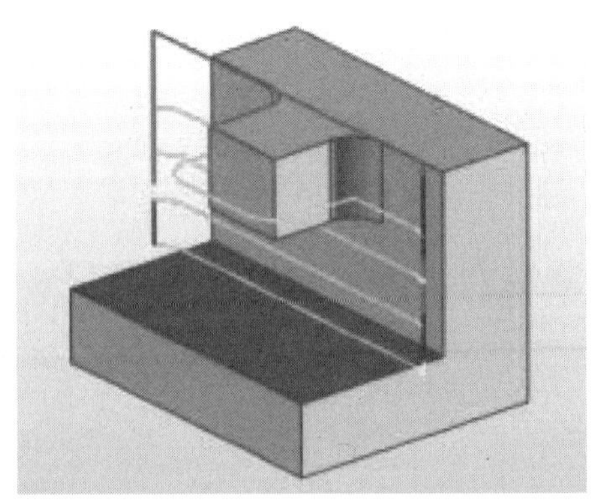

图 3-88

(7)【下限选项】　定义刀具运动的下限，有三个选项：【无】、【使用继承的】和【平面】。当下限平面产生冲突时有如下三种操作方式：

【警告】：如果具有冲突的点没有投射到下限平面上，在刀轨原文件 CLSF 中会出现注释警告语句。

【垂直于平面】：显示警告，并沿垂直于下限平面的方向将具有冲突的点投射到下限平面上。

【沿刀轴】：显示警告，并沿各自的刀轴方向将具有冲突的刀具点投射到下限平面上，它允许刀具沿部件轮廓移动到部件和下限平面之间的交点。

3.6　非切削移动

非切削移动是刀具在不切削工件的情况下，把各个切削运动连接起来，构成一个完整的切削过程，包括切削之前、之后与中间，起辅助切削的作用。设置好参数后可以确保不过切，安全及高效的切削材料。【非切削移动】对话框有六个选项卡：【进刀】、【退刀】、【起点/钻点】、【转移/快速】、【避让】及【更多】，如图3-89所示。

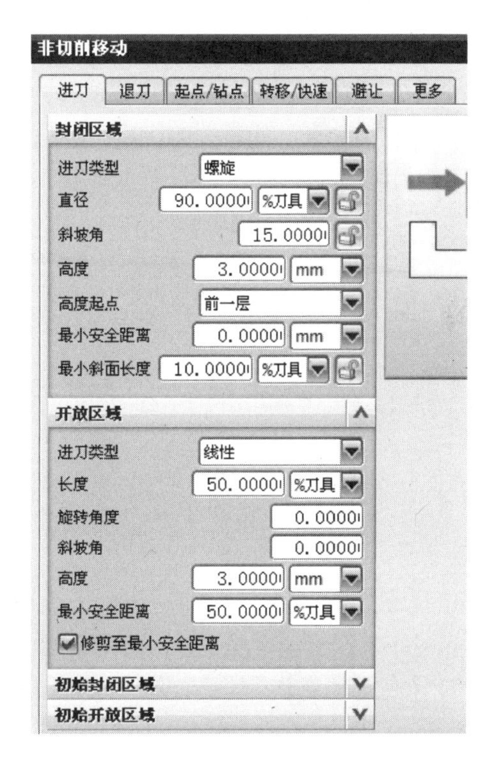

图　3-89

1.【进刀】选项卡相关选项

(1)【封闭区域】相关选项

1)【进刀类型】下拉列表框　该下拉列表框有五个选项：【与开放区域相同】、【螺旋】、【沿形状斜进刀】、【插削】和【无】，如图3-90所示。

【与开放区域相同】：采用开放区域的进刀方式。

【螺旋】：黄颜色进刀线是一种螺旋式下刀，如图3-91所示。

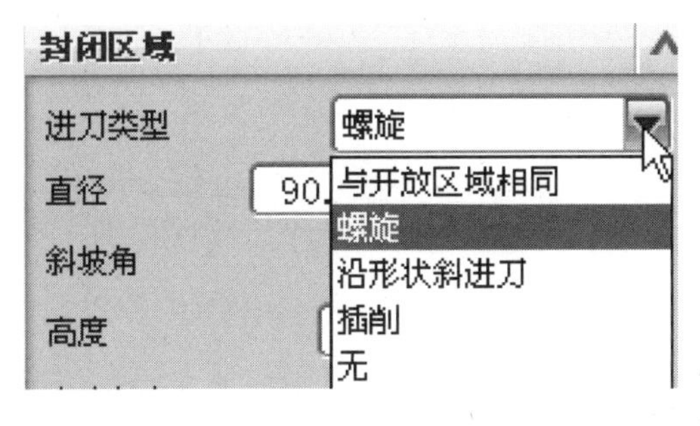

图　3-90

图　3-91

【沿形状斜进刀】：如图3-92所示，黄颜色进刀线是一种倾斜方式下刀。

【最大宽度】：如图3-93所示，指矩形进刀线的宽度，是【沿形状斜进刀】的独有参数。

【插削】：其进刀线平行刀轴，用于加工较软的材料，或者必须用插铣的场合。

【无】：即为没有进刀线，一般不采用。

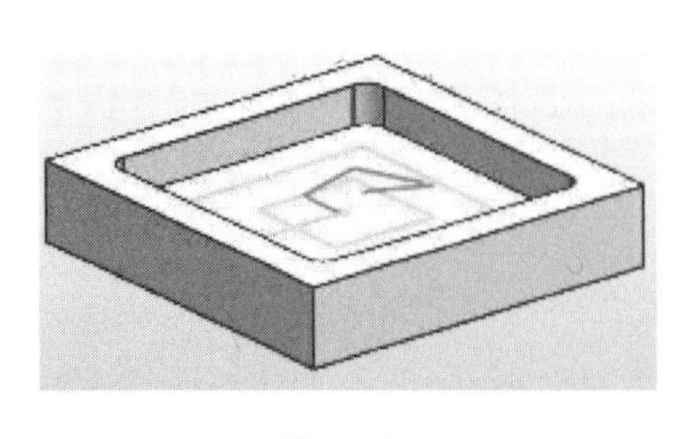

图 3-92

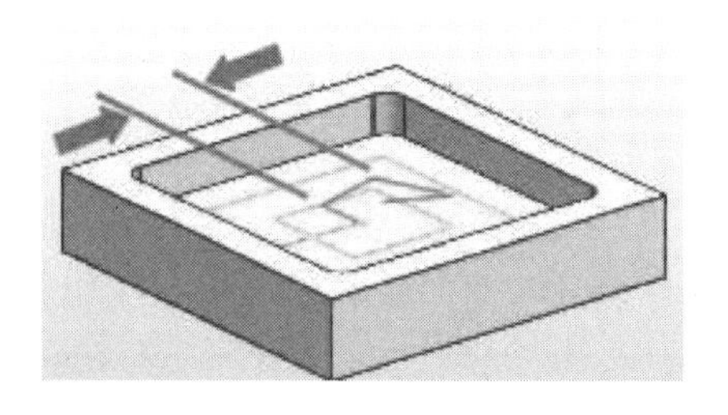

图 3-93

2）【直径】：如图 3-94 所示，直径不要过小，在直径栏中系统默认它的旋转直径为刀具的 90%。一般我们多采用其默认值，使刀有 10% 的重叠，可以防止柱形残料顶刀。

3）【斜坡角】：如图 3-95 所示，螺旋下刀时会慢慢随着螺旋的直径倾斜下刀。在【斜坡角】栏中设定倾斜的度数，其度数越小，对刀具的撞击越小，所以一般都要把度数改小，钢材取 5°，铜取 15°。

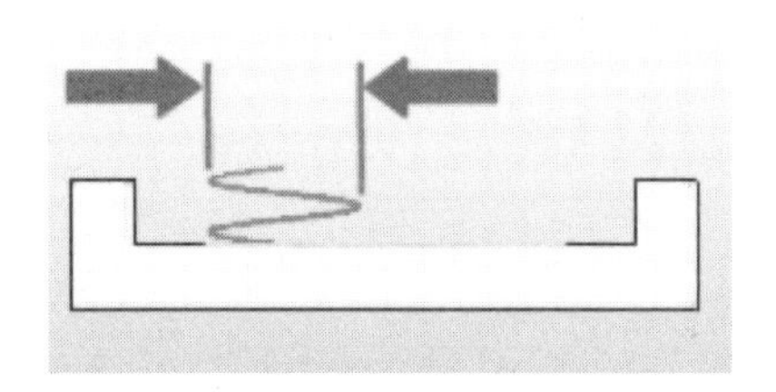

图 3-94

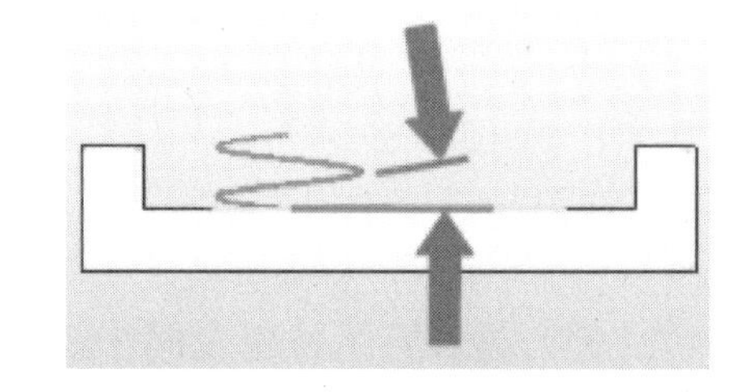

图 3-95

4）【高度】：指从工件每一层的上表面开始下刀的距离。此距离过大，会在下刀时浪费时间；过小，会有安全隐患。一般根据经验设定（1 ~ 3mm）。

5）【高度起点】：有三个选项，【当前层】（图 3-96）、【前一层】（图 3-97）和【平面】（图 3-98）。

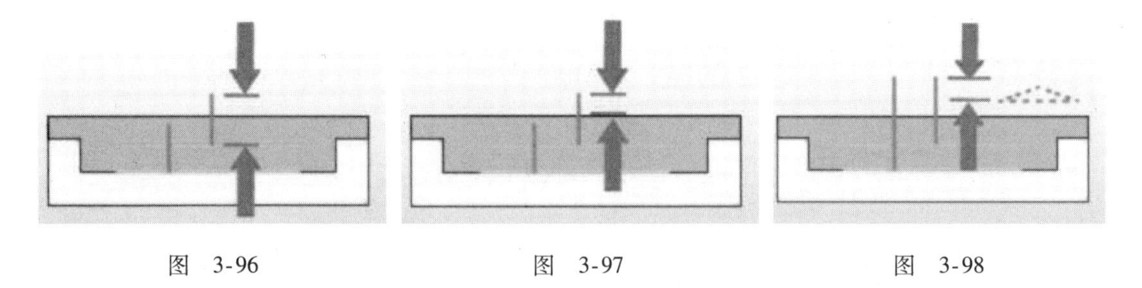

图 3-96　　图 3-97　　图 3-98

6）【最小安全距离】：如图 3-99 所示，进刀线离工件壁的安全距离。

7）【最小斜面长度】：如图 3-100 所示，控制进刀线的最小斜面长度。

（2）【开放区域】相关选项

1）【进刀类型】下拉框有九个选项，分别是【与封闭区域相同】、【线性】、【线性 - 相对于切削】、【圆弧】、【点】、【线性 - 沿矢量】、【角度 角度 平面】、【矢量平面】 和 【无】，如图 3-101 所示。

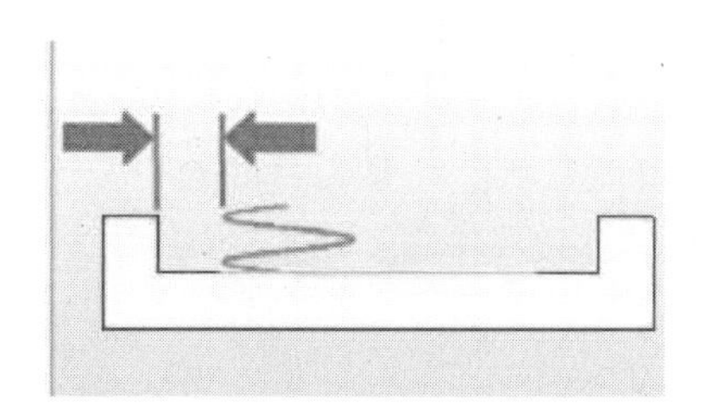

图 3-99

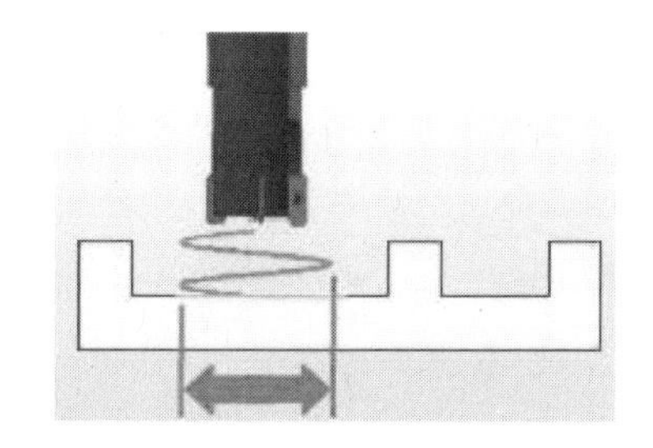

图 3-100

【与封闭区域相同】：采用封闭区域的进刀方式。

【线性】：如图 3-102 所示，刀具逼近工件时，通过走直线到达进刀点。

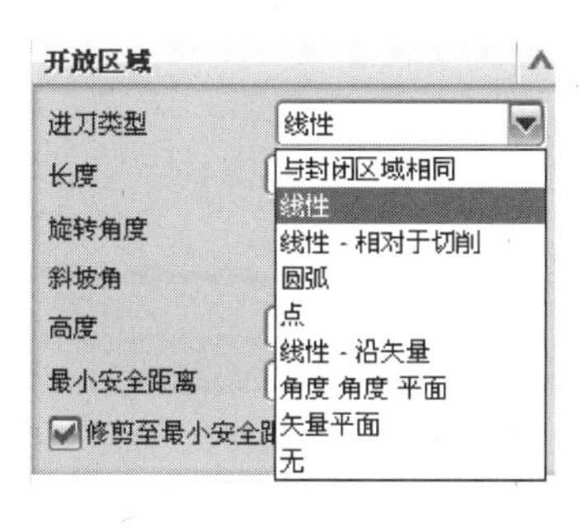

图 3-101

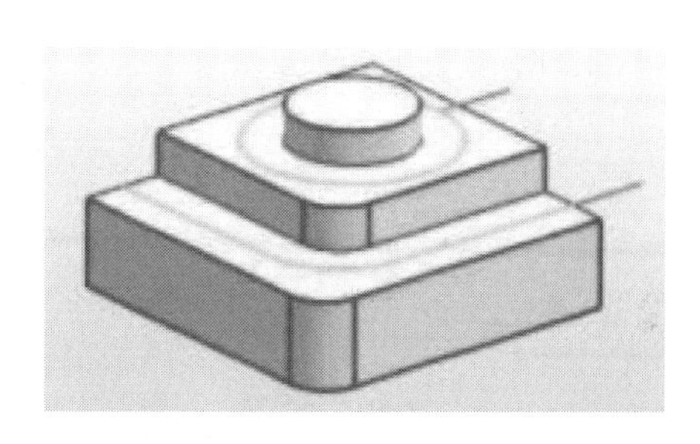

图 3-102

【线性 - 相对于切削】：如图 3-103 所示，刀具逼近工件时，通过走直线到达进刀点，且与切削刀轨相切。

【圆弧】：如图 3-104 所示，刀具逼近工件时，通过走圆弧运动切入工件。

【点】：如图 3-105 所示，从指定的点开始进刀。

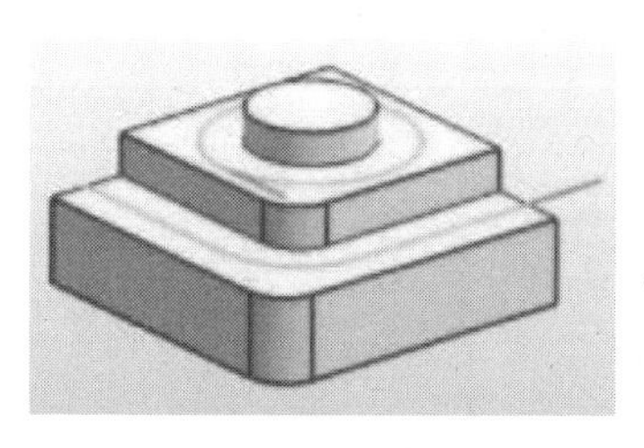

图 3-103

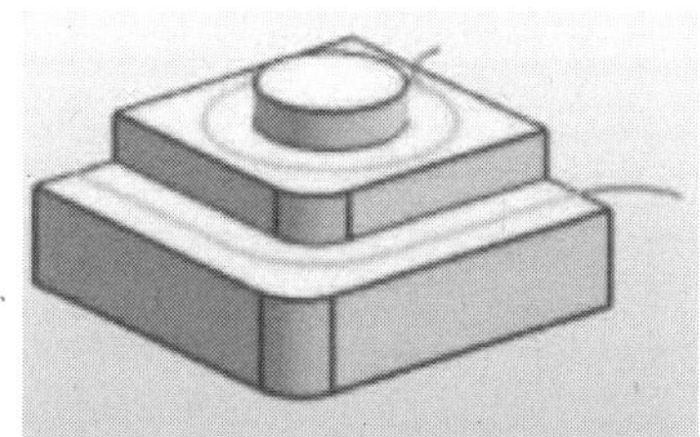

图 3-104

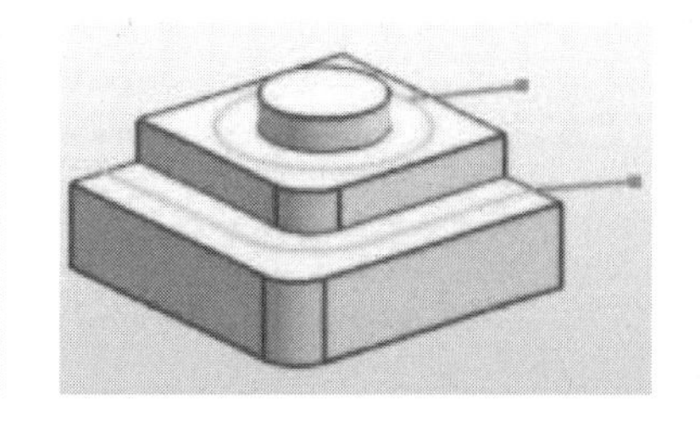

图 3-105

【线性 - 沿矢量】：如图 3-106 所示，通过矢量、长度和高度来指定进刀运动的方向。

【角度 角度 平面】：如图 3-107 所示，通过两个角度和一个平面来指定进刀运动，角度确定进刀方向，平面确定进刀起始点。

【矢量平面】：如图 3-108 所示，通过矢量和平面来指定进刀运动，矢量确定进刀方向，平面确定进刀起始点。

【无】：即为没有进刀线，一般不采用。

2）【长度】：如图 3-109 所示，刀具中心到工件间的距离。

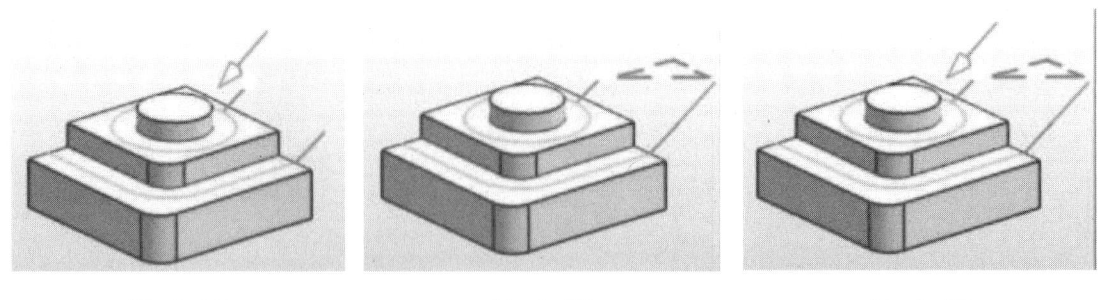

图　3-106　　图　3-107　　图　3-108

3）【旋转角度】：如图 3-110 所示，进刀线按所指定的角度进刀。

4）【斜坡角】：如图 3-111 所示，是指刀具从所指定的高度起倾斜进刀。

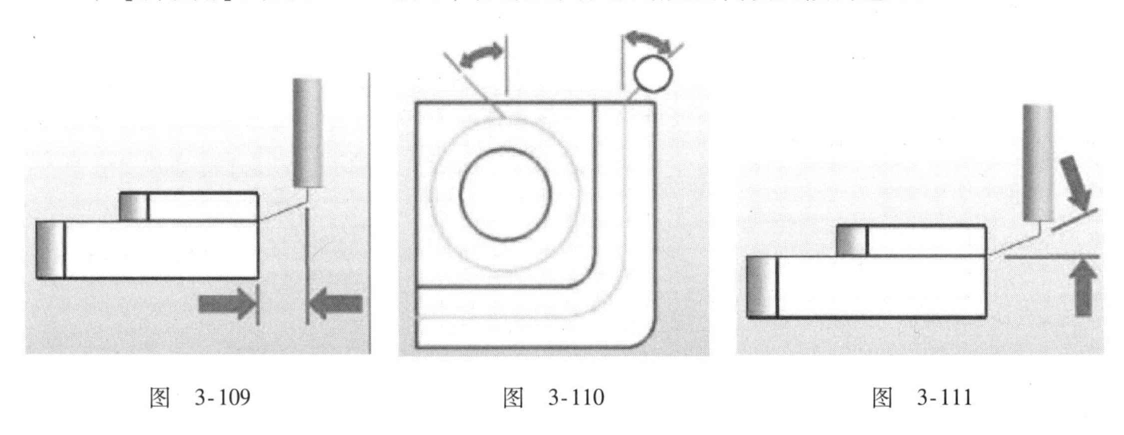

图　3-109　　图　3-110　　图　3-111

5）【高度】：如图 3-112 所示，控制指定点到刀具开始线性靠近工件起点的距离。

6）【最小安全距离】：如图 3-113 所示，控制刀具开始线性靠近工件时的刀具中心和切入工件间的安全距离。

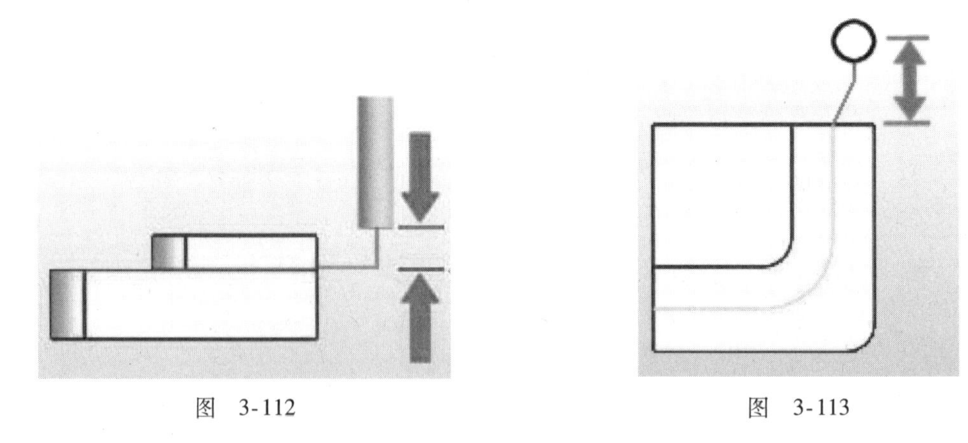

图　3-112　　图　3-113

7）【修剪至最小安全距离】：取消勾选该选项，结果如图 3-114 所示；勾选该选项，结果如图 3-115 所示。

【半径】：刀具中心轨迹的半径，如图 3-116 所示。

【圆弧角度】：圆弧起点和圆弧终点间的夹角，如图3-117所示。

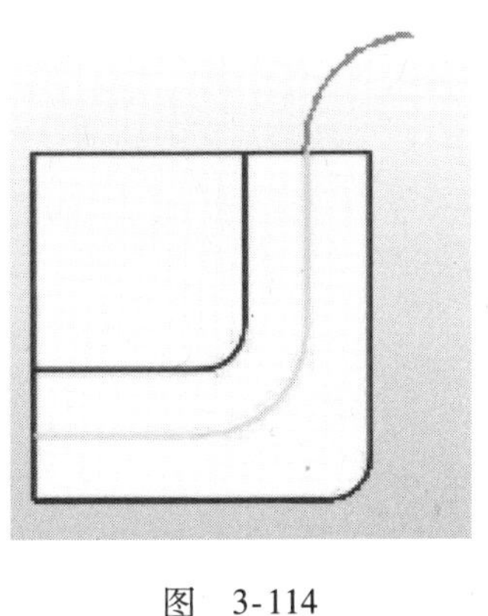

图　3-114

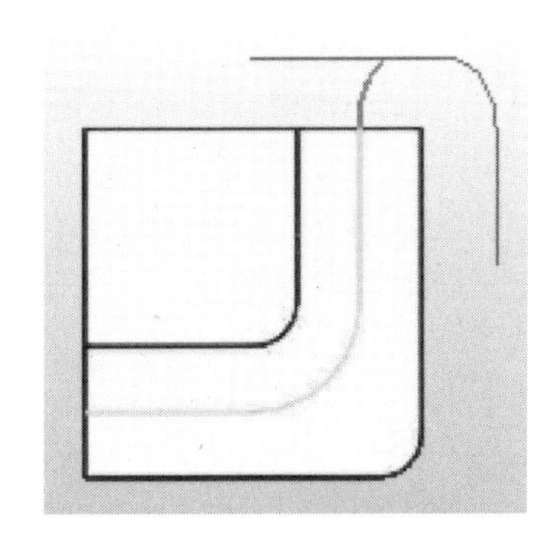

图　3-115

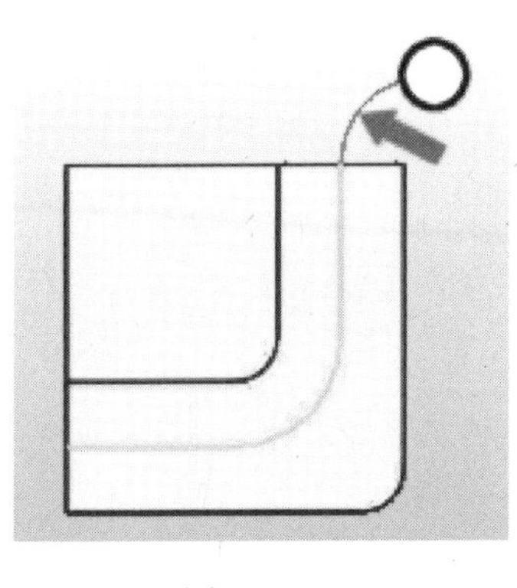

图　3-116

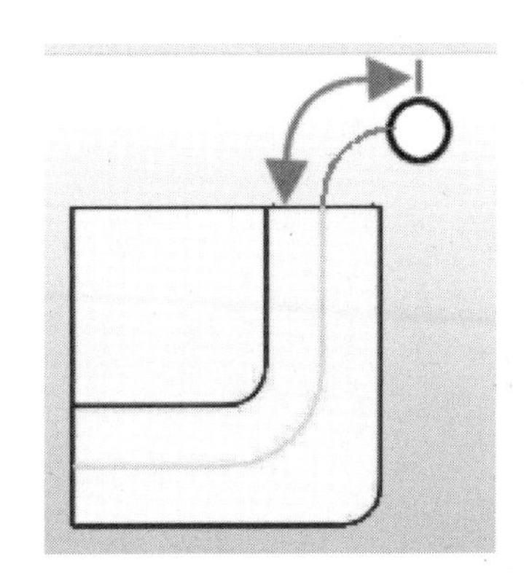

图　3-117

2.【退刀】选项卡相关选项

定义刀具切出工件的方式，参数与【进刀】选项卡相同。

3.【起点/钻点】选项卡相关选项

为单个或多个区域指定切削起点的控制，如图3-118所示。

（1）【重叠距离】相关选项　切削工件侧面的进刀和退刀之间重复切削的区间长度。通过设置该选项可提高切入部位的表面质量，如图3-119所示。

（2）【区域起点】相关选项　定义单个或多个区域的下刀点。【默认区域起点】有【中点】（图3-120）和【拐角】（图3-121）两个选项。

（3）【预钻孔点】相关选项　如图3-122所示，加工过程中为了延长刀具的寿命，多在一些凹腔上先钻一个孔，然后选择此孔的圆心点作为下刀点，用于切削时进刀。

4.【转移/快速】选项卡相关选项

该选项卡用于设置刀具横越的方式，是刀具从一个切削区域转移到另一个切削区域时，刀具先退到指定的平面后再水平移动到下一个切削区域的进刀点位。选项卡如图3-123所示。

（1）【安全设置】相关选项　指刀具在两段切削刀轨间采用指定的平面和安全距离，移动到下一个切削区域进刀点位的方式。

图　3-118

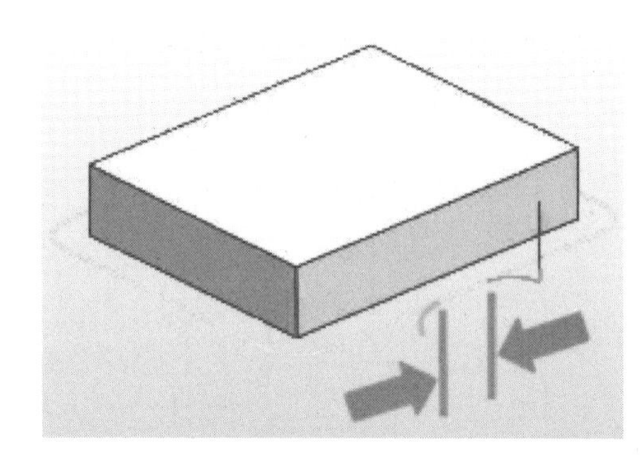

图　3-119

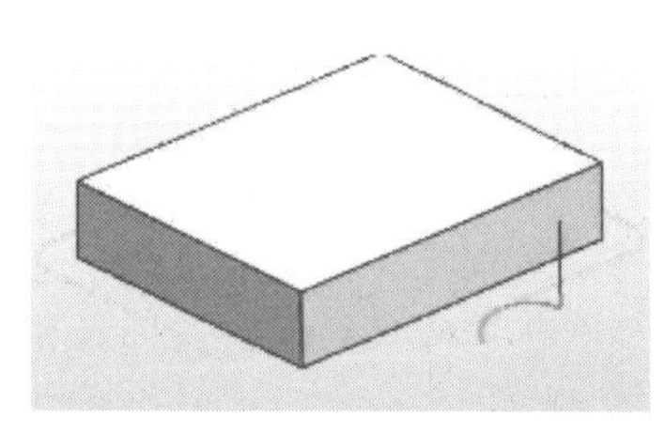

图　3-120

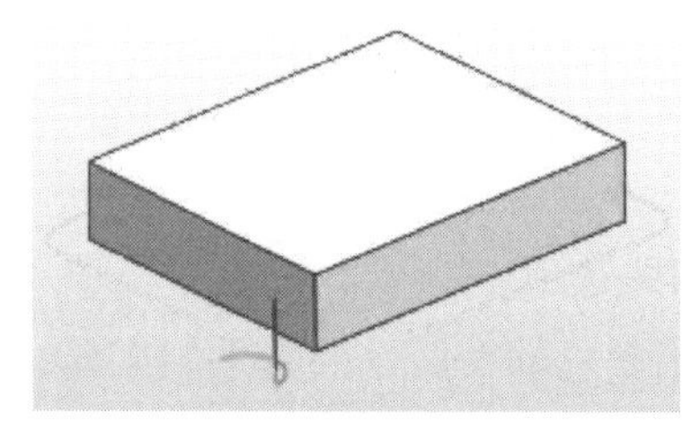

图　3-121

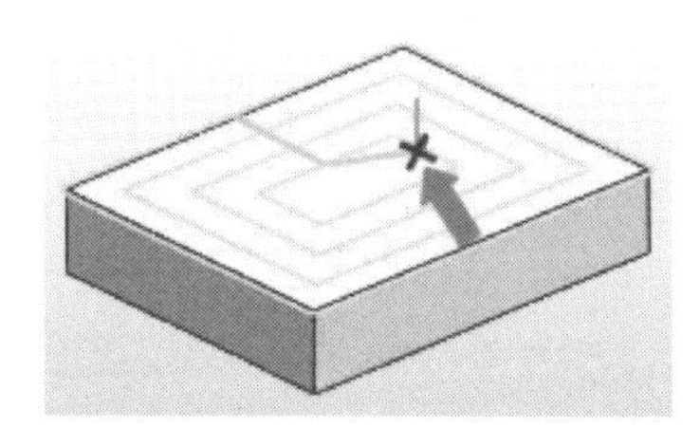

图　3-122

【安全设置选项】：有九个选项：【使用继承的】、【无】、【自动平面】、【平面】、【点】、【包容圆柱体】、【圆柱】、【球】和【包容块】，如图 3-124 所示。

【使用继承的】：继承工件坐标原点 MCS 节点下定义的安全平面。

【无】：不进行安全设置，容易撞刀，一般不采用。

【自动平面】：如图 3-125 所示，系统根据毛坯和部件的几何体情况，自动判断出最高点后，再设置一定的距离作为安全平面。

【平面】：如图 3-126 所示，通过平面构造器自定义一个平面作为安全平面。

【点】：如图 3-127 所示，刀具每次抬刀横越都经过一个点。

【包容圆柱体】：如图 3-128 所示，刀具抬刀横越的轨迹近似一个圆柱且在圆柱的包容内。

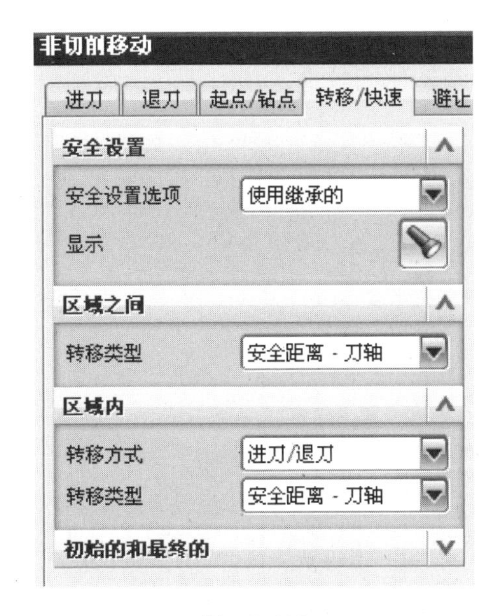

图　3-123

图　3-124

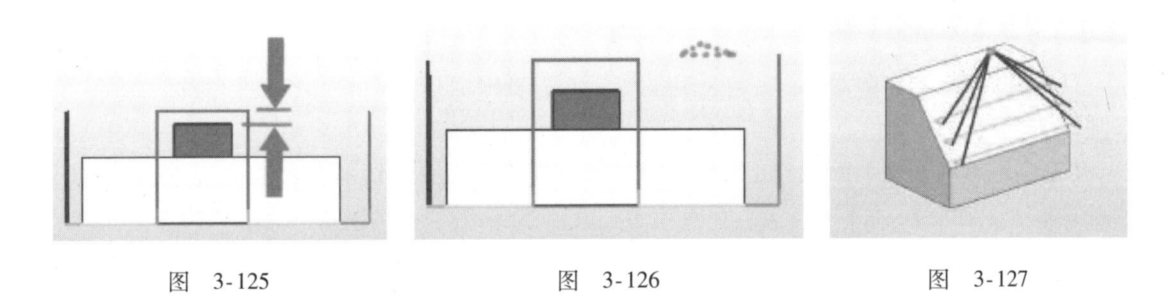

图　3-125　　图　3-126　　图　3-127

【圆柱】：如图 3-129 所示，刀具抬刀横越的轨迹近似一个圆柱。

【球】：如图 3-130 所示，刀具抬刀横越的轨迹近似一个球。

【包容块】：如图 3-131 所示，刀具抬刀横越的轨迹近似方块，且在方块的包容内。

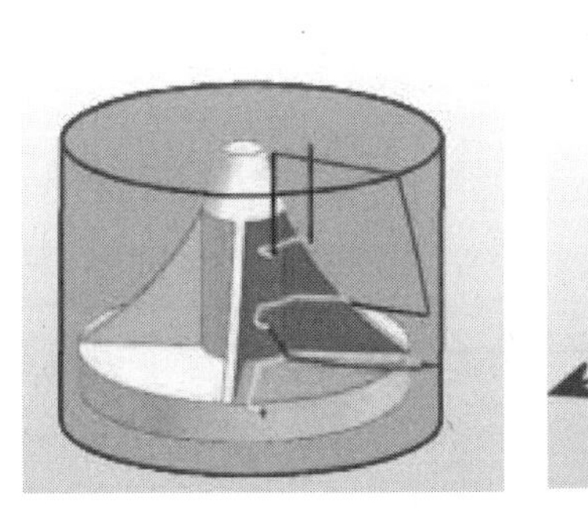

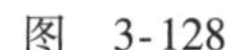

图　3-128

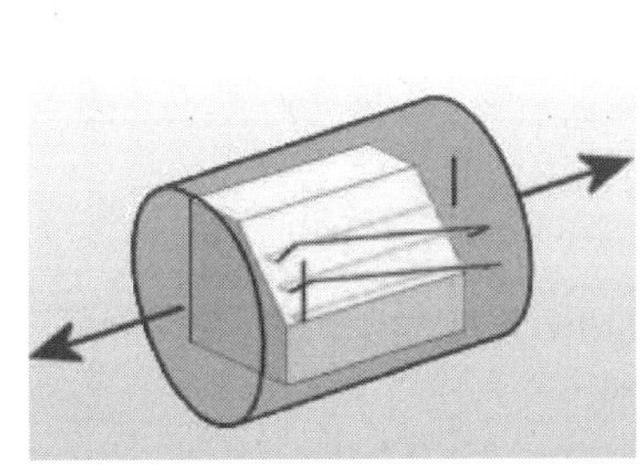

图　3-129

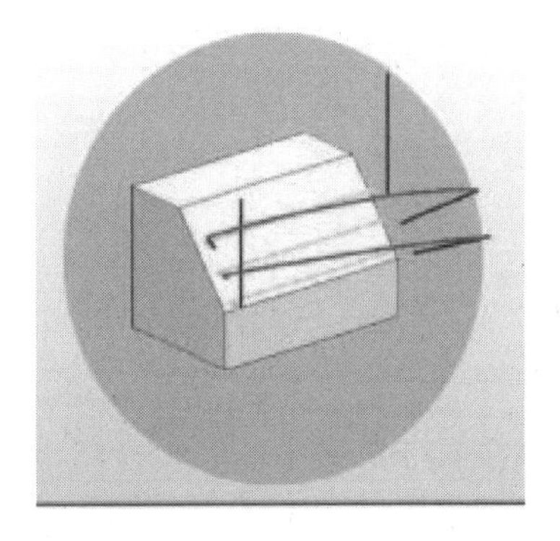

图　3-130

（2）【区域之间】相关选项　定义刀具在区域之间的抬刀和避让方式。【转移类型】有七个选项：【安全距离 - 刀轴】、【安全距离 - 最短距离】、【安全距离 - 切割平面】、【前一平面】、【直接】、【最小安全值Z】和【毛坯平面】，如图3-132所示。

【安全距离－刀轴】：如图3-133所示，该选项是指区域间传递使用定义的安全距离进行横越，刀具抬刀沿刀轴。

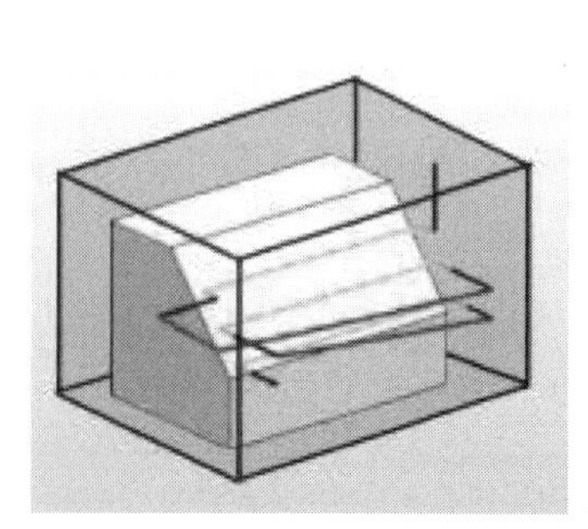

图 3-131

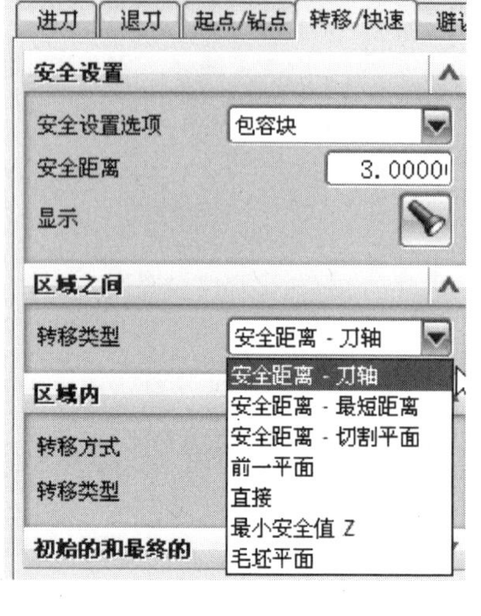

图 3-132

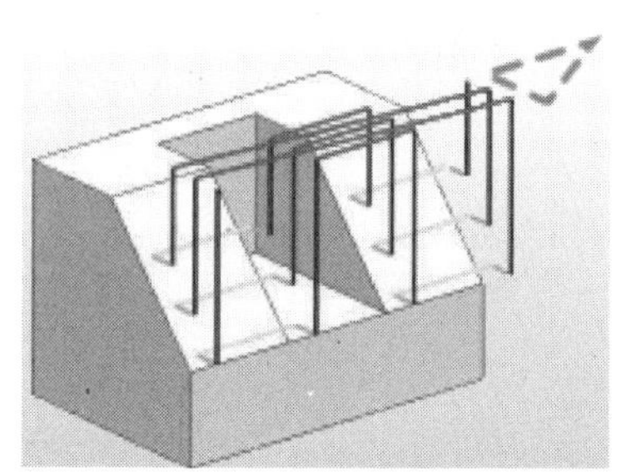

图 3-133

【安全距离－最短距离】：如图3-134所示，刀具退刀后法向抬高，横越的轨迹近似一个圆柱。

【安全距离－切割平面】：如图3-135所示，刀具退刀后在切削平面远离部件，横越的轨迹近似一个包容块。

【前一平面】：如图3-136所示，每当刀具切削完成一层后，从现有的平面上，往上抬高所指定的安全距离返回到下刀点下刀。

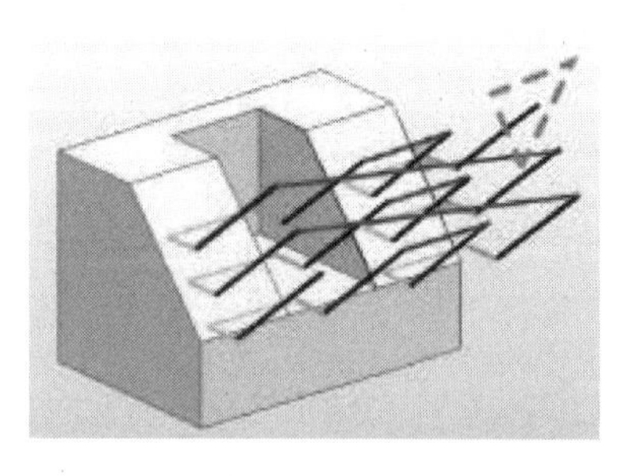

图 3-134

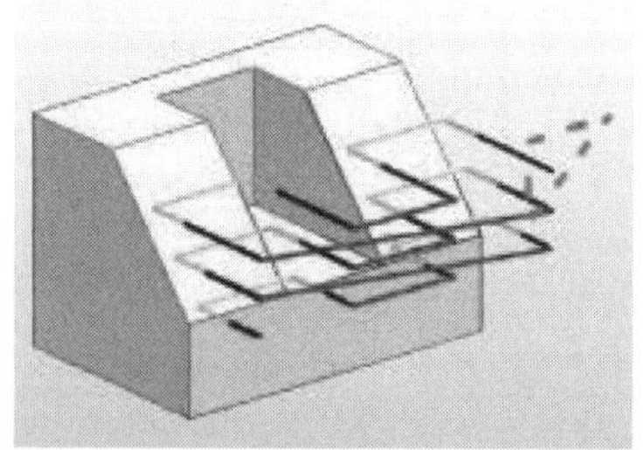

图 3-135

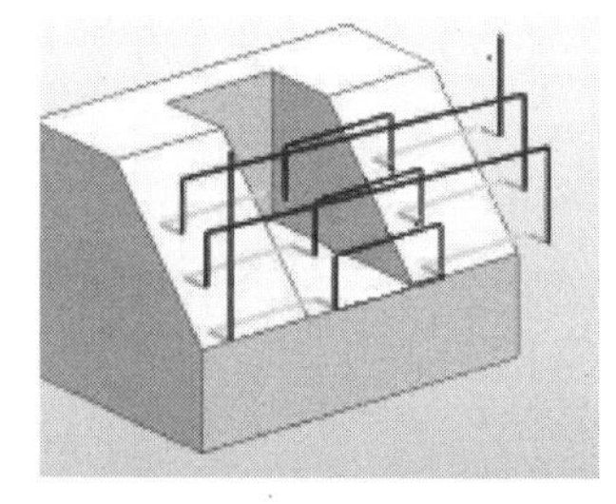

图 3-136

【直接】：如图3-137所示，当切削完成后，刀具不会抬起一段距离，直接返回下刀点。一般不采用。

【最小安全值Z】：如图3-138所示，刀具切削完成每一层后，都会返回到所指定安全Z值进行横越。

【毛坯平面】：如图3-139所示，每切削完一层后，刀具都会返回到毛坯的上表面加安全距离，进行横越直至切削完成。

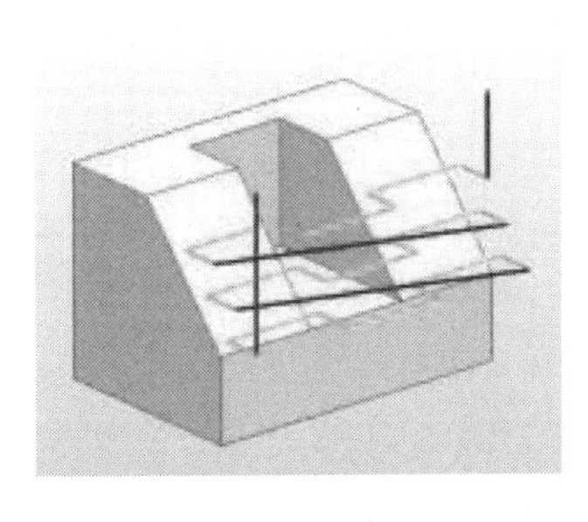

图　3-137

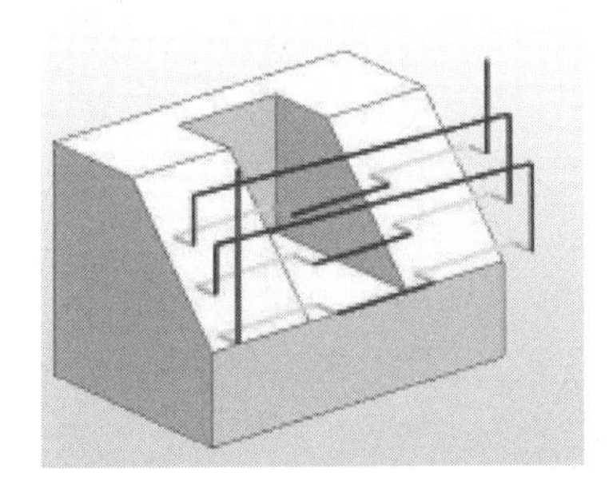

图　3-138

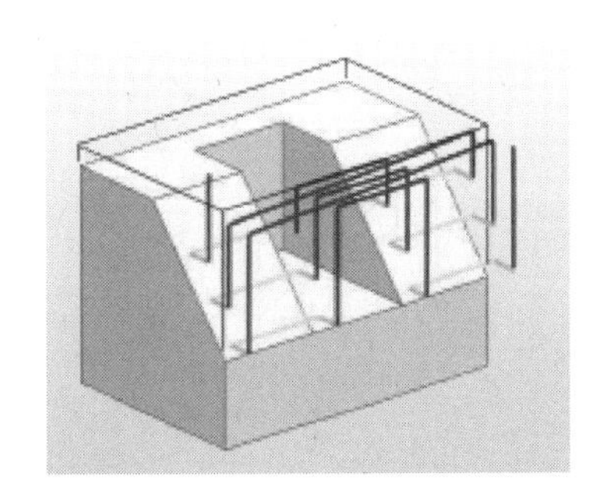

图　3-139

（3）【区域内】相关选项　【转移方式】有三个选项：【进刀/退刀】、【抬刀和插削】和【无】。

【进刀/退刀】：如图 3-140 所示，能有效延长刀具寿命，所以采用较多。

【抬刀和插削】：如图 3-141 所示，相对【进刀/退刀】选项对刀具撞击力过大，一般不采用。

【无】：一般不采用。

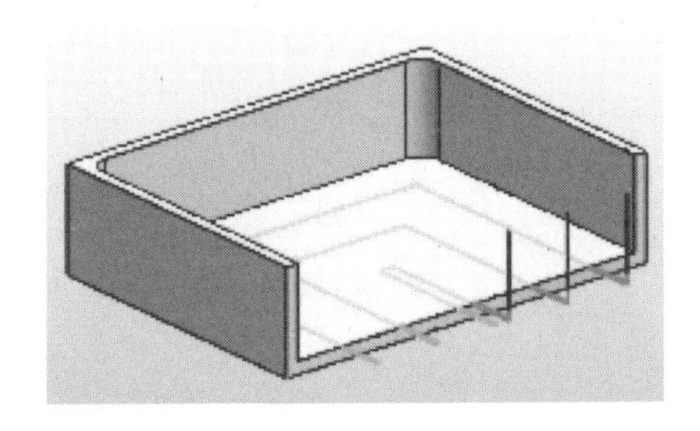

图　3-140

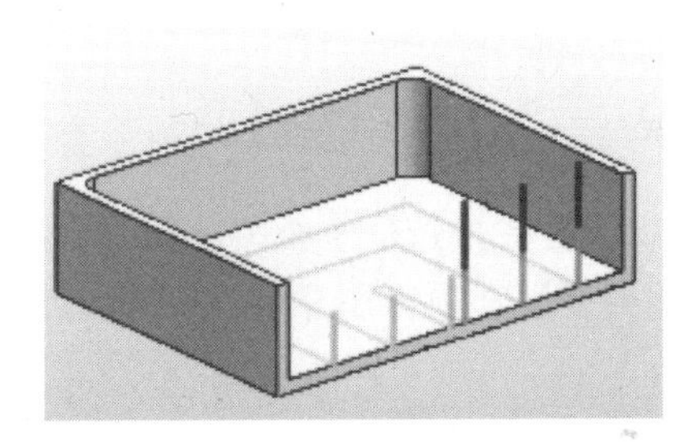

图　3-141

5.【避让】选项卡相关选项

【避让】选项卡用于定义控制刀具在非切削运动的点和平面，用于避让工装夹具。有四个选项：【出发点】、【起点】、【返回点】和【回零点】，如图 3-142 所示。

（1）【出发点】相关选项　如图 3-143 所示，用于指定刀具在开始运动前的初始位置，如果未指定出发点，则把第一个加工运动的起刀点作为出发点。

（2）【起点】相关选项　如图 3-144 所示，即起刀点，刀具运动的第一点。

（3）【返回点】相关选项　如图 3-145 所示，刀具切削完工件离开部件时的运动目标点。

（4）【回零点】相关选项　如图 3-146 所示，刀具加工完工件最后停留的位置。

图　3-142

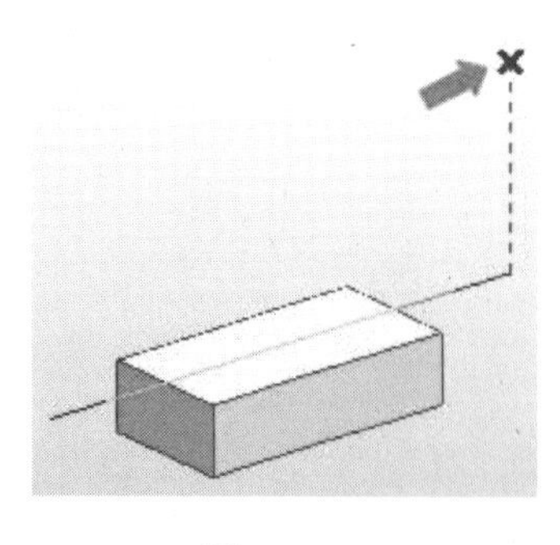

图　3-143

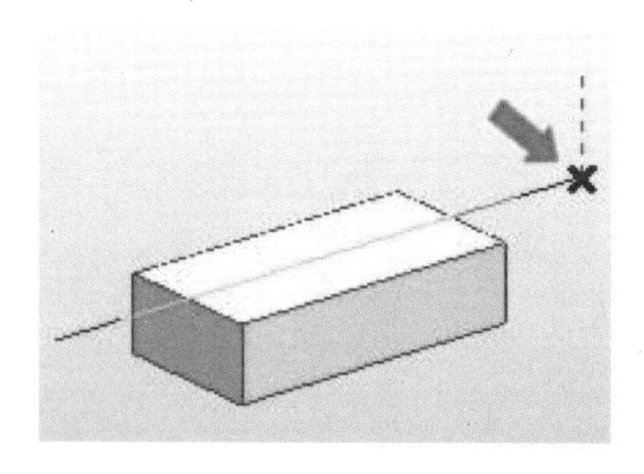

图　3-144

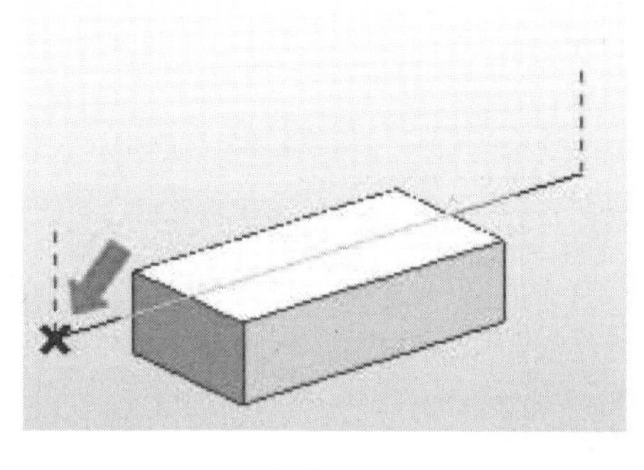

图　3-145

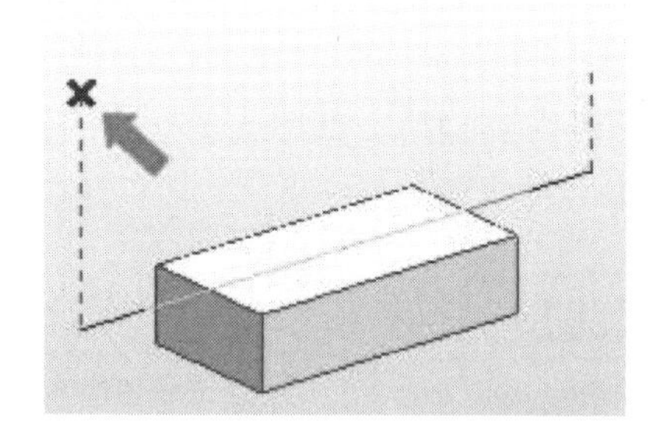

图　3-146

6. 【更多】选项卡相关选项

【更多】选项卡用于定义是否检查碰撞和刀具补偿的设置，具体参数设置如图 3-147 所示。

（1）【碰撞检查】相关选项　碰撞是指刀杆撞到工件，或者是刀具撞到装夹件。造成碰撞的原因是安全高度设置不合理或未设置安全高度。通过碰撞检查可快速查看刀具加工过程中是否有撞刀，有撞刀将立即显示提示信息。

1）勾选【碰撞检查】时，如图 3-148 所示，避让检查体。

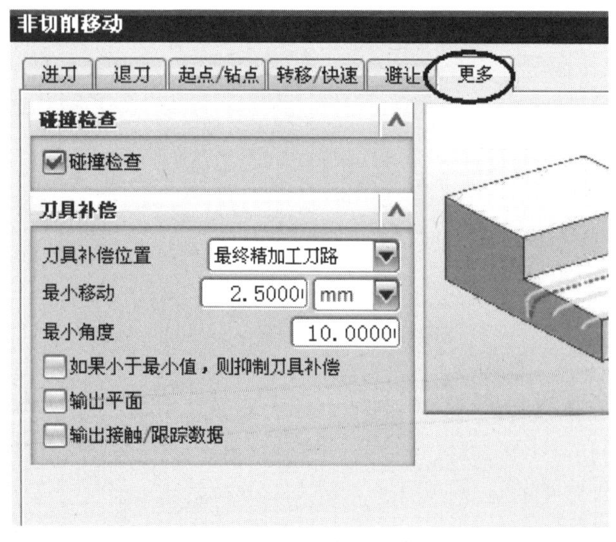

图　3-147

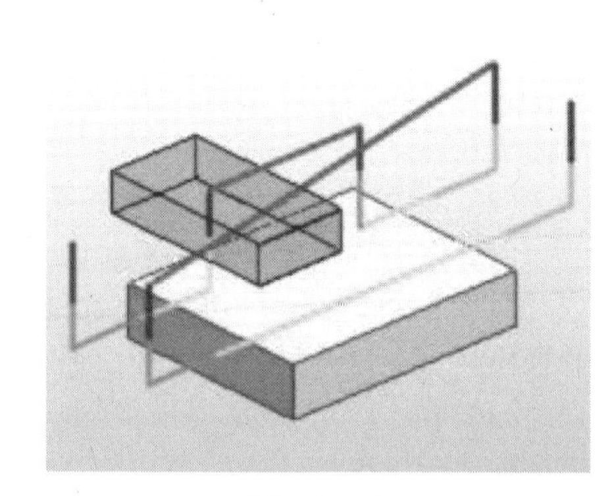

图　3-148

2）取消勾选【碰撞检查】时，如图3-149所示，没有避让检查体。

（2）刀具补偿相关选项　由于刀具在加工过程中的磨损或重磨刀具，刀具尺寸会发生改变，为了保证加工精度，需要对刀具尺寸进行补偿。

1）【刀具补偿位置】：有【无】、【所有精加工刀路】和【最终精加工刀路】三个选项，如图3-150所示。

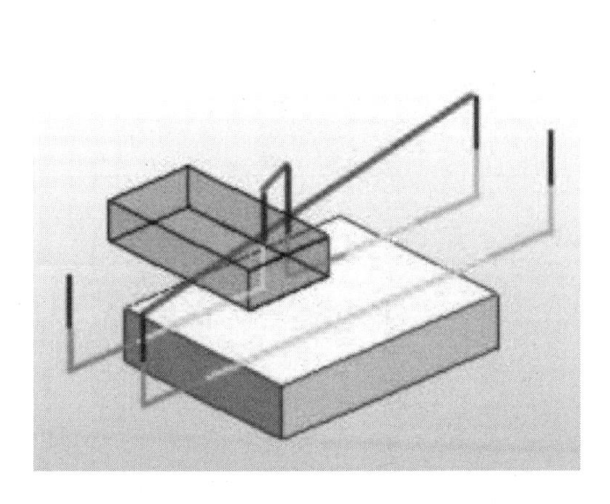

图　3-149

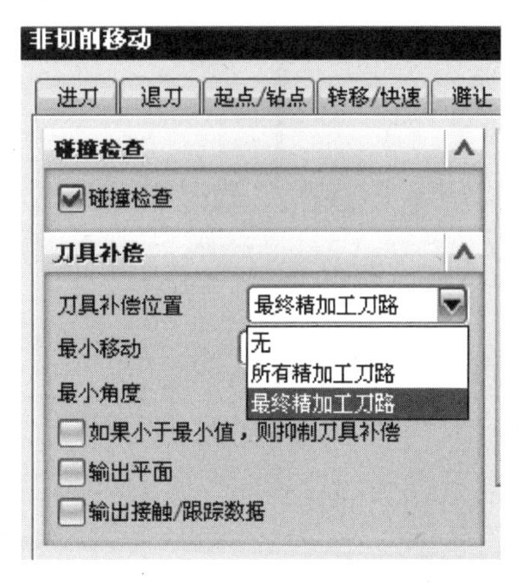

图　3-150

【无】：不采用刀具补偿。

【所有精加工刀路】：刀具补偿所有精加工刀路。

【最终精加工刀路】：刀具补偿最终精加工刀路。

2）【最小移动】：指沿最小角度方向远离刀具进刀点的距离，如图3-151所示。

3）【最小角度】：圆弧的延长线绕进刀点旋转的角度，如图3-152所示。

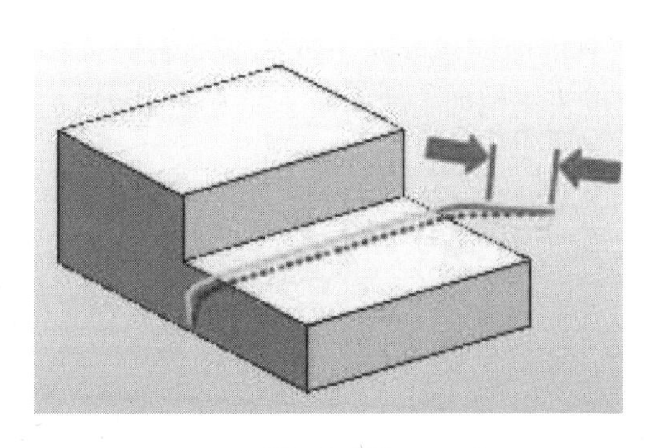

图　3-151

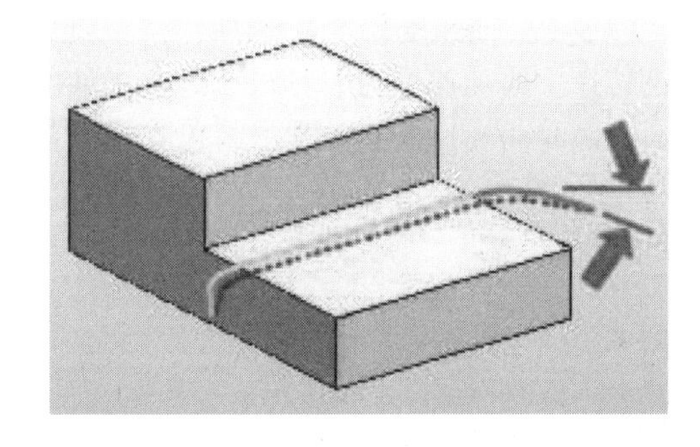

图　3-152

4）【如果小于最小值，则抑制刀具补偿】：勾选该选项，如果刀具补偿距离小于【最小移动】设置值，则不产生补偿刀路，如图3-153所示；不勾选该选项，结果如图3-154所示。

5）【输出平面】：勾选该选项，刀具补偿命令中包含平面数据，如图3-155所示。

6）【输出接触/跟踪数据】：勾选该选项，刀路输出的是加入刀补后的实际刀轨位置，如图3-156所示；不勾选该选项，结果如图3-157所示。

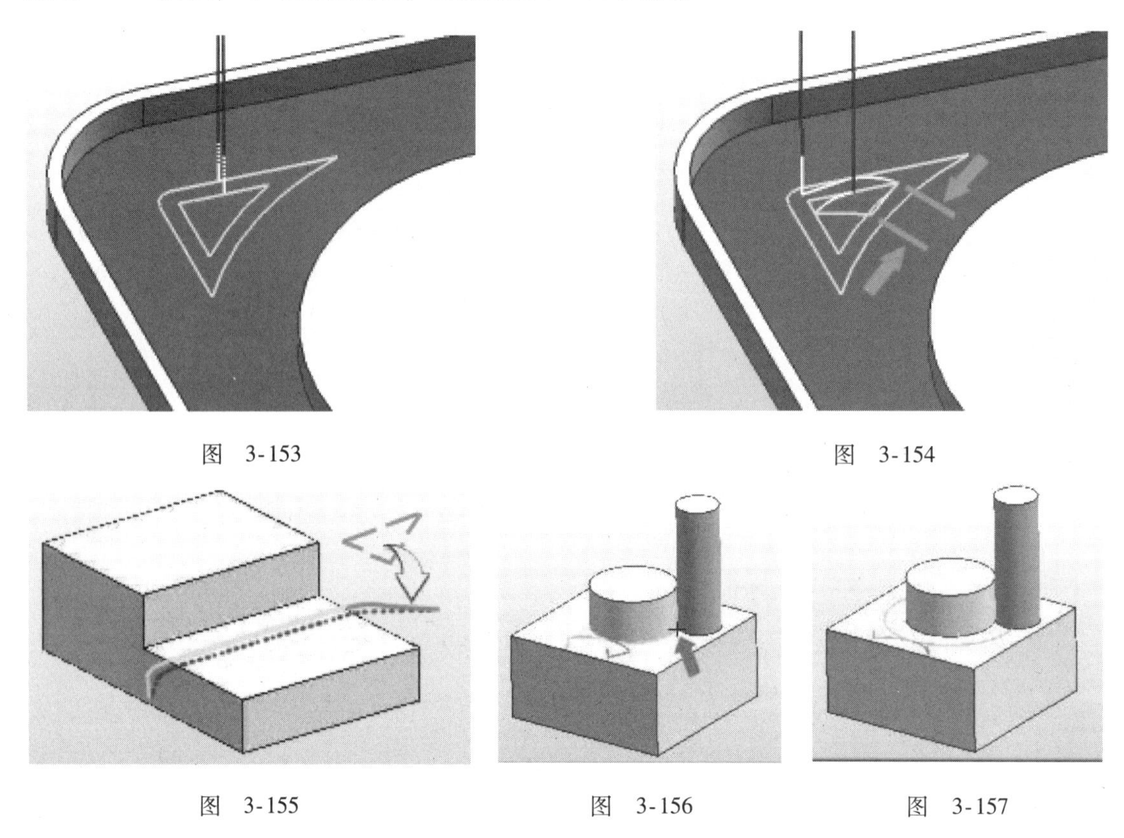

图　3-153

图　3-154

图　3-155

图　3-156

图　3-157

3.7　进给率和速度

【进给率和速度】对话框如图3-158所示，用于设置机床的主轴转速和进给率。

（1）【主轴速度】相关选项　可以通过输入刀具的曲面速度 v_c 再由系统进行计算得到主轴转速。曲面速度为刀具转速时与工件的相对速度，铣削加工的曲面速度与主轴转速是相关的，同时曲面速度与工件材料也有很大的关系。

主轴转速

$$n = \frac{1000v_c}{\pi D}$$

式中　n——转速，单位为r/min；

v_c——曲面速度，单位为m/min；

D——刀具直径，单位为mm；

1000——常系数，它与作图单位有关，一般作图单位为mm时，常系数为1000。

转速的设定也可以在【主轴速度（rpm）】文本框中直接输入数值，输入数值的单位为r/min。对于通过曲面速度计算所得的结果也可以在此做调整。

提示：大部分刀具供应商都会在刀具包装或者刀具手册上提供某刀具切削不同材料的线速度 v_c 的推荐值。

（2）【进给率】相关选项　进给速度直接关系到加工质量和加工效率。UG提供了在不同的刀具运动类型下设定不同进给的功能。进给(Feed)是指机床工作台在进行插位即切削时的进给速度，v_f 的单位为 mm/min，在 G 代码的 NC 文件中以“F __”表示。

进给值由所用的刀具和所切削的材料决定，切削进给是与主轴转速成正比的，通常按以下公式进行计算

$$v_f = znf_z$$

式中　z——刀具的刃数；

n——主轴转速，单位为 r/min；

f_z——每齿进给量，单位为 mm/z。

一般来说，同一刀具在同样转速下，进给速度越高，所得到的加工表面质量会越差。实际加工时，进给跟机床、刀具系统及加工环境等有很大关系，需要不断地积累实际操作经验。

在数控加工中，在刀具承受能力范围之内，可以用相对较高的转速和相对较快的进给速度进行加工，虽然这样会造成刀具的寿命缩短，但加工效率提高所产生的效益会远远大于刀具的损耗费。

在进给选项卡中各选项的后面都有单位，可以设置为 mm/min（mmpm）或者是 mm/r（mmpr）。

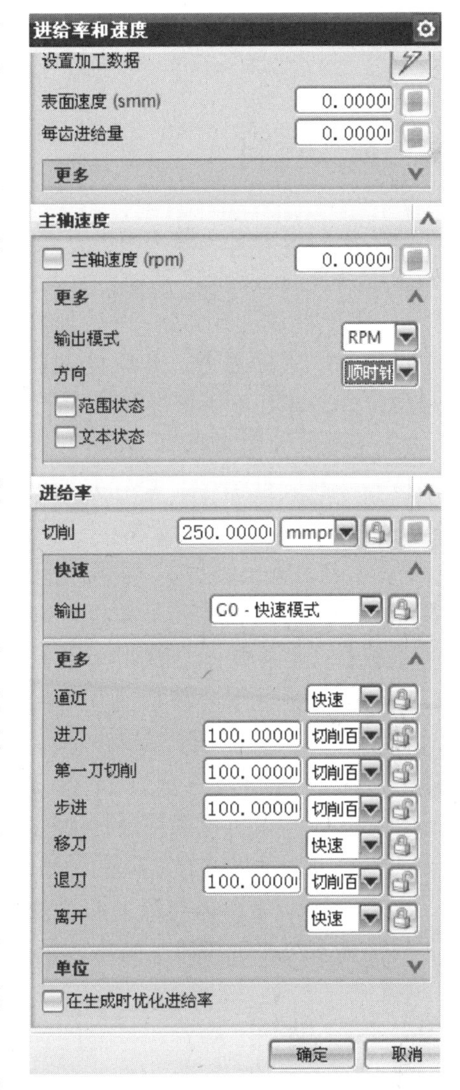

图　3-158

1）【切削】：刀具在切削工件过程中的进给率。

2）【快速】：用于设置快速运动时的进给，即从刀具起始点到下一个前进点的移动速度。在 G 代码的 NC 文件中以 G00 表示。

3）【逼近】：用于设置接近速度，即刀具从起刀点到进刀点的进给速度。在平面铣或型腔铣中，接近速度控制刀具从一个切削层到下一个切削层的移动速度；而在曲面轮廓铣中，逼近速度可以控制刀具做进刀运动前的进给速度。

4）【进刀】：用于设置进刀速度，即刀具切入零件时的进给速度，就是从刀具进刀点到初始切削位置的移动速度。

5）【第一刀切削】：设置第一刀切削时的进给速度。

6）【步进】：设置刀具进入下一行切削时的进给速度。

7）【移刀】：设置刀具从一个切削区域跨越到另一个切削区域时做水平非切削运动的刀具转移速度。

8）【退刀】：设置退刀速度，即刀具切出零件材料时的进给速度，也就是刀具完成切削后退刀到退刀点的运动速度。

9）【离开】：设置离开速度，即刀具从退刀点到返回点的移动速度。

提示：在各个选项中，设置为 0 并不表示进给速率为 0，而是使用其默认方式，如非切削运动的【快速】、【逼近】、【退刀】、【退刀】、【离开】等选项将采用快进方式，即使用

G00 方式移动。而切削运动中的【进刀】、【第一刀切削】、【步进】选项将使用切削进给的进给率。

3.8　机床控制

机床控制用于定义运动输出方式、插入后处理命令、使用刀具补偿等相关的选项。机床控制参数设置如图 3-159 所示。

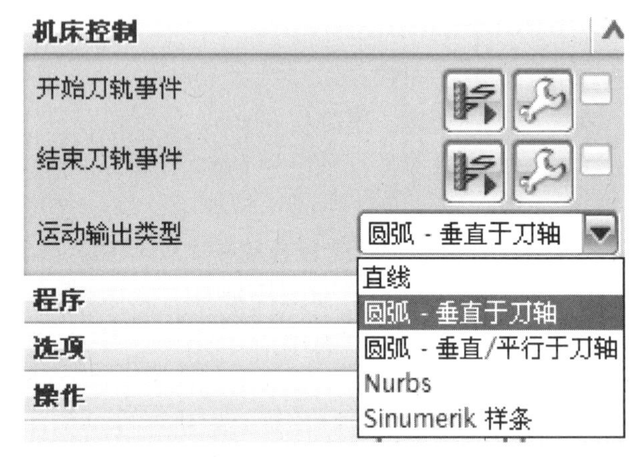

图　3-159

1）【开始刀轨事件】：在后处理器中设置一些辅助命令。若后处理器已经设定好，此处不用再设置。

2）【结束刀轨事件】：在后处理器中设置一些辅助命令。若后处理器已经设定好，此处不用再设置。

3）【运动输出类型】：主要指运动指令的输出方式，在其下拉框中包括【直线】、【圆弧 - 垂直于刀轴】、【圆弧 - 垂直/平行于刀轴】、【Nurbs】和【Sinumerik 样条】五种方式。

一般采用【圆弧 - 垂直/平行于刀轴】方式，高速机可选用【Nurbs】插补方式，系统会使刀具尽可能沿着 B 样条曲线移动，而不是近似地沿着直线或圆弧移动，好处是程序缩短，加工的曲面更光滑。

提示：【Nurbs】选项产生的后处理文件只有在支持 Nurbs 插补的机床控制器上才能使用，目前大多数多轴机床及高速机床都可支持这种代码。

3.9　NC 助理

NC 助理是 UG CAM 独立的一个实用分析工具。它可以分析的数据类型有四种：层、拐角、圆角和拔模角。

选择菜单中的【分析/NC 助理】命令或在【几何体】工具条中选择（NC 助理）图标，弹出【NC 助理】对话框，如图 3-160所示。

图　3-160

1. 分析层高

在【NC 助理】对话框的【分析类型】下拉框中选择 层 选项，在【参考矢量】/【指定矢量】下拉框中选择 ZC 选项，在【参考平面】/【指定平面】区域选择（自动判断）图标，然后在图形中选择图 3-161 所示工件顶面，勾选【退出时保存面颜色】选项，选择（分析几何体）图标，选择（信息）图标，弹出分析【信息】对话框（图 3-162），并且模型每层颜色已示区别，如图 3-163 所示，单击 应用 按钮。

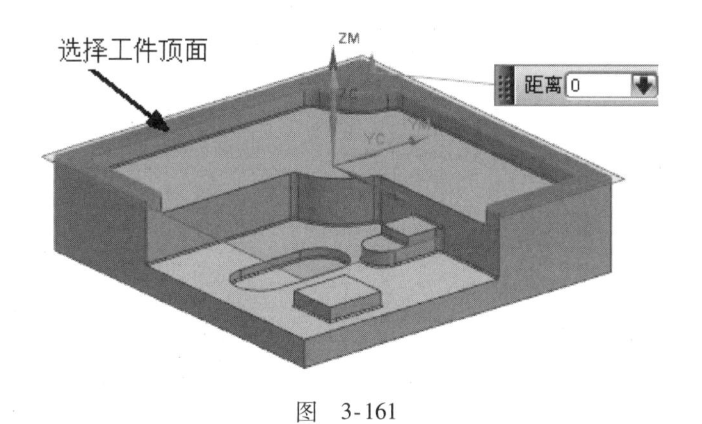

图　3-161

信息

文件(F)　编辑(E)

```
距离公差              =       0.010000000
角度公差              =       0.010000000
最小值                =   -1000.000000000
最大值                =    1000.000000000
------------------------------------------------------------
 Color         Number of faces  距离
------------------------------------------------------------
Color Set No. :        1
------------------------------------------------------------
212 (Dark Hard Blue)  1
                      =      -40.000000000
30 (Green Green Spring)  1
                      =      -35.000000000
25 (Light Hard Cyan)  2
                      =      -27.000000000
185 (Red Red Pink)    1
                      =      -22.000000000
145 (Light Hard Magenta)  1
                      =      -10.000000000
6 (YELLOW)            1
                      =        0.000000000

************************************************************
```

图　3-162

2. 分析拐角半径

继续在【NC 助理】对话框的【分析类型】下拉框中选择 拐角选项，如图 3-164 所示。勾选【退出时保存面颜色】选项，选择（分析几何体）图标，选择（信息）图标，弹出分析【信息】对话框，如图 3-165 所示，并且模型拐角颜色已示区别，最小拐角半径是 3mm，显示淡蓝颜色，如图 3-166 所示，单击 应用 按钮。

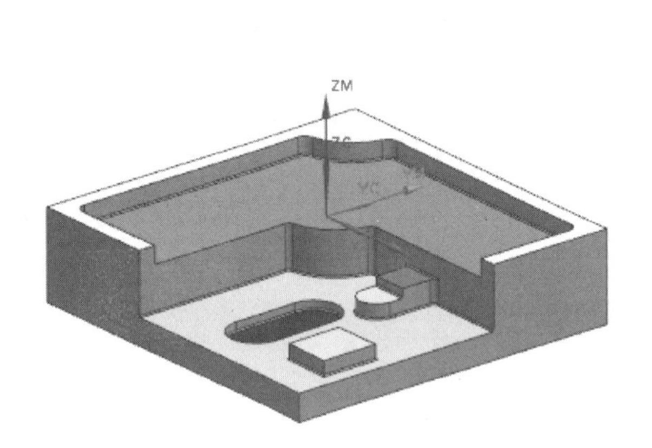

图 3-163

图 3-164

信息

文件(F) 编辑(E)

```
-----------------------------------------
 Color        Number of faces  半径
-----------------------------------------
Color Set No. :       1
-----------------------------------------
212 (Dark Hard Blue) 2
                     =     -15.698198198
30 (Green Green Spring) 2
                     =      -6.000000000
25 (Light Hard Cyan) 2
                     =      -3.000000000
185 (Red Red Pink)   2
                     =       3.000000000
145 (Light Hard Magenta) 2
                     =       6.000000000
6 (YELLOW)           1
                     =      10.500000000
44 (Pale Gray)       1
                     =      30.000000000
131 (Dark Weak Yellow) 1
                     =      33.000000000

*****************************************
```

图 3-165

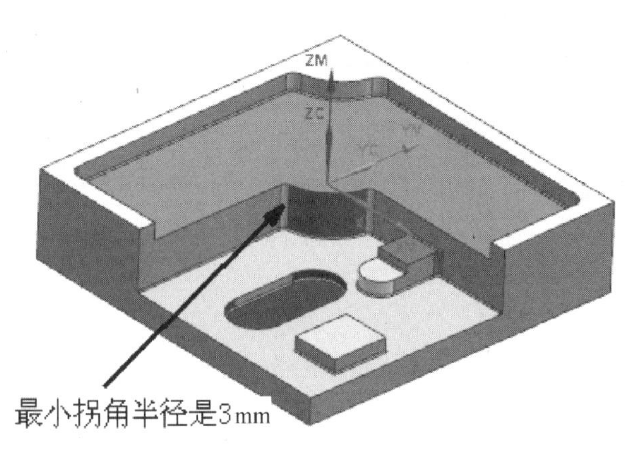

图 3-166

3. 分析圆角半径

继续在【NC 助理】对话框的【分析类型】下拉框中选择 圆角 选项，如图 3-167 所示。勾选【退出时保存面颜色】选项，选择（分析几何体）图标，选择（信息）图标，弹出分析【信息】对话框，如图 3-168 所示，并且模型圆角颜色已示区别，最小圆角半径是 0.8mm，显示淡蓝颜色，如图 3-169 所示，单击 应用 按钮。

图　3-167

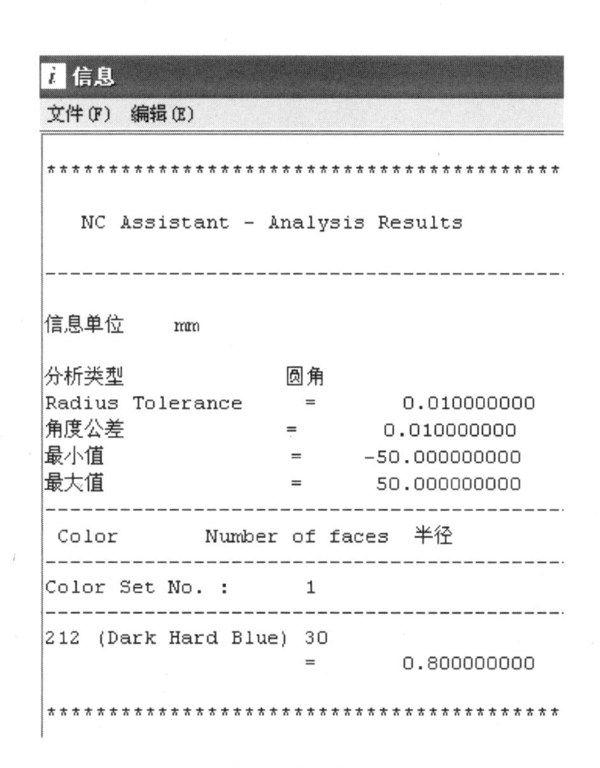

图　3-168

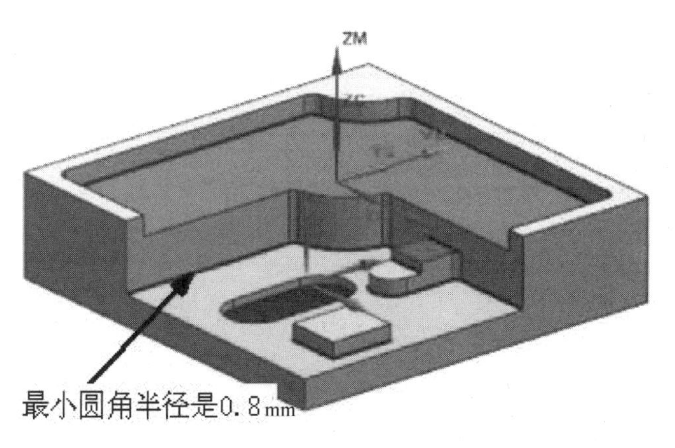

图　3-169

4. 分析拔模斜度

继续在【NC 助理】对话框的【分析类型】下拉列表框中选择 拔模 选项，如图 3-170 所示。选择（分析几何体）图标，选择（信息）图标，弹出分析【信息】对话框，如图 3-171 所示，并且模型平面颜色已示区别，单击 应用 按钮。

NC 助理
要分析的面
选择面 (70)
分析类型
分析类型
拔模
参考矢量
指定矢量
ZC
结果
退出时保存面颜色
信息
操作
分析几何体

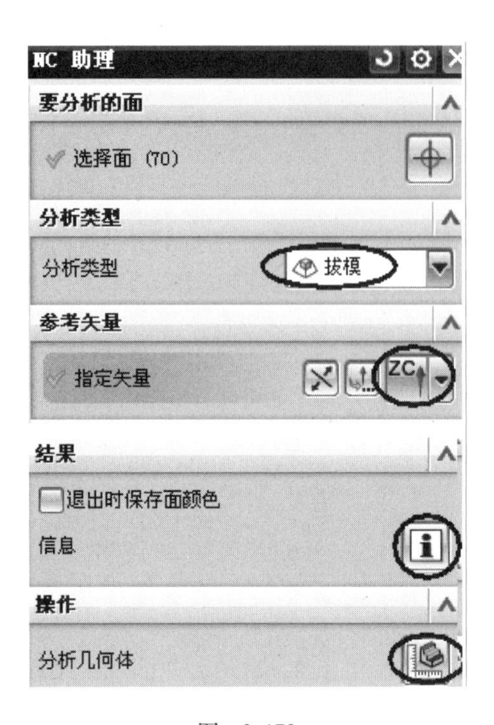

图 3-170

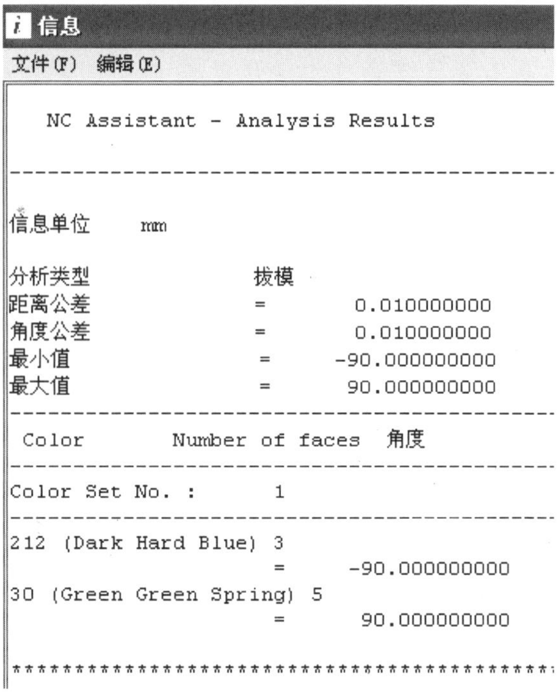

信息
文件(F) 编辑(E)
NC Assistant - Analysis Results
信息单位 mm
分析类型 拔模
距离公差 = 0.010000000
角度公差 = 0.010000000
最小值 = -90.000000000
最大值 = 90.000000000
Color Number of faces 角度
Color Set No. : 1
212 (Dark Hard Blue) 3
= -90.000000000
30 (Green Green Spring) 5
= 90.000000000

图 3-171

第 4 章

平面铣工程实例一

实例说明

本章主要讲述平面铣工程实例。工件模型如图 4-1 所示，毛坯外形比工件单边大 5mm，高度比工件高 3mm，毛坯材料为 45 钢（碳素结构钢），刀具采用硬质合金刀具。

其加工思路为：分析模型的加工区域，选用恰当的刀具，加工路线如下：

1）外形粗加工，采用 ϕ40mm 的立铣刀铣削外形四周留余量 0.3mm。

2）外形精加工，采用 ϕ40mm 的立铣刀铣削外形四周至工件尺寸。

3）顶面加工，采用 ϕ80mm 的面铣刀铣削毛坯至工件高度。

4）粗加工大型腔，采用 EM12R1 圆鼻铣刀分层铣削，型面留余量 0.3mm。

5）精加工大型腔，采用 EM10 立铣刀精加工底面和侧壁。

6）粗加工小型腔，采用 EM12R1 圆鼻铣刀分层铣削，型面留余量 0.3mm。

7）精加工小型腔，采用 EM10 立铣刀精加工底面和侧壁。

8）加工另外 3 个小型腔，采用矩形阵列的方法，阵列出另外 3 个小型腔的刀轨。

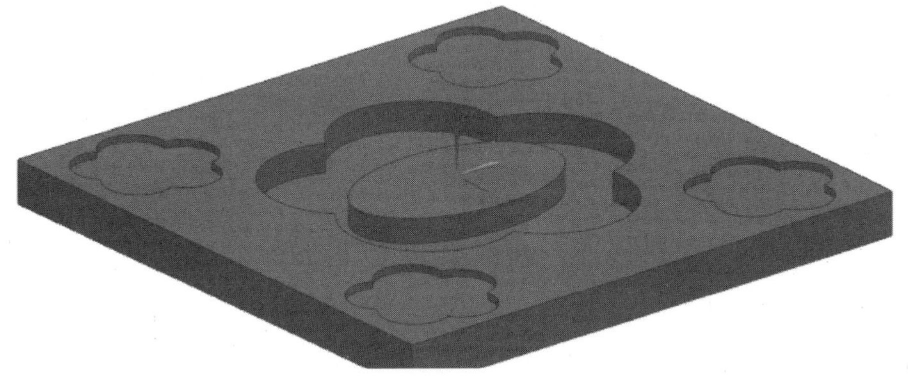

图 4-1

加工刀具见表 4-1。

表 4-1 加工刀具

序号	程序名	刀具号	刀具类型	刀具直径/mm	R 角/mm	刀长/mm	刃长/mm	余量/mm
1	R1	2	EM40 立铣刀	ϕ40	0	75	60	0.3
2	F1	2	EM40 立铣刀	ϕ40	0	75	60	0
3	F2	1	EM80R1 面铣刀	ϕ80	1	65	25	0
4	R2	3	EM12R1 圆鼻铣刀	ϕ12	1	75	25	0.3

（续）

序号	程序名	刀具号	刀具类型	刀具直径/mm	R 角/mm	刀长/mm	刃长/mm	余量/mm
5	F3	4	EM10 立铣刀	ϕ10	0	75	25	0
6	F4	4	EM10 立铣刀	ϕ10	0	75	25	0
7	R3	3	EM12R1 圆鼻铣刀	ϕ12	1	75	25	0.3
8	F5	4	EM10 立铣刀	ϕ10	0	75	25	0
9	F6	4	EM10 立铣刀	ϕ10	0	75	25	0

加工工艺方案见表 4-2。

表 4-2　加工工艺方案

序号	方法	加工方式	程序名	主轴转速 S/(r/min)	进给速度 F/(mm/min)	说明
1	粗加工	平面铣	R1	1000	1200	四周外形粗加工
2	精加工	平面铣	F1	1600	600	四周外形精加工
3	精加工	面铣削区域	F2	1500	500	面铣顶面
4	粗加工	平面铣	R2	1200	1000	大型腔粗加工
5	精加工	平面铣	F3	1600	600	精加工大型腔底面
6	精加工	平面铣	F4	1600	600	精加工大型腔侧壁
7	粗加工	平面铣	R3	1200	1000	粗加工小型腔
8	精加工	平面铣	F5	1600	600	精加工小型腔底面
9	精加工	平面铣	F6	1600	600	精加工小型腔侧壁

学习目标

通过本章实例的练习，读者能熟练掌握平面铣加工，了解平面铣的适用范围和加工规律，以及部件边界的创建、刀轨阵列的思路，掌握平面铣的加工技巧。

4.1　打开文件

选择菜单中的【文件】/【打开】命令或选择（打开）图标，弹出【打开】部件对话框，选择本书附的光盘\parts\4\pm-1 文件，单击 OK 按钮，打开部件，工件模型如图

4-1 所示。

4.2　设置加工坐标系及安全平面

1. 进入加工模块

选择菜单中开始·下拉框中的加工(M)...模块，如图 4-2 所示，进入加工应用模块。

2. 设置加工环境

选择加工(M)...模块后，系统弹出【加工环境】对话框，如图 4-3 所示。在【CAM 会话配置】列表框中选择【cam _ general】，在【要创建的 CAM 设置】列表框中选择【mill _ planar】，单击确定按钮，进入加工初始化，在导航器栏弹出（工序导航器）图标，如图 4-4 所示。

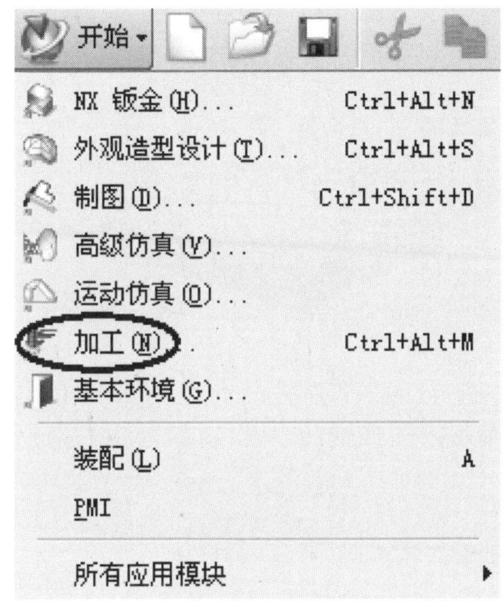
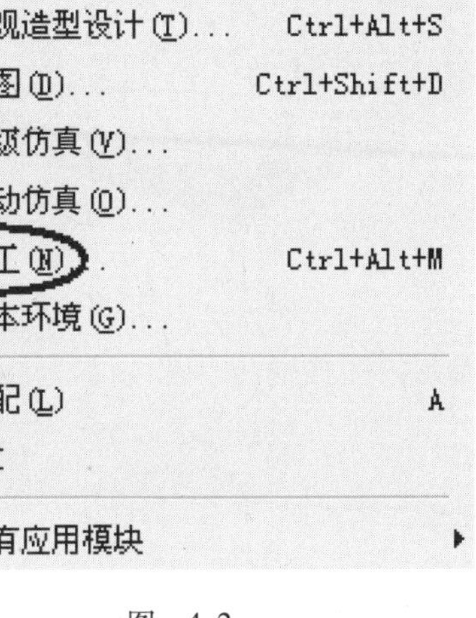

图　4-2

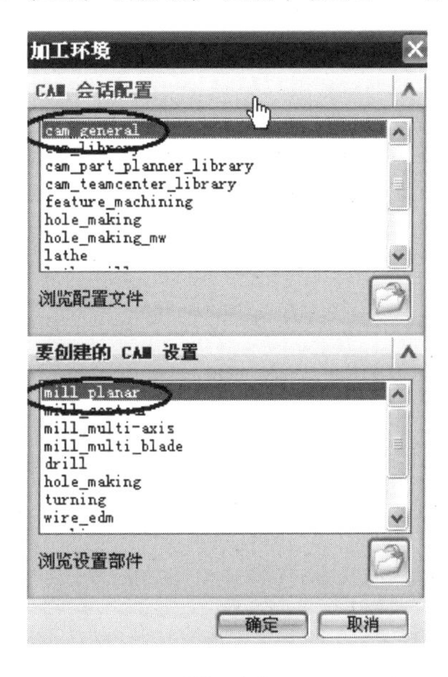

图　4-3

3. 设置工序导航器的视图为几何视图

选择菜单中的【工具】/【工序导航器】/【视图】/【几何视图】命令或在【导航器】工具条选择（几何视图）图标，工序导航器的视图更新如图 4-4 所示。

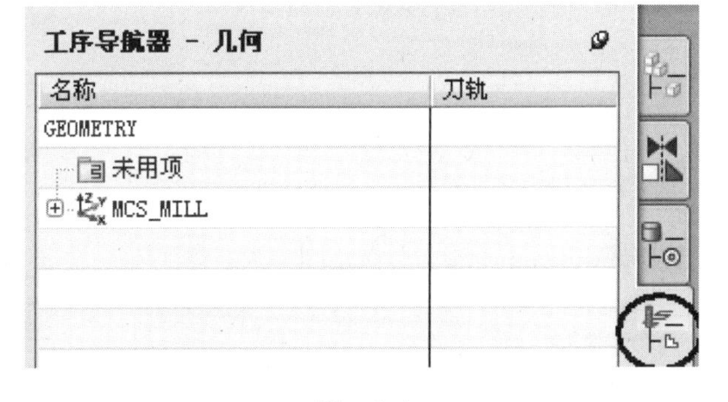

图　4-4

4. 显示毛坯几何体

在【实用工具】中选择（全部显示）图标，显示毛坯几何体。

5. 设置工作坐标系

选择菜单中的【格式】/【WCS】/【定向】命令或在【实用】工具条选择（WCS 定向）图标，弹出【CSYS】对话框，在【类型】下拉列表框中选择对象的 CSYS 选项，如图 4-5 所示。在图形中选择图 4-6 所示的毛坯顶面，单击确定按钮，完成设置工作坐标系，如图 4-7 所示。

图 4-5

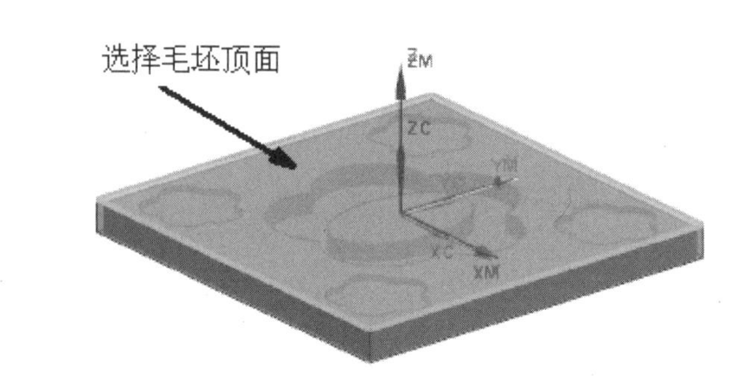

图 4-6

6. 设置加工坐标系

在工序导航器中双击 MCS_MILL（加工坐标系）图标，弹出【Mill Orient】对话框，如图 4-8 所示。在【指定 MCS】区域选择（CSYS 会话）图标，弹出【CSYS】对话框，如图 4-9所示。在【类型】下拉列表框中选择 动态 选项，在【参考】下拉列表框中选择 WCS （工作坐标系）选项，单击 确定 按钮，完成设置加工坐标系，即接受工作坐标系为加工坐标系，如图 4-10所示。

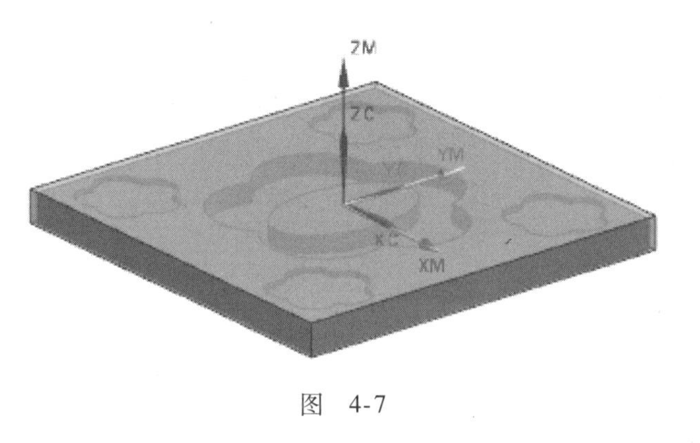

图 4-7

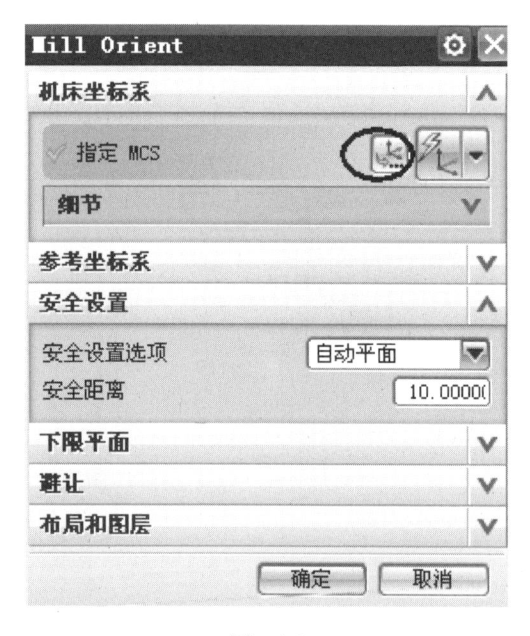

图 4-8

图 4-9

注意：【Mill Orient】对话框不要关闭。

7. 设置安全平面

在【Mill Orient】对话框中【安全设置】区域的【安全设置选项】下拉列表框中选择【平面】选项，如图 4-11 所示。在图形中选择图 4-12 所示的毛坯顶面，在【距离】栏输入【15】，单击 确定 按钮，完成设置安全平面。

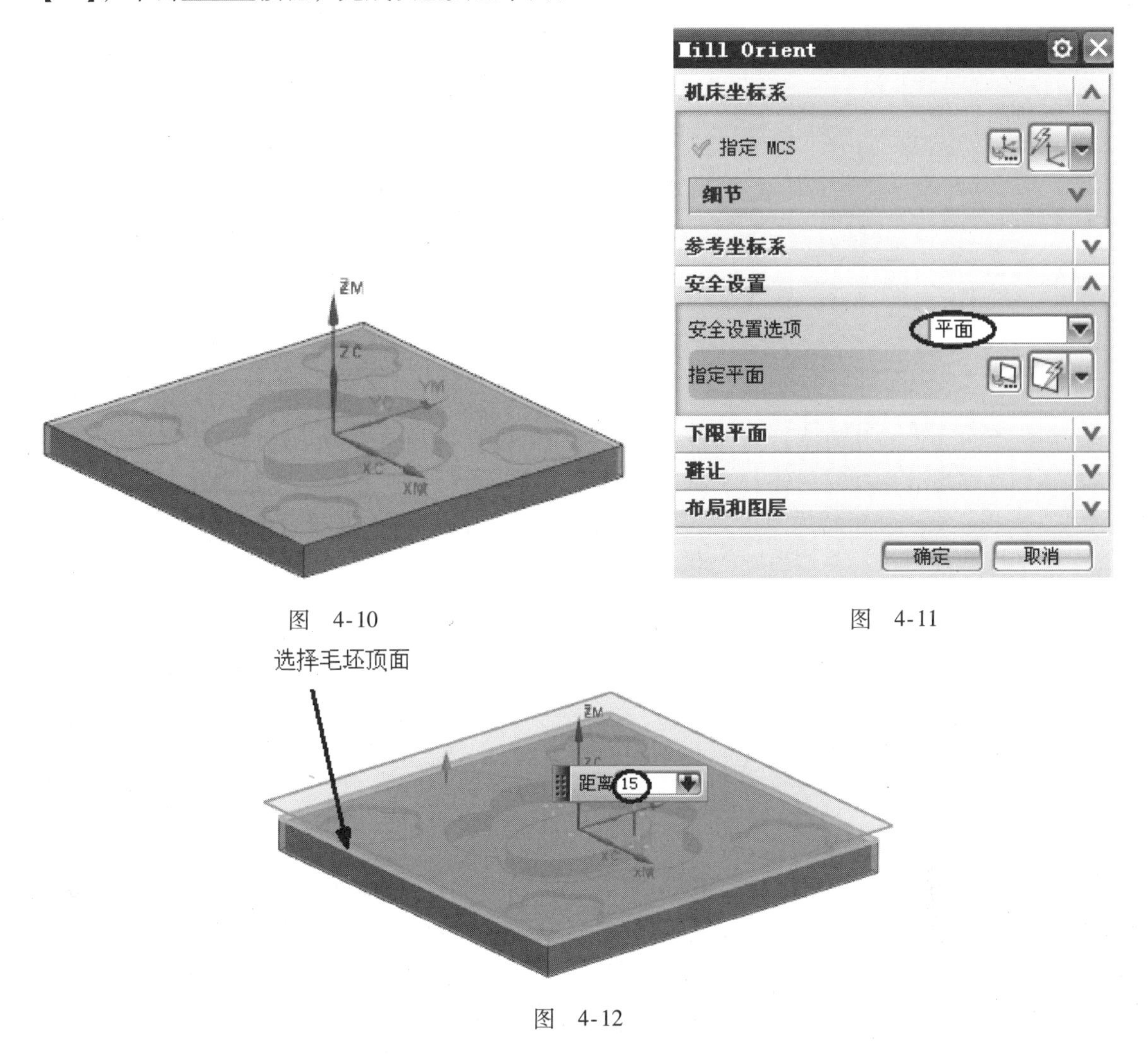

图　4-10

图　4-11

图　4-12

4.3　设置铣削几何体

1. 展开 MCS _ MILL

在工序导航器的几何视图中单击 MCS_MILL 前面的 ⊞ （加号）图标，展开 MCS _ MILL，更新为图 4-13 所示。

2. 设置铣削几何体

在工序导航器中双击 WORKPIECE （铣削几何体）图标，弹出【铣削几何体】对话框，如图 4-14 所示，在【指定部件】区域选择 （选择或编辑部件几何体）图标，弹出【部件几何体】对话框，图 4-15 所示，在图形中选择图 4-16 所示工件，单击 确定 按钮，完成指定部件。

图 4-13

图 4-14

系统返回【铣削几何体】对话框，在【指定毛坯】区域选择（选择或编辑毛坯几何体）图标，弹出【毛坯几何体】对话框，如图 4-17 所示。在【类型】下拉列表框中选择 几何体 选项，在图形中选择图 4-18 所示毛坯几何体，单击 确定 按钮，完成指定毛坯，系统返回【铣削几何体】对话框，单击 确定 按钮，完成设置铣削几何体。

图 4-15

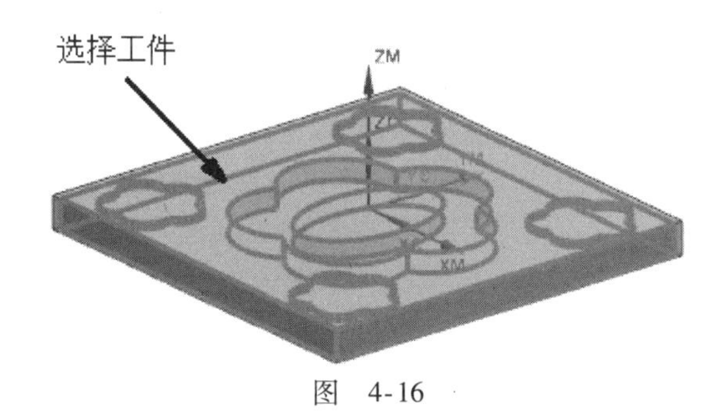

图 4-16

图 4-17

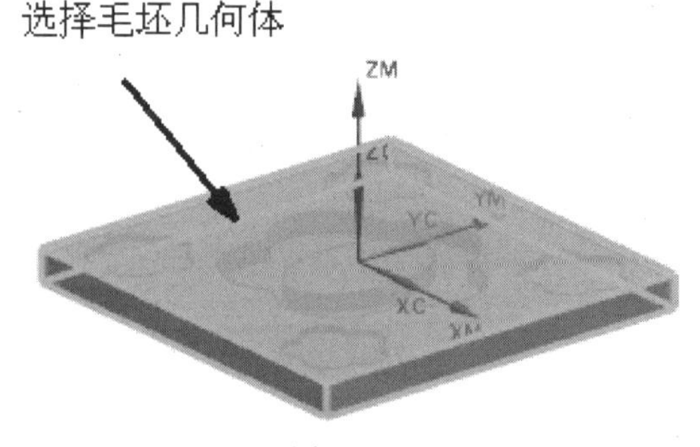

图 4-18

3. 隐藏毛坯几何体（步骤略）

4.4　创建刀具

1. 设置工序导航器的视图为机床视图

选择菜单中的【工具】/【工序导航器】/【视图】/【机床视图】命令或在【导航器】工具条选择（机床视图）图标。

2. 创建 EM80R1 面铣刀

选择菜单中的【插入】/【刀具】命令或在【插入】工具条中选择（创建刀具）图标，弹出【创建刀具】对话框，如图4-19所示。在【刀具子类型】中选择（铣刀）图标，在【名称】栏输入【EM80R1】，单击确定按钮，弹出【铣刀-5参数】对话框，如图4-20所示。在【直径】、【下半径】栏分别输入【80】【1】，在【刀具号】、【补偿寄存器】、【刀具补偿寄存器】栏均输入【1】，单击确定按钮，完成创建 ϕ80mm 的面铣刀，如图4-21所示。

图　4-19

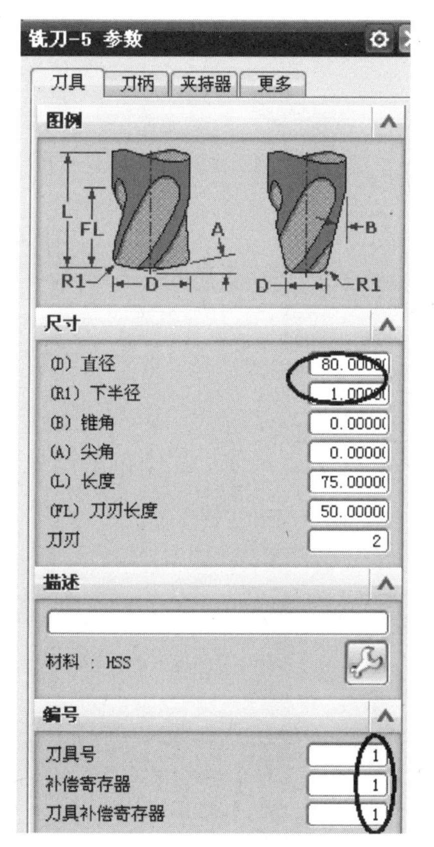

图　4-20

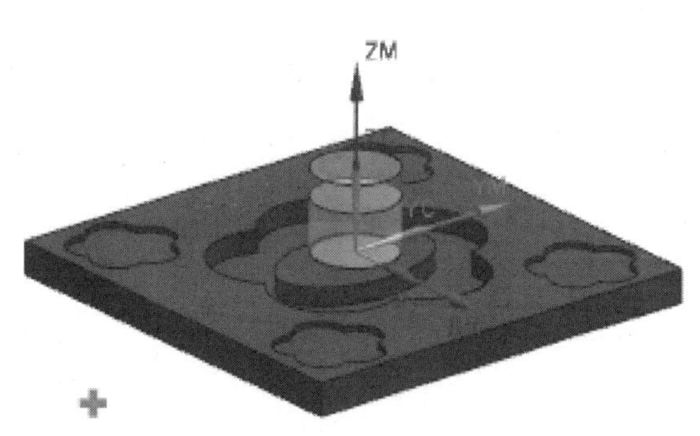

图　4-21

3. 按照上述步骤 2 的方法依次创建表 4-1 所列其余铣刀

4.5 创建程序组父节点

1. 设置工序导航器的视图为程序顺序视图

选择菜单中的【工具】/【工序导航器】/【视图】/【程序顺序视图】命令或在【导航器】工具条选择（程序顺序视图）图标，工序导航器的视图更新为程序顺序视图。

2. 创建外形加工程序组父节点

选择菜单中的【插入】/【程序】命令或在【插入】工具条中选择（创建程序）图标，弹出【创建程序】对话框，如图 4-22 所示。在【程序】下拉框中选择【NC _ PROGRAM】选项，在【名称】栏输入【WX】，单击确定按钮，弹出【程序】指定参数对话框，如图 4-23 所示，单击确定按钮，完成创建外形加工程序组父节点。

图 4-22

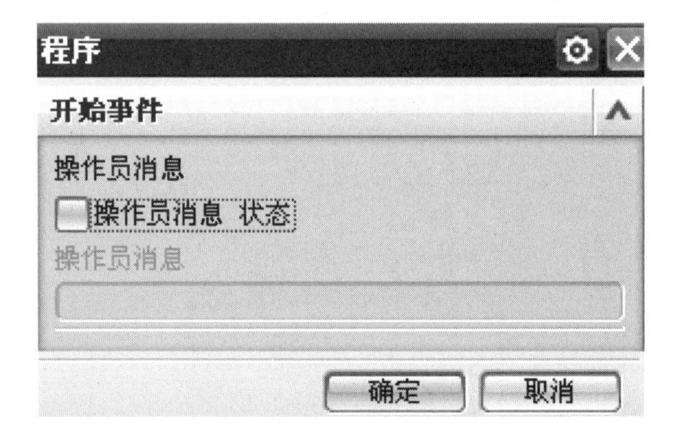

图 4-23

3. 创建型腔加工程序组父节点

按照上述步骤 2 的方法，依次创建型腔加工程序组父节点 XJ，工序导航器的视图显示创建的程序组父节点如图 4-24 所示。

图 4-24

4.6　编辑加工方法父节点

1. 设置工序导航器的视图为加工方法视图

选择菜单中的【工具】/【工序导航器】/【视图】/【加工方法视图】命令或在【导航器】工具条选择（加工方法视图）图标，工序导航器的视图更新为加工方法视图，如图 4-25 所示。

图　4-25

2. 编辑粗加工方法父节点

在工序导航器中双击 MILL_ROUGH（粗加工方法）图标，弹出【铣削方法】对话框，如图 4-26 所示。在【部件余量】栏输入【0.3】，在【进给】区域选择（进给）图标，弹出【进给】对话框，如图 4-27 所示。在【切削】栏输入【1200】，单击确定按钮，系统返回【铣削方法】对话框，单击确定按钮，完成指定粗加工进给率。

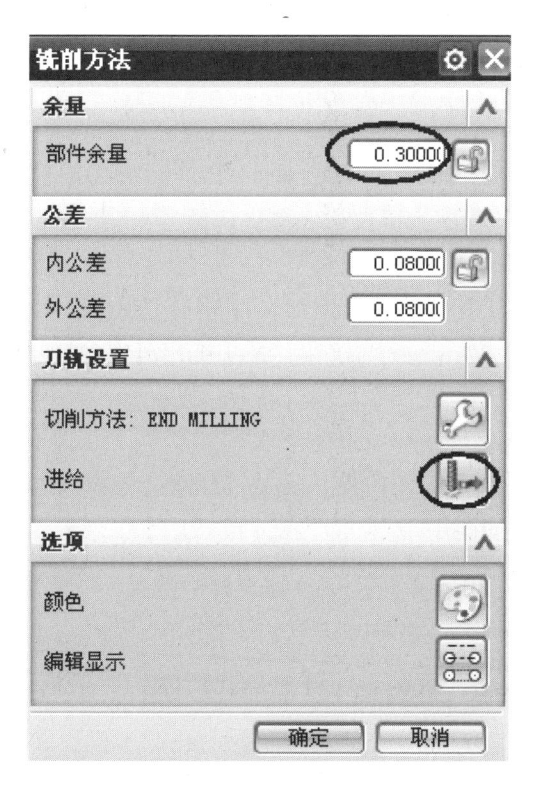

图　4-26　　　　图　4-27

3. 编辑精加工方法父节点

按照上述编辑粗加工方法父节点（步骤 2）的方法，编辑精加工方法父节点，设置部件余量为 0，设置精加工进给速度为 600mmpm，如图 4-28 所示。

图 4-28

4.7 创建外形加工操作

4.7.1 创建外形粗加工操作

1. 创建操作父节组选项

选择菜单中的【插入】/【工序】命令或在【插入】工具条中选择 （创建工序）图标，弹出【创建工序】对话框，如图 4-29 所示。

在【创建工序】对话框中【类型】的下拉列表框中选择【mill _ planar】（平面铣），在【工序子类型】区域中选择 （平面铣）图标，在【程序】下拉列表框中选择【WX】程序节点，在【刀具】下拉列表框中选择【EM（铣刀 -5 参数）】刀具节点，在【几何体】下拉列表框中选择【WORKPIECE】节点，在【方法】下拉列表框中选择【MILL _ ROUGH】节点，在【名称】栏输入【R1】，如图 4-29 所示。单击 确定 按钮，系统弹出【平面铣】对话框，如图 4-30 所示。

2. 创建几何体

（1）创建部件边界　在【平面铣】对话框中【指定部件边界】区域选择 （选择或编辑部件边界）图标，弹出【边界几何体】对话框，如图 4-31 所示。在【模式】下拉列表框中选择 曲线/边... 选项，弹出【创建边界】对话框，在【类型】下拉列表框中选择 封闭的 选项，在【材料侧】下拉列表框中选择 内部 选项，如图 4-32 所示。然后在图形中选择图 4-33 所示的实体边为部件边界几何体，单击 确定 按钮，系统返回【边界几何体】对话框，单击 确定 按钮，完成设置部件边界，系统返回【平面铣】对话框。

（2）创建毛坯边界　在【平面铣】对话框中的【指定毛坯边界】区域选择 （选择或编辑毛坯边界）图标，弹出【边界几何体】对话框，如图 4-34 所示。在【模式】下拉列表框中选择【面】选项，然后在【实用工具】条中选择 （反转显示和隐藏）图标，图形中显示毛坯。在图形中选择图 4-35 所示的毛坯平面为毛坯边界几何体，单击 确定 按钮，完成设置毛坯边界，系统返回【平面铣】对话框。

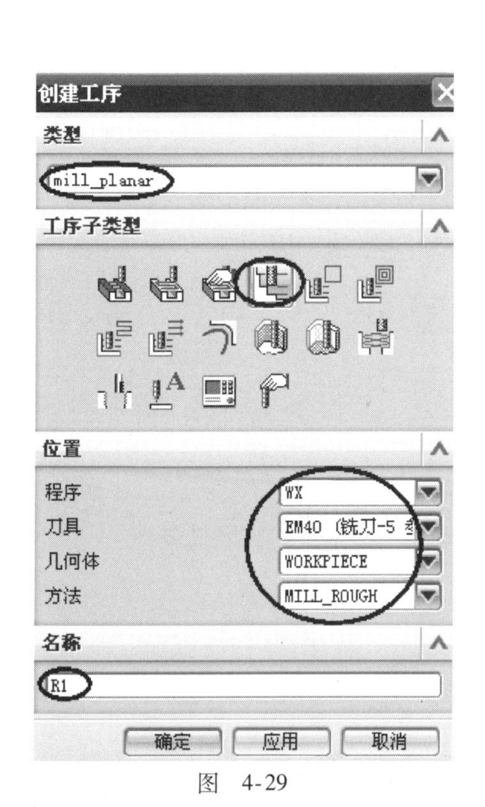

创建工序
类型
mill_planar
工序子类型
位置
程序
WX
刀具
EM40 (铣刀-5
几何体
WORKPIECE
方法
MILL_ROUGH
名称
R1
确定
应用
取消

图　4-29

平面铣
几何体
几何体
WORKPIECE
指定部件边界
指定毛坯边界
指定检查边界
指定修剪边界
指定底面
刀具
刀轴
刀轨设置
方法
MILL_ROUGH
切削模式
轮廓加工
步距
刀具平直百分比
平面直径百分比
50.0000
附加刀路
0
切削层
切削参数
非切削移动
进给率和速度

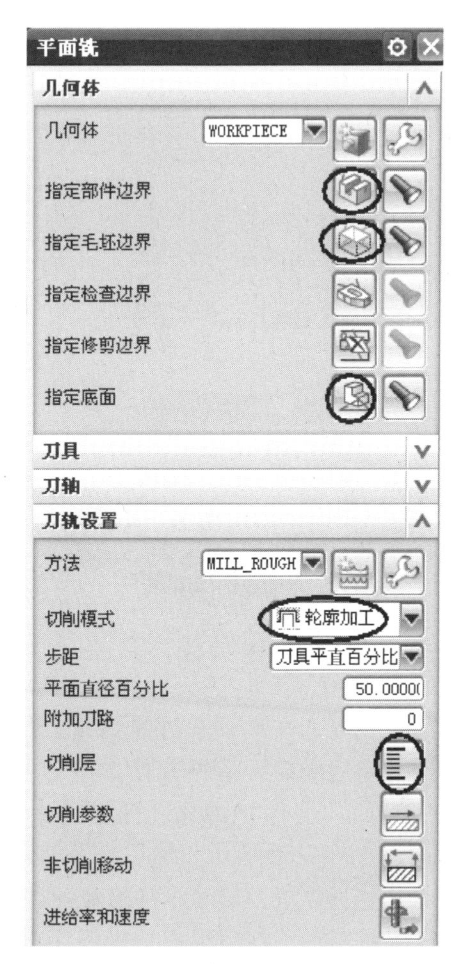

图　4-30

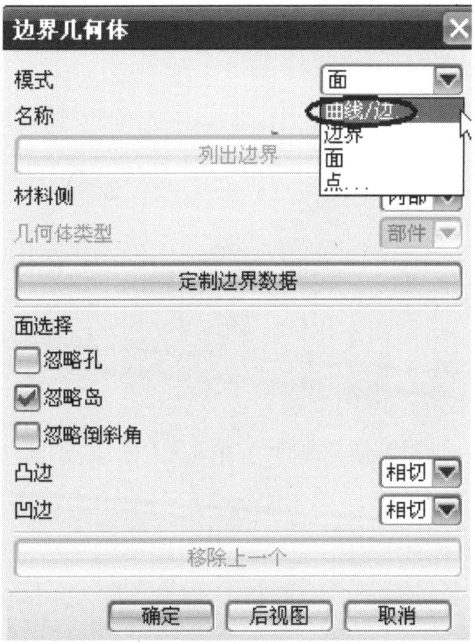

边界几何体
模式
面
名称
曲线/边
边界
面
点...
列出边界
材料侧
几何体类型
部件
定制边界数据
面选择
忽略孔
忽略岛
忽略倒斜角
凸边
相切
凹边
相切
移除上一个
确定
后视图
取消

图　4-31

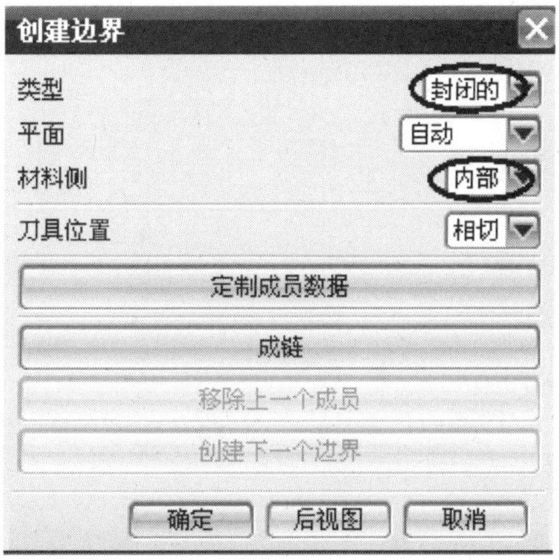

创建边界
类型
封闭的
平面
自动
材料侧
内部
刀具位置
相切
定制成员数据
成链
移除上一个成员
创建下一个边界
确定
后视图
取消

图　4-32

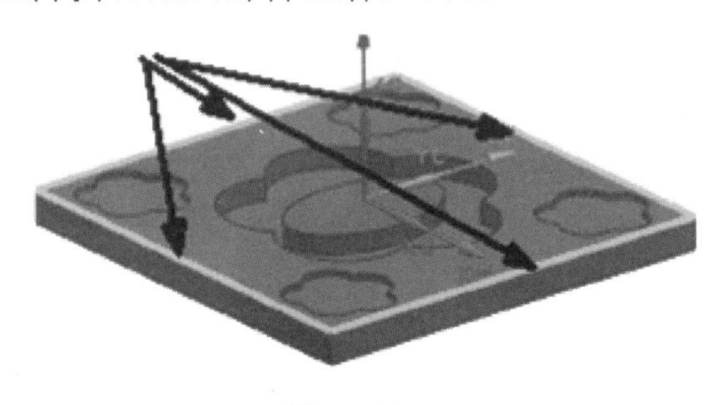

图　4-33

图　4-34

（3）创建底平面　在【平面铣】对话框中的【指定底面】区域选择（选择或编辑底平面几何体）图标，弹出【平面】对话框，如图4-36所示。然后在【实用工具】条中选择（反转显示和隐藏）图标，图形中显示工件，在图形中选择图4-37所示的工件底面为底平面，单击确定按钮，完成设置底平面，系统返回【平面铣】对话框。

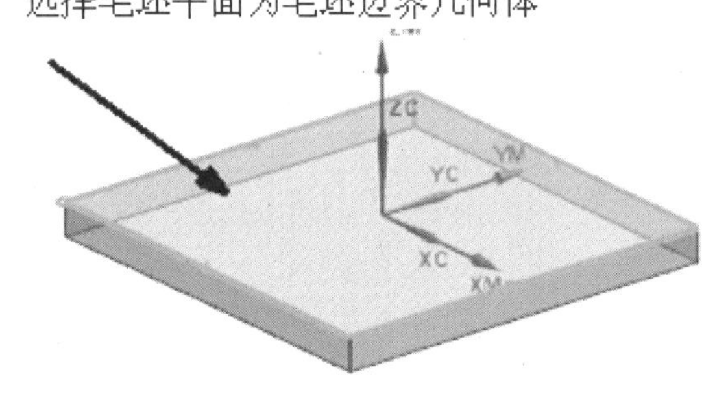

图　4-35

图　4-36

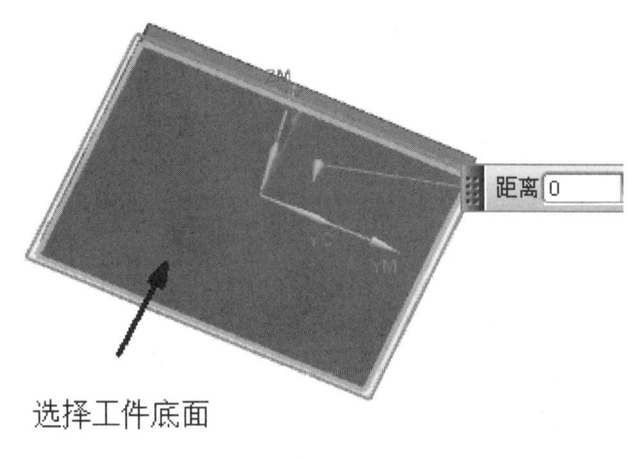

图　4-37

3. 设置加工参数

（1）设置切削模式　在【平面铣】对话框的【切削模式】下拉列表框中选择轮廓加工选项，如图4-30所示。

（2）设置切削层参数　在【平面铣】对话框中选择（切削层）图标，弹出【切削层】对话框，如图4-38所示。在【类型】下拉列表框中选择【用户定义】选项，在【每刀深度】/【公共】栏输入【5】，单击确定按钮，完成设置切层参数，系统返回【平面铣】对话框。

（3）设置切削参数　在【平面铣】对话框中选择（切削参数）图标，弹出【切削参数】对话框，如图4-39所示。选择【余量】选项卡，在【部件余量】、【最终底面余量】栏输入【0.3】【0】，单击确定按钮，完成设置切削参数，系统返回【平面铣】对话框。

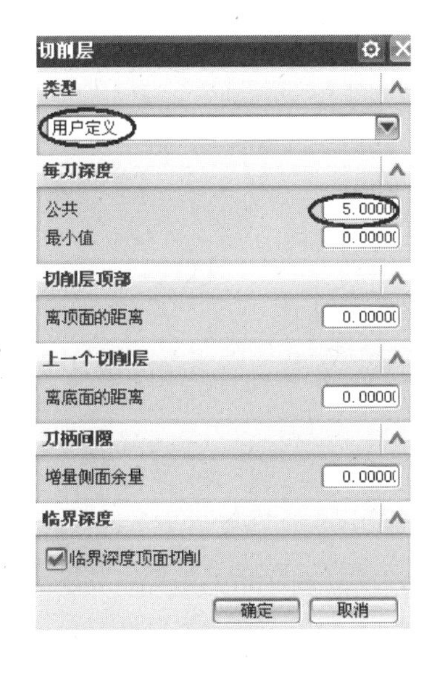

图　4-38

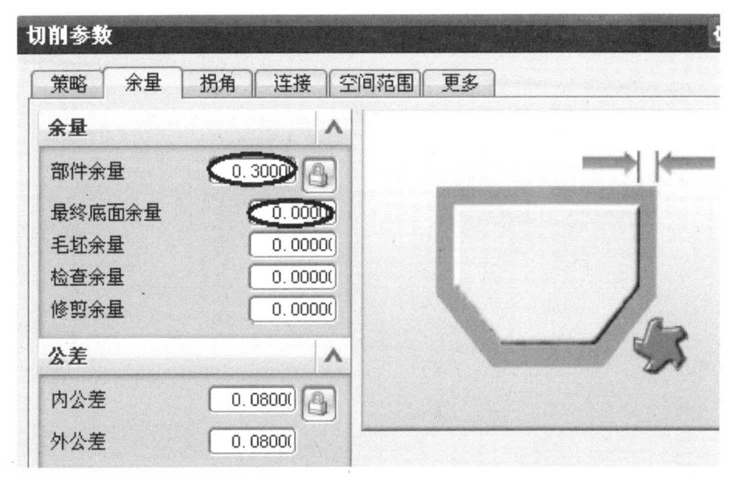

图　4-39

（4）设置非切削移动参数　在【平面铣】对话框中选择（非切削移动）图标，弹出【非切削移动】对话框，如图4-40所示。选择【进刀】选项卡，在【开放区域】/【进刀类型】下拉列表框中选择【圆弧】选项，在【半径】栏输入【20】，选择【起点/钻点】选项卡，在【重叠距离】栏输入【5】，在【默认区域起点】下拉列表框中选择【中点】选项，如图4-41所示。然后在图形中选择图4-42所示的实体边中点，单击确定按钮，完成设置非切削移动参数，系统返回【平面铣】对话框。

（5）设置进给率和速度参数　在【平面铣】对话框中选择（进给率和速度）图标，弹出【进给率和速度】对话框，如图4-43所示。勾选【主轴速度（rpm）】选项，在【主轴速度（rpm）】栏输入【1000】，按回车键，单击（基于此值计算进给和速度）按钮，单击确定按钮，完成设置进给率和速度参数，系统返回【平面铣】对话框。

图　4-40

图　4-41

图　4-42

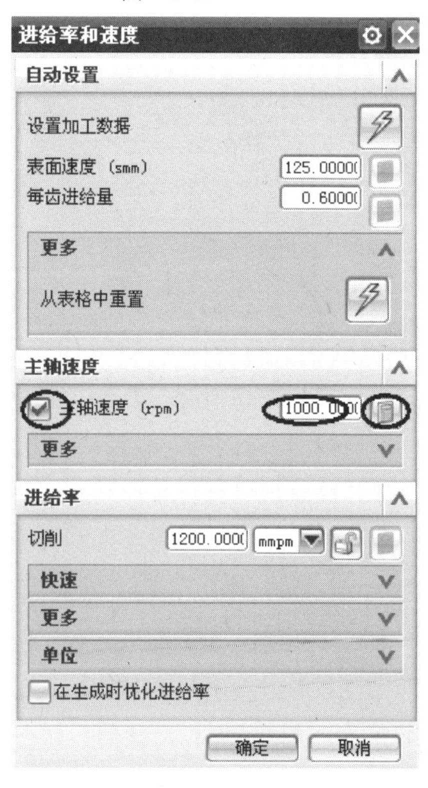

图　4-43

注意：进给率参数、余量继承切削方法 MILL_ROUGH（粗加工方法）中设定的值。

4. 生成刀轨

在【平面铣】对话框的操作区域中选择（生成刀轨）图标，系统自动生成刀轨，如图4-44所示，单击确定按钮，接受刀轨。

4.7.2　创建外形轮廓精加工操作

1. 复制操作 R1

在工序导航器程序顺序视图 WX 节点，复制操作 R1，如图4-45所示。然后选择 WX 节点，单击鼠标右键，单击【内部粘贴】命令，使其粘贴在 WX 节点下，重新命名为“F1”。

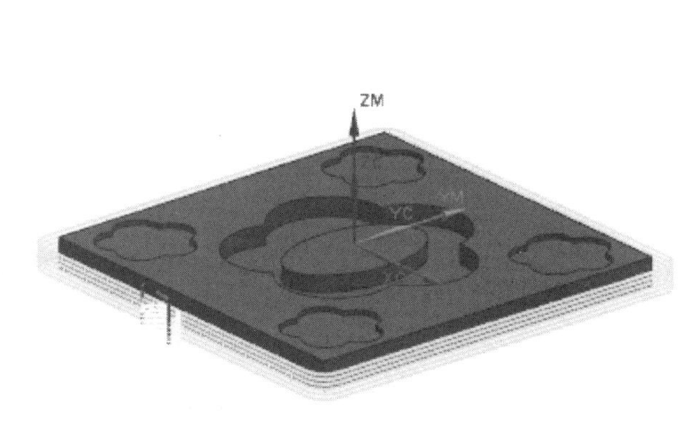

图　4-44

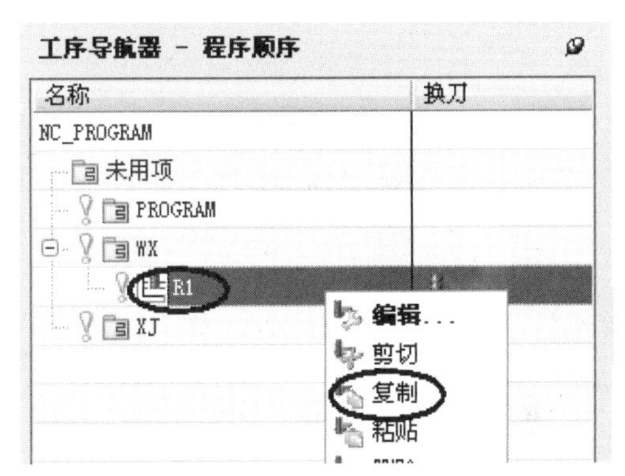

图　4-45

2. 编辑操作 F1

在工序导航器下，双击 F1 操作，系统弹出【平面铣】对话框，如图4-46所示。

3. 设置加工参数

（1）设置加工方法　在【平面铣】对话框的【刀轨设置】区域【方法】下拉列表框中选择 MILL_FINISH 选项，如图4-46所示。

（2）设置切削层参数　在【平面铣】对话框中选择（切削层）图标，弹出【切削层】对话框，如图4-47所示。在【类型】下拉列表框中选择【用户定义】选项，在【每刀深度】/【公共】栏输入【15】，单击确定按钮，完成设置切层参数，系统返回【平面铣】对话框。

（3）设置切削参数　在【平面铣】对话框中选择（切削参数）图标，弹出【切削参数】对话框，如图4-48所示。选择【拐角】选项卡，在【凸角】下拉列表框中选择【延伸】选项，单击确定按钮，完成设置切削参数，系统返回【平面铣】对话框。

（4）设置进给率和速度参数　在【平面铣】对话框中选择（进给率和速度）图标，弹出【进给率和速度】对话框，如图4-49所示。勾选【主轴速度（rpm）】选项，在【进给率】/【切削】栏输入【600】，在【主轴速度（rpm）】栏输入【1600】，按回车键，单击（基于此值计算进给和速度）按钮，单击确定按钮，完成设置进给率和速度参数，系统返回【平面铣】对话框。

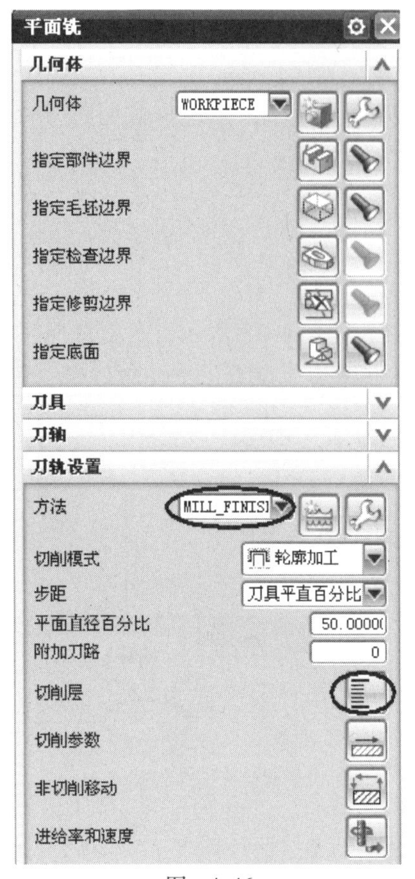

图 4-46

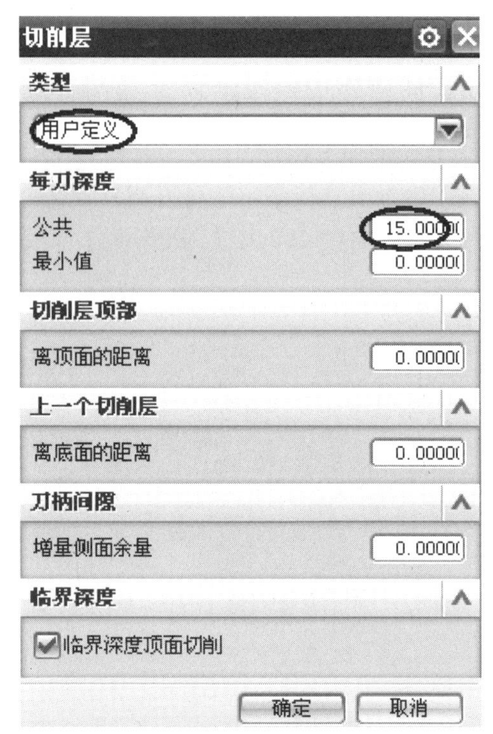

图 4-47

图 4-48

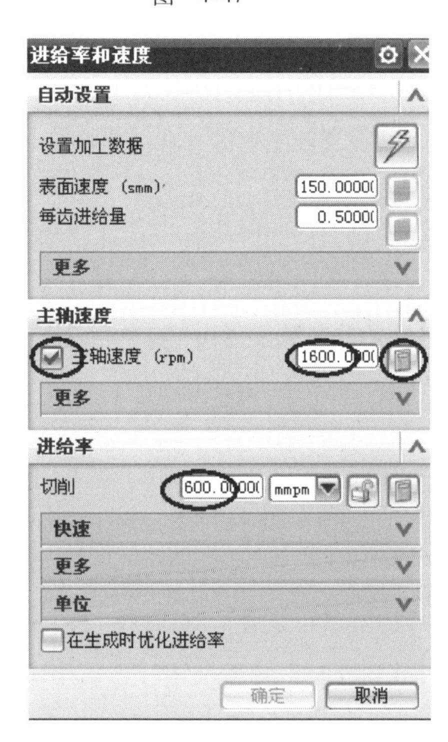

图 4-49

注意：余量继承切削方法 MILL_FINISH（精加工方法）中设定的值。

4. 生成刀轨

在【平面铣】对话框的【操作】区域中选择（生成刀轨）图标，系统自动生成刀轨，如图 4-50 所示，单击 确定 按钮，接受刀轨。

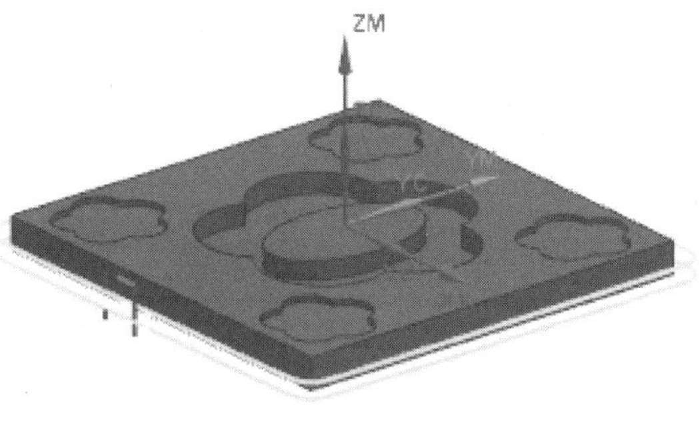

图　4-50

4.7.3　创建外形高度精加工操作

1. 创建操作父节组选项

选择菜单中的【插入】/【工序】命令或在【插入】工具条选择（创建工序）图标，弹出【创建工序】对话框，如图 4-51 所示。

在【创建工序】对话框的【类型】下拉框中选择【mill _ planar】（平面铣），在【操作子类型】区域选择（面铣削区域）图标，在【程序】下拉列表框中选择【WX】程序节点，在【刀具】下拉列表框中选择 EM80R1 (铣刀-5 刀具节点，在【几何体】下拉列表框中选择【WORKPIECE】节点，在【方法】下拉列表框中选择【MILL _ FINISH】节点，在【名称】栏输入【F2】，如图 4-51 所示。单击 确定 按钮，系统弹出【面铣削区域】对话框，如图 4-52 所示。

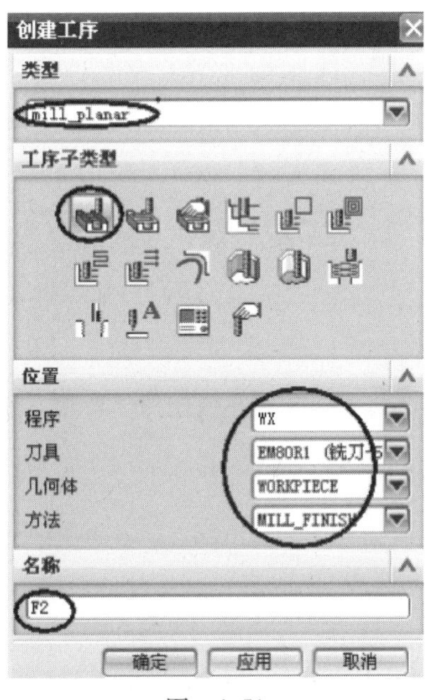

图　4-51

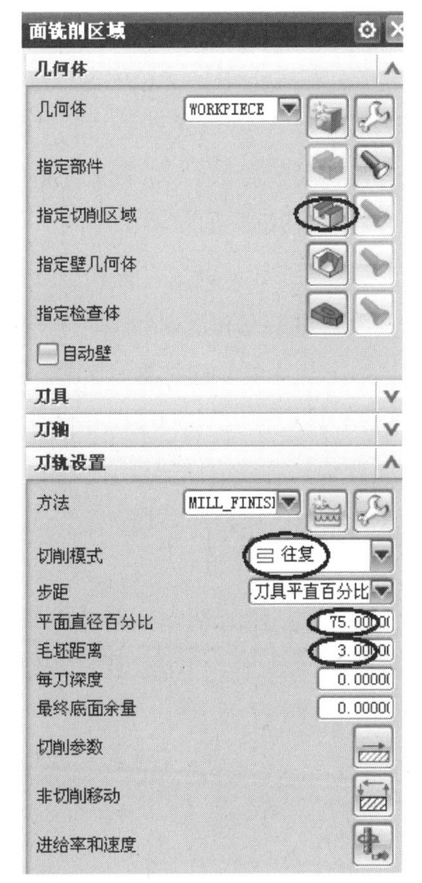

图　4-52

2. 创建几何体

在【面铣削区域】对话框的【指定切削区域】区域中选择（选择或编辑切削区域几何体）图标，弹出【切削区域】对话框，如图 4-53 所示。然后在图形中选择图 4-54 所示的平面为切削区域，单击确定按钮，完成设置切削区域几何体，系统返回【面铣削区域】对话框。

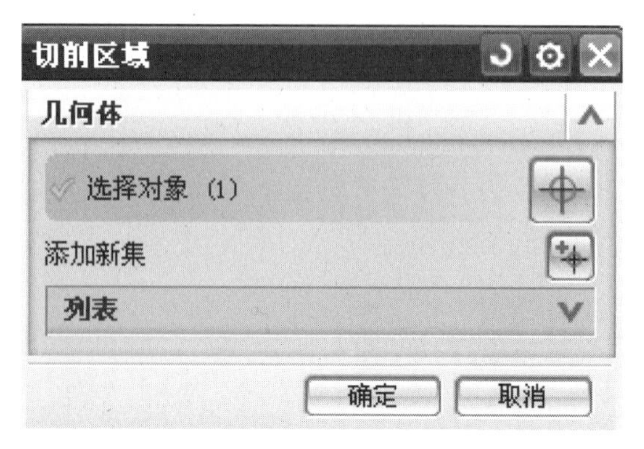

图 4-53

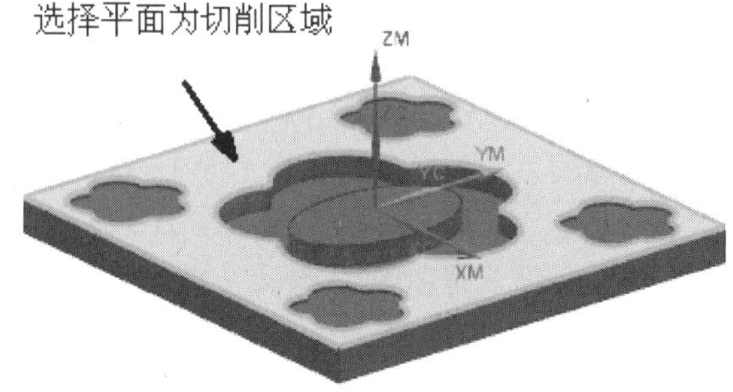

图 4-54

3. 设置加工参数

（1）设置切削模式　在【面铣削区域】对话框的【切削模式】下拉列表框中选择往复选项，在【步距】下拉列表框中选择【刀具平直百分比】选项，在【平面直径百分比】栏输入“75”，在【毛坯距离】栏输入【3】，如图 4-52 所示。

（2）设置切削参数　在【面铣削区域】对话框中选择（切削参数）图标，弹出【切削参数】对话框，如图 4-55 所示。选择【策略】选项卡，勾选【延伸到部件轮廓】选项，单击确定按钮，完成设置切削参数，系统返回【面铣削区域】对话框。

（3）设置进给率和速度参数　在【平面铣】对话框中选择（进给率和速度）图标，弹出【进给率和速度】对话框，如图 4-56 所示。勾选【主轴速度（rpm）】选项，在【进给率】/【切削】栏输入【500】，在【主轴速度（rpm）】栏输入【1500】，按回车键，单击（基于此值计算进给和速度）按钮，单击确定按钮，完成设置进给率和速度参数，系统返回【面铣削区域】对话框。

4. 生成刀轨

在【面铣削区域】对话框的【操作】区域中选择（生成刀轨）图标，系统自动生成刀轨，如图 4-57 所示，单击确定按钮，接受刀轨。

图　4-55

图　4-56

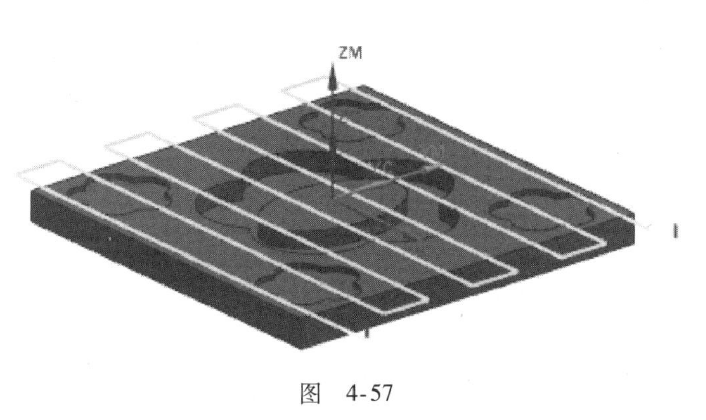

图　4-57

4.8　创建大型腔加工操作

4.8.1　创建大型腔粗加工操作

1. 创建操作父节组选项

选择菜单中的【插入】/【工序】命令或在【插入】工具条中选择（创建工序）图标，弹出【创建工序】对话框，如图 4-58 所示。

在【创建工序】对话框的【类型】下拉列表框中选择的【mill _ planar】（平面铣），在【工序子类型】区域选择（平面铣）图标，在【程序】下拉列表框中选择【XJ】程序节点，在【刀具】下拉列表框中选择 EM12R1 (铣刀-5 刀具节点，在【几何体】下拉列表框中选择

【WORKPIECE】节点，在【方法】下拉列表框中选择【MILL _ ROUGH】节点，在【名称】栏输入【R2】，如图 4-58 所示。单击确定按钮，系统弹出【平面铣】对话框，如图 4-59 所示。

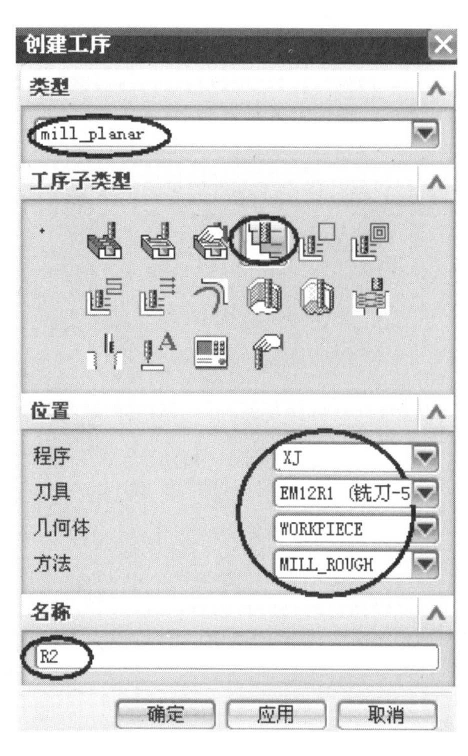

图 4-58

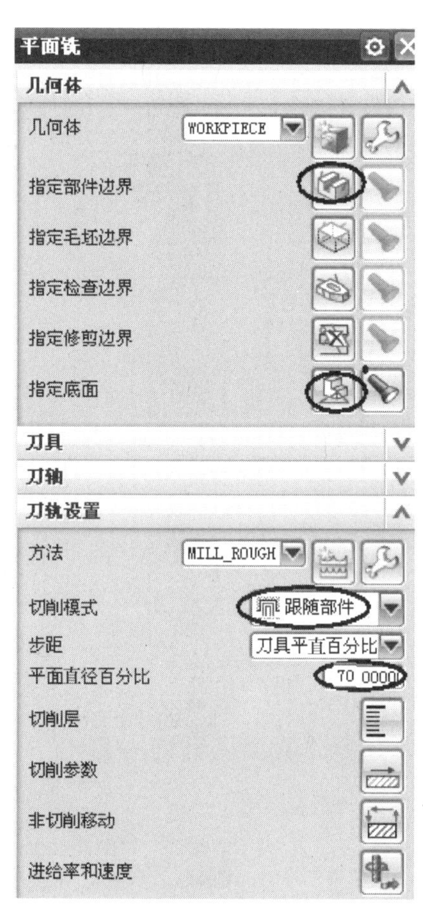

图 4-59

2. 创建几何体

（1）创建部件边界　在【平面铣】对话框的【指定部件边界】区域中选择（选择或编辑部件边界）图标，弹出【边界几何体】对话框，如图 4-60 所示。在【模式】下拉列表框中选择【曲线/边】选项，弹出【创建边界】对话框，在【类型】下拉列表框中选择【封闭的】选项，在【材料侧】下拉列表框中选择外部选项，如图 4-61 所示。然后在图形中选择图 4-62 所示的实体边为部件边界几何体。单击创建下一个边界按钮，在【材料侧】下拉列表框中选择【内部】选项，然后在图形中选择图 4-63 所示的实体边为部件边界几何体，单击确定按钮，系统返回【边界几何体】对话框。单击确定按钮，完成设置部件边界，系统返回【平面铣】对话框。

（2）创建底平面　在【平面铣】对话框的【指定底面】区域中选择（选择或编辑底平面几何体）图标，弹出【平面】对话框，如图 4-64 所示。然后在【实用工具】条选择（反转显示和隐藏）图标，图形中显示工件，在图形中选择图 4-65 所示的工件型腔底面为底平面，单击确定按钮，完成设置底平面，系统返回【平面铣】对话框。

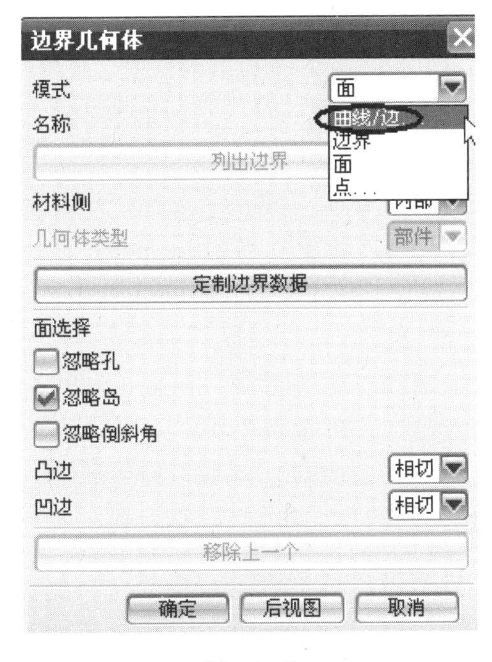

图　4-60

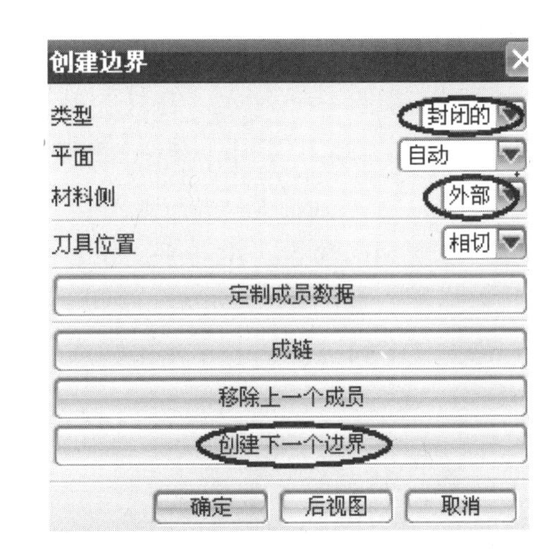

图　4-61

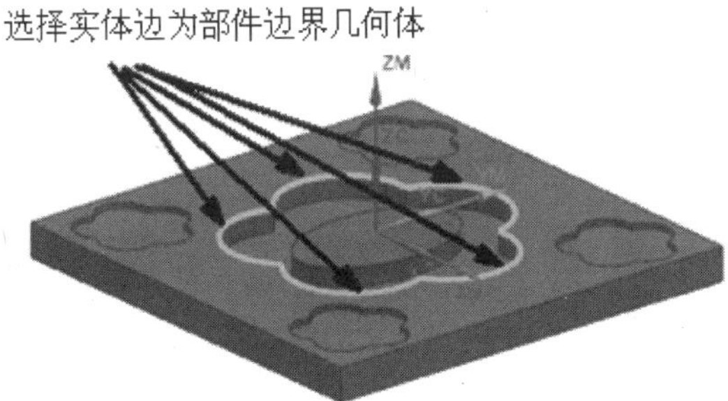

图　4-62

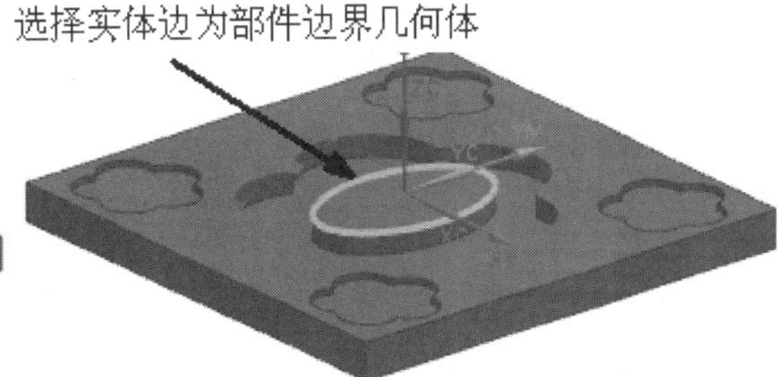

图　4-63

图　4-64

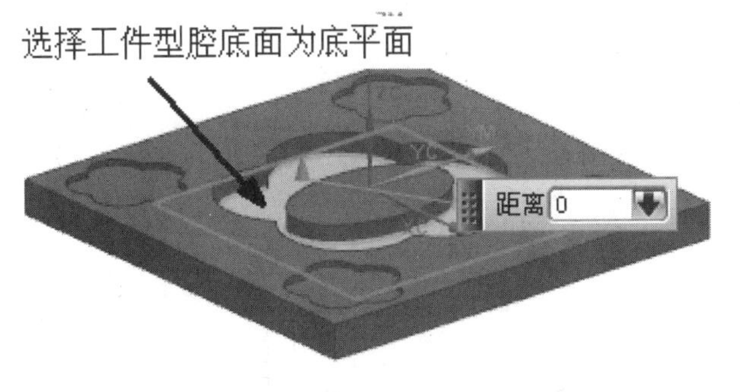

图　4-65

3. 设置加工参数

（1）设置切削模式　在【平面铣】对话框的【切削模式】下拉列表框中选择跟随部件选项，在【步距】下拉列表框中选择【刀具平直百分比】选项，在【平面直径百分比】栏输入【70】，如图 4-59 所示。

（2）设置切削层参数　在【平面铣】对话框中选择（切削层）图标，弹出【切削层】对话框，如图 4-66 所示。在【类型】下拉列表框中选择【用户定义】选项，在【每刀深度】/【公共】栏输入【2】，单击确定按钮，完成设置切层参数，系统返回【平面铣】对话框。

（3）设置切削参数　在【平面铣】对话框中选择（切削参数）图标，弹出【切削参数】对话框，如图 4-67 所示。选择【余量】选项卡，在【部件余量】、【最终底面余量】栏输入【0.5】【0.3】，单击确定按钮，完成设置切削参数，系统返回【平面铣】对话框。

图　4-66

图　4-67

（4）设置进给率和速度参数　在【平面铣】对话框中选择（进给率和速度）图标，弹出【进给率和速度】对话框，如图 4-68 所示。勾选【主轴速度（rpm）】选项，在【进给率】/【切削】栏输入【1000】，在【主轴速度（rpm）】栏输入【1200】，按回车键，单击（基于此值计算进给和速度）按钮，单击确定按钮，完成设置进给率和速度参数，系统返回【平面铣】对话框。

4. 生成刀轨

在【平面铣】对话框的【操作】区域中选择（生成刀轨）图标，系统自动生成刀轨，如图 4-69 所示，单击确定按钮，接受刀轨。

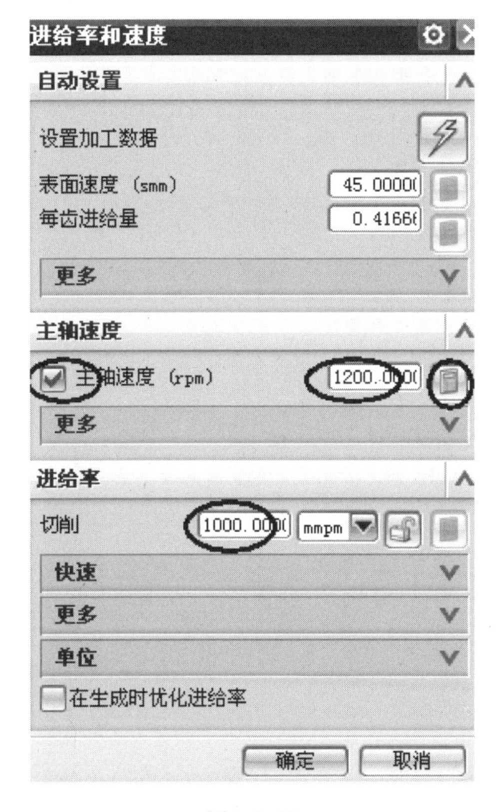

图　4-68

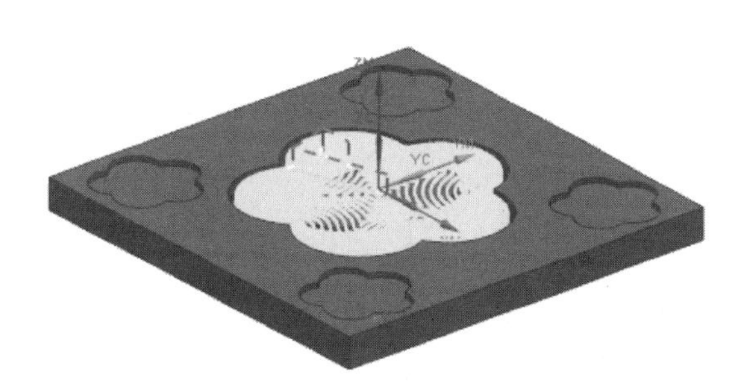

图　4-69

4.8.2　创建大型腔精加工底操作

1. 复制操作R2

在工序导航器程序顺序视图XJ节点，复制操作R2，然后选择XJ节点，单击鼠标右键，单击【内部粘贴】命令，使其粘贴在XJ节点下，重新命名为“F3”（步骤略）。

2. 编辑操作F3

在工序导航器下，双击F3操作，系统弹出【平面铣】对话框，如图4-70所示。

3. 设置刀具

在【平面铣】对话框的【刀具】下拉框中选择EM10（铣刀-选项，如图4-70所示。

4. 设置加工参数

（1）设置加工方法　在【平面铣】对话框【刀轨设置】区域的【方法】下拉列表框中选择【MILL _ FINISH】选项，如图4-70所示。

（2）设置切削层参数　在【平面铣】对话框中选择（切削层）图标，弹出【切削层】对话框，如图4-71所示。在【类型】下拉列表框中选择【底面及临界深度】选项，单击确定按钮，完成设置切层参数，系统返回【平面铣】对话框。

（3）设置切削参数　在【平面铣】对话框中选择（切削参数）图标，弹出【切削参数】对话框，如图4-72所示。选择【余量】选项卡，在【部件余量】、【最终底面余量】栏输入【0.5】【0】，单击确定按钮，完成设置切削参数，系统返回【平面铣】对话框。

图 4-70

图 4-71

（4）设置非切削移动参数 在【平面铣】对话框中选择（非切削移动）图标，弹出【非切削移动】对话框，如图4-73所示。选择【进刀】选项卡，在【初始封闭区域】/【进刀类型】下拉列表框中选择沿形状斜进刀选项，在【高度起点】下拉列表框中选择【平面】选项，然后在图形中选择图4-74所示的平面。再选择【退刀】选项卡，在【退刀类型】下拉列表框中选择【抬刀】选项，如图4-75所示，单击确定按钮，完成设置非切削移动参数，系统返回【型腔铣】对话框。

（5）设置进给率和速度参数 在【平面铣】对话框中选择（进给率和速度）图标，弹出【进给率和速度】对话框，如图4-76所示。勾选【主轴速度（rpm）】选项，在【进给率】/【切削】栏输入【600】，在【主轴速度（rpm）】栏输入【1600】，按回车键，单击（基于此值计算进给和速度）按钮，单击确定按钮，完成设置进给率和速度参数，系统返回【平面铣】对话框。

5. 生成刀轨

在【平面铣】对话框的【操作】区域中选择（生成刀轨）图标，系统自动生成刀轨，如图4-77所示，单击确定按钮，接受刀轨。

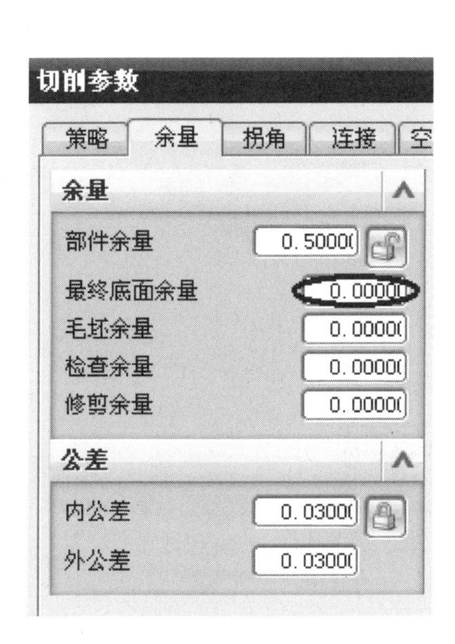

图　4-72

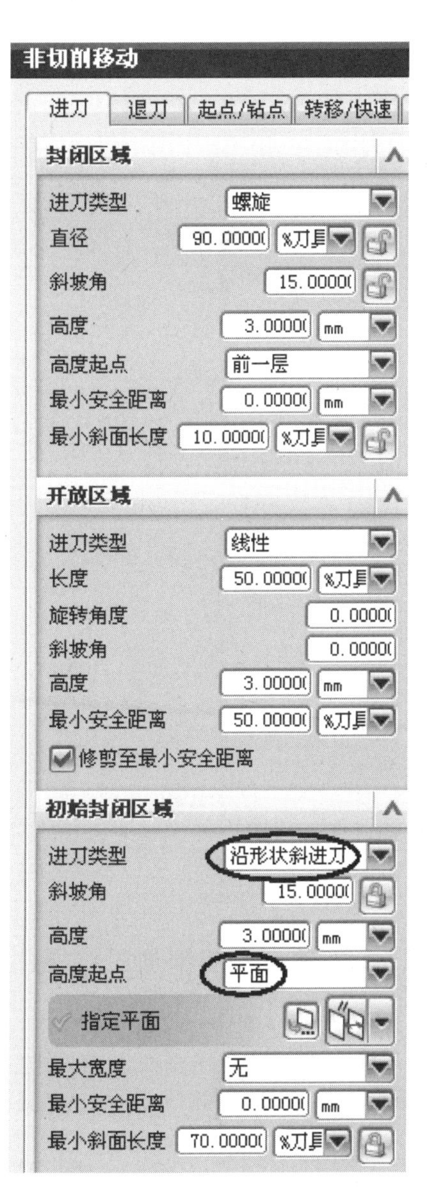

图　4-73

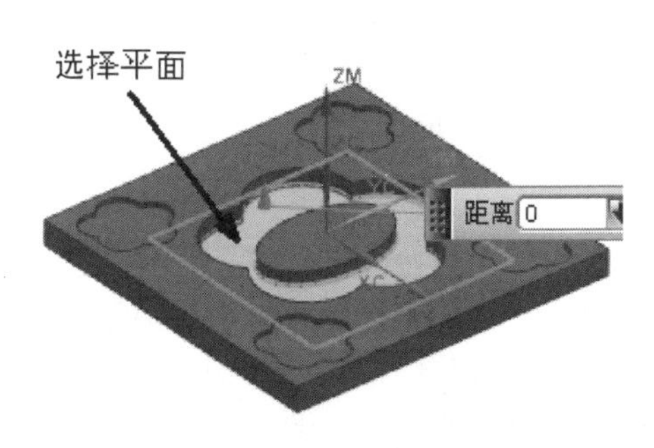

图　4-74

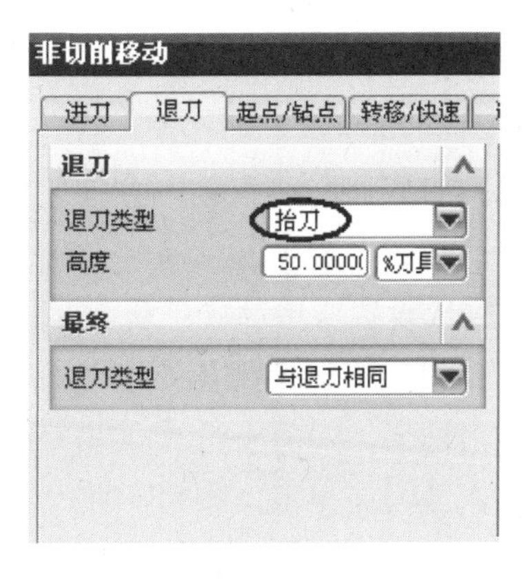

图　4-75

图　4-76

图　4-77

4.8.3　创建大型腔精加工壁操作

1. 复制操作 F3

在工序导航器程序顺序视图 XJ 节点，复制操作 F3，然后选择 XJ 节点，单击鼠标右键，单击【内部粘贴】命令，使其粘贴在 XJ 节点下，重新命名为“F4”（步骤略）。

2. 编辑操作 F4

在工序导航器下，双击 F4 操作，系统弹出【平面铣】对话框，如图 4-78 所示。

3. 设置加工参数

（1）设置切削模式　在【平面铣】对话框的【切削模式】下拉列表框中选择轮廓加工选项，如图 4-78 所示。

（2）设置切削层参数　在【平面铣】对话框中选择（切削层）图标，弹出【切削层】对话框，如图 4-79 所示。在【类型】下拉列表框中选择【仅底面】选项，单击确定按钮，完成设置切层参数，系统返回【平面铣】对话框。

（3）设置切削参数　在【平面铣】对话框中选择（切削参数）图标，弹出【切削参数】对话框，如图 4-80 所示。选择【余量】选项卡，在【部件余量】、【最终底面余量】栏均输入【0】，单击确定按钮，完成设置切削参数，系统返回【平面铣】对话框。

（4）设置非切削移动参数　在【平面铣】对话框中选择（非切削移动）图标，弹出【非切削移动】对话框，如图 4-81 所示。选择【进刀】选项卡，在【开放区域】/【进刀类型】

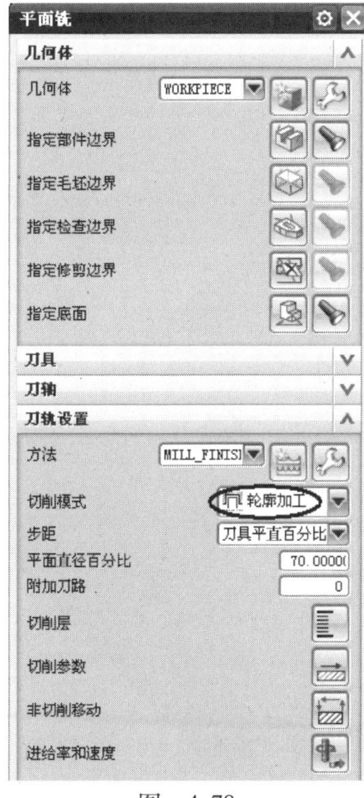

图　4-78

图　4-79

下拉列表框中选择【圆弧】选项，在【退刀类型】下拉列表框中选择【与进刀相同】选项，如图 4-82 所示。单击 确定 按钮，完成设置非切削移动参数，系统返回【型腔铣】对话框。

图　4-80

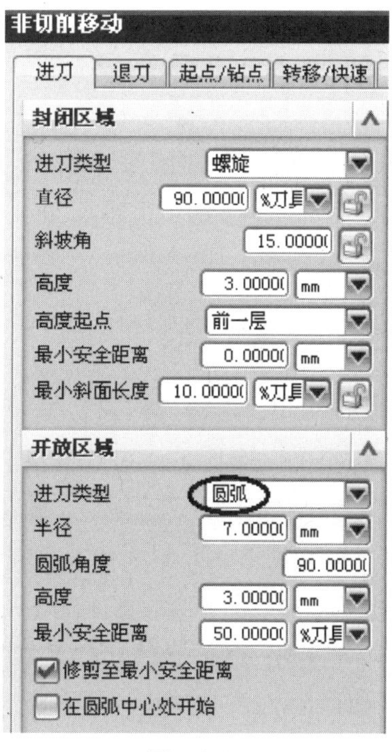

图　4-81

4. 生成刀轨

在【平面铣】对话框的【操作】区域中选择（生成刀轨）图标，系统自动生成刀轨，如图 4-83 所示，单击确定按钮，接受刀轨。

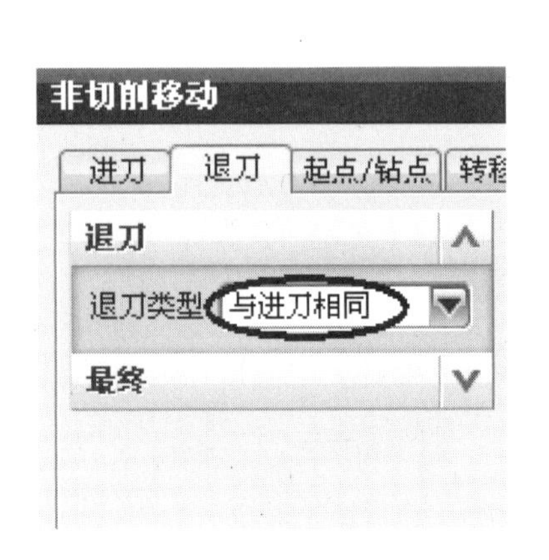

图　4-82

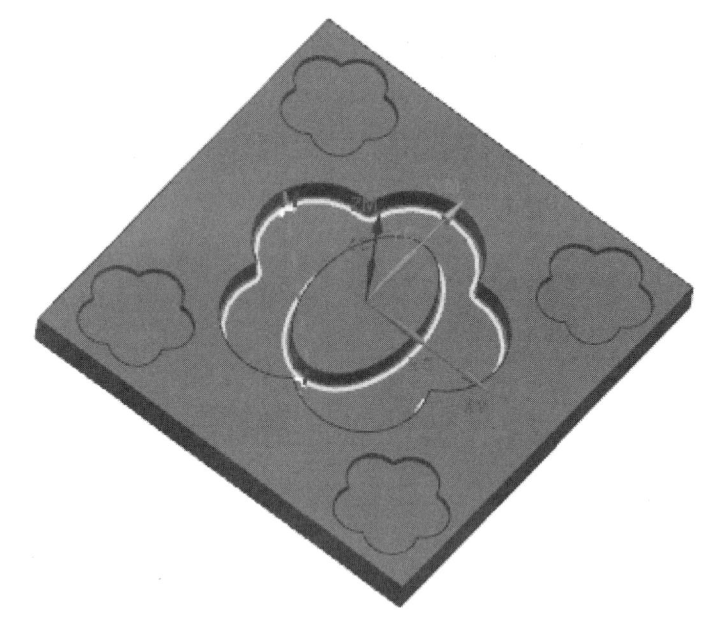

图　4-83

4.9　创建小型腔加工操作

1. 创建小型腔加工操作

按照 4.8 节的方法，先粗加工小型腔（R3），再精加工小型腔底面（F5），最后精加工小型腔侧壁（F6），步骤略。

2. 创建矩形阵列刀轨

在工序导航器程序顺序视图 XJ 节点，选择工序 R3、F5、F6，如图 4-84 所示。单击右键弹出快捷菜单，选择【对象】命令，再次弹出快捷菜单，选择变换命令，弹出【变换】对话框，如图 4-85 所示。在【类型】下拉列表框中选择矩形阵列选项，在【指定参考点】下拉列表框中选择（圆弧中心/椭圆中心/球心）选项，在图形中选择图 4-86 所示的实体圆弧边，在【指定阵列原点】下拉列表框中选择（圆弧中心/椭圆中心/球心）选项，在图形中选择图 4-86 所示的实体圆弧边，在【XC 向的数量】、【YC 向的数量】、【XC 偏置】、【YC 偏置】栏分别输入【2】【2】【280】【280】，在【结果】区域选择移动单选选项，然后单击确定按钮，创建矩形阵列刀轨，如图 4-87 所示。

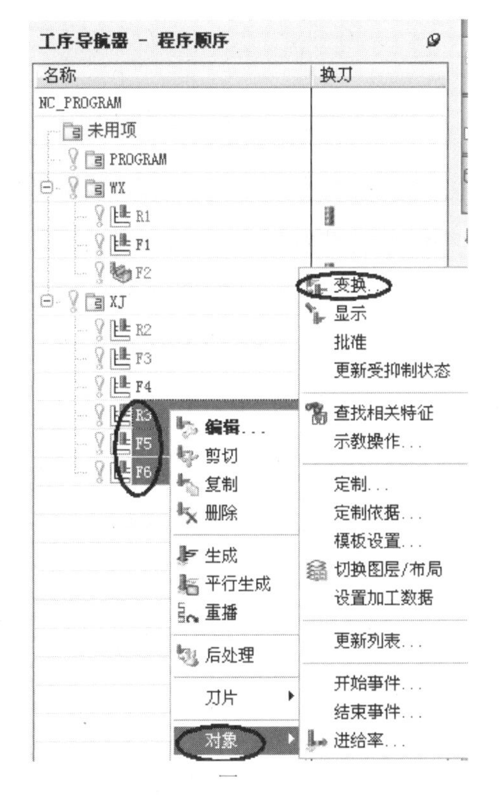

图　4-84

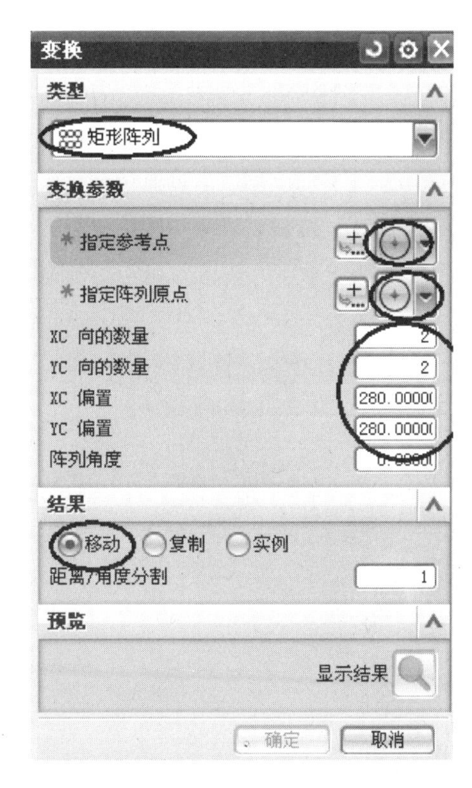

图　4-85

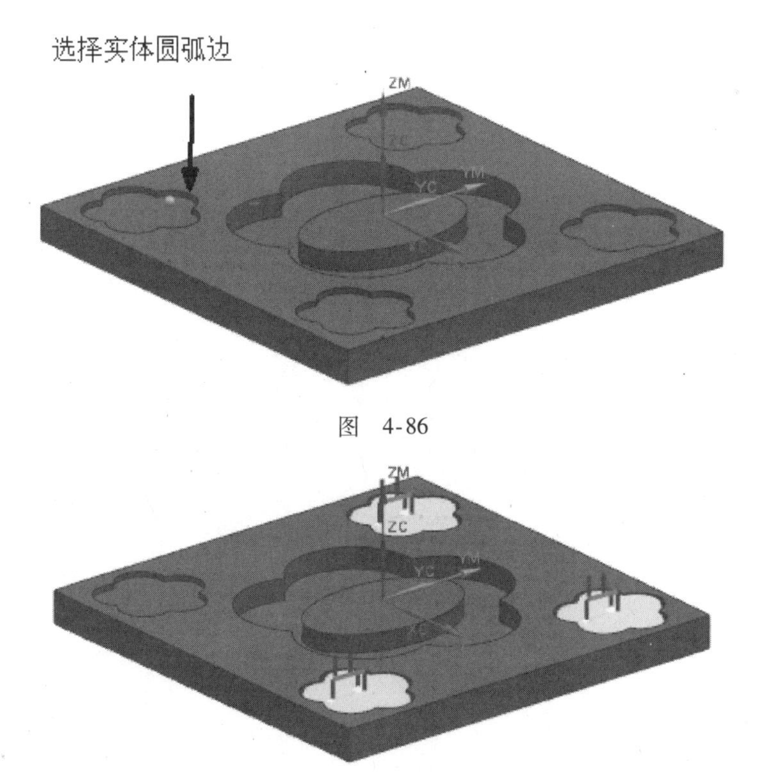

图　4-86

图　4-87

4.10　创建综合刀轨仿真验证

在工序导航器几何视图选择【WORKPIECE】节点，然后在【操作】工具条选择（确认刀轨）图标，弹出【刀轨可视化】对话框，如图 4-88 所示。选择【2D 动态】选项，单击（播放）按钮，图形中出现模拟切削动画。模拟切削完成后，在【刀轨可视化】对话框中单击 比较 按钮，可以看到切削结果，部件颜色为绿色，余量颜色为白色，如图 4-89 所示。

图　4-88

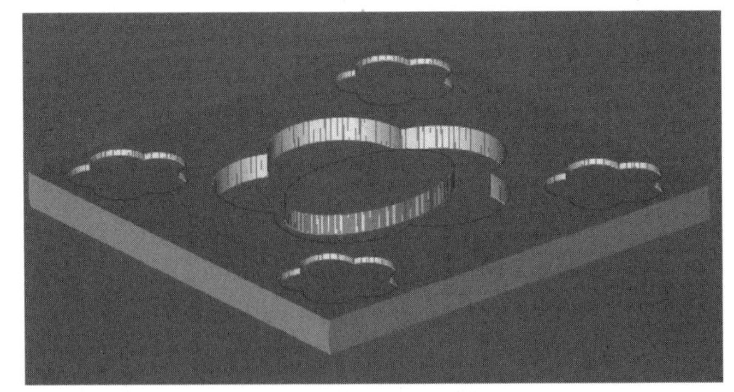

图　4-89

4.11　拓宽加工思路

工件模型如转换成两个凸台形状，如图 4-90 所示，椭圆及梅花大小尺寸同前一个例题，椭圆高度为原工件高度，梅花凸台比椭圆低 10mm，梅花凸台高 10mm，我们同样可以用该模型加工。

创建操作前，先把前一个例题的型腔操作全部删除。

此题的目的是：采用同样的图形，通过不同的设置及选择，达到不同的加工效果。

1. 创建操作父节组选项

选择菜单中的【插入】/【工序】命令或在【插入】工具条中选择（创建工序）图标，弹出【创建工序】对话框，如图 4-91 所示。

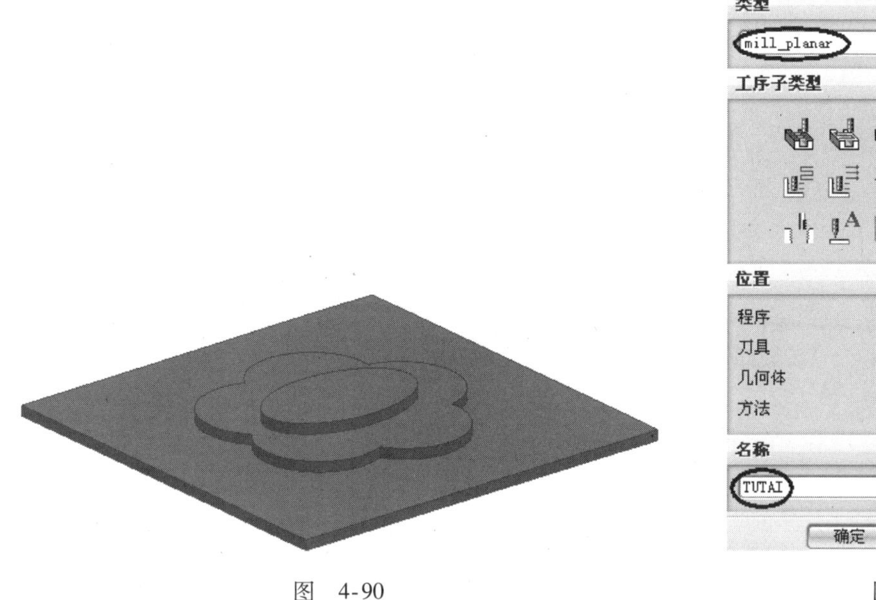

图　4-90

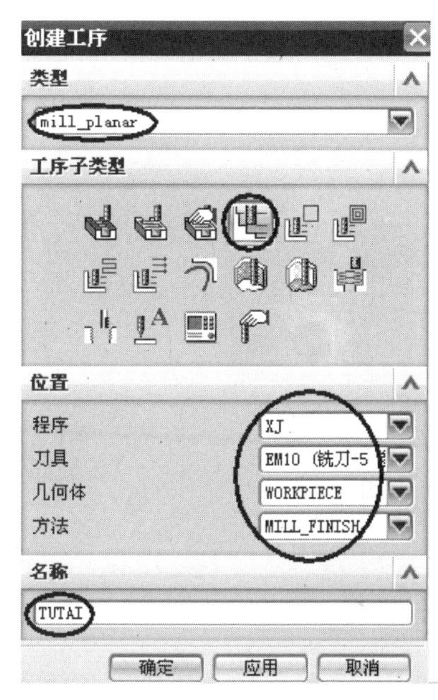

图　4-91

在【创建工序】对话框的【类型】下拉列表框中选择【mill _ planar】（平面铣），在【工序子类型】区域选择（平面铣）图标，在【程序】下拉列表框中选择【XJ】程序节点，在【刀具】下拉列表框中选择 EM10 (铣刀-5 刀具节点，在【几何体】下拉列表框中选择【WORKPIECE】节点，在【方法】下拉列表框中选择【MILL _ FINISH】节点，在【名称】栏输入【TUTAI】，如图 4-91 所示。单击 确定 按钮，系统弹出【平面铣】对话框，如图 4-92 所示。

2. 创建几何体

（1）创建部件边界　在【平面铣】对话框的【指定部件边界】区域中选择（选择或编辑部件边界）图标，弹出【边界几何体】对话框，如图 4-93 所示。在【模式】下拉列表框中选择【曲线/边】选项，弹出【创建边界】对话框，如图 4-94 所示。在【类型】下拉列表框中选择 封闭的 选项，在【材料侧】下拉框中选择 内部 选项，在【平面】下拉列表框中选择 用户定义 选项，弹出【平面】对话框，如图 4-95 所示，在图形中选择图 4-96 所示的平面，单击 确定 按钮，系统返回【创建边界】对话框。然后在图形中选择图 4-97 所示的椭圆实体边为边界几何体，单击 创建下一个边界 按钮，在【材料侧】下拉列表框中选择 内部 选项，在【平面】下拉列表框中选择 用户定义 选项，弹出【平面】对话框，如图 4-95 所示，在图形中选择图 4-96 所示的工件顶面，在【距离】栏输入【－10】，如图 4-98 所示，单击 确定 按钮，系统返回【创建边界】对话框。然后在图形中选择图 4-99 所示的梅花实体边为边界几何体，单击 确定 按钮，系统返回【边界几何体】对话框，完成设置部件边界，单击 确定 按钮，系统返回【平面铣】对话框。

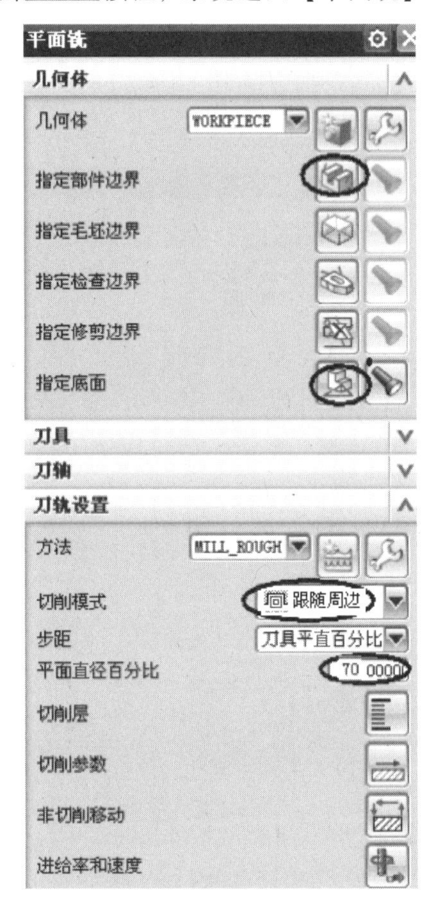

图　4-92

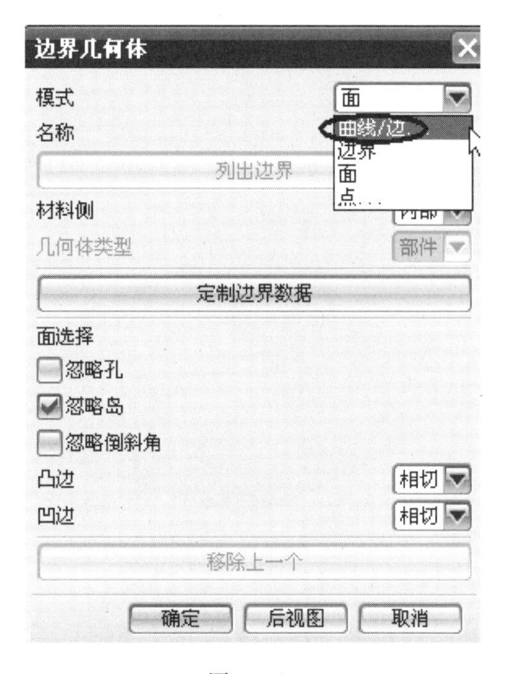

图　4-93

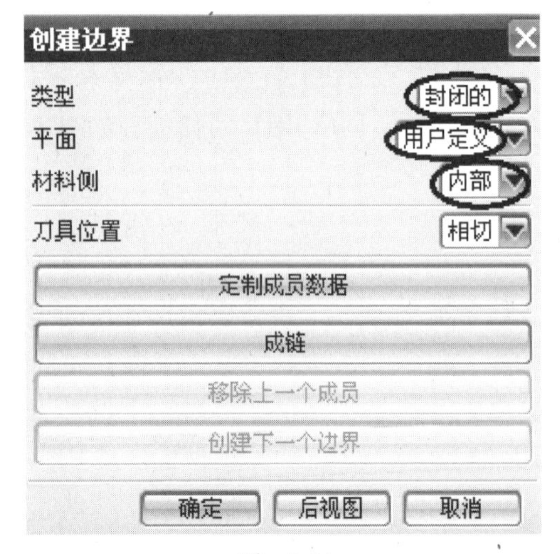

图　4-94

图　4-95

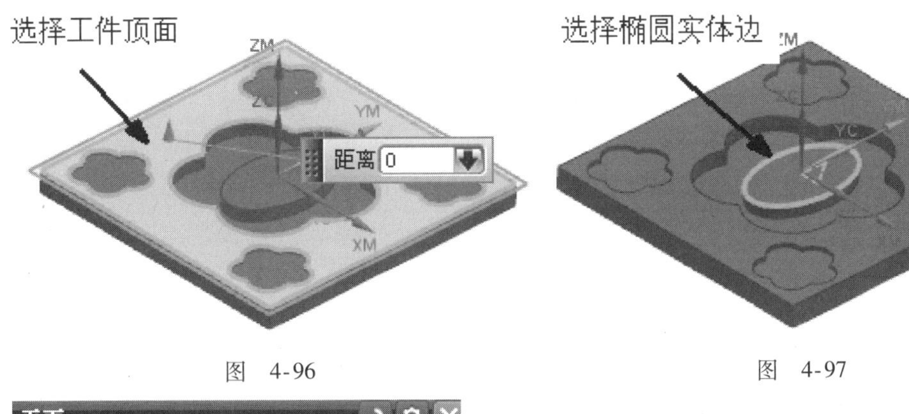

图　4-96　　　　图　4-97

图　4-98

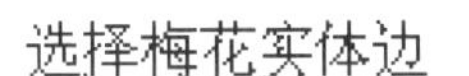

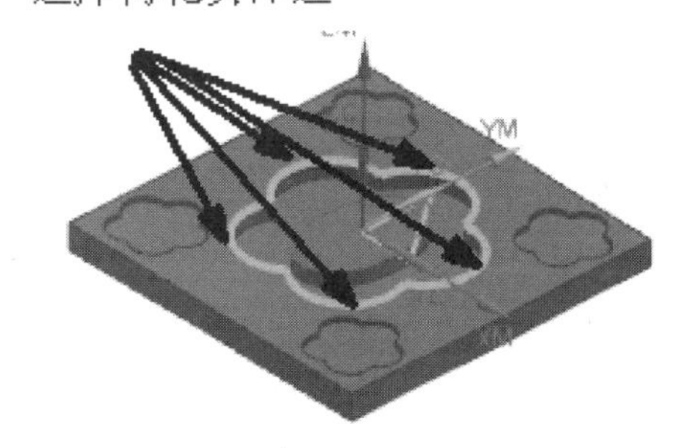

图　4-99

（2）创建毛坯边界　在【平面铣】对话框的【指定毛坯边界】区域中选择（选择或编辑毛坯边界）图标，弹出【边界几何体】对话框，如图 4-100 所示。在【模式】下拉列表框中选择【面】选项，勾选【忽略孔】选项，然后在图形中选择图 4-101 所示的工件平面为边界几何体，单击确定按钮，完成设置毛坯边界，系统返回【平面铣】对话框。

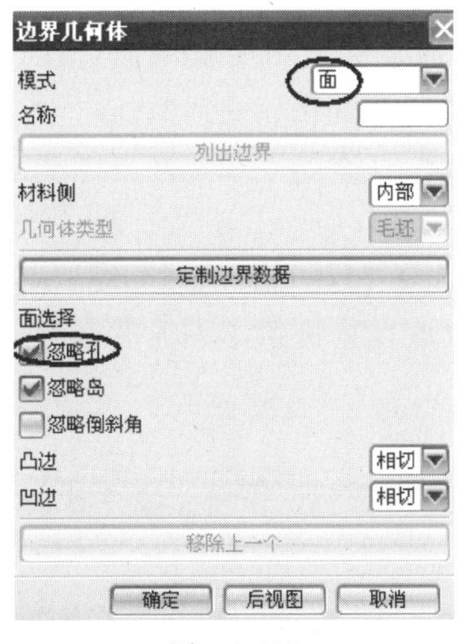

图　4-100

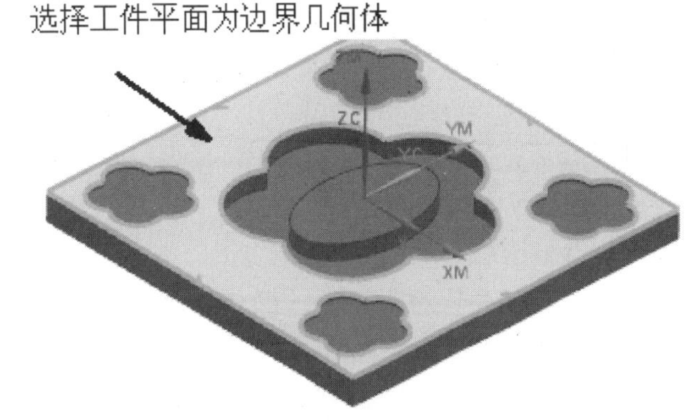

图　4-101

（3）创建底平面　在【平面铣】对话框的【指定底面】区域中选择（选择或编辑底平面几何体）图标，弹出【平面】对话框，如图 4-102 所示。在图形中选择图 4-103 所示的工件顶面，在【距离】栏输入【-20】，单击确定按钮，完成设置底平面，系统返回【平面铣】对话框。

图　4-102

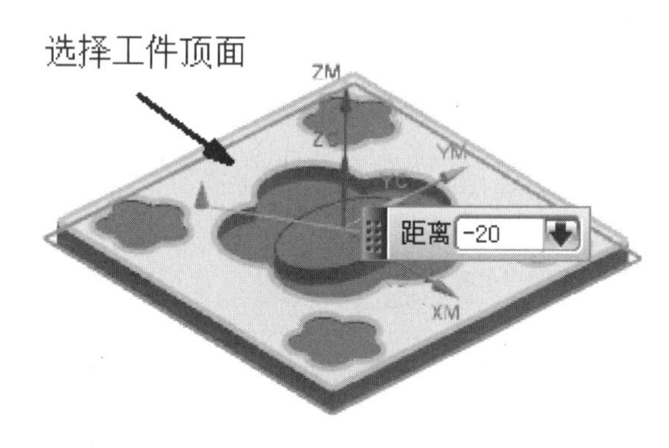

图　4-103

3. 设置加工参数

（1）设置切削模式　在【平面铣】对话框的【切削模式】下拉列表框中选择跟随周边选项，在【步距】下拉列表框中选择【刀具平直百分比】选项，在【平面直径百分比】栏输入【70】，如图 4-92 所示。

（2）设置切削层参数　在【平面铣】对话框中选择（切削层）图标，弹出【切削层】对话框，如图 4-104 所示。在【类型】下拉列表框中选择【用户定义】选项，在【每刀深度】/【公共】栏中输入【3】，单击确定按钮，完成设置切层参数，系统返回【平面铣】对话框。

（3）设置切削参数　在【平面铣】对话框中选择（切削参数）图标，弹出【切削参数】对话框，如图 4-105 所示。选择【余量】选项卡，在【部件余量】、【最终底面余量】栏均输入【0】，单击确定按钮，完成设置切削参数，系统返回【平面铣】对话框。

（4）设置进给率和速度参数　在【平面铣】对话框中选择（进给率和速度）图标，弹出【进给率和速度】对话框，如图 4-106 所示。勾选【主轴速度（rpm）】选项，在【进给率】/【切削】栏中输入【1000】，在【主轴速度（rpm）】栏输入【1200】，按回车键，单击（基于此值计算进给和速度）按钮，单击确定按钮，完成设置进给率和速度参数，系统返回【平面铣】对话框。

4. 生成刀轨

在【平面铣】对话框的【操作】区域中选择（生成刀轨）图标，系统自动生成刀轨，如图 4-107 所示，单击确定按钮，接受刀轨。

图　4-104

图　4-105

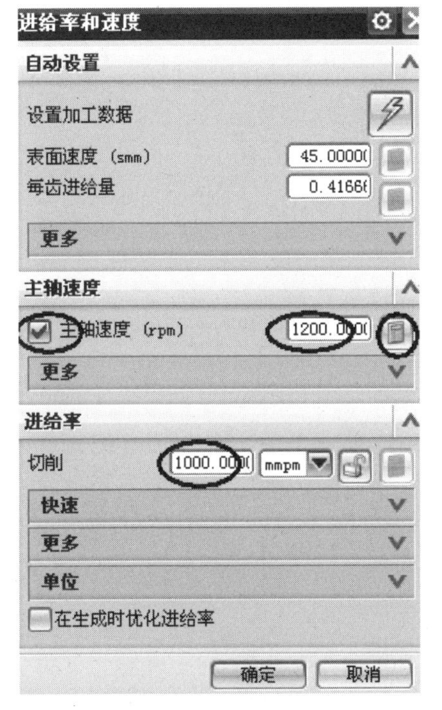

图　4-106

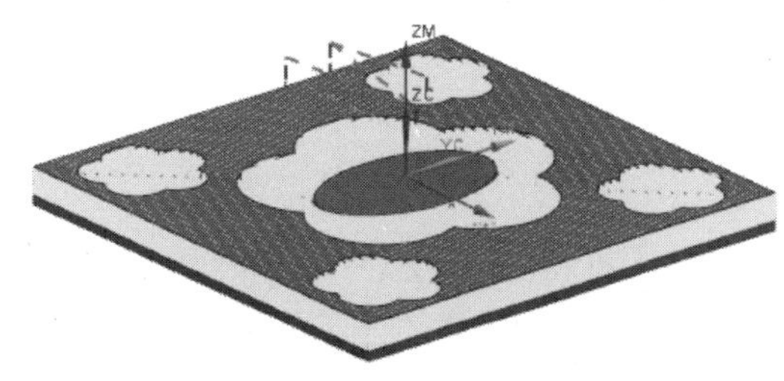

图　4-107

5. 创建刀轨仿真验证

在工序导航器几何视图选择【WORKPIECE】节点，然后在【操作】工具条选择（确认刀轨）图标，弹出【刀轨可视化】对话框，选择【2D 动态】选项，单击（播放）按钮，图形中出现模拟切削动画，模拟切削完成后，在【刀轨可视化】对话框中单击比较按钮，可以看到切削结果，如图 4-108 所示。

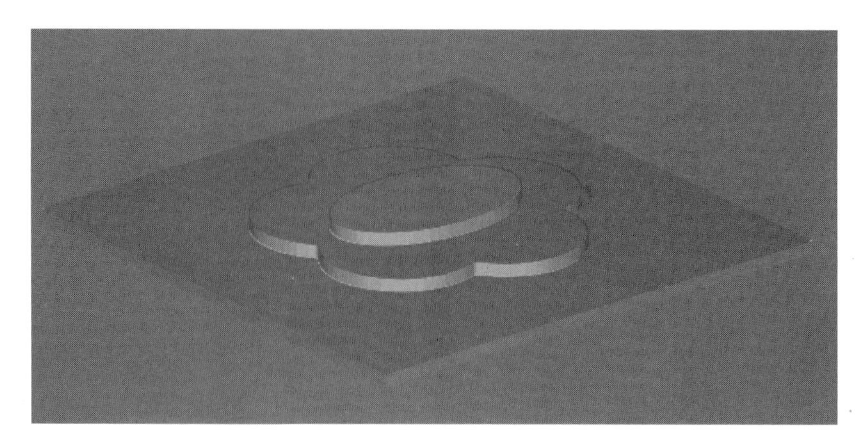

图 4-108

第 5 章
平面铣工程实例二

实例说明

本章主要讲述平面铣工程实例。工件模型如图 5-1 所示，毛坯外形已经加工到位，毛坯高度比工件高 1mm。毛坯材料为 45 钢（碳素结构钢），刀具采用硬质合金刀具。

其加工思路为：首先运用 NC 助理分析模型，分析模型的加工区域，选用合适的刀具。加工路线如下：

1）粗加工大区域，采用 ϕ20mm 的圆鼻铣刀分层铣削，侧壁、型面留余量 0. 3mm。

2）精加工顶部平面，采用 ϕ20mm 立铣刀精加工工件顶部平面。

3）精加工侧壁，采用 ϕ6mm 圆鼻铣刀精加工工件侧壁。

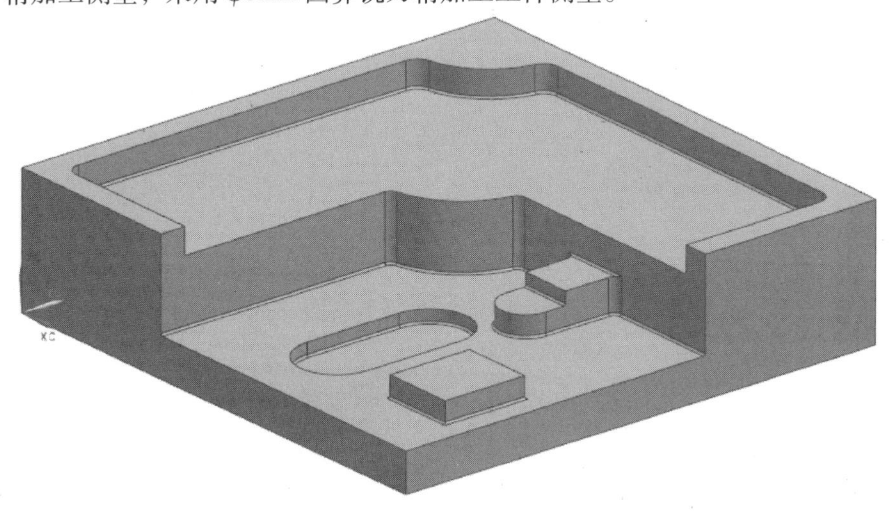

图　5-1

加工刀具见表 5-1。

表 5-1　加工刀具

序号	程序名	刀具号	刀具类型	刀具直径/mm	R 角/mm	刀长/mm	刃长/mm	余量/mm
1	R1	1	EM20R0. 8 圆鼻铣刀	ϕ20	0. 8	100	60	壁 0. 5 底 0. 3
2	F1	1	EM20R0. 8 圆鼻铣刀	ϕ20	0. 8	100	60	0
3	F2	2	EM6R0. 8 圆鼻铣刀	ϕ6	0. 8	100	60	0

加工工艺方案见表 5-2。

表 5-2 加工工艺方案

序号	方法	加工方式	程序名	主轴转速 S/(r/min)	进给速度 F/(mm/min)	说明
1	粗加工	平面铣	R1	1200	1000	粗加工
2	精加工	面铣	F1	1600	600	精加工顶部平面
3	精加工	平面铣	F2	1600	600	精加工侧壁

学习目标

通过本章实例的练习，读者能熟练掌握运用 NC 助理分析模型的方法，了解平面铣的适用范围和加工规律，以及部件边界的创建，掌握平面铣的加工技巧。

5.1 打开文件

选择菜单中的【文件】/【打开】命令或选择（打开）文件图标，弹出【打开】部件对话框。打开书配光盘中的 \ parts \ 5 \ pm－2 文件，单击 OK 按钮，打开部件，工件模型如图 5-1 所示。

5.2 创建毛坯

1. 进入建模模块

选择菜单中开始下拉框中的建模(M)...模块，如图 5-2 所示，进入建模应用模块。

2. 创建拉伸特征

选择菜单中的【插入】/【设计特征】/【拉伸】命令或在【特征】工具条选择（拉伸）图标，弹出【拉伸】对话框，如图 5-3 所示。在主界面曲线规则下拉列表框中选择单条曲线选项，选择图 5-4 所示的截面线为拉伸对象，显示图 5-4 所示的拉伸方向。然后在【拉伸】对话框中的【开始】\【距离】栏输入【0】，【结束】\【距离】栏输入【51】，在【布尔】下拉列表框选择无选项，如图 5-3 所示。单击应用按钮，完成如图 5-5 所示。

图 5-2

图　5-3

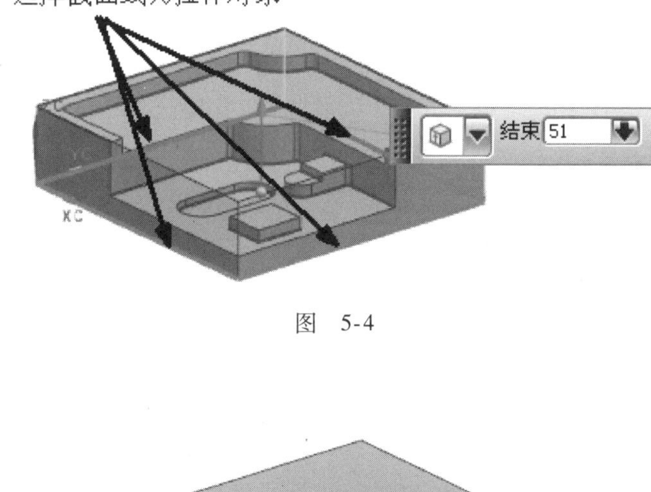

图　5-4

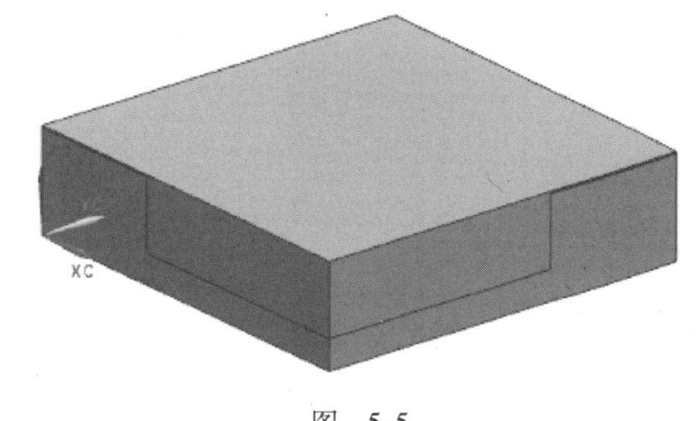

图　5-5

5.3　设置加工坐标系及安全平面

1. 进入加工模块

选择菜单中 开始· 下拉框中的 加工(N)... 模块，如图 5-6 所示，进入加工应用模块。

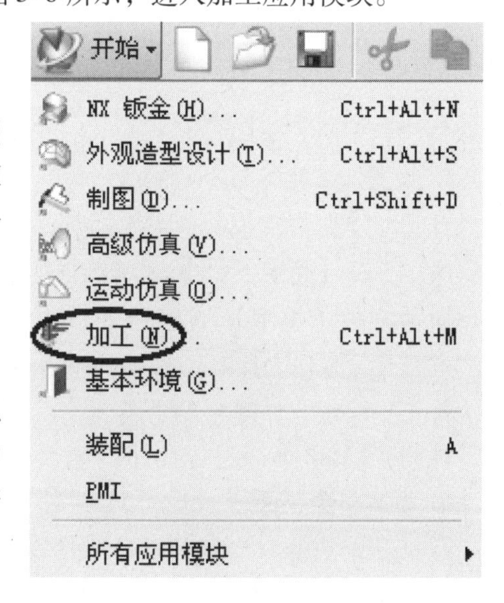

图　5-6

2. 设置加工环境

选择 加工(N)... 模块后，系统弹出【加工环境】对话框，如图 5-7 所示。在【CAM 会话配置】列表框中选择【cam _ general】，在【要创建的 CAM 设置】列表框中选择【mill _ planar】，单击 确定 按钮，进入加工初始化，在导航器栏弹出 （工序导航器）图标，如图 5-8 所示。

3. 设置工序导航器的视图为几何视图

选择菜单中的【工具】/【工序导航器】/【视图】/【几何视图】命令或在【导航器】工具条中选择 （几何视图）图标，工序导航器的视图更新为图 5-8 所示。

4. 设置工作坐标系

选择菜单中的【格式】/【WCS】/【定向】命令

或在【实用】工具条中选择（WCS 定向）图标，弹出【CSYS】对话框，在【类型】下拉列表框中选择对象的 CSYS 选项，如图 5-9 所示。在图形中选择图 5-10 所示的毛坯顶面，单击确定按钮，完成设置工作坐标系，如图 5-11 所示。

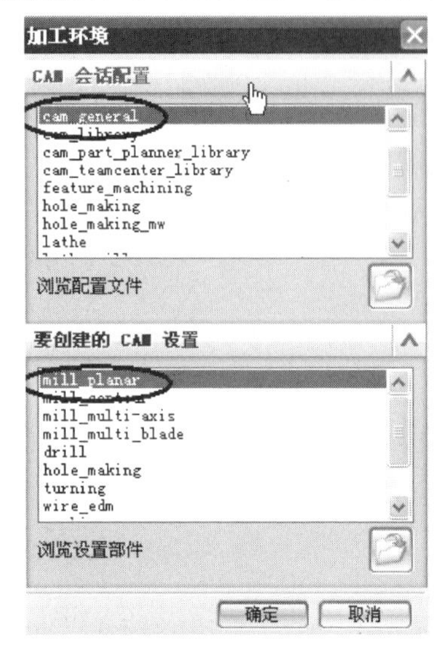

图 5-7

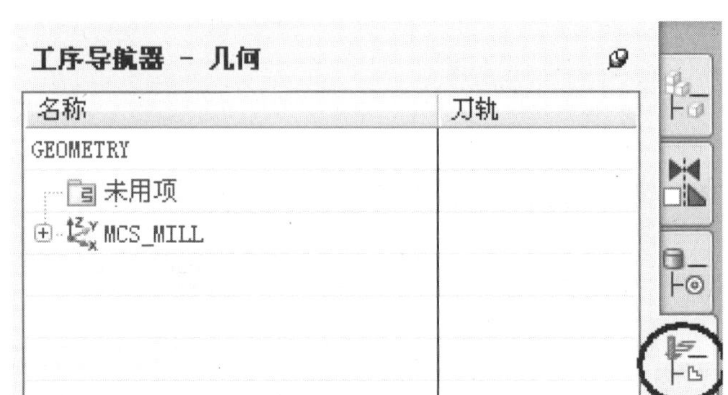

图 5-8

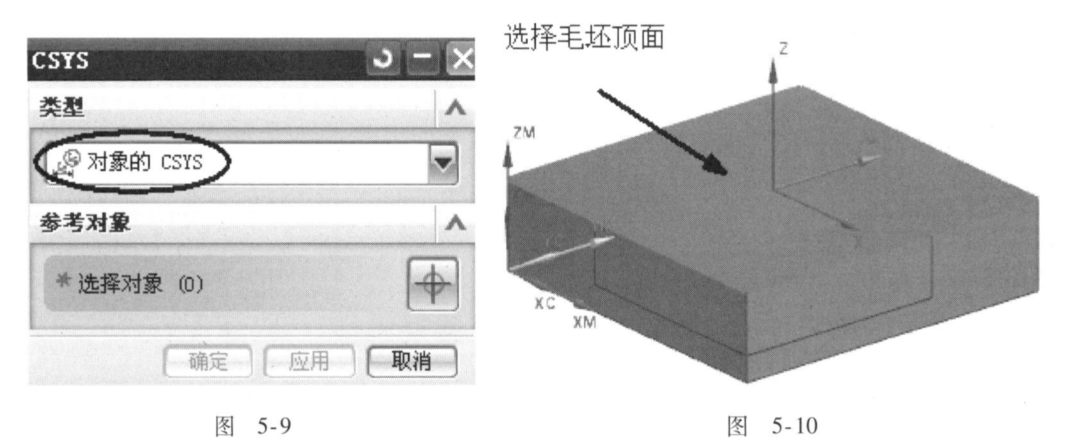

图 5-9

图 5-10

5. 设置加工坐标系

在工序导航器中双击MCS_MILL（加工坐标系）图标，弹出【Mill Orient】对话框，如图5-12所示。在【指定 MCS】区域选择（CSYS 会话）图标，弹出【CSYS】对话框，如图5-13所示。在【类型】下拉列表框中选择动态选项，在【参考】下拉列表框中选择WCS（工作坐标系）选项，单击确定按钮，完成设置加工坐标系，即接受工作坐标系为加工坐标系，如图 5-14 所示。

注意：【Mill Orient】对话框不要关闭。

6. 设置安全平面

在【Mill Orient】对话框的【安全设置】区域【安全设置选项】的下拉列表框中选择【平面】选项，如图 5-15 所示。在图形中选择图 5-16 所示的毛坯顶面，在【距离】栏输入【15】，单击确定按钮，完成设置安全平面。

ZM
ZC
YC
XC
XM

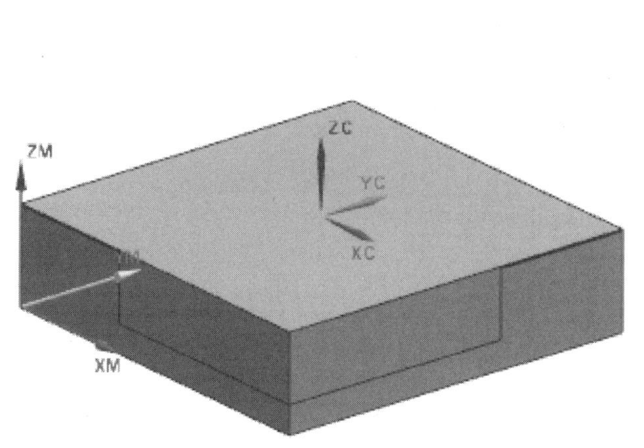

图　5-11

Mill Orient
机床坐标系
指定 MCS
细节
参考坐标系
安全设置
安全设置选项
自动平面
安全距离
10.0000(
下限平面
避让
布局和图层
确定
取消

图　5-12

CSYS
类型
动态
参考 CSYS
参考
WCS
操控器
指定方位
确定
取消

图　5-13

ZM
ZC
YC
YM
XC
XM

图　5-14

Mill Orient
机床坐标系
指定 MCS
细节
参考坐标系
安全设置
安全设置选项
平面
指定平面
下限平面
避让
布局和图层
确定
取消

图　5-15

选择毛坯顶面
距离
15

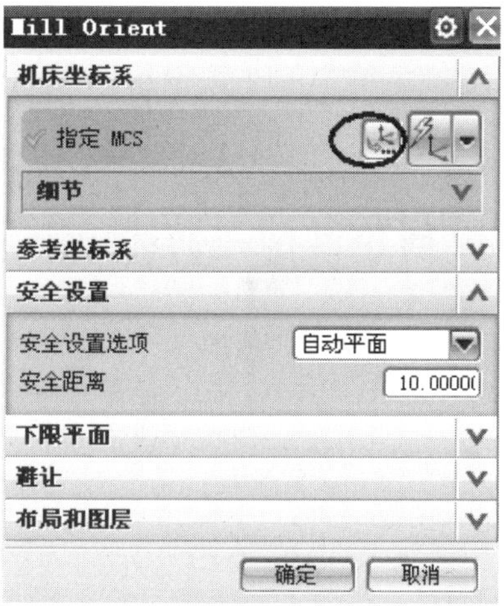

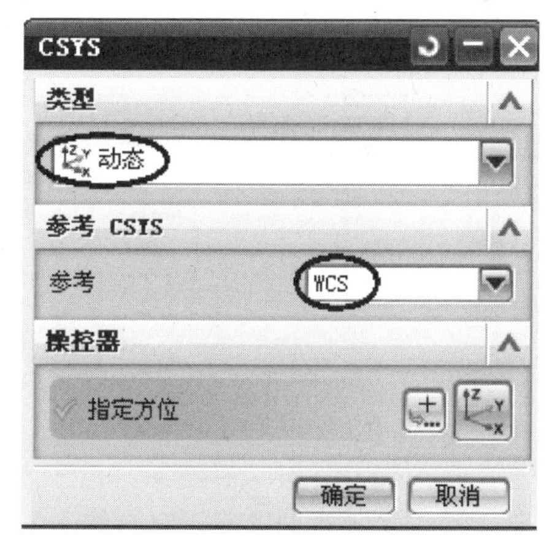

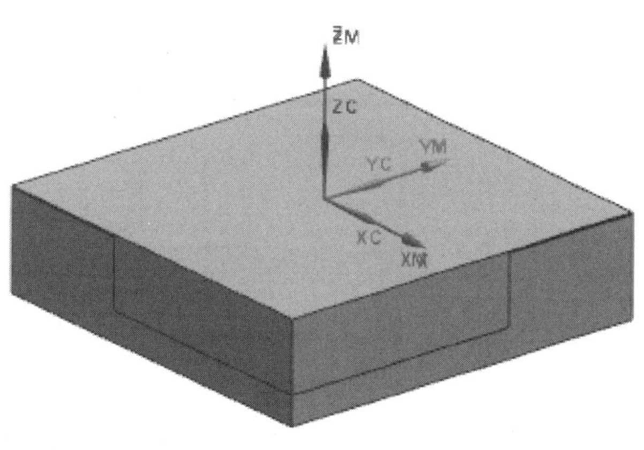

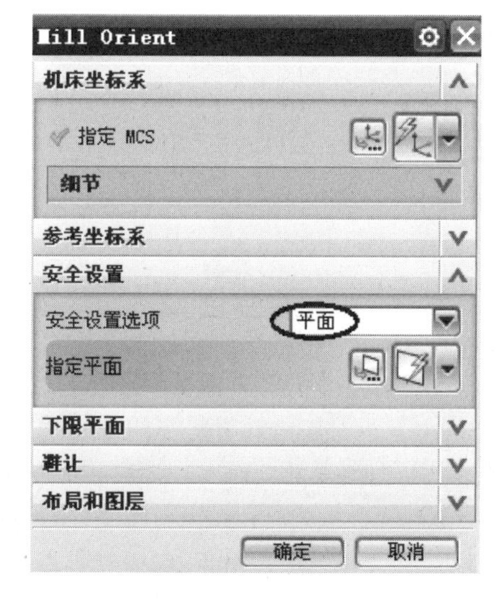

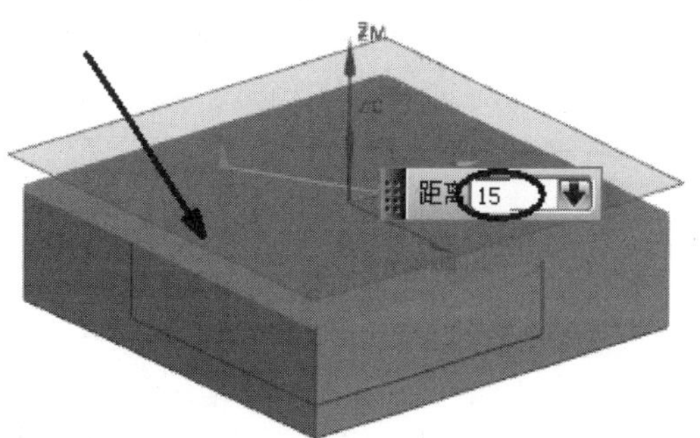

图　5-16

7. 隐藏毛坯

选择菜单中的【编辑】/【显示和隐藏】/【隐藏】命令或在【实用工具】工具条中选择（隐藏）图标，选择毛坯实体将其隐藏（步骤略）。

5.4　创建铣削几何体

1. 展开 MCS _ MILL

在工序导航器的几何视图中单击 MCS_MILL 前面的⊕（加号）图标，展开【MCS _ MILL】，更新为如图 5-17 所示。

2. 创建部件几何体

在工序导航器中双击 WORKPIECE（铣削几何体）图标，弹出【铣削几何体】对话框，如图 5-18 所示。在【指定部件】区域中选择（选择或编辑部件几何体）图标，弹出【部件几何体】对话框，如图 5-19 所示。在图形中选择图 5-20 所示工件，单击 确定 按钮，完成指定部件。

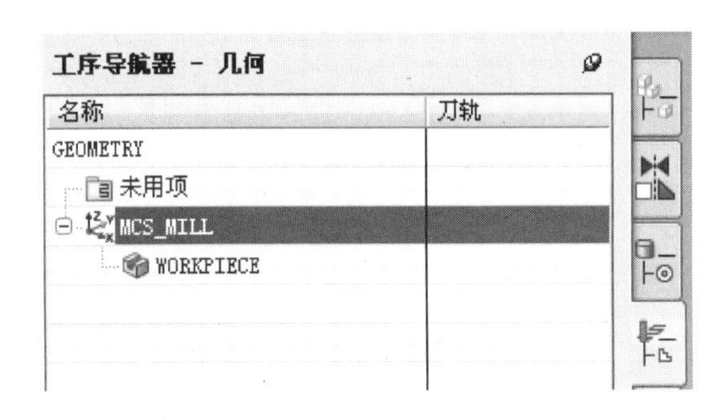

图　5-17

图　5-18

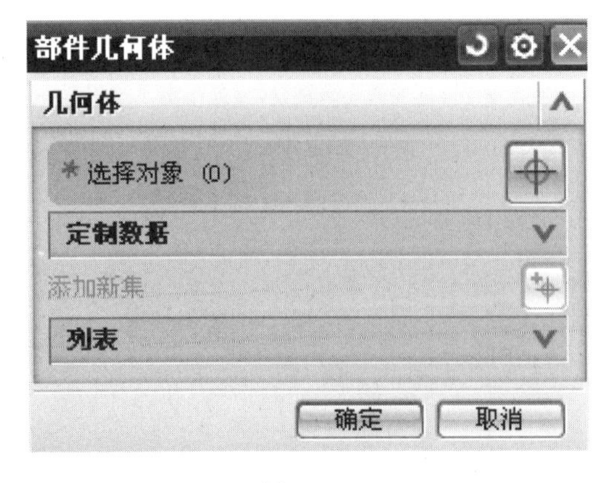

图　5-19

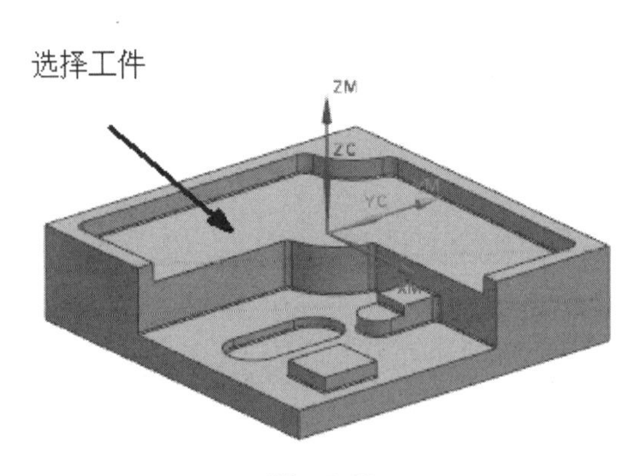

图　5-20

3. 显示毛坯几何体

在【实用工具】中选择（反转显示和隐藏）图标，毛坯几何体显示，工件隐藏。

4. 设置铣削毛坯几何体

系统返回【铣削几何体】对话框，在【指定毛坯】区域选择（选择或编辑毛坯几何体）图标，弹出【毛坯几何体】对话框，如图 5-21 所示。在【类型】下拉列表框中选择几何体选项，在图形中选择图 5-22 所示毛坯几何体，单击确定按钮，完成指定毛坯，系统返回【铣削几何体】对话框，单击确定按钮，完成设置铣削几何体。

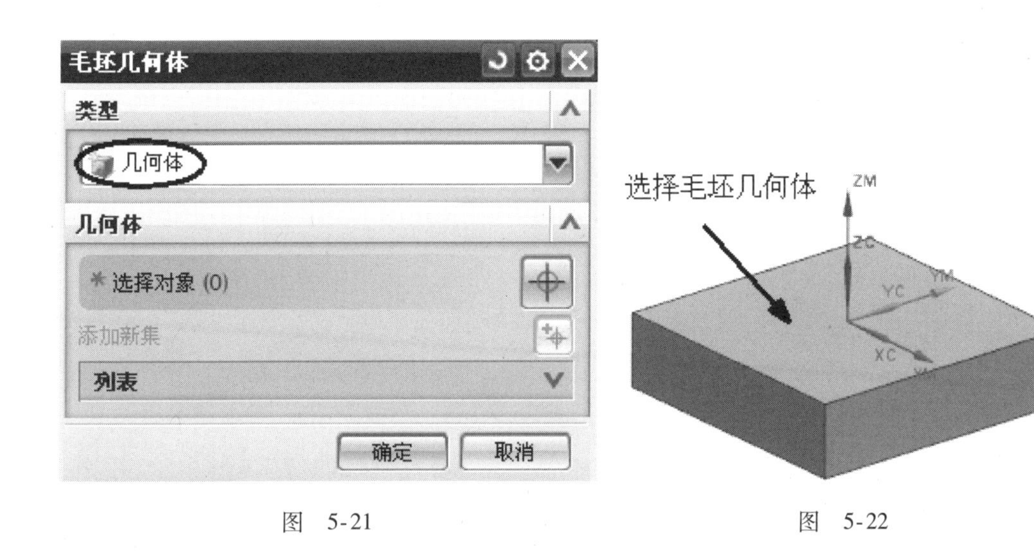

图　5-21　　　　图　5-22

5. 显示工件几何体

在【实用工具】中选择（反转显示和隐藏）图标，工件几何体显示，毛坯隐藏。

5.5　运用 NC 助理分析模型

1. 分析层高

选择菜单中的【分析】/【助理】命令或在【几何体】工具条中选择（NC 助理）图标，弹出【NC 助理】对话框，如图 5-23 所示。在【分析类型】下拉列表框中选择层选项，在【参考矢量】/【指定矢量】下拉列表框中选择ZC选项，在【参考平面】/【指定平面】区域选择（自动判断）图标，然后在图形中选择图 5-24 所示工件顶面，勾选【退出时保存面颜色】选项，选择（分析几何体）图标，选择（信息）图标，弹出【信息】对话框，如图 5-25 所示，并且模型每层颜色已示区别，如图 5-26 所示，单击应用按钮。

2. 分析拐角半径

在【NC 助理】对话框的【分析类型】下拉列表框中选择拐角选项，如图 5-27 所示，勾选【退出时保存面颜色】选项，选择（分析几何体）图标，选择（信息）图标，弹出分析【信息】对话框，如图 5-28 所示，并且模型拐角颜色已示区别，最小拐角半径是 3mm（为精加工刀具直径的选择提供了依据），显示淡蓝颜色，如图 5-29 所示，单击应用按钮。

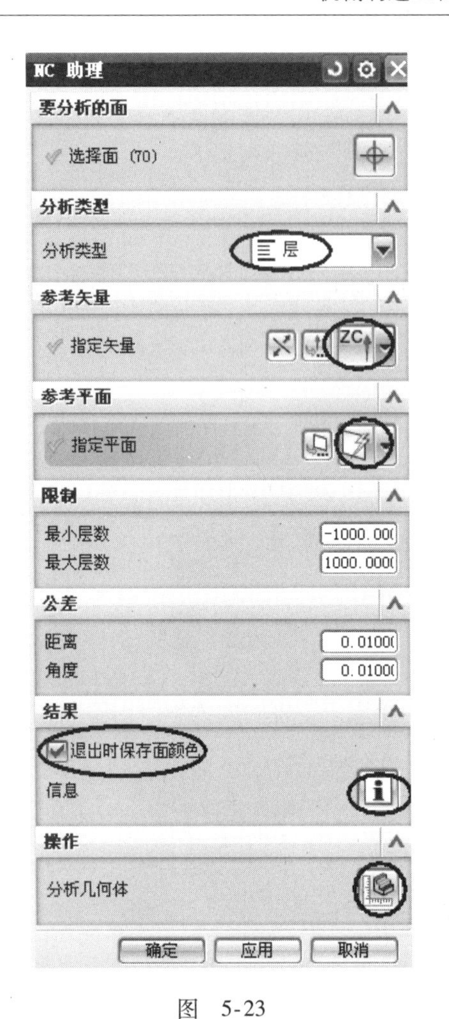

图 5-23

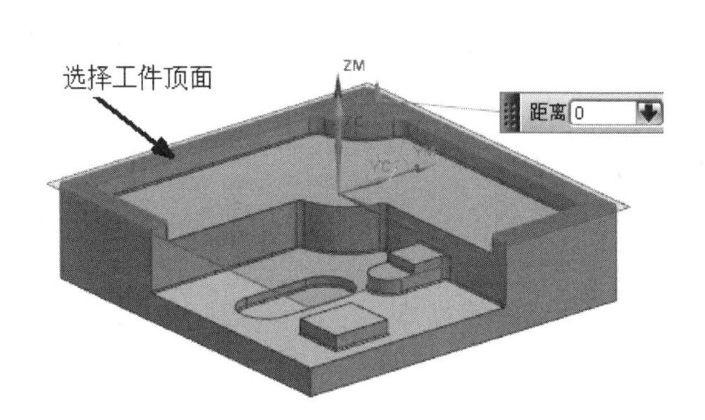

图 5-24

```
信息
文件(F)  编辑(E)
距离公差              =        0.010000000
角度公差              =        0.010000000
最小值                =    -1000.000000000
最大值                =     1000.000000000
------------------------------------------------------------
 Color        Number of faces  距离
------------------------------------------------------------
Color Set No. :         1
------------------------------------------------------------
212 (Dark Hard Blue) 1
                     =      -40.000000000
30 (Green Green Spring) 1
                     =      -35.000000000
25 (Light Hard Cyan) 2
                     =      -27.000000000
185 (Red Red Pink)   1
                     =      -22.000000000
145 (Light Hard Magenta) 1
                     =      -10.000000000
6 (YELLOW)           1
                     =        0.000000000

************************************************************
```

图 5-25

3. 分析圆角半径

在【NC 助理】对话框的【分析类型】下拉列表框中选择 圆角 选项，如图 5-30 所示。勾选【退出时保存面颜色】选项，选择（分析几何体）图标，选择（信息）图标，弹出【信息】对话框，如图 5-31 所示；并且模型圆角颜色已示区别，最小圆角半径是 0.8mm（为精加工刀具 R 角半径的选择提供了依据），显示淡蓝颜色，如图 5-32 所示，单击 应用 按钮。

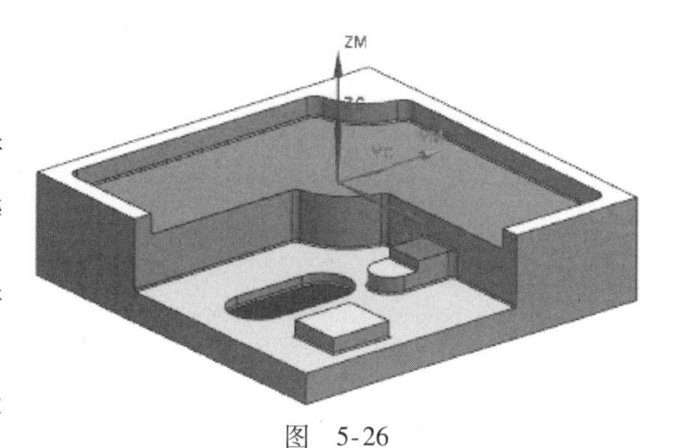

图　5-26

图　5-27

信息

文件(F)　编辑(E)

```
---------------------------------------------
 Color         Number of faces  半径
---------------------------------------------
Color Set No. :        1
---------------------------------------------
212 (Dark Hard Blue) 2
                     =      -15.698198198
30 (Green Green Spring) 2
                     =      -6.000000000
25 (Light Hard Cyan) 2
                     =      -3.000000000
185 (Red Red Pink)   2
                     =       3.000000000
145 (Light Hard Magenta) 2
                     =       6.000000000
6 (YELLOW)           1
                     =      10.500000000
44 (Pale Gray)       1
                     =      30.000000000
131 (Dark Weak Yellow) 1
                     =      33.000000000

*********************************************
```

图　5-28

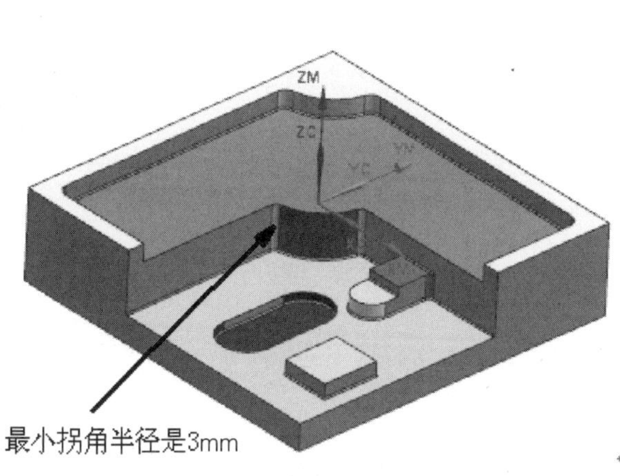

图　5-29

NC 助理
要分析的面
选择面 (70)
分析类型
分析类型　圆角
参考矢量
退出时保存面颜色
信息
操作
分析几何体
确定　应用　取消

图　5-30

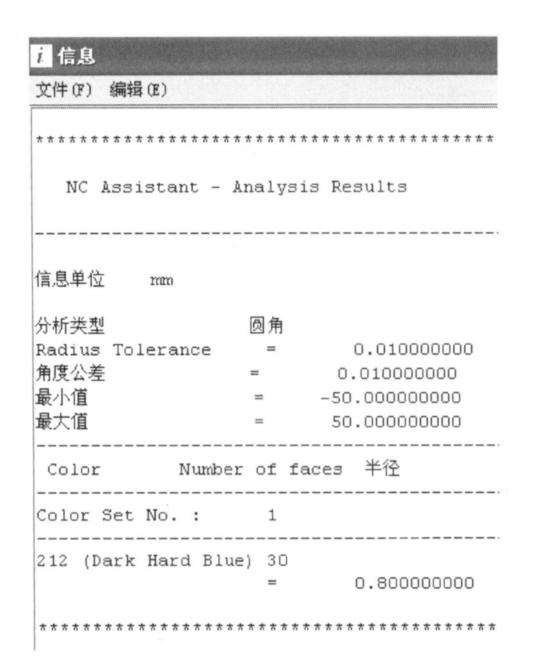

图 5-31

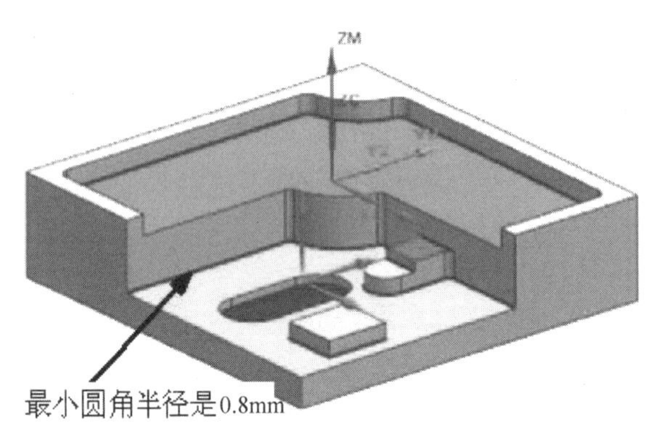

图 5-32

4. 分析拔模斜度

在【NC 助理】对话框的【分析类型】下拉列表框中选择拔模选项，如图 5-33 所示。选择（分析几何体）图标，选择（信息）图标，弹出【信息】对话框，如图 5-34 所示，并且模型平面颜色已示区别，单击应用按钮。

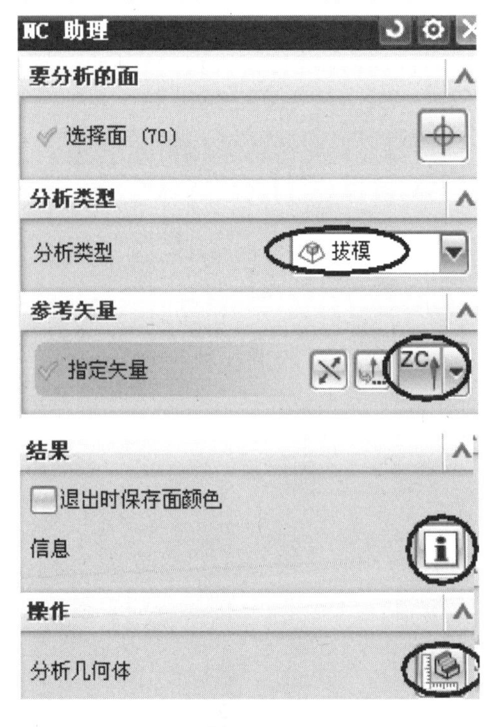

图 5-33

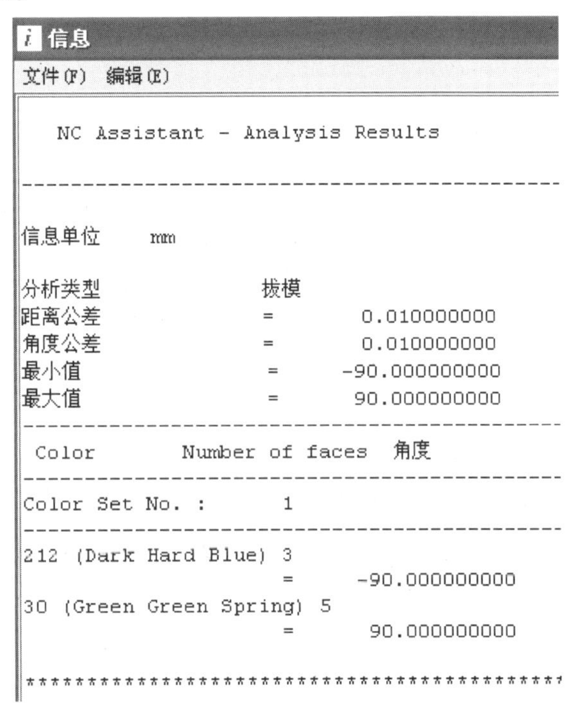

图 5-34

5.6　创建刀具

1. 设置工序导航器的视图为机床视图

选择菜单中的【工具】/【工序导航器】/【视图】/【机床视图】命令或在【导航器】工具条中选择（机床视图）图标。

2. 创建 EM20R0.8 圆鼻铣刀

选择菜单中的【插入】/【刀具】命令或在【插入】工具条中选择（创建刀具）图标，弹出【创建刀具】对话框，如图 5-35 所示。在【刀具子类型】中选择（铣刀）图标，在【名称】栏输入【EM20R0.8】，单击 确定 按钮，弹出【铣刀 -5 参数】对话框，如图 5-36 所示。在【直径】、【下半径】栏分别输入【20】【0.8】，在【刀具号】、【补偿寄存器】、【刀具补偿寄存器】栏均输入【1】，单击 确定 按钮，完成创建 ϕ20m 的圆鼻铣刀，如图 5-37所示。

3. 创建其他铣刀

按照上述步骤 2 的方法依次创建表 5-1 所列的其余铣刀（内容略）。

图　5-35

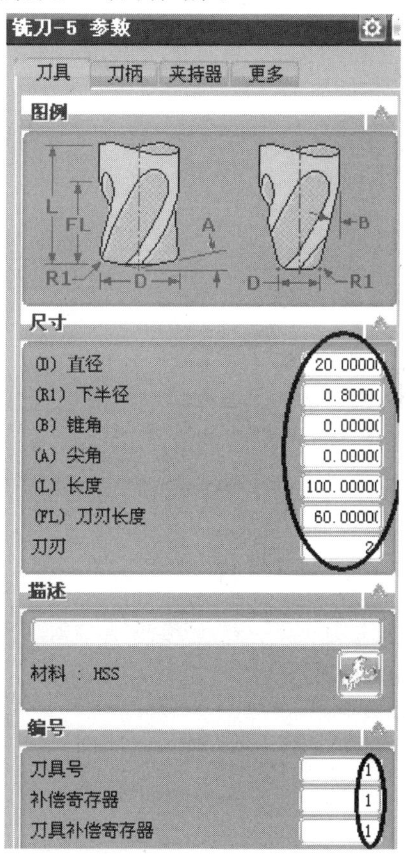

图　5-36

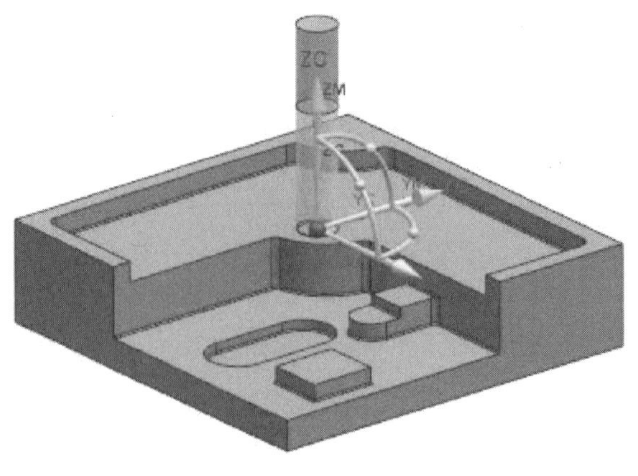

图　5-37

5.7　创建程序组父节点

1. 设置工序导航器的视图为程序顺序视图

选择菜单中的【工具】/【工序导航器】/【视图】/【程序顺序视图】命令或在【导航器】工具条选择（程序顺序视图）图标，工序导航器的视图更新为程序顺序视图。

2. 创建粗加工程序组父节点

选择菜单中的【插入】/【程序】命令或在【插入】工具条中选择（创建程序）图标，弹出【创建程序】对话框，如图 5-38 所示。在【程序】下拉列表框中选择 NC_PROGRAM 选项，在【名称】栏输入【RR】，单击 确定 按钮，弹出【程序】指定参数对话框，如图 5-39 所示，单击 确定 按钮，完成创建外形加工程序组父节点。

图　5-38

3. 创建精加工程序组父节点

按照上述步骤 2 的方法，依次创建精加工程序组父节点 FF，工序导航器的视图显示创建的程序组父节点，如图 5-40 所示。

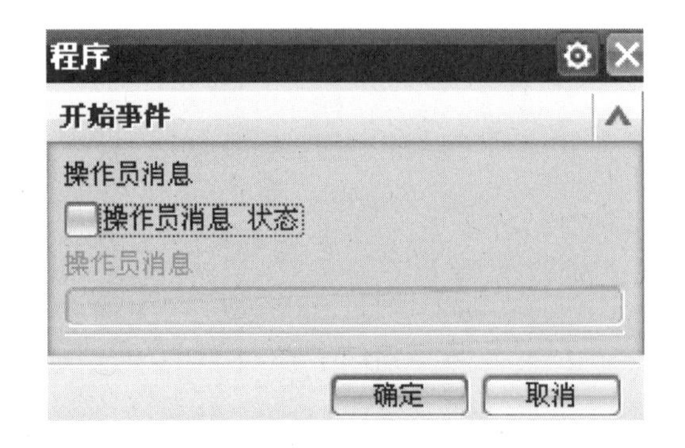

图　5-39

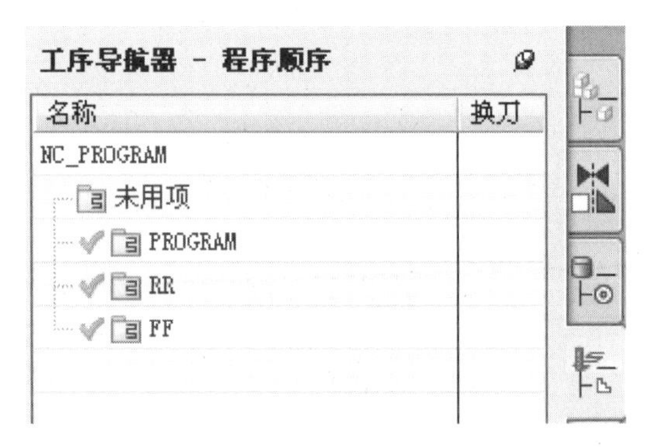

图　5-40

5.8　编辑加工方法父节点

1. 设置工序导航器的视图为加工方法视图

选择菜单中的【工具】/【工序导航器】/【视图】/【加工方法视图】命令或在【导航器】工具条中选择(加工方法视图）图标，工序导航器的视图更新为加工方法视图，如图5-41所示。

2. 编辑粗加工方法父节点

在工序导航器中双击MILL_ROUGH（粗加工方法）图标，弹出【铣削方法】对话框，如图5-42所示。在【部件余量】栏输入【0.5】，在【进给】区域选择（进给）图标，弹出【进给】对话框，如图5-43所示。在【切削】、【进刀】、【第一刀切削】、【步进】栏分别输入【1000】【800】【700】【10000】，单击确定按钮，系统返回【铣削方法】对话框，单击确定按钮，完成指定粗加工进给率。

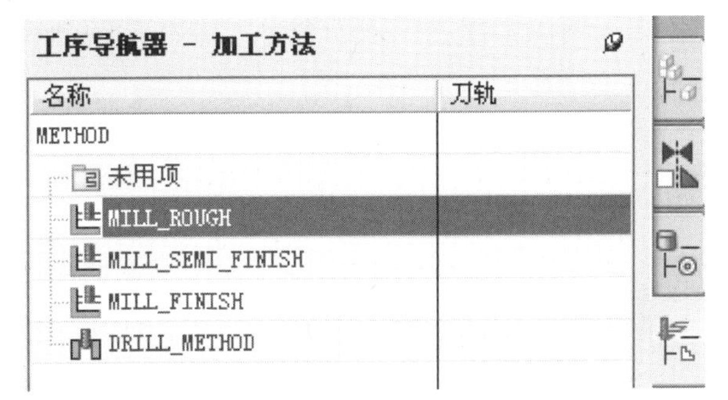

图　5-41

图　5-42

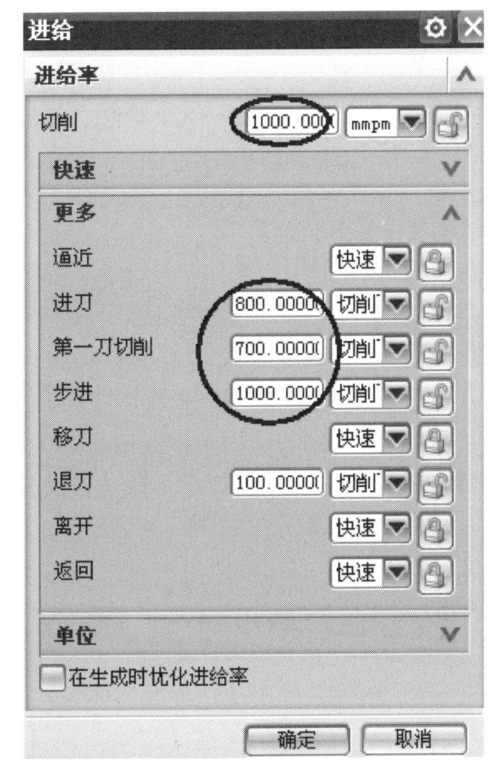

图　5-43

3. 编辑精加工方法父节点

按照上述步骤2编辑粗加工方法父节点的方法，编辑精加工方法父节点，设置部件余量为0，设置精加工进给速度如图5-44所示。

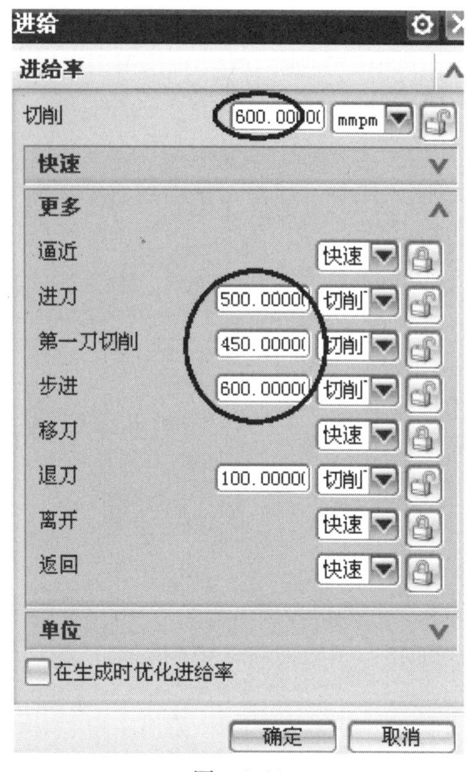

图 5-44

5.9 创建粗加工操作

1. 创建操作父节组选项

选择菜单中的【插入】/【工序】命令或在【插入】工具条中选择（创建工序）图标，弹出【创建工序】对话框，如图5-45所示。

在【创建工序】对话框的【类型】下拉列表框中选择【mill _ planar】（平面铣），在【工序子类型】区域选择（平面铣）图标，在【程序】下拉列表框中选择【ER】程序节点，在【刀具】下拉列表框中选择【EM20R0.8（铣刀）】刀具节点，在【几何体】下拉列表框中选择【WORKPIECE】节点，在【方法】下拉列表框中选择【MILL _ ROUGH】节点，在【名称】栏输入【R1】，如图5-45所示。单击确定按钮，系统弹出【平面铣】对话框，如图5-46所示。

2. 创建几何体

（1）创建部件边界　在【平面铣】对话框的【指定部件边界】区域中选择（选择或编辑部件边界）图标，弹出【边界几何体】对话框，如图5-47所示。在【模式】下拉列表框中选择【面】选项，取消勾选【忽略孔】、【忽略岛】选项，在图形中选择图5-48所示的实体面为部件边界几何体，单击确定按钮，完成创建部件边界，如图5-49所示。系统返回【平面铣】对话框。

（2）创建毛坯边界　在【平面铣】对话框的【指定毛坯边界】区域中选择（选择或编辑毛坯边界）图标，弹出【边界几何体】对话框，如图5-50所示。在【模式】下拉列表框框中选择【面】选项，然后在【实用工具】条中选择（反转显示和隐藏）图标，图形中显示毛坯，在图形中选择图 5-51 所示的毛坯平面为毛坯边界几何体，单击确定按钮，完成设置毛坯边界，系统返回【平面铣】对话框。

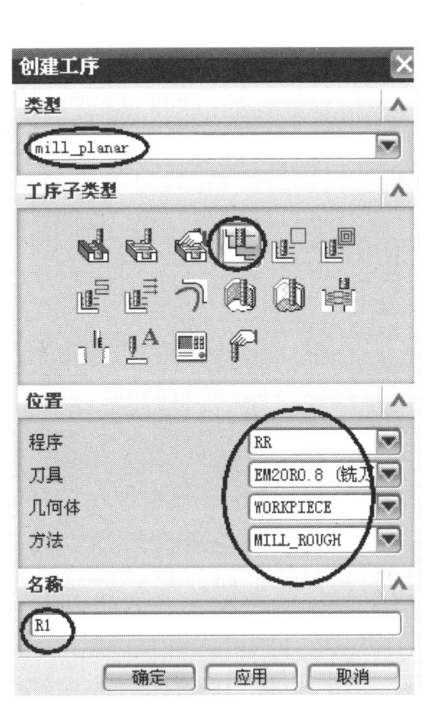

图　5-45

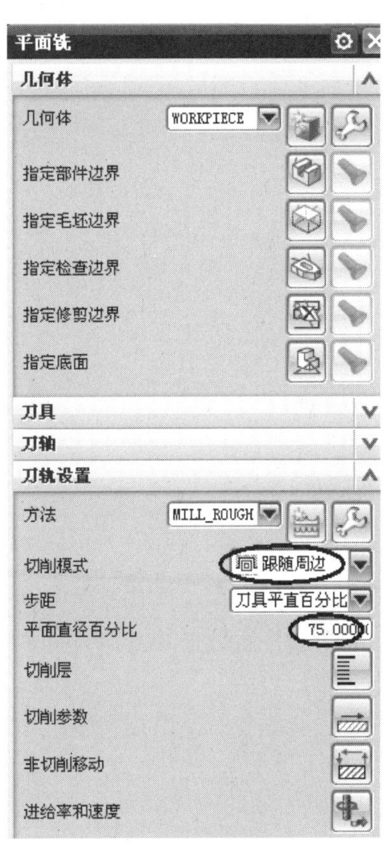

图　5-46

图　5-47

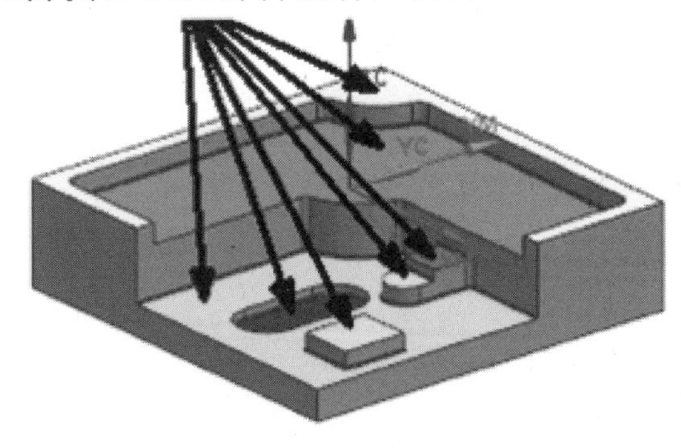

图　5-48

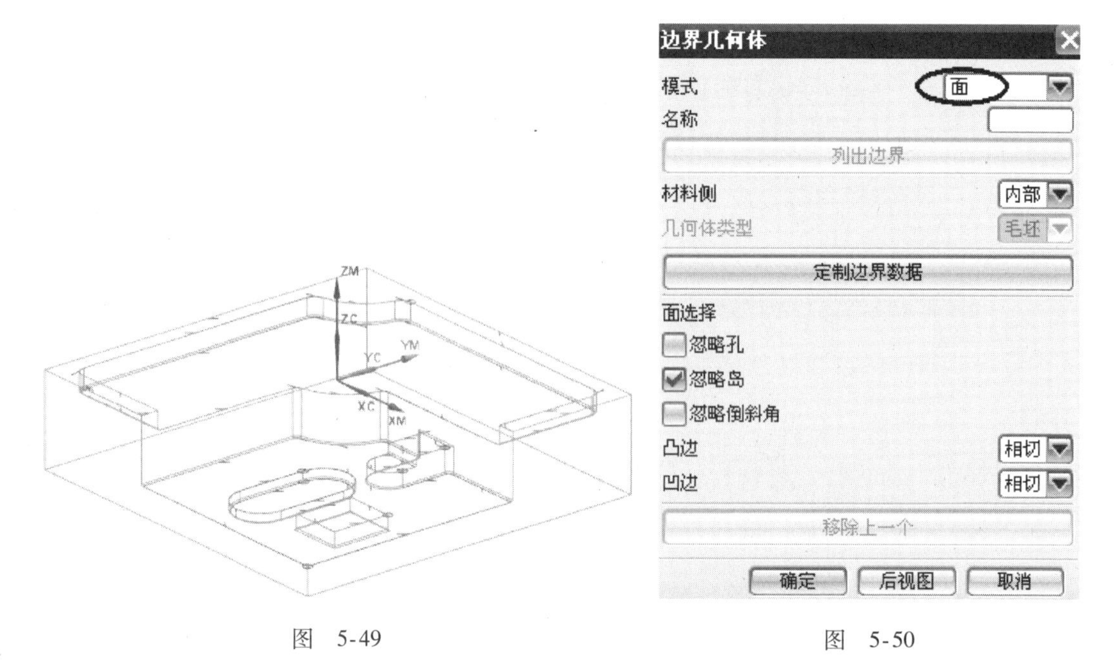

图 5-49　　　　图 5-50

（3）创建底平面　在【实用工具】条中选择（反转显示和隐藏）图标，图形中显示工件，在【平面铣】对话框的【指定底面】区域中选择（选择或编辑底平面几何体）图标，弹出【平面】对话框，如图 5-52 所示。然后在图形中选择图 5-53 所示的工件实体面（最低的平面）为底平面，单击 确定 按钮，完成设置底平面，系统返回【平面铣】对话框。

选择毛坯平面为毛坯边界几何体

平面
类型
自动判断
要定义平面的对象
* 选择对象 (0)
平面方位
偏置
确定
取消

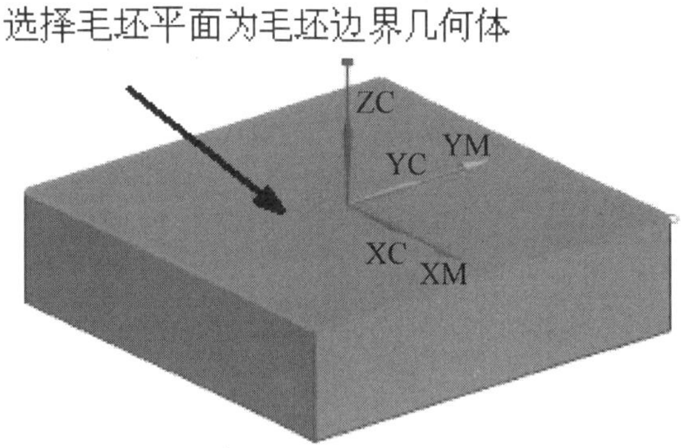

图 5-51 　　　　图 5-52

3. 设置加工参数

（1）设置切削模式　在【平面铣】对话框的【切削模式】下拉列表框中选择 跟随周边 选项，在【步距】下拉列表框中选择【刀具平直百分比】选项，在【平面直径百分比】栏输入【75】，如前图 5-46 所示。

（2）设置切削层参数　在【平面铣】对话框中选择（切削层）图标，弹出【切削层】对话框，如图 5-54 所示。在【类型】下拉列表框中选择【用户定义】选项，【每刀深度】/【公共】栏输入【2】，单击 确定 按钮，完成设置切层参数，系统返回【平面铣】对话框。

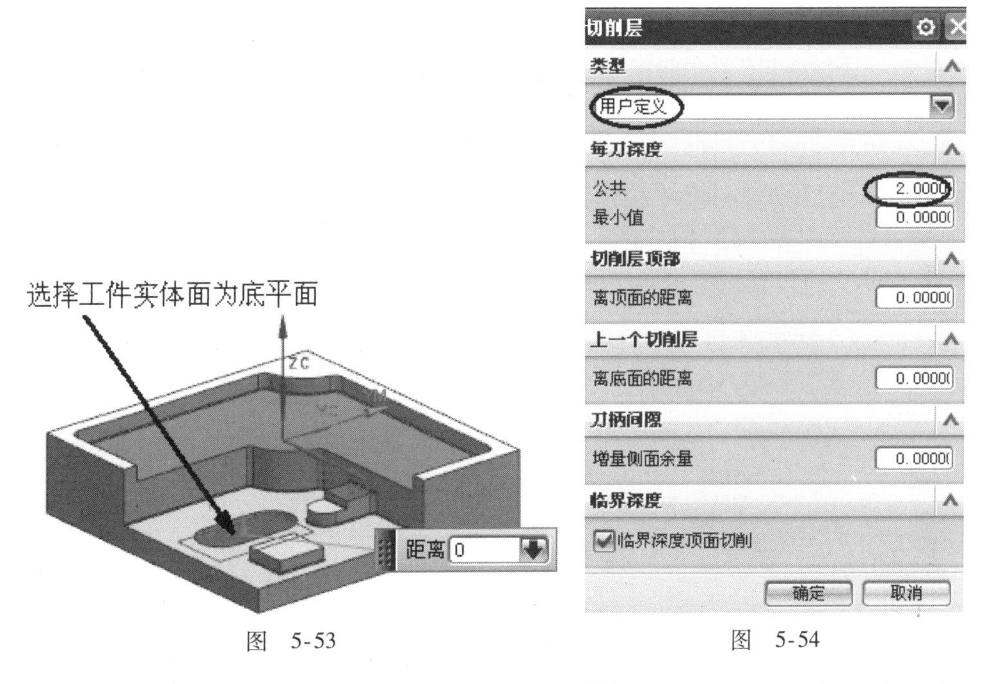

图　5-53　　　　图　5-54

（3）设置切削参数　在【平面铣】对话框中选择（切削参数）图标，弹出【切削参数】对话框，如图5-55所示。选择【策略】选项卡，在【刀路方向】下拉列表框中选择【向内】选项，勾选【岛清根】选项。在【平面铣】对话框选择【余量】选项卡，在【部件余量】、【最终底面余量】栏输入【0.5】、【0.3】，如图5-56所示。单击 确定 按钮，完成设置切削参数，系统返回【平面铣】对话框。

图　5-55

图　5-56

（4）设置非切削移动参数　在【平面铣】对话框中选择（非切削移动）图标，弹出【非切削移动】对话框，如图5-57所示。选择【进刀】选项卡，在【开放区域】/【进刀类型】

下拉框中选择【线性】选项，在【斜坡角】栏输入【2】，单击 确定 按钮，完成设置非切削移动参数，系统返回【平面铣】对话框。

（5）设置进给率和速度参数　在【平面铣】对话框中选择（进给率和速度）图标，弹出【进给率和速度】对话框，如图 5-58 所示。勾选【主轴速度（rpm）】，在【主轴速度（rpm）】栏输入【1200】。由于在前面创建加工方法的父节点中已经设置了粗加工各进给速度值，所以在此不需要再设置了。按回车键，单击（基于此值计算进给和速度）按钮，单击 确定 按钮，完成设置进给率和速度参数，系统返回【平面铣】对话框。

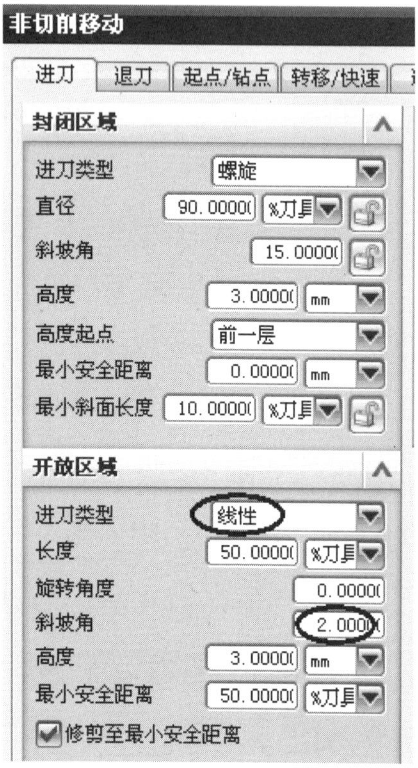

图　5-57

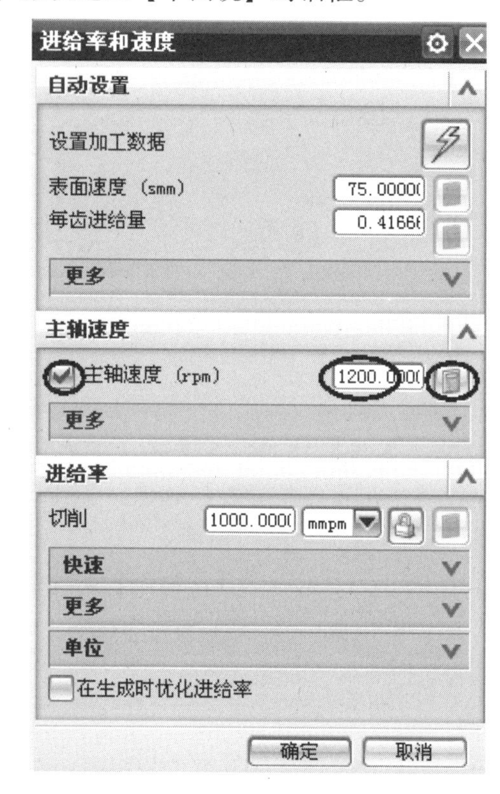

图　5-58

4. 生成刀轨

在【平面铣】对话框的【操作】区域中选择（生成刀轨）图标，系统自动生成刀轨，如图 5-59 所示。单击 确定 按钮，接受刀轨。

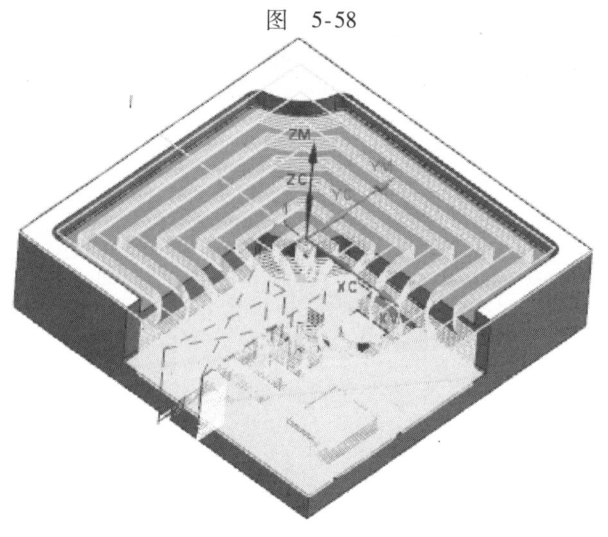

图　5-59

5.10　创建精加工顶部平面操作

1. 创建操作父节组选项

选择菜单中的【插入】/【工序】命令或在【插入】工具条中选择（创建工序）图标，弹出【创建工序】对话框，如图5-60所示。

在【创建工序】对话框的【类型】下拉列表框中选择【mill _ planar】（平面铣），在【工序子类型】区域中选择（面铣）图标，在【程序】下拉列表框中选择【FF】程序节点，在【刀具】下拉列表框中选择 EM20R0.8（铣刀 刀具节点，在【几何体】下拉列表框中选择【WORKPIECE】节点，在【方法】下拉列表框中选择【MILL FINISH】节点，在【名称】栏输入【F1】，如图5-60所示。单击 确定 按钮，系统弹出【面铣】对话框，如图5-61所示。

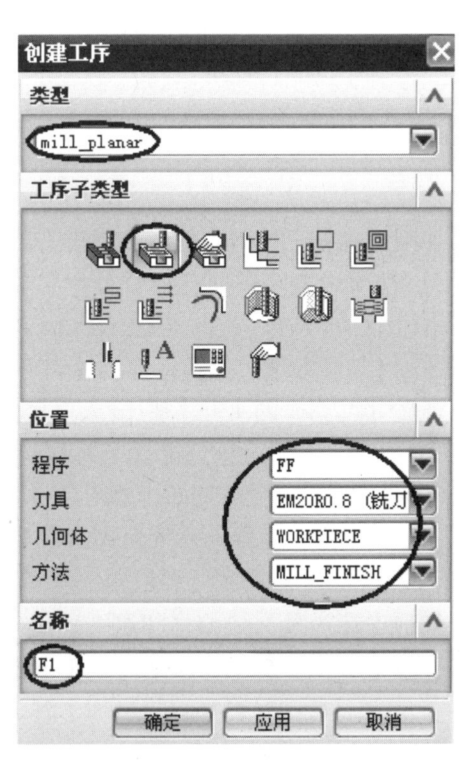

图　5-60

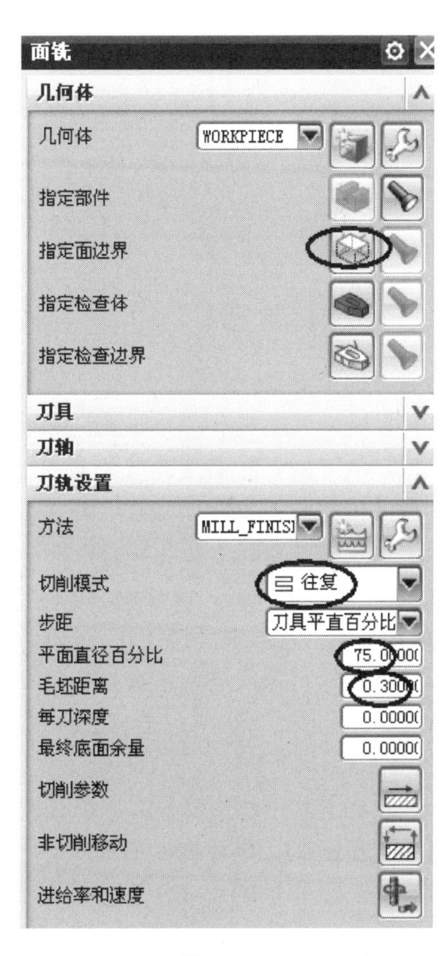

图　5-61

2. 创建几何体

在【面铣】对话框的【指定面边界】区域中选择（选择或编辑面几何体）图标，弹出【指定面几何体】对话框，如图5-62所示。在【过滤器类型】区域选择（面边界）图标，勾选【忽略孔】选项，然后在图形中选择图5-63所示的7个实体平面，单击 确定 按钮，完成创建面边界，系统返回【面铣】对话框。

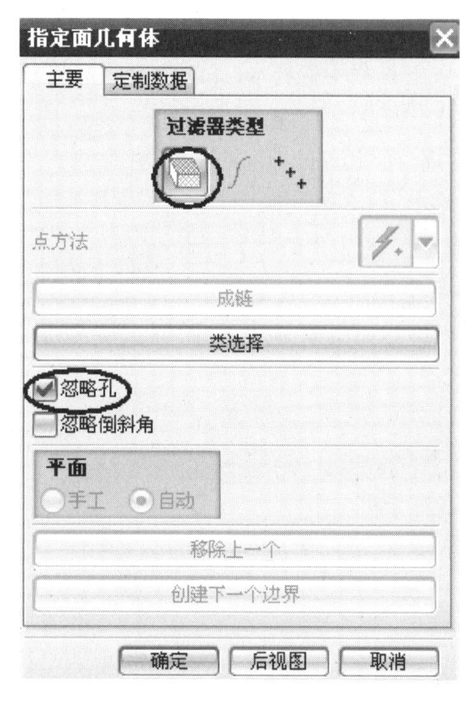

图 5-62

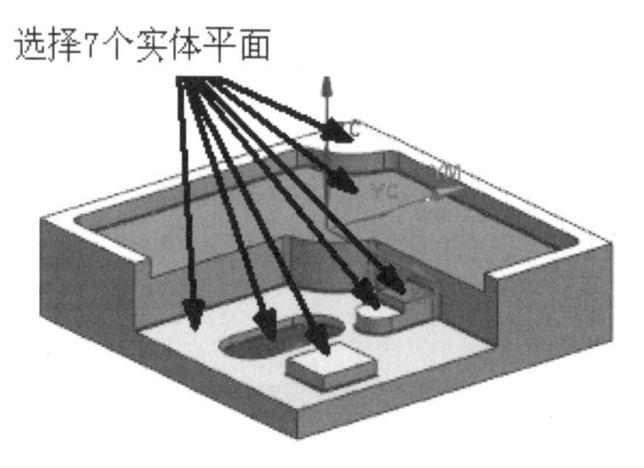

图 5-63

3. 设置加工参数

（1）设置切削模式　在【面铣】对话框的【切削模式】下拉列表框中选择 往复选项，在【步距】下拉列表框中选择【刀具平直百分比】选项，在【平面直径百分比】栏输入【75】，在【毛坯距离】栏输入“0.3”，如图5-61所示。

（2）设置切削参数　在【面铣】对话框中选择 （切削参数）图标，弹出【切削参数】对话框，如图5-64所示。选择【策略】选项卡，在【与XC的夹角】栏输入【90】，在【壁清理】下拉列表框中选择【在终点】选项。在【面铣】对话框中选择【余量】选项卡，在【部件余量】、【最终底面余量】栏分别输入【0.52】（要大于0.02mm，否则会与侧壁撞刀）【0】，如图5-65所示。单击 确定 按钮，完成设置切削参数，系统返回【面铣】对话框。

（3）设置进给率和速度参数　在【面铣】对话框中选择 （进给率和速度）图标，弹出【进给率和速度】对话框，如图5-66所示。勾选【主轴速度（rpm）】，在【主轴速度（rpm）】栏输入【1600】。由于在前面创建加工方法的父节点中已经设置了精加工各进给速度值，所以在此不需要再设置了。按回车键，单击 （基于此值计算进给和速度）按钮，单击 确定 按钮，完成设置进给率和速度参数，系统返回【面铣】对话框。

4. 生成刀轨

在【面铣】对话框的【操作】区域中选择 （生成刀轨）图标，系统自动生成刀轨，如图5-67所示。单击 确定 按钮，接受刀轨。

图　5-64

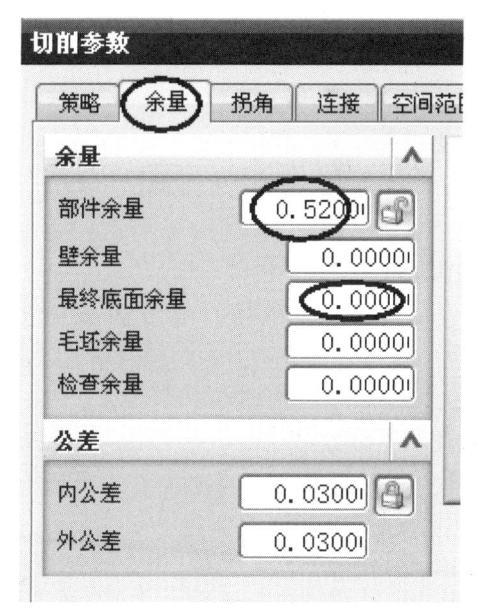

图　5-65

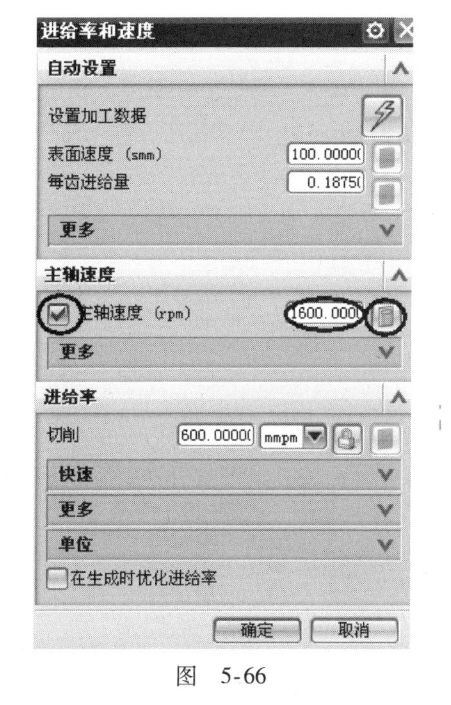

图　5-66

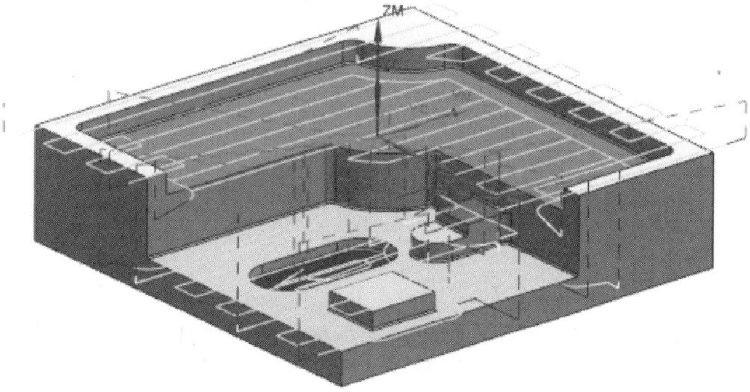

图　5-67

5.11　创建精加工侧壁操作

1. 复制操作 R1

在工序导航器程序顺序视图 RR 节点，复制操作 R1，如图 5-68 所示。然后选择 FF 节点，单击鼠标右键，单击【内部粘贴】命令，如图 5-69 所示，使其粘贴在 FF 节点下，重新命名为 F2（步骤略）。

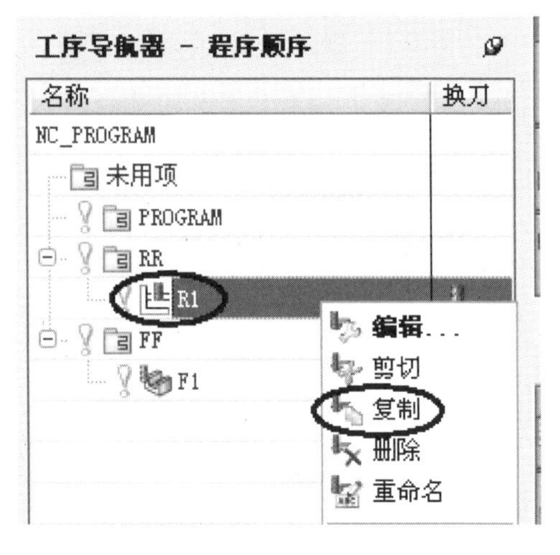

图　5-68

2. 编辑操作 F2

在工序导航器下，双击 F2 操作，系统弹出【平面铣】对话框，如图 5-70 所示。

3. 设置刀具

在【平面铣】对话框的【刀具】下拉列表框中选择 EM6R0.8 选项，如图 5-70 所示。

4. 设置加工方法

在【平面铣】对话框的【刀轨设置】/【方法】下拉列表框中选择 MILL_FINISH 选项，如图 5-70 所示。

5. 设置加工参数

（1）设置切削模式　在【平面铣】对话框的【切削模式】下拉框中选择 轮廓加工 选项，如图 5-70 所示。

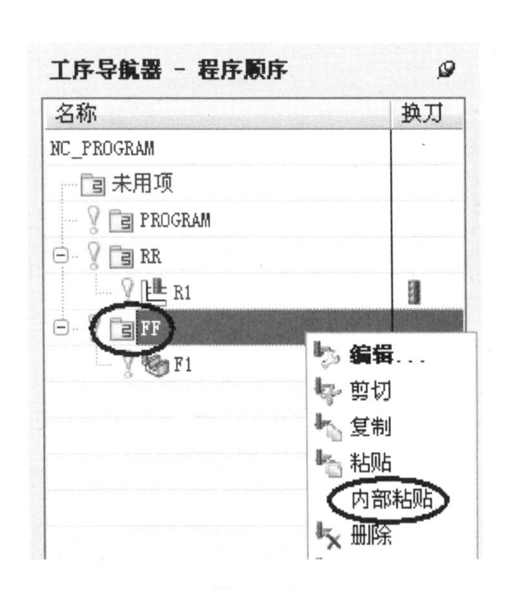

图　5-69

图　5-70

（2）设置切削层参数　在【平面铣】对话框中选择（切削层）图标，弹出【切削层】对话框，如图 5-71 所示。在【类型】下拉列表框中选择用户定义选项，在【每刀深度】/【公共】栏输入【5】，单击确定按钮，完成设置切层参数，系统返回【平面铣】对话框。

图　5-71

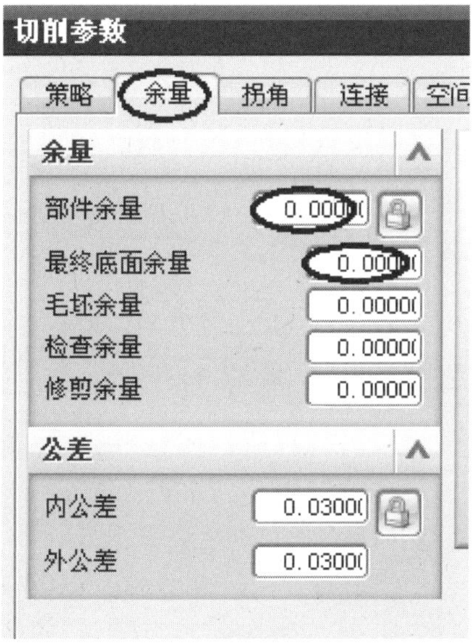

（3）设置切削参数　在【平面铣】对话框中选择（切削参数）图标，弹出【切削参数】对话框。选择【余量】选项卡，在【部件余量】、【最终底面余量】栏均输入【0】，如图 5-72所示。在【切削参数】对话框选择【拐角】选项卡，在【凸角】下拉列表框中选择【延伸】选项，如图 5-73 所示。单击确定按钮，完成设置切削参数，系统返回【平面铣】对话框。

图　5-72

图　5-73

（4）设置非切削移动参数　在【平面铣】对话框中选择（非切削移动）图标，弹出【非切削移动】对话框，如图 5-74 所示。选择【进刀】选项卡，在【封闭区域】/【进刀类型】下拉列表框中选择【沿形状斜进刀】选项，在【高度起点】下拉列表框中选择【当前层】选项，在【开放区域】/【进刀类型】下拉列表框中选择【线性】选项，在【长度】栏输入【100】，单击确定按钮，完成设置非切削移动参数，系统返回【平面铣】对话框。

（5）设置进给率和速度参数　在【平面铣】对话框中选择（进给率和速度）图标，弹出【进给率和速度】对话框，如图 5-75 所示。勾选【主轴速度（rpm）】，在【主轴速度

（rpm）】栏输入【1600】。由于在前面创建加工方法的父节点中已经设置了精加工各进给速度值，所以在此不需要再设置了。按回车键，单击（基于此值计算进给和速度）按钮，单击确定按钮，完成设置进给率和速度参数，系统返回【平面铣】对话框。

6. 生成刀轨

在【平面铣】对话框的【操作】区域中选择（生成刀轨）图标，系统自动生成刀轨，如图 5-76 所示。单击确定按钮，接受刀轨。

图 5-74

图 5-75

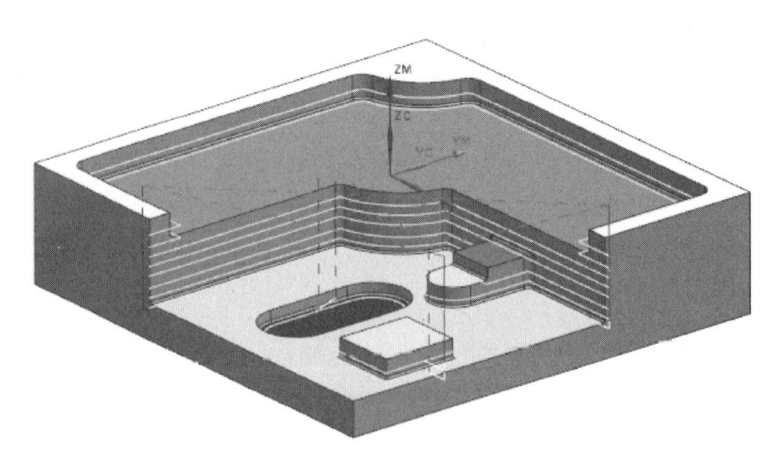

图 5-76

5.12　创建刀轨仿真验证

在工序导航器几何视图选择【WORKPIECE】节点，然后在【操作】工具条中选择(确认刀轨) 图标，弹出【刀轨可视化】对话框，选择【2D动态】选项，单击(播放)按钮，图形中出现模拟切削动画，模拟切削完成后，在【刀轨可视化】对话框中单击比较按钮，可以看到切削结果，如图5-77所示。

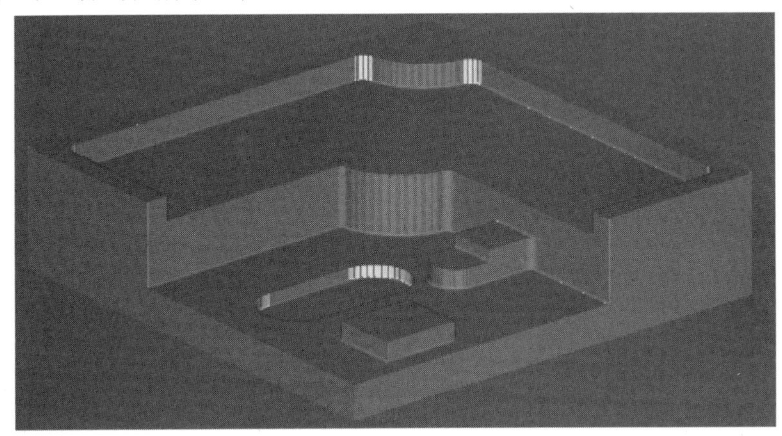

图　5-77

5.13　创建机床仿真验证

1. 进入装配模块

选择菜单中开始下拉框中的【装配】模块，如图5-78所示，进入装配模块。

2. 添加台虎钳底座夹具组件

选择菜单中的【装配】/【组件】/【添加组件】命令或在装配工具条中选择(添加组件)图标，弹出【添加组件】对话框，如图5-79所示。在对话框中选择(打开) 图标，弹出选择【部件名】对话框，在光盘文件夹4下选择台虎钳底座夹具“sim _ fix _ vise. prt”零件，如图5-80所示。然后单击OK按钮，主窗口右下角弹出一组件预览小窗口。

3. 定位组件

系统弹出【添加组件】对话框，如图5-81所示。在【定位】下拉列表框中选择【通过约束】选项，在【引用集】下拉列表框中选择模型 ("MODEL")选项，单击确定按钮，弹出【装配约束】对话框，如图5-82所示。在此对话框的【类型】下拉列表框中选择接触对齐选项。然后在组件预览窗口将模型旋转至适当位置，选择图5-83所示的零件面。接着在主窗口选择图5-84所示的零件面，完成配对约束。此时在【资源条】工具栏选择(装配导航器) 图标，弹出【装配导航器】信息窗，在约束栏显示接触 (SIM_FIX_VISE,... (配对约束)，如图5-85所示。

继续进行距离约束，在【装配约束】对话框的【类型】下拉列表框中选择距离选项，如图5-86所示。然后在组件预览窗口将模型旋转至适当位置，选择图5-87所示的零件面，接着在主窗口选择图5-88所示的零件面，然后在【装配约束】对话框中【距离】栏输入

【-25】（正负根据实际情况），如图 5-86 所示。

图 5-78

图 5-79

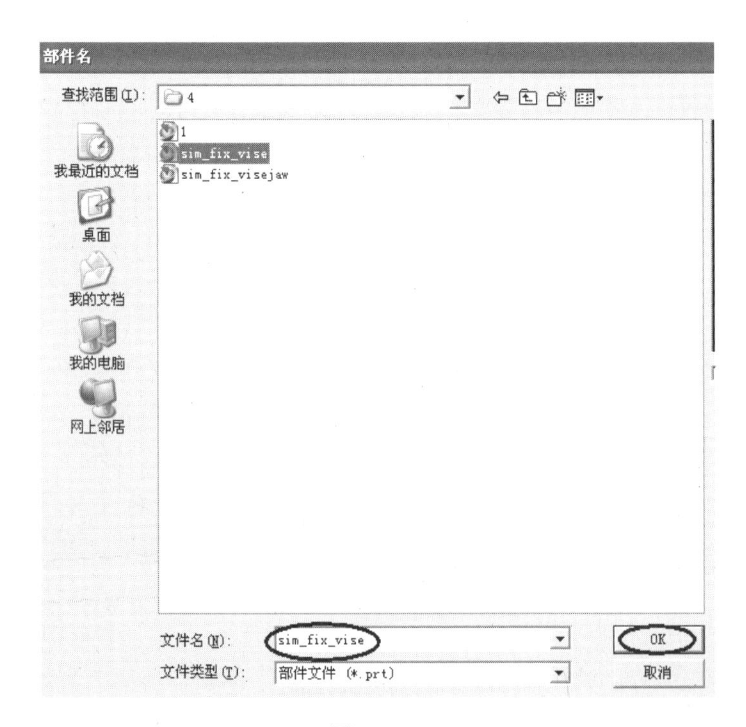

图 5-80

图　5-81

图　5-82

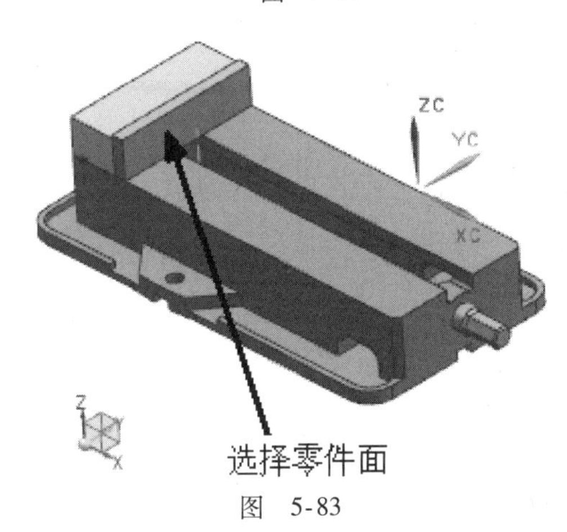

图　5-83

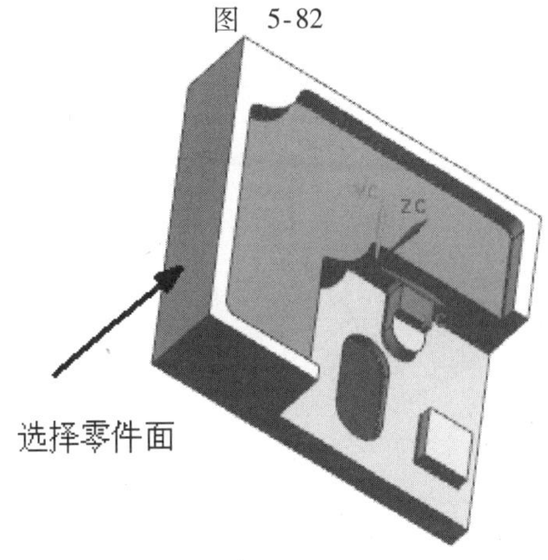

图　5-84

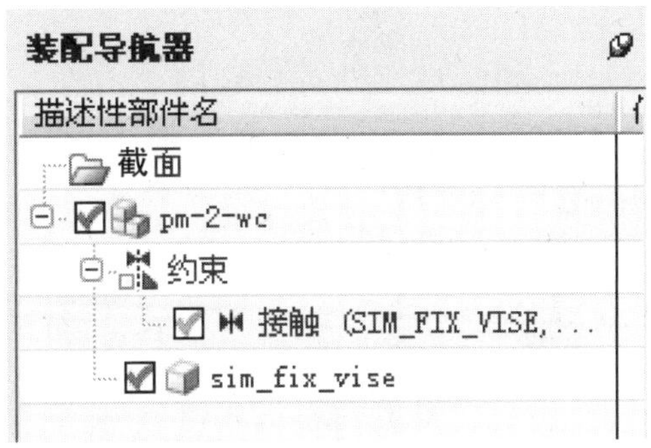

图　5-85

图　5-86

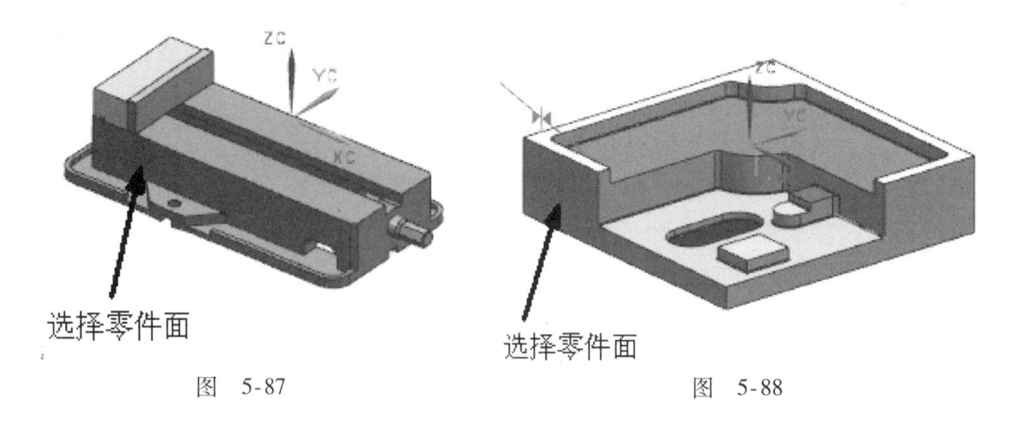

图　5-87　　　　图　5-88

继续进行距离约束，在预览窗口将模型旋转至适当位置，选择图 5-89 所示的零件面，接着在主窗口选择图 5-90 所示的零件面。然后在【装配约束】对话框中【距离】栏输入【-30】（正负根据实际情况），如图 5-91 所示。然后单击 确定 按钮，完成装配台虎钳底座夹具 sim _ fix _ vise. prt 零件，如图 5-92 所示。

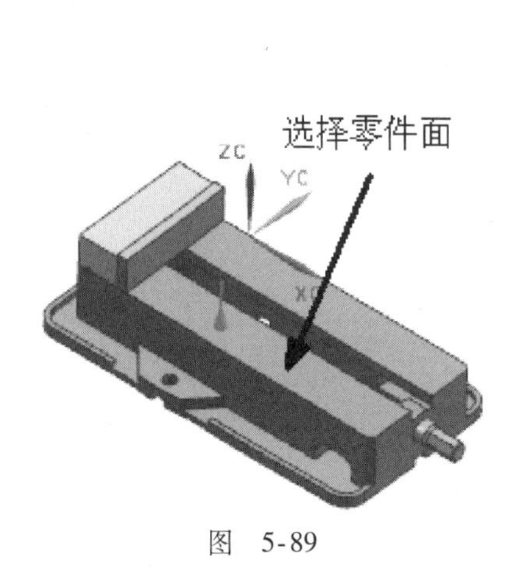

图　5-89

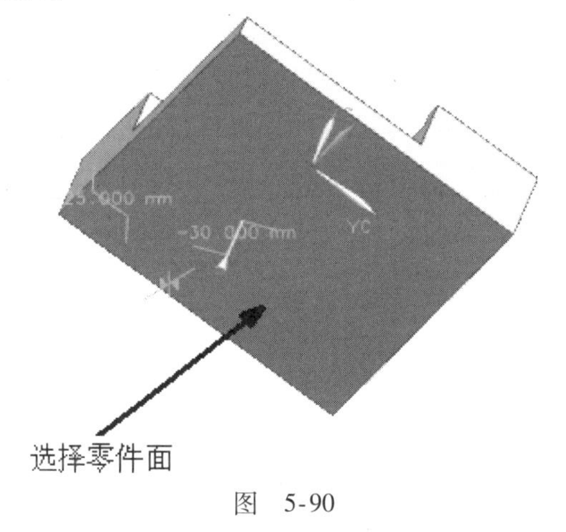

图　5-90

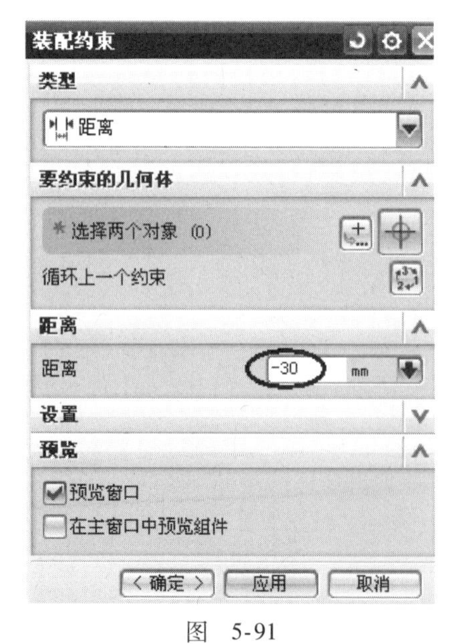

图　5-91

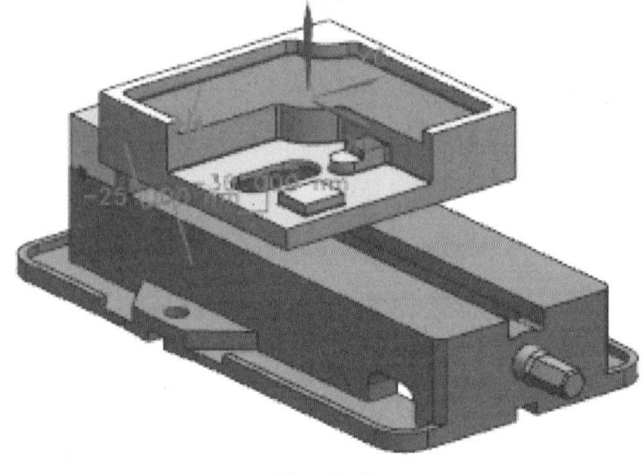

图　5-92

4. 添加台虎钳滑块夹具组件

选择菜单中的【装配】/【组件】/【添加组件】命令或在装配工具条中选择（添加组件）图标，弹出【添加组件】对话框，在对话框中选择（打开）图标，弹出选择【部件名】对话框，在光盘文件夹4下选择台虎钳滑块夹具“sim_fix_visejaw.prt”零件，然后单击确定按钮，主窗口右下角弹出一组件预览小窗口。

5. 定位组件

系统弹出【添加组件】对话框，如图5-93所示。在【定位】下拉列表框中选择【通过约束】选项，在【引用集】下拉列表框中选择【模型（“MODEL”）】选项，单击确定按钮，弹出【装配约束】对话框，如图5-94所示。在此对话框的【类型】下拉列表框中选择接触对齐选项。

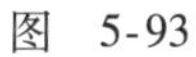
图　5-93

图　5-94

然后在组件预览窗口将模型旋转至适当位置，选择图5-95所示的零件面，接着在主窗口选择图5-96所示的零件面，完成配对约束。此时在【资源条】工具栏选择（装配导航器）图标，弹出【装配导航器】信息窗，在约束栏显示接触 (SIM_FIX_VISEJ...（配对约束），如图5-97所示。

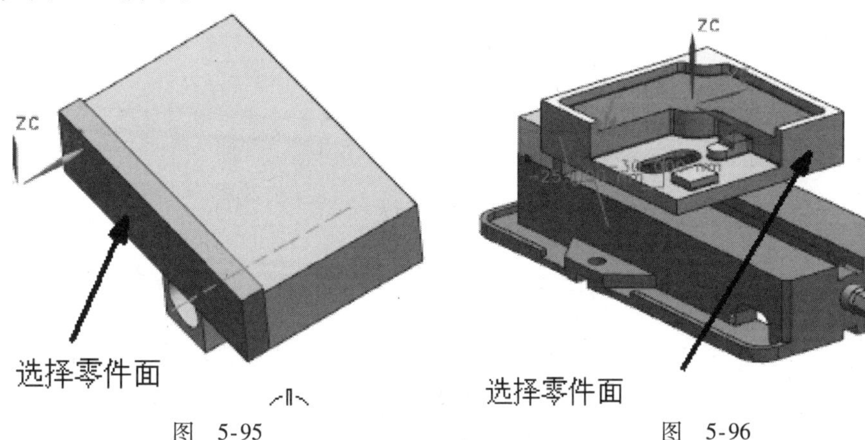

图　5-95　　　　图　5-96

继续进行配对约束。在组件预览窗口将模型旋转至适当位置，选择图 5-98 所示的零件面，接着在主窗口选择图 5-99 所示的零件面，完成配对约束。此时在【资源条】工具栏选择（装配导航器）图标，弹出【装配导航器】信息窗，在约束栏显示接触 (SIM_FIX_VISEJ...（配对约束），如图 5-100 所示。

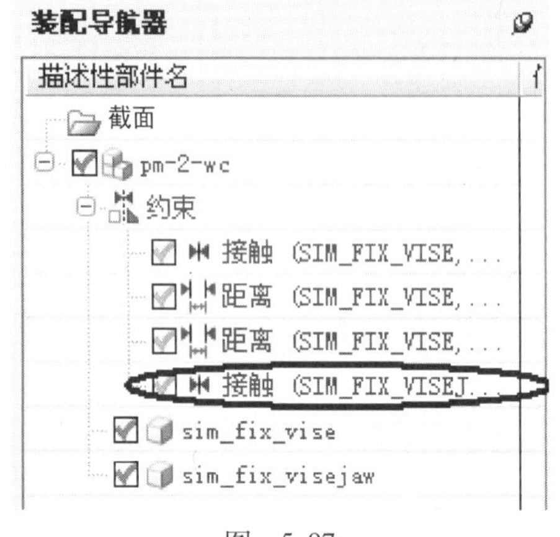

图 5-97

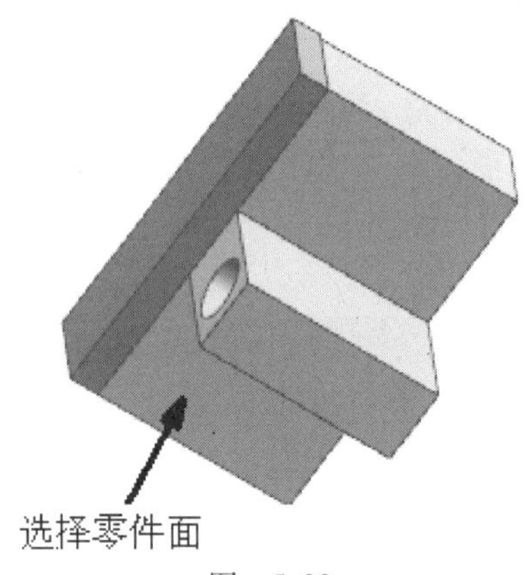

图 5-98

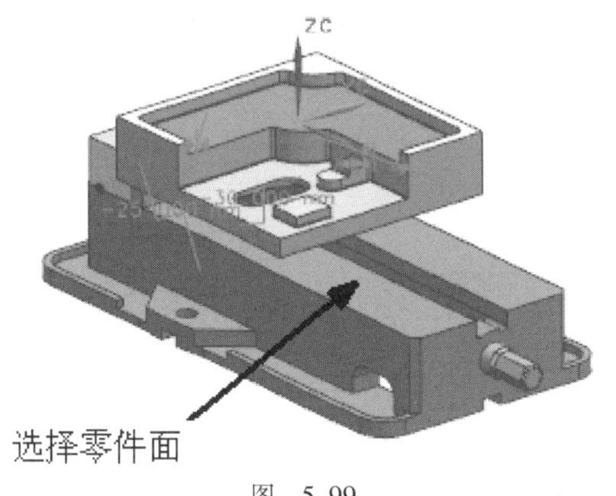

图 5-99

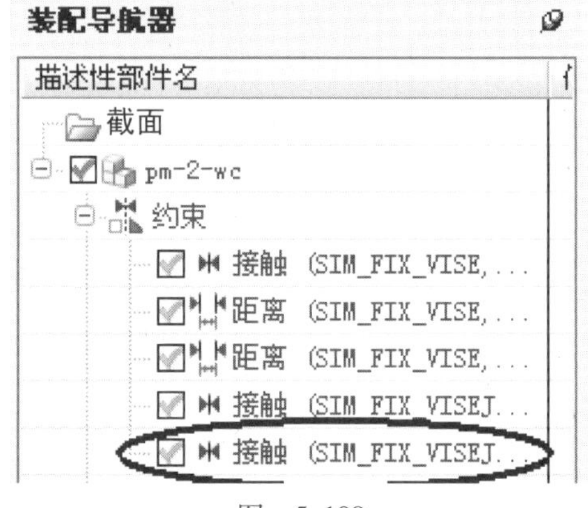

图 5-100

继续进行中心约束。在预览窗口将模型旋转至适当位置，选择图 5-101 所示的零件中心线，接着在主窗口选择图 5-102 所示的零件中心线，然后单击确定按钮，完成装配台虎钳滑块夹具 sim _ fix _ visejaw. prt 零件，如图 5-103 所示。

6. 进入加工模块

选择菜单中开始·下拉框中的加工(N)...模块，进入加工应用模块。

7. 设置工序导航器的视图为机床视图

选择菜单中的【工具】/【工序导航器】/【视图】/【机床视图】命令或在【导航器】工具条中选择（机床视图）图标。

8. 调用机床

在工序导航器机床视图，双击【GENERIC _ MACHINE】项目，如图 5-104 所示，或者选择【GENERIC _ MACHINE】项目，单击鼠标右键，单击编辑...命令，弹出【通用机床】对话框。选择（从库中调用机床）图标，如图 5-105 所示，弹出【库类选择】对话框，如图 5-106 所示。双击【MILL】（铣床）项目，弹出【搜索结果】对话框，如图 5-107 所示。对话框列出了 50 种铣床，双击选择【sim01 _ mill _ 3ax _ fanuc _ mm】（发那科系统的数控加工中心），弹出【部件安装】对话框，如图 5-108 所示。在【定位】下拉列表框中选择【使用装配定位】选项，单击 确定 按钮，弹出【添加加工部件】对话框，如图 5-109 所示。

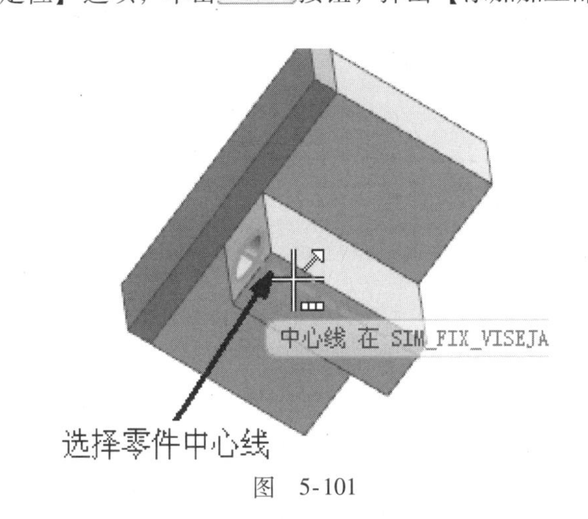

图　5-101

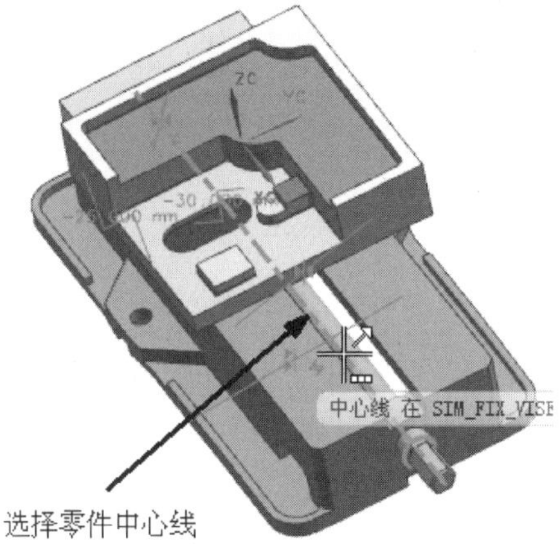

图　5-102

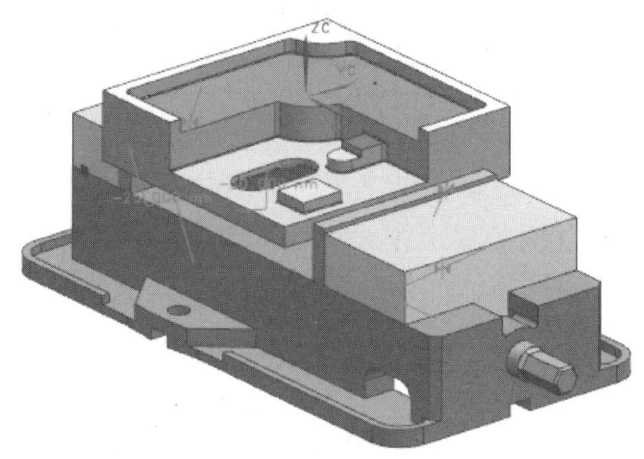

图　5-103

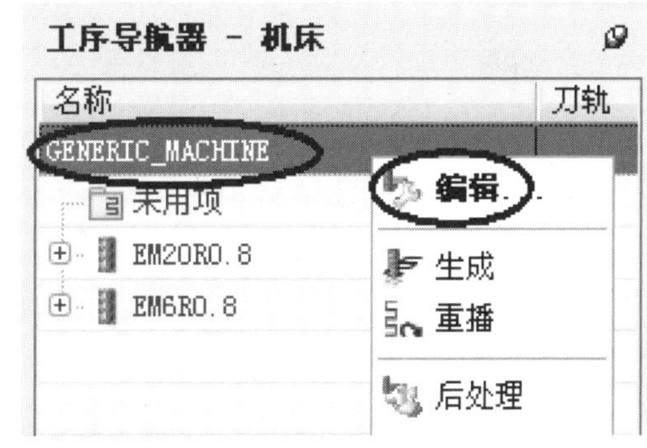

图　5-104

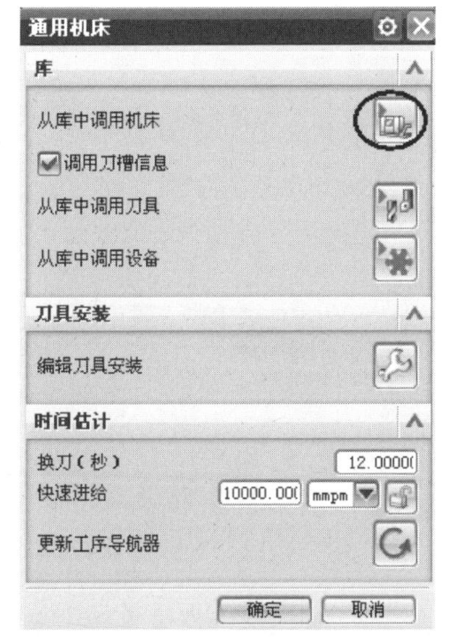

图　5-105

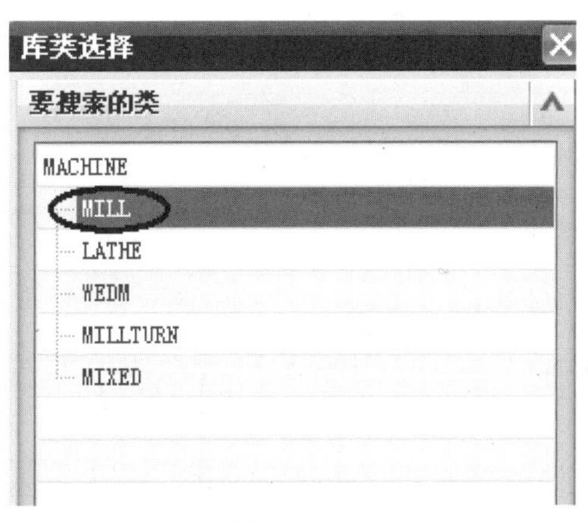

图　5-106

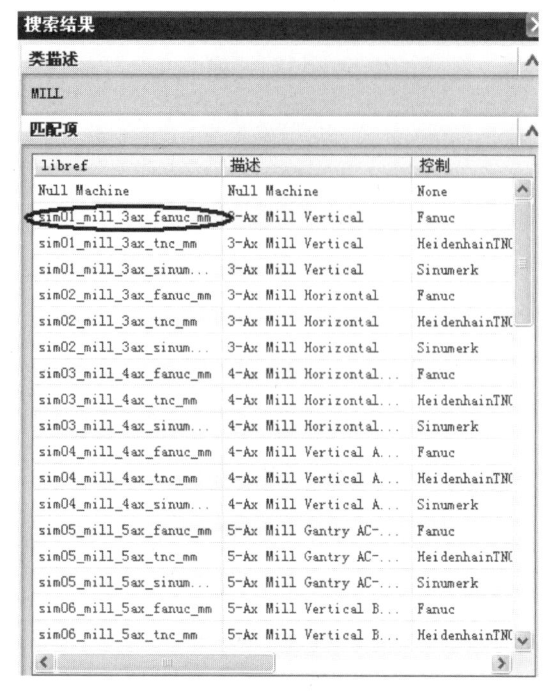

搜索结果
类描述
MILL
匹配项
libref | 描述 | 控制
Null Machine | Null Machine | None
sim01_mill_3ax_fanuc_mm | 3-Ax Mill Vertical | Fanuc
sim01_mill_3ax_tnc_mm | 3-Ax Mill Vertical | HeidenhainTNC
sim01_mill_3ax_sinum... | 3-Ax Mill Vertical | Sinumerk
sim02_mill_3ax_fanuc_mm | 3-Ax Mill Horizontal | Fanuc
sim02_mill_3ax_tnc_mm | 3-Ax Mill Horizontal | HeidenhainTNC
sim02_mill_3ax_sinum... | 3-Ax Mill Horizontal | Sinumerk
sim03_mill_4ax_fanuc_mm | 4-Ax Mill Horizontal... | Fanuc
sim03_mill_4ax_tnc_mm | 4-Ax Mill Horizontal... | HeidenhainTNC
sim03_mill_4ax_sinum... | 4-Ax Mill Horizontal... | Sinumerk
sim04_mill_4ax_fanuc_mm | 4-Ax Mill Vertical A... | Fanuc
sim04_mill_4ax_tnc_mm | 4-Ax Mill Vertical A... | HeidenhainTNC
sim04_mill_4ax_sinum... | 4-Ax Mill Vertical A... | Sinumerk
sim05_mill_5ax_fanuc_mm | 5-Ax Mill Gantry AC-... | Fanuc
sim05_mill_5ax_tnc_mm | 5-Ax Mill Gantry AC-... | HeidenhainTNC
sim05_mill_5ax_sinum... | 5-Ax Mill Gantry AC-... | Sinumerk
sim06_mill_5ax_fanuc_mm | 5-Ax Mill Vertical B... | Fanuc
sim06_mill_5ax_tnc_mm | 5-Ax Mill Vertical B... | HeidenhainTNC

图　5-107

部件安装
放置
定位
使用装配定位
工件部件
选择部件 (0)
确定
取消

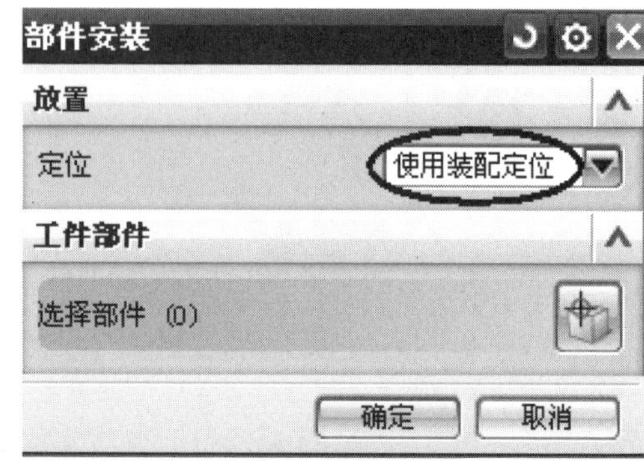

图　5-108

在【定位】下拉列表框中选择【通过约束】选项，单击 确定 按钮，弹出【装配约束】对话框，如图 5-110 所示。在此对话框的【类型】下拉列表框中选择 接触对齐 选项，然后在组件预览窗口将模型旋转至适当位置，选择图 5-111 所示的零件面，接着在主窗口选择图 5-112 所示的零件面，完成配对约束。单击 确定 按钮，系统返回【通用机床】对话框，单击 确定 按钮，完成调用机床，窗口更新为如图 5-113 所示。

添加加工部件
放置
定位
通过约束
分散
复制
多重添加
无
设置
名称
SIM01_MILL_3AX
引用集
整个部件
图层选项
原始的
图层
1
预览
预览
确定
应用
取消

图　5-109

装配约束
类型
接触对齐
要约束的几何体
方位
首选接触
选择两个对象 (0)
返回上一个约束
设置
布置
使用组件属性
动态定位
关联
移动曲线和管线布置对象
动态更新管线布置实体
预览
预览窗口
在主窗口中预览组件
< 确定 >
应用
取消

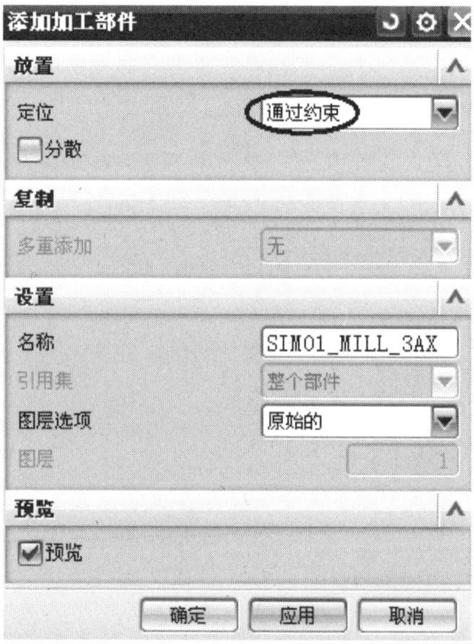

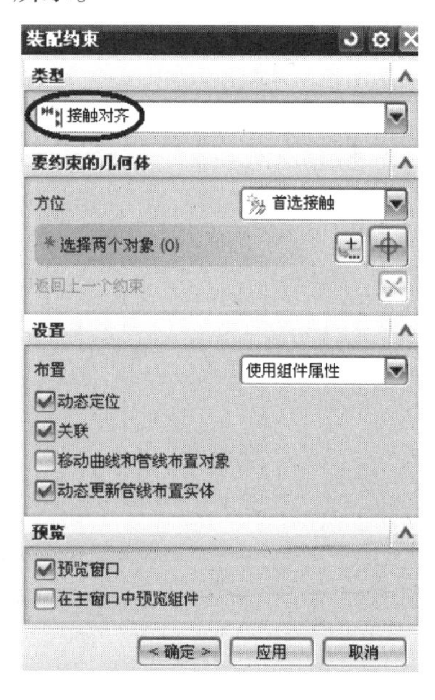

图　5-110

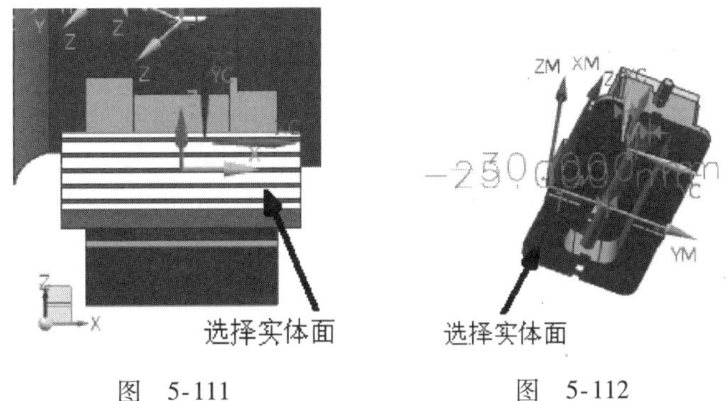

图　5-111　　　　图　5-112

9. 设置机床导航器

在资源栏选择（机床导航器）图标，导航器更新为机床导航器，如图 5-114 所示。

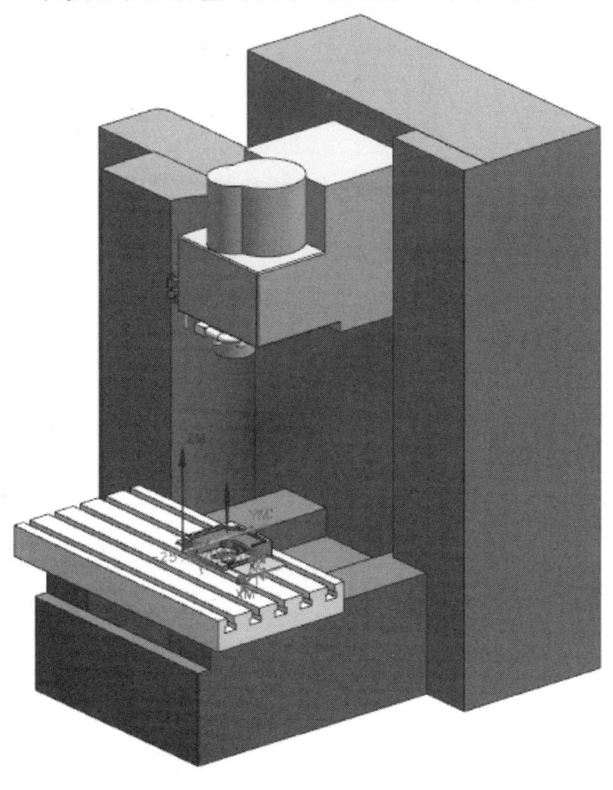

图　5-113

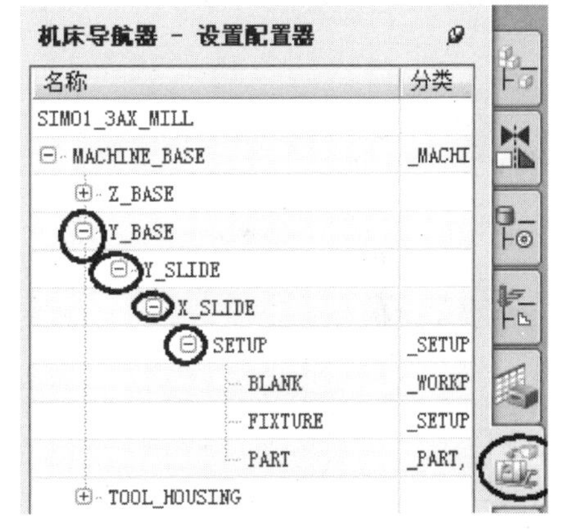

图　5-114

10. 展开机床导航器

在机床导航器内依次选择【Y _ BASE】、【Y _ SLIDE】、【X _ SLIDE】、【SETUP】树形节点，如图 5-114 所示。

11. 创建仿真几何体

在机床导航器内双击【PART】选项，弹出【编辑机床组件】对话框，如图 5-115 所示，在图形中选择图 5-116 所示的工件为仿真几何体，单击确定按钮，完成创建仿真几何体。

12. 创建仿真夹具几何体

在机床导航器内双击【FIXTURE】选项，弹出【编辑机床组件】对话框，如图 5-117 所示，在资源栏选择（装配导航器）图标，导航器更新为装配导航器。按住【CTRL】键选择图 5-118 所示的 sim_fix_visejaw、sim_fix_vise组件为仿真夹具几何体，单击 确定 按钮，完成创建仿真夹具几何体。

图　5-115

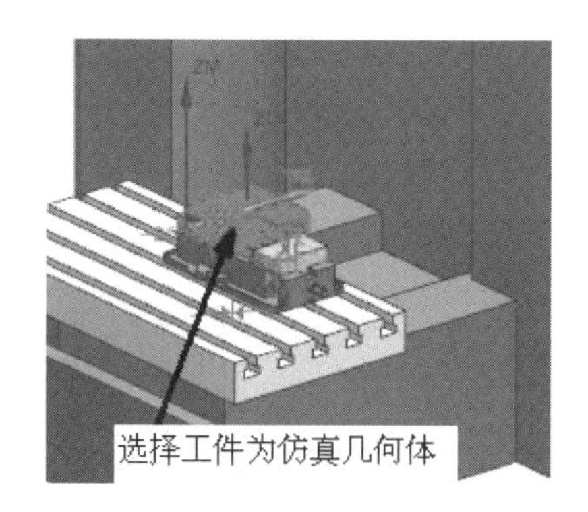

图　5-116

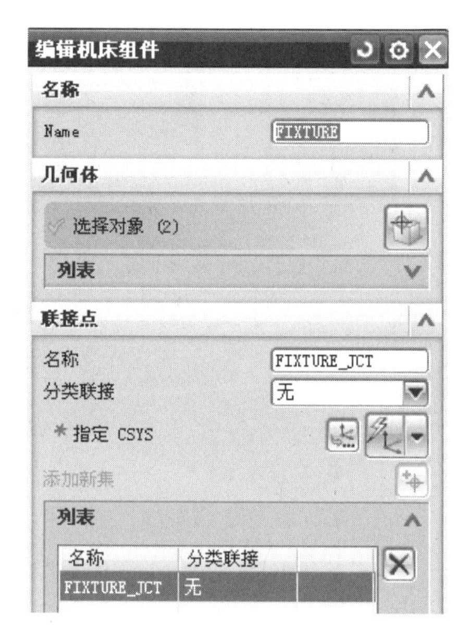

图　5-117

13. 存盘（步骤略）

14. 切换 UG 英文版本

在【我的电脑】属性的【高级选项】里选择【环境变量】，将UGII_LANG的变量值更改为【english】，如图 5-119 所示。

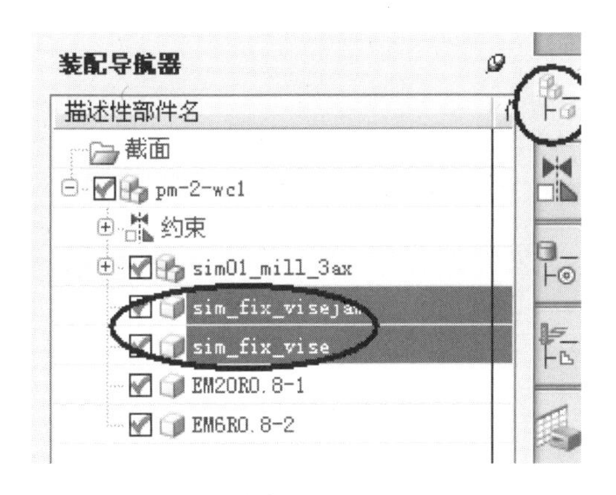

图　5-118

图　5-119

15. 重新打开 UG（步骤略）

16. 执行仿真

打开“pm-2-wc. prt”文件，在工序导航器几何视图中选择【WORKPIECE】节点，然后在【操作】工具条中选择（仿真）图标，弹出【Simulation Control Panel】（仿真控制面板）对话框。在【Simulation Settings】（仿真设置）区域勾选【Show 3D Material Removal】（显示#D 材料移除）复选框，单击（播放）按钮，如图5-120所示，图形中出现机床模拟切削动画，如图5-121所示。

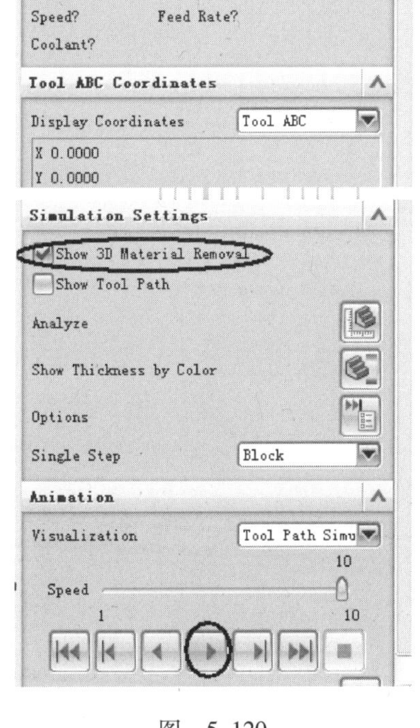

图　5-120

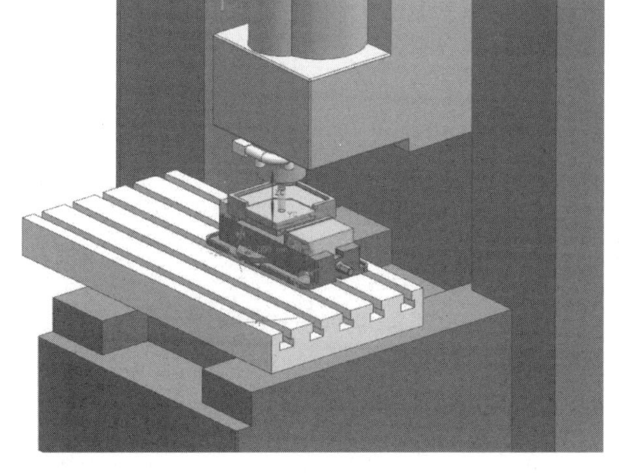

图　5-121

当机床仿真完毕后，在【Simulation Control Panel】（仿真控制面板）对话框中选择（通过颜色表示厚度）图标，图形更新为如图5-122所示，反应余量已经接近0。

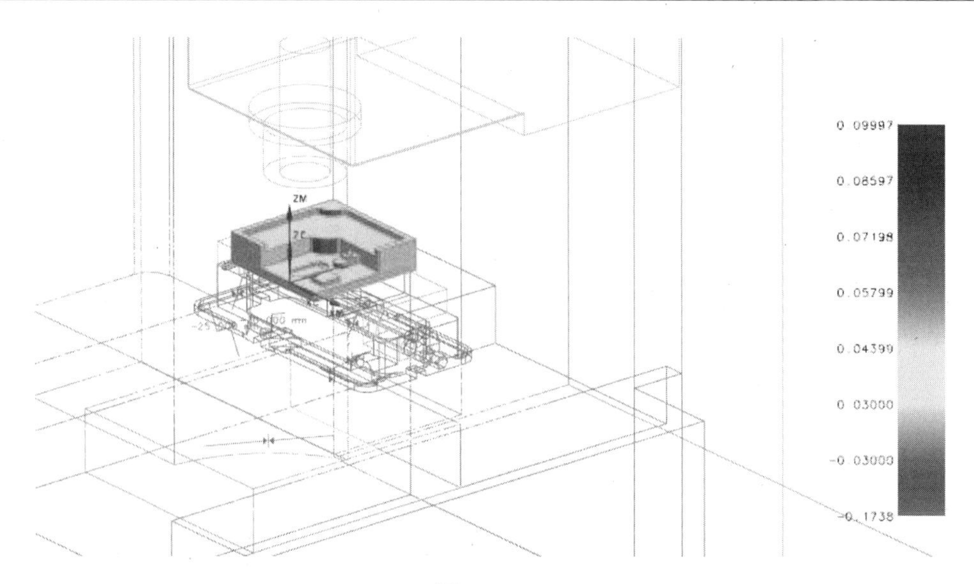
ZM
ZC
0.09997
0.08597
0.07198
0.05799
0.04399
0.03000
-0.03000
-0.1738

图 5-122

第 6 章 轮廓铣削操作基础

轮廓铣削属于 UG 铣削加工中的固定轴铣范畴，主要分型腔铣与固定轴曲面轮廓铣，如图 6-1 所示。型腔铣主要用于工件的粗加工，固定轴曲面轮廓铣主要用于工件的半精加工与精加工。本章主要介绍型腔铣与固定轴曲面轮廓铣的加工特点、适用范围，重点介绍型腔铣与固定轴曲面轮廓铣的参数设置，包括切削层、切削参数、处理中的工件（IPW）等。

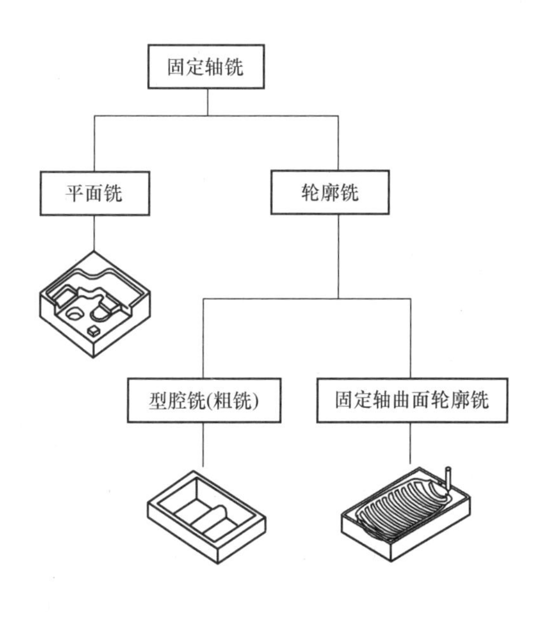

图 6-1

6.1 型腔铣与固定轴曲面轮廓铣的特点

1. 型腔铣概述

型腔铣是三轴加工，主要用于工件的粗加工，可快速去除毛坯余量，可加工平面铣无法加工的零件形状，一般包括带拔模角度的零件侧壁和带曲面的零件等，适用于非直壁的、岛屿的顶面和槽腔的底面为平面或曲面的零件的加工，尤其适用于模具的型腔或型芯的粗加工，以及其他带有复杂曲面的零件的粗加工。

型腔铣的加工特点是：刀轨在同一个高度内完成一层切削，遇到曲面时将绕过，然后下降一个高度进行下一层的切削。系统按照零件在不同深度的截面形状，计算各层的刀路轨迹。

型腔铣的原理是：切削刀轨在垂直于刀轴的平面内，通过多层的逐层切削材料的加工方法进行加工。其中，每一层刀轨称为一个切削层，每一个刀轨都是二轴刀轨。

2. 型腔铣的特点

型腔铣操作与平面铣一样是在与 OXY 平面平行的切削层上创建刀轨的，其操作有以下特点：

1）刀轨为层状，切削层垂直于刀杆，一层一层进行切削。

2）采用边界、面、曲线或实体定义要切除的材料（刀具切削运动区域，定义部件几何体和毛坯几何体），在实际应用中大多数采用实体。

3）切削效率高，但会在零件表面上留下层状余料，因此型腔铣主要用于粗加工。某些型腔铣操作也可以用于精加工。

4）可以用于带有倾斜侧壁、陡峭曲面及底面为曲面的工件的粗加工与精加工，典型零件如模具的动模、顶模及各类型框等的加工。

5）刀轨创建容易，只要指定零件几何体和毛坯几何体即可生成刀轨。

型腔铣是通过比较工件与毛坯的形状差异，通过计算毛坯除去工件后剩下的材料来产生刀轨，所以只需要定义工件和毛坯即可计算刀轨，使用方便且智能化程度高。

3. 固定轴曲面轮廓铣的概述

固定轴曲面轮廓铣用于工件半精加工与精加工，它允许通过投影矢量使刀具沿着复杂的曲面轮廓运动，可通过将驱动点投射到部件几何体来创建刀轨。驱动点是从曲线、边界、面或曲面等驱动几何体生成的，并沿着指定的投射矢量投射到部件几何体上，然后刀具定位到部件几何体以生成刀轨。

4. 固定轴曲面轮廓铣的特点

1）刀具沿复杂曲面轮廓运动，主要用于曲面的半精加工和精加工，也可进行多层铣削。

2）刀具始终沿一个固定矢量方向，采用三轴联动方式切削。

3）通过设置驱动几何体与驱动方式，可产生适合不同场合的刀轨。

4）刀轴固定，具有多种切削形式和进刀、退刀控制，可投射空间点、曲线、曲面和边界等驱动几何体进行加工，可进行螺旋线切削（Spiral Cut）、射线切削（Radial Cut）以及清根切削（Flow Cut）。

5）提供了功能丰富的清根操作。

6）非切削运动设置灵活。

6.2　型腔铣各子类型功能

型腔铣各子类型功能如图 6-2 所示。

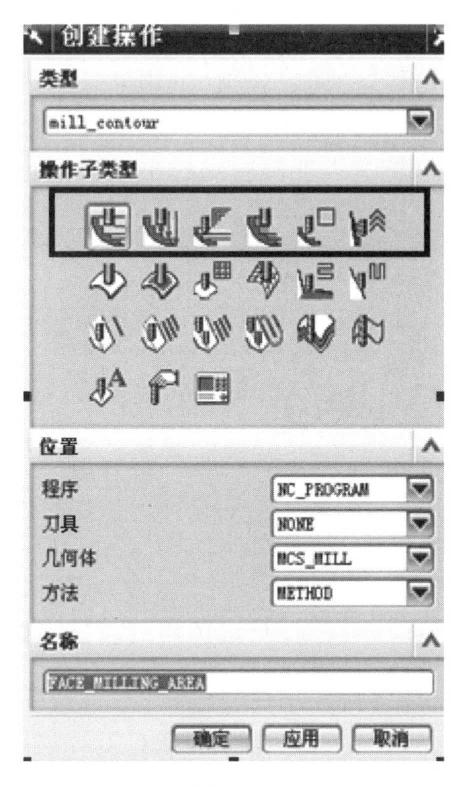

图　6-2

型腔铣各常用子类型功能的说明见表 6-1。

表 6-1　型腔铣各常用子类型功能的说明

序号	图标	英文	中文	说明
1		CAVITY _ MILL	型腔铣	基本型腔铣操作，创建后可以选择不同的走刀方式，多用于去除毛坯或 IPW 过程毛坯，带有许多平面切削模式
2		PLUNGE _ MILL	插铣	从 UG NX4.0 开始增加的功能，用于深腔模的插铣操作，可以快速去除毛坯材料，对刀具和机床的刚度有很高的要求，一般较少使用
3		CORNER _ ROUGH	轮廓粗加工	轮廓清根粗加工，主要对角落粗加工操作，用于手动或自动选取工件的角落粗铣操作
4		REST _ MILL	剩余铣	参考切削，从基本型腔铣操作中独立出来的功能，对粗加工留下的余量进行二次切削
5		ZLEVEL _ PROFILE	等高轮廓铣	等高轮廓铣是一种固定轴铣操作，通过切削多个切削层来加工零件实体轮廓和表面轮廓
6		ZLEVEL _ CORNER	深度加工拐角	角落等高轮廓铣，以等高方式清根加工

6.3　固定轴曲面轮廓铣各子类型功能

固定轴曲面轮廓铣各子类型功能如图 6-3 所示。

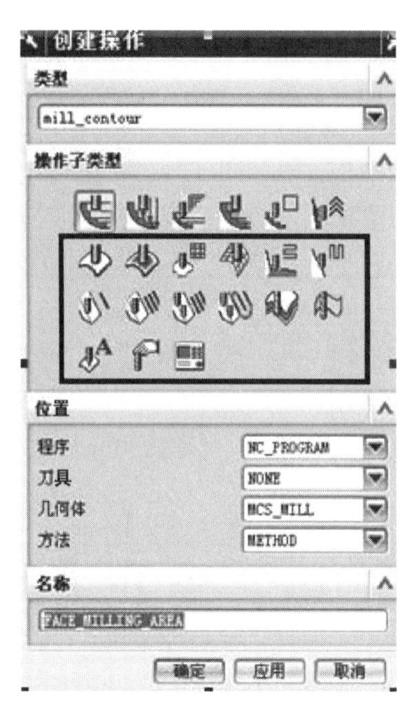

图　6-3

固定轴曲面轮廓铣各常用子类型功能的说明见表6-2。

表6-2　固定轴曲面轮廓铣各常用子类型功能的说明

序号	图标	英文	中文	说明
1		FIXED _ CONTOUR	固定轴曲面轮廓铣	基本的固定轴曲面轮廓铣操作，用于各种驱动方式、空间范围和切削模式对部件或切削区域进行轮廓铣，刀轴上+ZM
2		CONTOUR _ AREA	区域轮廓铣	区域铣削驱动，用于以各种切削模式切削选定的面或切削区域。常用于半精加工和精加工
3		CONTOUR _ SURFACE _ AREA	面积轮廓铣	曲面区域驱动，常用单一的驱动曲面的U－V方向，或者上曲面的直角坐标栅格
4		STREAMLINE	流线	跟随自动或用户定义流线以及交叉曲线切削面
5		CONTOUR _ AREA _ NOR _ STEEP	区域轮廓陡峭铣	与CONTOUR _ AREA（区域轮廓铣）基本相同，但只切削非陡峭区域（一般陡峭角小于65°的区域），与ZLEVEL _ PRORFILE _ STEEP（深度加工轮廓铣）结合使用，以便在精加工某一切削区域时控制残余高度
6		CONTOUR _ AREA _ DIR _ STEEP	区域轮廓方向陡峭铣	区域轮廓方向陡峭铣用于陡峭区域的切削加工，常与CONTOUR _ AREA（区域轮廓铣）结合使用，通过与前一次往复切削成十字交叉的方式来减小残余高度

（续）

序号	图标	英文	中文	说明
7		FLOWCUT _ SINGLE	单刀路径清根铣	用于对零件根部刀具未加工的部分进行铣削加工，只创建单一清根刀具路径
8		FLOWCUT _ MULTIPLE	多刀路径清根铣	用于对零件根部刀具未加工的部分进行铣削加工，创建多道清根刀具路径
9		FLOWCUT _ REF _ TOO	参考刀具清根	用于对零件根部刀具未加工的部分进行铣削加工，以上道加工刀具作为参考刀具来生成清根刀具路径
10		FLOWCUT _ SMOOTH	光顺清根	与 FLOWCUT _ REF _ TOO（参考刀具清根）相似，但刀轨更加圆滑，主要用于高速铣削加工
11		SOLID _ PROOFILE _ 3D	实体轮廓三维铣削	特殊的三维轮廓铣削类型，切削深度取决于实体轮廓
12		PROFILE _ 3D	边界轮廓三维铣削	特殊的三维轮廓铣削类型，切削深度取决于工件的边界或曲线，常用于修边
13		CONTOUR _ TEXT	曲面刻字加工	用于在曲面上刻字加工
14		MILL _ CONTROL	切削控制	建立机床控制操作，添加相关后处理命令
15		MILL _ USER	铣削自定义方式	自定义参数建立操作

6.4　型腔铣削参数介绍

选择菜单中的【插入】/【工序】命令或在【插入】工具条中选择（创建工序）图标，弹出【创建工序】对话框，如图6-4所示。

在【创建工序】对话框的【类型】下拉列表框中选择【mill _ contour】（型腔铣），在【工序子类型】区域选择（通用型腔铣）图标，弹出【型腔铣】对话框，如图6-5所示。

型腔铣削和平面铣削在设置参数的方法上基本相同，不同之处主要在于切削区域、切削层、切削参数以及IPW（处理中的工件）的应用。

6.4.1　切削区域

型腔铣操作提供了多种方式来控制切削区域，下面对三种切削区域定义方式分别进行介绍。

1. 选择或编辑切削区域几何体

一般情况下不需要指定切削区域，但是在一些复杂的模具加工中，往往有很多区域的位置需要分开加工。这时可以通过选择曲面区域、片体或面来定义“切削区域”，以创建局部加工的范围进行加工操作。

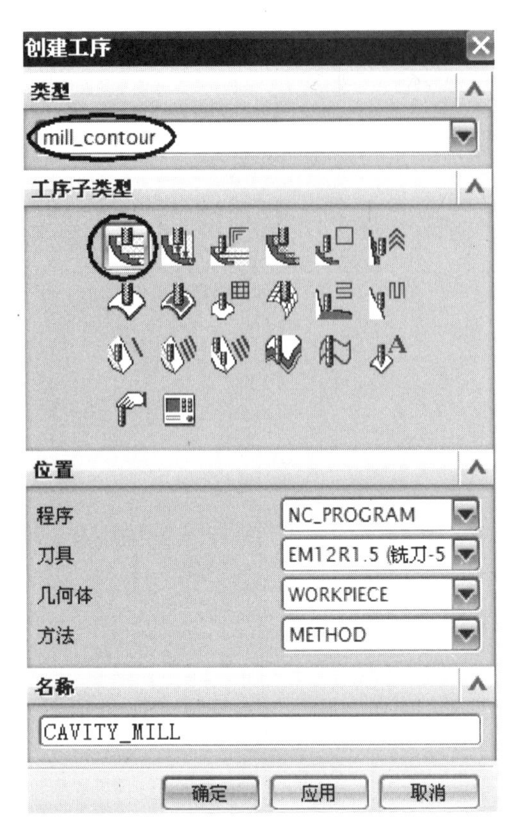

图　6-4

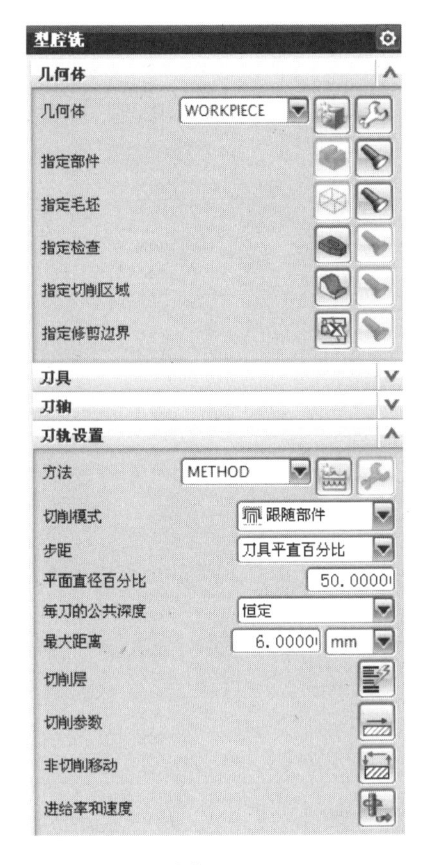

图　6-5

当定义了“切削区域”后，则【切削参数】对话框中【策略】选项卡中的【延伸刀轨】就被激活，如图 6-6 所示，否则此选项不被激活。

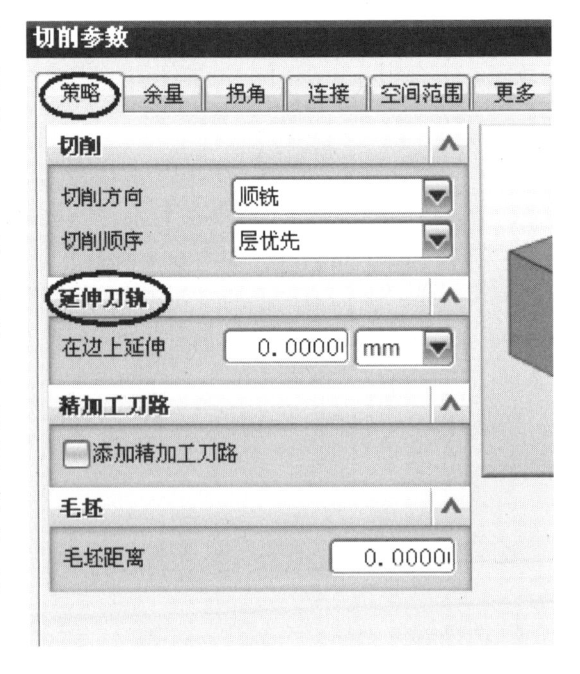

图　6-6

2. 选择或编辑检查几何体

与平面铣类似，型腔铣的检查几何体用于指定不允许刀具切削的部位，如压板、台虎钳等。不同之处是：型腔铣可用实体等几何对象定义任何形状的检查几何体，也可以用片体、实体、表面、曲线定义检查几何体。定义了检查几何体，则【切削参数】对话框中【余量】选项卡中的【检查余量】就会被激活，如图 6-7 所示，否则此选项不被激活。指定检查余量值可以控制刀具与检查几何体的距离。

3. 选择或编辑修剪边界

修剪边界用于修剪刀轨，对于封闭边界，可以去除修剪边界内侧或外侧的刀轨；对于开放边界，可以去除修剪边界左侧或右侧的刀轨。定义了修剪边界，则【切削参数】对话框中【余量】选项卡中的【修剪余量】就会被激活，如图 6-7 所示，否则此选项不被激活。指定修剪余量值可以控制刀具与修剪几何体的距离。

6.4.2　切削层

切削层用于为型腔铣操作指定切削平面。切削层由切削深度范围和每层深度来定义。一个范围由两个垂直于刀轴矢量的小平面来定义，同时可以定义多个切削范围。每个切削范围可以根据部件几何体的形状确定切削层的切削深度，各个切削范围都可以独立地设定各自的均匀深度。一般部件表面区域如果比较平坦，则设置较小的切削层深度；如果比较陡峭，则设置较大的切削层深度。一般的原则是：能短刀不长刀。这就涉及使用切削层来控制加工范围，分层切削毛坯，更有利于刀具的合理运用，保证加工效率。

在【型腔铣】对话框中单击（切削层）图标，弹出【切削层】对话框，如图 6-8 所示，系统在模型中自动产生切削层，【切削层】对话框【范围类型】下拉列表框有自动、用户定义、单个三个选项，如图 6-9 所示。

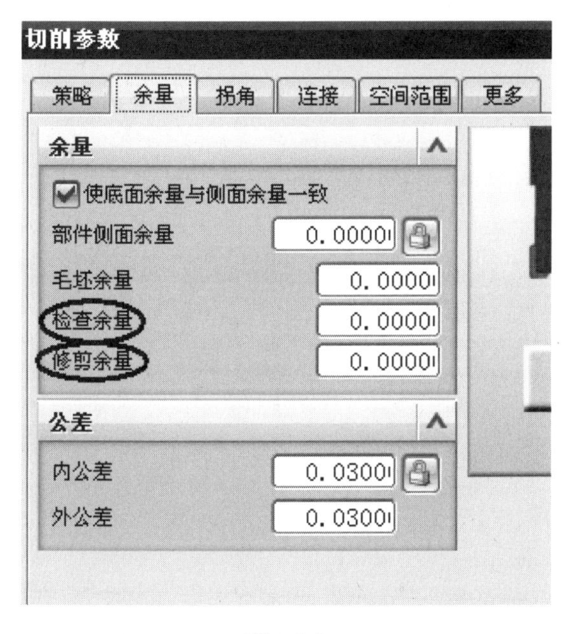

图　6-7

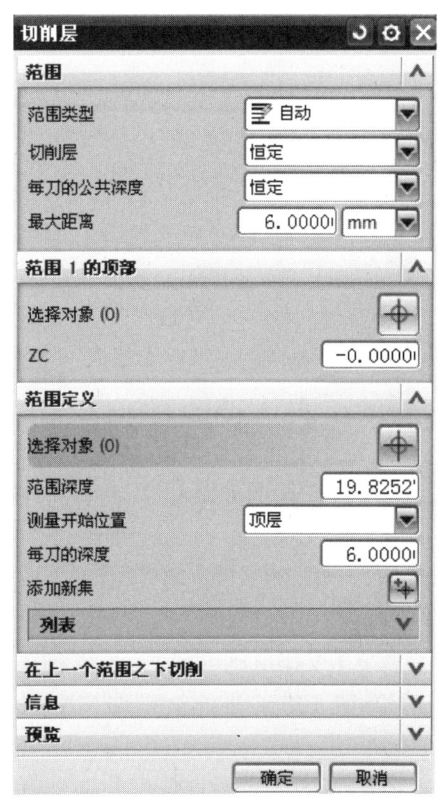

图　6-8

1. 参数介绍

（1）【范围类型】　该下拉列表框中含有如下 3 个选项：

1）自动：系统在部件几何体和毛坯几何体的最高点和最低点之间确定总切削深度，并当作一个范围。用平面符号表示切削层，在两个大三角形平面符号之间构成一个范围，大三角形平面符号表示一个范围的顶和底，小三角形平面表示范围的切削层，每两个小三角形平面之间表示范围内的切削深度，如图 6-10 所示。

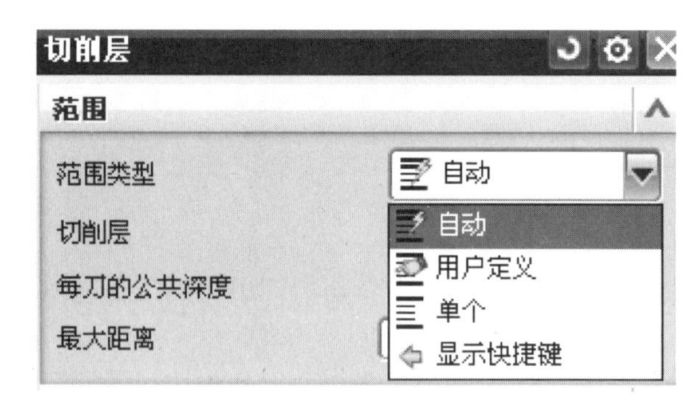

图　6-9

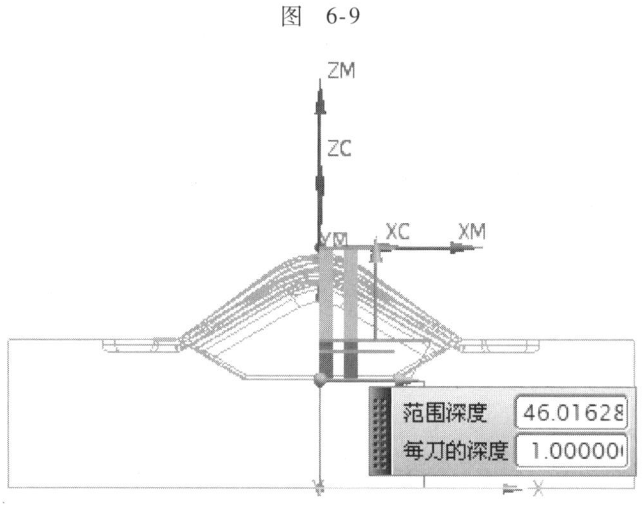

图　6-10

2）用户定义：允许通过定义每个新范围的底面来创建范围。

3）单个：根据部件和毛坯几何体设置一个切削范围。

（2）【切削层】　该下拉列表框中有【恒定】、【仅在范围底部】两个选项，如图 6-11 所示。

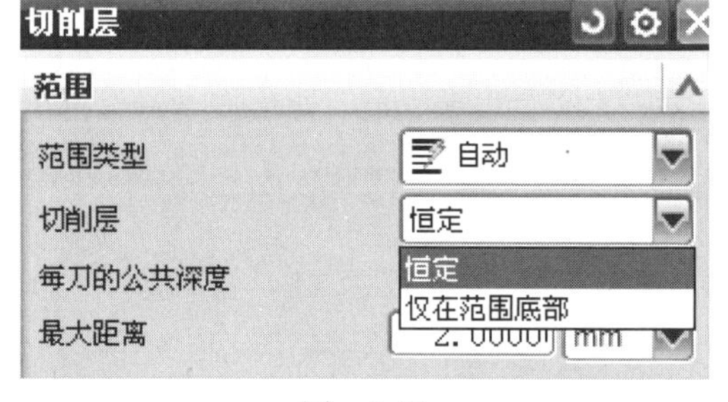

图　6-11

1）【恒定】：在一个切削范围内每层切削深度相同。

2）【仅在范围底部】：系统仅在部件上垂直于刀轴矢量的平面上创建切削层，切削深度不可用。

（3）【每刀的公共深度】　它有恒定、残余高度两个选项。

（4）【最大距离】　该参数用于定义一个切削范围内的最大切削深度。

2. 切削范围的调整

（1）插入切削范围　通过鼠标单击选择一个点、一个面，可以添加多个切削范围。

1）选择（添加新集）范围，如图 6-12 所示。

2）选择一个点、一个面，或输入【范围深度】值来定义新范围的底面。

3）如有必要，在【列表】框内选择一个范围，在【每刀的深度】栏输入不同的值来定义每个范围内局部每刀深度。

4）【测量开始位置】有【顶层】、【当前范围顶部】、【当前范围底部】、【WCS 原点】四个选项，如图6-13所示。

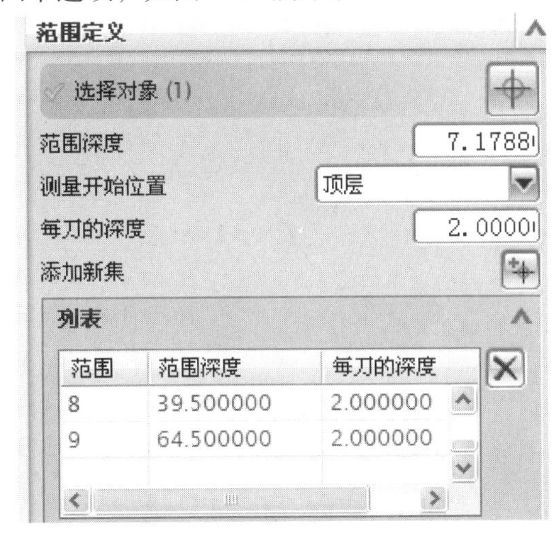

图　6-12

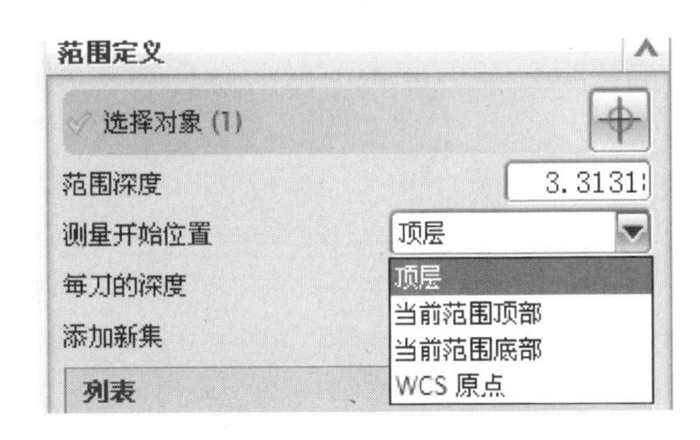

图　6-13

【顶层】：从第一个切削范围的顶部开始测量范围深度值。

【当前范围顶部】：从当前突出显示的范围的顶部开始测量范围深度值。

【当前范围底部】：从当前突出显示的范围的底部开始测量范围深度值，也可使用滑尺来修改范围底部的位置。

【WCS 原点】：从工作坐标系原点处开始测量范围深度值。

注意：所创建的范围将从该平面向上延伸至上一个范围的底面，如果新创建的范围之上没有其他范围，该范围将延伸至顶层。如果选定了一个面，系统将使用该面上的最高点来定位新范围的底面。该范围将保持与该面的关联性。如果修改或删除了该面，将相应地调整或删除该范围。

（2）编辑当前范围　通过单击鼠标可以编辑切削范围的位置。

（3）更改范围类型　如果所有切削层都是由系统生成的（例如最初由“自动生成”创建），那么从“用户自定义”进行更改时，系统不会发出警告。只有当用户至少定义或更改了一个切削层后，系统才会发出警告。

6.4.3　切削参数

型腔铣削和平面铣削在切削参数的选项很多是相同的，下面仅介绍型腔铣削特有的选项。

1. 策略选项卡

策略指加工路线的切削方向、切削顺序、刀路方向、壁清理和毛坯设置等，型腔铣削除了这些和平面铣削共有的参数外，还有以下特有的参数设置，如图6-14所示。

1）【延伸刀轨】：为了避免刀轨直接切入部件，在此设置一段距离，使刀轨在到达切入点时进行减速切入，有利于提高机床的寿命，如图6-15所示。

2）【毛坯距离】：部件边界到毛坯边界的距离，如图6-16所示。

2. 余量选项卡

在图6-17所示的【余量】选项卡中，如果勾选【使底面余量与侧面余量一致】选项，则底面余量和侧面余量保持一致；如果取消勾选该选项，则底面余量和侧面余量可以输入各自不同的值。

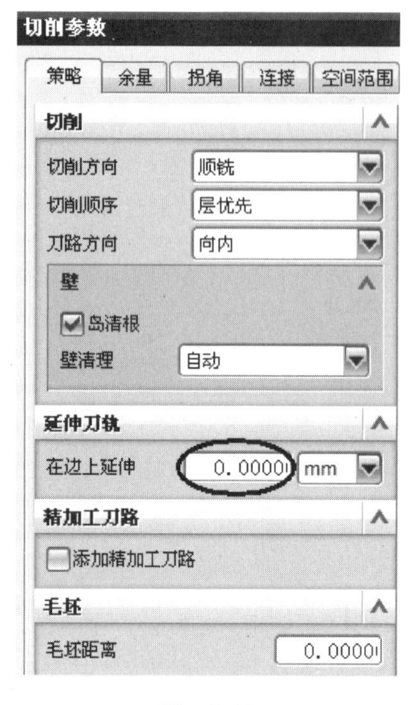

图　6-14

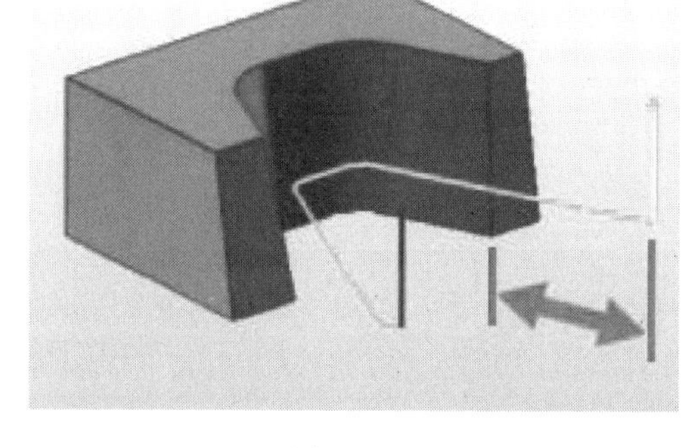

图　6-15

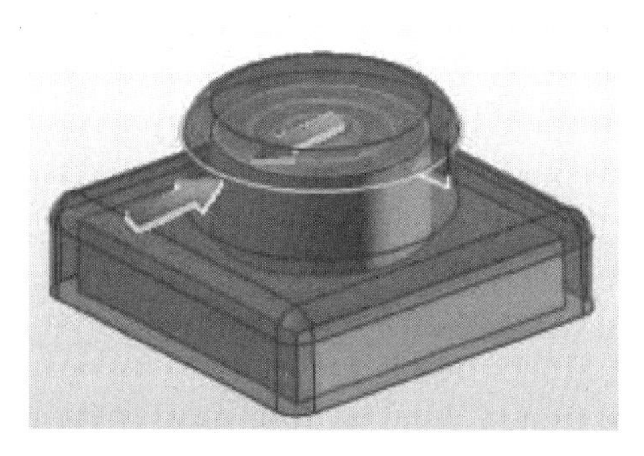

图　6-16

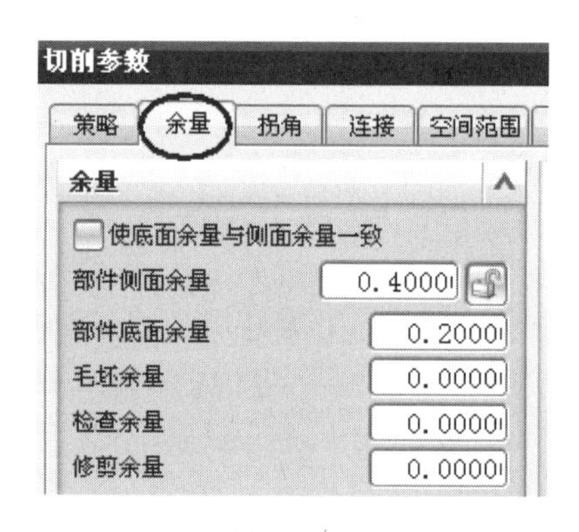

图　6-17

6.4.4　空间范围

型腔铣削和平面铣削在切削参数的选项中区别最大的是空间范围选项卡，如图 6-18 所示。

1.【毛坯】

这里包括【修剪方式】、【处理中的工件】、【最小材料移除】等参数。

(1)【修剪方式】　该选项要和【更多】选项卡中的【容错加工】选项结合使用。当勾选【容错加工】选项时，【修剪方式】下拉列表框如图 6-19 所示；当取消勾选该选项时，【修剪方式】下拉列表框如图 6-20 所示。

1)【无】：按照几何节点中最大外形定义毛坯的情况下使用，如图 6-21 所示。

2）【轮廓线】：系统利用工件几何体最大轮廓线决定切削范围，刀具可以定位到从这个范围偏置一个刀具半径的位置，如图 6-22 所示。

3）【外部边】：刀具沿定义部件几何体的面、片体或表面区域的外形边缘，然后从这个范围偏置一个刀具半径的位置来创建一条轨迹。

（2）【处理中的工件】 也叫 IPW（In Process Workpiece），是工序件的意思。该选项主要用于二次切削，是型腔铣中非常重要的一个选项。处理中的工件（IPW）也就是操作完成后保留的材料，该选项可用的当前输出操作的状态包括三个选项：【无】、【使用 3D】和【使用基于层的】，如图 6-18 所示。

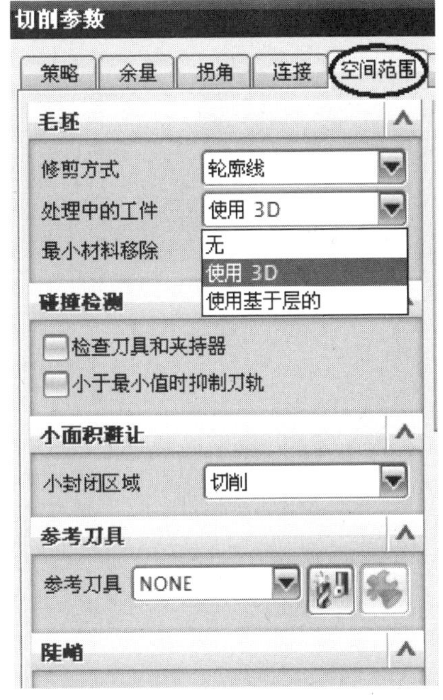

图　6-18

1）【无】：在操作中不使用处理中的工件，也就是直接以几何体父节点组中毛坯几何体作为毛坯进行切削，不能使用当前操作加工后的剩余材料作为当前操作的毛坯几何体，如图 6-23 所示。

2）【使用 3D】：使用小平面几何体来表示剩余材料。选择该选项，可以将前一操作加工后剩余的材料作为当前操作的毛坯几何体，避免再次切削已经切削过的区域，如图 6-24 所示。

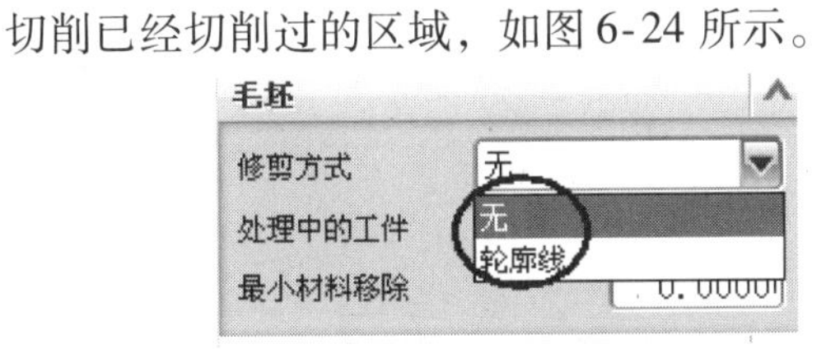

图　6-19

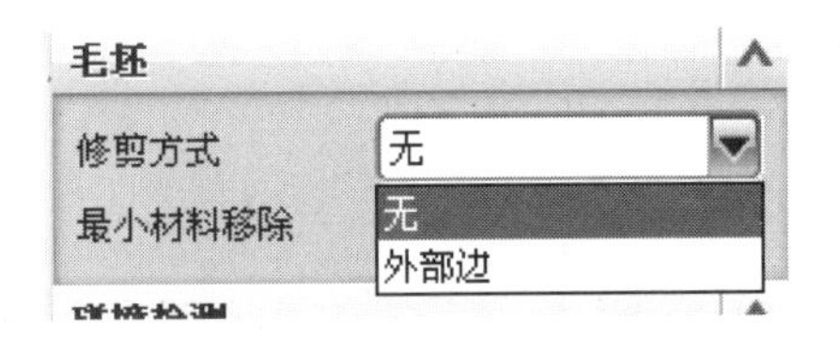

图　6-20

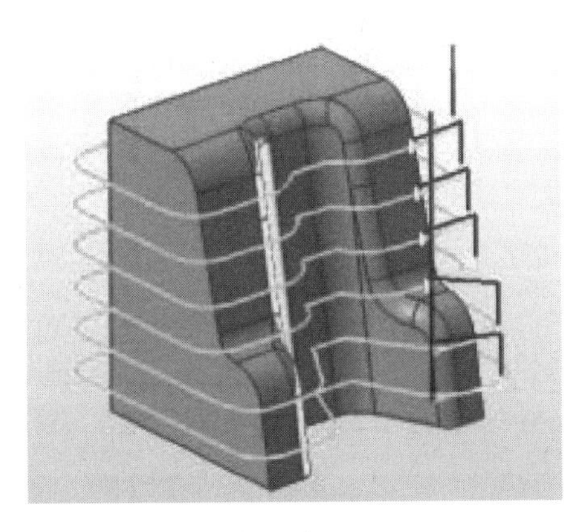

图　6-21

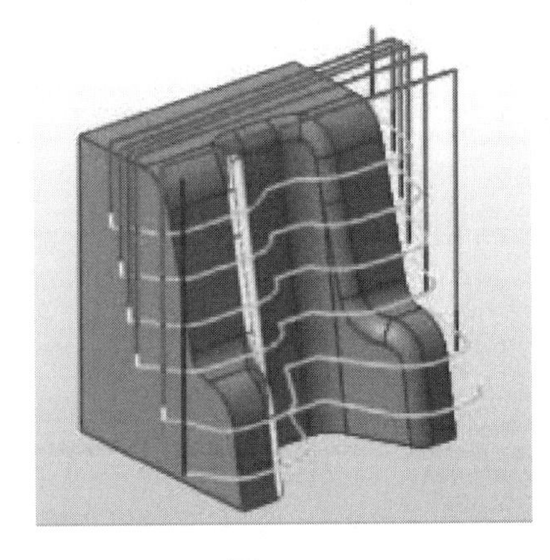

图　6-22

3）【使用基于层的】：该选项和【使用 3D】类似，也是使用先前操作后的剩余材料作为当前操作的毛坯几何体，并且使用先前操作的刀轴矢量，操作都必须位于同一几何父节点组内。使用该选项可以高效地切削先前操作中留下的弯角和阶梯面，如图 6-25 所示。

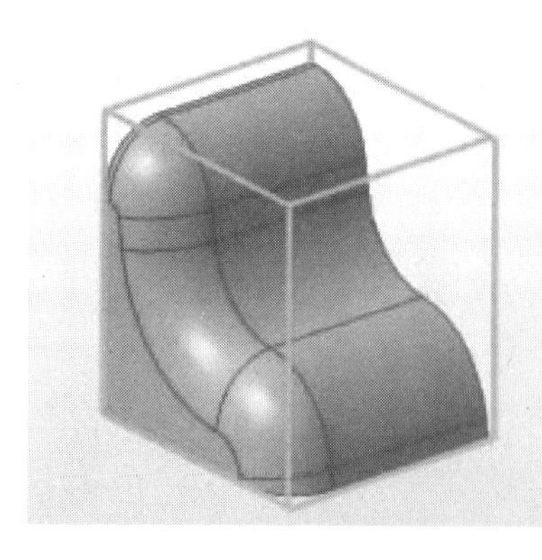

图 6-23

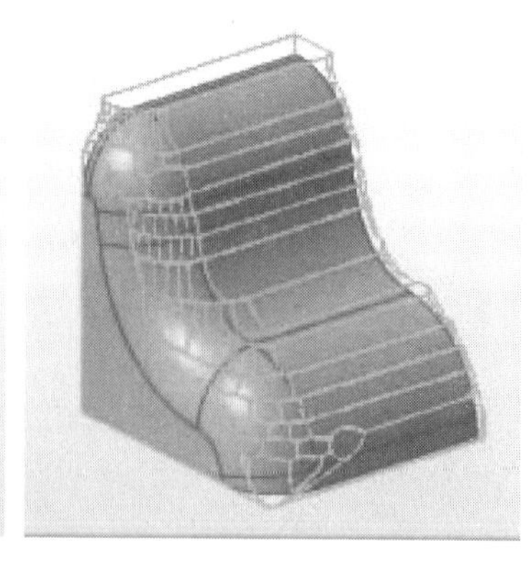

图 6-24

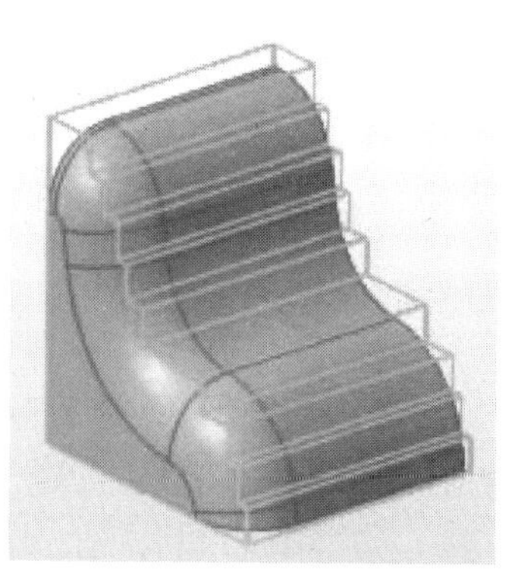

图 6-25

(3)【最小材料移除】 最小移除材料厚度值是在部件余量上附加的余量，使生成的处理中的工件比实际加大后的工序件稍大一点，如图 6-26 所示。比如当前操作指定的部件余量是 0.5mm，而最小移除材料厚度值是 0.2mm，生成的处理中的工件的余量是 0.7mm，则可以理解为前一个 IPW 的余量在 0.7mm 以上的区域才能被本操作加工到。

2.【碰撞检测】

这里包括【检查刀具和夹持器】、【IPW 碰撞检查】、【小于最小值时抑制刀轨】等参数，如图 6-27 所示。

1)【检查刀具和夹持器】：取消勾选【检查刀具和夹持器】选项，只检查刀具，如图 6-28 所示；如果勾选该选项，不仅检查刀具，还检查刀柄，如图 6-29 所示。

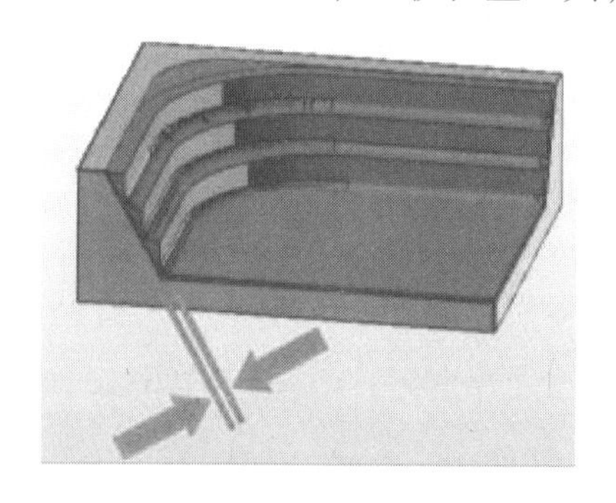

图 6-26

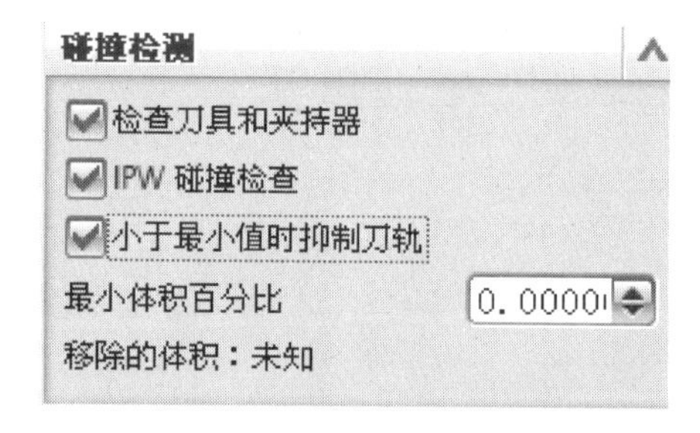

图 6-27

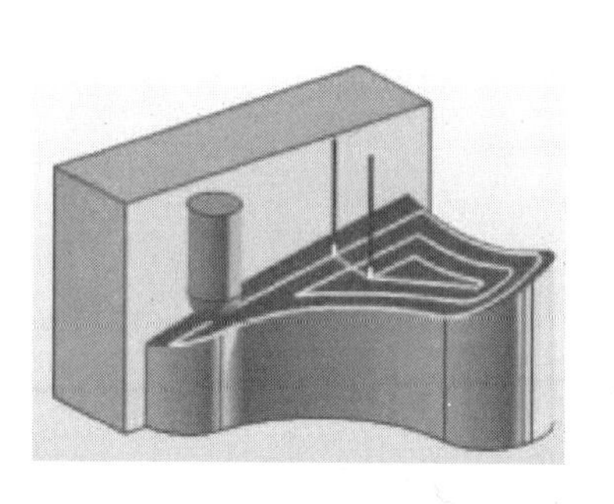

图 6-28

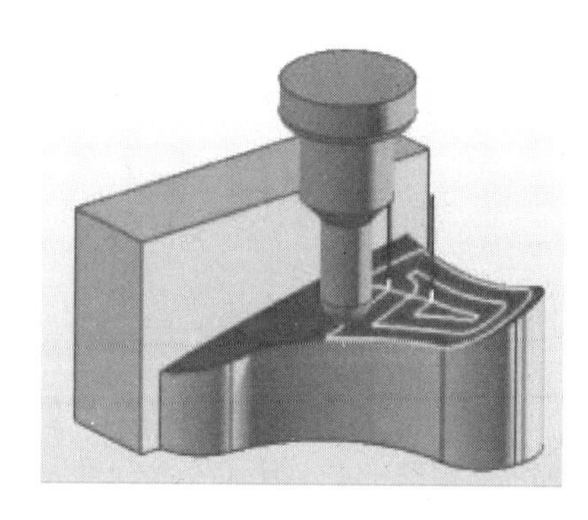

图 6-29

2）【IPW 碰撞检查】：当勾选【检查刀具和夹持器】选项时，【IPW 碰撞检查】选项被激活，取消勾选【IPW 碰撞检查】选项，结果如图 6-30 所示；如果勾选该选项，结果如图 6-31 所示。

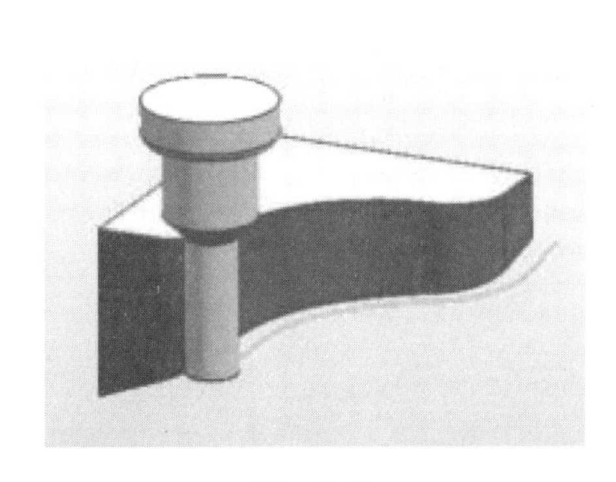

图　6-30

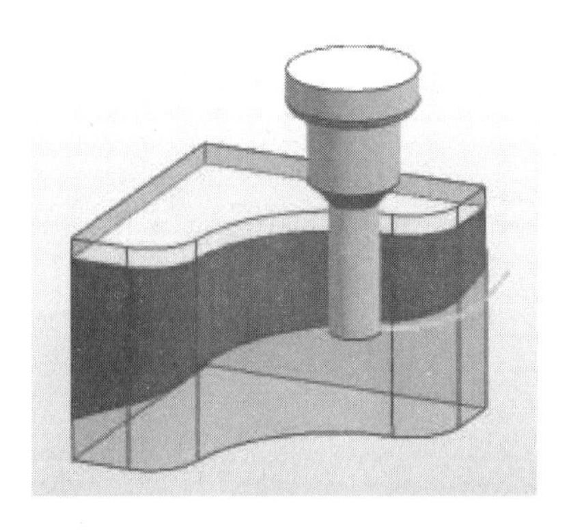

图　6-31

3）【小于最小值时抑制刀轨】：控制最小切削量，如图 6-32 所示。

3. 【小面积避让】

为了防止刀具在小区域切削时发生顶刀及排屑不畅等现象，可选择该选项。【小封闭区域】下拉列表框如图 6-33 所示。

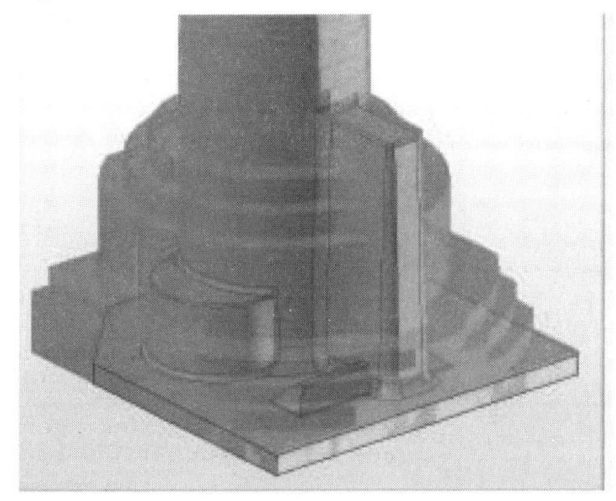

图　6-32

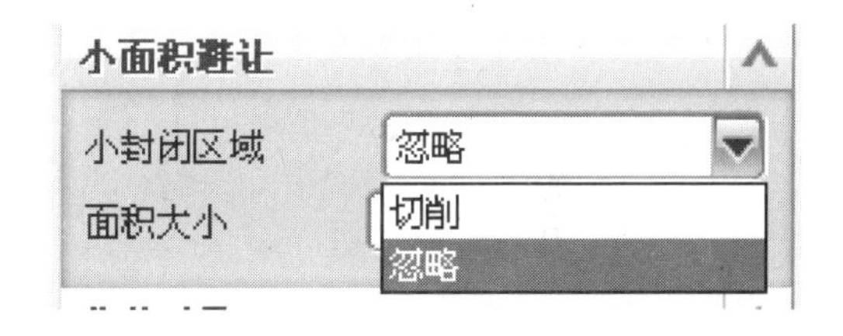

图　6-33

1）【切削】：不忽略小面积区域，如图 6-34 所示。

2）【忽略】：忽略小面积区域，如图 6-35 所示。

3）【面积大小】：可以使用刀具直径的百分比或恒定的值来定义面积大小，如图 6-36 所示。

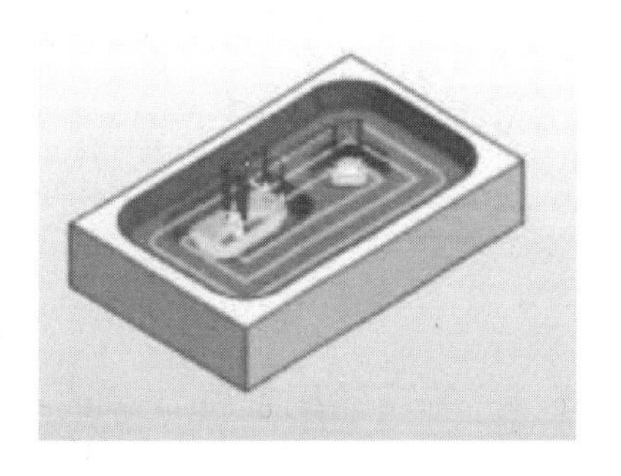

图　6-34

4. 【参考刀具】

设定此参数用于创建清角刀轨，还可设置【重叠距离】选项，对刀轨进行进一步的控制。

1）【参考刀具】：选择上一步操作中使用的刀具，可以提高加工效率，如图 6-37 所示。

2）【重叠距离】：一般设置 2mm，若太大，则空刀太多，如图 6-38 所示。

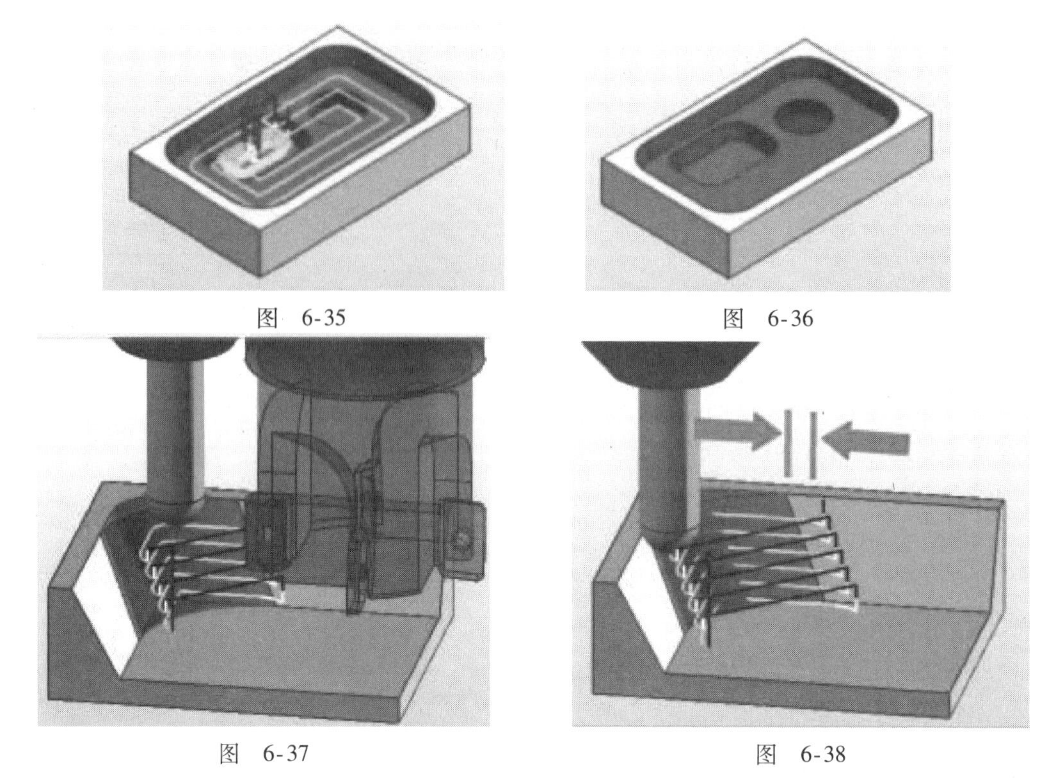

图　6-35　　图　6-36

图　6-37　　图　6-38

5.【陡峭】

可以指定陡峭角度进一步将切削区域限制在陡峭部分。若不选，则全部加工。

6.5　等高轮廓铣参数介绍

等高轮廓铣操作是型腔铣的特例，经常用于陡峭曲面的精加工和半精加工，相对于型腔铣的【配置文件】方式，增加了一些特定的参数，如陡峭角度、混合切削模式、层间过渡和层间切削等，主界面增加【陡峭空间范围】、【合并距离】及【最小切削长度】等参数，如图 6-39 所示。

图　6-39

6.5.1　等高轮廓铣基本参数

1.【陡峭空间范围】

该选项用于对加工区域进行分类，可分为陡峭区域和非陡峭区域。部件上任一点的陡峭角是刀轴与部件表面该点处的法向矢量形成的夹角。【陡峭空间范围】下拉列表框有【无】、

【仅陡峭的】两个选项。

1）【无】：系统对整个部件进行铣削。

2）【仅陡峭的】：选择该选项，【角度】栏被激活，可以输入角度值，只有陡峭角大于该值的部件区域才进行加工。

2. 【合并距离】

通过设定合并距离值，把一些小的、不连贯的刀路连接起来，消除刀轨中的不连续性和曲面间的缝隙。一般按默认值3mm来确定。

3. 【最小切削长度】

该选项用于消除指定值内的刀轨段，避免顶刀，一般按默认值1mm来确定。

6.5.2　等高轮廓铣特有参数

1. 策略选项卡

1）【切削方向】下拉列表框增加了【混合】选项，如图6-40所示。若每层的刀轨是开放的，单向切削模式会产生许多提刀，采用混合切削模式，进行往复式加工，从而避免提刀，可以提高加工效率，使刀轨更为美观，如图6-41所示。

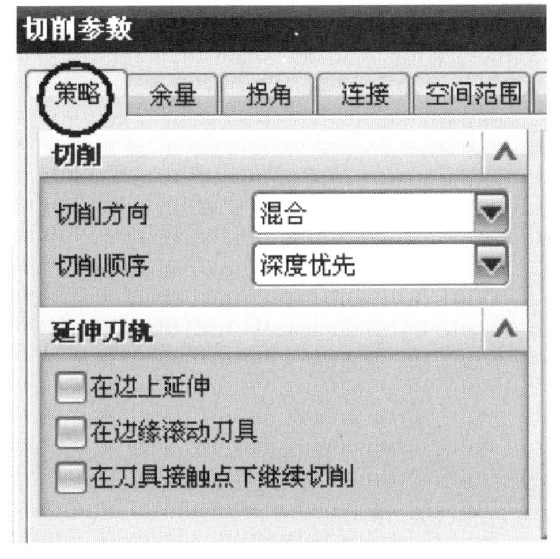

图　6-40

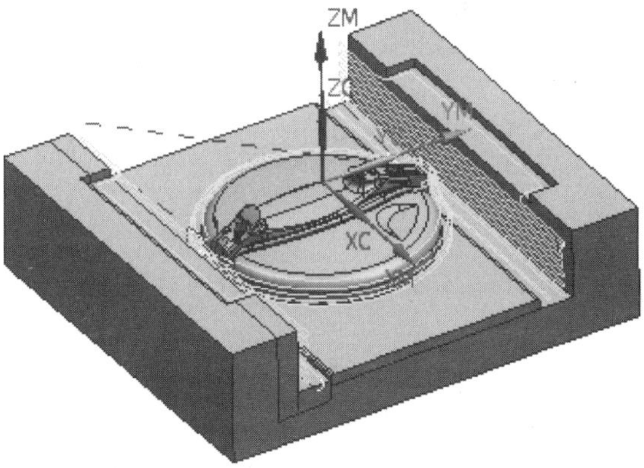

图　6-41

2）【切削顺序】下拉列表框增加了【始终深度优先】选项。在多个区域铣削的情况下，采用【始终深度优先】选项可以减少提刀。仅采用【深度优先】选项，刀轨如图6-42所示；而采用【始终深度优先】选项，刀轨如图6-43所示。

3）【延伸刀轨】包括【在边上延伸】、【在边缘滚动刀具】、【在刀具接触点下继续切削】等参数。

【在边上延伸】：为了使边缘光顺，对于有型腔的分型面常采用该选项。取消勾选【在边上延伸】选项，结果如图6-44所示；如果勾选该选项，则【距离】栏被激活，可以使用刀具直径的百分比或恒定的值来定义，如图6-45所示。

【在边缘滚动刀具】：除非边缘产生毛刺用刀路清除，一般不用该选项，以提高加工效率。取消勾选【在边缘滚动刀具】选项，结果如图6-46所示；勾选该选项，结果如图6-47所示。

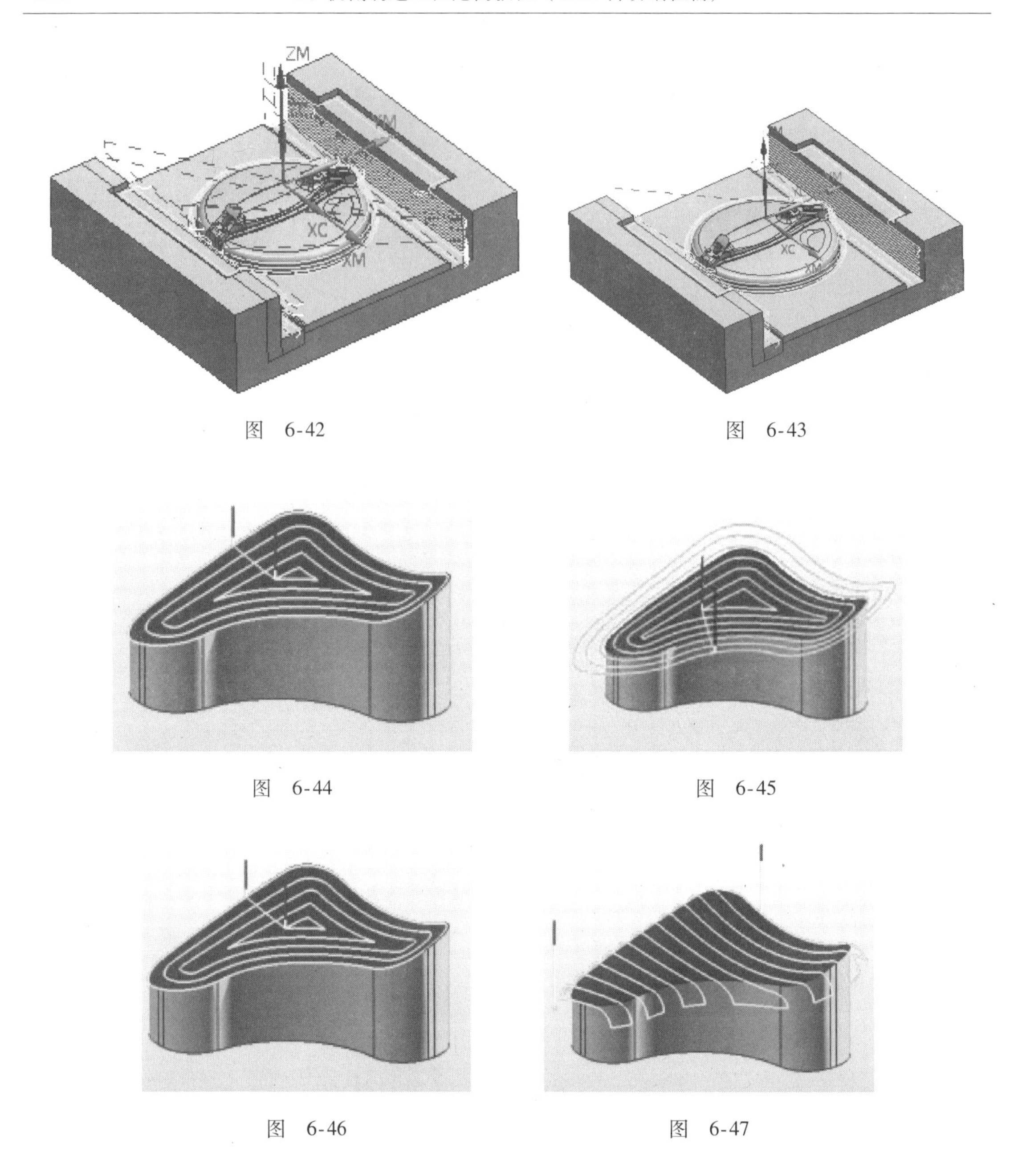

图 6-42　　图 6-43

图 6-44　　图 6-45

图 6-46　　图 6-47

【在刀具接触点下继续切削】：取消勾选【在刀具接触点下继续切削】选项，刀路严格按曲面边缘加工，但跳刀较多，如图6-48所示；如果勾选该选项，刀路连续，但有空刀，如图6-49所示。

2. 连接选项卡

确定刀轨从一层加工到下一层加工的过渡方式，它可以设定切削所有层而无需抬刀到安全平面，是一个非常高效的工具，其参数如图6-50所示。

（1）【层到层】　确定刀轨从一层到下一层加工如何运动。【层到层】下拉列表框有【使用转移方法】、【直接对部件进刀】、【沿部件斜进刀】、【沿部件交叉斜进刀】四个选项，如图6-51所示。

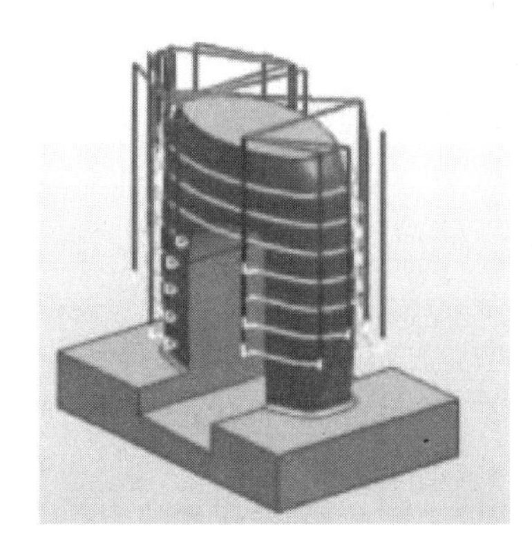

图　6-48

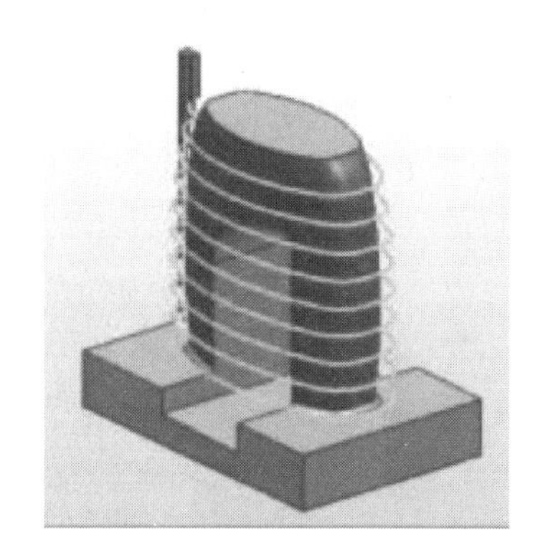

图　6-49

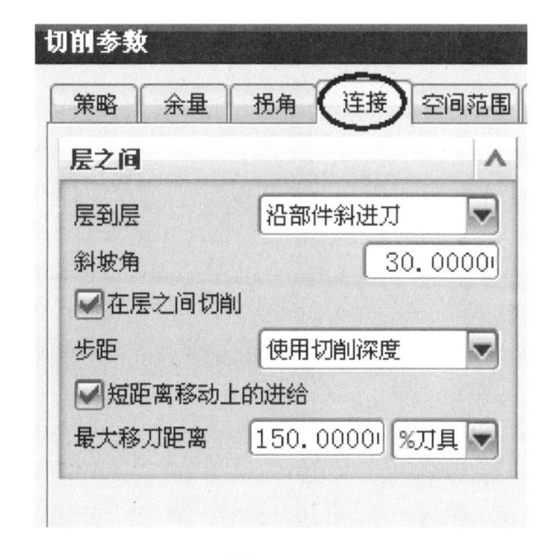

图　6-50

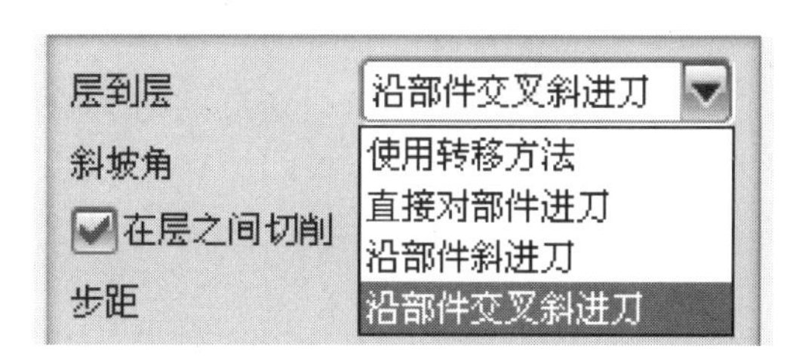

图　6-51

1）【使用转移方法】：使用进/退刀对话框中指定的层与层之间的运动方式。优点是保持一个切削方向，缺点是跳刀太多，如图 6-52 所示。

2）【直接对部件进刀】：刀具在完成一个切削层后直接在部件表面运动至下一个切削层。优点是刀路间没有抬刀，减少了空刀；缺点是易踩刀，刀尖易磨损。混合铣常用此方式，如图 6-53 所示。

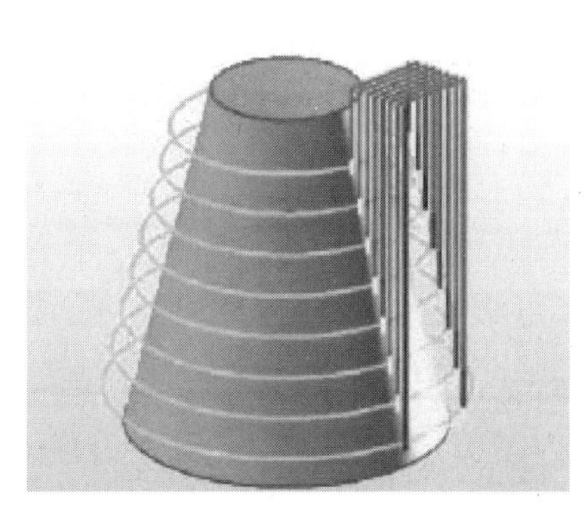

图　6-52

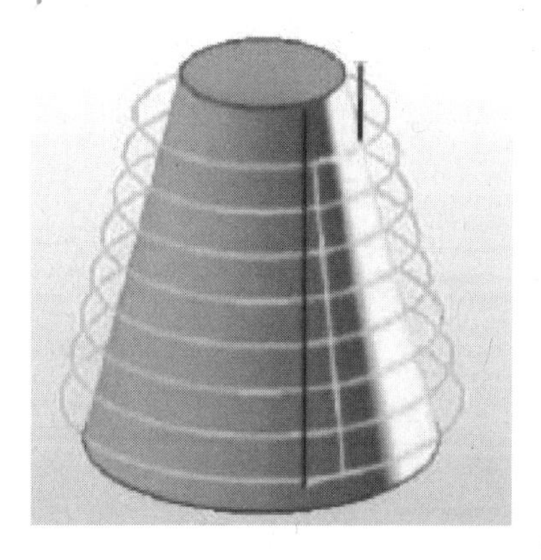

图　6-53

3）【沿部件斜进刀】：层间运动方式是斜坡角进刀。这种切削具有更恒定的切削深度和残余波峰，并能在部件顶层和底层生成完整的刀路。优点是减少了空刀，刀尖不易磨损，如图 6-54 所示。

4）【沿部件交叉斜进刀】：与【沿部件斜进刀】相似，且所有斜式运动首尾相接。优点是减少了空刀，刀尖不易磨损，高速切削中常用，如图 6-55 所示。

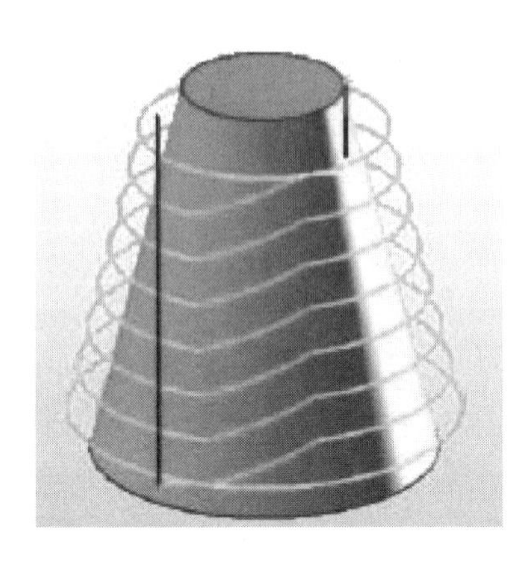

图 6-54

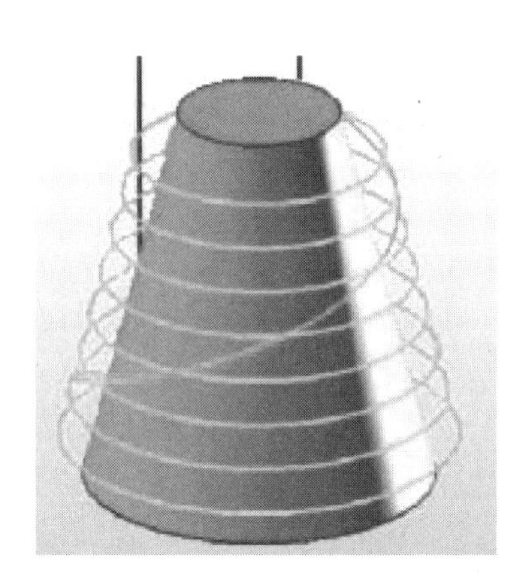

图 6-55

（2）在层之间切削　设定层间切削的步距和最大移刀距离，可以实现在进行深度轮廓加工时，对非陡峭面进行均匀加工，参数设定如图 6-56 所示。取消勾选【在层之间切削】选项，结果如图 6-57 所示；勾选【在层之间切削】选项，结果如图 6-58 所示。

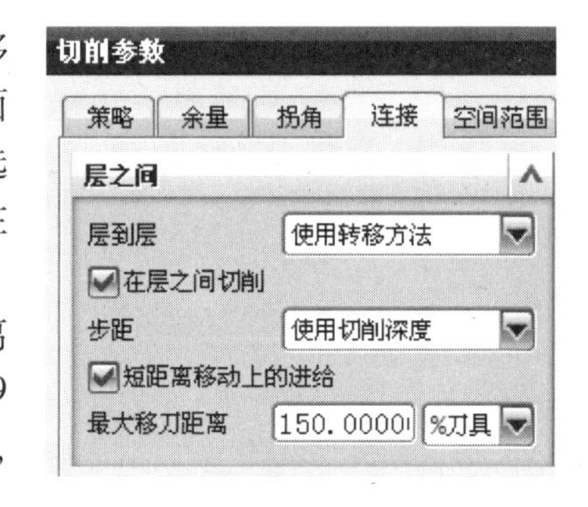

图 6-56

1）【短距离移动上的进给】：勾选此选项，在距离比较短的情况下不用抬刀，直接走刀过去，如图 6-59 所示。取消勾选此选项，在距离比较短的情况下抬刀，如图 6-60 所示。

2）【最大移刀距离】：如果勾选【短距离移动上的进给】选项，则【最大移刀距离】栏被激活，可以使用刀具直径的百分比或恒定的值来定义。

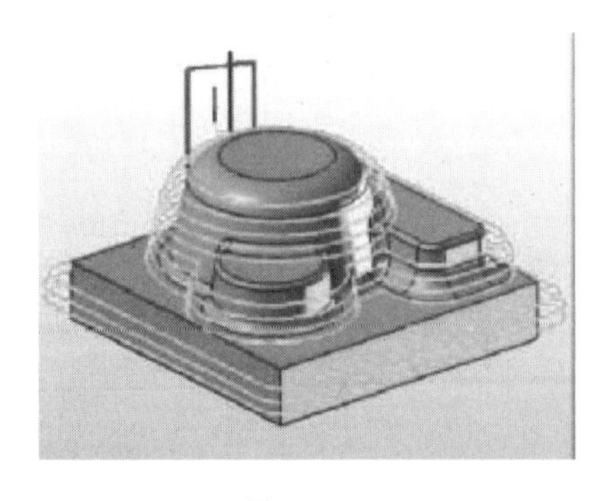

图 6-57

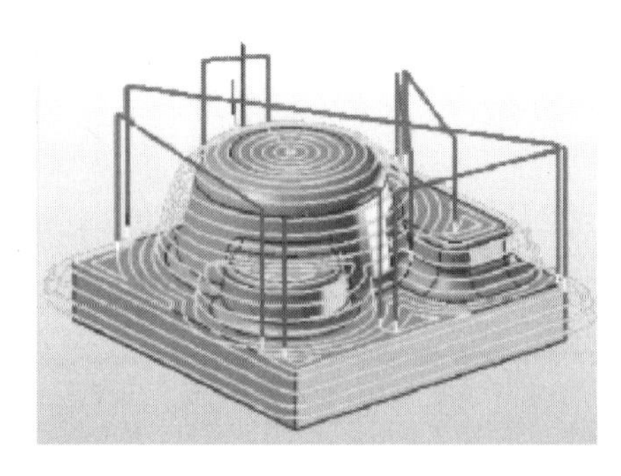

图 6-58

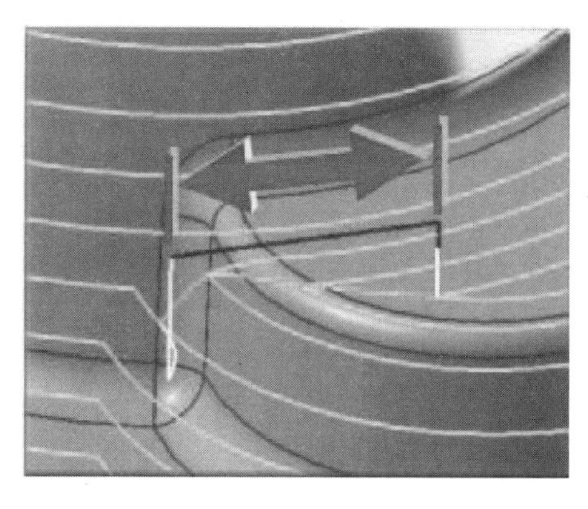

图 6-59

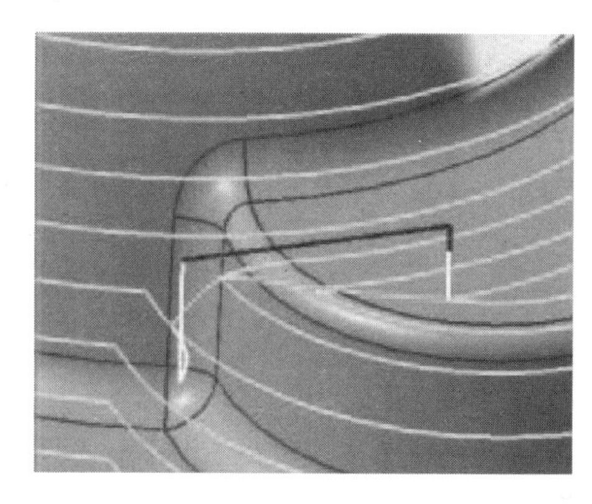

图 6-60

6.6 固定轴曲面轮廓铣削参数

固定轴曲面轮廓铣削是UG用于曲面精加工的主要加工方式。它通过投影矢量使刀具沿着非常复杂的曲面轮廓运动，可通过将驱动点投射到部件几何体来创建刀轨。

驱动点是从曲线、边界、面或曲面等驱动几何体生成的，并沿着指定的投射矢量投射到部件几何体上，然后刀具定位到部件几何体以生成刀轨，比较适用于平坦曲面的精加工。从选择的曲线、点、边界、面等驱动方式生成驱动点，投射到所加工部件的曲面上，生成刀轨，如图6-61所示。驱动点之间的距离越小，生成的刀轨越精密。

图 6-61

6.6.1 切削参数

固定轴曲面轮廓铣削和平面铣削、型腔铣削在切削参数的选项上有很多是相同的，下面仅介绍固定轴曲面轮廓铣削特有的选项。

1. 策略选项卡

固定轴曲面轮廓铣削的【策略】选项卡参数设置如图6-62所示。

1)【切削角】：该参数会随着驱动方法的不同而有所不同。只有用平行刀路加工时，才会显示切削角的定义。旋转角是相对于工作坐标系（WCS）的XC轴测量的。

2)【在凸角上延伸】：此选项允许用户控制在跨越内部尖角边缘时的刀轨。取消勾选该选项，刀具路径在尖角边缘上圆滑过渡，如图6-63所示；勾选该选项，刀具路径在过渡尖角上延伸，如图6-64所示。

2. 多刀路选项卡

如果在部件表面余量过大，一层刀路加工完不成时，可用此功能，经过多层切削，直至加工完成，参数设置如图6-65所示。

1)【部件余量偏置】：需要切除的材料余量。

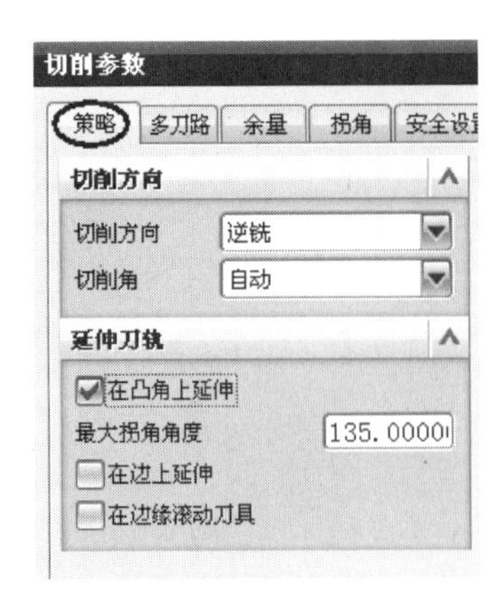

图　6-62

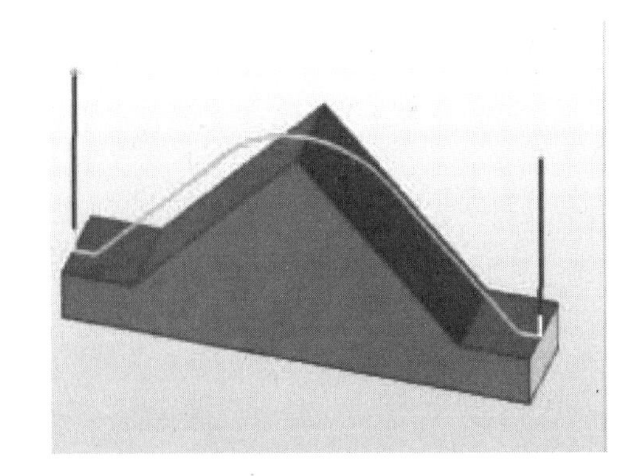

图　6-63

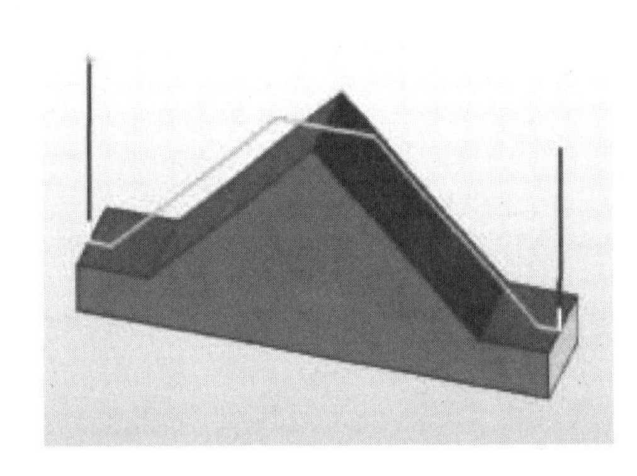

图　6-64

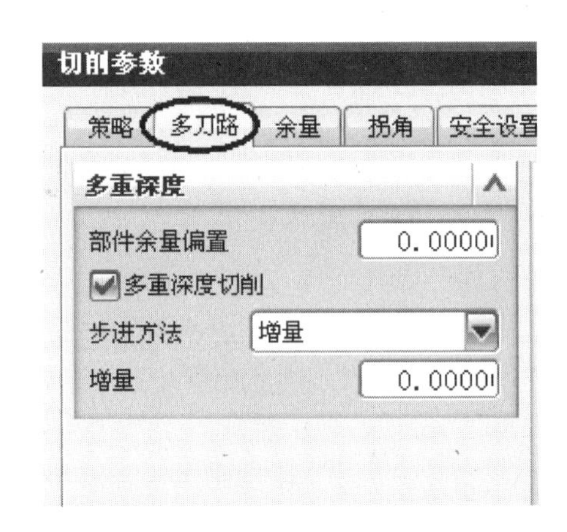

图　6-65

2）【多重深度切削】：取消勾选该选项，刀路仅一层，如图 6-66 所示。勾选该选项，每一层的刀轨通过偏置部件几何体来计算各自的接触点，而不是简单地复制和平移。每一切削层可由【步进方法】下拉列表框中的【增量】和【刀路】来定义。

【增量】：指定侧面刀路或切削层之间的距离，由系统计算制作多少个刀路。如果指定的增量不能平均分割要移除的余量偏置，则缩小上一刀路的增量，如深度余量偏置值为 0.7mm，增量值为 0.3mm，系统计算三个刀路。第一条刀路的切削深度是 0.3mm，第二条刀路的切削深度将增加 0.3mm，而第三条刀路将切削剩余的深度 0.1mm。第三条刀路是精加工，如图 6-67 所示。

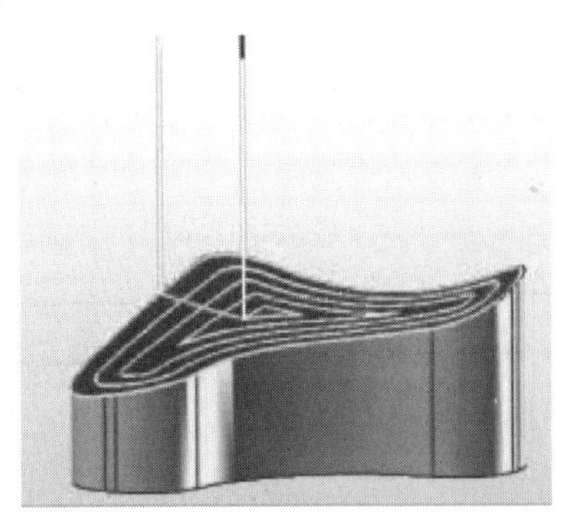

图　6-66

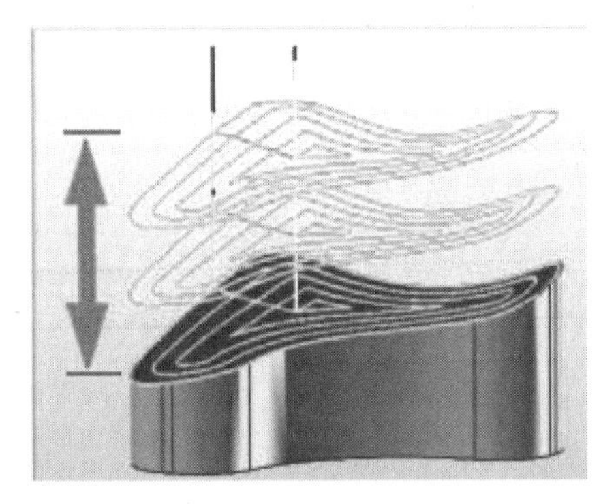

图　6-67

【刀路】：指定需多少层刀路加工完成。例如深度余量偏置值为0.6mm，刀路数值为3，系统会计算出增量为0.2mm，如图6-68所示。

3. 安全设置选项卡

该选项卡用于设置刀具对检查体产生过切时，刀路的处理方法。参数设置如图6-69所示。

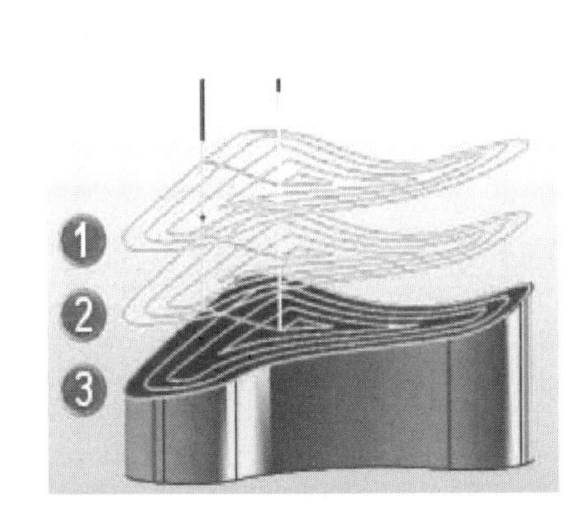

图　6-68

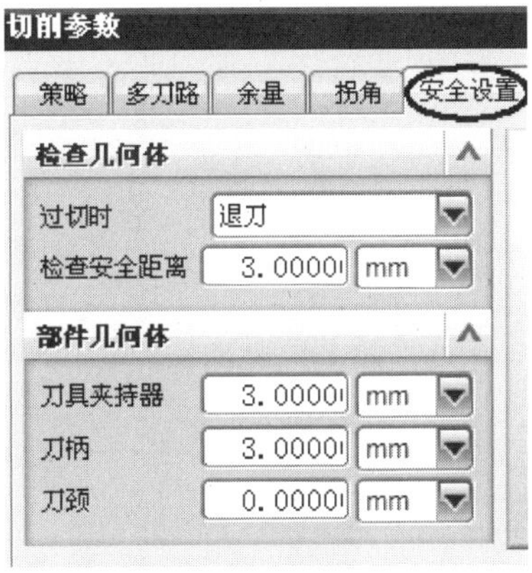

图　6-69

1）【过切时】下拉列表框有【警告】、【跳过】和【退刀】三个选项，如图6-70所示。

【警告】：此处理方法使得刀具干涉检查几何体时，仅发出警告信息，但不改变刀具干涉检查几何体时的刀具路径，如图6-71所示。

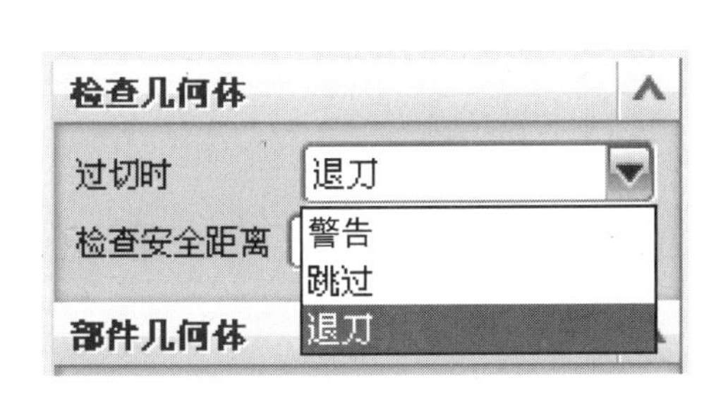

图　6-70

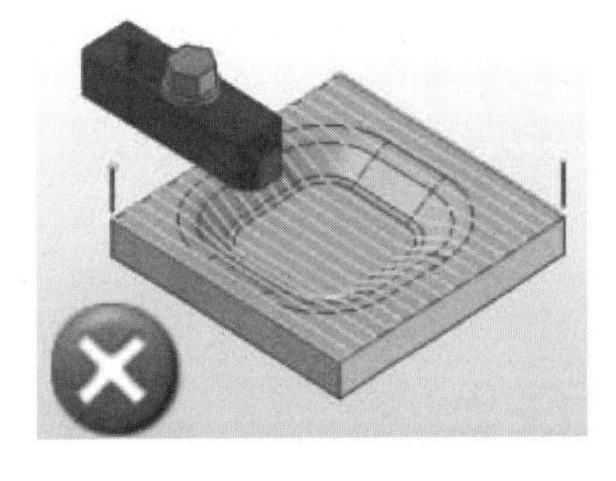

图　6-71

【跳过】：刀具干涉检查几何体时，忽略刀具干涉检查几何体时的刀具路径。刀具从干涉前的最后安全定位点直接移动到不再干涉时的第一个安全点，如图6-72所示。

【退刀】：系统提刀避开检查几何体，提刀时将保持使用非切削移动参数定义的相关进、退刀参数。刀具从干涉前的最后安全定位点提升刀具以避开检查干涉几何体移动到不再干涉时的第一个安全点，如图6-73所示。

2）【检查安全距离】：定义刀具与检查几何体之间的距离，主要是为了防止刀具或刀柄与检查几何体干涉，如图6-74所示。

3）【刀具夹持器】：定义刀具自动进刀与退刀的距离，从工件表面上的加工余量偏置处开始测量到刀具夹持器的距离，如图6-75所示。

4）【刀柄】：定义刀具自动进刀与退刀的距离，从工件表面上的加工余量偏置处开始测量到刀柄的距离，如图 6-76 所示。

5）【刀颈】：定义刀具自动进刀与退刀的距离，从工件表面上的加工余量偏置处开始测量到刀颈的距离，如图 6-77 所示。

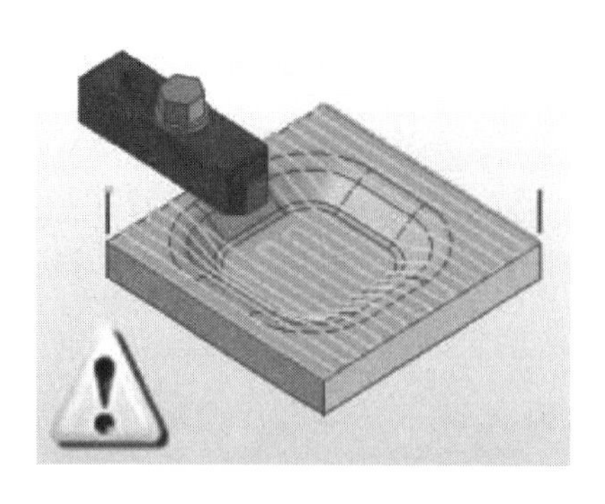

图　6-72

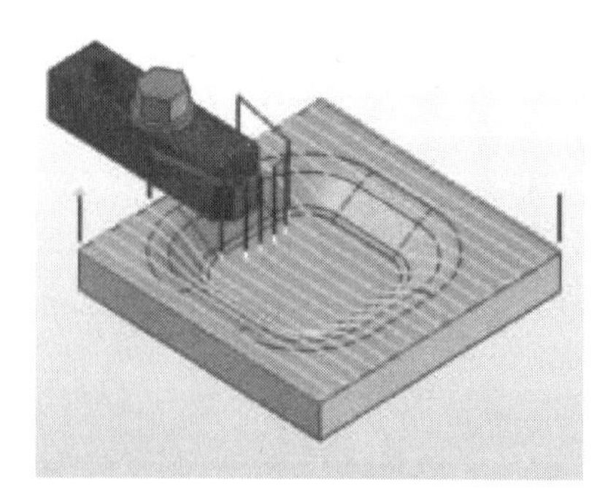

图　6-73

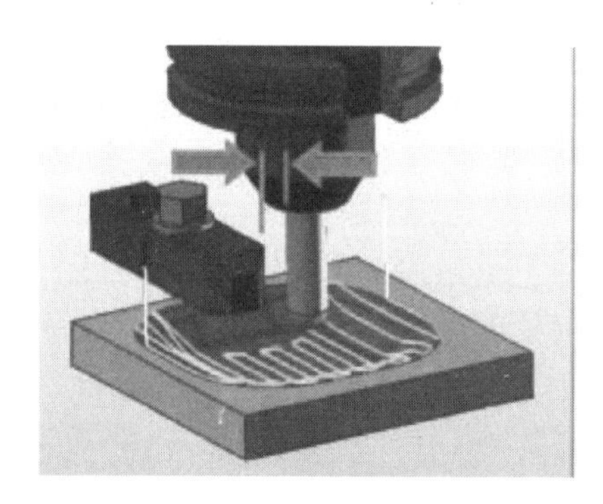

图　6-74

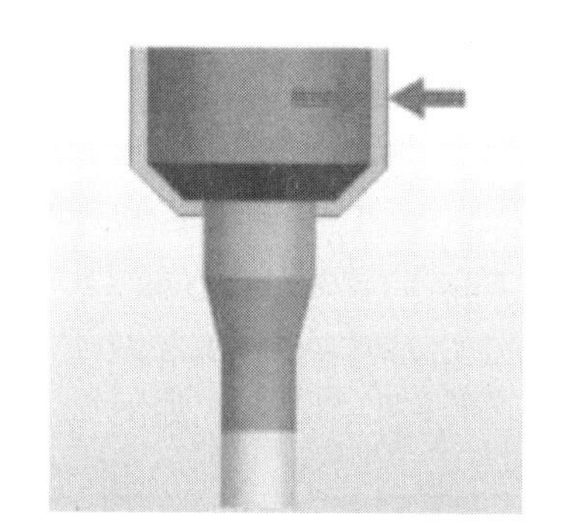

图　6-75

4. 更多选项卡

该选项卡主要用于对陡峭区域进行刀路优化，参数设置如图 6-78 所示。

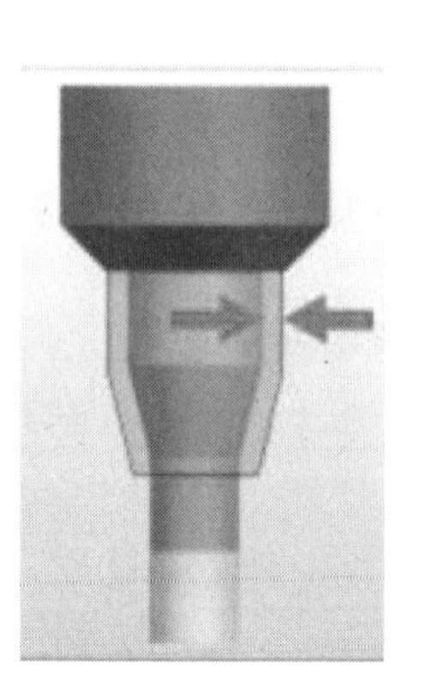

图　6-76

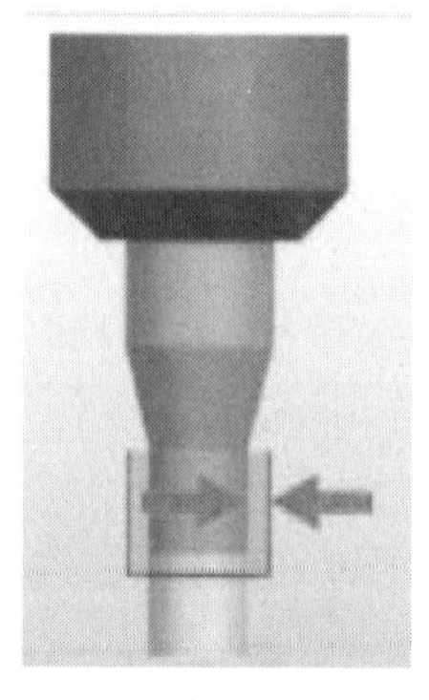

图　6-77

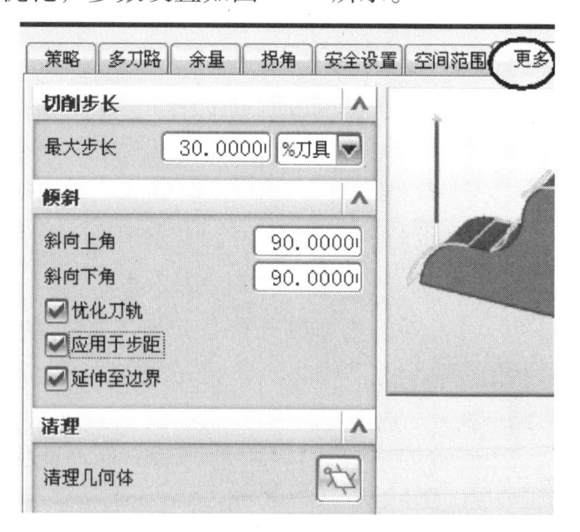

图　6-78

（1）【切削步长】　指沿着切削方向相邻两个刀具定位点的直线距离。此值越小，加工面越精确，如图6-79所示。切削步长数值应大于部件内、外公差。如果步长值大于某些小特征尺寸时，则会使小特征产生过切。

【最大步长】：使用刀具直径的百分比或恒定的值来定义。

(2)【倾斜】　限制刀具斜向上和斜向下运动的角度。

1)【斜向上角】：指定刀具倾斜向上移动角度，以进一步控制刀具移动，如图6-80所示。

2)【斜向下角】：指定刀具倾斜向下移动角度，以进一步控制刀具移动，如图6-81所示。

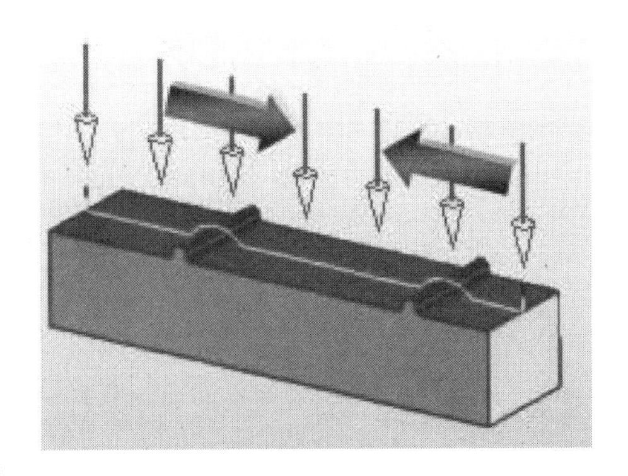

图　6-79

3)【优化刀轨】：选择使用此选项时，所生成的刀轨尽可能地在工件表面生成，使抬刀较少。该功能仅在【斜向上角】角度为90°且【斜向下角】角度为0°~10°，或【斜向上角】角度为0°~10°且【斜向下角】角度为90°时才可使用。勾选该选项，结果如图6-82所示；取消勾选该选项，结果如图6-83所示。

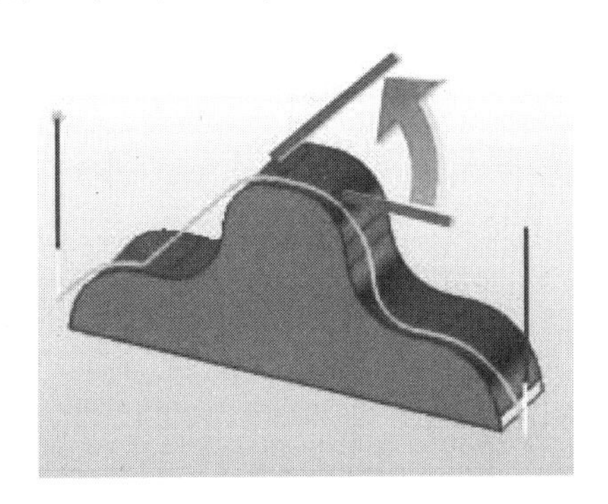

图　6-80

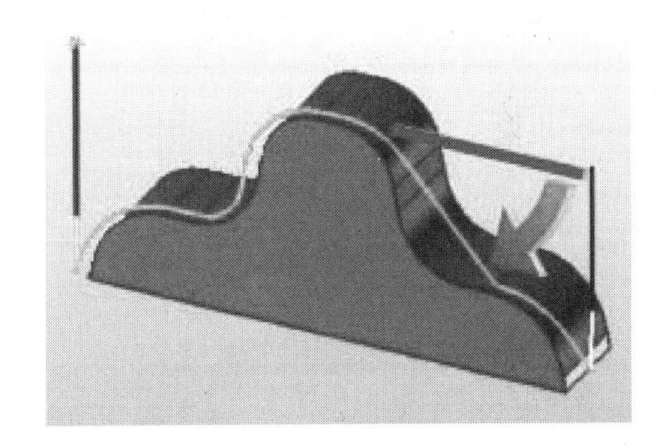

图　6-81

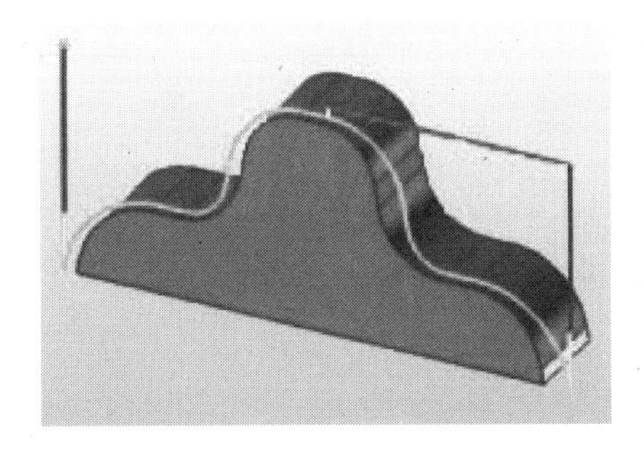

图　6-82

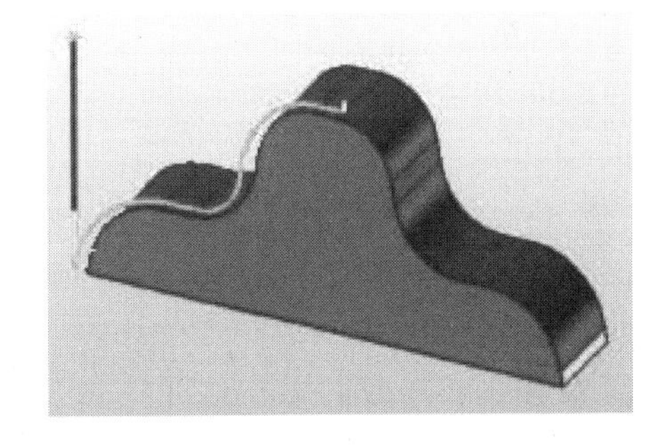

图　6-83

4)【应用于步距】：此选项和斜向上、斜向下的角度配合应用。刀具向上切削对刀具的危害较小，但向下切削对刀具的危害较大，所以多采用【应用于步距】使刀轨优化。勾选该选项，结果如图6-84所示；取消勾选该选项，结果如图6-85所示。

5)【延伸至边界】：可在仅向上或仅向下切削时将切削刀路的末端延伸至工件边界。勾选该选项，结果如图6-86所示；取消勾选该选项，结果如图6-87所示。

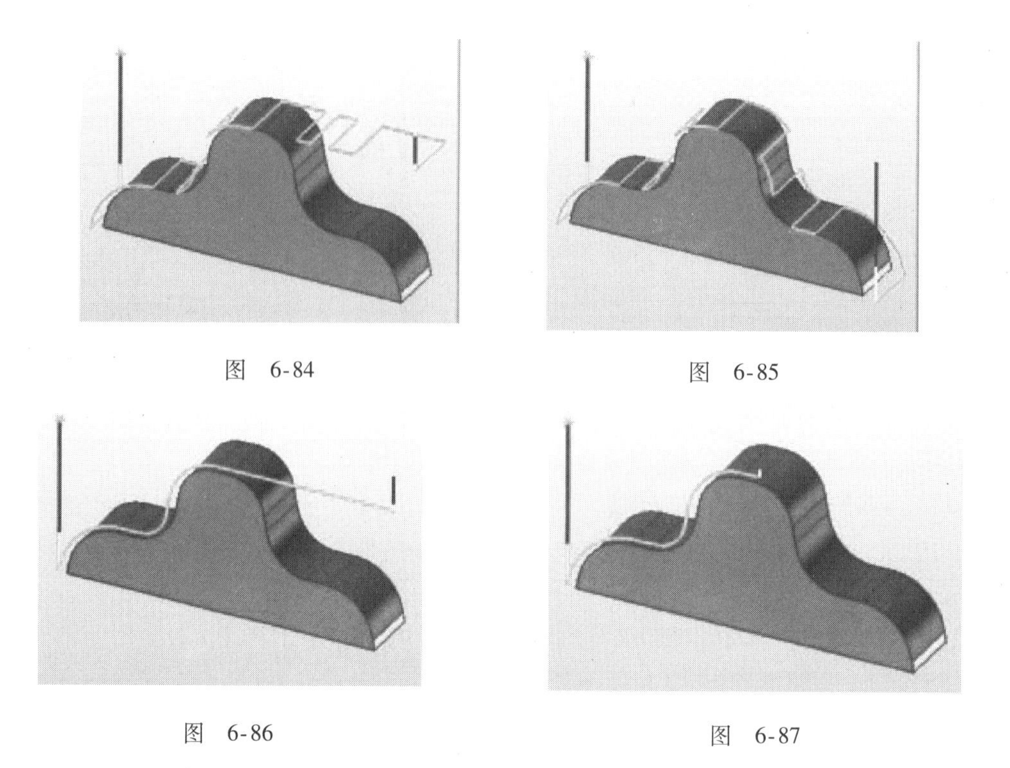

图 6-84　　图 6-85

图 6-86　　图 6-87

（3）【清理】　系统自动计算运行当前刀具路径后在加工面上的残留余量边界，用于帮助后续程序清除残留余量。单击（清理几何体）按钮，弹出【清理几何体】对话框，如图 6-88 所示。系统自动生成的清理几何体边界如图 6-89 所示。

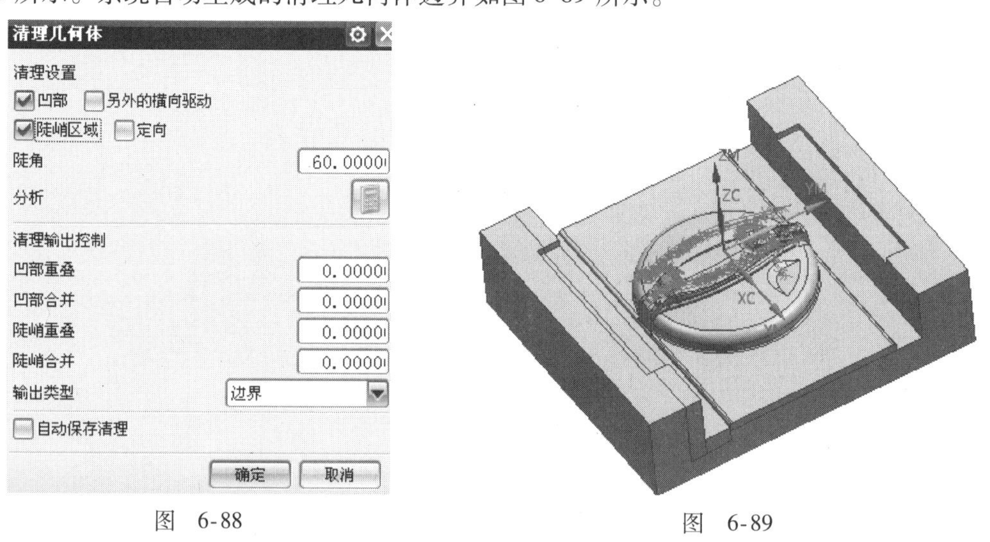

图 6-88　　图 6-89

6.6.2 非切削移动

1. 进刀选项卡

系统提供了 12 种进刀类型，各有特点，应根据实际切削情况选择一种适合的方式。原则是：第一刀切削要平稳，而且不能对其他部位产生碰伤和过切。具体参数如图 6-90 所示。常用的进刀方式是插削、圆弧 – 相切逼近。

1）【圆弧－相切逼近】：这种进刀方式能保证第一刀切削平稳，常选用此选项，如图 6-91 所示。

2）【半径】：设置圆弧半径，如图 6-92 所示。

3）【线性延伸】：相切延伸距离，如图 6-93 所示。

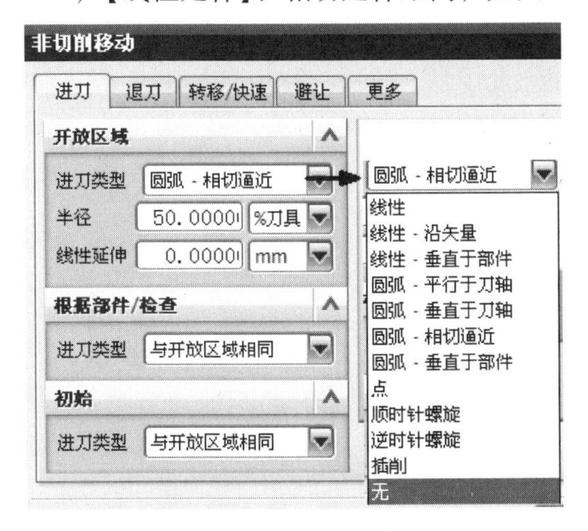

图 6-90

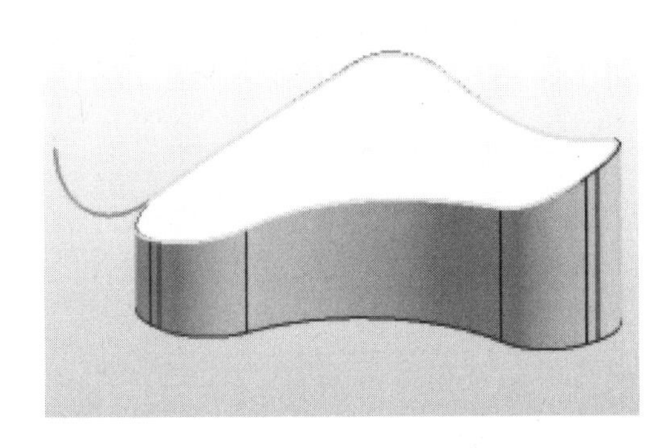

图 6-91

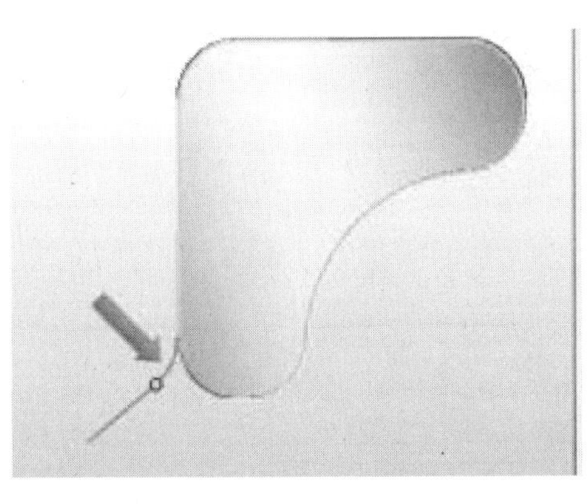

图 6-92

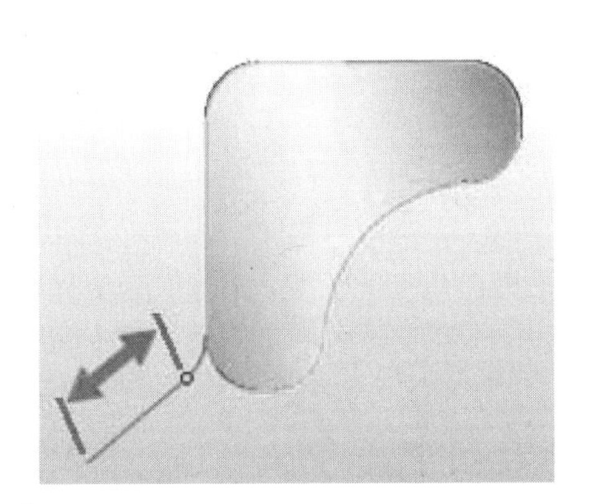

图 6-93

【插削】：简单常用的方式，适合第一刀切削余量不大的方式，如图 6-94 所示。

【高度】：此距离为缓降高度，保证第一刀切削平稳，如图 6-95 所示。

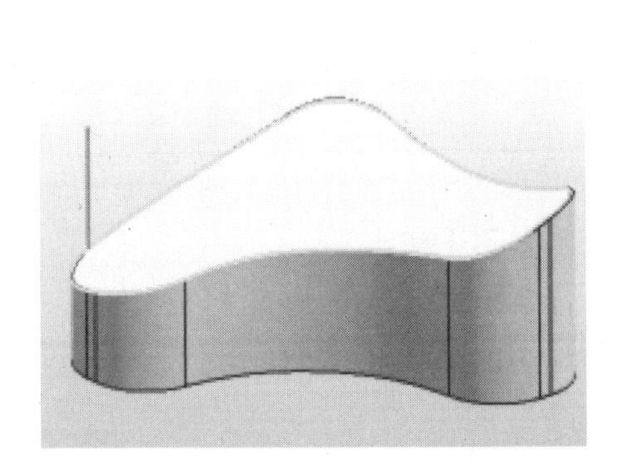

图 6-94

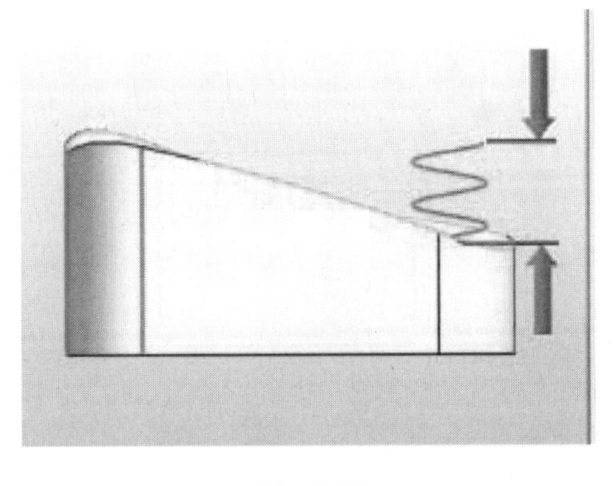

图 6-95

2. 退刀选项卡

一般选择默认设置，如图 6-96 所示。

3. 转速/快速选项卡

参数设置如图 6-97 所示。

1）【区域距离】：两个加工区域间的距离，如图 6-98 所示。

图 6-96

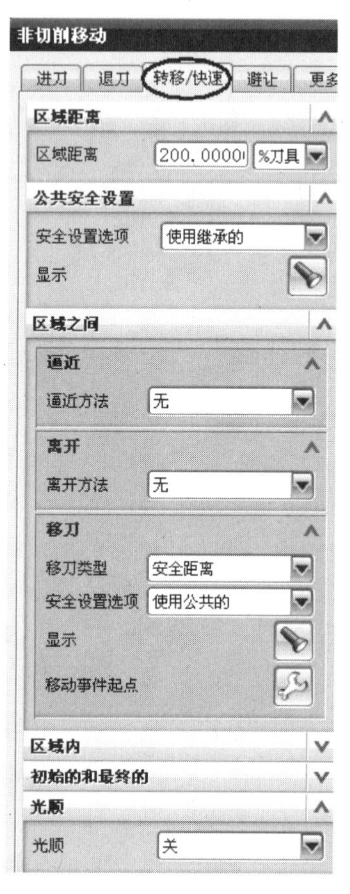

图 6-97

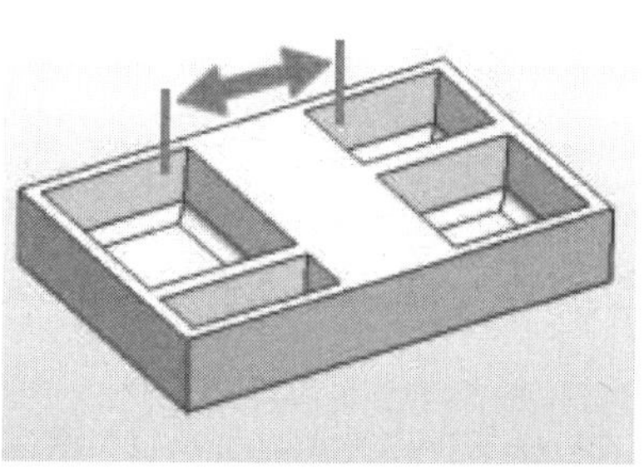

图 6-98

2）【安全设置选项】：一般选择【使用继承的】选项，即使用节点 MCS 所定义的安全高度，如图 6-99 所示。

3）【移刀类型】：一般区域之间采用提刀到安全平面来移动，如图 6-100 所示。

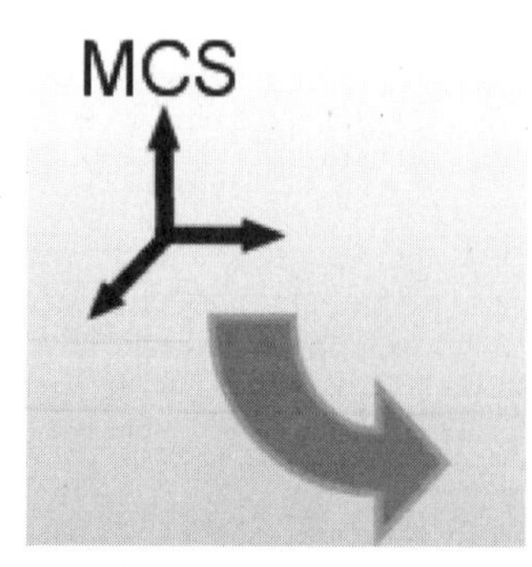

图 6-99

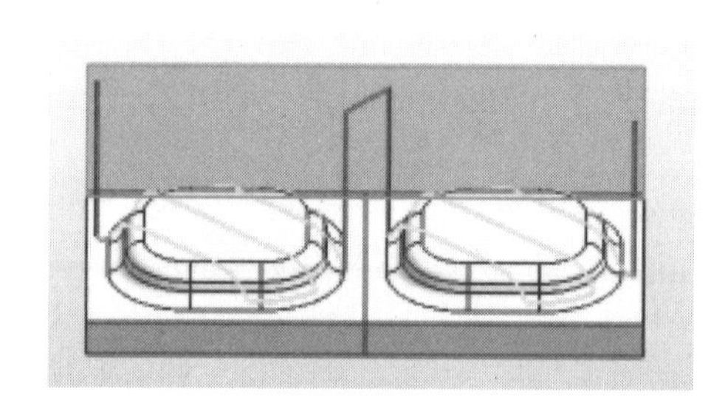

图 6-100

其他参数一般不用更改，使用默认参数即可。

6.6.3　驱动方法

固定轴曲面轮廓铣削的驱动方法定义了创建刀轨所需的驱动点，所选择的驱动方式决定了能选择的驱动几何体类型，以及可用的投影矢量、刀具轴和切削方法。如果不选择部件几何体，刀轨将直接由驱动点生成。

固定轴曲面轮廓铣削的驱动方法包括：曲线/点、螺旋式、边界、区域铣削、曲面、流线、刀轨、径向切削、清根和文本十种驱动方法，如图 6-101 所示。常用驱动方法有区域铣削、曲线/点与清根驱动。

6.6.3.1　曲线/点驱动方法

曲线/点驱动方法允许通过指定点和曲线来定义驱动几何体。驱动曲线可以是敞开的或是封闭的、连续的或是非连续的、平面的或是非平面的。曲线/点驱动方法最常用于平面雕刻图案或者文字。将工件面的余量设置为负值，刀具可以在低于工件面处切出一条槽。

在【固定轮廓铣】对话框的【方法】下拉列表框中选择【曲线/点】，弹出【曲线/点驱动方法】对话框，如图 6-102 所示，刀轨如图 6-103 所示。

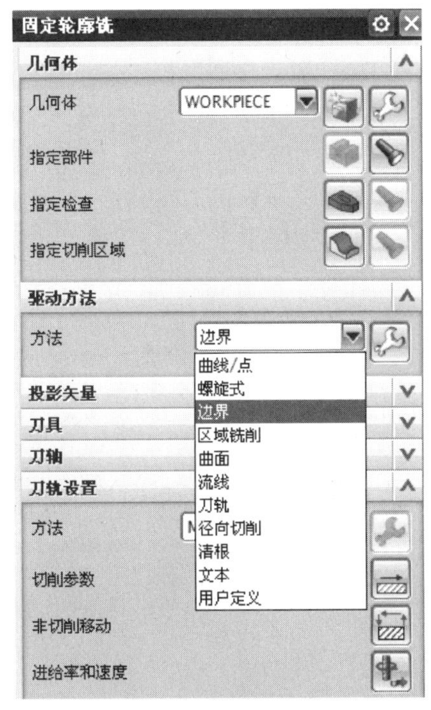

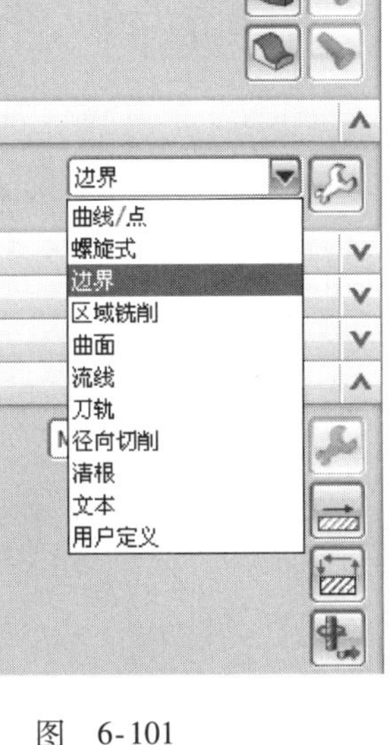

图　6-101

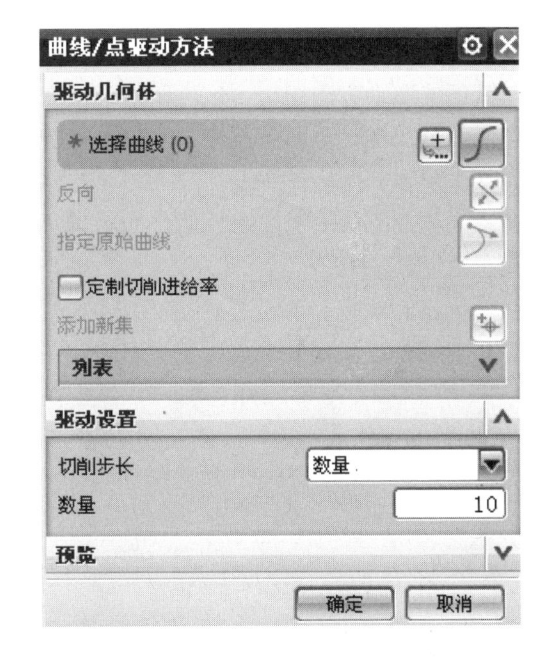

图　6-102

(1)【驱动几何体】相关选项

1)【选择曲线】：当选择曲线时，所选曲线的顺序决定了切削顺序，曲线的选择端为切削起始点，切削方向指向另一端。当选择点时，可以通过（点构造器）来定义驱动几何体，所选点的顺序决定了切削方向。

2)：反向。此按钮在选定曲线或边时被激活。

3)：指定原始曲线。当选择形成闭环的曲线或边时，指定原点作为曲线切削的起始位置。

4）【定制切削进给率】：将定制的进给率赋予各曲线集。

（2）【驱动设置】相关选项　【切削步长】用于指定沿驱动曲线产生驱动点间距离的方法，产生的驱动点越靠近，创建的刀具路径就越接近驱动曲线。切削步长的确定方式有两种：数量和公差。

1）数量：设置曲线或边上驱动的点数，点越多，刀轨越光顺。

2）公差：按指定的法向距离产生驱动点，指定的公差值越小，各驱动点就越靠近，刀具路径也就越精确。

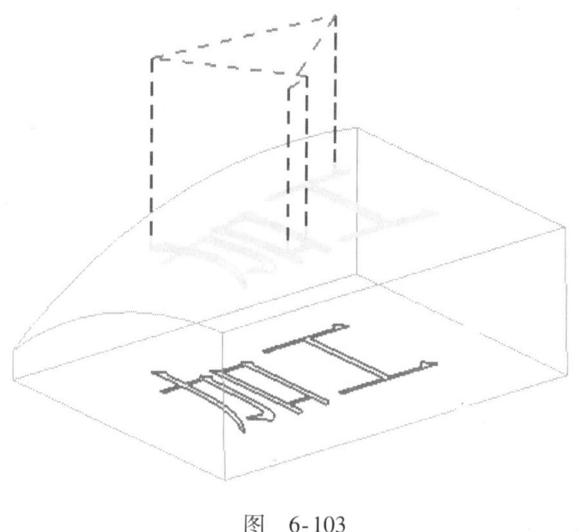

图　6-103

6.6.3.2　螺旋式驱动方法

螺旋式驱动方法是一个由指定的中心点向外做螺旋线运动生成驱动点的驱动方式。这些驱动点是在过中心点且垂直于投影矢量方向的平面内生成的。驱动点通过投影矢量投射到工件表面上。

与其他的驱动方法相比，这种驱动方法在步距移动时没有一个突然的换向，它的步距移动是光滑的，保持恒量向外过渡，可以保持固定的切削速度以及平滑的刀具移动。这种特性对高速加工是很有用的。

螺旋式驱动方法不受加工几何体的约束，它只受最大螺旋半径值的限制。这种驱动方法最好用于圆形部件。

在【固定轮廓铣】对话框的【方法】下拉列表框中选择【螺旋式】，弹出【螺旋式驱动方法】对话框，如图6-104所示，刀轨如图6-105所示。

图　6-104

图　6-105

1）【指定点】：螺旋中心点用于定义螺旋的中心位置，也定义了刀具的开始切削点。如果没有指定螺旋中心点，系统就用绝对坐标原点作为螺旋中心点。定义螺旋中心点时，可单击（点构造器）按钮，定义一个点作为螺旋驱动的中心点。

2）【最大螺旋半径】：最大螺旋半径用于限制加工区域的范围，从而限制产生驱动点的数目，以缩短系统的处理时间。螺旋半径在垂直于投影矢量的平面内进行测量。如果指定的半径超出了工件的边界，刀具在不能切削工件几何表面时，会退刀、转换，直至与工件表面接触，再进刀、切削。

3）【步距】：横向进给量，用于控制两相邻切削路径间的距离，即切削宽度。步距可以使用刀具直径的百分比或恒定的值来定义。

4）【切削方向】：切削方向与主轴旋转方向共同定义驱动螺旋的方向为顺时针还是逆时针方向。它包含【顺铣】与【逆铣】两个选项，【顺铣】指定驱动螺旋的方向与主轴旋转方向相同，【逆铣】指定驱动螺旋的方向与主轴旋转方向相反。

6.6.3.3　边界驱动方法

边界驱动方法可指定一边界或环路来定义切削区域。边界不需要与部件表面的形状或尺寸有所关联，而环路则需要定义在工件表面的外部边缘。切削区域可为边界或环路，或是两者的组合。根据边界所定义的导向点，沿投影矢量投射至部件表面，定义出刀具接触点与刀具路径。边界驱动方法最适合于刀轴方向及投影矢量控制需求最少的加工，例如固定刀轴及投影矢量的加工。

边界驱动方法与平面加工的工作方式类似。然而与平面加工不同之处是：为执行曲面精加工，刀具路径必须沿着复杂的曲面轮廓而产生。边界导向如同曲面驱动方法，都在其所包围的区域间产生导向点网格。在边界内部产生导向点不比在曲面上容易，但使用边界导向无法控制刀轴方向与投影矢量。例如平面轮廓所产生的导向点无法均匀包覆于复杂形状的曲面上或控制投影矢量的方向以获得较佳的刀具路径。

边界可由一系列曲线、现行边界线或工件上的面产生。边界定义出切削区域的外围以及岛屿与口袋的部分。每一条边界线可指定刀轴通过相切及接触三种刀具位置特征。边界范围可超过工件表面的尺寸、局限于工件表面内部的区域或与工件表面的边缘重合。当边界范围超过工件表面的尺寸、大于刀具直径时，刀具切削将会超过工件边缘，产生边缘轨迹的现象，造成毛边的不利情形。当边界范围小于工件表面尺寸时，则必须指定刀轴通过相切及接触等刀具位置。当边界范围与工件表面的边缘重合时，最好选择工件包覆环路，不要选择使用边界，并依照工件曲面的斜率大小，指定刀轴通过、相切及接触等刀具位置。

在【固定轮廓铣】对话框的【方法】下拉列表框中选择【边界】，弹出【边界驱动方法】对话框，如图 6-106 所示。

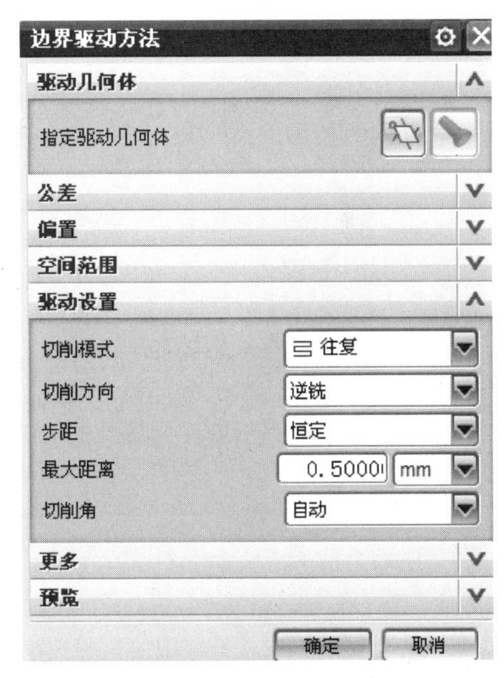

图　6-106

（1）【驱动几何体】相关选项　在【边界驱动方法】对话框中单击（选择或编辑驱动几何体）按钮，弹出【边界几何体】对话框，如图 6-107 所示。

边界几何体的选择与平面铣类似，如果工件几何体是实体，最好选择实体面来创建边界。边界创建好后，可以通过编辑按钮，编辑各曲线成员对中、相切或接触的刀具位置，如图 6-108 所示。

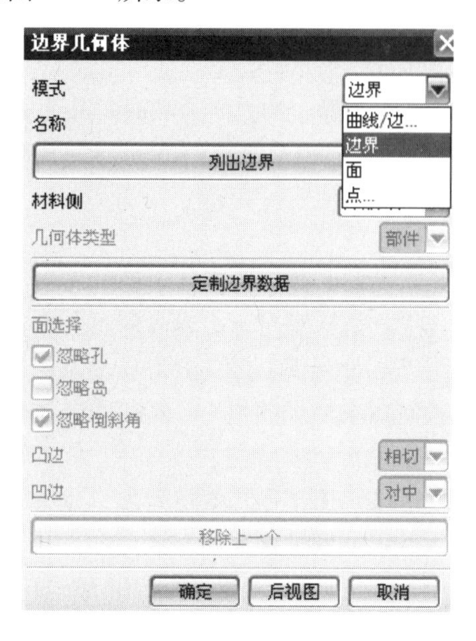

图　6-107

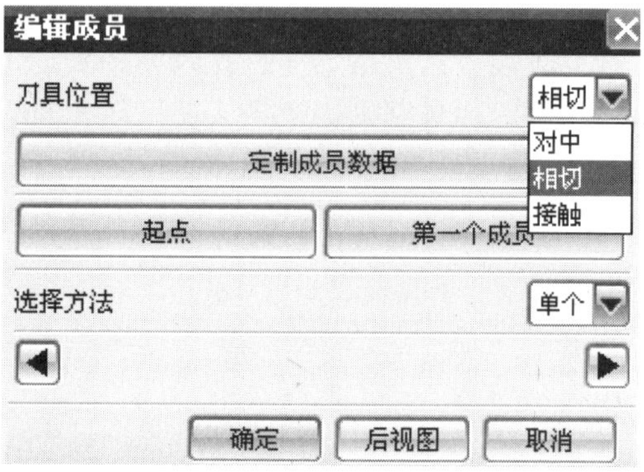

图　6-108

（2）【公差】相关选项　【边界内公差】、【边界外公差】用于指定刀具偏离实际边界的最大距离。公差值越小，则刀轨越精确，但系统计算的时间就越长。

（3）【偏置】相关选项　【边界偏置】用于通过指定偏置值来控制边界上遗留的材料余量。

（4）【空间范围】相关选项　空间范围是利用沿着所选择工件表面的外部边缘生成的边界线来定义切削区域的。环与边界可同样定义切削区域。【部件空间范围】下拉列表框中有【关】、【最大的环】、【所有环】三个选项。

【关】：不使用边界偏置功能。

【最大的环】：指定最大的环作为部件的加工区域。

【所有环】：指定所有环作为部件的加工区域。

（5）【驱动设置】相关选项　【切削模式】用于选择刀轨的形式。其下拉列表框如图 6-109 所示。

边界驱动生成的刀轨如图 6-110 所示。

6.6.3.4　区域铣削驱动方法

区域铣削驱动方法是最常用的一种精加工操作方式。区域铣削允许指定一个切削区域来生成刀轨。

区域铣削驱动与边界驱动生成的刀轨类似，但是其创建的刀轨可靠性更好，并且可以有陡峭区域判断及步距应用于部件上等功能，因此建议优先选用区域铣削驱动方法。通过选择切削模式，区域铣削可以适应绝大部分的曲面精加工要求。固定轴区域铣削常与等高轮廓铣削配合对工件的非陡峭位置和陡峭位置进行精加工（在它们切削范围之间要有一个重复的角度范围），合理的搭接范围有利于保证加工质量。

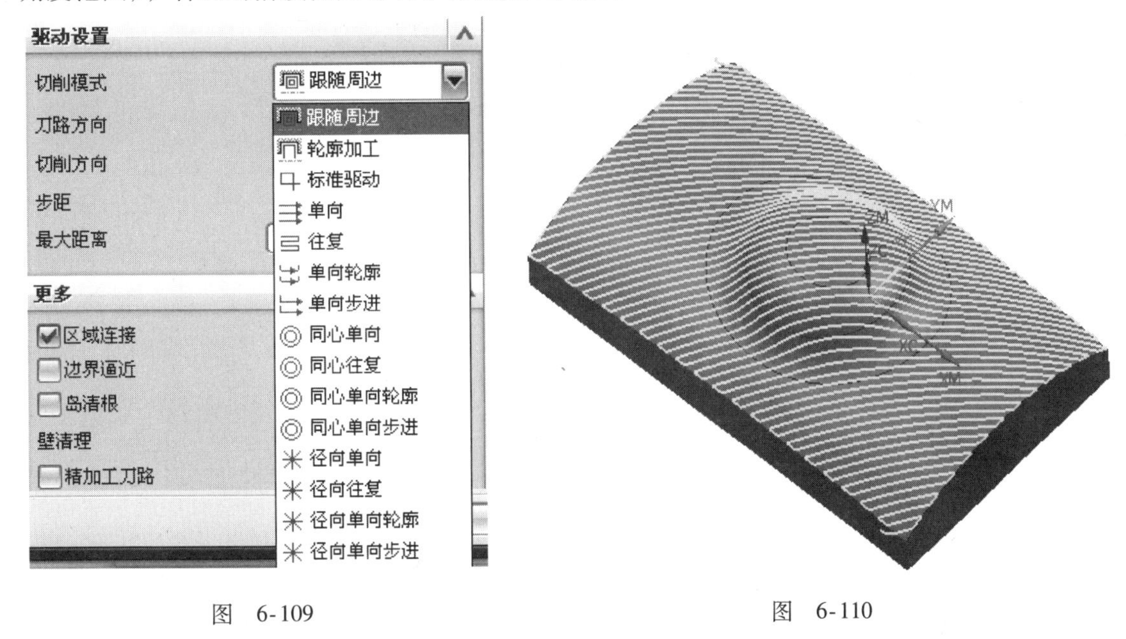

图　6-109　　　　图　6-110

在【固定轮廓铣】对话框的【方法】下拉列表框中选择【区域铣削】，弹出【区域铣削驱动方法】对话框，如图 6-111 所示。

（1）陡峭空间范围相关选项　【方法】下拉列表框中有【无】、【非陡峭】、【定向陡峭】三个选项。

【无】：切削整个切削区域，在刀具路径上不使用陡峭约束，允许加工整个工件表面，如图 6-112 所示。

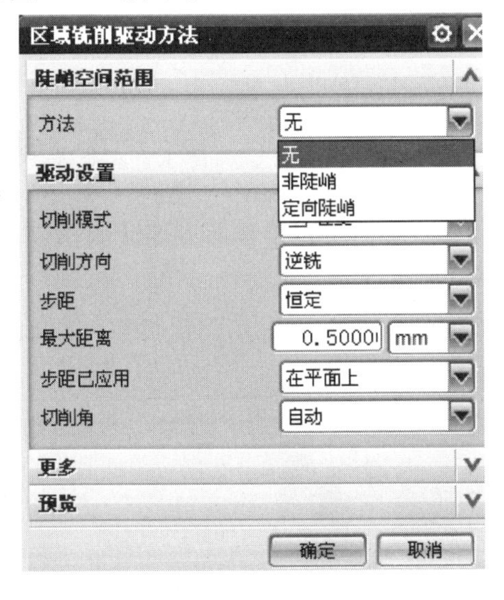

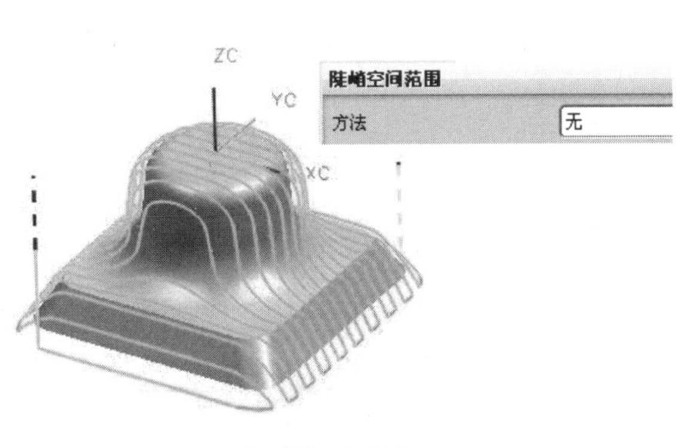

图　6-111　　　　图　6-112

【非陡峭】：切削非陡峭区域，用于切削平坦的区域，切削小于指定陡角的区域，而不切削陡峭区域，如图6-113所示。通常可作为等高轮廓铣的补充。选择该选项，【陡角】文本框被激活，输入需要的角度值。

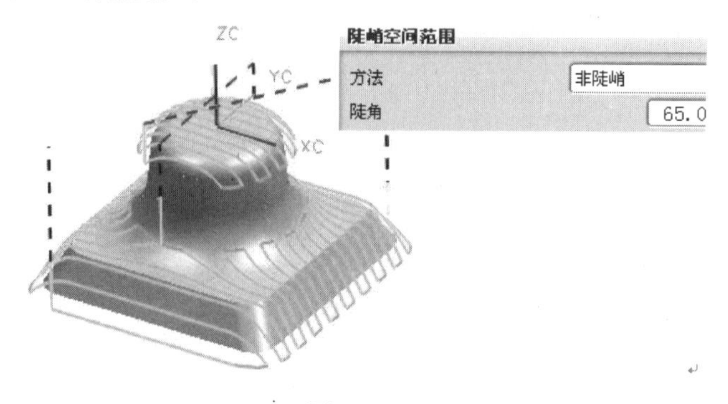

图　6-113

【定向陡峭】：定向切削陡峭区域，切削方向由路径模式方向绕ZC轴旋转90°确定，路径模式方向则由切削角度确定，即从WCS的XC轴开始，绕ZC轴指定的切削角度就是路径模式方向。切削角度可以从选择这一选项后弹出的对话框中指定，也可以通过切削角下拉列表框中用户自定义方式指定。选择该选项，需要输入切削角度和陡峭角度，如图6-114所示。

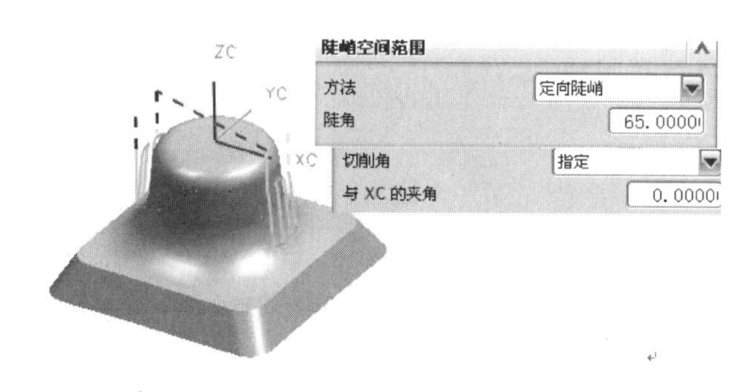

图　6-114

（2）【驱动设置】相关选项

1）【切削模式】：与边界驱动的切削模式基本相同，多了往复上升、径向往复上升两个选项。

往复上升、径向往复上升：切削方法基本上是往复式走刀，只是根据设置的内部进刀、退刀与横越运动，在路径间抬起刀具，但是没有离开与接近运动。

2）【切削角】：在平行刀路模式才会有此选项，切削角确定切削模式相对于XC轴绕ZC轴的旋转角度。其下拉列表框有【自动】、【指定】、【最长的边】、【矢量】四个选项，如图6-115所示。

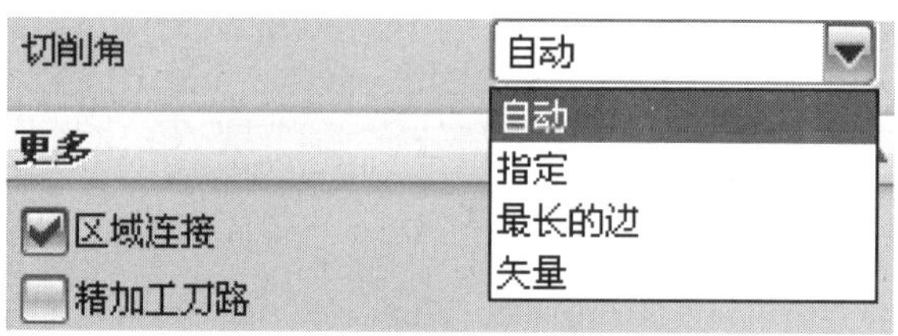

图　6-115

【最长的边】：系统自动确定切削角度，使刀轨平行于外形轮廓中的最长边线。

3）【步距已应用】：下拉列表框有【在平面上】、【在部件上】两个选项，如图 6-116 所示。

图　6-116

【在平面上】：步距是在垂直于刀具轴的平面上即水平面内测量的 2D 步距，适用于坡度改变不大的工件加工。

【在部件上】：步距是沿着部件测量的 3D 步距。可以实现对工件几何体较陡峭的部分维持等距步进，以实现整个切削区域的切削残余量相对均匀。

（3）【更多】相关选项　参数选项如图 6-117 所示。

图　6-117

1）【区域连接】：最小化发生在一个工件的不同切削区域之间的进刀、退刀和移刀运动数。

2）【精加工刀路】：在正常切削操作的末端添加精加工刀路，以便沿着边界进行追踪。

3）【切削区域】：定义切削区域起点，并图示切削区域，以便确认和修改。

6.6.3.5　曲面驱动方法

曲面驱动方法提供了对刀具轴和投影矢量的附加控制。这个方法能创建一组阵列的、位于驱动面上的驱动点。驱动点首先按阵列生成在驱动面上，然后沿投影矢量方向投射到工件面上而生成。

在【固定轮廓铣】对话框的【方法】下拉列表框中选择**曲面**，弹出【曲面区域驱动方法】对话框，如图 6-118 所示。

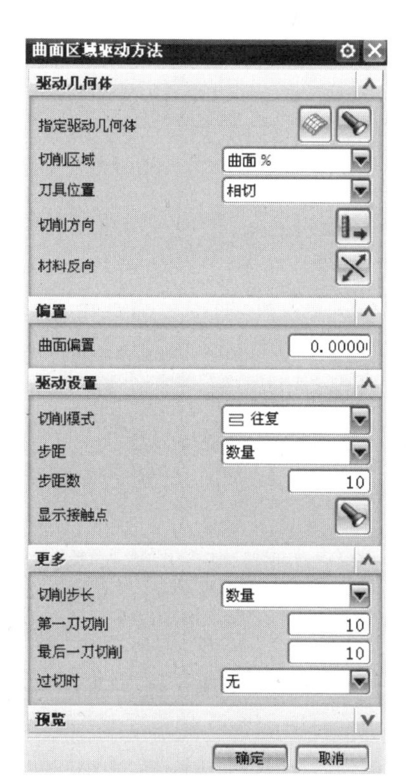

图　6-118

（1）【驱动几何体】相关选项

1）【指定驱动几何体】：选择（选择或编辑驱动几何体）图标，弹出【驱动几何体】对话框，如图 6-119 所示。

2）【切削区域】：指定驱动曲面中哪一部分为切削

区域，并将该切削区域的边界在图形窗口中显示出来。其下拉列表框中包括【曲面%】与【对角点】两个选项。

【曲面%】：通过指定第一道与最后一道刀具路径的百分比，以及横向进给的起点与终点的百分比，进而从驱动曲面中定义出切削区域，该百分比可正可负。选择该选项时，弹出【曲面百分比方法】对话框，如图6-120所示。可在各文本框中输入数值。

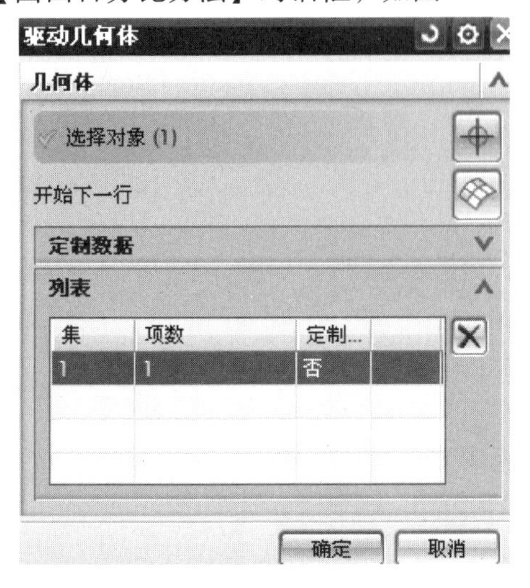

图　6-119

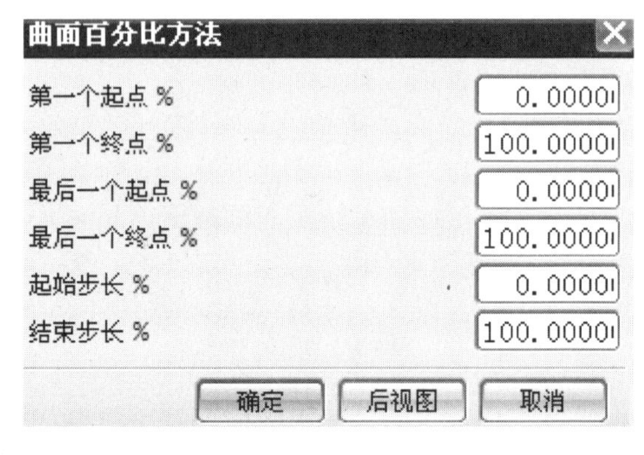

图　6-120

提示：对于单个驱动曲面，100%代表整个曲面；对于多个驱动曲面，按驱动曲面个数及面积的百分比，而不管各驱动曲面的实际大小。

【对角点】：在选择的驱动曲面上指定两对角点来定义切削区域。选择该项时，弹出无参数对话框，同时在状态行提示选择一个面以定义第一个角点。在图形窗口中选取一个驱动面后，弹出指定点对话框，可用点构造器指定一点，或直接在选择的驱动面上指定一点作为第一个对角点。选择第一个对角点后，系统又弹出无参数对话框，同时状态行提示选择一个面用于定义第二个角点，可用相同的方法定义第二点。选择第二个角点的面可以与第一个角点的面为同一面。

3）【刀具位置】：刀具位置决定了系统如何计算刀具在部件表面上的接触点，包括【相切】和【对中】两个选项。

4）【切削方向】：从系统显示的多个矢量中选择一个矢量重新定义驱动方向，系统显示的矢量是成对显示在每个曲面拐角处的。

5）【材料反向】：指向要移除的材料，用于反转材料侧方向矢量。

6）【曲面偏置】：沿着曲面法向偏置驱动点的距离。

（2）【驱动设置】相关选项

1）【切削模式】：定义刀轨的形状，其下拉列表框有跟随周边、螺旋、单向、往复及往复上升选项，如图6-121所示。

螺旋：当需要不带有步进运动的光顺模式时，使用螺旋选项。只有在驱动曲面形成一个封闭圆形区域（如叶片、发动机歧管等）的情况下，此功能才适用。【曲面区域】方法的所有限制和功能均应用于此功能。

2）【步距】：用于指定相邻两道刀轨的横向距离，即切削宽度。其下拉列表框的选项中包括【残余高度】、【数量】两个选项。

【残余高度】：通过指定相邻两道刀具路径间残余材料的最大高度、水平距离与垂直距离来定义允许的最大残余面积尺寸。当选择该选项时，在其下方需要输入最大残余高度、竖直限制、水平限制距离。

【数量】：指定刀具路径横向进给的总数目。

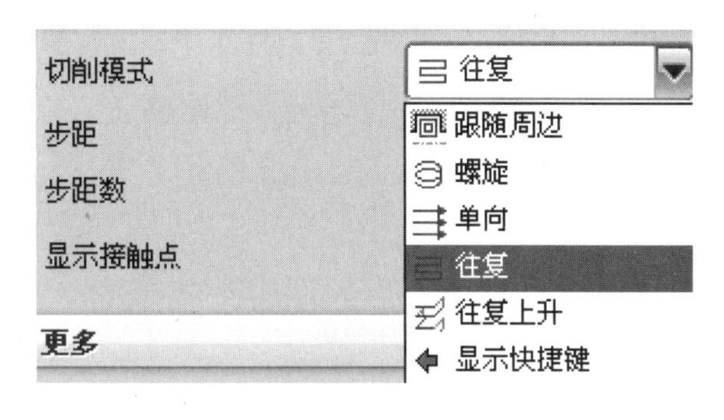

图　6-121

（3）【更多】相关选项。

1）【切削步长】：控制在切削方向产生的驱动点的距离。当直接在驱动面上加工或者刀轴相对于驱动曲面定义时，切削步长的定义特别重要。指定的驱动点越多，则创建的刀具路径就越精确，刀具也就越能精确地跟随驱动曲面的轮廓。切削步长的定义方式包括【数量】与【公差】两个选项。

【数量】：在创建刀具路径时，按指定沿切削方向产生的最少驱动点数。

【公差】：使驱动点按指定的法向距离产生。此时可在下方的“内公差”与“外公差”文本框中分别输入允许的法向距离切入与切出公差。法向距离是两相邻驱动点连线与驱动曲面间的最大法向距离。

2）【过切时】：其下拉列表框中有【无】、【警告】、【跳过】及【退刀】四个选项。

曲面驱动方法生成的刀轨，如图6-122所示。

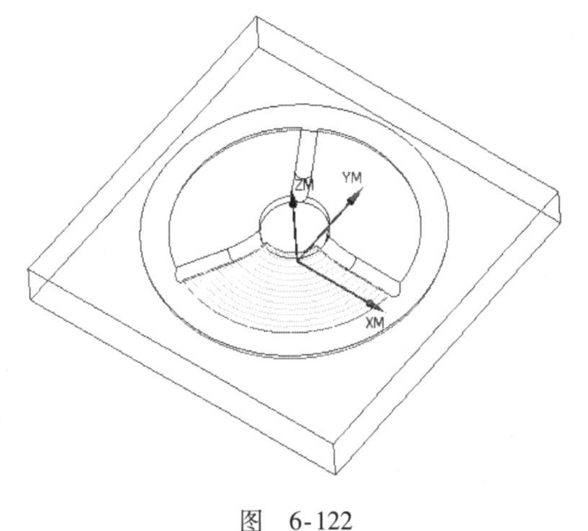

图　6-122

6.6.3.6　流线驱动方法

流线驱动方法根据选中的几何体来构建隐式驱动曲面，规则面栅格无需排列整齐，创建刀轨灵活。

在【固定轮廓铣】对话框的【方法】下拉列表框中选择【流线】，弹出【流线驱动方法】对话框，如图6-123所示。通过指定【流曲线】、【交叉曲线】，如图6-124所示，生成的刀轨如图6-125所示。

6.6.3.7　刀轨驱动方法

刀轨驱动方法可以将刀具位置源文件（CLSF）定义的刀位点作为驱动点，在当前的操作中生成一个类似曲面轮廓的刀轨。驱动点沿着已经存在的刀轨而生成，并且投射到所选择的工件表面，创建新的刀轨。驱动点投射到部件表面的方向由投影矢量来决定。

在【固定轮廓铣】对话框的【方法】下拉列表框中选择【刀轨】，弹出【刀轨驱动方法】对话框，如图6-126所示。通过指定刀具位置源文件（CLSF），如图6-127所示，生成的刀轨如图6-128所示。

6.6.3.8　径向切削驱动方法

径向切削驱动方法可以垂直于并且沿着一个给定边界生成驱动轨迹，使用指定的步距、带宽和切削类型。这个驱动方式用于生成清根加工。

图 6-123

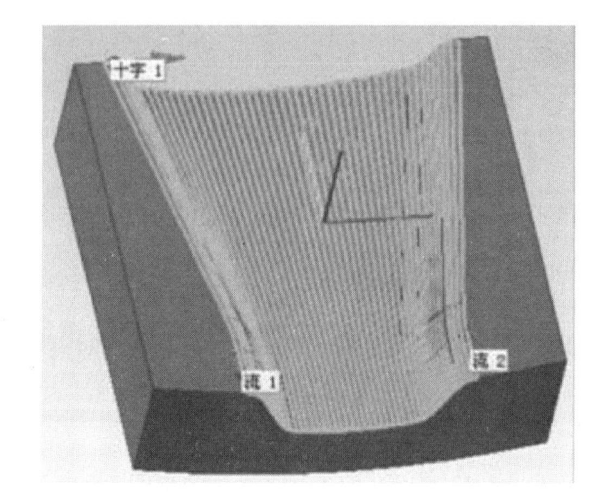

图 6-124

图 6-125

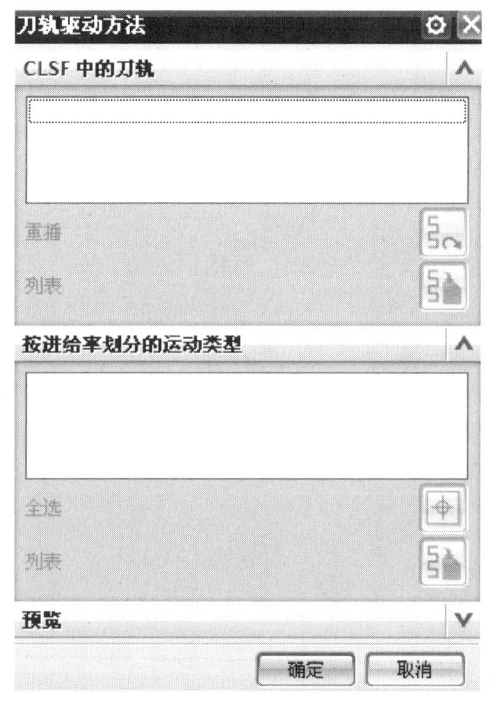

图 6-126

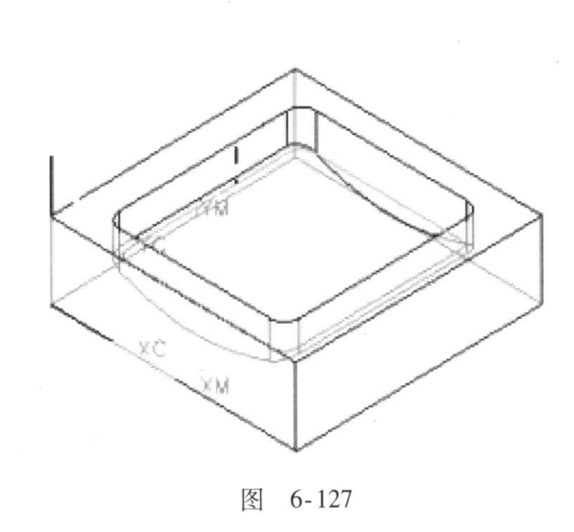

图　6-127

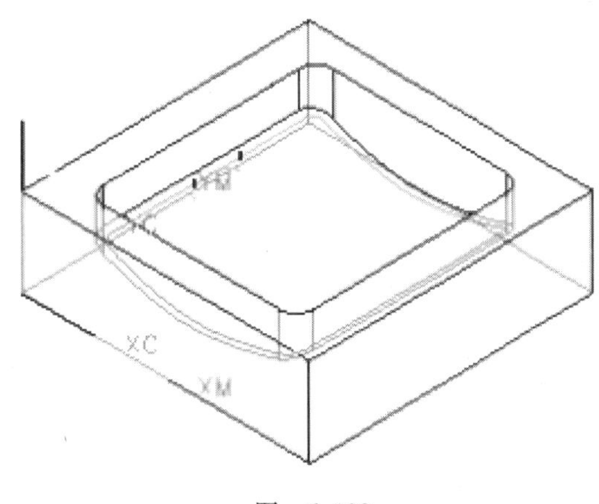

图　6-128

在【固定轮廓铣】对话框的【方法】下拉列表框中选择【径向切削】，弹出【径向切削驱动方法】对话框，如图6-129所示。

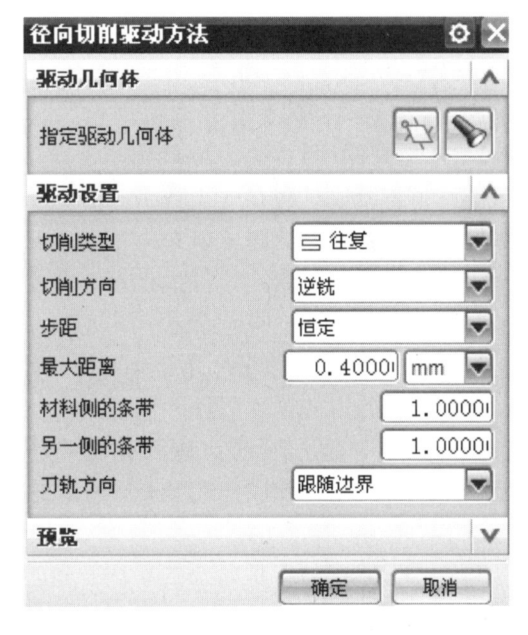

图　6-129

（1）【驱动几何体】相关选项　【指定驱动几何体】：通过定义边界来选择或编辑驱动几何体，以创建刀具路径，也可以用来为定义的驱动几何体指定相关参数。驱动几何体可以有多条边界，当从一条边界运动到另一条边界时，会用跨越运动。

（2）【驱动设置】相关选项

1）【材料侧的条带】、【另一侧的条带】：用于定义加工区域的总宽度。它是在边界平面进行测量的，是材料边方向及其反方向距离的总和。它包括材料侧与另一侧的距离。【材料侧的条带】和【另一侧的条带】的总和不能等于0。

2）【刀轨方向】：其下拉列表框中有【跟随边界】、【边界反向】两个选项。

【跟随边界】：刀具按边界指示器方向沿边界进行单向或往复切削的横向进给。

【边界反向】：刀具按边界指示器方向沿边界相反方向进行单向或往复切削的横向进给。

通过选择如图6-130所示的三条边界，径向切削驱动方法生成的刀轨如图6-131所示。

6.6.3.9　清根驱动方法

清根驱动方法沿着部件表面的凹角和凹谷生成驱动点。这个驱动方法能查找工件几何体在前一步操作中刀具没有到达的区域，可以按任何顺序选择表面。如果希望简单，可以选择工件上的所有表面，由系统决定利用哪个表面。

清根切削常用于在前面加工中使用了较大直径的刀具而在凹角处留下较多残料的加工。另外，清根切削也常用来在精加工前做半精加工，以减少精加工时转角带来的不利影响。

清根切削的方向和次序由加工的规则决定，也可以通过手工组合来调整加工次序。刀轨将尽可能以最小的非切削移动来切削工件，并以此来优化刀轨。

在【固定轮廓铣】对话框的【方法】下拉列表框中选择【清根】，弹出【清根驱动方法】对话框，如图 6-132 所示。

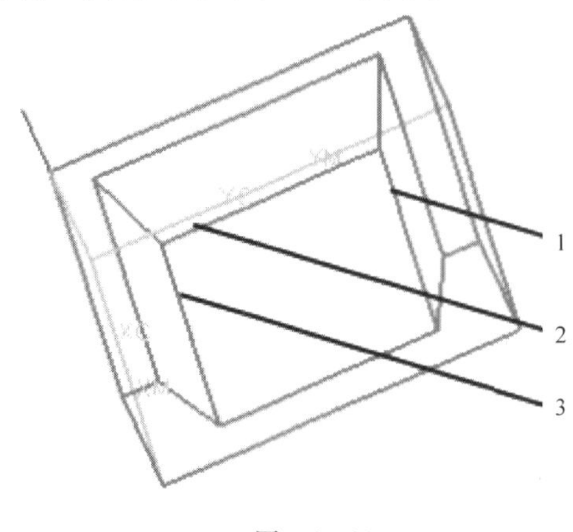

图　6-130

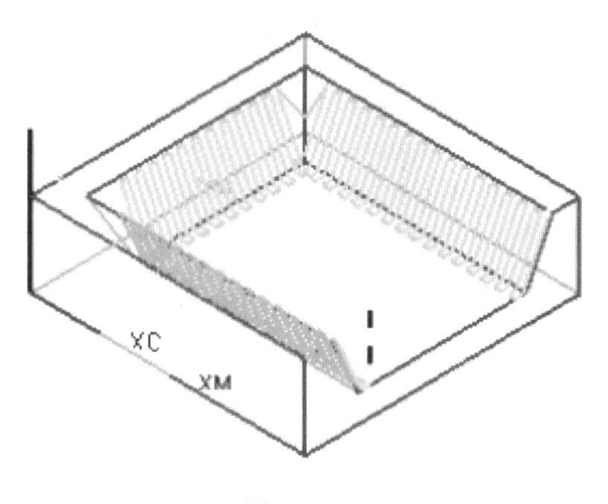

图　6-131

(1)【驱动几何体】相关选项

1)【最大凹度】：决定清根切削刀轨生成所基于的凹角。刀轨只有在等于或者小于最大凹角的区域生成。所输入的凹角值必须小于 179°，并且是正值。当刀具遇到在工件面上超过了指定最大值的区域时，刀具将回退或转移到其他区域。

2)【最小切削长度】：用于排除在工件面分隔区形成的短的刀轨段。当该刀轨段的长度小于所设置的最小切削长度时，在该处将不生成刀轨。这个选项对于排除圆角交线处产生的非常短的切削移动是非常有效的。

3)【连接距离】：把断开的切削轨迹连接起来，排除小的不连续刀轨或者刀轨中不需要的间隙。这些小的不连续的轨迹对加工走刀不利，它的产生可能是由于工件面之间的间隙造成的，或者是由于凹槽中变化的角度超过了指定值而引起的。输入的数值决定了连接刀轨两端点的最大跨越距离。两个端点的连接是通过线性地扩展两条轨迹得到的。

(2)【驱动设置】相关选项　【清根类型】：有【单刀路】、【多刀路】、【参考刀具偏置】三个选项，如图 6-133 所示。

【单刀路】：沿着凹角与沟槽产生一条单一的刀具路径。使用单刀路形式时，没有附加参数项被激活，刀轨如图 6-134 所示。

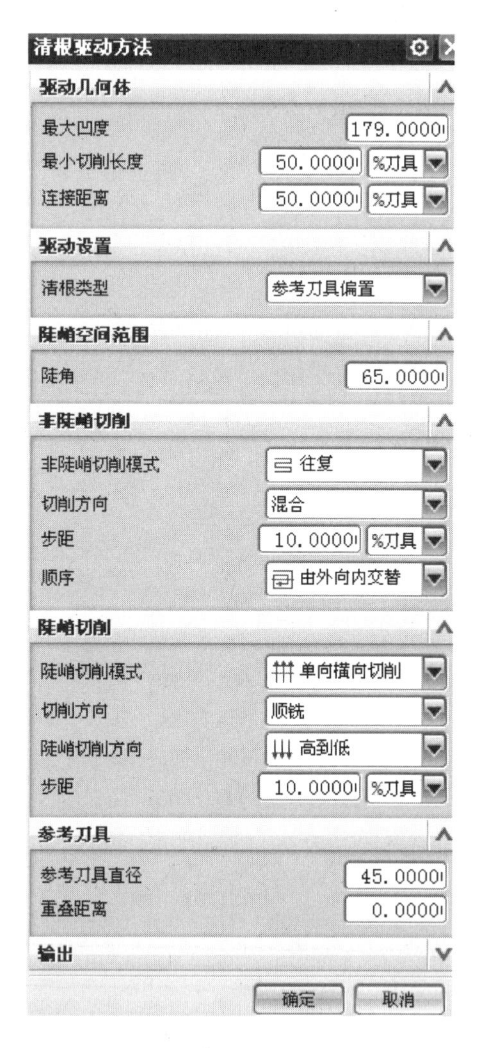

图　6-132

图　6-133

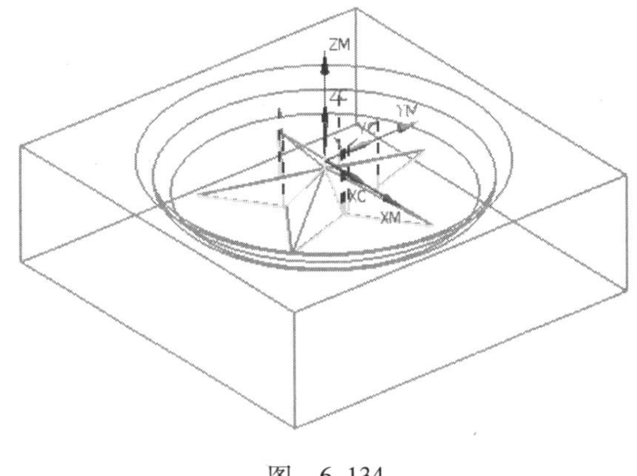

图　6-134

【多刀路】：通过指定偏置数目以及相邻偏置间的横向距离，在清根中心的两侧产生多道切削刀具路径，刀轨如图 6-135 所示。

【参考刀具偏置】：参考刀具驱动方法通过指定一个参考刀具直径来定义加工区域的总宽度，并且指定该加工区域中的步距，在以凹槽为中心的任意两边产生多条切削轨迹。可以用重叠距离选项，沿着相切曲面扩展由参考刀具直径定义的区域宽度，刀轨如图 6-136 所示。

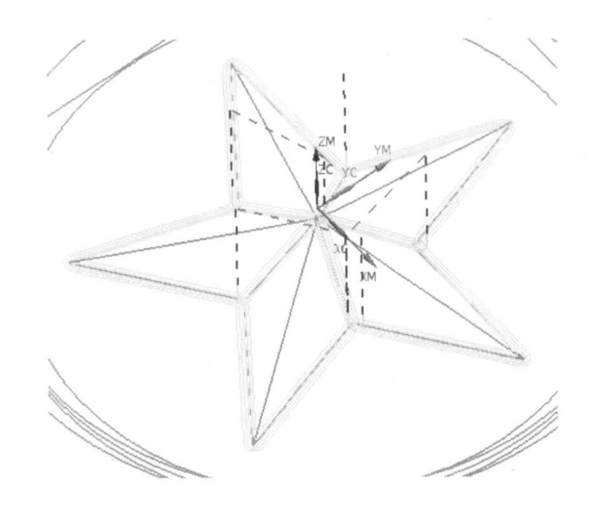

图　6-135

（3）【陡峭空间范围】相关选项

【陡角】：设定一个角度值，区分切削区域，进行清根操作。

（4）【非陡峭切削】相关选项　只有加工小于陡角值的区域时，该选项才被激活。

1）【非陡峭切削模式】：有无、单向、往复、往复上升、单向横向切削、往复横向切削及往复上升横向切削等选项，如图 6-137 所示。

2）【切削方向】：其下拉列表框中有【混合】、【顺铣】和【逆铣】三个选项。

3）【步距】：指定连续轨迹之间的距离。

4）【顺序】：决定切削轨迹被执行的顺序。其下拉列表框中有由内向外、由外向内、后陡、先陡、由内向外交替和由外向内交替等六个选项，如图 6-138 所示。

由内向外、：清根切削刀轨由凹槽的中心开始初刀切削，步进向外，并向一侧移动，直到这一侧加工完毕。然后刀具回到中心，沿凹槽切削，步进向另一侧移动，直到加工完毕，如图 6-139 所示。

由外向内、：清根切削刀轨由凹槽一侧边缘开始初刀切削，步进向中心移动，直到这一侧加工完毕。然后刀具回到另一侧，沿凹槽切削，步进向中心移动，直到加工完毕，如图 6-140 所示。

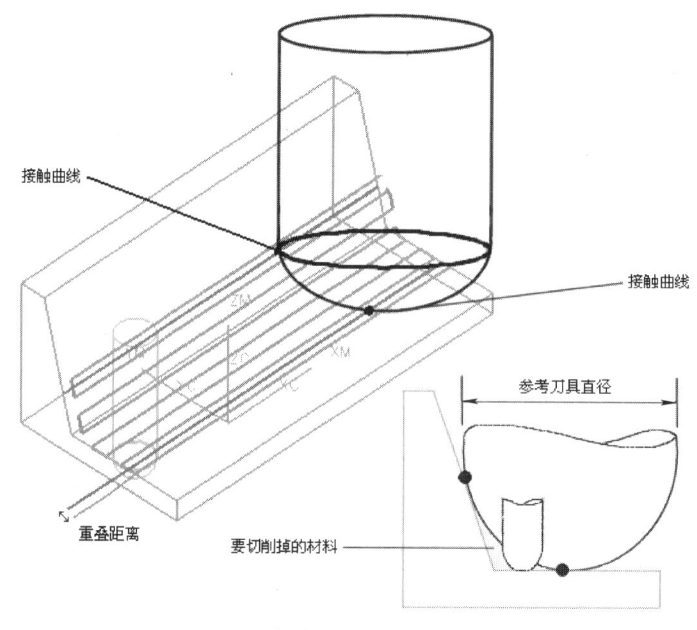

图　6-136

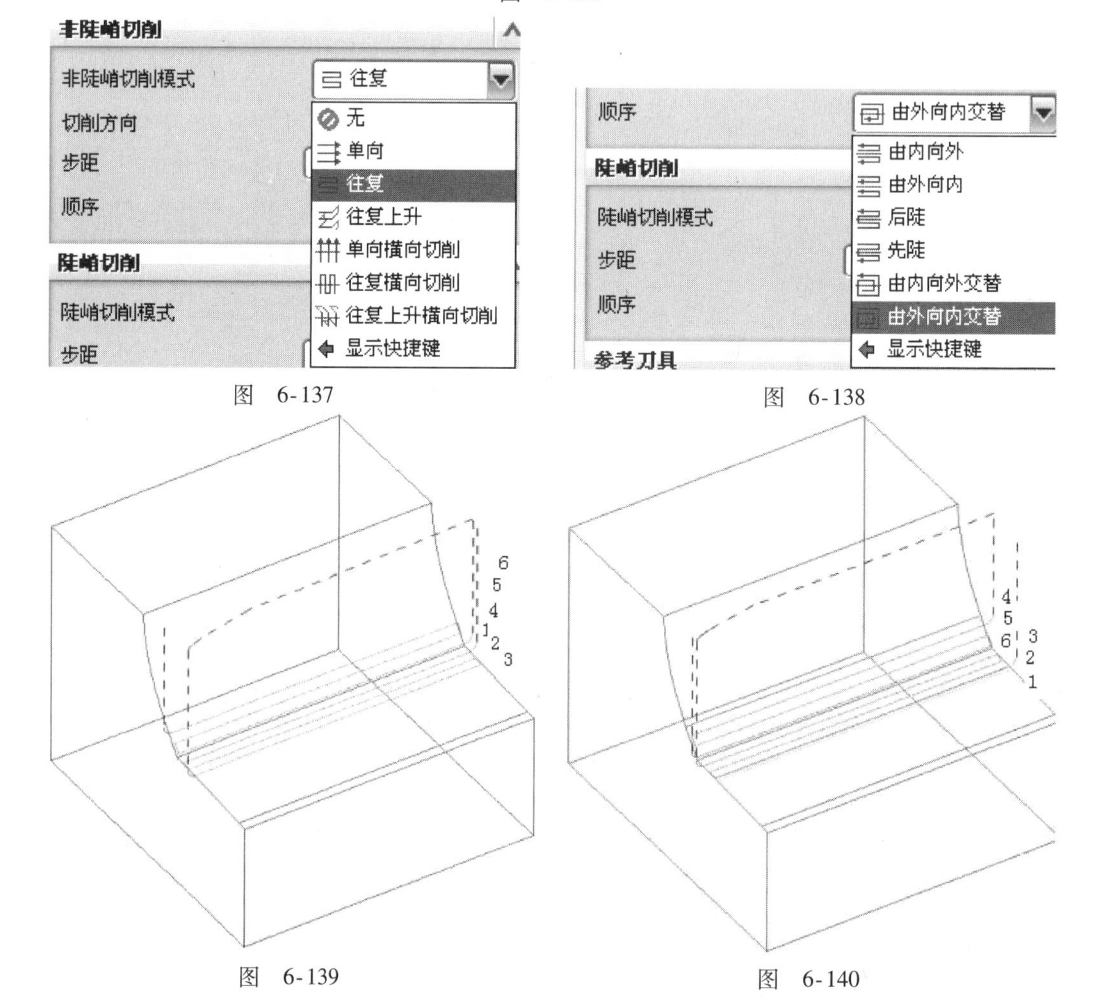

图　6-137

图　6-138

图　6-139

图　6-140

后陡：清根切削刀轨做单向切削，即由非陡峭壁一侧沿凹槽切削，步进向中心移动，通过中心后向陡峭壁一侧移动，直到加工完毕，如图6-141所示。

先陡：清根切削刀轨做单向切削，即由陡峭壁一侧沿凹槽切削，步进向中心移动，通过中心后向非陡峭壁一侧移动，直到加工完毕，如图6-142所示。

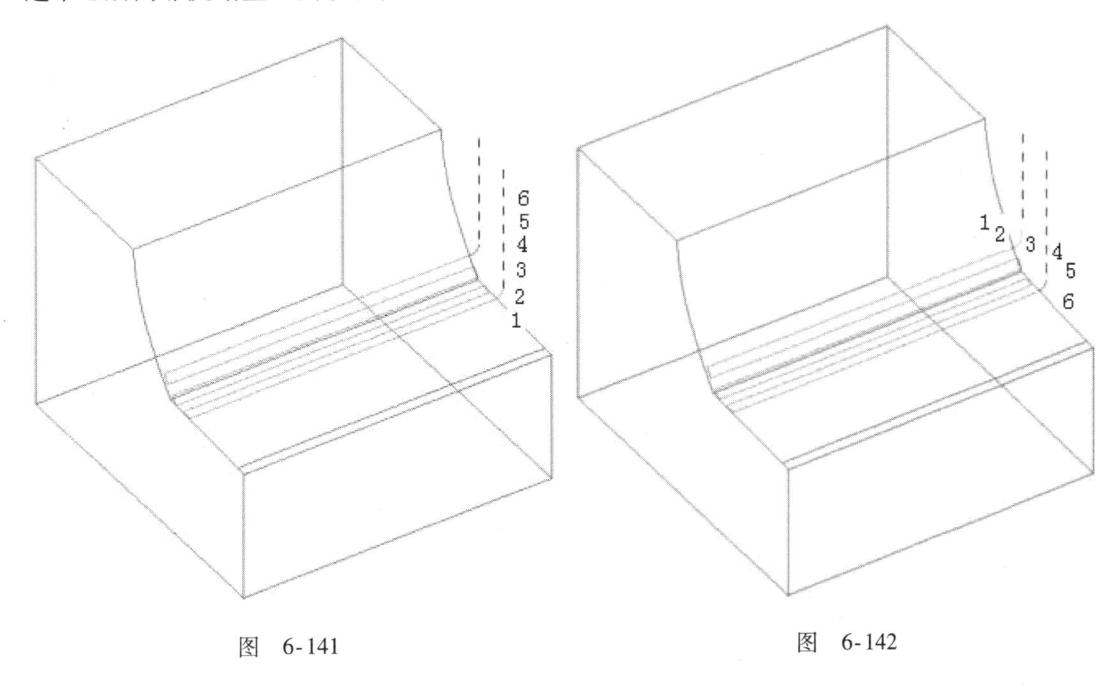

图　6-141　　　　图　6-142

由内向外交替：清根切削刀轨由凹槽的中心开始初刀切削，步进向外一侧移动，然后交替在两侧切削，如图6-143所示。

由外向内交替：清根切削刀轨由凹槽一侧边缘开始初刀切削，步进向中心移动，然后交替在两侧切削，如图6-144所示。

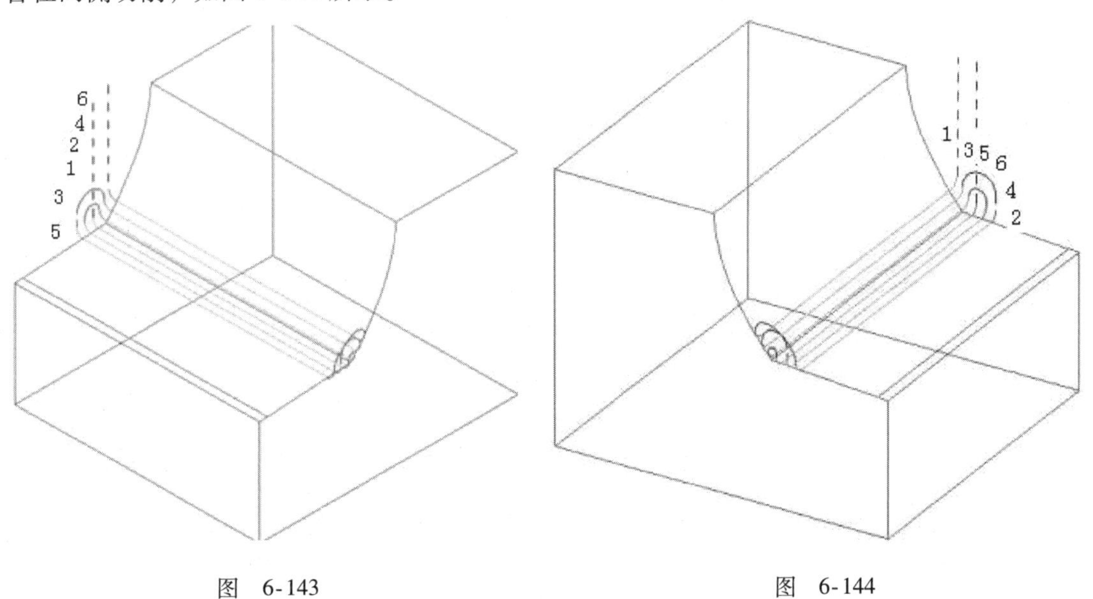

图　6-143　　　　图　6-144

（5）【陡峭切削】相关选项　具体参数同【非陡峭切削】，仅在【陡峭切削模式】中增加了 同非陡峭 选项，如图 6-145 所示，以免重复设置。

（6）【参考刀具】相关选项

【参考刀具直径】：通过指定一个参考刀具（先前粗加工的刀具）直径，以刀具与零件产生双切点而形成的接触线来定义加工区域。所指定的刀具直径必须大于当前使用的刀具。

【重叠距离】：扩展通过参考刀具直径沿着相切面所定义的加工区域的宽度。

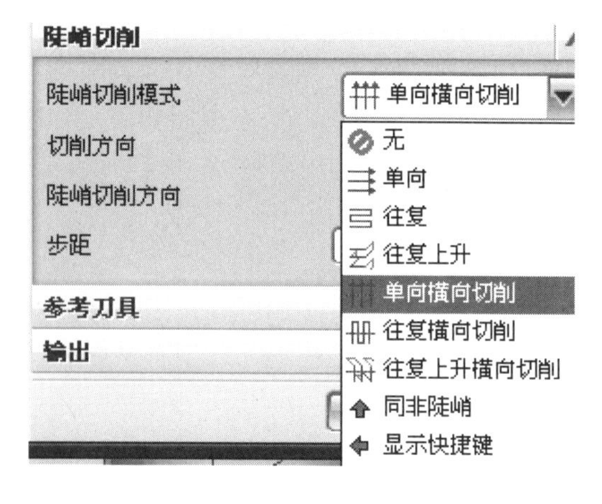

图 6-145

6.6.3.10 文本驱动方法

文本驱动方法是指选择注释并指定在工件上雕刻文本的深度来加工制图文字。文本深度必须为正值，部件余量为负值。必须使用球头刀，且文本深度小于或等于球头半径。

在【固定轮廓铣】对话框的【方法】下拉列表框中选择【文本】，弹出【文本驱动方法】对话框，如图 6-146 所示。

图 6-146

选择使用制图模块创建的注释文本，如图 6-147 所示，生成的刀轨如图 6-148 所示。

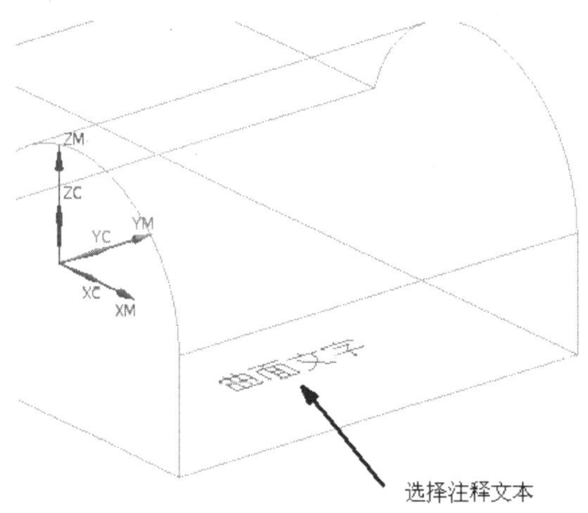

图 6-147

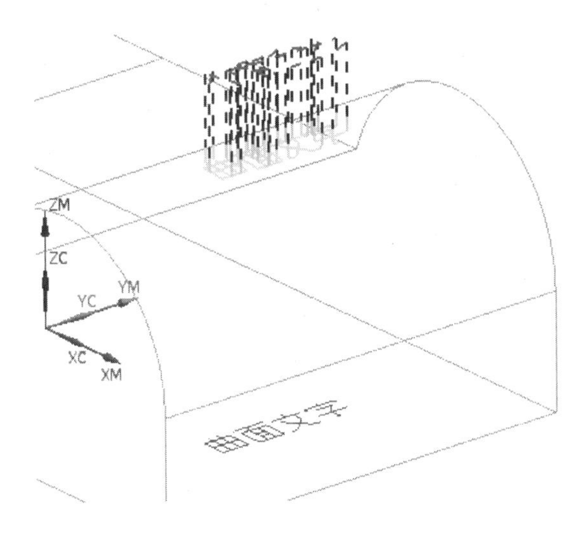

图　6-148

第 7 章

轮廓铣削工程实例一

实例说明

本章主要讲述轮廓铣削工程实例。工件模型为摩擦圆盘的压铸模腔，如图 7-1 所示。毛坯外形已车削成形，材料为 H13，粗加工刀具采用硬质合金刀具，精加工刀具采用高速钢刀具。其加工思路为：首先分析模型的加工区域，该零件由一个主碗底型腔和五个凸台组成；粗加工采用 ϕ12mm 立铣刀进行型腔铣，半精加工采用 ϕ8mm 球头铣刀，用边界驱动方法的固定轴曲面轮廓铣；精加工仍采用固定轴曲面轮廓铣，驱动方法采用区域切削；刀具采用 ϕ6mm 球头铣刀，最后采用 ϕ1mm 球头铣刀、Flow Cut 驱动方法进行清根加工，以清除曲面交线处残留的材料。加工刀具见表 7-1，工艺方案见表 7-2。加工路线如下：

图 7-1

1）粗加工，采用 ϕ12mm 的圆鼻铣刀进行型腔铣，分层铣削，型面留余量 0.5mm。

2）半精加工，采用 ϕ8mm 球头铣刀进行固定轴曲面轮廓铣，半精加工底面和侧壁，型面留余量 0.2mm。

3）精加工，采用 ϕ6mm 球头铣刀用区域切削驱动方法的固定轴区域轮廓铣精加工型面。

4）采用 ϕ1mm 球头铣刀采用参考刀具的驱动方式进行清根加工，以清除曲面交线处残留的材料。

加工刀具见表 7-1。

表 7-1　加工刀具

序号	程序名	刀具号	刀具类型	刀具直径/mm	R 角/mm	刀长/mm	刃长/mm	余量/mm
1	R1	1	EM12R1 圆鼻铣刀	ϕ12	1	250	130	0.5
2	S1	2	BM8 球头铣刀	ϕ8	4	65	60	0.2
3	F2	3	BM6 球头铣刀	ϕ6	3	65	25	0
4	F2	4	BM1 球头铣刀	ϕ1	0.5	65	25	0

加工工艺方案见表 7-2。

表 7-2　加工工艺方案

序号	方法	加工方式	程序名	主轴转速 S /(r/min)	进给速度 F /(mm/min)	说　明
1	粗加工	型腔铣	R1	1200	800	粗加工
2	半精加工	固定轴曲面轮廓铣	S1	1600	600	半精加工型面
3	精加工	固定轴区域轮廓铣	F2	2500	500	精加工型面
4	精加工	清根	F2	3000	300	精加工相贯线

学习目标

通过本章实例的练习，读者能熟练掌握型腔铣加工，了解型腔铣的适用范围和加工规律，掌握开粗、二次开粗及精加工技巧。

7.1　打开文件

选择菜单中的【文件】/【打开】命令或选择（打开）图标，弹出【打开】部件对话框，选择书配光盘中的\parts\7\xj－1 文件，单击 OK 按钮，打开部件，工件模型如图 7-1 所示。

7.2　创建毛坯

1. 进入建模模块

选择菜单中 开始 下拉列表框中的 建模(M)... 模块，如图 7-2 所示，进入建模应用模块。

2. 创建拉伸特征

选择菜单中的【插入】/【设计特征】/【拉伸】命令或在【特征】工具条中选择（拉伸）图标，弹出【拉伸】对话框，如图 7-3 所示。在主界面曲线规则下拉列表框中选择单条曲线选项，选择图 7-4 所示的截面线为拉伸对象，显示图 7-4 所示的拉伸方向。然后在【拉伸】对话框中【距离】栏输入【0】，在【结束】下拉列表框中选择直至延伸部分选项，在图形中选择图 7-4 所示的平面，在【布尔】下拉列表框中选择无选项，如图 7-3 所示。单击应用按钮，结果如图 7-5 所示。

图　7-2

图　7-3

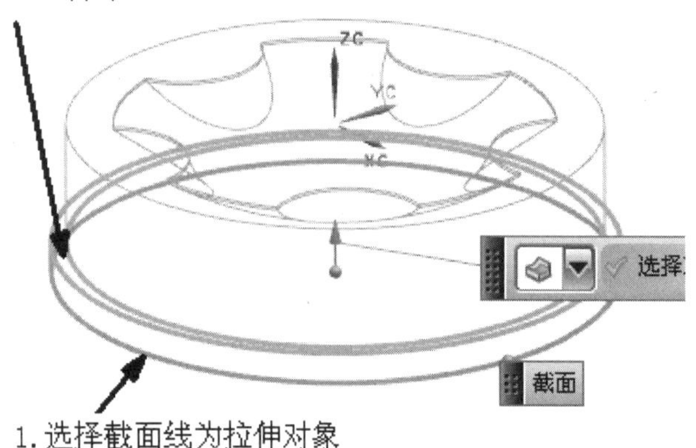

图　7-4

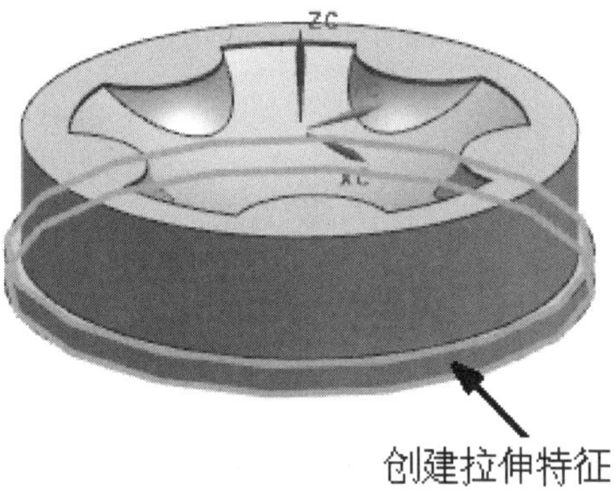

图　7-5

继续创建拉伸特征，选择图 7-6 所示的截面线为拉伸对象，显示图 7-6 所示的拉伸方向。然后在【拉伸】对话框中【距离】栏输入【0】，在【结束】下拉列表框中选择直至延伸部分选项，在图形中选择图 7-6 所示的平面，在【布尔】下拉列表框中选择求和选项，然后在图形中选择上一步创建的拉伸体，单击确定按钮，结果如图7-7所示。

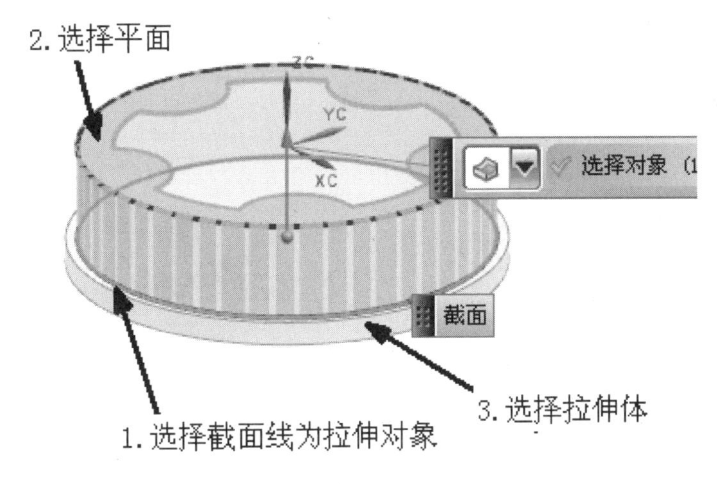

图　7-6

3. 隐藏毛坯

选择菜单中的【编辑】/【显示和隐藏】/【隐藏】命令或在【实用工具】工具条中选择（隐藏）图标，选择图7-7所示实体进行隐藏（步骤略）。

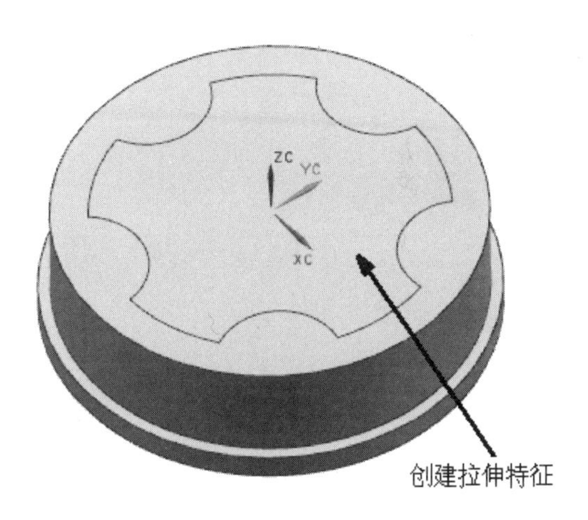

图　7-7

7.3　设置加工坐标系及安全平面

1. 进入加工模块

选择菜单中开始下拉框中的加工(N)...模块，如图7-8所示，进入加工应用模块。

2. 设置加工环境

选择加工(N)...模块后，系统弹出【加工环境】对话框，如图7-9所示。在【CAM会话配置】列表框中选择【cam_general】，在【要创建的CAM设置】列表框中选择【mill_contour】，单击确定按钮，进入加工初始化，在导航器栏弹出（工序导航器）图标，如图7-10所示。

3. 设置工序导航器的视图为几何视图

选择菜单中的【工具】/【工序导航器】/【视图】/【几何视图】命令或在【导航器】工具条选择（几何视图）图标，工序导航器的视图更新为图7-10所示。

4. 设置工作坐标系

选择菜单中的【格式】/【WCS】/【定向】命令或在【实用】工具条中选择（WCS定向）图标，弹出【CSYS】对话框，在【类型】下拉列表框中选择对象的CSYS选项，如图7-11所示。在图形中选择图7-12所示的工件顶面，单击确定按钮，完成设置工作坐标系，如图7-13所示。

图 7-8

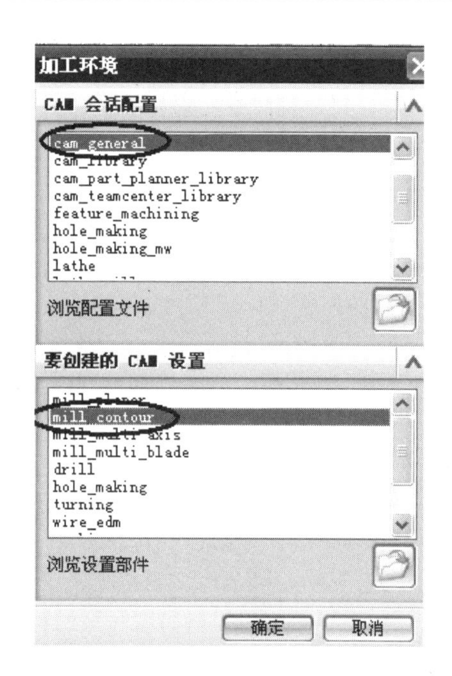

图 7-9

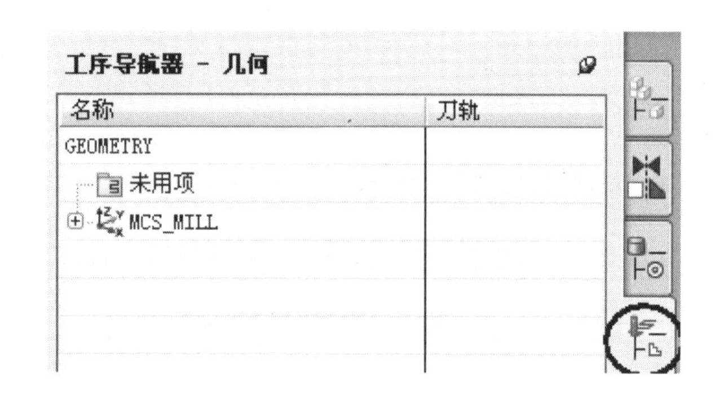

图 7-10

图 7-11

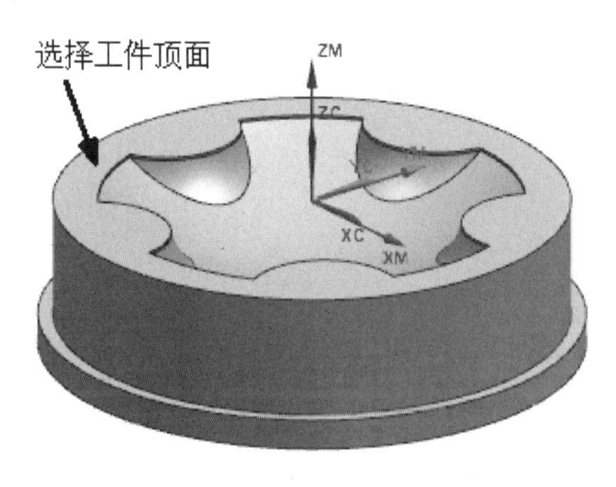

图 7-12

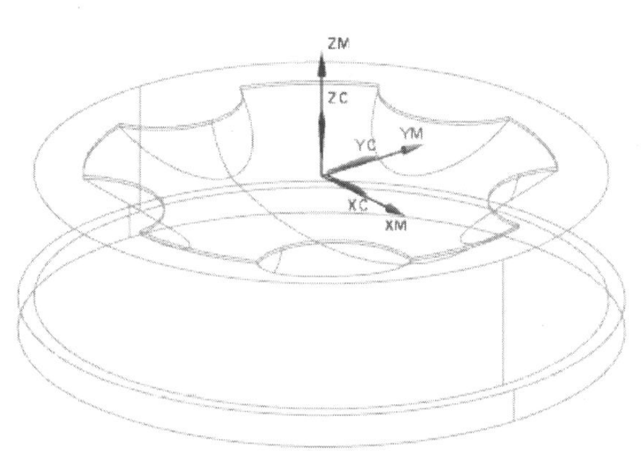

图 7-13

5. 设置加工坐标系

在工序导航器中双击 MCS_MILL（加工坐标系）图标，弹出【Mill Orient】对话框，如图 7-14 所示。在【指定 MCS】区域中选择（CSYS 会话）图标，弹出【CSYS】对话框，如图 7-15 所示。在【类型】下拉列表框中选择 动态 选项，在【参考】下拉列表框中选择 WCS （工作坐标系）选项，单击 确定 按钮，完成设置加工坐标系，即接受工作坐标系为加工坐标系，如图 7-16 所示。

图　7-14

图　7-15

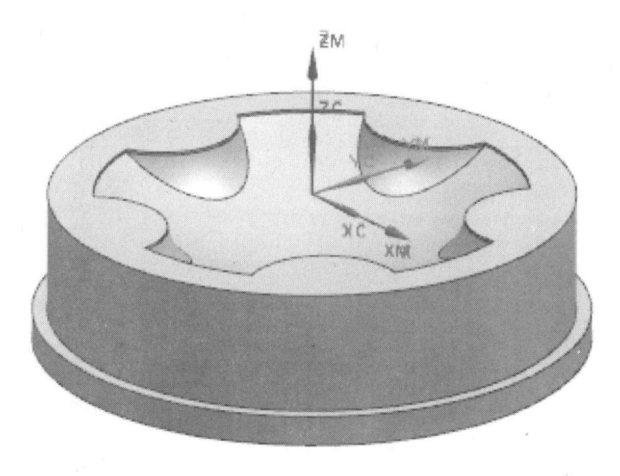

图　7-16

注意：【Mill Orient】对话框不要关闭。

6. 设置安全平面

在【Mill Orient】对话框【安全设置】区域的【安全设置选项】下拉列表框中选择【平面】选项，如图 7-17 所示，在图形中选择图 7-18 所示的工件顶面，在【距离】栏输入【15】，单击 确定 按钮，完成设置安全平面。

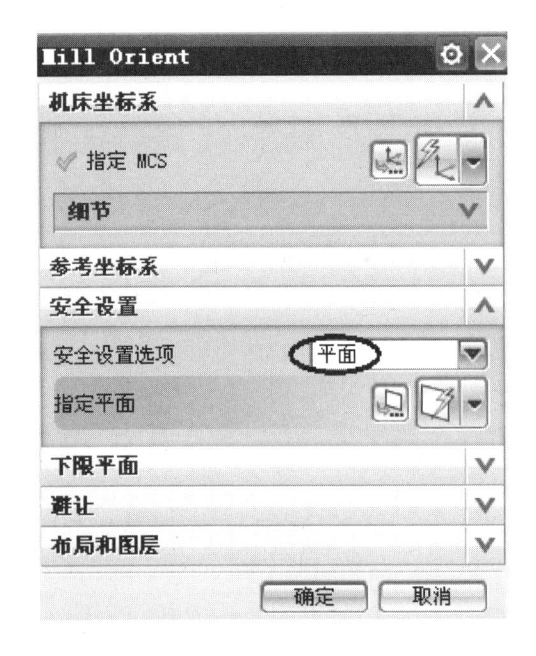

图 7-17

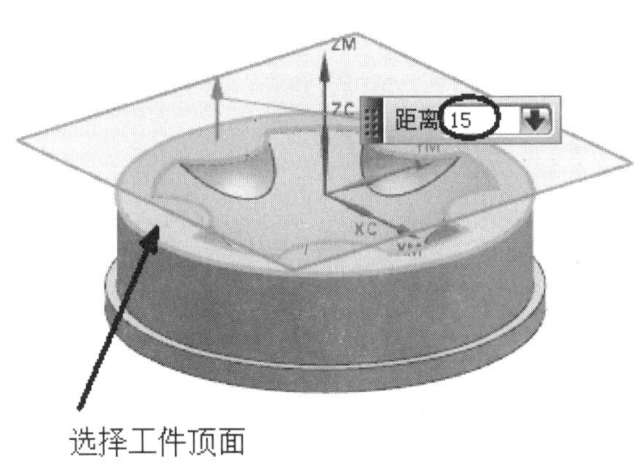

图 7-18

7.4 创建铣削几何体

1. 展开 MCS_MILL

在工序导航器的几何视图中单击 MCS_MILL 前面的⊞（加号）图标，展开 MCS_MILL，更新为图 7-19 所示。

2. 创建铣削部件几何体

在工序导航器中双击 WORKPIECE（铣削几何体）图标，弹出【铣削几何体】对话框，如图 7-20 所示。在【指定部件】区域选择（选择或编辑部件几何体）图标，弹出【部件几何体】对话框，如图 7-21 所示。在图形中选择图 7-22 所示工件，单击确定按钮。

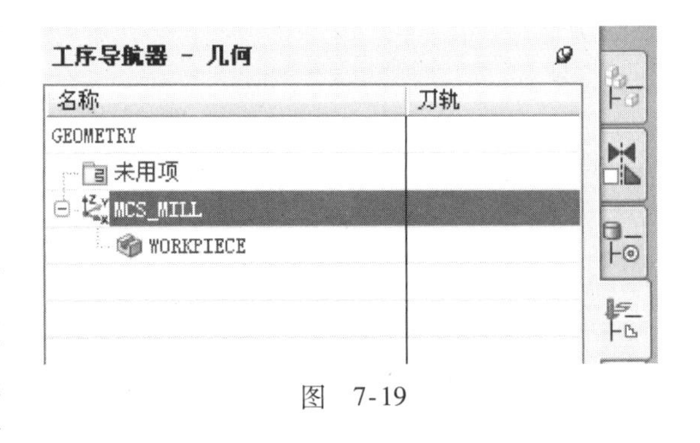

图 7-19

3. 显示毛坯几何体

在【实用工具】中选择（反转显示和隐藏）图标，图形中毛坯几何体显示，工件隐藏。

4. 设置铣削毛坯几何体

系统返回【铣削几何体】对话框，在【指定毛坯】区域选择（选择或编辑毛坯几何体）图标，弹出【毛坯几何体】对话框，如图 7-23 所示。在【类型】下拉列表框中选择 几何体 选项，在图形中选择图 7-24 所示的毛坯几何体，单击确定按钮，完成指定毛坯。系统返回【铣削几何体】对话框，单击确定按钮，完成设置铣削几何体。

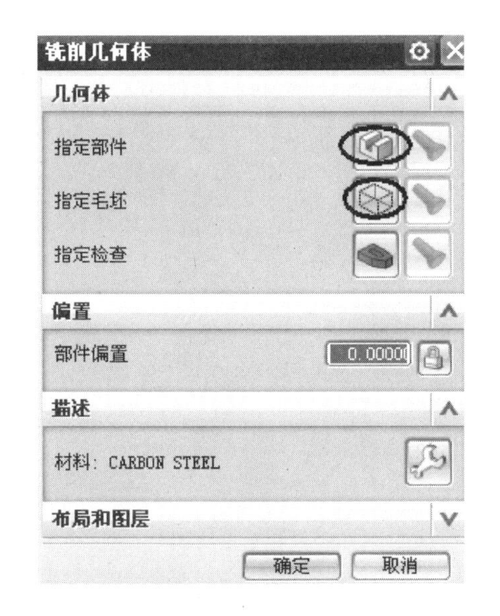

图　7-20

图　7-21

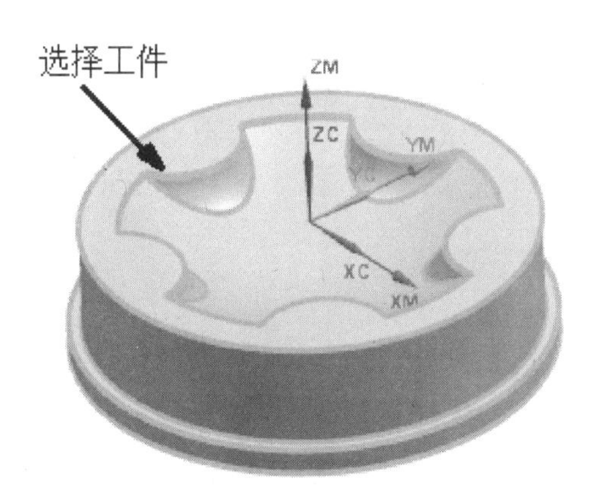

图　7-22

毛坯几何体 类型 几何体 几何体 选择对象 (1) 添加新集 列表 拓扑结构 确定 取消

图　7-23

5. 显示工件几何体

在【实用工具】中选择（反转显示和隐藏）图标，图形中工件几何体显示，毛坯隐藏。

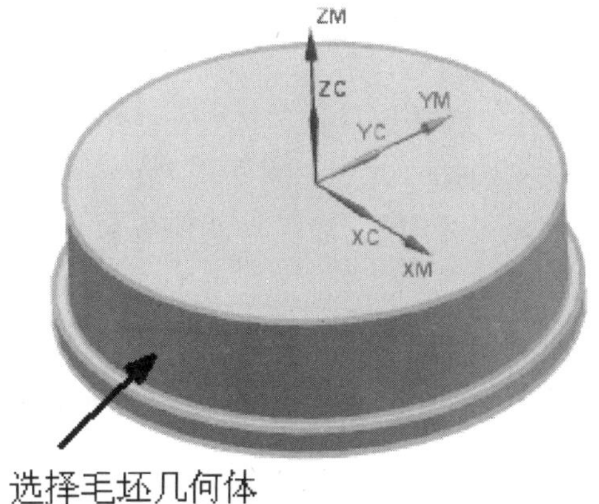

图　7-24

7.5　创建刀具

1. 设置工序导航器的视图为机床视图

选择菜单中的【工具】/【工序导航器】/【视图】/【机床视图】命令或在【导航器】工具条中选择（机床视图）图标。

2. 创建 EM12R1 圆鼻铣刀

选择菜单中的【插入】/【刀具】命令或在【插入】工具条选择（创建刀具）图标，

弹出【创建刀具】对话框，如图 7-25 所示。在【刀具子类型】中选择（铣刀）图标，在【名称】栏输入【EM12R1】，单击确定按钮，弹出【铣刀 - 5 参数】对话框，如图 7-26 所示。在【直径】、【下半径】栏分别输入【12】、【1】，在【刀具号】、【补偿寄存器】、【刀具补偿寄存器】栏均输入【1】，单击确定按钮，完成创建直径 ϕ12m 的圆鼻铣刀，如图 7-27 所示。

3. 按照步骤 2 的方法依次创建表 7-1 所列其余铣刀（步骤略）

图　7-25

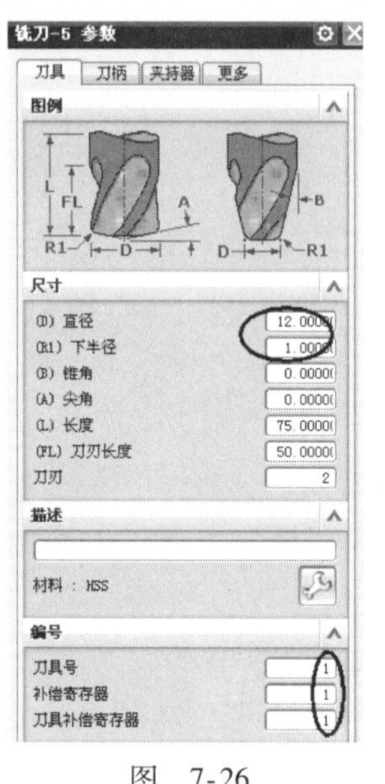

图　7-26

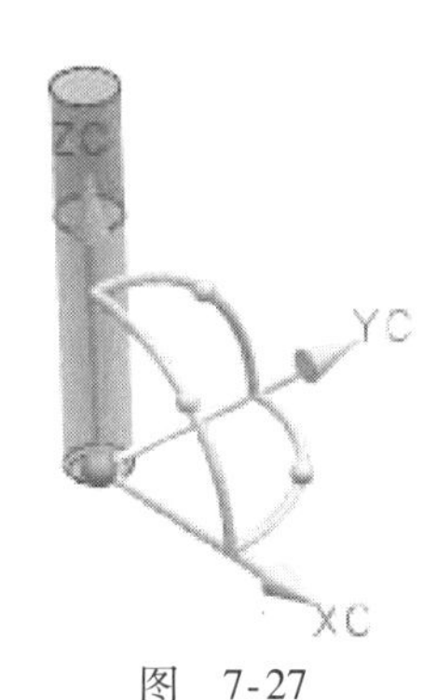

图　7-27

7.6　创建粗加工操作

1. 创建操作父节组选项

选择菜单中的【插入】/【工序】命令或在【插入】工具条中选择（创建工序）图标，弹出【创建工序】对话框，如图 7-28 所示。

在【创建工序】对话框的【类型】下拉列表框中选择【mill_ contour】（型腔铣），在【工序子类型】区域中选择（型腔铣）图标，在【程序】下拉列表框中选择 NC_PROGRAM 程序节点，在【刀具】下拉列表框中选择 EM12R1 (铣刀-5 刀具节点，在【几何体】下拉列表框中选择 WORKPIECE 节点，在【方法】下拉列表框中选择【METHOD】节点，在【名称】栏输入【R1】，如图 7-28 所示。单击确定按钮，系统弹出【型腔铣】对话框，如图 7-29 所示。

2. 设置加工参数

（1）设置切削模式　在【型腔铣】对话框的【切削模式】下拉列表框中选择跟随周边选项，在【步距】下拉列表框中选择【刀具平直百分比】选项，在【平面直径百分比】栏输入【65】，如图 7-29 所示。

（2）设置切削层参数　在【型腔铣】对话框的【切削层】区域中选择（切削层）图标，弹出【切削层】对话框，如图 7-30 所示。在【范围类型】下拉列表框中选择用户定义选项，在【范围定义】/【范围深度】栏输入【13】，在【测量开始位置】下拉列表框中选择【顶层】选项，在【每刀的深度】栏输入【2】，然后在【范围定义】/【列表】栏选择范围 2，在【范围定义】/【范围深度】栏输入【18.38】，在【测量开始位置】下拉列表框中选择【顶层】选项，在【每刀的深度】栏输入【1】，如图 7-31 所示。此时图形中切削层更新为图 7-32 所示，单击 确定 按钮，完成设置切削层，系统返回【型腔铣】对话框。

（3）设置切削参数　在【型腔铣】对话框中选择（切削参数）图标，弹出【切削参数】对话框，如图 7-33 所示。选择【策略】选项卡，在【切削顺序】下拉列表框中选择 深度优先 选项，在【刀路方向】下拉列表框中选择【向内】选项，勾选【岛清根】选项。

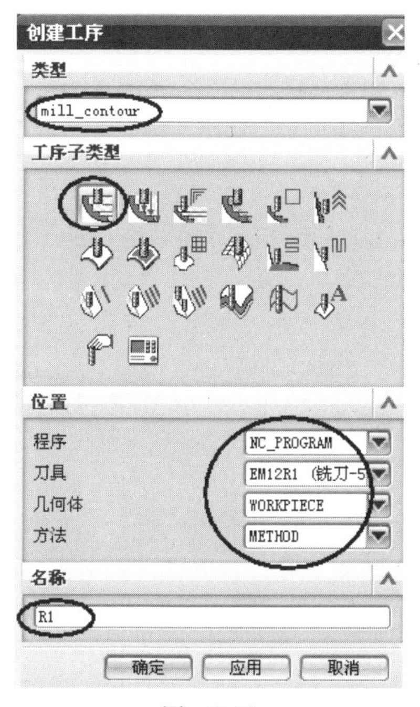

图　7-28

图　7-29

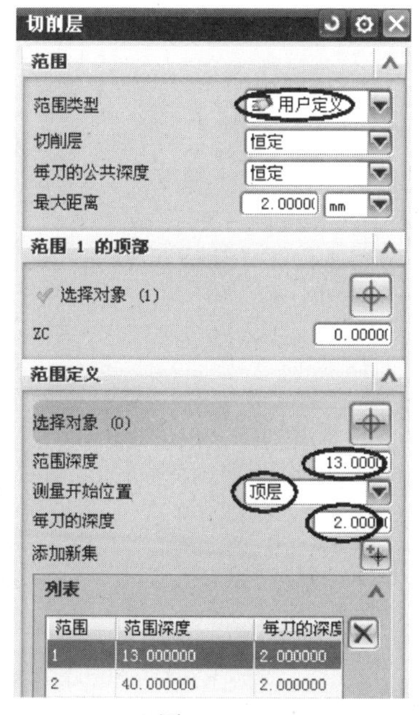

图　7-30

图　7-31

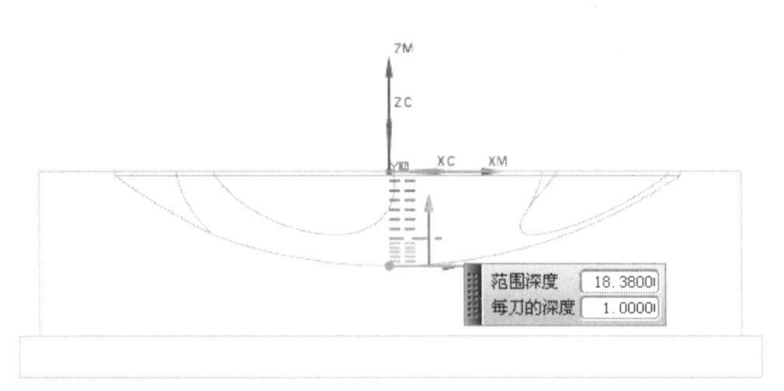

图　7-32

然后选择【余量】选项卡，勾选【使底面余量与侧面余量一致】选项，在【部件侧面余量】栏输入【0.5】，如图7-34 所示，单击确定按钮，完成设置切削参数，系统返回【型腔铣】对话框。

图　7-33

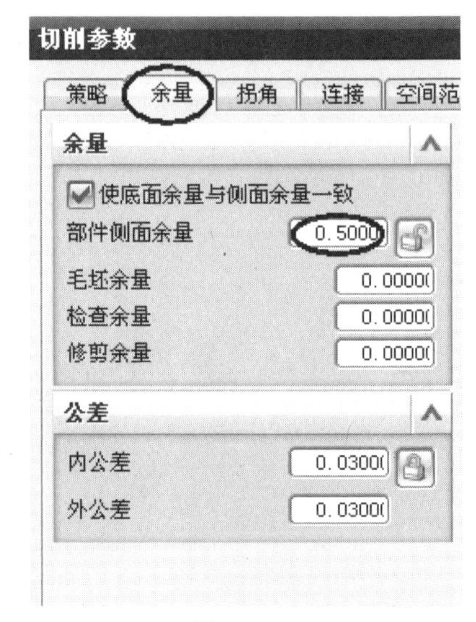

图　7-34

（4）设置非切削移动参数　在【型腔铣】对话框中选择（非切削移动）图标，弹出【非切削移动】对话框，如图7-35 所示。选择【进刀】选项卡，在【封闭区域】/【进刀类型】下拉列表框中选择【螺旋】选项，在【最小斜面长度】栏输入【50】，单击确定按钮，完成设置非切削移动参数，系统返回【型腔铣】对话框。

（5）设置进给率和速度参数　在【型腔铣】对话框中选择（进给率和速度）图标，弹出【进给率和速度】对话框，如图7-36 所示。勾选【主轴速度（rpm）】选项，在【主轴速度（rpm）】、【进给率】/【剪切】栏分别输入【1200】【800】，按回车键，单击（基于此值计算进给和速度）按钮，单击确定按钮，完成设置进给率和速度参数，系统返回【型腔铣】对话框。

图　7-35

3. 生成刀轨

在【型腔铣】对话框的【操作】区域中选择 (生成刀轨) 图标，系统自动生成刀轨，如图 7-37 所示，单击确定按钮，接受刀轨。

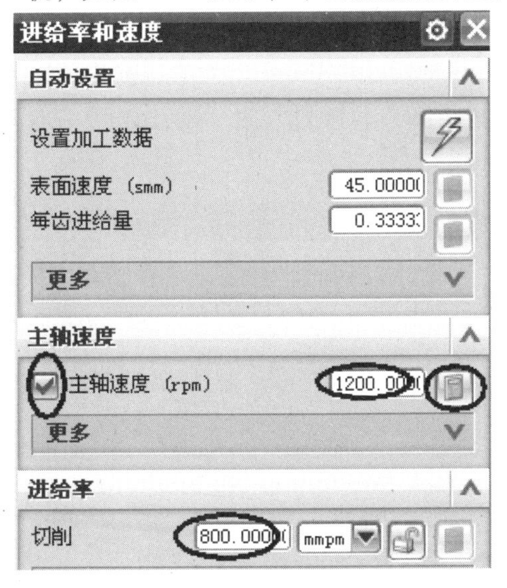

图　7-36

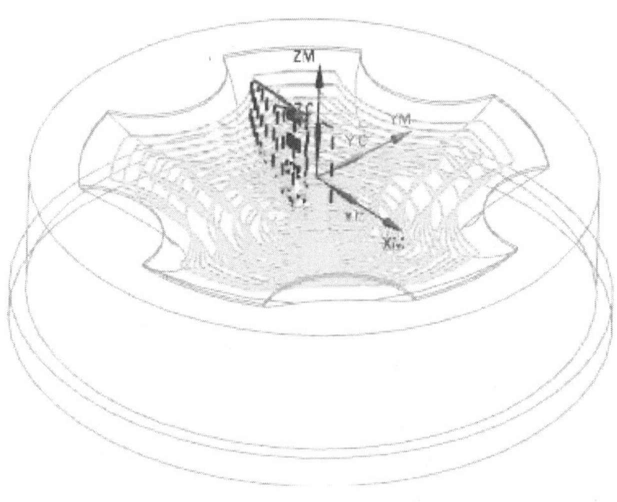

图　7-37

4. 创建刀轨仿真验证

在工序导航器几何视图中选择【WORKPIECE】节点下的 R1 工序，然后在【操作】工具条选择 (确认刀轨) 图标，弹出【刀轨可视化】对话框，如图 7-38 所示。选择【2D 动态】选项，单击 (播放) 按钮，图形中出现模拟切削动画。模拟切削完成后，在【刀轨可视化】对话框中单击比较按钮，可以看到切削结果，如图 7-39 所示。

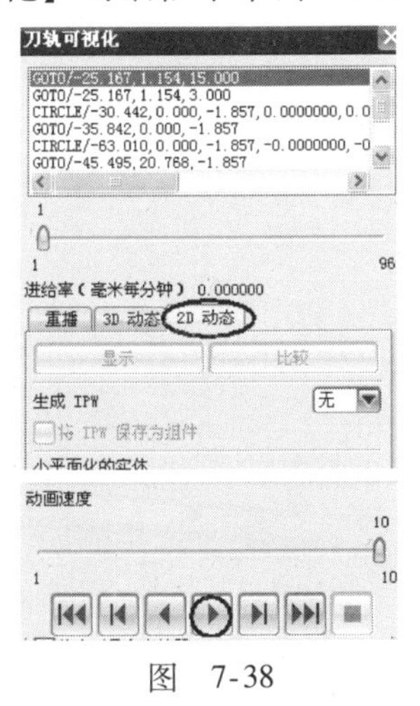

图　7-38

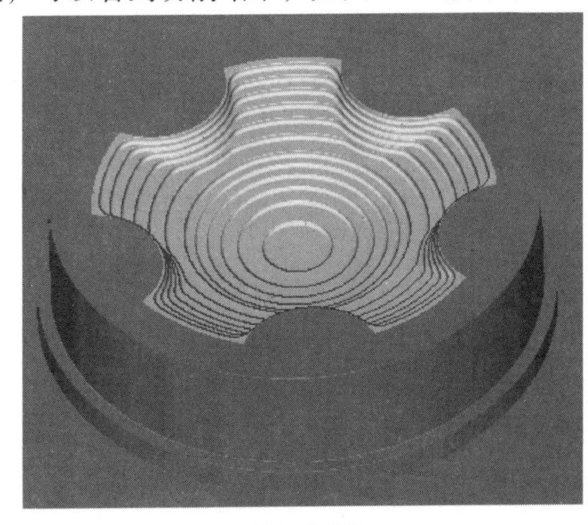

图　7-39

7.7　创建半精加工操作

1. 创建操作父节组选项

选择菜单中的【插入】/【工序】命令或在【插入】工具条中选择 (创建工序) 图

标，弹出【创建工序】对话框，如图 7-40 所示。

在【创建操作】对话框的【类型】下拉列表框中选择【mill_contour】（型腔铣）图标，在【操作子类型】区域中选择（固定轴曲面轮廓铣）铣削图标，在【程序】下拉列表框中选择【NC_PROGRAM】程序节点，在【刀具】下拉列表框中选择【BM8（铣刀－球头铣）】刀具节点，在【几何体】下拉列表框中选择【WORKPIECE】节点，在【名称】栏输入【S1】，如图 7-40 所示。单击 确定 按钮，系统弹出【固定轮廓铣】对话框，如图 7-41 所示。

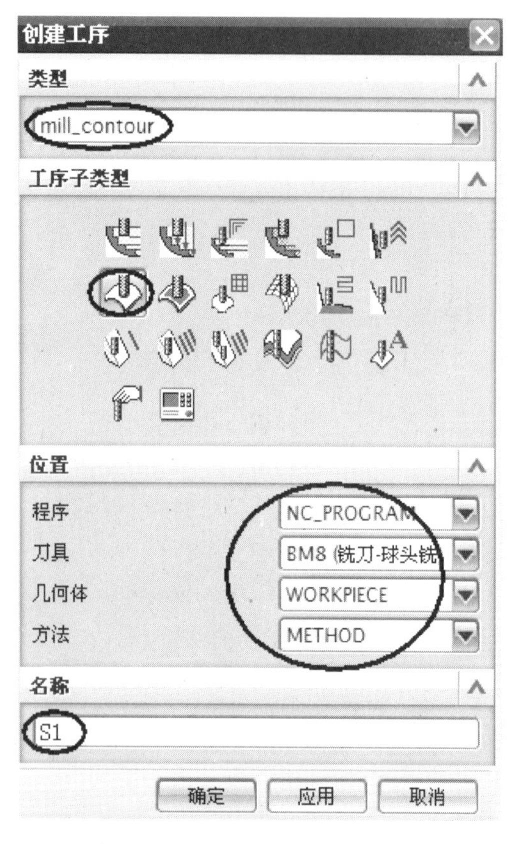

图　7-40

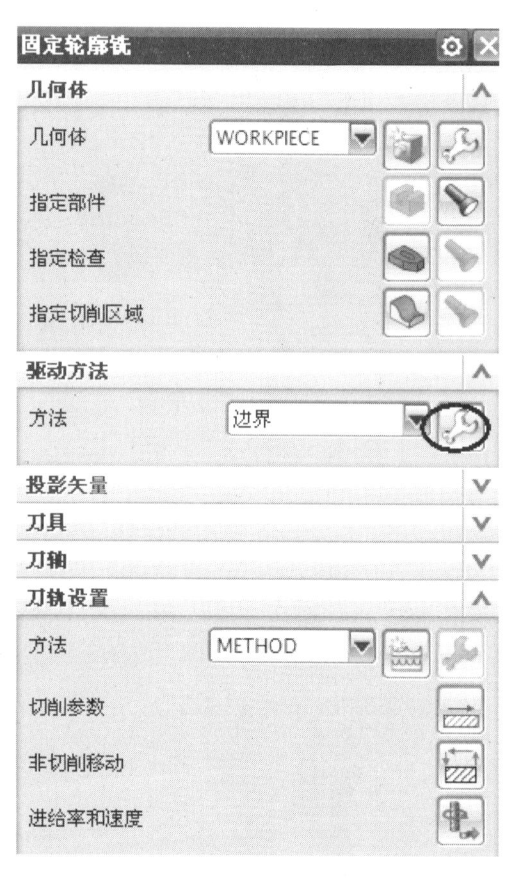

图　7-41

2. 设置加工参数

（1）设置驱动方法　在【固定轮廓铣】对话框中选择（编辑）图标，弹出【边界驱动方法】对话框，如图 7-42 所示。在【指定驱动几何体】区域选择（选择或编辑驱动几何体）图标，弹出【边界几何体】对话框，如图 7-43 所示。在【模式】下拉列表框中选择【曲线/边】选项，弹出【创建边界】对话框，如图 7-44 所示。在图形中选择图 7-45 所示的实体边为驱动边界几何体，单击 确定 按钮，系统返回【边界几何体】对话框，单击 确定 按钮，系统返回【边界驱动方法】对话框。

在【切削模式】下拉列表框中选择✳径向往复选项，在【阵列中心】下拉列表框中选择【自动】选项，在【刀路方向】下拉列表框中选择【向内】选项，在【切削方向】下拉列表框中选择【顺铣】选项，在【步距】下拉列表框中选择【刀具平直百分比】选项，在

【平面直径百分比】栏输入【20】，单击确定按钮，完成设置驱动方法，系统返回【固定轮廓铣】对话框。

图　7-42

图　7-43

图　7-44

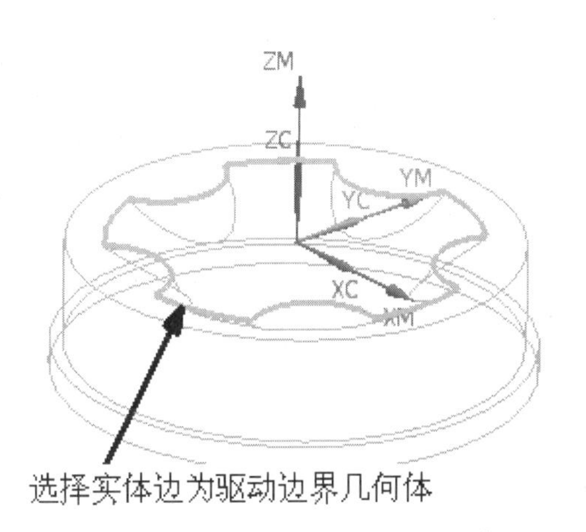

图　7-45

（2）设置切削参数　在【固定轮廓铣】对话框中选择（切削参数）图标，弹出【切削参数】对话框，如图 7-46 所示。选择【余量】选项卡，在【部件余量】栏输入【0.2】，单击确定按钮，完成设置切削参数，系统返回【固定轮廓铣】对话框。

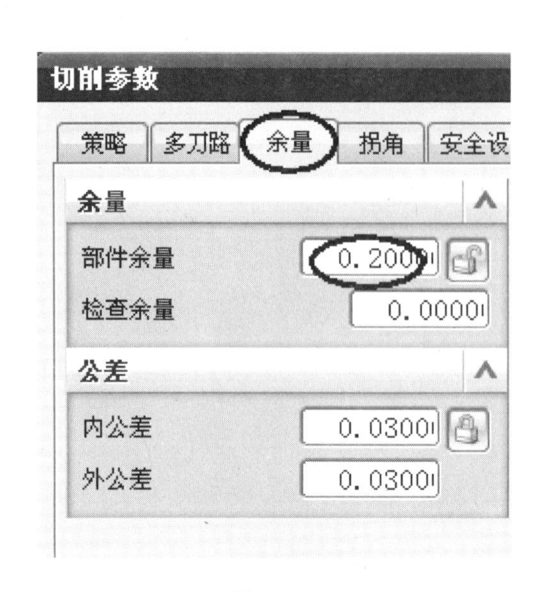

图　7-46

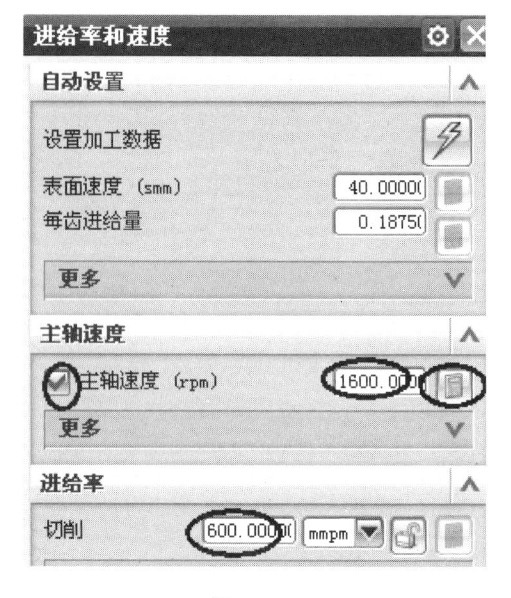

图　7-47

（3）设置进给率和速度　在【固定轮廓铣】对话框中选择（进给率和速度）图标，弹出【进给率和速度】对话框，如图 7-47 所示。勾选【主轴速度（rpm）】选项，在【主轴速度（rpm）】、【进给率】/【剪切】栏分别输入【1600】【600】，按回车键，单击（基于此值计算进给和速度）按钮，单击确定按钮，完成设置进给率和速度参数，系统返回【型腔铣】对话框。

3. 生成刀轨

在【固定轮廓铣】对话框的【操作】区域中选择（生成刀轨）图标，系统自动生成刀轨，如图 7-48 所示，单击确定按钮，接受刀轨。

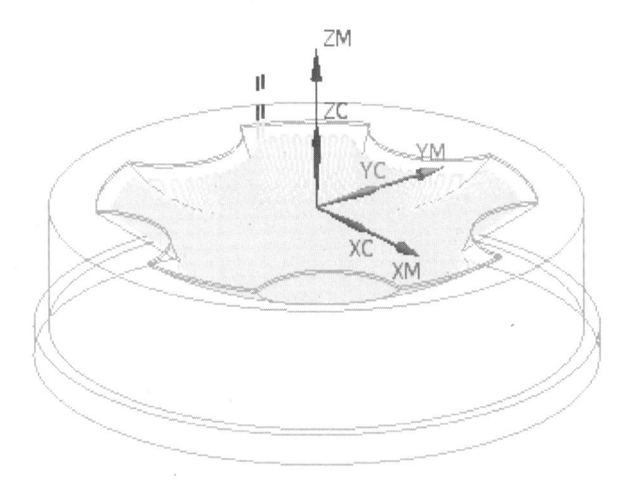

图　7-48

4. 创建刀轨仿真验证

在工序导航器几何视图中选择【WORKPIECE】节点下的 S1 工序，然后在【操作】工具条中选择（确认刀轨）图标，弹出【刀轨可视化】对话框，选择【2D 动态】选项，单击（播放）按钮，图形中出现模拟切削动画。模拟切削完成后，在【刀轨可视化】对话框中单击 比较 按钮，可以看到切削结果，如图 7-49 所示。

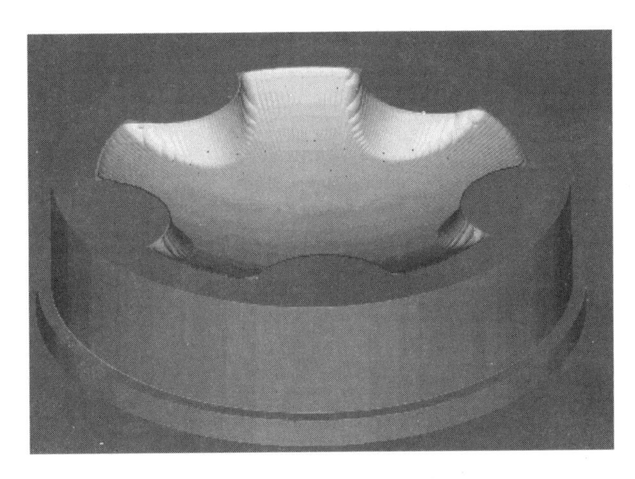

图　7-49

7.8　创建精加工操作

1. 创建操作父节组选项

选择菜单中的【插入】/【工序】命令或在【插入】工具条中选择（创建工序）图标，弹出【创建工序】对话框，如图 7-50 所示。

在【创建工序】对话框的【类型】下拉列表框中选择【mill_ contour】（型腔铣），在【操作子类型】区域中选择（轮廓区域）铣削图标，在【程序】下拉列表框中选择【NC _PROGRAM】程序节点，在【刀具】下拉列表框中选择【BM6（铣刀 - 球头）】刀具节点，在【几何体】下拉列表框中选择【WORKPIECE】节点，在【名称】栏输入【F1】，如图 7-50 所示。单击 确定 按钮，系统弹出【轮廓区域】对话框，如图 7-51 所示。

2. 创建几何体

在【轮廓区域】对话框的【指定切削区域】区域中选择（选择或编辑切削区域几何体）图标，弹出【切削区域】对话框，如图 7-52 所示。在图形中选择图 7-53 所示的 16 个曲面为切削区域，单击 确定 按钮，完成创建切削区域几何体，系统返回【轮廓区域】对话框。

3. 设置加工参数

（1）设置驱动方法　在【轮廓区域】对话框中选择（编辑）图标，弹出【区域铣削驱动方法】对话框，如图 7-54 所示。在【陡峭空间范围】/【方法】下拉列表框中选择【无】选项，在【切削模式】下拉列表框中选择 跟随周边 选项，在【刀路方向】下拉列表框中选择【向内】选项，在【切削方向】下拉列表框中选择【顺铣】选项，在【步距】下拉列表框中选择【刀具平直百分比】选项，在【平面直径百分比】栏输入【10】，在【步距已应用】下拉列表框中选择【在部件上】选项，单击 确定 按钮，完成设置驱动方法，系统返回【轮廓区域】对话框。

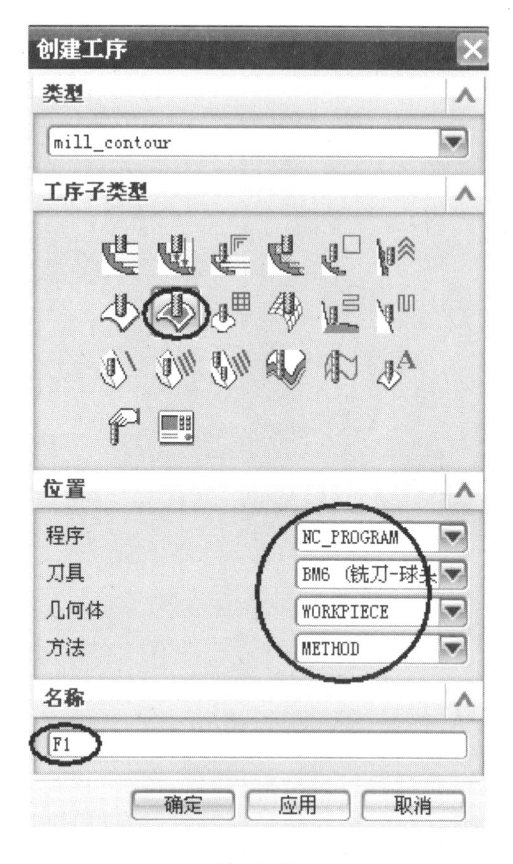

图 7-50

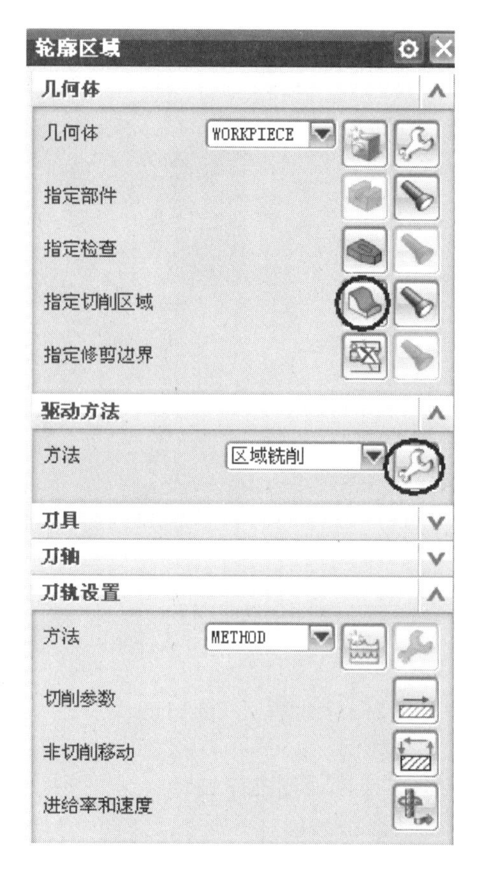

图 7-51

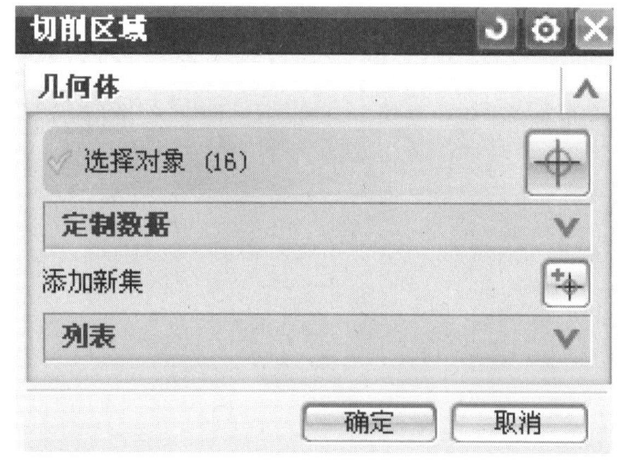

图 7-52

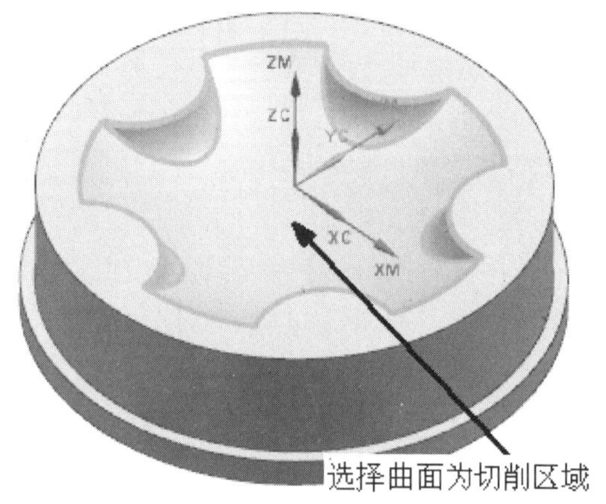

图 7-53

（2）设置切削参数　在【轮廓区域】对话框中选择（切削参数）图标，弹出【切削参数】对话框，如图7-55所示。选择【余量】选项卡，在【部件余量】栏输入【0】，在【内公差】、【外公差】、【边界内公差】、【边界外公差】栏都输入【0.03】，单击确定按钮，完成设置切削参数，系统返回【轮廓区域】对话框。

图　7-54

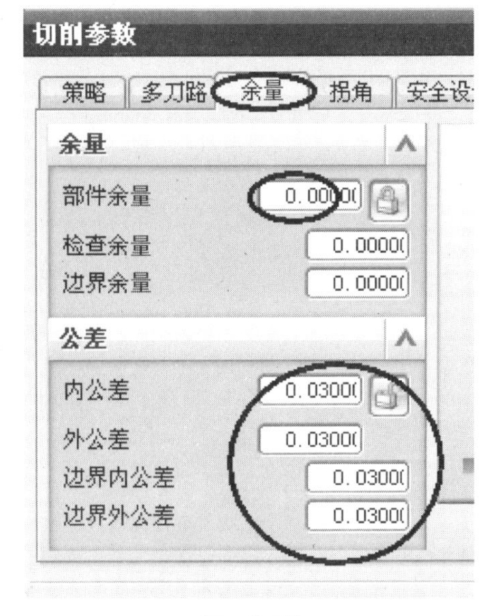

图　7-55

（3）设置进给率和速度　在【轮廓区域】对话框中选择（进给率和速度）图标，弹出【进给率和速度】对话框，如图 7-56 所示。勾选【主轴速度（rpm）】选项，在【主轴速度（rpm）】、【进给率】/【剪切】栏分别输入【2500】【500】，单击确定按钮，完成设置进给率和速度，系统返回【轮廓区域】对话框。

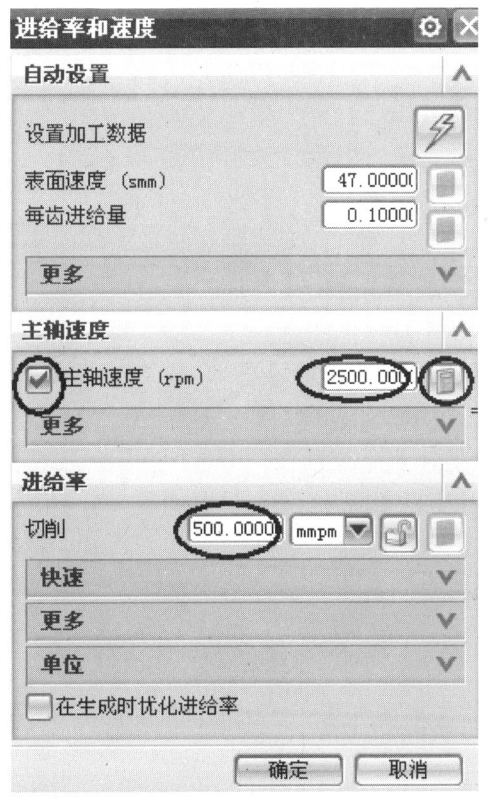

图　7-56

4. 生成刀轨

在【轮廓区域】铣对话框的【操作】区域中选择（生成刀轨）图标，系统自动生成刀轨，如图7-57所示，单击确定按钮，接受刀轨。

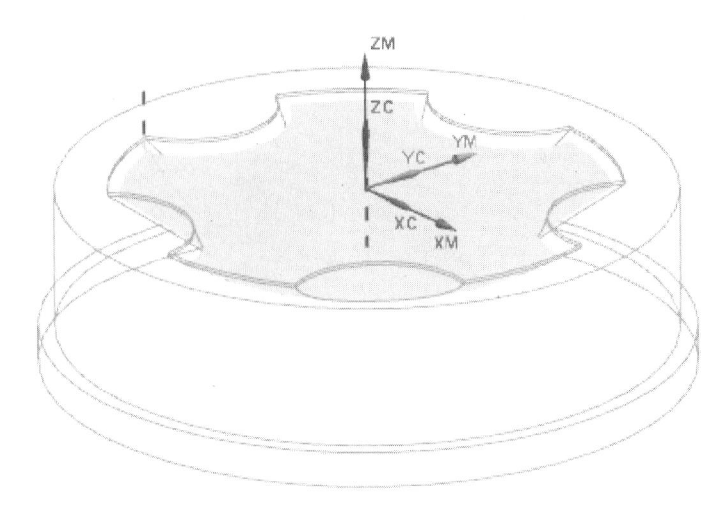

图 7-57

7.9 创建精加工清根操作

1. 创建操作父节组选项

选择菜单中的【插入】/【工序】命令或在【插入】工具条中选择（创建工序）图标，弹出【创建工序】对话框，如图7-58所示。

在【创建工序】对话框的【类型】下拉列表框中选择【mill_contour】（型腔铣），在【操作子类型】区域中选择（清根参考刀具）图标，在【程序】下拉列表框中选择【NC_PROGRAM】程序节点，在【刀具】下拉列表框中选择【BM1（铣刀－球头）】刀具节点，在【几何体】下拉列表框中选择【WORKPIECE】节点，在【方法】下拉列表框中选择【METHOD】节点，在【名称】栏输入【F2】，如图7-58所示。单击确定按钮，系统弹出【清根参考刀具】对话框，如图7-59所示。

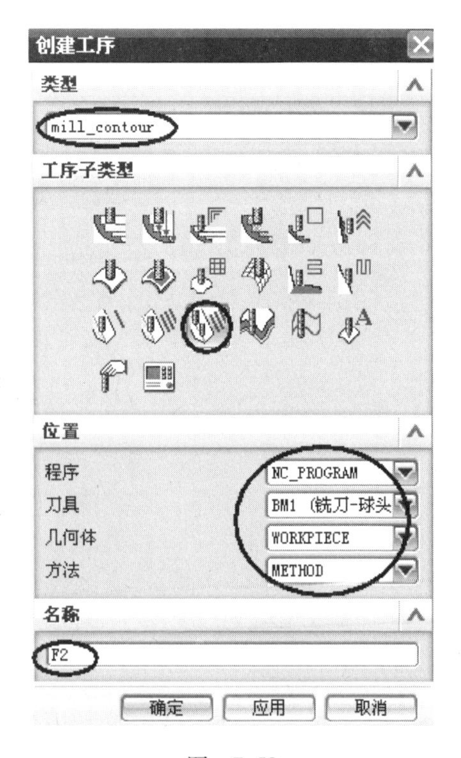

图 7-58

2. 创建几何体

在【清根参考刀具】对话框的【指定切削区域】区域中选择（选择或编辑切削区域几何体）图标，弹出【切削区域】几何体对话框，如图7-60所示。在图形中选择图7-61所示的17个曲面为切削区域，单击确定按钮，完成创建切削区域几何体，系统返回【清根参考刀具】对话框。

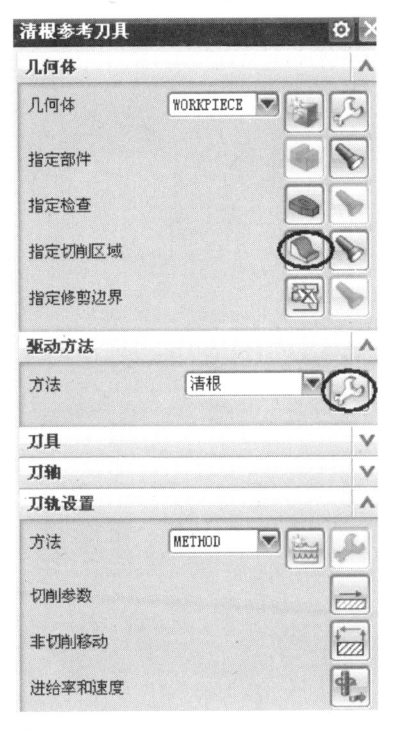

图　7-59

图　7-60

3. 设置加工参数

（1）驱动设置及参考刀具设置　在【清根参考刀具】铣对话框中选择（编辑）图标，弹出【清根驱动方法】对话框，如图 7-62 所示。在【非陡峭切削模式】下拉列表框中选择往复选项，在【步距】栏输入【0.5】，在【顺序】下拉列表框中选择后陡选项，在【陡峭切削模式】下拉列表框中选择同非陡峭选项，在【参考刀具直径】栏输入【6】，在【重叠距离】栏输入【0.8】，单击确定按钮，完成设置驱动方法，系统返回【清根参考刀具】对话框。

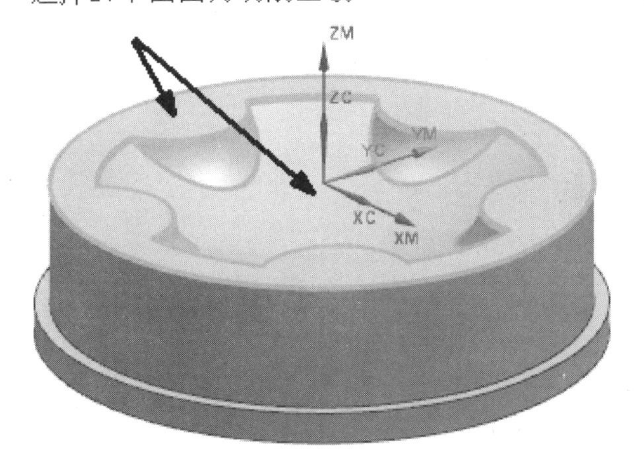

图　7-61

（2）设置进给率和速度　在【清根参考刀具】对话框中选择（进给率和速度）图标，弹出【进给率和速度】对话框，如图 7-63 所示。勾选【主轴速度（rpm）】选项，在【主轴速度（rpm）】、【进给率】/【剪切】栏分别输入【3000】【300】，单击确定按钮，完成设置进给率和速度，系统返回【清根参考刀具】对话框。

图 7-62

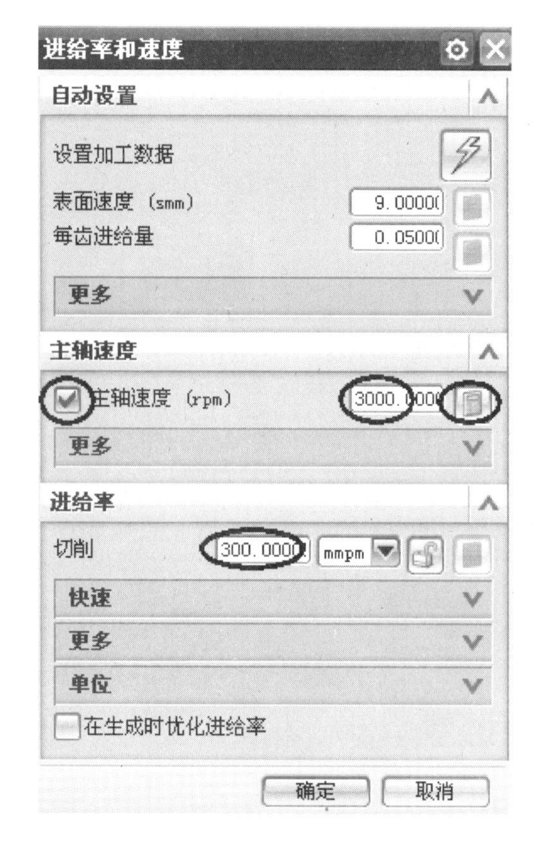

图 7-63

4. 生成刀轨

在【清根参考刀具】对话框的【操作】区域中选择（生成刀轨）图标，系统自动生成刀轨，如图 7-64 所示，单击确定按钮，接受刀轨。

5. 创建切削仿真

（1）设置工序导航器的视图为几何视图 选择菜单中的【工具】/【工序导航器】/【视图】/【几何视图】命令或在【导航器】工具条选择（几何视图）图标。

（2）在工序导航器中选择 WORKPIECE 父节组，在【操作】工具条中选择（确认刀轨）图标，弹出【刀轨可视化】对话框，选择【2D 动态】选项，然后在单击（播放）按钮。切削仿真完成后，

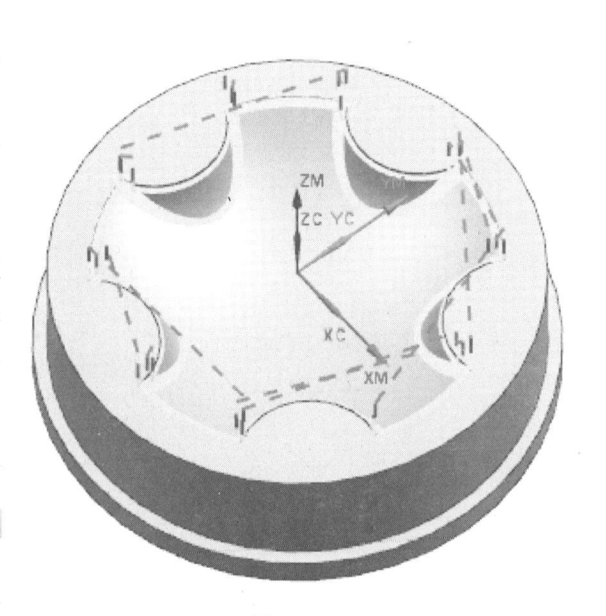

图 7-64

在【刀轨可视化】对话框中单击比较按钮，如图 7-65 所示，型面显示绿色，表示已经加工到位无余量，除了根部有少许白色余量，如图 7-66 所示。

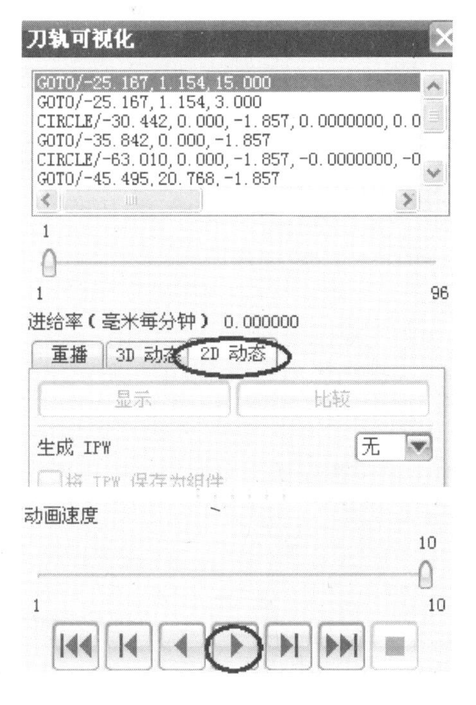
刀轨可视化
GOTO/-25.167,1.154,15.000
GOTO/-25.167,1.154,3.000
CIRCLE/-30.442,0.000,-1.857,0.0000000,0.0
GOTO/-35.842,0.000,-1.857
CIRCLE/-63.010,0.000,-1.857,-0.0000000,-0
GOTO/-45.495,20.768,-1.857
1
1
96
进给率（毫米每分钟） 0.000000
重播
3D 动态
2D 动态
显示
比较
生成 IPW
无
动画速度
10
1
10

图　7-65

图　7-66

第 8 章 轮廓铣削工程实例二

实例说明

本章主要讲述一个较为复杂的轮廓铣削工程实例。工件模型为摩擦楔块锻模零件，如图 8-1 所示，中间凹，两边有凸台，四周有一圈飞边（跑料）槽。中间凹下去的部分是这个零件最核心的型腔部分。锻模材料为 5CrNiMo，该材料具有优异的韧性和良好的冷热疲劳性能，毛坯外形已加工成形。

为提高加工效率，先采用较大的 ϕ32R6 的圆鼻铣刀（硬质合金可转位刀具）对锻模零件进行粗加工（型腔铣），生成过程毛坯（In Process Workpiece，IPW），然后换 ϕ10mm 的立铣刀进行残料加工。粗加工之后，采用固定轴曲面轮廓铣中的区域铣削驱动方法，用 ϕ8mm 的球头铣刀对跑料槽和型腔进行半精加工，用同样的驱动方法对锻模左右两凸台面进行半精加工，用 ϕ6mm 的球头铣刀对跑料槽和型腔进行清根。然后复制上述两个半精加工刀轨，用 ϕ4mm、ϕ6mm 的球头铣刀，通过修改切削参数的方式，把半精加工的刀轨修改成精加工刀具轨迹。最后用 ϕ20mm 的立铣刀对锻模的分型平面进行精加工。

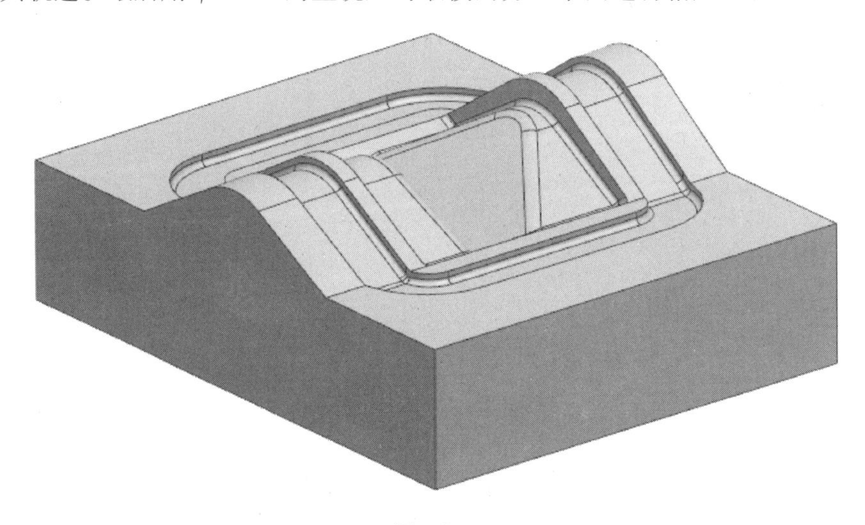

图 8-1

加工刀具见表 8-1。

表 8-1　加工刀具列表

序号	程序名	刀具号	刀具类型	刀具直径/mm	R 角/mm	刀长/mm	刃长/mm	余量/mm
1	R1	1	EM32R6 圆鼻铣刀	ϕ32	6	160	65	0.8
2	R2	2	EM10 立铣刀	ϕ10	0	160	65	0.5
3	S1	3	BM8 球头铣刀	ϕ8	4	75	25	0.3
4	S2	3	BM8 球头铣刀	ϕ8	4	75	25	0.3
5	S3	5	BM4 球头铣刀	ϕ4	2	65	25	0.3
6	F1	4	BM4 球头铣刀	ϕ4	2	65	25	0
7	F2	5	BM6 球头铣刀	ϕ6	3	65	25	0
8	F3	6	EM20 立铣刀	ϕ20	0	65	25	0

加工工艺方案见表 8-2。

表 8-2　加工工艺方案

序号	方法	加工方式	程序名	主轴转速 S/(r/min)	进给速度 F/(mm/min)	说　明
1	粗加工	型腔铣	R1	1200	600	锻模整体
2	粗加工	型腔铣（残料加工）	R2	1400	600	残留部位
3	半精加工	固定轴曲面轮廓铣	S1	1400	400	跑料槽及锻模型腔
4	半精加工	固定轴曲面轮廓铣	S2	1400	400	锻模左右两凸台面
5	半精加工	参考刀具清根	S3	1600	300	跑料槽及锻模型腔清根
6	精加工	固定轴曲面轮廓铣	F1	1600	250	跑料槽及锻模型腔
7	精加工	固定轴曲面轮廓铣	F2	1600	250	锻模左右两凸台面
8	精加工	面铣	F3	1600	250	锻模分型平面

学习目标

通过本章实例的练习，读者能熟练掌握型腔铣加工，了解型腔铣的适用范围和加工规律，掌握开粗、二次开粗及精加工技巧。

8.1　打开文件

选择菜单中的【文件】/打开(O)命令或选择（打开）图标，弹出【打开】部件对话框，选择书配光盘中的 \ parts \ 8 \ xj - 2 文件，单击 OK 按钮，打开部件，工件模型如图 8-1 所示。

8.2 创建毛坯

1. 进入建模模块

选择菜单中开始下拉框中的建模(M)...模块，如图 8-2 所示，进入建模应用模块。

2. 创建拉伸特征

选择菜单中的【插入】/【设计特征】/【拉伸】命令或在【特征】工具条中选择（拉伸）图标，弹出【拉伸】对话框，如图 8-3 所示。在主界面曲线规则下拉列表框中选择【面的边】选项。选择图 8-4 所示的底面为拉伸对象。然后在【拉伸】对话框中单击（反向）按钮，显示如图 8-4 所示的拉伸方向。在【距离】栏输入【0】，在【结束】/【距离】栏输入【120】，在【布尔】下拉列表框中选择无选项，如图 8-3 所示。单击应用按钮，结果如图 8-5 所示。

图 8-2

图 8-3

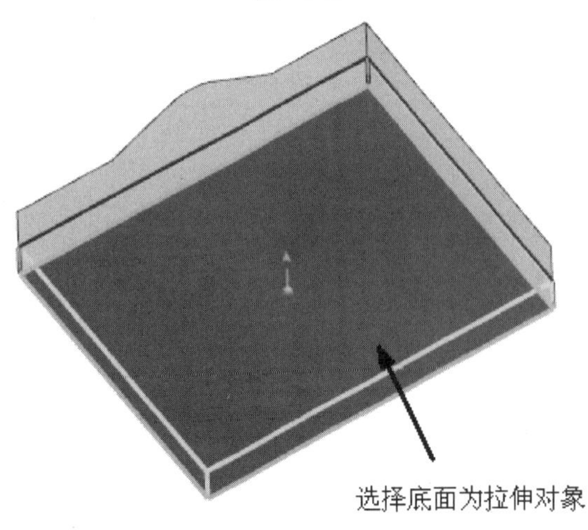

图 8-4

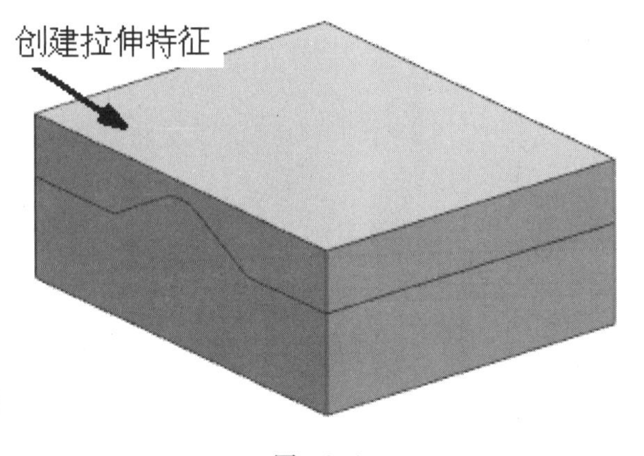

图 8-5

8.3　设置加工坐标系及安全平面

1. 进入加工模块

选择菜单中 开始 下拉框中的 加工(N)... 模块，如图 8-6 所示，进入加工应用模块。

2. 设置加工环境

选择 加工(N)... 模块后，系统弹出【加工环境】对话框，如图 8-7 所示。在【CAM 会话配置】列表框中选择【cam_general】，在【要创建的 CAM 设置】列表框中选择【mill_contour】，单击 确定 按钮。进入加工初始化，在导航器栏弹出（工序导航器）图标，如图 8-8 所示。

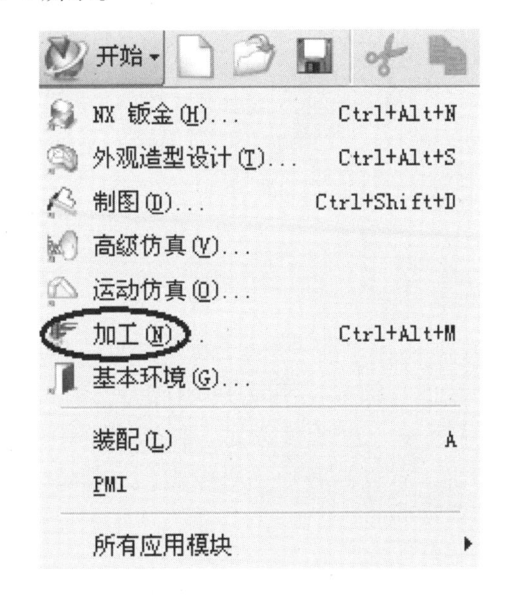

图　8-6

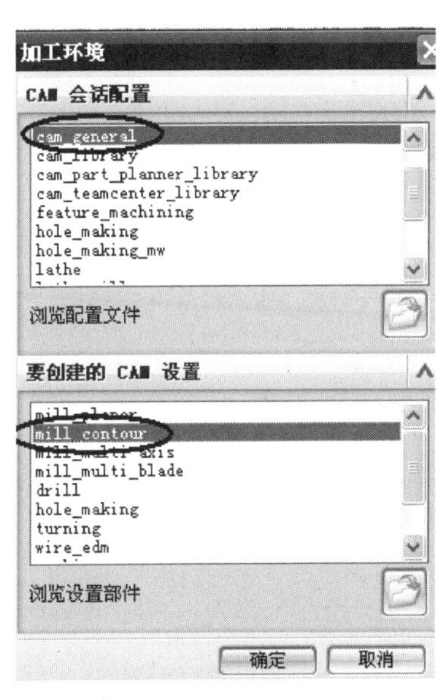

图　8-7

3. 设置工序导航器的视图为几何视图

选择菜单中的【工具】/【工序导航器】/【视图】/【几何视图】命令或在【导航器】工具条中选择（几何视图）图标，工序导航器的视图更新为图 8-8 所示。

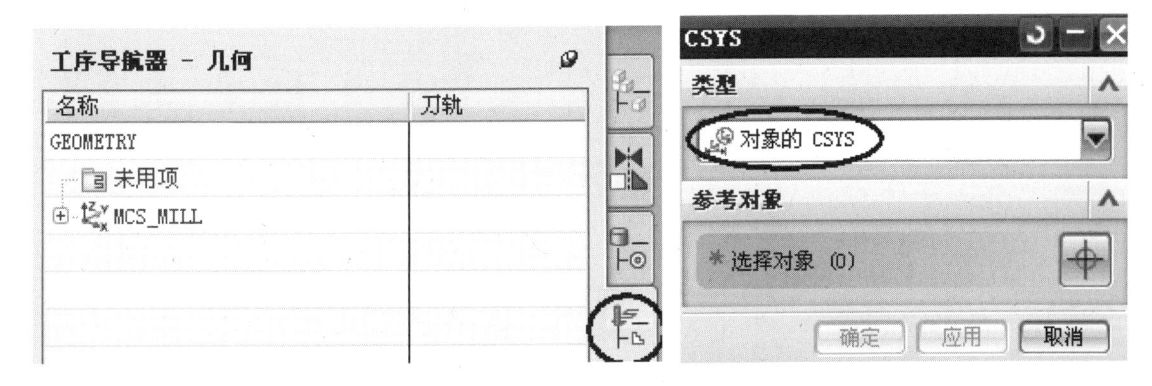

图　8-8

图　8-9

4. 设置工作坐标系

选择菜单中的【格式】/【WCS】/【定向】命令或在【实用】工具条中选择（WCS 定向）图标，弹出【CSYS】对话框。在【类型】下拉列表框中选择对象的 CSYS 选项，如图 8-9 所示。在图形中选择图 8-10 所示的毛坯顶面，单击确定按钮，完成设置工作坐标系，如图 8-11 所示。

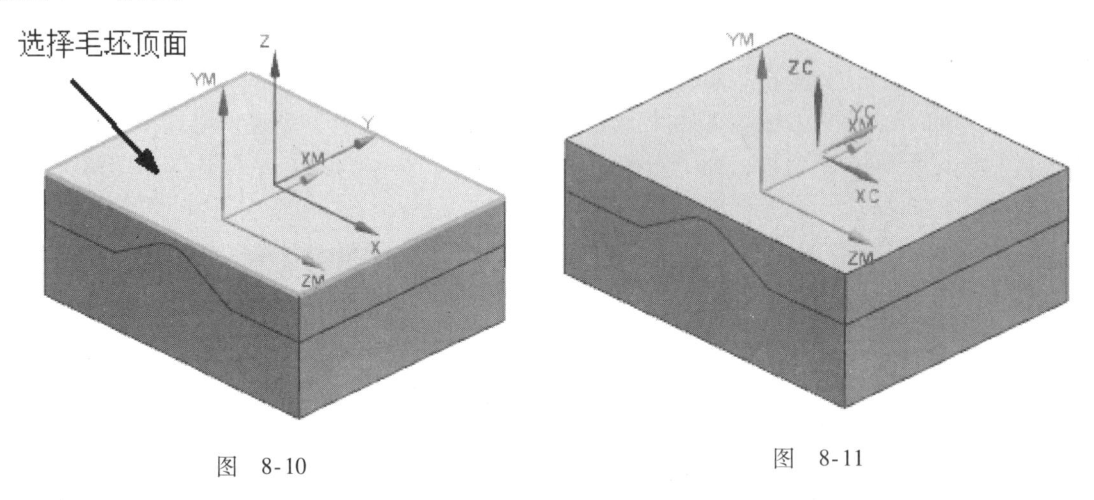

图　8-10　　　　图　8-11

5. 设置加工坐标系

在工序导航器中双击 MCS_MILL（加工坐标系）图标，弹出【Mill Orient】对话框。如图 8-12 所示。在【指定 MCS】区域选择（CSYS 会话）图标，弹出【CSYS】对话框，如图 8-13 所示。在【类型】下拉列表框中选择动态选项，在【参考】下拉列表框中选择 WCS（工作坐标系）选项，单击确定按钮，完成设置加工坐标系，即接受工作坐标系为加工坐标系，如图 8-14 所示。

注意：【Mill Orient】对话框不要关闭。

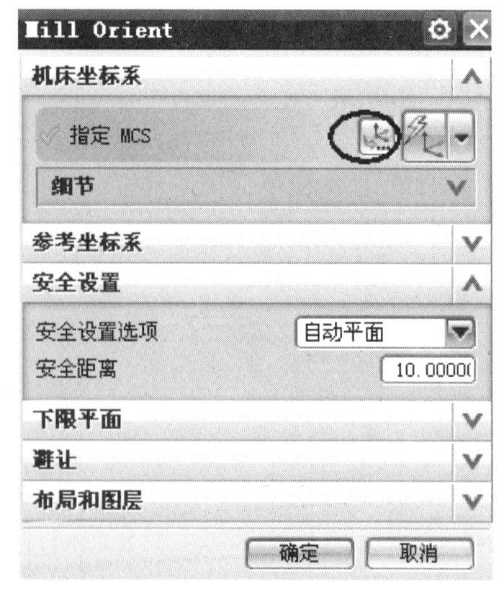

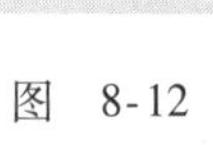

图　8-12

图　8-13

6. 设置安全平面

在【Mill Orient】对话框【安全设置】区域的【安全设置选项】下拉列表框中选择【平面】选项，如图 8-15 所示。在图形中选择图 8-16 所示的毛坯顶面，在【距离】栏输入【15】，单击 确定 按钮，完成设置安全平面。

7. 隐藏毛坯

选择菜单中的【编辑】/【显示和隐藏】/【隐藏】命令或在【实用工具】工具条中选择（隐藏）图标，选择毛坯实体隐藏（步骤略）。

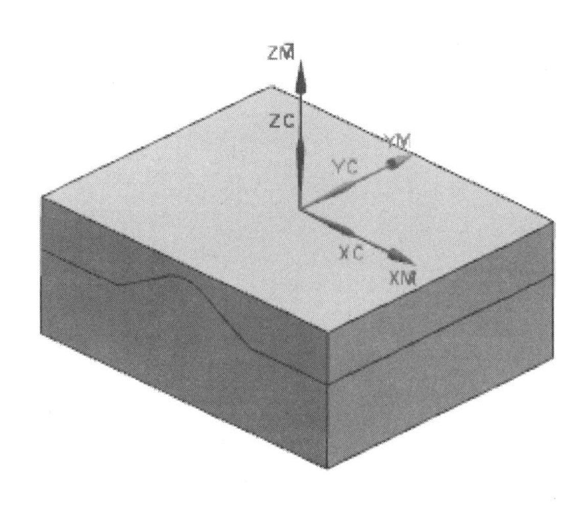

图　8-14

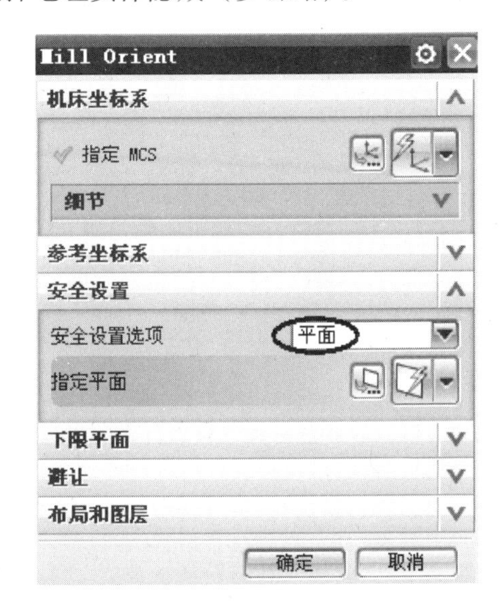

图　8-15

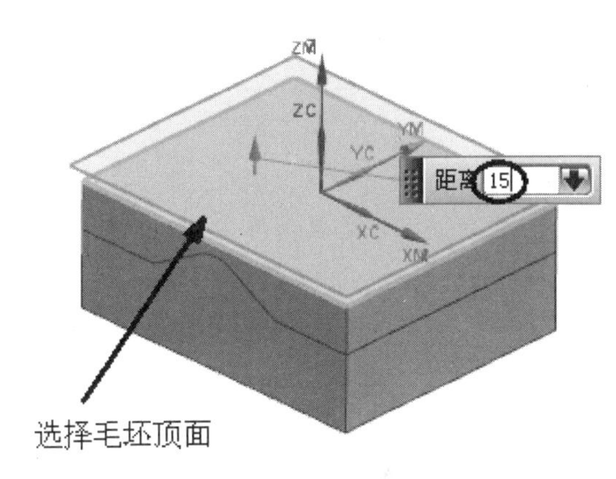

图　8-16

8.4　设置铣削几何体

1. 展开 MCS_MILL

在工序导航器的几何视图中单击 MCS_MILL 前面的（加号）图标，展开 MCS_MILL，更新为如图 8-17 所示。

2. 设置铣削部件几何体

在工序导航器中双击 WORKPIECE（铣削几何体）图标，弹出【铣削几何体】对话框，如图 8-18 所示。在【指定部件】区域选择（选择或编辑部件几何体）图

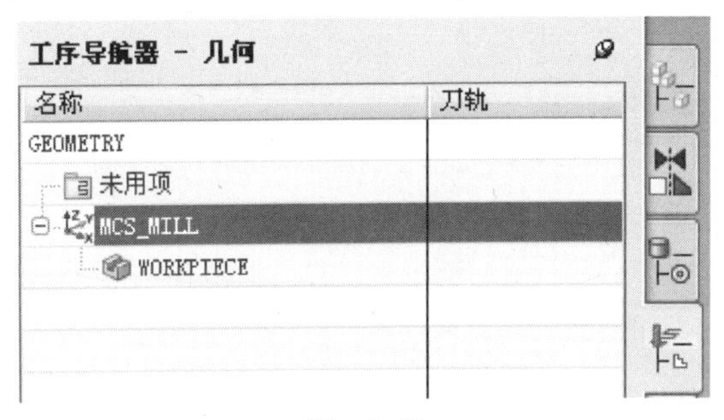

图　8-17

标，弹出【部件几何体】对话框，如图8-19所示。在图形中选择图8-20所示的工件，单击 确定 按钮。

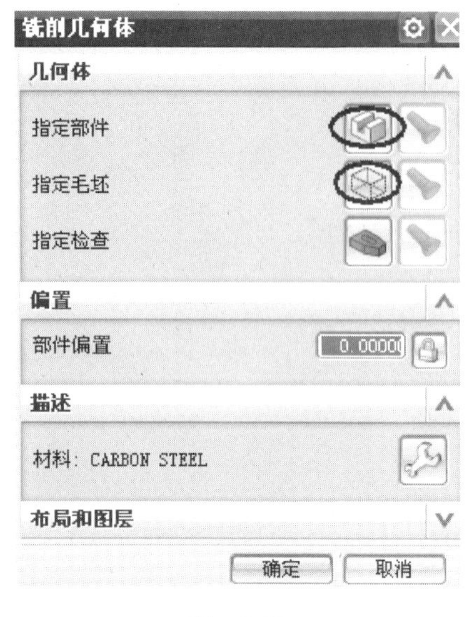

图　8-18

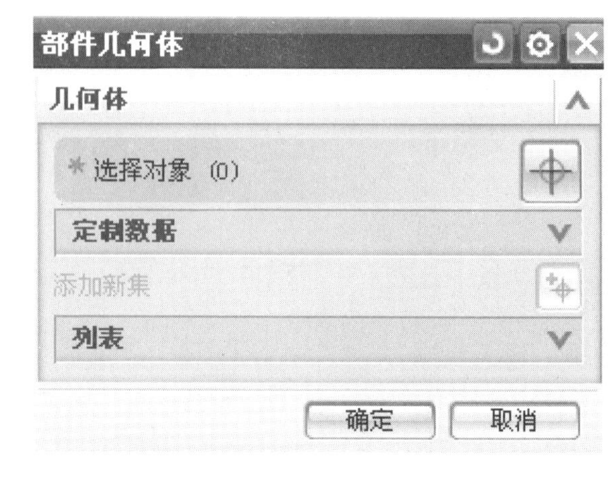

图　8-19

3. 显示毛坯几何体

在【实用工具】中选择（反转显示和隐藏）图标，图形中毛坯几何体显示，工件隐藏。

4. 设置铣削毛坯几何体

系统返回【铣削几何体】对话框，在【指定毛坯】区域选择（选择或编辑毛坯几何体）图标，弹出【毛坯几何体】对话框，如图8-21所示。在【类型】下拉列表框中选择 几何体 选项，在图形中选择图8-22所示毛坯几何体，单击 确定 按钮，完成指定毛坯，系统返回【铣削几何体】对话框，单击 确定 按钮，完成设置铣削几何体。

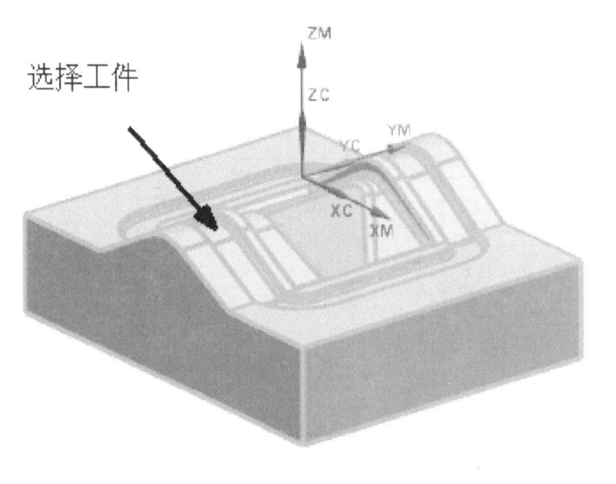

图　8-20

图　8-21

5. 显示工件几何体

在【实用工具】中选择（反转显示和隐藏）图标，图形中工件几何体显示，毛坯隐藏。

8.5　创建刀具

1. 设置工序导航器的视图为机床视图

选择菜单中的【工具】/【工序导航器】/【视图】/【机床视图】命令或在【导航器】工具条中选择（机床视图）图标。

2. 创建 EM32R6 圆鼻铣刀

选择菜单中的【插入】/【刀具】命令或在【插入】工具条中选择（创建刀具）图标，弹出【创建刀具】对话框，如图 8-23 所示。在【刀具子类型】中选择（铣刀）图标，在【名称】栏输入【EM32R6】，单击 确定 按钮，弹出【铣刀 -5 参数】对话框，如图 8-24 所示。在【直径】、【下半径】栏分别输入【32】【6】，在【刀具号】、【补偿寄存器】、【刀具补偿寄存器】栏均输入【1】，单击 确定 按钮，完成创建 ϕ32m 的圆鼻铣刀，如图 8-25 所示。

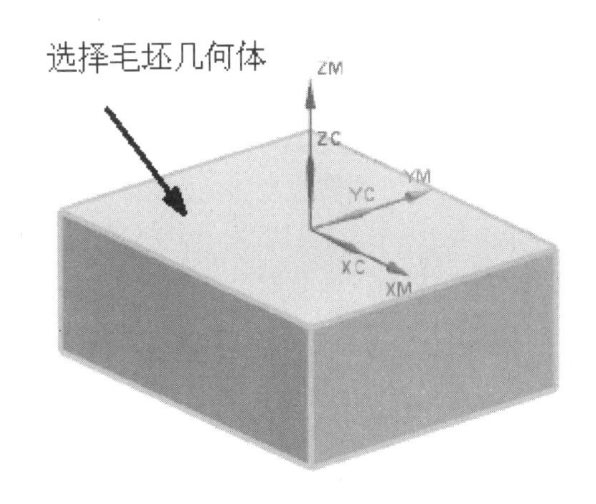

图　8-22

3. 按照上述步骤 2 的方法依次创建表 8-1 所列其余铣刀（步骤略）

图　8-23

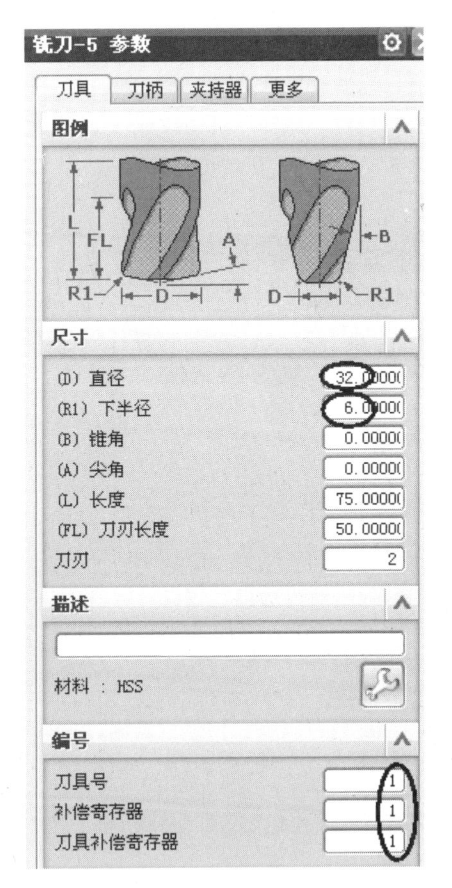

图　8-24

8.6　创建加工方法

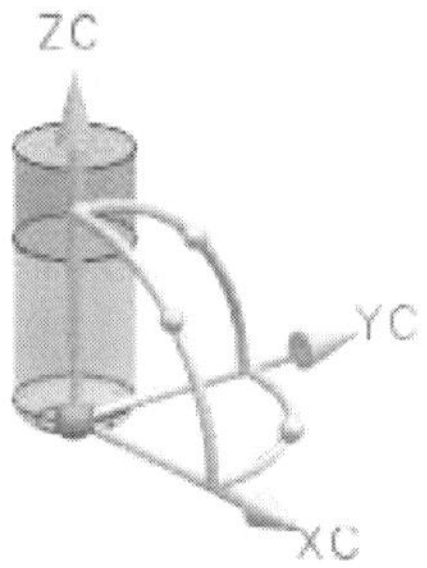

图　8-25

1. 设置工序导航器的视图为加工方法视图

选择菜单中的【工具】/【工序导航器】/【视图】/【加工方法视图】命令或在【导航器】工具条中选择（加工方法视图）图标，工序导航器的视图更新为加工方法视图，如图 8-26 所示。

2. 编辑粗加工方法父节点

在工序导航器中双击 MILL_ROUGH（粗加工方法）图标，弹出【铣削方法】对话框，如图 8-27 所示。在【部件余量】栏输入【0.8】，在【进给】区域中选择（进给）图标，弹出【进给】对话框，如图 8-28 所示。在【切削】、【进刀】、【第一刀切削】、【步进】栏分别输入【600】【500】【450】【500】，单击确定按钮，系统返回【铣削方法】对话框，单击确定按钮，完成指定粗加工进给参数。

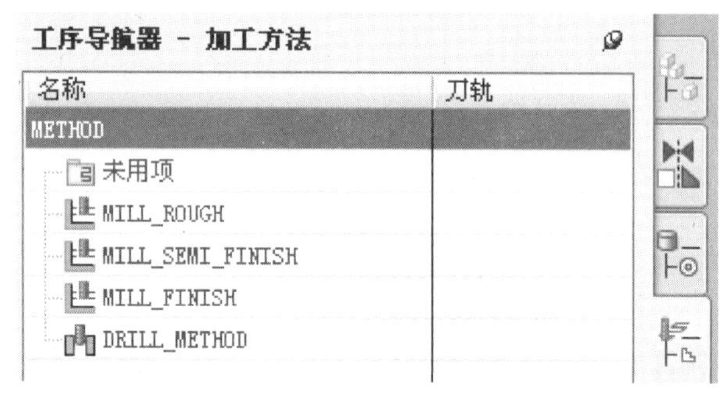

图　8-26

图　8-27

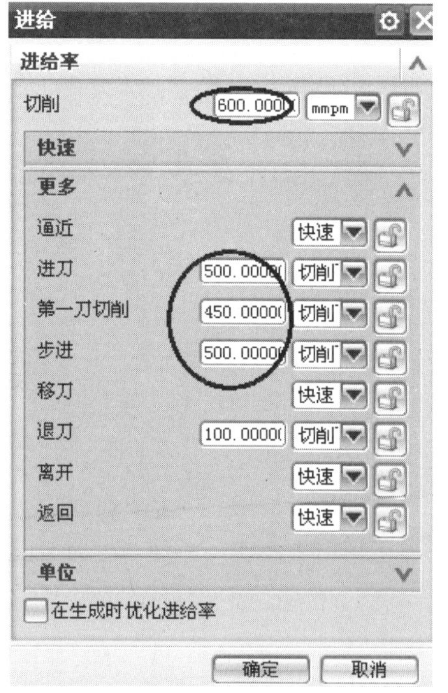

图　8-28

3. 编辑半精加工方法父节点

按照上述步骤 2 的方法，接受部件余量为 0.3mm 的默认设置，设置半精加工进给参数，如图 8-29 所示。

4. 编辑精加工方法父节点

按照上述步骤 2 的方法，接受部件余量为 0 的默认设置，设置精加工进给参数，如图 8-30所示。

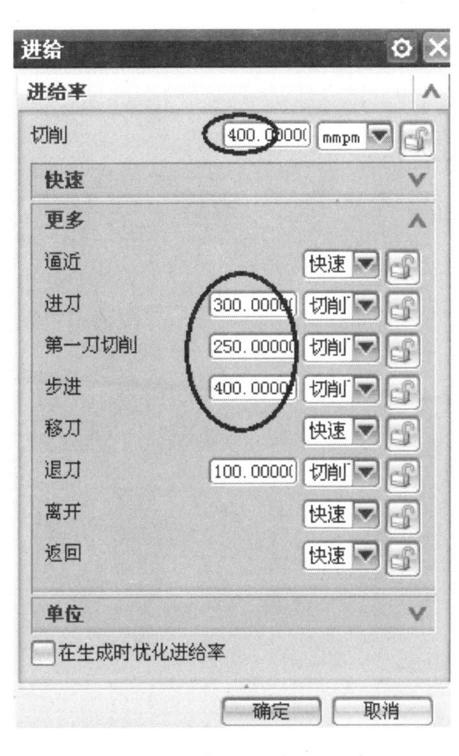

图　8-29

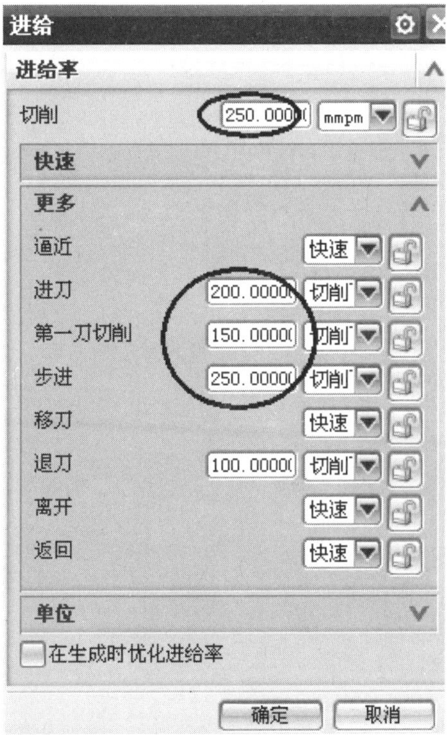

图　8-30

8.7　创建粗加工操作

8.7.1　创建粗加工切削操作

1. 创建操作父节组选项

选择菜单中的【插入】/【工序】命令或在【插入】工具条中选择（创建工序）图标，弹出【创建工序】对话框，如图 8-31 所示。

在【创建工序】对话框的【类型】下拉列表框中选择【mill_contour】（型腔铣），在【工序子类型】区域中选择（型腔铣）图标，在【程序】下拉列表框中选择 NC_PROGRAM 程序节点，在【刀具】下拉列表框中选择 EM32R6（铣刀-5 刀具节点，在【几何体】下拉列表框中选择 WORKPIECE 节点，在【方法】下拉列表框中选择【MILL_ROUGH】节点，在【名称】栏输入【R1】，如图 8-31 所示。单击 确定 按钮，系统弹出【型腔铣】对话框，如图 8-32 所示。

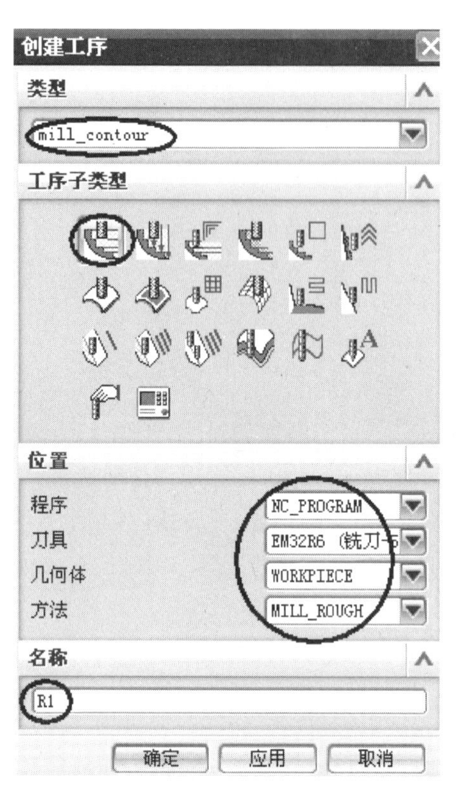

图 8-31

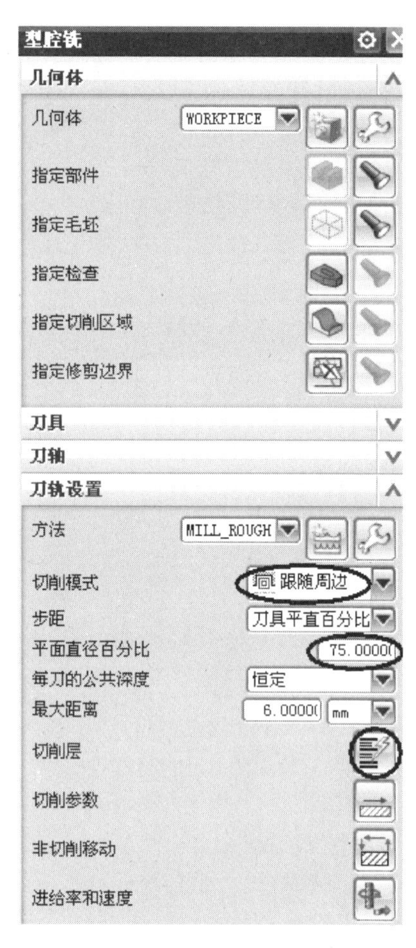

图 8-32

2. 创建几何体——创建修剪边界

在【型腔铣】对话框的【几何体】区域中选择（选择或编辑修剪边界）图标，弹出【修剪边界】对话框，如图 8-33 所示。在【过滤器类型】区域中选择（面边界）图标，在【修剪侧】区域中选择外部选项，然后在图形中选择图 8-34 所示的模型底面为修剪边界，单击确定按钮，完成创建修剪边界，系统返回【型腔铣】对话框。

3. 设置加工参数

（1）设置切削模式　在【型腔铣】对话框的【切削模式】下拉列表框中选择跟随周边选项，在【步距】下拉列表框中选择【刀具平直百分比】选项，在【平面直径百分比】栏输入【75】，如图 8-32 所示。

（2）设置切削层参数　在【型腔铣】对话框的【切削层】区域中选择（切削层）图标，弹出【切削层】对话框，如图 8-35 所示。在【范围定义】/【列表】栏选择范围 4，单击（移除）按钮，在【范围】/【每刀的公共深度】下拉列表框中选择【恒定】选项，在【最大距离】栏输入【1】，如图 8-35 所示。此时图形中切削层更新为如图 8-36 所示，单击确定按钮，完成设置切削层，系统返回【型腔铣】对话框。

图　8-33

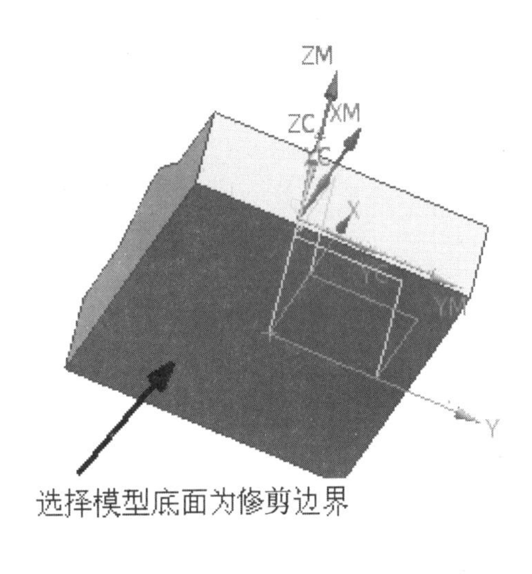

图　8-34

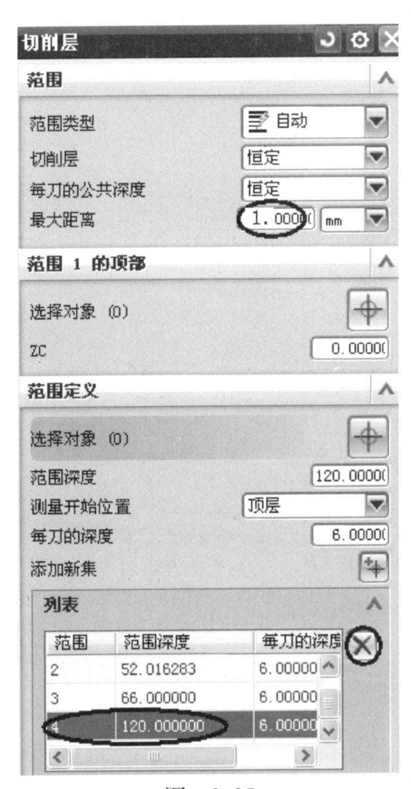

图　8-35

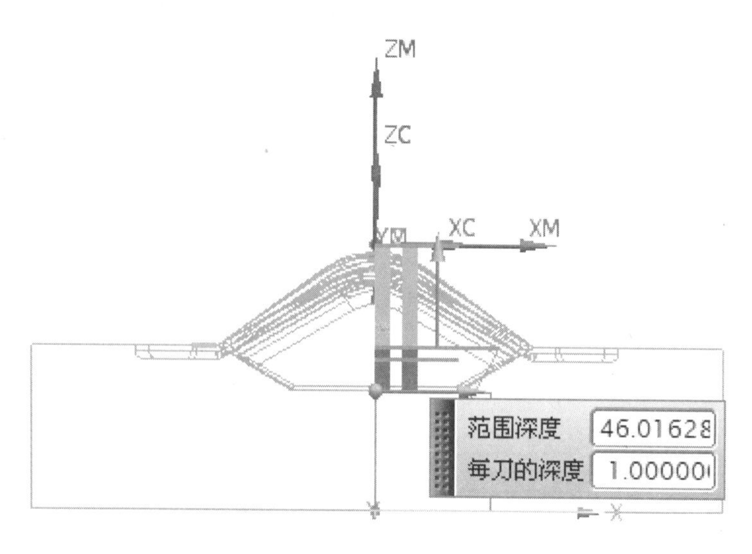

图　8-36

（3）设置切削参数　在【型腔铣】对话框中选择（切削参数）图标，弹出【切削参数】对话框，如图 8-37 所示。选择【策略】选项卡，在【切削顺序】下拉列表框中选择【层优先】选项，在【刀路方向】下拉列表框中选择【向内】选项，勾选【岛清根】选项，单击确定按钮，完成设置切削参数，系统返回【型腔铣】对话框。

（4）设置非切削移动参数　在【型腔铣】对话框中选择（非切削移动）图标，弹出【非切削移动】对话框，如图 8-38 所示。选择【进刀】选项卡，在【封闭区域】/【进刀类型】下拉列表框中选择【螺旋】选项，在【最小斜面长度】栏输入【50】，单击确定按钮，完成设置非切削移动参数，系统返回【型腔铣】对话框。

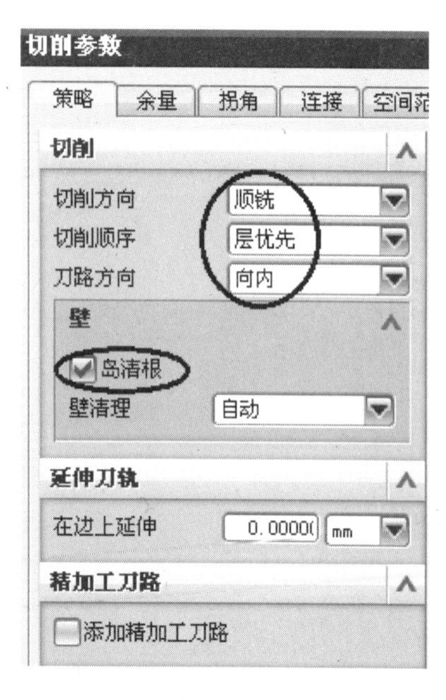

图　8-37

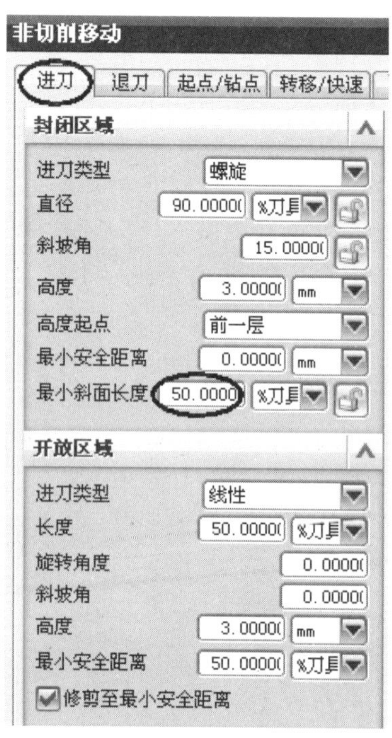

图　8-38

(5) 设置进给率和速度参数　在【型腔铣】对话框中选择 (进给率和速度) 图标，弹出【进给率和速度】对话框，如图 8-39 所示。勾选【主轴速度 (rpm)】选项，在【主轴速度 (rpm)】栏分别输入【1200】。由于在前面创建加工方法的父节点中已经设置了粗加工各进给速度值，所以在此不需要再设置了。按回车键，单击 (基于此值计算进给和速度) 按钮，单击 确定 按钮，完成设置进给率和速度参数，系统返回【型腔铣】对话框。

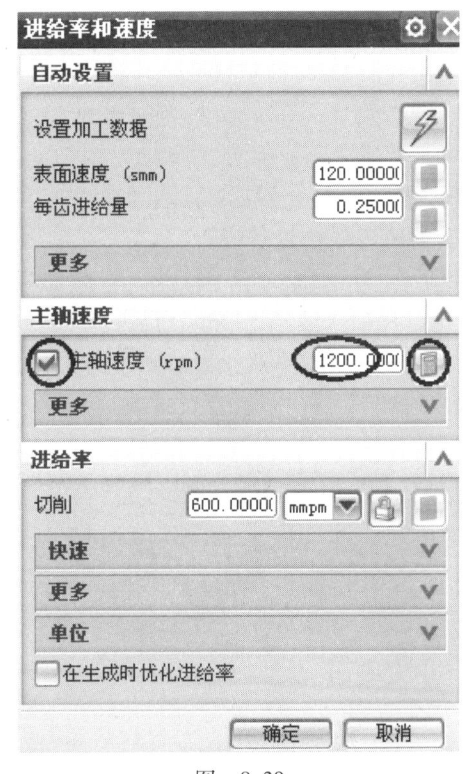

图　8-39

(6) 设置机床控制参数　在【型腔铣】对话框的【机床控制】/【结束刀轨事件】区域中选择 (编辑) 图标，弹出【用户定义事件】对话框，如图 8-40 所示。在【可用事件】列表中，选择【Spindle Off】(主轴停转)，然后单击 (添加新事件) 按钮，弹出【Spindle Off】对话框中，如图 8-41 所示。单击 确定 按钮，则 Spindle Off 事件被加入【已用事件】列表中。按照同样的方法将【Coolant Off】(切削液关) 添加新事件，单击 确定 按钮，系统返回【型腔铣】对话框。

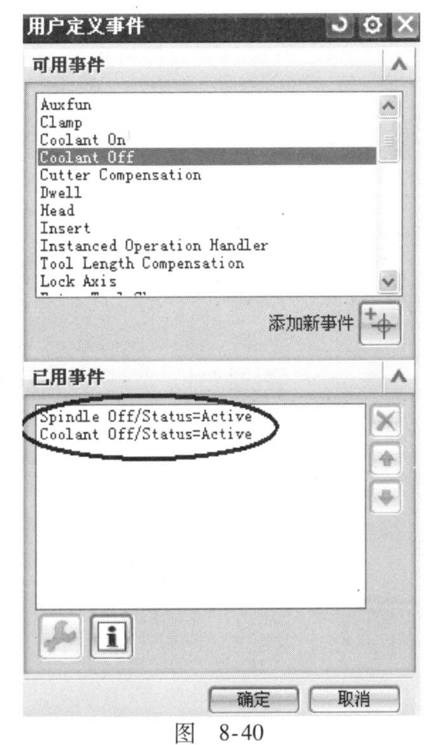

图　8-40

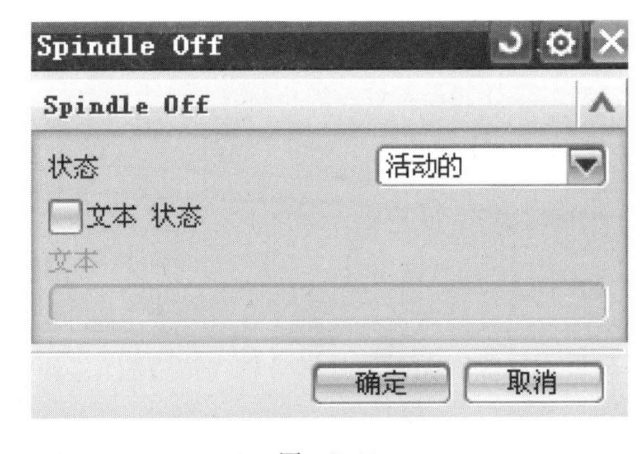

图　8-41

4. 生成刀轨

在【型腔铣】对话框的【操作】区域中选择（生成刀轨）图标，系统自动生成刀轨，如图 8-42 所示，单击确定按钮，接受刀轨。

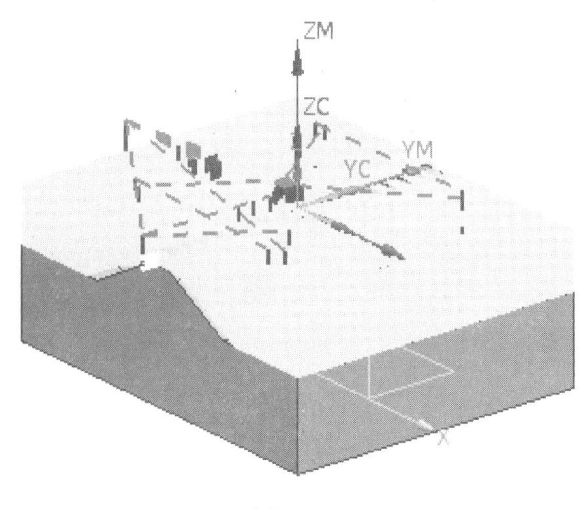

图　8-42

5. 创建刀轨仿真验证

在工序导航器几何视图中选择【WORKPIECE】节点下的 R1 工序，然后在【操作】工具条中选择（确认刀轨）图标，弹出【刀轨可视化】对话框，如图 8-43 所示。选择【2D 动态】选项，单击（播放）按钮，图形中出现模拟切削动画，模拟切削完成后，在【刀轨可视化】对话框中单击比较按钮，可以看到切削结果，如图 8-44 所示。

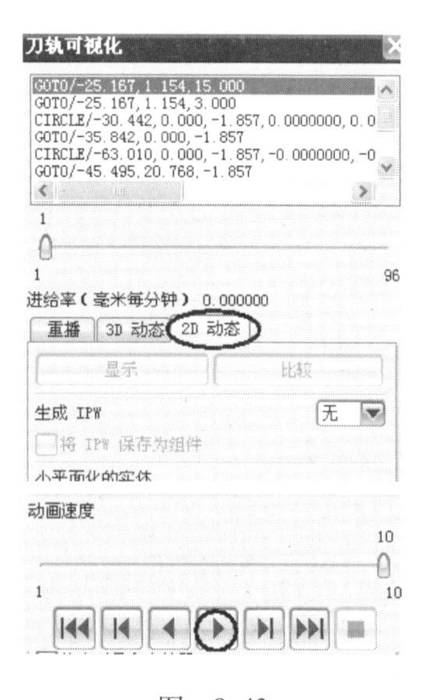

图　8-43

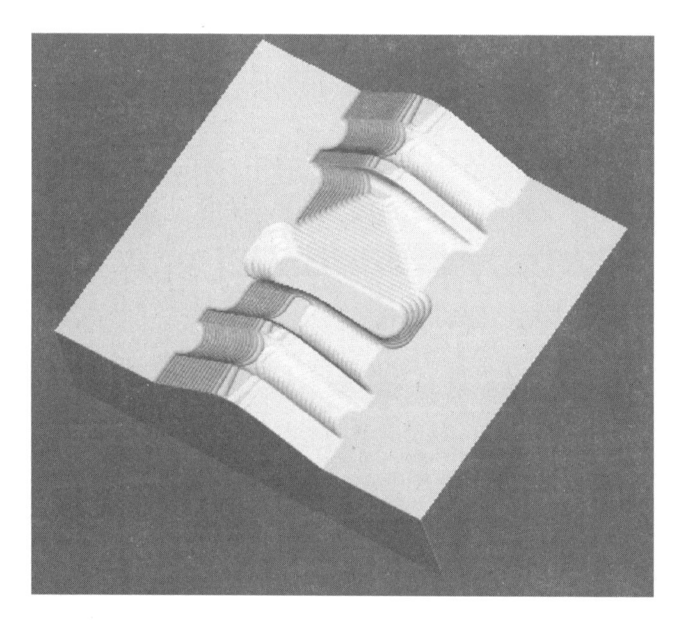

图　8-44

6. 后处理

在工序导航器程序视图下，选择 R1工序，右击弹出下拉菜单，选择后处理菜单，如图 8-45 所示，弹出【后处理】对话框，如图 8-46 所示。选择【MILL 3AXIS】机床后处理，指定输出文件路径和名称，在【单位】下拉列表框中选择【公制/部件】选项，单击确定按钮，完成粗加工后处理，输出数控程序文件，如图 8-47 所示。

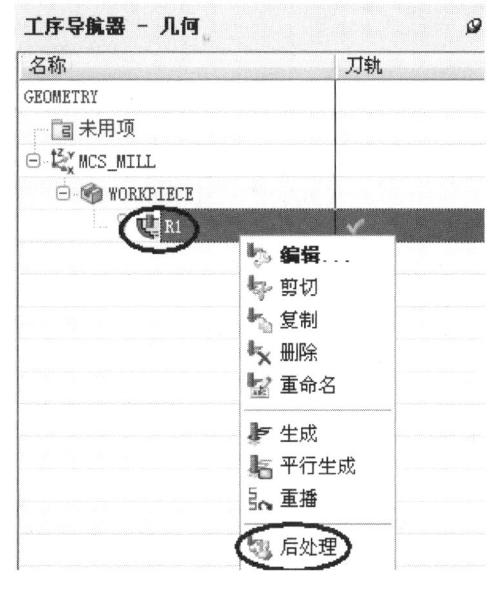

图　8-45

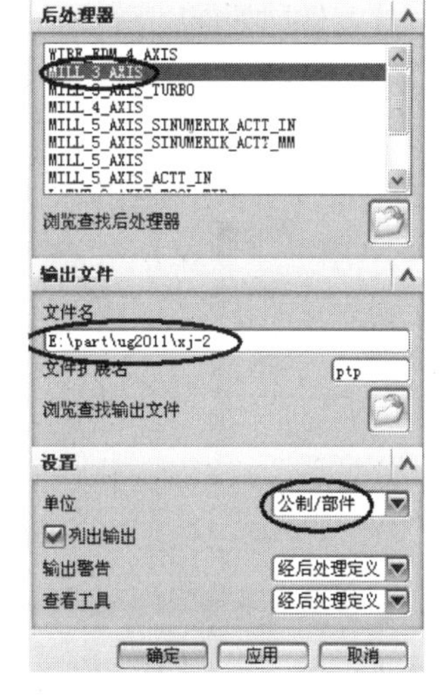

图　8-46

```
%
N0010 G40 G17 G90 G70
N0020 G91 G28 Z0.0
:0030 T01 M06
N0040 G0 G90 X0.0 Y-160.4414 S1200 M03
N0050 G43 Z15. H01
N0060 Z1.0341
N0070 G1 Z-1.9659 F600. M08
N0080 Y-130.0414
N0090 X-159.9639
N0100 G2 X-160.0414 Y-129.9639 I0.0 J.0775
N0110 G1 Y129.9644
N0120 G2 X-159.9644 Y130.0414 I.077 J0.0
......
N1890 X43.9655
N1900 Y-7.3361
N1910 X-43.9655
N1920 Y-7.0202
N1930 X0.0
N1940 Z-52.2116
N1950 G0 Z15.
N1960 M05
N1970 M09
N1980 M02
%
```

图　8-47

8.7.2　创建粗加工操作（残料加工）

1. 复制操作 R1

在工序导航器程序机床视图中展开 EM32R6 节点，复制操作 R1，如图 8-48 所示，并粘贴在 EM10 节点下，重新命名为“R2”，操作如图 8-49 所示。

2. 编辑操作 R2

在工序导航器下，双击 R2 操作，系统弹出【型腔铣】对话框。

3. 设置加工参数

（1）设置切削模式　在【型腔铣】对话框的【切削模式】下拉列表框中选择 跟随周边

选项，在【步距】下拉列表框中选择【刀具平直百分比】选项，在【平面直径百分比】栏输入【30】，如图 8-50 所示。

（2）设置切削层参数　在【型腔铣】对话框的【切削层】区域中选择（切削层）图标，弹出【切削层】对话框，在【范围】/【每刀的公共深度】下拉列表框中选择【恒定】选项，在【最大距离】栏输入【0.5】，如图 8-51 所示。单击确定按钮，完成设置切削层，系统返回【型腔铣】对话框。

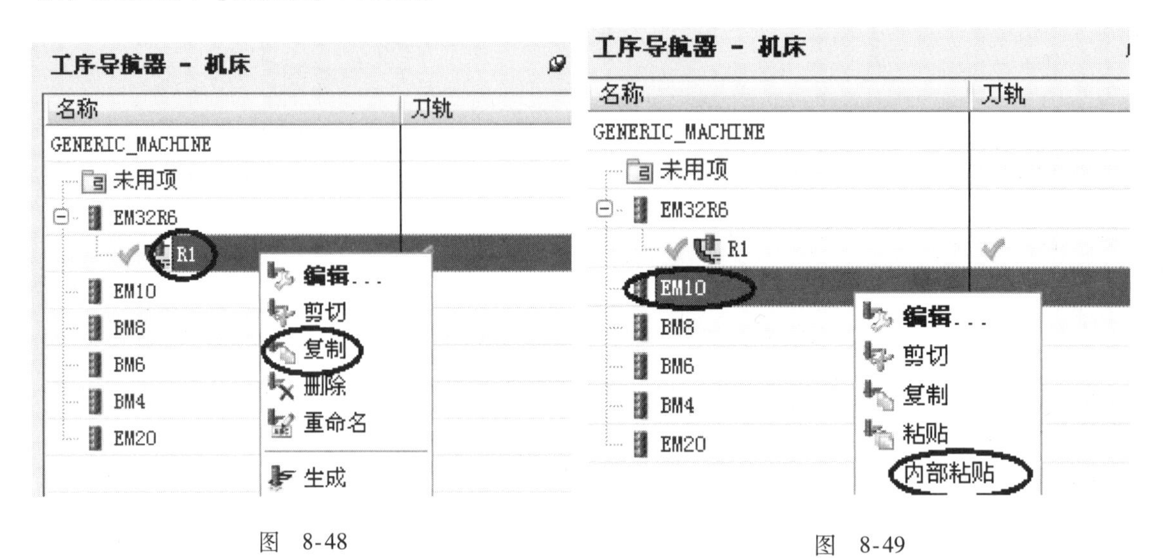

图　8-48　　　　图　8-49

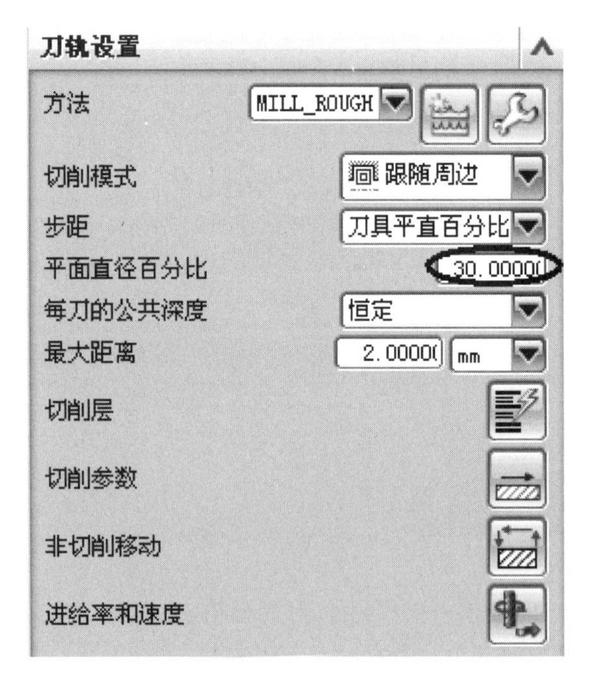

图　8-50

图　8-51

（3）设置切削参数　在【型腔铣】对话框中选择（切削参数）图标，弹出【切削参数】对话框，选择【余量】选项卡，勾选【使底面余量与侧面余量一致】选项，在【部件侧面余量】栏输入【0.5】，如图 8-52 所示。选择【空间范围】选项卡，在【处理中的工件】下拉列表框中选择【使用 3D】选项，如图 8-53 所示。单击确定按钮，完成设置切削参数，系统返回【型腔铣】对话框。

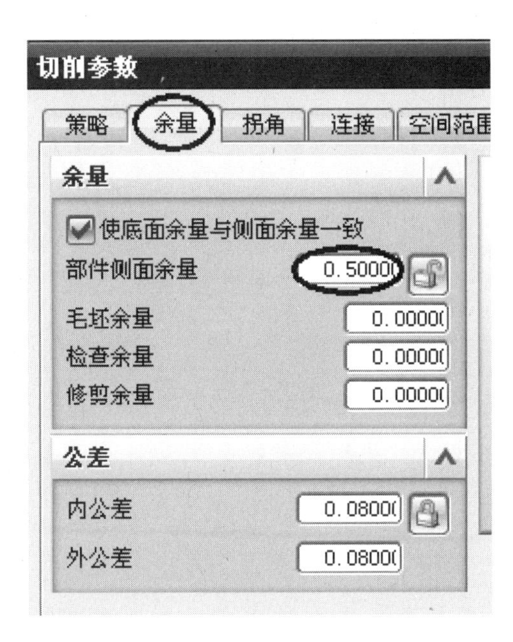

图　8-52

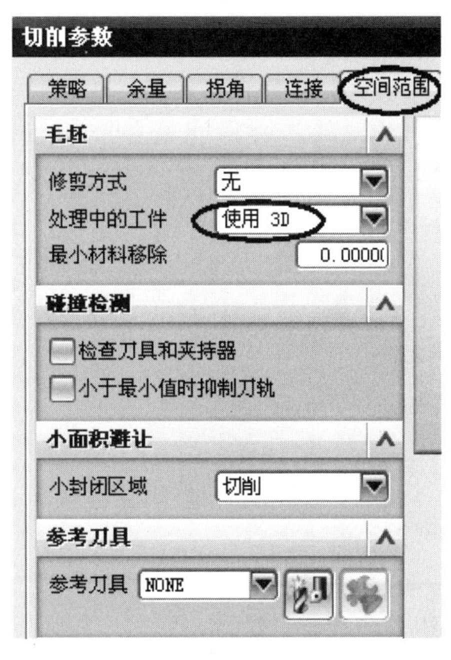

图　8-53

（4）设置进给率和速度参数　在【型腔铣】对话框中选择（进给率和速度）图标，弹出【进给率和速度】对话框，如图 8-54 所示。勾选【主轴速度（rpm）】选项，在【主轴速度（rpm）】栏输入【1400】。由于在前面创建加工方法的父节点中已经设置了粗加工各进给速度值，所以在此不需要再设置了。按回车键，单击（基于此值计算进给和速度）按钮，单击确定按钮，完成设置进给率和速度参数，系统返回【型腔铣】对话框。

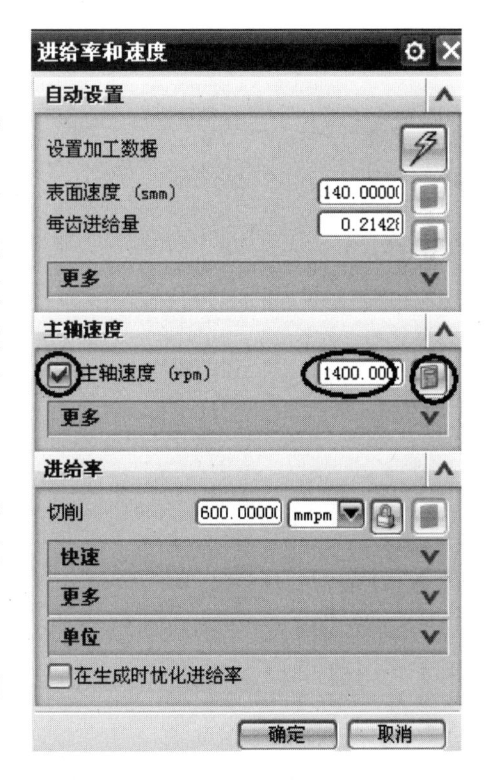

图　8-54

4. 生成刀轨

在【型腔铣】对话框的【操作】区域中选择（生成刀轨）图标，系统自动生成刀轨，如图 8-55 所示，单击确定按钮，接受刀轨。

5. 创建刀轨仿真验证

按照本章 8.7.1 的步骤 5 操作，切削结果如图 8-56 所示。

6. 后处理

按照本章 8.7.1 的步骤 6 操作，输出数控程序文件，如图 8-57 所示。

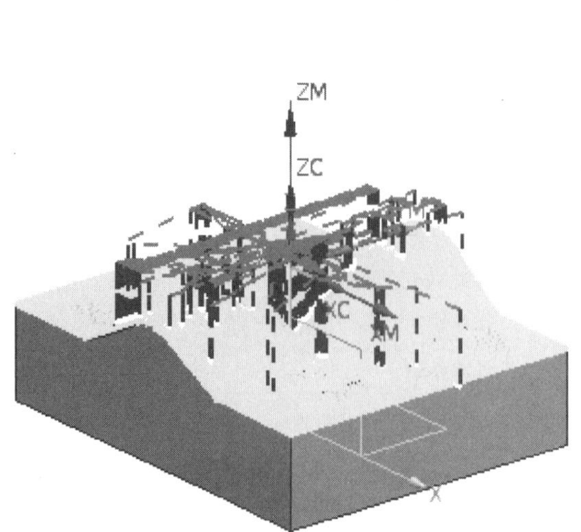

图　8-55

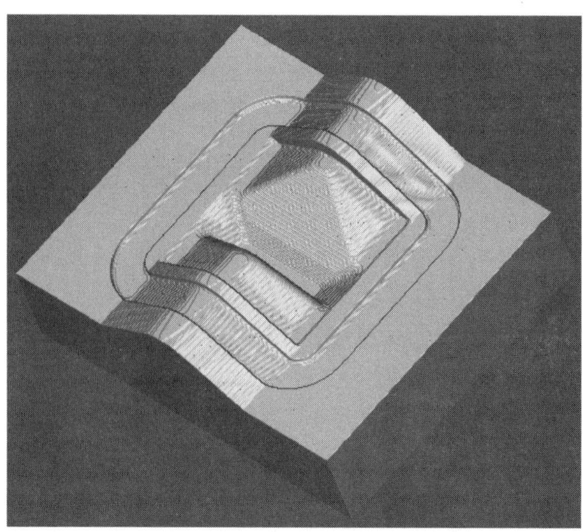

图　8-56

```
%
N0010 G40 G17 G90 G70
N0020 G91 G28 Z0.0
:0030 T02 M06
N0040 G0 G90 X-15.3101 Y109.3395 S1400 M03
N0050 G43 Z15. H02
N0060 Z.0443
N0070 G1 Z-2.9557 F600. M08
N0080 X-7.4173 Y110.6444
N0090 X-10.3307 Y128.2668
N0100 X-10.4727 Y129.6313
N0110 G2 X-10.1521 Y130.5239 I2.5699 J-.4192
N0120 X-7.3949 Y134.8444 I6.1834 J-.906
N0130 G1 X-6.2413 Y134.8989
—————————
N6490 X78.8837 Y-85.5012
N6500 Z-48.5163
N6510 G0 Z15.
N6520 M05
N6530 M09
N6540 M02
%
```

图　8-57

8.8　创建半精加工操作

8.8.1　创建半精加工操作一

1. 创建操作父节组选项

选择菜单中的【插入】/【工序】命令或在【插入】工具条中选择（创建工序）图标，弹出【创建工序】对话框，如图 8-58 所示。

在【创建操作】对话框的【类型】下拉框中选择【mill_contour】(型腔铣)，在【操作子类型】区域中选择（轮廓区域）图标，在【程序】下拉列表框中选择【NC_PROGRAM】程序节点，在【刀具】下拉列表框中选择【BM8（铣刀-球头铣)】刀具节点，在【几何体】下拉列表框中选择【WORKPIECE】节点，在【方法】下拉列表框中选择[MILL_SEMI_FINI节点，在【名称】栏输入【S1】，如图8-58所示。单击确定按钮，系统弹出【轮廓区域】对话框，如图8-59所示。

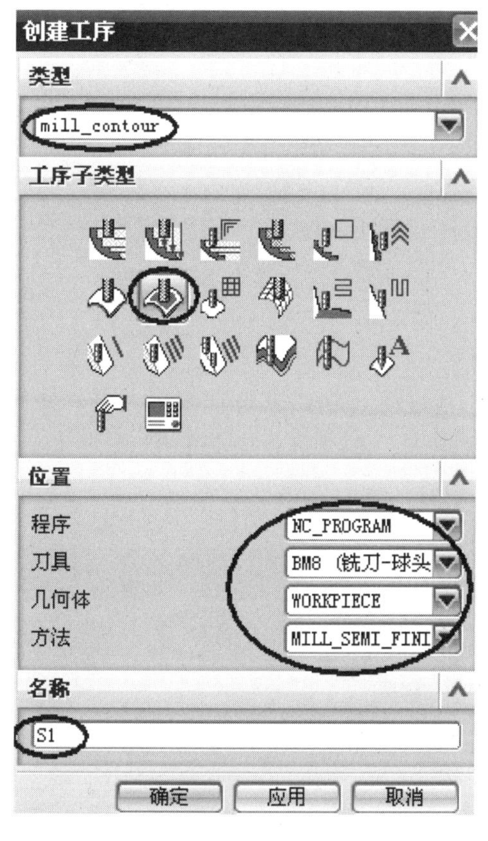

图　8-58

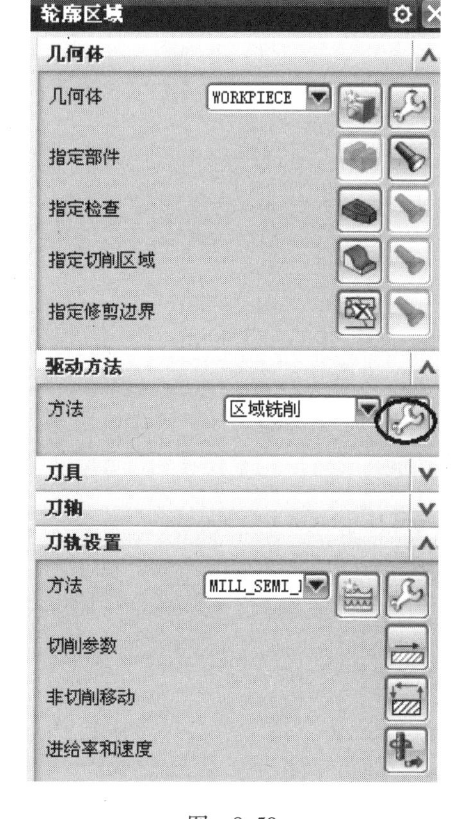

图　8-59

2. 创建几何体

在【轮廓区域】对话框的【指定切削区域】区域中选择（选择或编辑切削区域几何体）图标，弹出【切削区域】对话框，如图8-60所示。在图形中框选图8-61所示的曲面为切削区域，单击确定按钮，完成创建切削区域几何体，系统返回【轮廓区域】对话框。

3. 设置加工参数

(1) 设置驱动方法　在【轮廓区域】对话框中选择（编辑）图标，弹出【区域铣削驱动方法】对话框，如图8-62所示。在【陡峭空间范围】/【方法】下拉列表框中选择【无】选项，在【切削模式】下拉列表框中选择跟随周边选项，在【刀路方向】下拉列表框中选择【向内】选项，在【切削方向】下拉列表框中选择【顺铣】选项，在【步距】下拉列表框中选择【刀具平直百分比】选项，在【平面直径百分比】栏输入“20”，在【步距已应用】下拉列表框中选择【在部件上】选项，单击确定按钮，完成设置驱动方法，系统返回【轮廓区域】对话框。

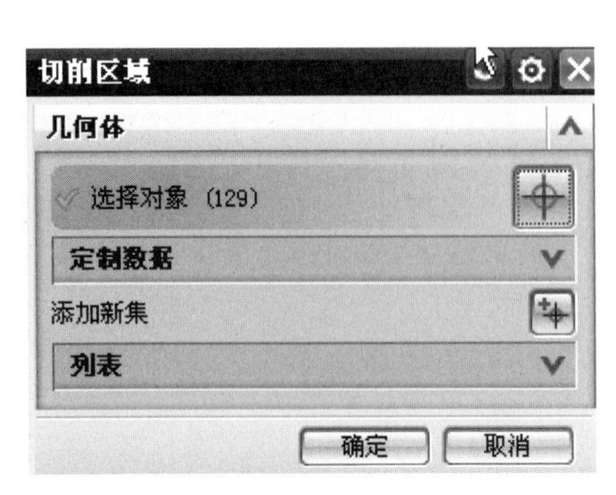

图　8-60

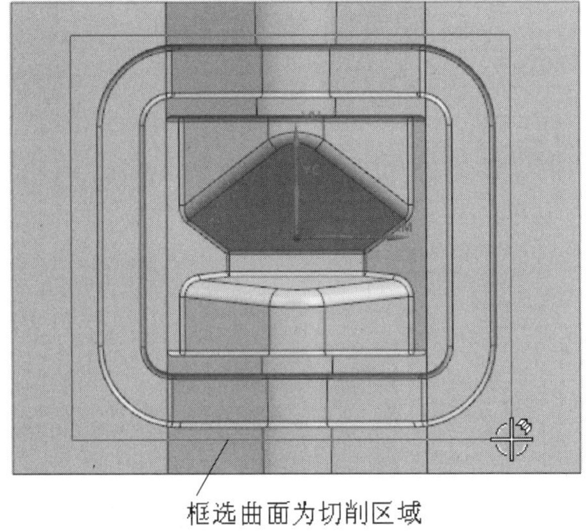

图　8-61

（2）设置切削参数　在【轮廓区域】对话框中选择（切削参数）图标，弹出【切削参数】对话框，如图 8-63 所示。选择【余量】选项卡，在【部件余量】栏输入【0.3】，单击确定按钮，完成设置切削参数，系统返回【轮廓区域】对话框。

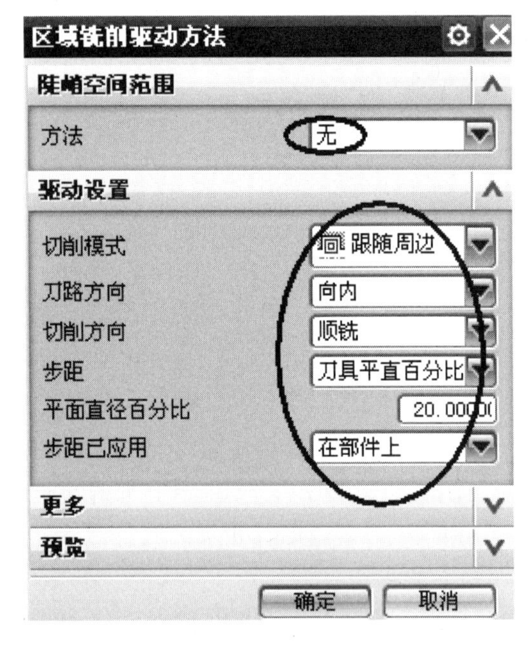

图　8-62

图　8-63

（3）设置进给率和速度　在【轮廓区域】对话框中选择（进给率和速度）图标，弹出【进给率和速度】对话框，如图 8-64 所示。勾选【主轴速度（rpm）】选项，在【主轴速度（rpm）】栏输入【1400】。由于在前面创建加工方法的父节点中已经设置了半精加工各进给速度值，所以在此不需要再设置了。按回车键，单击（基于此值计算进给和速度）

按钮，单击确定按钮，完成设置进给率和速度参数，系统返回【轮廓区域】对话框。

4. 生成刀轨

在【轮廓区域】对话框的【操作】区域中选择（生成刀轨）图标，系统自动生成刀轨，如图8-65所示。单击确定按钮，接受刀轨。

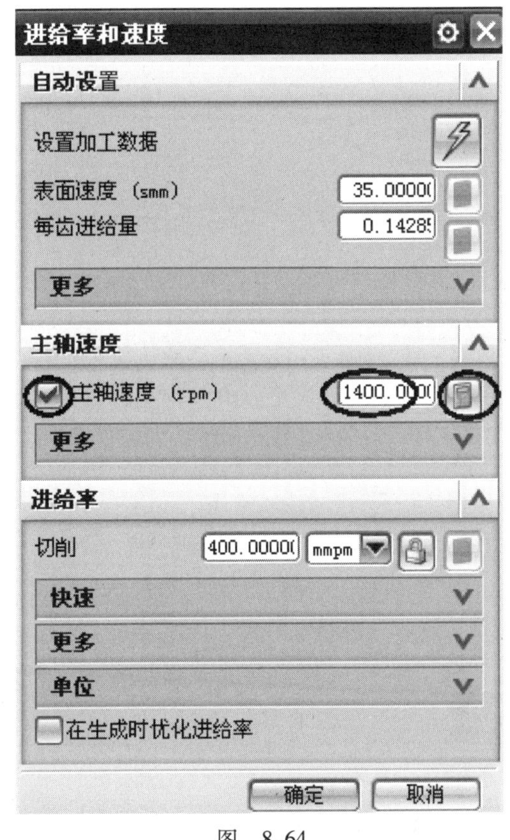

图 8-64

8.8.2 创建半精加工操作二

1. 创建操作父节组选项

选择菜单中的【插入】/【工序】命令或在【插入】工具条中选择（创建工序）图标，弹出【创建工序】对话框，如图8-66所示。

在【创建工序】对话框的【类型】下拉列表框中选择【mill_contour】（型腔铣），在【操作子类型】区域中选择（轮廓区域）图标，在【程序】下拉列表框中选择【NC_PROGRAM】程序节点，在【刀具】下拉列表框中选择【BM8（铣刀-球头铣）】刀具节点，在【几何体】下拉列表框中选择【WORKPIECE】节点，在【方法】下拉列表框中选择MILL_SEMI_FINI节点，在【名称】栏输入【S2】，如图8-66所示。单击确定按钮，系统弹出【轮廓区域】对话框，如图8-67所示。

2. 创建几何体

在【轮廓区域】对话框的【指定切削区域】区域中选择（选择或编辑切削区域几何体）图标，弹出【切削区域】几何体对话框，如图8-68所示。在图形中选择图8-69所示的曲面为切削区域，单击确定按钮，完成创建切削区域几何体，系统返回【轮廓区域】对话框。

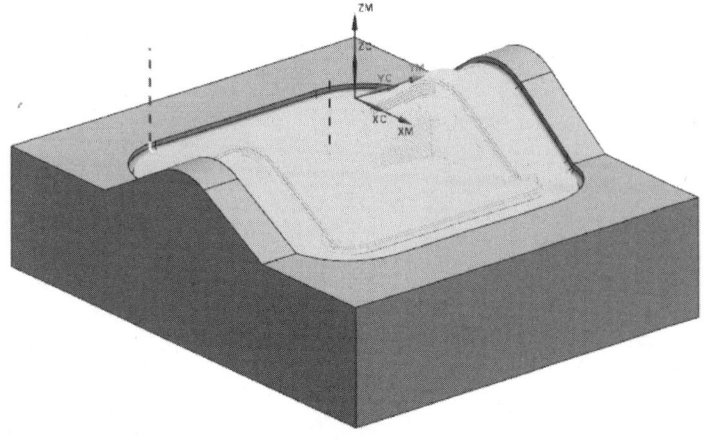

图 8-65

创建工序
类型
mill_contour
工序子类型
位置
程序　NC_PROGRAM
刀具　BM8（铣刀-球头
几何体　WORKPIECE
方法　MILL_SEMI_FINI
名称
S2
确定　应用　取消

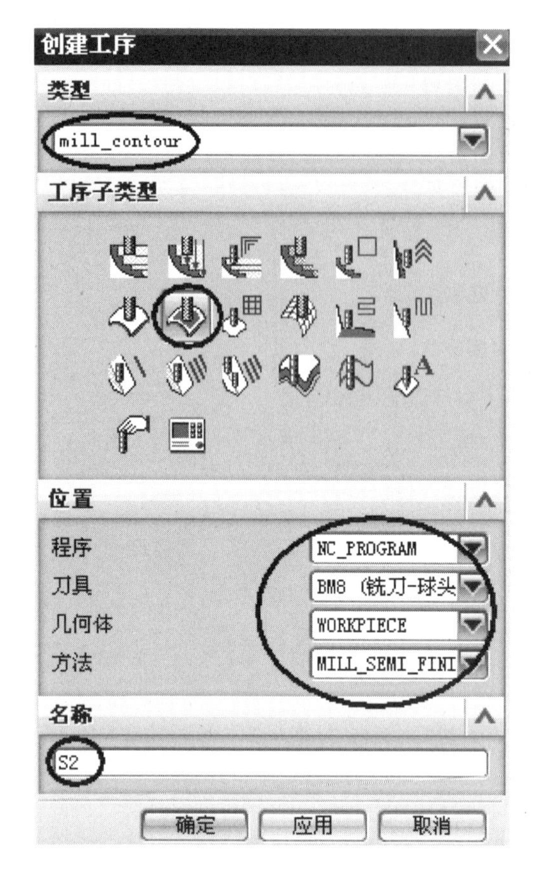

图　8-66

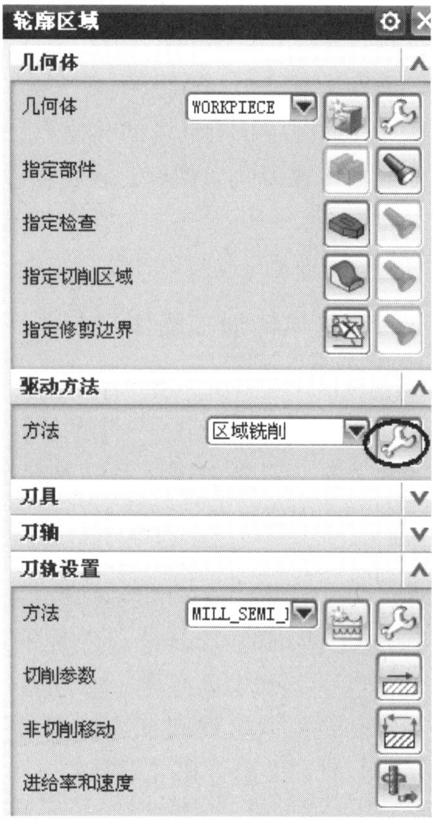

轮廓区域
几何体
几何体　WORKPIECE
指定部件
指定检查
指定切削区域
指定修剪边界
驱动方法
方法　区域铣削
刀具
刀轴
刀轨设置
方法　MILL_SEMI_
切削参数
非切削移动
进给率和速度

图　8-67

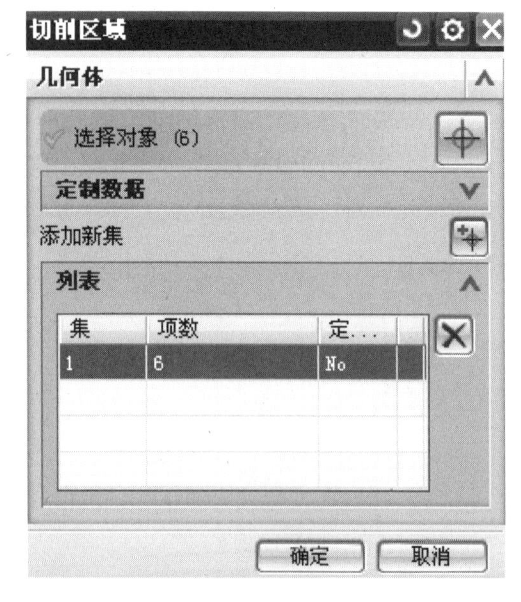

切削区域
几何体
选择对象（6）
定制数据
添加新集
列表
集　项数　定...
1　6　No
确定　取消

图　8-68

选择曲面为切削区域

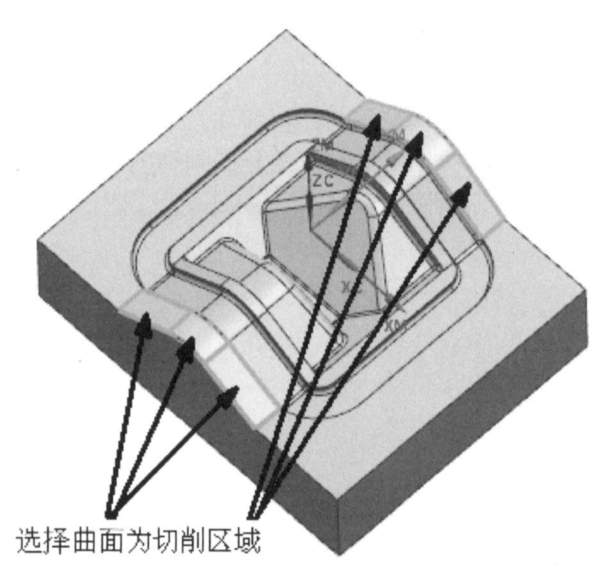

图　8-69

3. 设置加工参数

（1）设置驱动方法　在【轮廓区域】对话框中选择（编辑）图标，弹出【区域铣削驱动方法】对话框，如图 8-70 所示。在【陡峭空间范围】/【方法】下拉列表框中选择【无】选项，在【切削模式】下拉列表框中选择 往复 选项，在【切削方向】下拉列表框中选择【顺铣】选项，在【步距】下拉列表框中选择【刀具平直百分比】选项，在【平面直径百分比】栏输入【20】，在【步距已应用】下拉列表框中选择【在部件上】选项，在【切削角】下拉列表框中选择【自动】选项，单击 确定 按钮，完成设置驱动方法，系统返回【轮廓区域】对话框。

（2）设置切削参数　在【轮廓区域】对话框中选择（切削参数）图标，弹出【切削参数】对话框，如图 8-71 所示。选择【余量】选项卡，在【部件余量】栏输入【0.3】，单击 确定 按钮，完成设置切削参数，系统返回【轮廓区域】对话框。

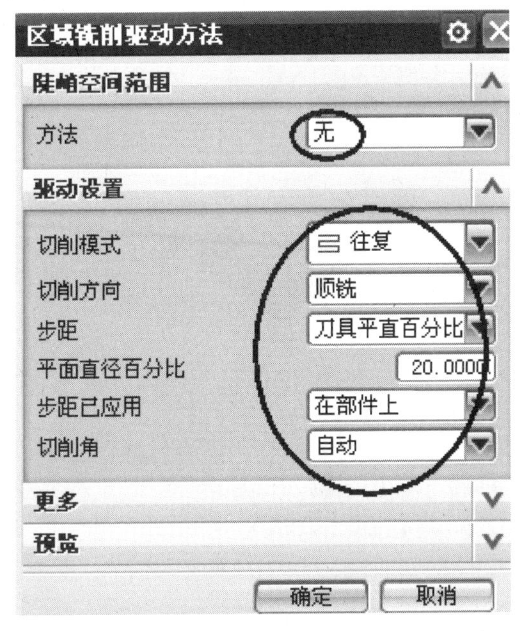

图　8-70

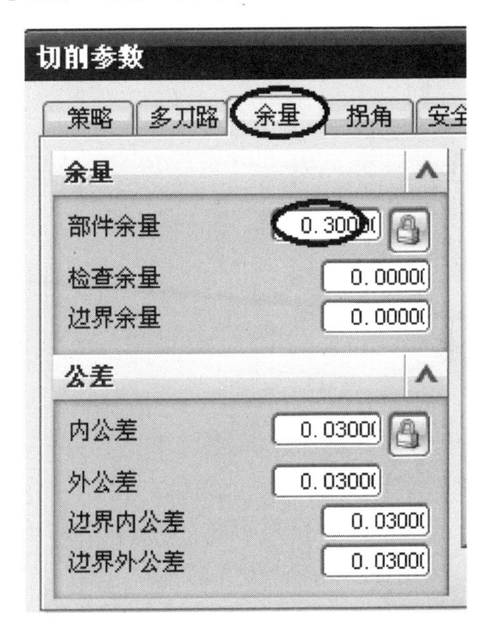

图　8-71

（3）设置进给率和速度　在【轮廓区域】对话框中选择（进给率和速度）图标，弹出【进给率和速度】对话框，如图 8-72 所示。勾选【主轴速度（rpm）】选项，在【主轴速度（rpm）】栏输入【1400】。由于在前面创建加工方法的父节点中已经设置了半精加工各进给速度值，所以在此不需要再设置了。按回车键，单击（基于此值计算进给和速度）按钮，单击 确定 按钮，完成设置进给率和速度参数，系统返回【轮廓区域】对话框。

4. 生成刀轨

在【轮廓区域】对话框的【操作】区域中选择（生成刀轨）图标，系统自动生成刀轨，如图 8-73 所示，单击 确定 按钮，接受刀轨。

8.8.3　创建半精加工操作三（清根）

1. 创建操作父节组选项

选择菜单中的【插入】/【操作】命令或在【插入】工具条中选择（创建工序）图标，弹出【创建工序】对话框，如图 8-74 所示。

在【创建工序】对话框的【类型】下拉列表框中选择【mill_contour】（型腔铣），在【操

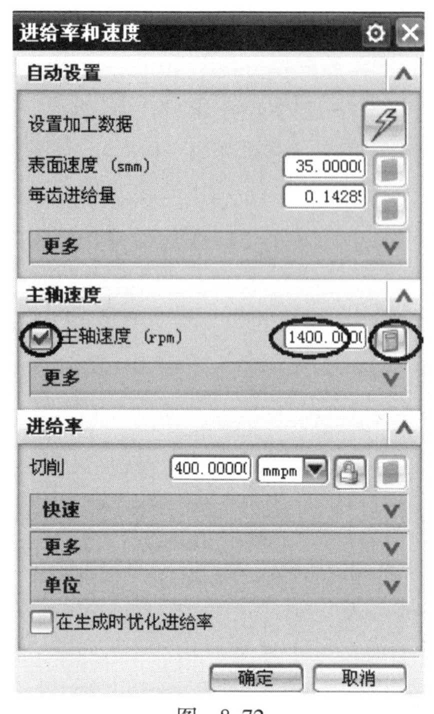

图 8-72

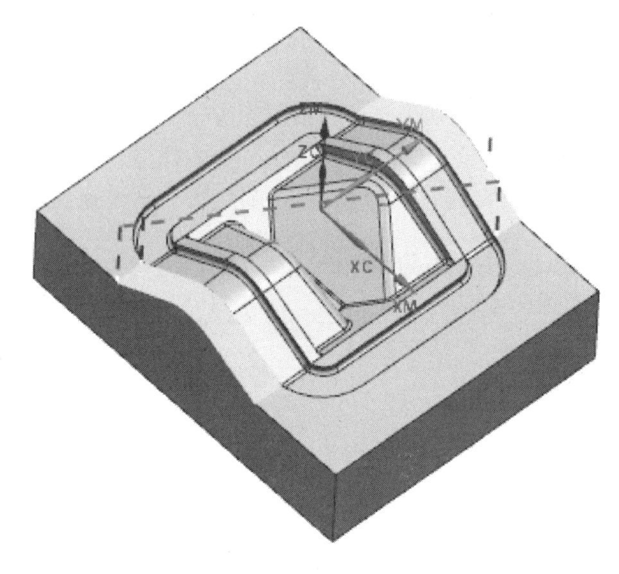

图 8-73

作子类型】区域中选择（清根参考刀具）图标，在【程序】下拉列表框中选择【NC_PROGRAM】程序节点，在【刀具】下拉列表框中选择【BM6（铣刀－球头铣）】刀具节点，在【几何体】下拉列表框中选择【WORKPIECE】节点，在【方法】下拉列表框中选择MILL_SEMI_FINI节点，在【名称】栏输入【S3】，如图8-74所示。单击确定按钮，系统弹出【清根参考刀具】对话框，如图8-75所示。

2. 设置加工参数

在【清根参考刀具】对话框中选择（编辑）图标，弹出【清根驱动方法】对话框，在【参考刀具直径】栏输入【8】，在【步径】栏输入【10】，如图8-76所示。单击确定按钮，系统返回【清根参考刀具】对话框。

3. 设置进给率和速度

在【清根参考刀具】对话框中选择（进给率和速度）图标，弹出【进给率和速度】对话框，如图8-77所示。勾选【主轴速度（rpm）】选项，在【主轴速度（rpm）】、【进给率】/【切削】栏分别输入【1600】【300】。按回车键，单击（基于此值计算进给和速度）按钮，单击确定按钮，完成设置进给率和速度参数，系统返回【清根参考刀具】对话框。

4. 生成刀轨

在【清根参考刀具】对话框的【操作】区域中选择（生成刀轨）图标，系统自动生成刀轨。如图8-78所示。单击确定按钮，接受刀轨。

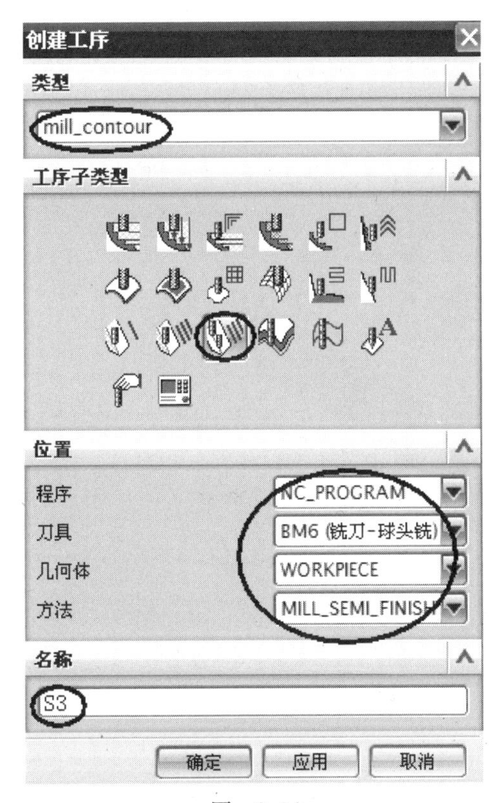

图　8-74

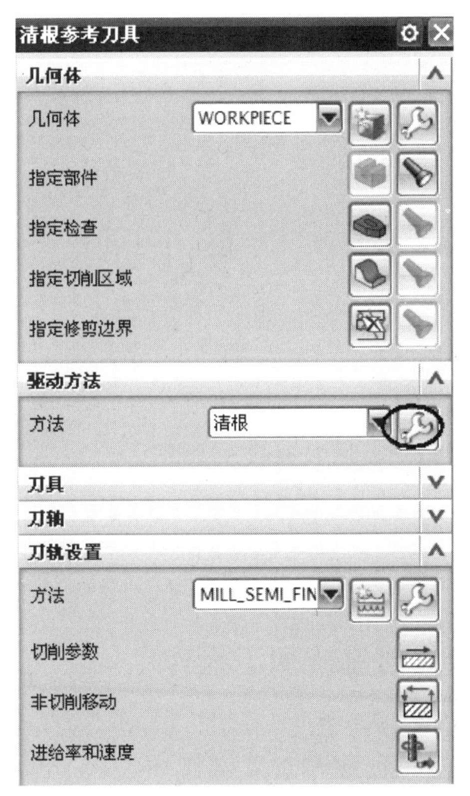

图　8-75

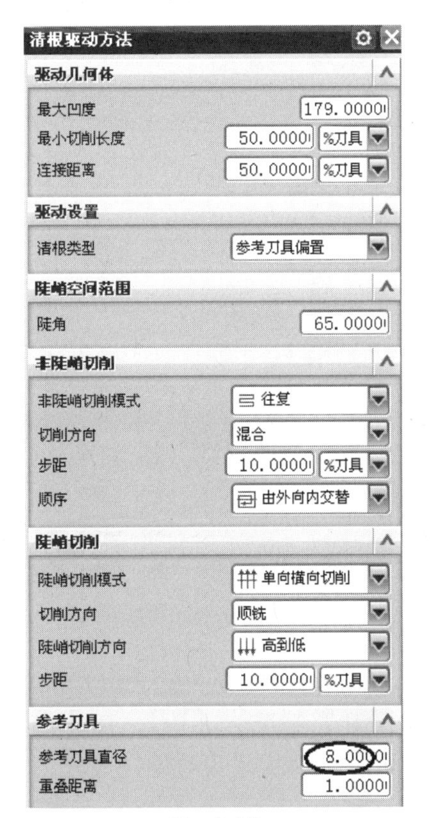

图　8-76

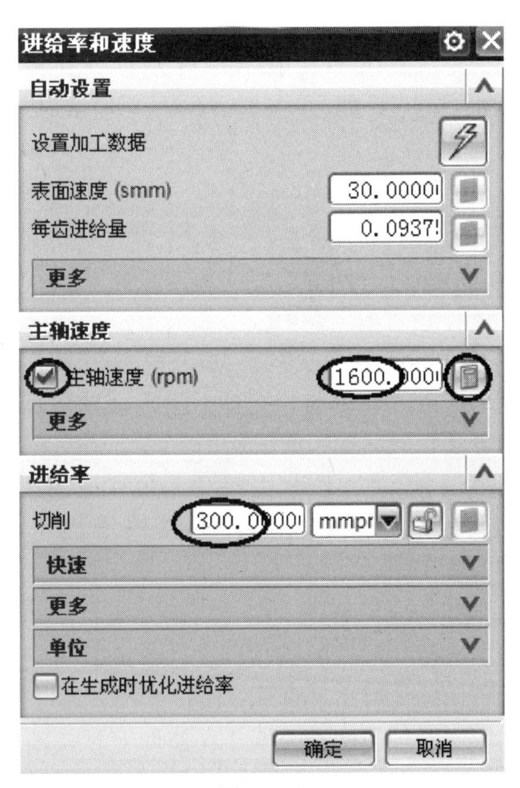

图　8-77

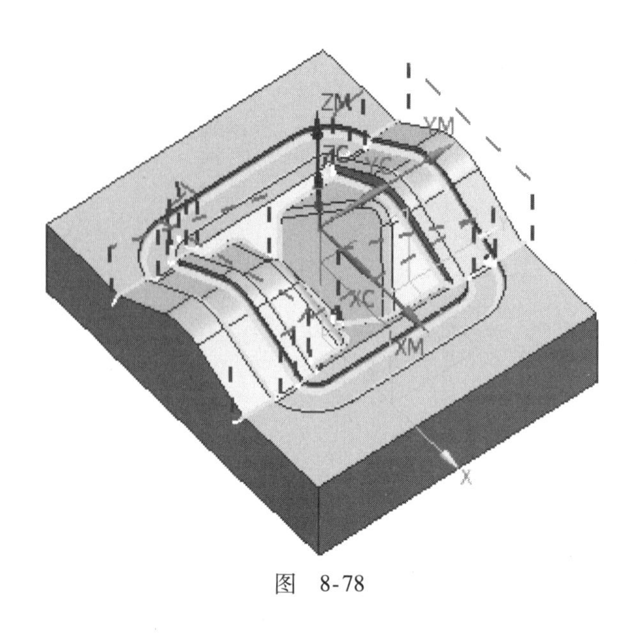

图 8-78

8.9 创建精加工操作

8.9.1 创建精加工操作一

1. 复制操作 S1

在工序导航器程序机床视图中展开 BM8 节点，复制操作 S1，如图 8-79 所示，并粘贴在 BM4 节点下如图 8-80 所示，重新命名为“F1”。

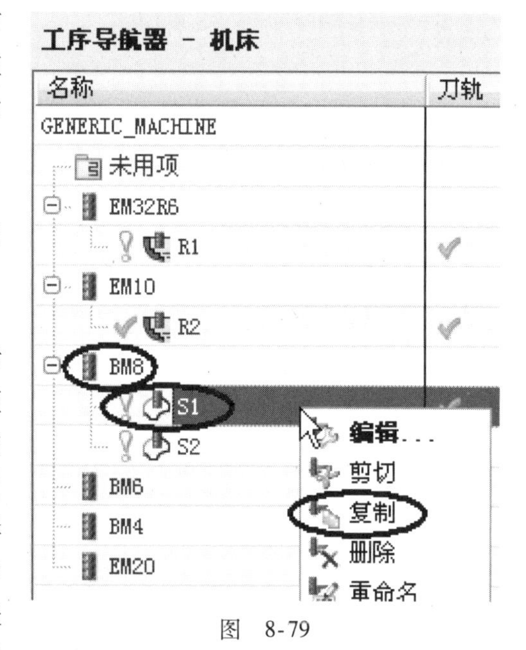

图 8-79

2. 编辑操作 F1

在工序导航器下，双击 F1 操作，系统弹出【轮廓区域】对话框。

3. 设置加工参数

（1）设置驱动方法　在【轮廓区域】对话框中选择（编辑）图标，弹出【区域铣削驱动方法】对话框，如图 8-81 所示。在【陡峭空间范围】/【方法】下拉列表框中选择【无】选项，在【切削模式】下拉列表框中选择跟随周边选项，在【刀路方向】下拉列表框中选择【向内】选项，在【切削方向】下拉列表框中选择【顺铣】选项，在【步距】下拉列表框中选择【刀具平直百分比】选项，在【平面直径百分比】栏输入【10】，在【步距已应用】下拉列表框中选择【在部件上】选项。单击确定按钮，完成设置驱动方法，系统返回【轮廓区域】对话框。

图　8-80

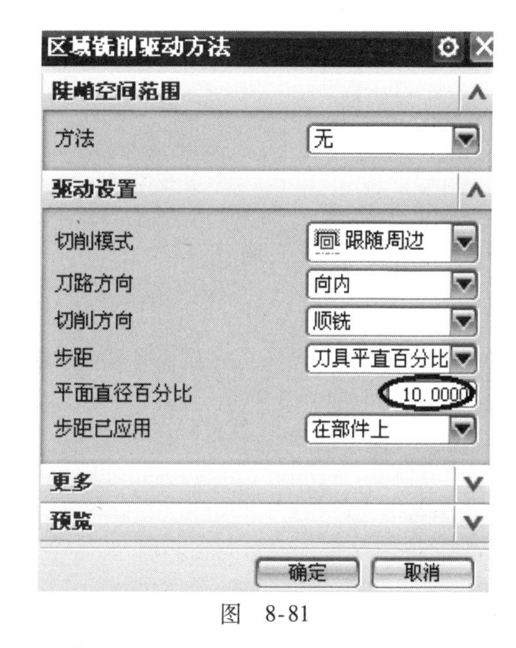

图　8-81

（2）编辑加工方法　在【轮廓区域】对话框的【刀轨设置】/【方法】下拉列表框中选择 MILL_FINISI 选项。

（3）设置进给率和速度　在【轮廓区域】对话框中选择（进给率和速度）图标，弹出【进给率和速度】对话框，如图 8-82 所示。勾选【主轴速度】选项，在【主轴速度】栏输入【1600】。由于在前面创建加工方法的父节点中已经设置了精加工各进给速度值，所以

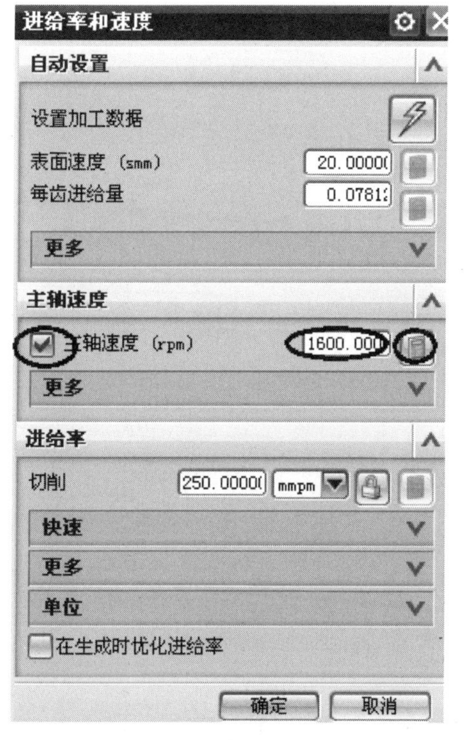

图　8-82

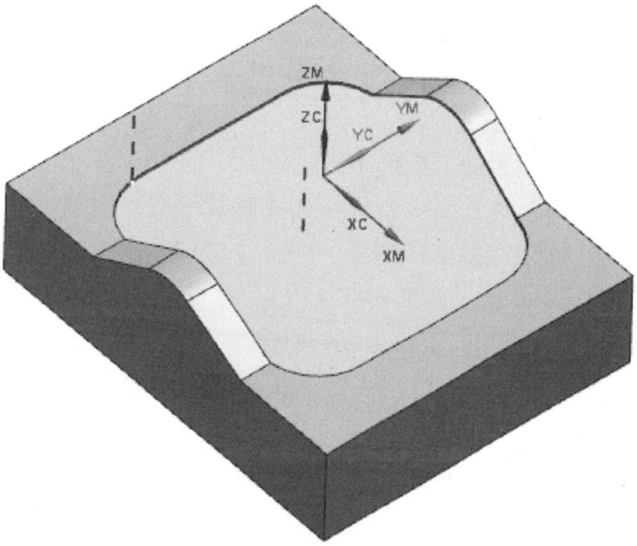

图　8-83

在此不需要再设置了。按回车键，单击（基于此值计算进给和速度）按钮，单击确定按钮，完成设置进给率和速度参数，系统返回【轮廓区域】对话框。

4. 生成刀轨

在【轮廓区域】对话框的【操作】区域中选择（生成刀轨）图标，系统自动生成刀轨，如图 8-83 所示。单击确定按钮，接受刀轨。

8.9.2　创建精加工操作二

1. 复制操作 S2

在工序导航器程序机床视图中展开 BM8 节点，复制操作 S2，如图 8-84 所示，并粘贴在 BM6 节点下如图 8-85 所示，重新命名为“F2”。

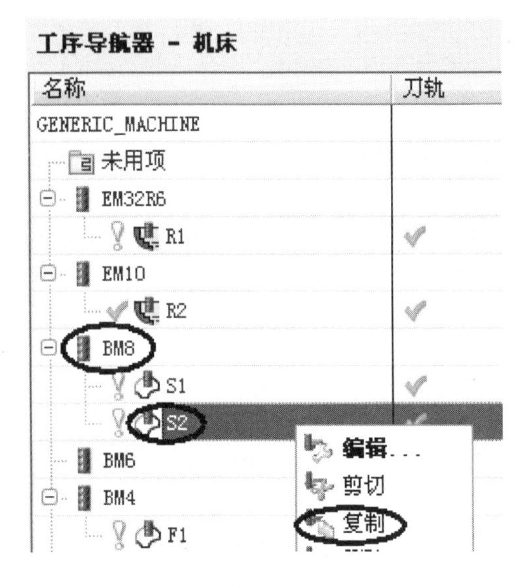

图　8-84

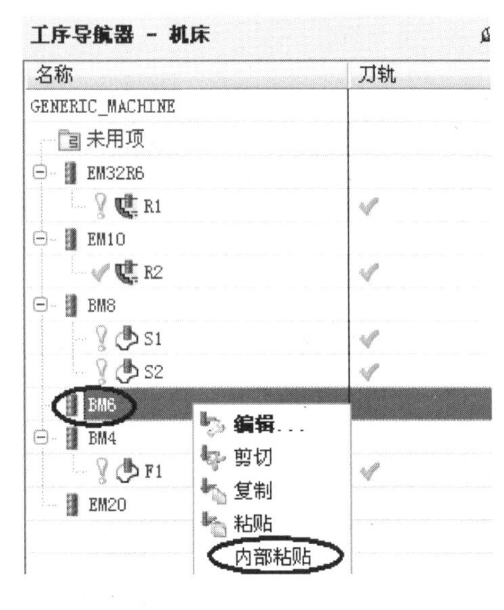

图　8-85

2. 编辑操作 F2

在工序导航器下，双击 F2 操作，系统弹出【轮廓区域】对话框。

3. 设置加工参数

（1）设置驱动方法　在【轮廓区域】对话框中选择（编辑）图标，弹出【区域铣削驱动方法】对话框，如图 8-86 所示。在【陡峭空间范围】/【方法】下拉列表框中选择【无】选项，在【切削模式】下拉列表框中选择往复选项，在【切削方向】下拉列表框中选择【顺铣】选项，在【步距】下拉列表框中选择【刀具平直百分比】选项，在【平面直径百分比】栏输入【10】，在【步距已应用】下拉列表框中选择【在部件上】选项，在【切削角】下拉列表框中选择【自动】选项。

图　8-86

单击确定按钮，完成设置驱动方法，系统返回【轮廓区域】对话框。

（2）编辑加工方法　在【轮廓区域】对话框的【刀轨设置】/【方法】下拉列表框中选择MILL_FINISH选项。

（3）设置进给率和速度　在【轮廓区域】对话框中选择（进给率和速度）图标，弹出【进给率和速度】对话框，如图 8-87 所示。勾选【主轴速度（rpm）】选项，在【主轴速度（rpm）】栏输入【1600】。由于在前面创建加工方法的父节点中已经设置了精加工各进给速度值，所以在此不需要再设置了。按回车键，单击（基于此值计算进给和速度）按钮，单击确定按钮，完成设置进给率和速度参数，系统返回【轮廓区域】对话框。

4. 生成刀轨

在【轮廓区域】对话框的【操作】区域中选择（生成刀轨）图标，系统自动生成刀轨，如图 8-88 所示。单击确定按钮，接受刀轨。

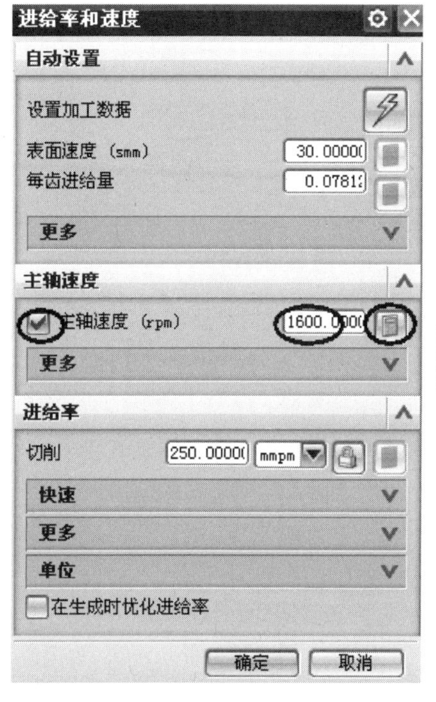

图　8-87

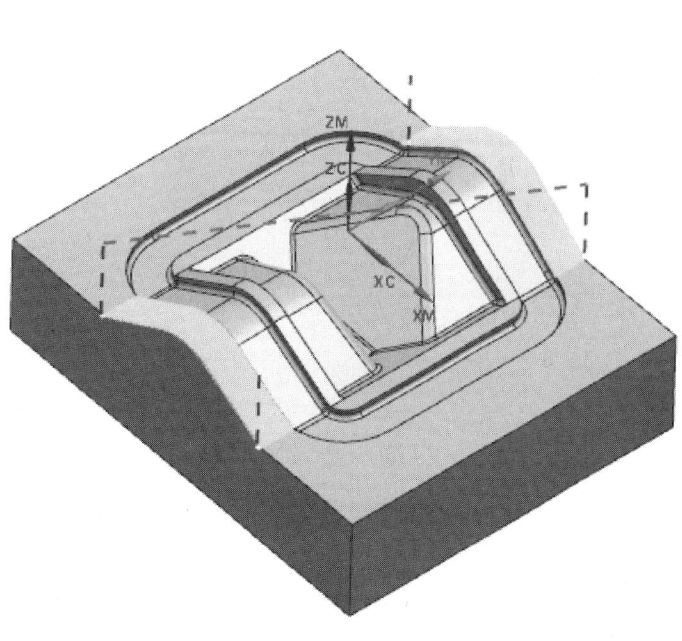

图　8-88

8.9.3　创建精加工操作三

1. 创建操作父节组选项

选择菜单中的【插入】/【工序】命令或在【插入】工具条中选择（创建工序）图标，弹出【创建工序】对话框，如图 8-89 所示。

在【创建工序】对话框的【类型】下拉列表框中选择【mill_planar】（平面铣），在【操作子类型】区域中选择（面铣）图标，在【程序】下拉列表框中选择【NC_PROGRAM】程序节点，在【刀具】下拉列表框中选择EM20（铣刀-5刀具节点，在【几何体】下拉列表框中选择【WORKPIECE】节点，在【方法】下拉列表框中选择【MILL_FINISH】节点，在【名称】栏输入【F3】，如图 8-89 所示。单击确定按钮，系统弹出【面铣】对话框，如图 8-90 所示。

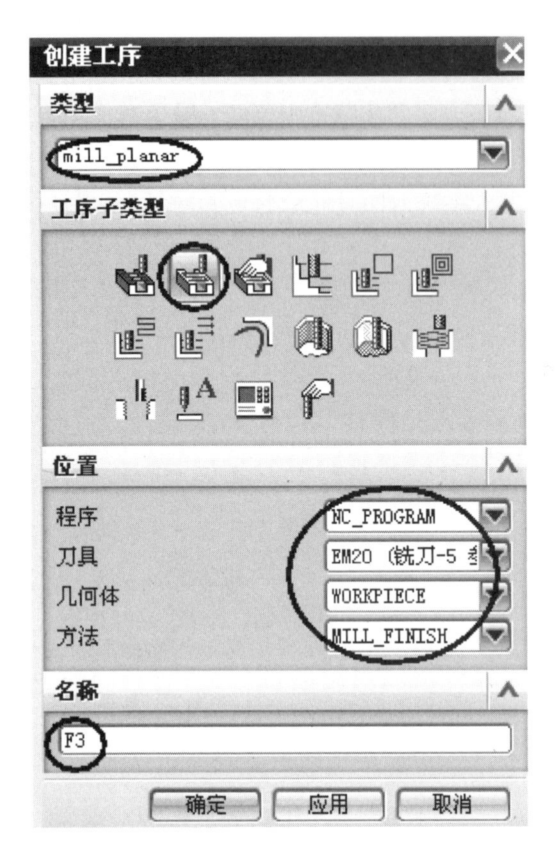

图　8-89

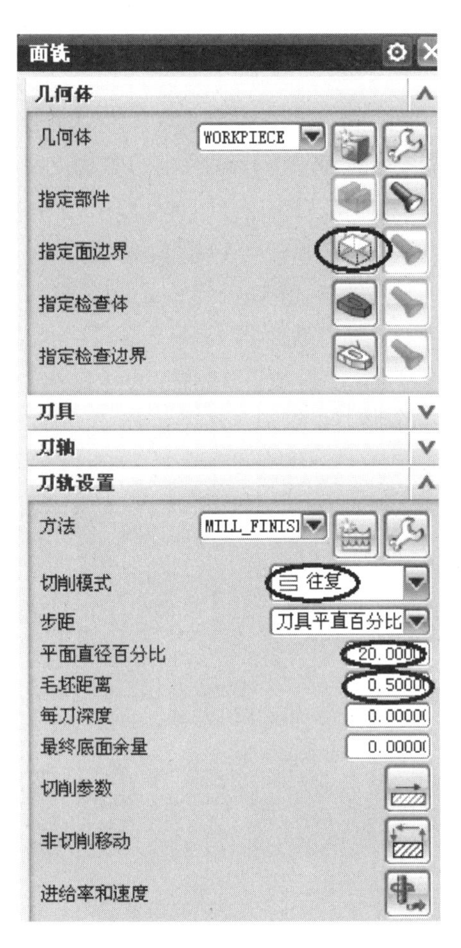

图　8-90

2. 创建几何体

在【面铣】对话框的【指定面边界】区域中选择（选择或编辑面几何体）图标，弹出【指定面几何体】对话框，如图 8-91 所示。然后在图形中选择图 8-92 所示的平面为切削区域，单击确定按钮，完成设置切削区域几何体，系统返回【面铣】对话框。

3. 设置加工参数

（1）设置切削模式　在【面铣】对话框的【切削模式】下拉列表框中选择往复选项，在【步距】下拉列表框中选择【刀具平直百分比】选项，在【平面直径百分比】栏输入【20】，在【毛坯距离】栏输入【0.5】，如图 8-90 所示。

（2）设置进给率和速度参数　在【面铣】对话框中选择（进给率和速度）图标，弹出【进给率和速度】对话框，如图 8-93 所示。勾选【主轴速度（rpm）】，在【主轴速度（rpm）】栏输入【1600】。由于在前面创建加工方法的父节点中已经设置了精加工各进给速度值，所以在此不需要再设置了。按回车键，单击（基于此值计算进给和速度）按钮，单击确定按钮，完成设置进给率和速度参数，系统返回【面铣】对话框。

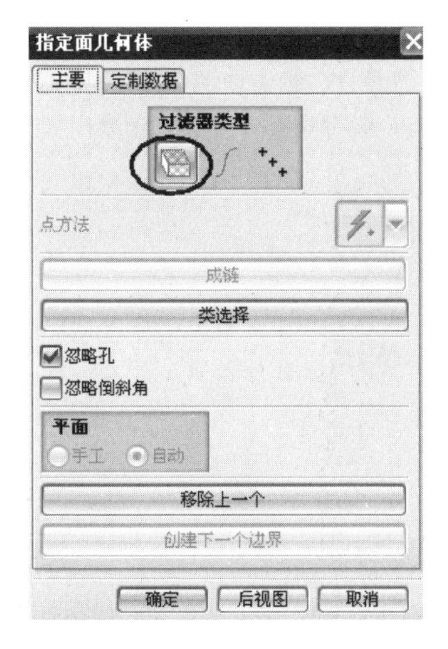

图 8-91

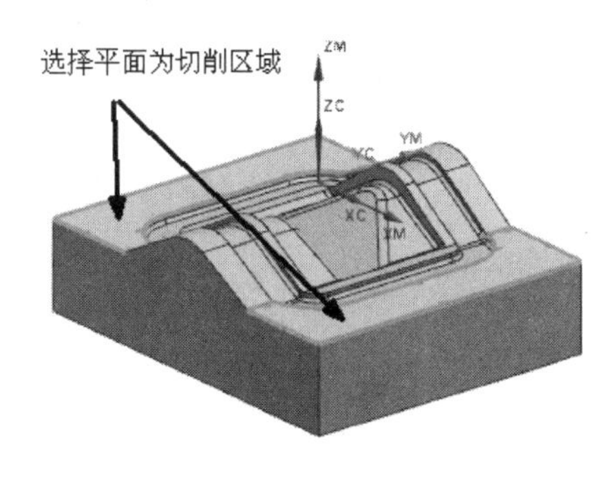

图 8-92

4. 生成刀轨

在【面铣】对话框的【操作】区域中选择（生成刀轨）图标，系统自动生成刀轨，如图 8-94 所示。单击按钮，接受刀轨。

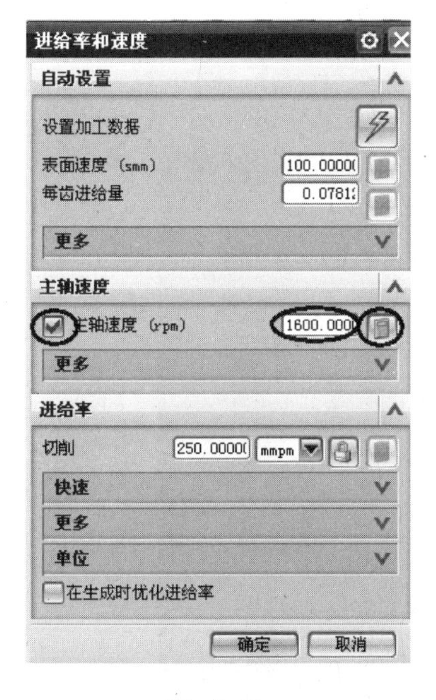

图 8-93

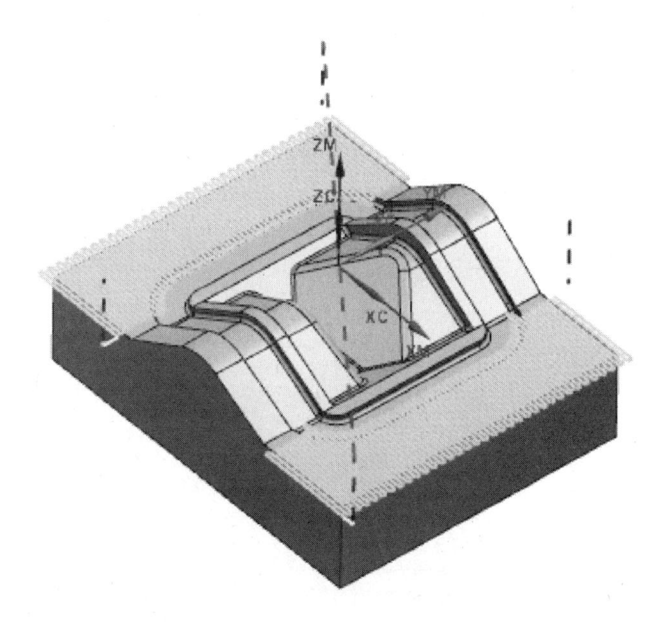

图 8-94

5. 创建切削仿真

1）设置工序导航器的视图为几何视图。选择菜单中的【工具】/【工序导航器】/【视图】/【几何视图】命令或在【导航器】工具条中选择（几何视图）图标。

2）在工序导航器中选择 WORKPIECE 父节组，在【操作】工具条中选择（确认刀轨）

图标，弹出【刀轨可视化】对话框，选择【2D 动态】选项，然后单击▶（播放）按钮。切削仿真完成后，在【刀轨可视化】对话框中单击比较（播放）按钮，如图 8-95 所示。型面显示绿色，表示已经加工到位无余量，除了根部有少许白色余量，如图 8-96 所示。

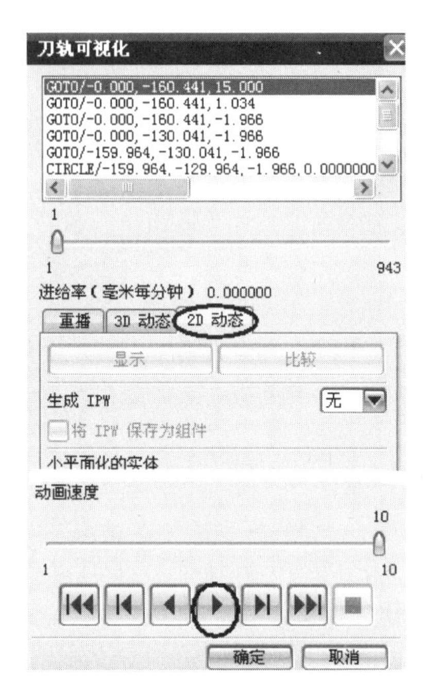

图　8-95

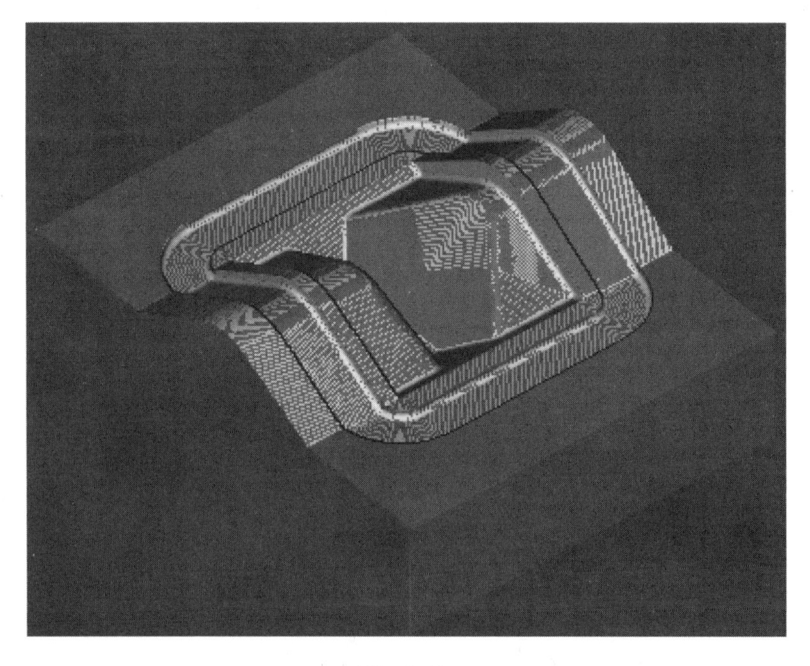

图　8-96

第 9 章

钻 削 加 工

9.1　钻削加工概述

钻削加工又称孔加工（Drilling），是指刀具先快速移动到指定的加工位置上，再以切削进给速度加工到指定的深度，最后以退刀速度退回的一种加工类型。UG 孔加工能编制出数控机床（铣床或加工中心）上各种类型的孔程序，如中心孔、通孔、不通孔、沉孔和深孔等，其加工方式可以是锪孔、钻孔、铰孔、镗孔和攻螺纹等。

孔加工深度如图 9-1 所示。

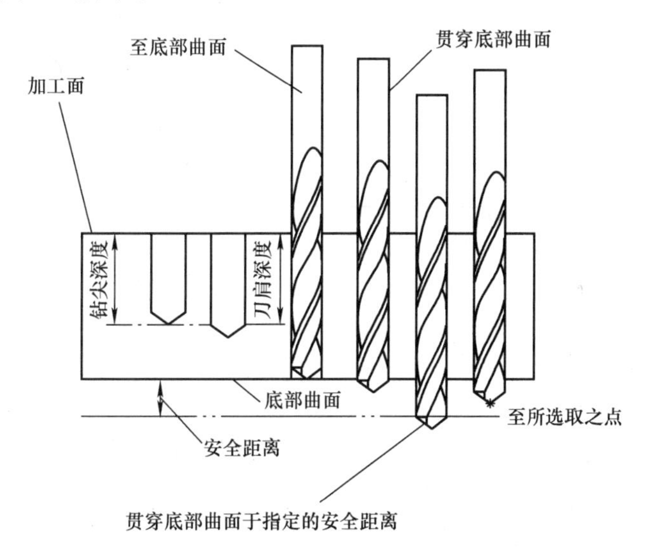

图　9-1

孔的常用加工指令及其循环见表 9-1。

表 9-1　孔的常用加工指令及其循环

G 代码	加工运动（Z 轴负向）	孔底动作	返回运动（Z 轴正向）	应用范围
G73	分次，切削进给	—	快速定位进给	高速深孔钻削
G74	切削进给	暂停—主轴正转	切削进给	攻左旋螺纹
G76	切削进给	主轴定向，让刀	快速定位进给	精镗循环

（续）

G 代码	加工运动（Z 轴负向）	孔底动作	返回运动（Z 轴正向）	应用范围
G80	—	—	—	取消固定循环
G81	切削进给	—	快速定位进给	普通钻削循环
G82	切削进给	暂停	快速定位进给	钻削或粗镗削
G83	分次，切削进给	—	快速定位进给	深孔钻削循环
G84	切削进给	暂停—主轴反转	切削进给	攻右旋螺纹
G85	切削进给	—	切削进给	镗削循环
G86	切削进给	主轴停	快速定位进给	镗削循环
G87	切削进给	主轴正转	快速定位进给	反镗削循环
G88	切削进给	暂停—主轴停	手动	镗削循环
G89	切削进给	暂停	切削进给	镗削循环

9.2　钻削加工子类型功能

选择菜单中的【插入】/【操作】命令或在【插入】工具条中选择（创建工序）图标，弹出【创建工序】对话框，如图 9-2 所示。图 9-3 所示为不同的循环类型。

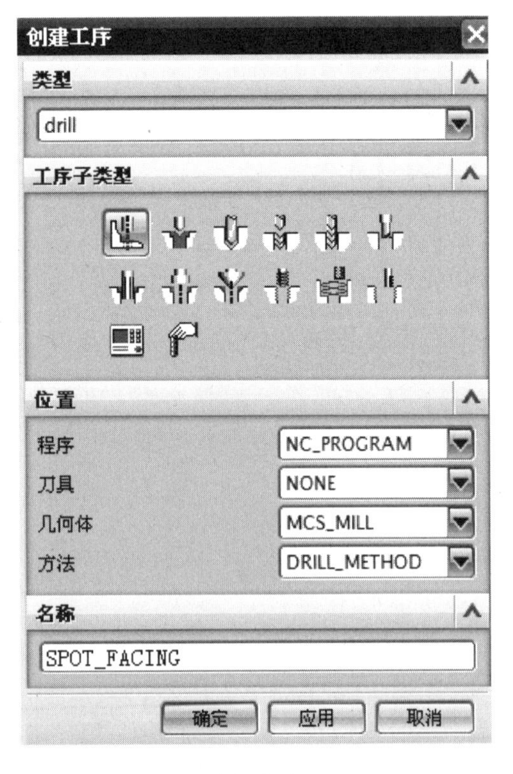

图　9-2

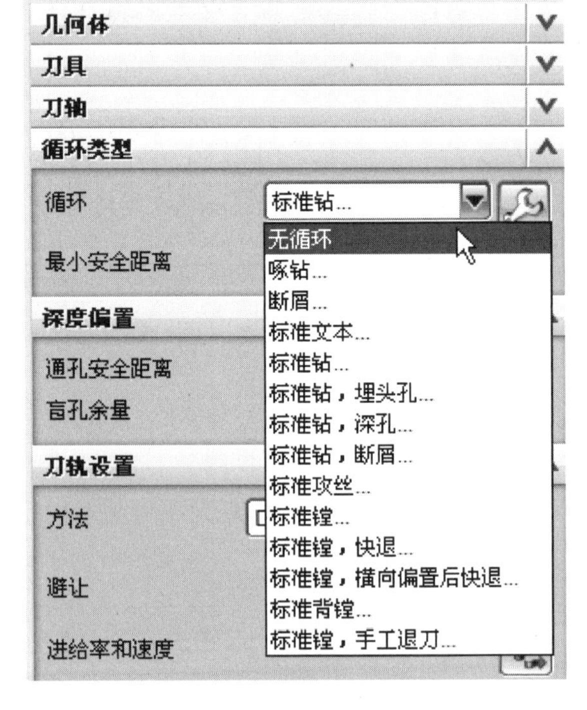

图　9-3

表 9-2 为钻削加工常用子类型功能的说明。表 9-3 为钻削加工各循环类型功能的说明。

表9-2　钻削加工常用子类型功能的说明

序号	图标	英文	中文	说明
1		SPOT_FACING	锪面	用于创建锪平面，生成后处理程序G代码为G82
2		SPOT_DRILLING	锪孔	钻中心孔，用于打中心定位孔，为后面的钻孔起引导作用，以便于在钻孔开始时钻头准确而顺利地向下运动。后处理G代码为G82
3		DRILLING	钻孔	钻孔，生成后处理程序G代码为G81
4		PECK_DRILLING	啄钻	用于深孔的钻削加工，它会在每加工完一定的指定深度后返回到最小安全距离。生成后处理程序G代码为G83
5		BREAKCHIP_DRILLING	断屑钻孔	断屑钻，同啄钻一样用于深孔钻削加工，它会在每加工完一定的指定深度后返回到当前切削深度之上的一个由步进安全距离指定的点位。生成后处理程序G代码为G73
6		BORING	镗孔	镗孔，用于一些精度较高的孔位加工，用专用的镗刀进行加工。生成后处理程序G代码为G85
7		REAMING	铰孔	铰孔，用专用的铰刀加工一些精度比较高的孔，生成后处理程序G代码为G81
8		COUNTERBORING	平底扩孔	用于创建沉头孔，生成后处理程序G代码为G82
9		COUNTERSINKING	倒角	用于有要求的孔口倒角，生成后处理程序G代码为G82
10		TAPPING	攻螺纹	加工有螺纹要求的孔，用专用的丝锥进行加工。生成后处理程序G代码为G84
11		HOLE_MILLING	螺旋铣孔	用螺旋的方式铣削孔
12		THREAD_MILLING	螺纹铣	使用螺旋切削铣削螺纹孔
13		MILL_CONTROL	切削控制	建立机床控制操作，添加相关后处理命令
14		MILL_USER	铣削自定义方式	自定义参数建立操作

表9-3　钻削加工各循环类型功能的说明

循环类型	说明
无循环	取消任何被激活的循环，不采用循环加工
啄钻	在每个加工位置激活一个模拟啄木鸟啄食的啄钻循环
断屑	在每个加工位置激活一个断屑钻削循环
标准文本	以输入文本的方式激活一个标准循环

（续）

循环类型	说　　明
标准钻	刀具快速移动定位在被选择的加工点位上。然后以切削进给速度切入工件并达到指定的切削深度，接着以退刀速度退回刀具，完成一个加工循环。如此重复加工，每次切削到不同的指定深度，加工到最终的切削深度为止
标准钻，埋头孔	与标准钻不同的是钻孔深度由埋头孔径深度控制
标准钻，深度	与标准钻不同的是以刀具间隙进给，便于断屑，即刀具到达某深度，刀具退出孔外排屑。如此重复加工，直至孔底
标准钻，断屑	与“标准钻，深度”不同的是，刀具到达某深度不是退出孔外排屑，而是退一较小距离，起到排屑作用，其他相同
标准攻螺纹	与标准钻不同的是，孔底主轴停转，退刀主轴反转，以切削速度退回
标准镗	与标准钻不同的是，退刀以切削速度退回
标准镗，快退	与标准镗不同的是，孔底主轴停转，刀具以快速进给速度退回
标准镗，横向偏置后快退	与标准镗不同的是，孔底主轴停转，刀具横向让刀，退刀主轴停，返回安全点后刀具横向退回让刀值，主轴再次启动，其他循环相同
标准背镗	与标准镗不同的是，在退刀时镗孔
标准镗，手工退刀	与标准镗不同的是，刀具加工到孔底，主轴停转，由操作者手动退刀

9.3　钻削加工参数设置

1. 指定孔的参数

在【钻】对话框中选择（选择或编辑孔几何体）图标，弹出【点到点几何体】对话框，如图9-4和图9-5所示。单击选择按钮，弹出【选择点/圆弧/孔】对话框。各参数选项含义如下。

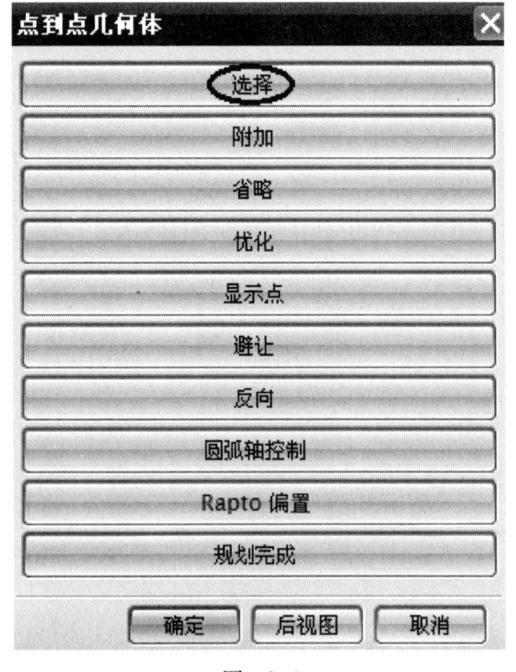

图　9-4

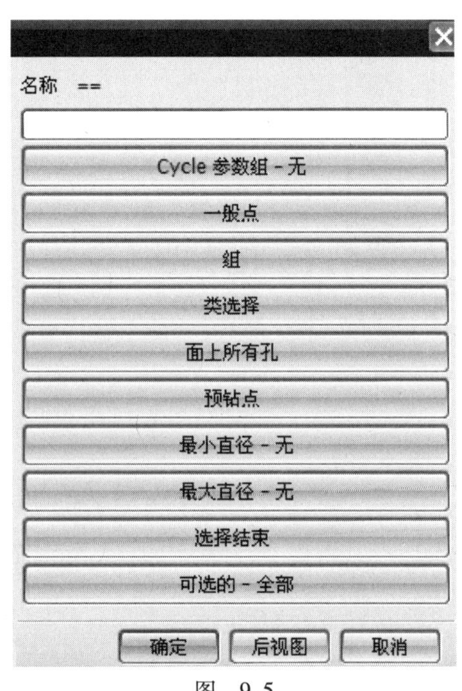

图　9-5

1）选择：选择圆柱形和圆锥形的孔、弧和点。

2）附加：在一组先前选定的点中附加新的点。

3）忽略：忽略先前选定的点。

4）优化：编排刀轨中点的顺序。

5）显示点：使用“包含”“忽略”“避让”或“优化”选项后验证刀轨点的选择情况。

6）避让：指定跨过部件中夹具或障碍的“刀具间隙”。

7）反向：颠倒先前选定的“Goto”点的顺序。

8）圆弧轴控制：显示和/或反向先前选定的弧和片体孔的轴。

9）Rapto 偏置：为每个选定点、弧或孔指定一个 Papto 值，即设置快进偏置距离，定义刀具快进速度，切换切削速度分切换点。

10）规划完成：完成点位定义，与 确定 按钮作用类似。

11）Cycle 参数组：指定要将先前定义的哪一个“循环参数集”与下一个点或下一组点相关联。

12）一般点：通过使用“点构造器子功能”菜单来定义关联的或非关联的 CL 点。

13）组：选择任何先前成组的点和/或弧。

14）类选择：使用“分类选择”子功能选择几何体。

15）面上所有的孔：选择面和完全位于该面内且在指定直径范围内的圆柱形孔。注意：圆柱形孔表示至少已选择了一个圆柱面。

16）预钻点：调用在之前的“平面铣”或“型腔铣”操作中生成的进刀点。

17）最小直径、最大直径：决定“面上所有的孔”选项选择的孔的范围。

18）选择结束：重新显示“点到点几何体”菜单。

19）可选的全部：控制“仅点”“仅弧”“仅孔”“点和弧”和“全部”的选择过滤类型。

循环参数中比较重要的参数说明如下：

1）Increment：增量，每次钻削深度增量，仅出现在啄钻和断屑钻的循环参数中。有“空”（不指定增量，一次钻削完成）、“恒定”（指定不变的增量）以及“可变的”（指定可变增量，可以根据需要最多设置七种增量值）三种参数供选择。

2）Dwell：指定停留时间，单位为 ms。

3）Csink 直径：沉孔直径，仅出现在“标准钻，埋头孔”加工循环中。

4）入口直径：指定扩孔前的孔径以计算刀具快速插入孔的位置，仅应用于“标准钻，埋头孔”加工循环中。

5）Step 值：指定循环式深孔钻削的步进增量，仅应用于“标准钻，深度”和“标准钻，断屑”加工循环中。

工件模型如图 9-6 所示，毛坯外形已加工成形，材料为碳素结构钢。其加工思路为：首先分析模型的加工区域，该零件上面的孔较多，一个是圆柱中间的 ϕ20mm 大孔，内圈是 4 个 M8 的螺纹不通孔（深 10mm），外圈是 4 个 ϕ8mm 通孔，长方体上是 5 个 ϕ10mm 的埋头通孔。加工路线为：首先用 ϕ5mm 中心钻点钻，进行孔的精确定位，然后用 ϕ8mm 的钻头加工外圈的 4 个通孔，再用 ϕ6.8mm 的钻头加工内圈的 4 个螺纹底孔，再用 M8 的丝锥攻螺纹，然后用 ϕ22mm 的钻头加工中间的大孔，用 ϕ25mm 的镗刀镗孔，最后用 ϕ10mm 的钻头加工长方体上 5 个 ϕ10mm 埋头通孔，再用 ϕ20mm 的锥形锪刀进行孔口倒角。

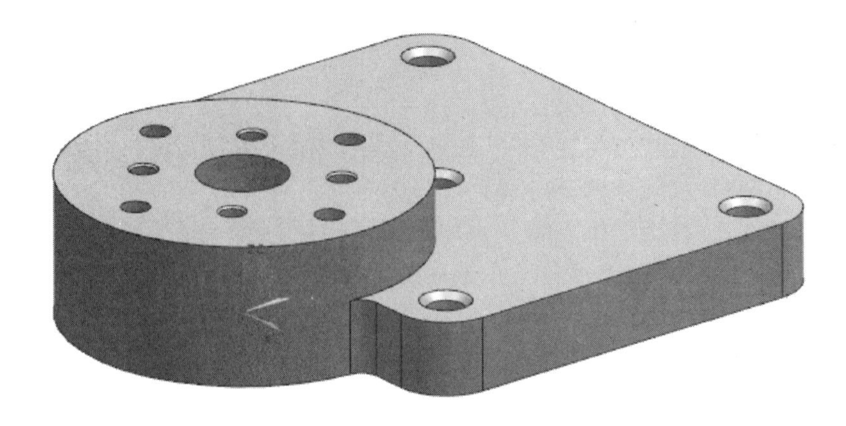

图　9-6

钻削加工刀具见表 9-4。

表 9-4　钻削加工刀具

序号	程序名	刀具号	刀具类型	刀具直径/mm	刀长/mm	刃长/mm	余量/mm
1	SP	1	SPT_ D5 中心钻	ϕ5	19	5	0
2	DR1	2	DR8 钻头	ϕ8	70	45	0
3	DR2	3	DR6. 8 钻头	ϕ6. 8	70	45	0
4	TP	4	TP8 丝锥	M8	50	25	0
5	DR3	5	DR22 钻头	ϕ22	70	45	0
6	BR	6	BR25 镗刀	ϕ25	70	45	0
7	DR4	7	DR10 钻头	ϕ10	50	35	0
8	CR	8	CR20 锥形锪刀	ϕ20	30	15	0

钻削加工工艺方案见表 9-5。

表 9-5　钻削加工工艺方案

序号	方法	加工方式	程序名	主轴转速 *S* /(r/min)	进给速度 *F* /(mm/min)	说　明
1	精加工	中心钻	SP	1000	100	点钻精确定位
2	精加工	钻	DR1	800	100	加工外圈的 4 个 ϕ8mm 通孔
3	精加工	钻	DR2	1000	100	加工内圈的 4 个 ϕ6. 8 螺纹底孔
4	精加工	攻螺纹	TP	150	187. 5	攻 M8 螺纹

（续）

序号	方法	加工方式	程序名	主轴转速 S /（r/min）	进给速度 F /（mm/min）	说明
5	半精加工	钻	DR3	300	60	加工中间 ϕ22mm 孔
6	精加工	镗孔	BR	500	50	镗 ϕ25mm 大孔
7	精加工	钻	DR4	600	70	加工长方体上 5 个 ϕ10mm 埋头通孔
8	精加工	钻埋头孔	CR	800	80	锥形锪刀进行孔口倒角

学习目标

通过本章实例的练习，读者能熟练掌握钻削加工的方法，了解各种孔的适用范围和加工规律，掌握钻削加工的步骤、刀具的优化、循环类型以及参数设置等加工技巧。

9.4 打开文件

选择菜单中的【文件】/【打开】命令或选择（打开）图标，弹出【打开】部件对话框，打开书配光盘中的 \ parts \ 9 \ kong. prt 文件，单击 OK 按钮，工件模型如图 9-6 所示。

9.5 创建毛坯

1. 进入建模模块

选择菜单中 开始 下拉列表框中的 建模(M)... 模块，如图 9-7 所示，进入建模应用模块。

图 9-7

2. 创建移动对象

选择菜单中的【编辑】/【移动对象】命令或在【标准】工具栏中选择（移动对象）图标，弹出【移动对象】对话框，如图 9-8 所示。然后在图形中选择图 9-9 所示的实体。在【移动对象】对话框的【运动】下拉列表框中选择 距离 选项，然后在【指定矢量（1）】下拉列表框中选择 ZC 选项，在【距离】栏输入【0】，在【结果】区域选中 复制原先的 选项，在【距离/角度分割】、【非关联副本数】栏均输入【1】，如图 9-8 所示。单击 <确定> 按钮，弹出【移动对象】确认对话框，如图 9-10 所示。单击是(Y)按钮，完成效果如图 9-11 所示（复制一个实体在原来位置，该体将来作为工件）。

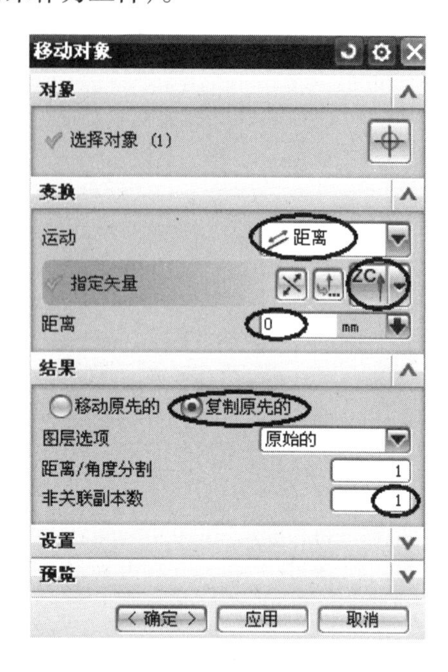

图　9-8

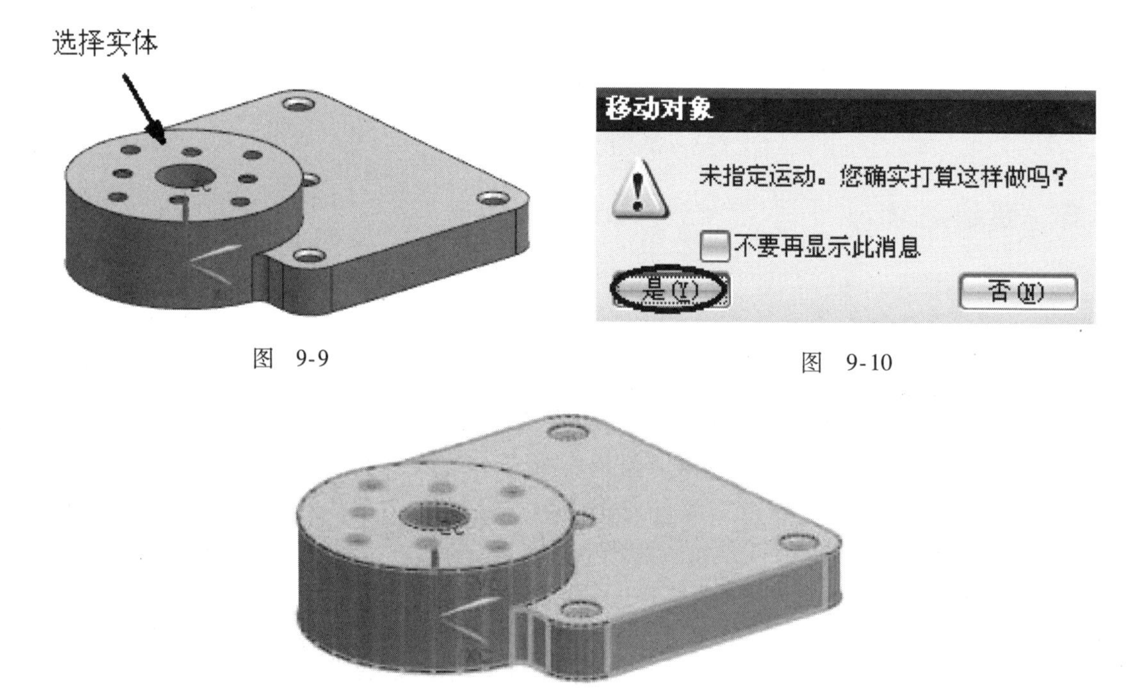

图　9-9

图　9-10

图　9-11

3. 隐藏步骤 2 复制的实体

选择菜单中的【编辑】/【显示和隐藏】/【隐藏】命令或在【实用工具】工具条中选择（隐藏）图标，弹出【类选择】对话框，如图 9-12 所示。在部件导航器栏选择最后一个

体 (18) 特征，单击确定按钮，完成隐藏实体。

4. 删除孔特征

在部件导航器栏分别选择图9-13所示的孔特征，依次进行删除，完成的实体即为毛坯。

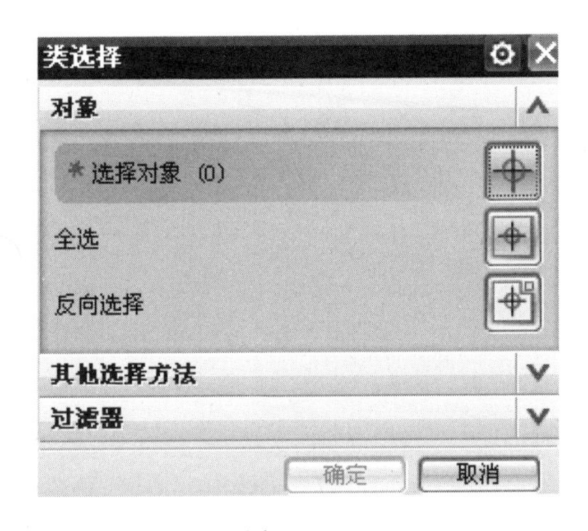

图 9-12

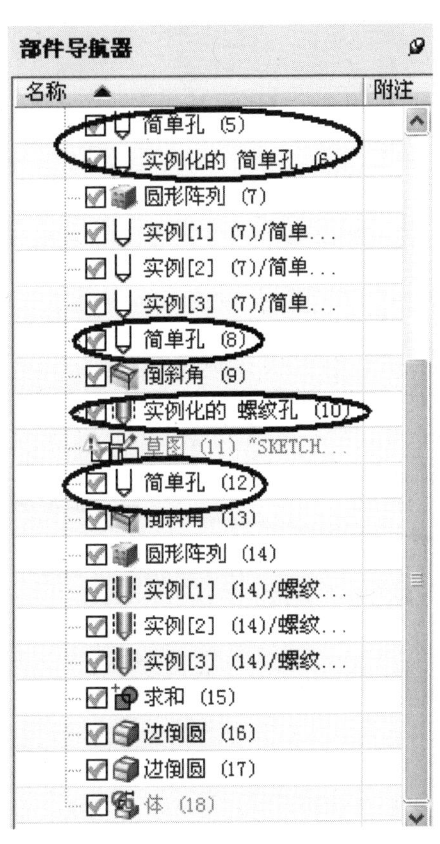

图 9-13

5. 隐藏毛坯

在【实用工具】中选择（反转显示和隐藏）图标，图形中工件几何体显示，毛坯隐藏。

9.6 设置加工坐标系及安全平面

1. 进入加工模块

选择菜单中开始下拉框中的加工(N)...模块，如图9-14所示，进入加工应用模块。

2. 设置加工环境

选择加工(N)...模块后系统弹出【加工环境】对话框，如图9-15所示。在【CAM会话配置】列表框中选择【cam_general】，在【要创建的CAM设置】列表框中选择【drill】，单击确定按钮，进入加工初始化，在导航器栏弹出（工序导航器）图标，如图9-16所示。

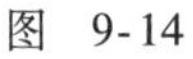
图 9-14

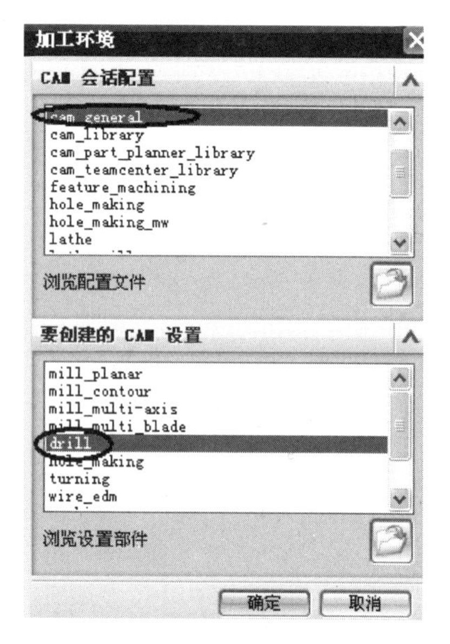

图 9-15

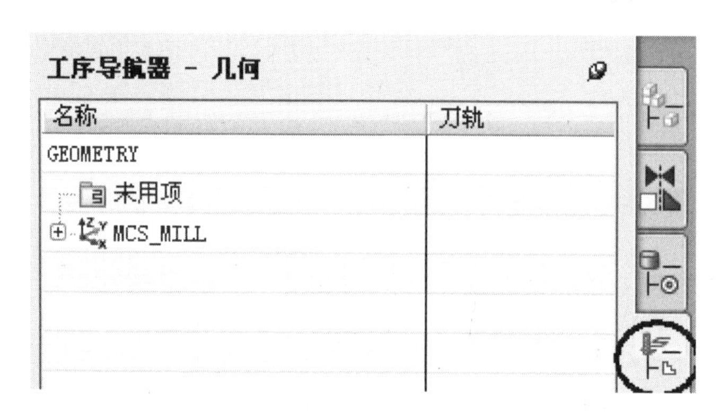

图 9-16

3. 设置工序导航器的视图为几何视图

选择菜单中的【工具】/【工序导航器】/【视图】/【几何视图】命令或在【导航器】工具条中选择（几何视图）图标，工序导航器的视图更新为如图 9-16 所示。

4. 设置工作坐标系

选择菜单中的【格式】/【WCS】/【定向】命令或在【实用】工具条中选择 原点(O)... 图标，弹出【点】构造器对话框，在【类型】下拉列表框中选择 圆弧中心/椭圆中心/球心 选项，如图 9-17 所示。在图形中选择图 9-18 所示的实体圆弧边，单击 确定 按钮，完成设置工作坐标系，如图 9-19 所示。

继续移动工作坐标系，选择菜单中的【格式】/【WCS】/【定向】命令或在【实用】工具条中选择 原点(O)... 图标，弹出【点】构造器对话框，在【ZC】栏输入【18】，如图 9-20 所示。单击 确定 按钮，完成设置工作坐标系，如图 9-21 所示。

图 9-17

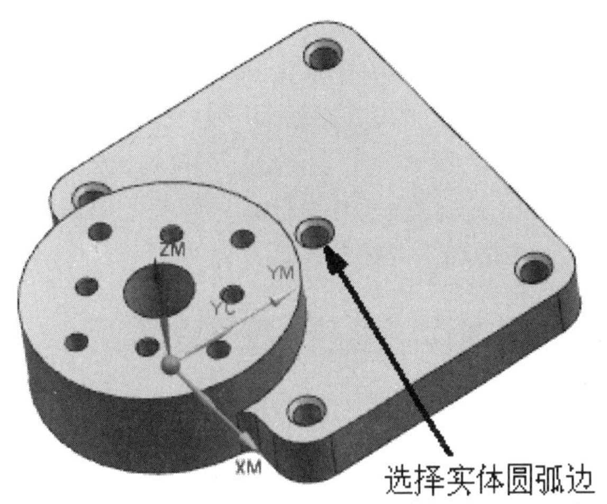

图 9-18

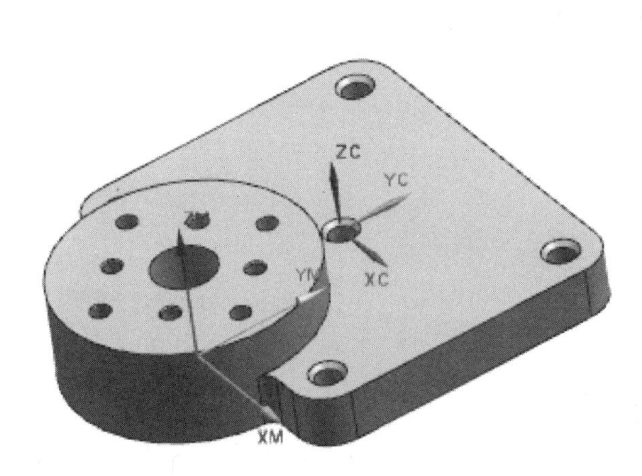

图 9-19

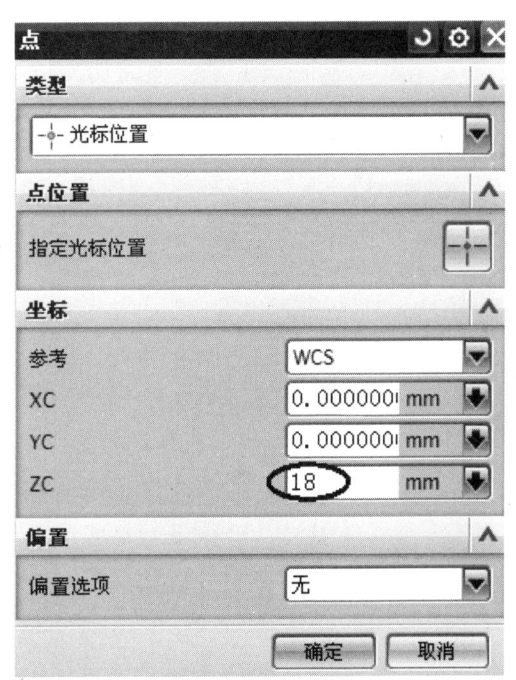

图 9-20

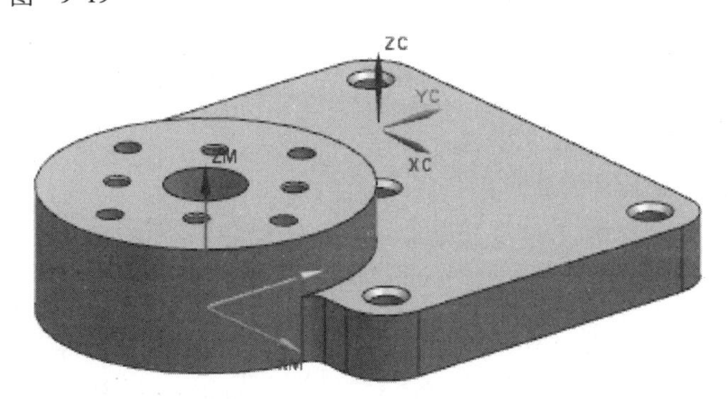

图 9-21

5. 设置加工坐标系

在工序导航器中双击 MCS_MILL（加工坐标系）图标，弹出【Mill Orient】对话框，如图 9-22 所示。在【指定 MCS】区域选择（CSYS 会话）图标，弹出【CSYS】对话框，如图 9-23 所示。在【类型】下拉列表框中选择动态选项，在【参考】下拉列表框中选择 WCS（工作坐标系）选项，单击确定按钮，完成设置加工坐标系，即接受工作坐标系为加工坐标系，如图 9-24 所示。

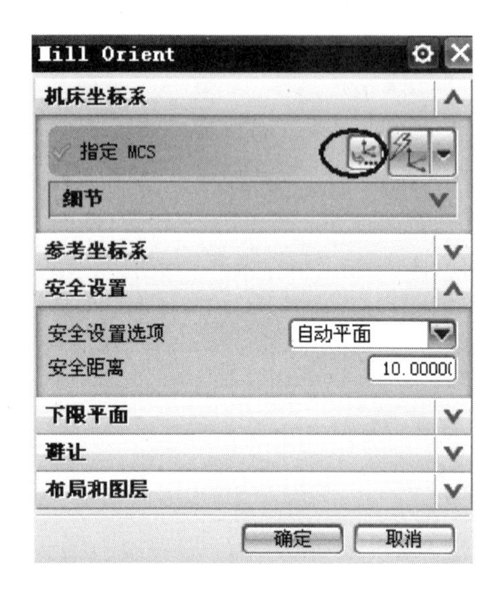

图 9-22

图 9-23

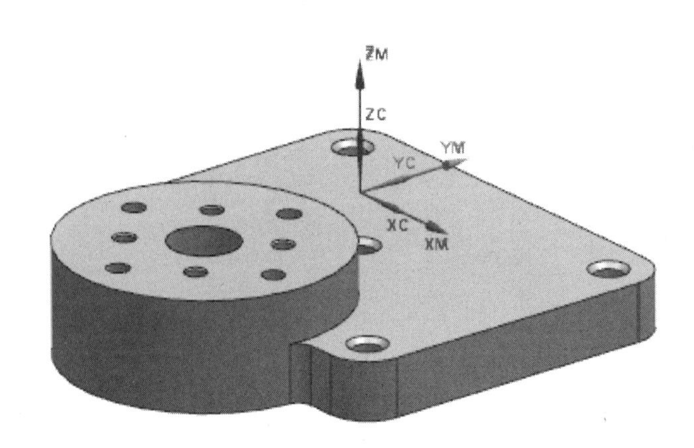

图 9-24

注意：【Mill Orient】对话框不要关闭。

6. 设置安全平面

在【Mill Orient】对话框【安全设置】区域的【安全设置选项】下拉列表框中选择【平面】选项，如图 9-25 所示。在图形中选择图 9-26 所示的工件顶面，在【距离】栏输入【15】，单击确定按钮，完成设置安全平面。

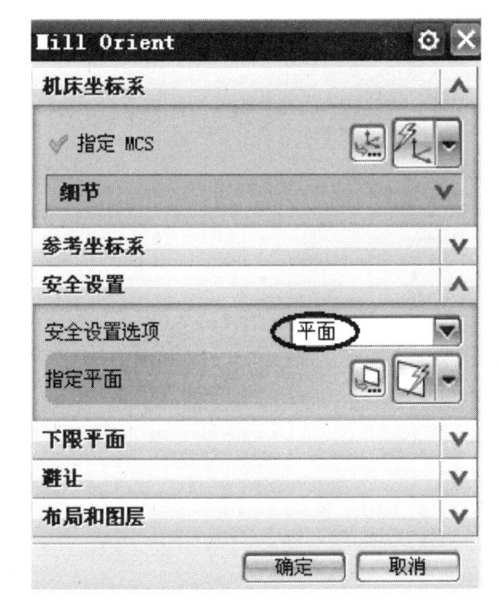

图　9-25

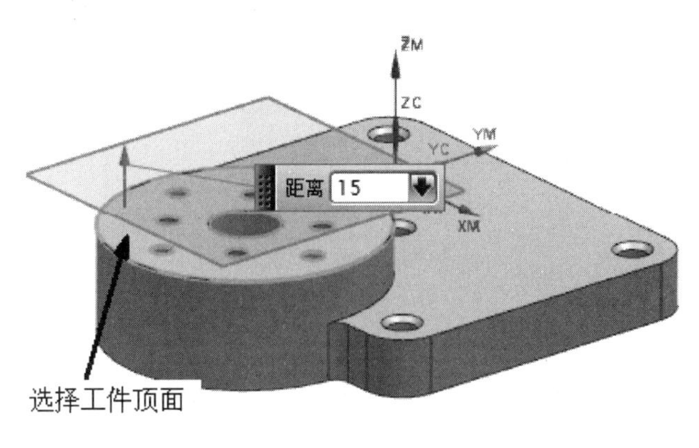

图　9-26

9.7　创建铣削几何体

1. 展开 MCS_MILL

在工序导航器的几何视图中单击 MCS_MILL前面的 ⊕（加号）图标，展开 MCS_MILL，更新为如图 9-27 所示。

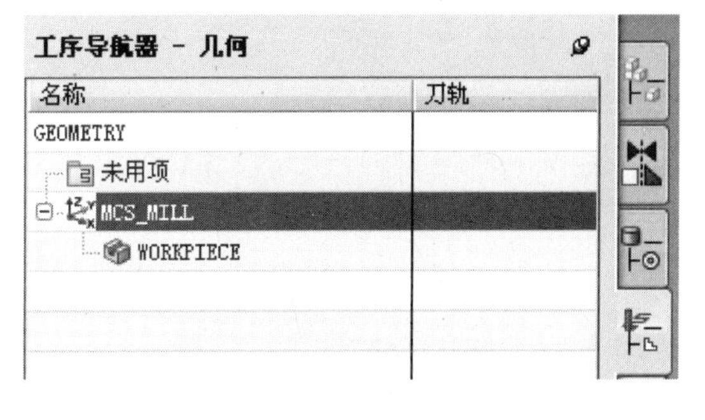

图　9-27

2. 创建钻（铣）削部件几何体

在工序导航器中双击 WORKPIECE（铣削几何体）图标，弹出【铣削几何体】对话框，如图 9-28 所示。在【指定部件】区域选择（选择或编辑部件几何体）图标，弹出【部件几何体】对话框，如图 9-29 所示。在图形中选择图 9-30 所示的工件，单击确定按钮，完成指定部件。

3. 显示毛坯几何体

在【实用工具】中选择（反转显示和隐藏）图标，图形中毛坯几何体显示，工件隐藏。

4. 设置毛坯几何体

系统返回【铣削几何体】对话框，在【指定毛坯】区域中选择（选择或编辑毛坯几何体）图标，弹出【毛坯几何体】对话框，如图 9-31 所示。在【类型】下拉列表框中选择 几何体选项，在图形中选择图 9-32 所示毛坯几何体。单击确定按钮，完成指定毛坯，系统返回【铣削几何体】对话框，单击确定按钮，完成设置毛坯几何体。

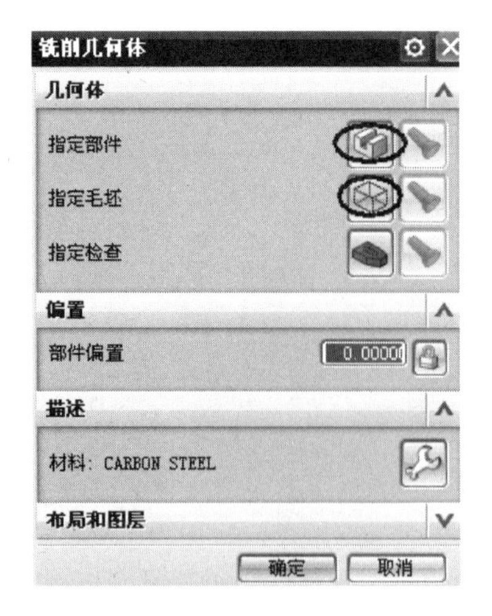

图 9-28

图 9-29

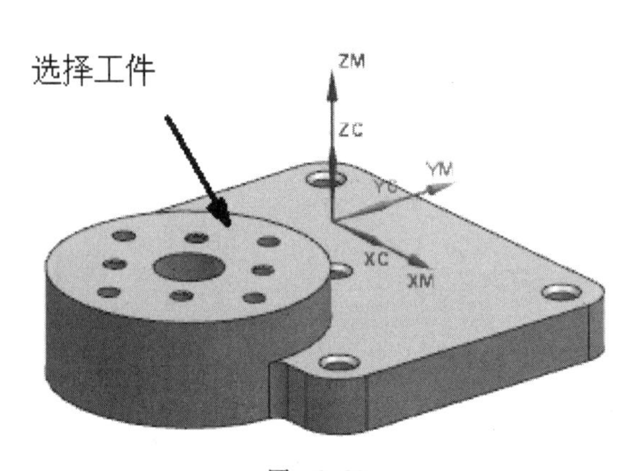

图 9-30

图 9-31

5. 显示工件几何体

在【实用工具】中选择（反转显示和隐藏）图标，图形中工件几何体显示，毛坯隐藏。

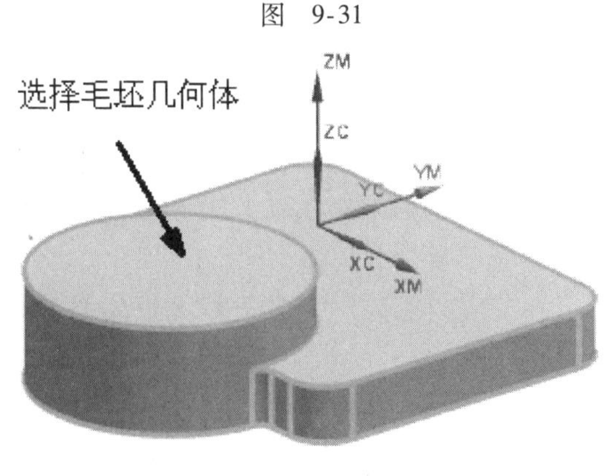

图 9-32

9.8 创建刀具

1. 设置工序导航器的视图为机床视图

选择菜单中的【工具】/【工序导航器】/【视图】/【机床视图】命令或在【导航器】工具条中选择（机床视图）图标。

2. 创建 SPT_D5 定心（中心）钻

选择菜单中的【插入】/【刀具】命令或在【插入】工具条中选择（创建刀具）图标，弹出【创建刀具】对话框，如图 9-33 所示。选择（定心钻）图标，在【名称】栏输入【SPT_D5】，单击确定按钮，弹出【钻刀】对话框，如图 9-34 所示。在【直径】栏输入【5】，在【刀尖角度】栏输入【90】，在【刀具号】、【补偿寄存器】栏均输入【1】，单击确定按钮，完成创建 SPT_D5 定心钻。

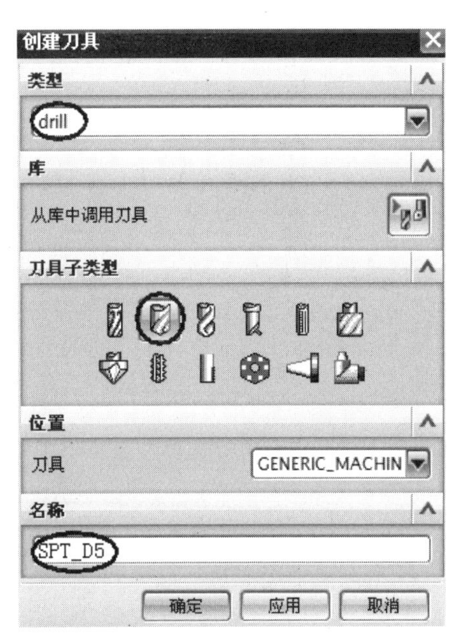

图 9-33

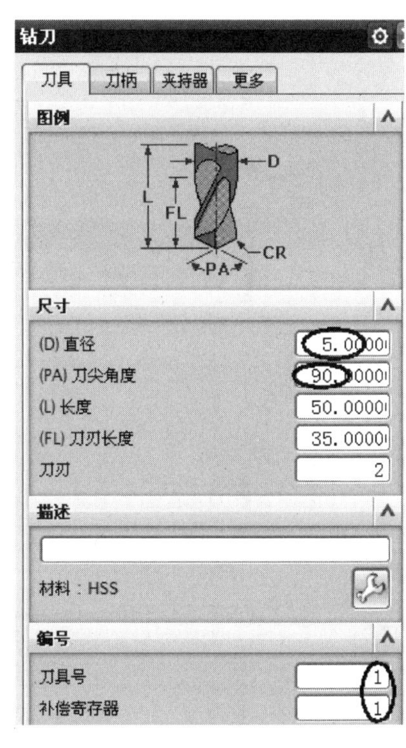

图 9-34

3. 创建钻头

选择菜单中的【插入】/【刀具】命令或在【插入】工具条中选择（创建刀具）图标，弹出【创建刀具】对话框，如图 9-35 所示。选择（麻花钻）图标，在【名称】栏输入【DR8】单击确定按钮，弹出【钻刀】对话框，如图 9-36 所示。在【直径】栏输入【8】，在【刀具号】、【补偿寄存器】栏均输入【2】，单击确定按钮，完成创建 DR8 钻头。

按照上述步骤依次创建表 9-4 所列其余钻头。

4. 创建 TP8 丝锥

选择菜单中的【插入】/【刀具】命令或在【插入】工具条中选择（创建刀具）图标，弹出【创建刀具】对话框，如图 9-37 所示。选择（丝锥）图标，在【名称】栏输入【TP8】，单击确定按钮，弹出【钻刀】对话框，如图 9-38 所示。在【直径】栏输入【8】，在【螺距】栏输入【1.25】，在【刀具号】、【补偿寄存器】栏均输入【4】，单击确定按钮，完成创建 TP8 丝锥。

5. 创建 BR25 镗刀

选择菜单中的【插入】/【刀具】命令或在【插入】工具条中选择（创建刀具）图标，弹出【创建刀具】对话框，如图 9-39 所示。选择（镗刀）图标，在【名称】栏输入【BR25】，单击确定按钮，弹出【钻刀】对话框，如图 9-40 所示。在【直径】栏输入【25】，在【刀具号】、【补偿寄存器】栏均输入【6】，单击确定按钮，完成创建 BR25 镗刀。

6. 创建锥形锪刀

选择菜单中的【插入】/【刀具】命令或在【插入】工具条中选择（创建刀具）图标，弹出【创建刀具】对话框，如图 9-41 所示。选择（锥形锪刀）图标，在【名称】

栏输入【CR20】，单击 确定 按钮，弹出【铣刀 - 5 参数】对话框，如图 9-42 所示。在【直径】栏输入【20】，在【刀具号】、【补偿寄存器】、【刀具补偿寄存器】栏均输入【8】，单击 确定 按钮，完成创建 CR20 锥形铣刀。

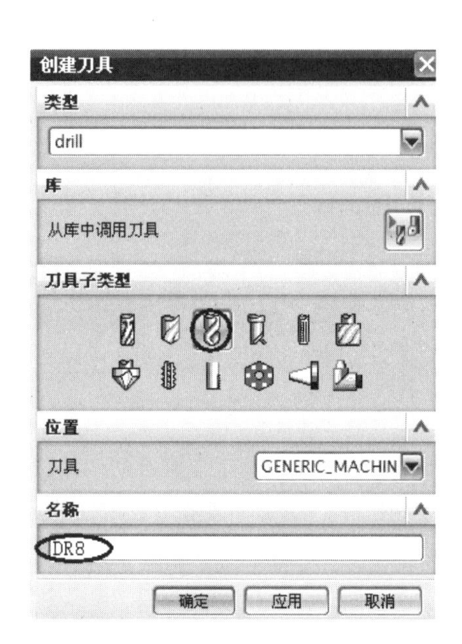

图 9-35

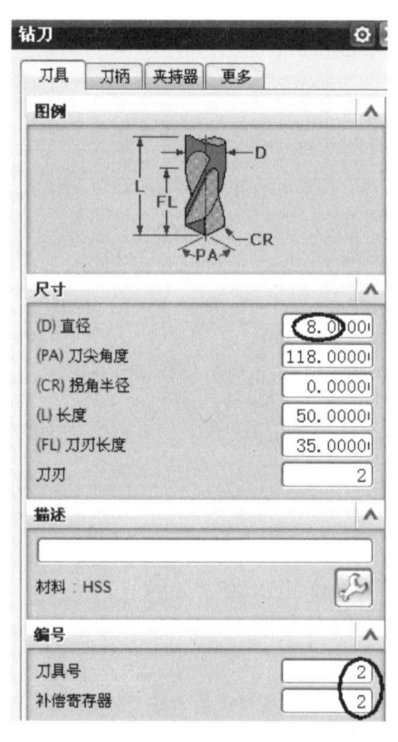

图 9-36

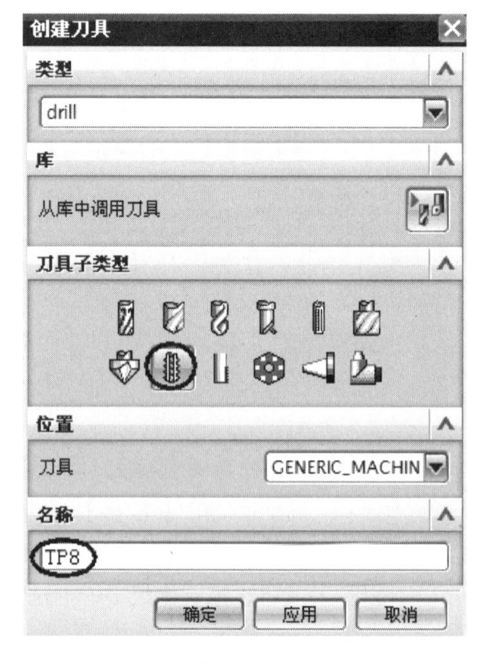

图 9-37

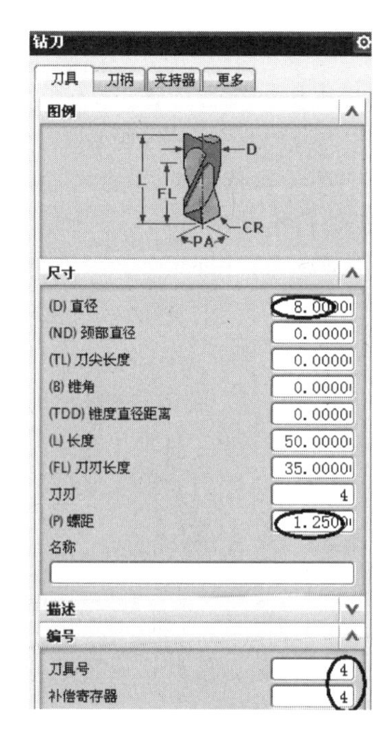

图 9-38

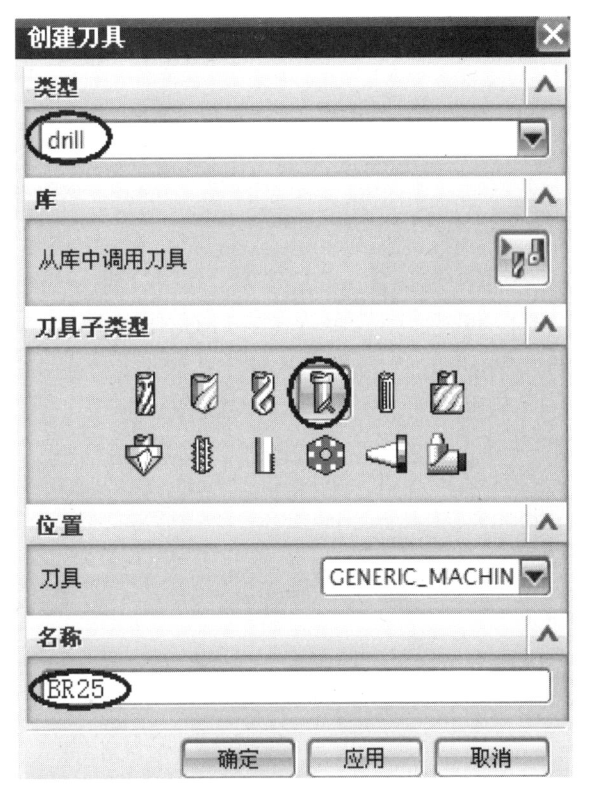

图　9-39

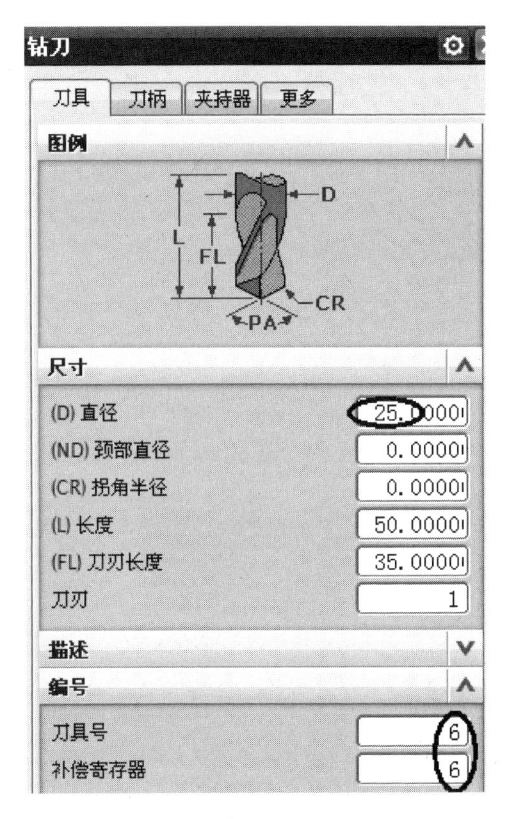

图　9-40

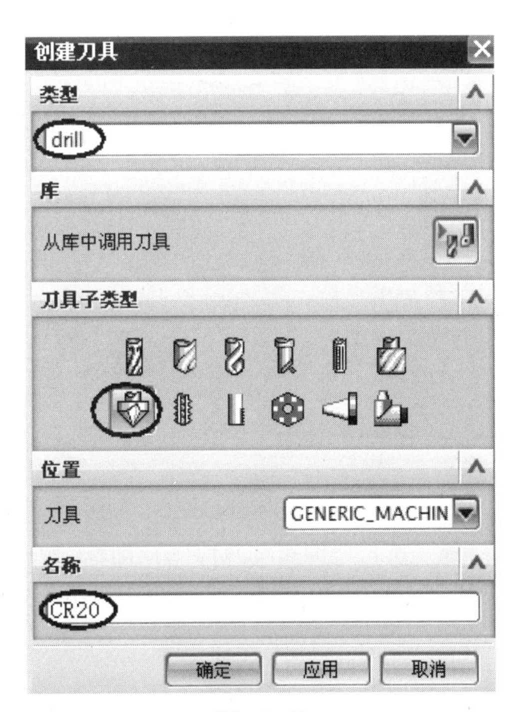

图　9-41

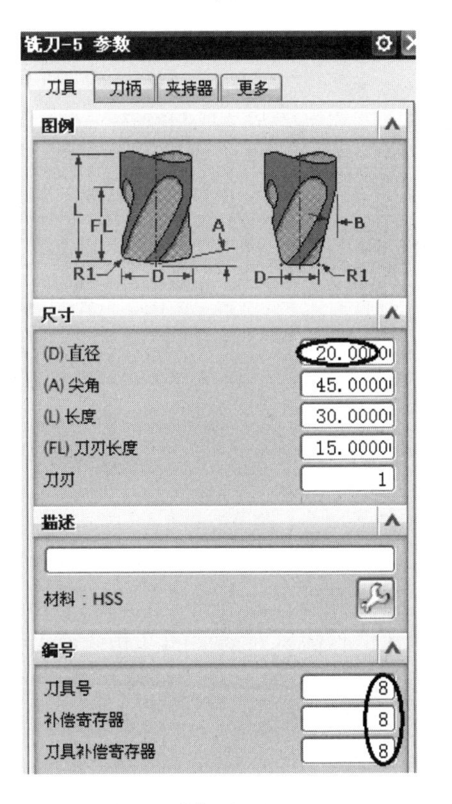

图　9-42

9.9 创建中心（点）钻操作

1. 创建操作父节组选项

选择菜单中的【插入】/【工序】命令或在【插入】工具条中选择（创建工序）图标，弹出【创建工序】对话框，如图 9-43 所示。

在【创建工序】对话框的【类型】下拉列表框中选择【drill】选项，在【工序子类型】区域中选择（定心钻）图标，在【程序】下拉列表框中选择【NC_PROGRAM】程序节点，在【刀具】下拉列表框中选择【SPT_D5（钻刀)】刀具节点，在【几何体】下拉列表框中选择【WORKPIECE】节点，在【方法】下拉列表框中选择【METHOD】节点，在【名称】栏输入【SP】，如图 9-43 所示。单击确定按钮，系统弹出【定心钻】对话框，如图 9-44 所示。

图 9-43

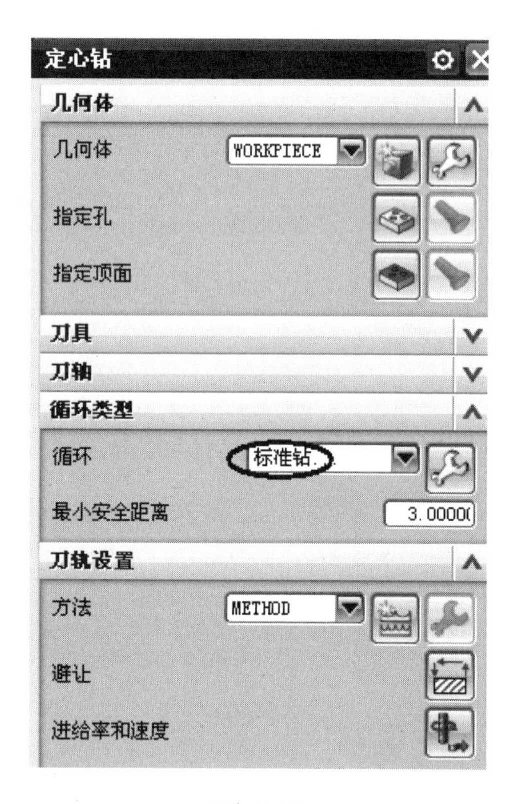

图 9-44

2. 创建几何体

在【定心钻】对话框的【指定孔】区域中选择（选择或编辑孔几何体）图标，弹出【点到点几何体】对话框，如图 9-45 所示。单击选择按钮，弹出【选择点/圆弧/孔】对话框，单击面上所有孔按钮，如图 9-46 所示。

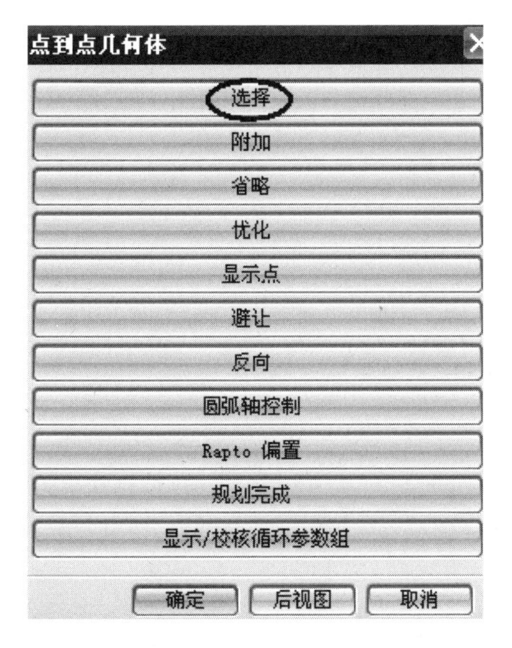

图　9-45

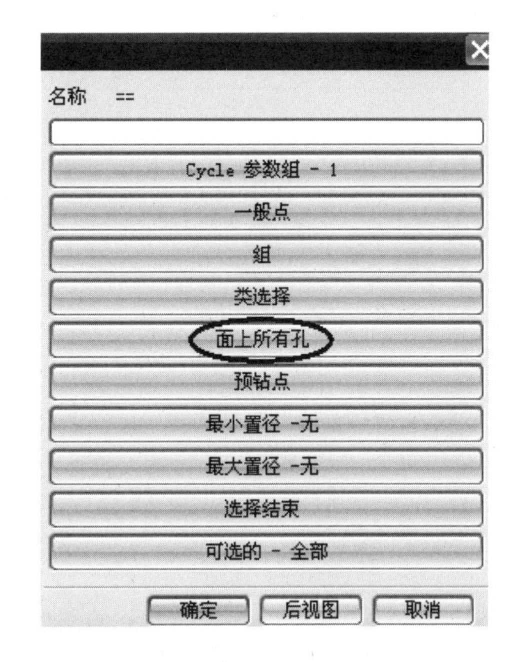

图　9-46

系统弹出【选择面】对话框，如图9-47所示。在图形中依次选择图9-48所示的实体面，单击确定按钮，系统返回【选择点/圆弧/孔】对话框，单击确定按钮，系统返回【点到点几何体】对话框。单击优化按钮，如图9-49所示，弹出优化点对话框，单击最短刀轨按钮，如图9-50所示，弹出优化参数对话框，单击优化按钮，如图9-51所示，弹出优化结果对话框，如图9-52所示，图形中显示加工孔的顺序，如图9-53所示。单击确定按钮，系统返回【点到点几何体】对话框，单击确定按钮，完成指定加工孔。

图　9-47

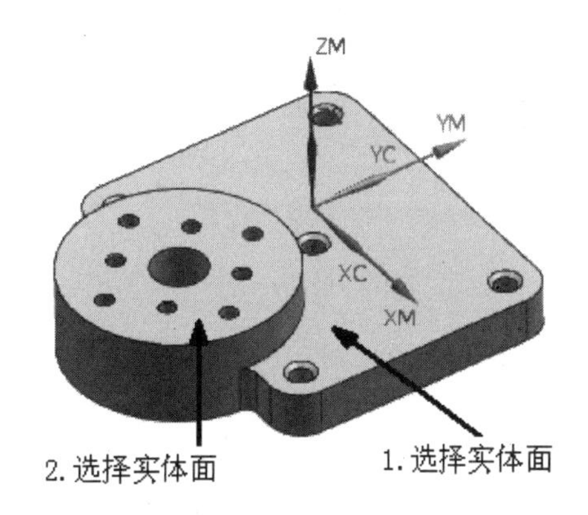

图　9-48

3. 设置循环类型和循环参数

（1）设置循环类型　在【定心钻】对话框的【循环】下拉列表框中选择【标准钻】选项，选择（编辑参数）图标，弹出【指定参数组】对话框，如图9-54所示。单击确定按钮，弹出【Cycle 参数】对话框，如图9-55所示。

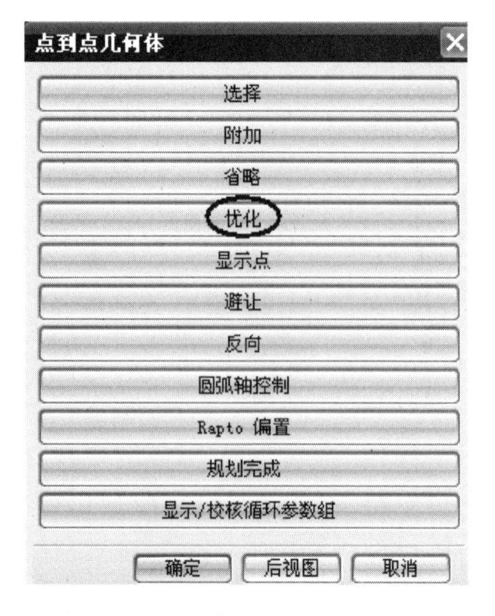

图 9-49

图 9-50

图 9-51

图 9-52

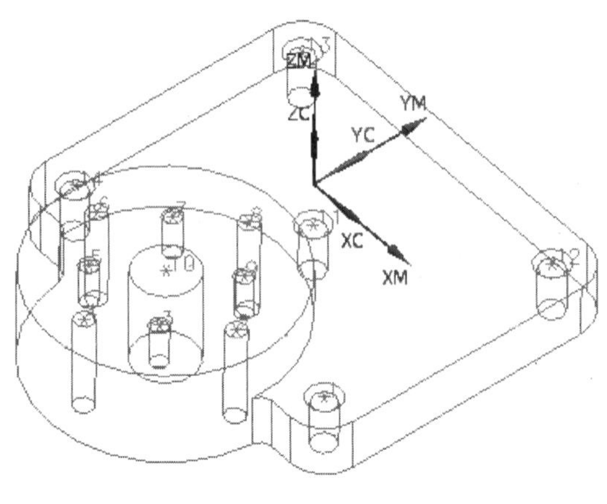

图 9-53

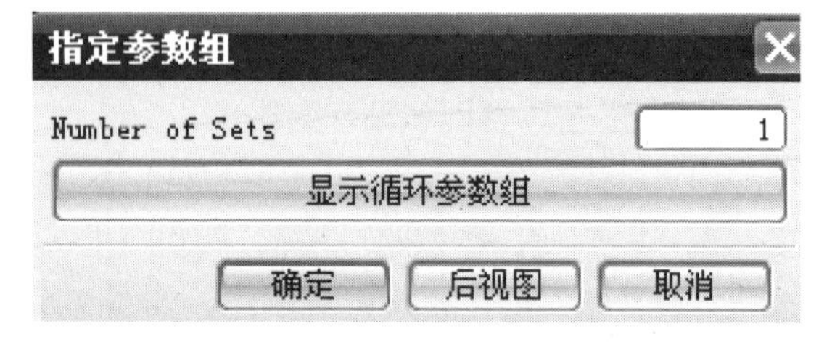

图 9-54

（2）设置加工深度　在【Cycle 参数】对话框单击 Depth (Tip) - 0.0000 （深度）按钮，弹出【Cycle 深度】对话框，单击 刀尖深度 按钮，如图9-56所示，弹出【刀尖深度】对话框，在【深度】栏输入【2】，如图9-57所示。单击 确定 按钮，系统返回【Cycle 参数】对话框。

（3）设置进给率　在【Cycle 参数】对话框单击 进给率 (MMPM) - 250.0000 按钮，弹出【Cycle 进给率】对话框，在【MMPM】栏输入【100】，如图9-58所示。单击 确定 按钮，系统返回【Cycle 参数】对话框，单击 确定 按钮，系统返回【定心钻】对话框。

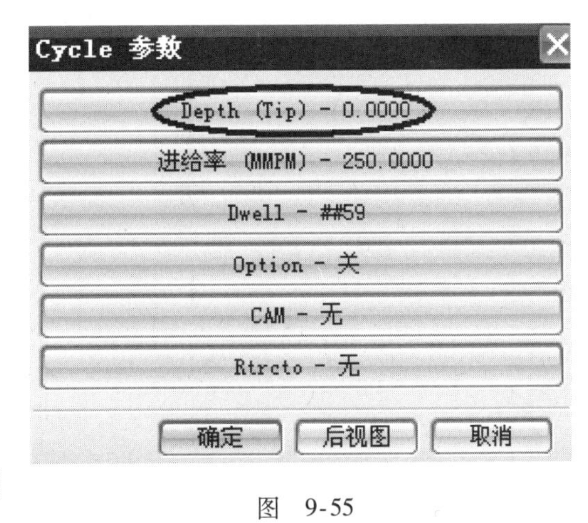

图　9-55

图　9-56

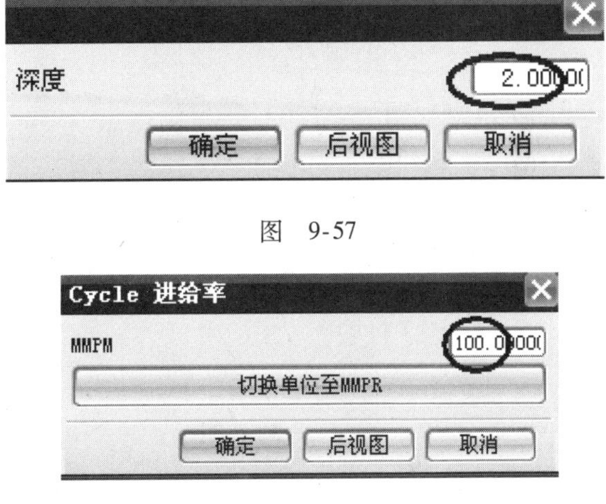

图　9-57

图　9-58

4. 设置主轴速度

在【定心钻】对话框中选择（进给率和速度）图标，弹出【进给率和速度】对话框，如图9-59所示。勾选【主轴速度（rpm）】选项，在【主轴速度（rpm）】栏输入【1000】。按回车键，单击（基于此值计算进给和速度）按钮，单击 确定 按钮，完成设置进给率和速度参数，系统返回【定心钻】对话框。

5. 生成刀轨

在【定心钻】对话框的【操作】区域中选择（生成刀轨）图标，系统自动生成刀轨，如图9-60所示。单击 确定 按钮，接受刀轨。

6. 创建刀轨仿真验证

在工序导航器几何视图中选择节点下的SP工序，然后在【操作】工具条中选择（确认刀轨）图标，弹出【刀轨可视化】对话框，如图9-61所示。选择【2D 动态】选项，单击（播放）按钮，图形中出现模拟切削动画，模拟切削完成后，在【刀轨可视化】对话框中单击 比较 按钮，可以看到切削结果，如图9-62所示。

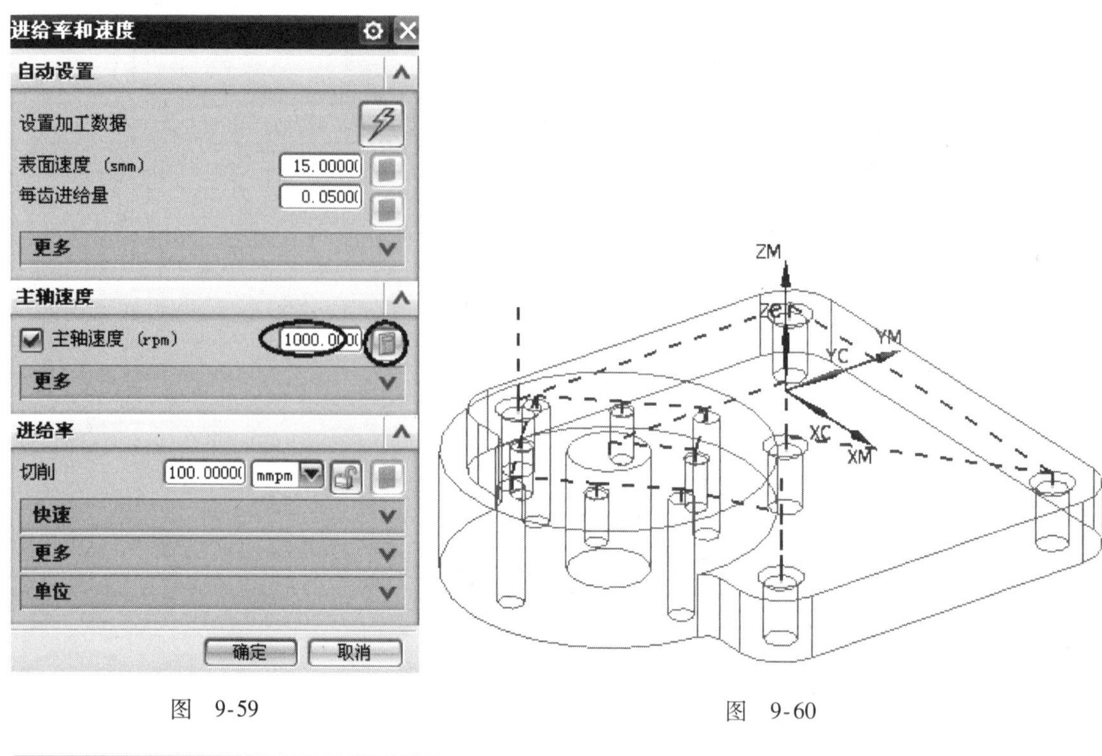

图 9-59　　图 9-60

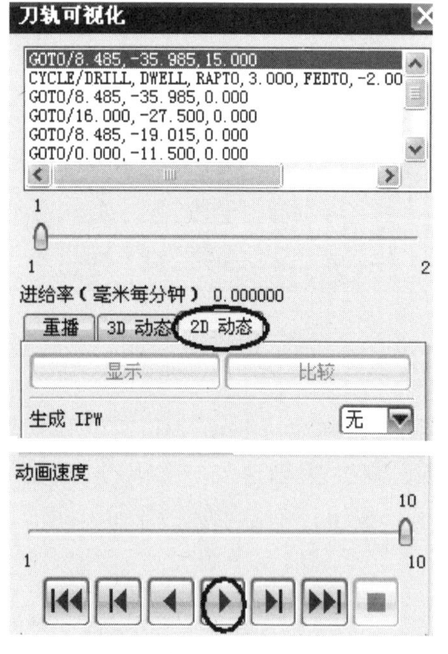

图 9-61

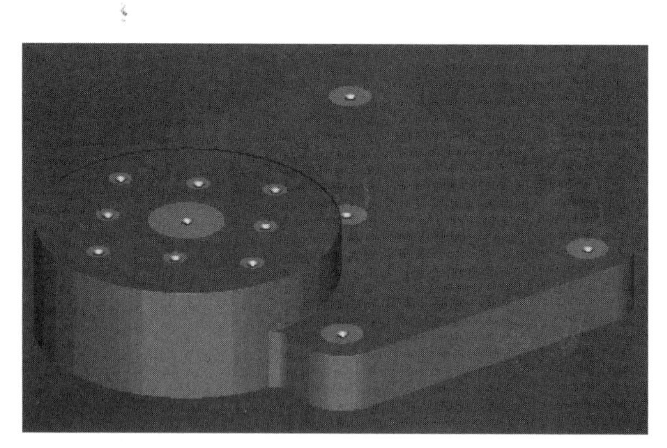

图 9-62

9.10 创建标准钻孔加工操作一

1. 创建操作父节组选项

选择菜单中的【插入】/【工序】命令或在【插入】工具条中选择（创建工序）图标，弹出【创建工序】对话框，如图 9-63 所示。

在【创建工序】对话框的【类型】下拉列表框中选择【drill】选项，在【工序子类型】区域中选择（标准钻孔）图标，在【程序】下拉列表框中选择【NC_PROGRAM】程序节点，在【刀具】下拉列表框中选择【DR8（钻刀)】刀具节点，在【几何体】下拉列表框中选择【WORKPIECE】节点，在【方法】下拉列表框中选择【METHOD】节点，在【名称】栏输入【DR1】，如图9-63所示。单击确定按钮，系统弹出标准【钻】孔对话框，如图9-64所示。

图 9-63

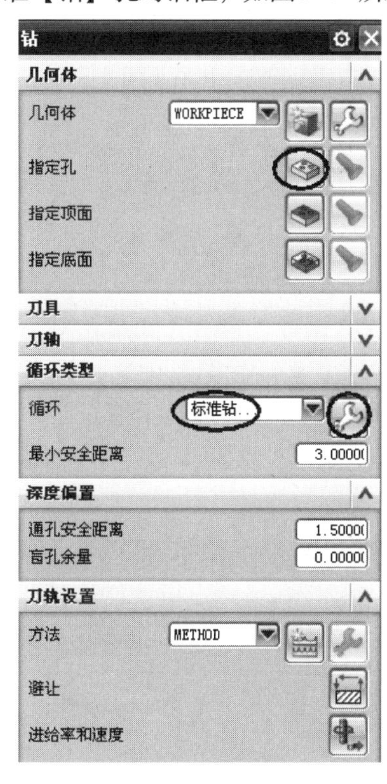

图 9-64

2. 创建几何体

（1）指定加工孔　在标准【钻】孔对话框的指定孔区域中选择（选择或编辑孔几何体）图标，弹出【点到点几何体】对话框，单击选择按钮，弹出【选择点/圆弧/孔】对话框，在图形中依次选择图 9-65 所示的实体圆弧边。单击确定按钮，系统返回【点到点几何体】对话框，单击确定按钮，完成指定加工孔，系统返回标准【钻】孔对话框。

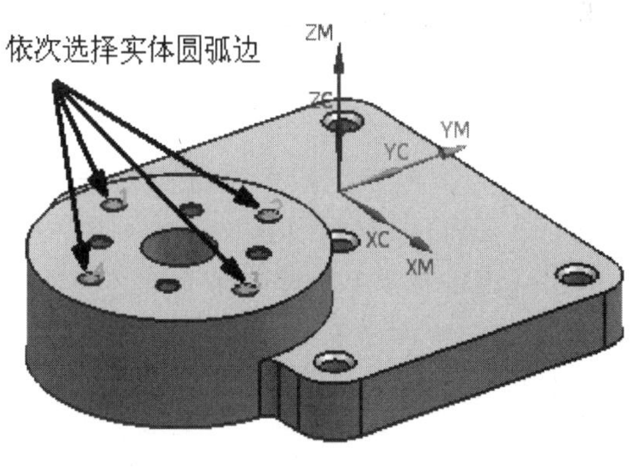

图 9-65

（2）指定部件表面　在标准【钻】孔对话框的【指定顶面】区域中选择（选择或编辑部件表面几何体）图标，弹出【顶面】对话框，如图9-66所示。在【顶面选项】下拉列表框中选择面选项，然后在图形中选择图9-67所示的实体面。单击确定按钮，完成指定部件表面，系统返回标准【钻】孔对话框。

图　9-66

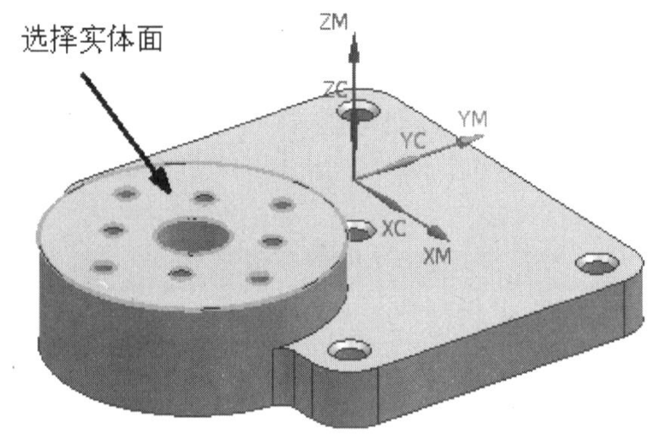

图　9-67

（3）指定底面　在标准【钻】孔对话框的【指定底面】区域中选择（选择或编辑底面几何体）图标，弹出【底面】对话框，如图9-68所示。在【底面选项】下拉列表框中选择 面选项，然后在图形中选择图9-69所示的实体面。单击 确定 按钮，完成指定底面，系统返回标准【钻】孔对话框。

图　9-68

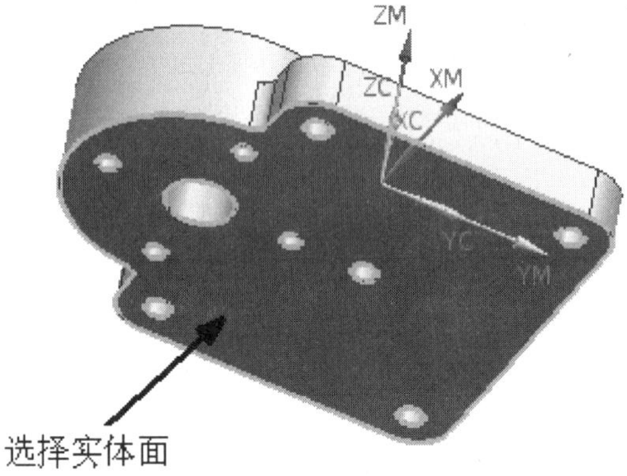

图　9-69

3. 设置循环类型和循环参数

（1）设置循环类型　在标准【钻】孔对话框的【循环】下拉列表框中选择 标准钻... 选项，选择（编辑参数）图标，弹出【指定参数组】对话框，如图9-70所示。单击 确定 按钮，弹出【Cycle参数】对话框，如图9-71所示。

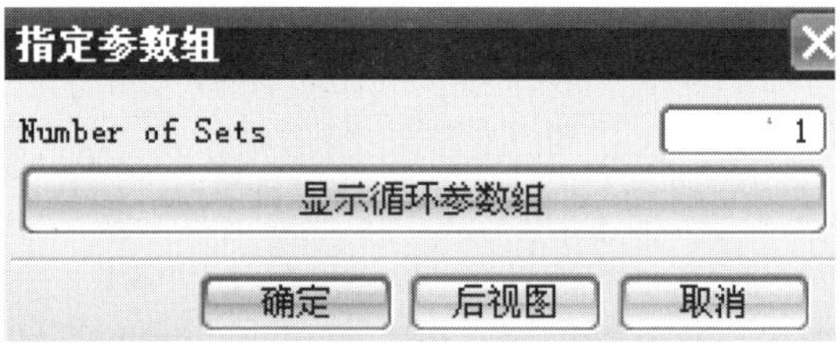

图　9-70

（2）设置加工深度　在【Cycle参数】对话框中单击 Depth -模型深度 按钮，弹出【Cycle深度】对话框，单击 穿过底面 按钮，如图9-72所示。系统返回【Cycle参数】对话框，单击 确定 按钮。

（3）设置进给率　在【Cycle参数】对话框单击 进给率 (MMPM) - 250.0000 按钮，弹出【Cycle进给率】对话框，在【MMPM】栏输入【100】，如图9-73所示。单击 确定 按钮，系统返回【Cycle参数】对话框，单击 确定 按钮，系统返回标准【钻】孔对话框。

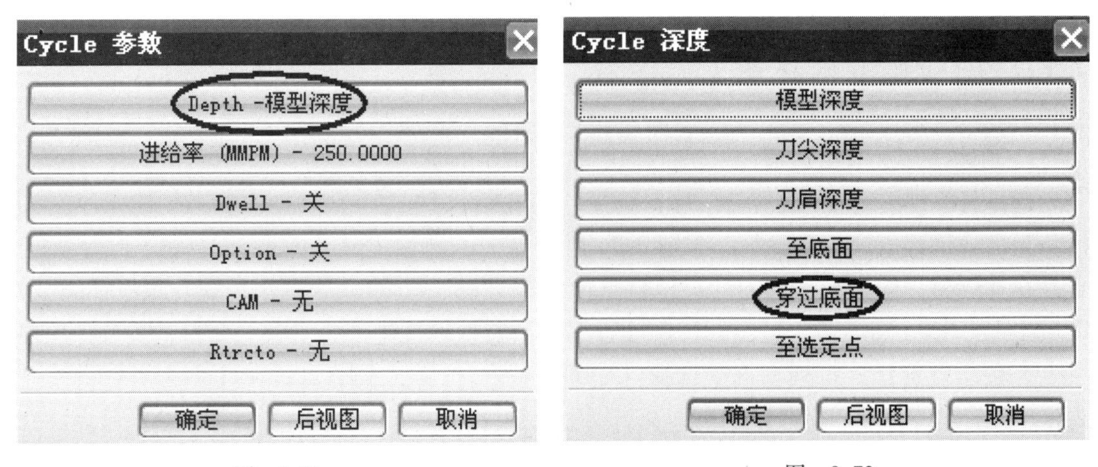

图 9-71　　　　图 9-72

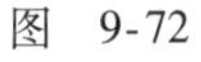

4. 设置主轴速度

在标准【钻】孔对话框中选择（进给率和速度）图标，弹出【进给率和速度】对话框，如图9-74所示。勾选【主轴速度（rpm）】选项，在【主轴速度（rpm）】栏输入【800】。按回车键，单击（基于此值计算进给和速度）按钮，单击确定按钮，完成设置进给率和速度参数，系统返回标准【钻】孔对话框。

图 9-73

5. 生成刀轨

在标准【钻】孔对话框的【操作】区域中选择（生成刀轨）图标，系统自动生成刀轨，如图9-75所示。单击确定按钮，接受刀轨。

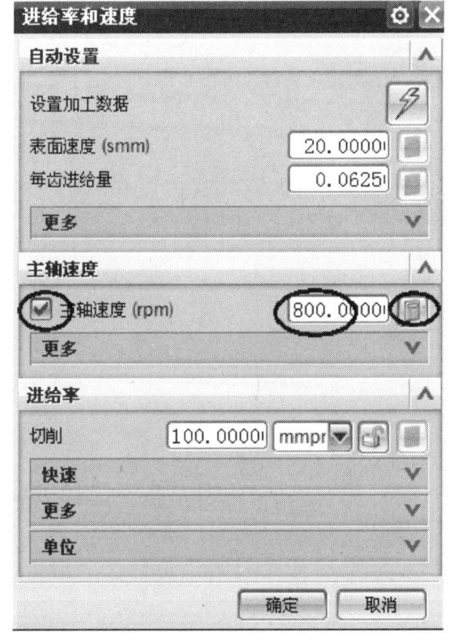

图 9-74

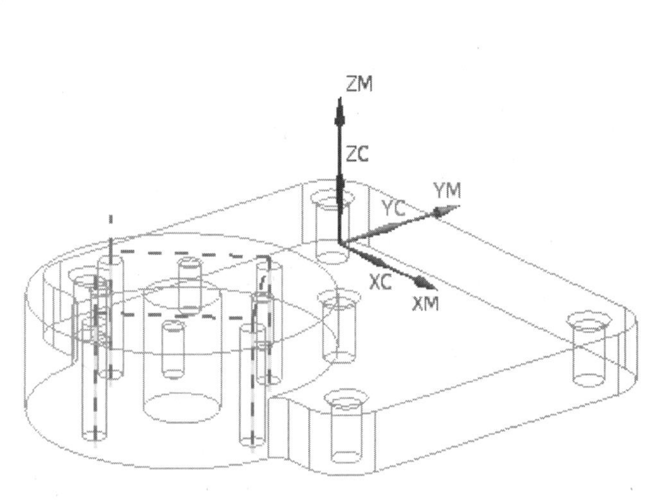

图 9-75

9.11　创建标准钻孔加工操作二

1. 创建操作父节组选项

选择菜单中的【插入】/【工序】命令或在【插入】工具条中选择（创建工序）图标，弹出【创建工序】对话框，如图 9-76 所示。

在【创建工序】对话框的【类型】下拉列表框中选择【drill】选项，在【工序子类型】区域中选择（标准钻孔）图标，在【程序】下拉列表框中选择【NC _ PROGRAM】程序节点，在【刀具】下拉列表框中选择【DR6.8（钻刀）】刀具节点，在【几何体】下拉列表框中选择【WORKPIECE】节点，在【方法】下拉列表框中选择【METHOD】节点，在【名称】栏输入【DR2】，如图 9-76 所示。单击确定按钮，系统弹出标准【钻】孔对话框，如图 9-77 所示。

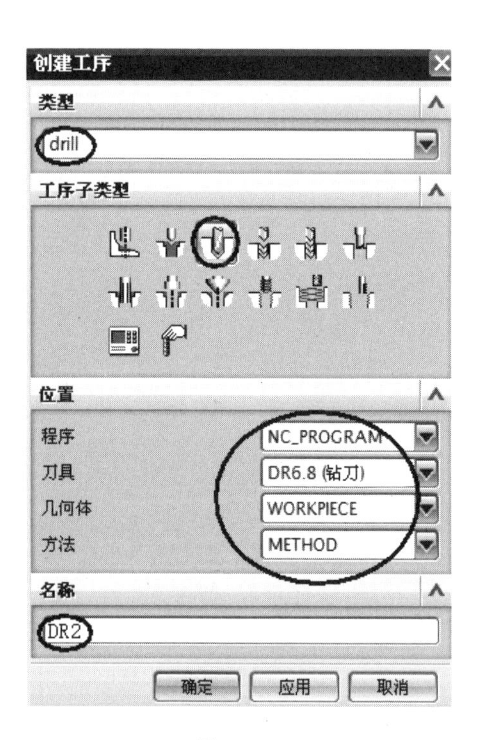

图　9-76

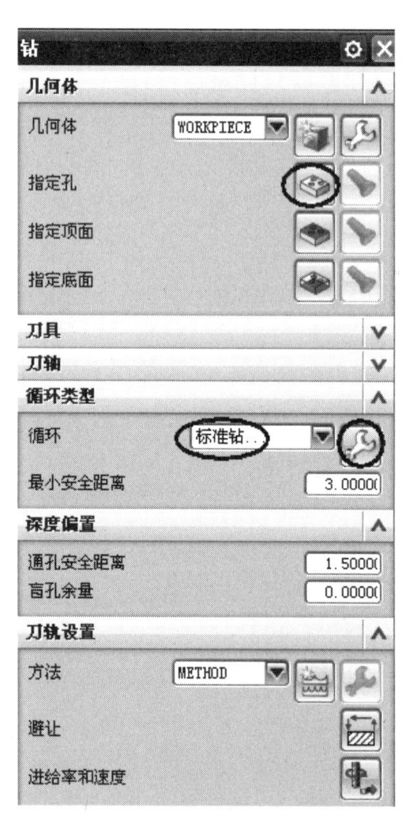

图　9-77

2. 创建几何体

（1）指定加工孔　在标准【钻】孔对话框的【指定孔】区域中选择（选择或编辑孔几何体）图标，弹出【点到点几何体】对话框，单击选择按钮，弹出【选择点/圆弧/孔】对话框，在图形中依次选择图 9-78 所示的实体圆弧边。单击确定按钮，系统返回【点到点几何体】对话框，单击确定按钮，完成指定加工孔，系统返回标准【钻】孔对话框。

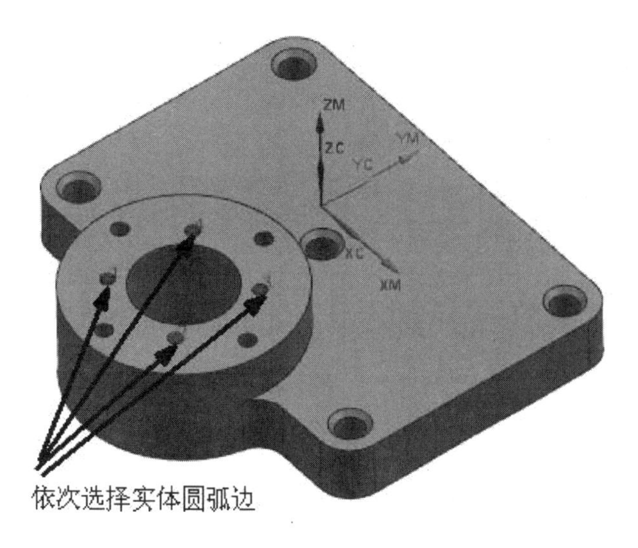

图　9-78

（2）指定工件表面　在标准【钻】孔对话框的【指定顶面】区域中选择（选择或编辑工件表面几何体）图标，弹出【顶面】对话框，如图9-79所示。在【顶面选项】下拉列表框中选择面选项，然后在图形中选择图9-80所示的实体面。单击确定按钮，完成指定工件表面，系统返回标准【钻】孔对话框。

图　9-79

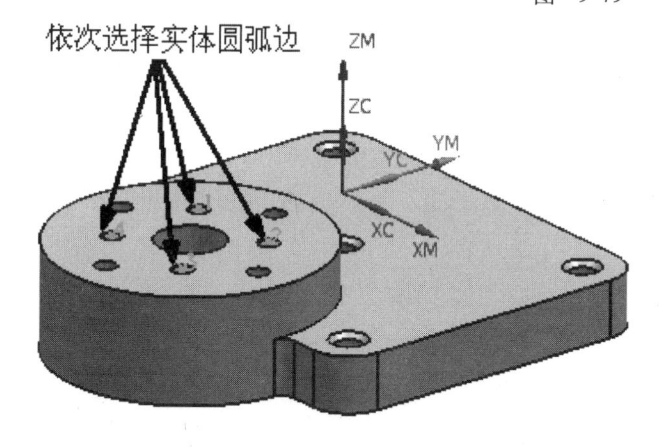

图　9-80

3. 设置循环类型和循环参数

（1）设置循环类型　在标准【钻】孔对话框的【循环】下拉列表框中选择【标准钻】选项，选择（编辑参数）图标，弹出【指定参数组】对话框，如图9-81所示。单击确定按钮，弹出【Cycle 参数】对话框，如图9-82所示。

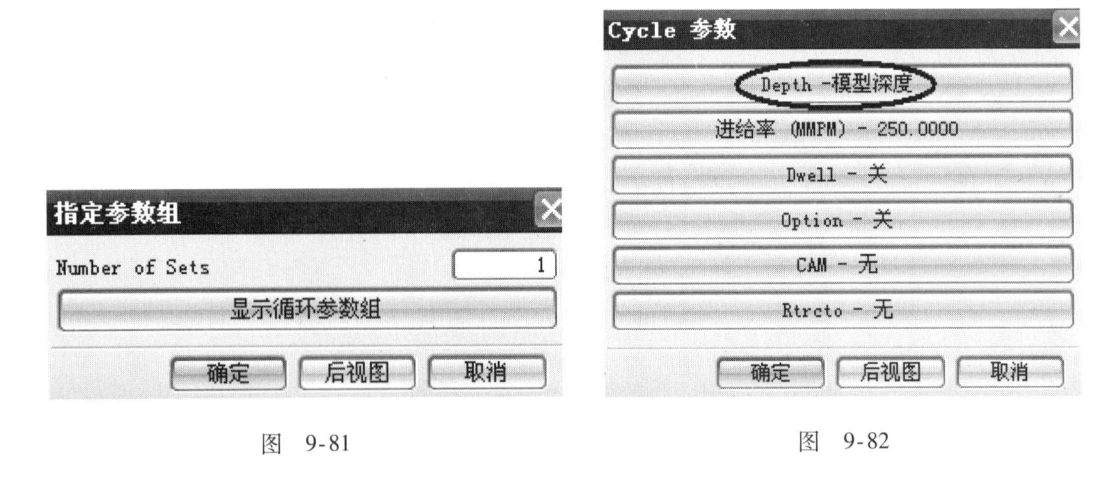

图 9-81　　　　图 9-82

（2）设置加工深度　在【Cycle 参数】对话框中单击 Depth -模型深度 （深度）按钮，弹出【Cycle 深度】对话框，单击 模型深度 按钮，如图 9-83 所示，系统返回【Cycle 参数】对话框，单击 确定 按钮。

（3）设置进给率　在【Cycle 参数】对话框中单击 进给率 (MMPM) - 250.0000 （进给率）按钮，弹出【Cycle 进给率】对话框，在【MMPM】栏输入【100】，如图 9-84 所示。单击 确定 按钮，系统返回【Cycle 参数】对话框，单击 确定 按钮，系统返回标准【钻】孔对话框。

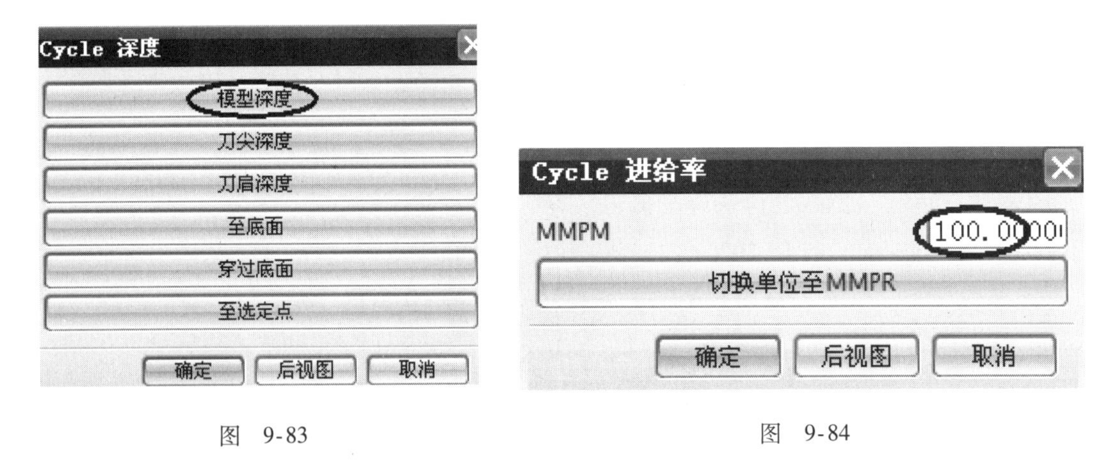

图 9-83　　　　图 9-84

4. 设置主轴速度

在标准【钻】孔对话框中选择 （进给率和速度）图标，弹出【进给率和速度】对话框，如图 9-85 所示。勾选【主轴速度（rpm）】选项，在【主轴速度（rpm）】栏输入【1000】。按回车键，单击 （基于此值计算进给和速度）按钮，单击 确定 按钮，完成设置进给率和速度参数，系统返回标准【钻】孔对话框。

5. 生成刀轨

在标准【钻】孔对话框的【操作】区域中选择 （生成刀轨）图标，系统自动生成刀轨，如图 9-86 所示，单击 确定 按钮，接受刀轨。

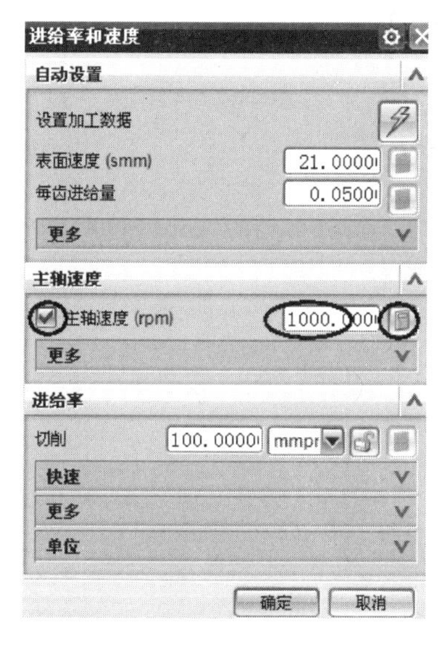

图　9-85

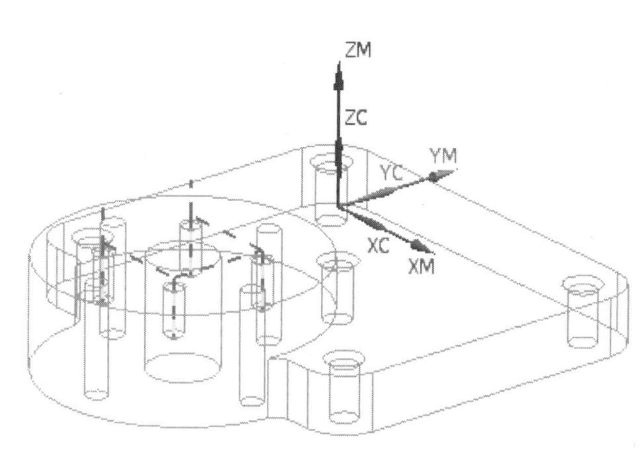

图　9-86

9.12　创建攻螺纹孔操作

1. 创建操作父节组选项

选择菜单中的【插入】/【工序】命令或在【插入】工具条中选择（创建工序）图标，弹出【创建工序】对话框，如图9-87所示。

在【创建工序】对话框的【类型】下拉列表框中选择【drill】选项，在【工序子类型】区域中选择（攻螺纹）图标，在【程序】下拉列表框中选择【NC_PROGRAM】程序节点，在【刀具】下拉列表框中选择【TP8（钻刀）】刀具节点，在【几何体】下拉列表框中选择【WORKPIECE】节点，在【方法】下拉列表框中选择【METHOD】节点，在【名称】栏输入【TP】，如图9-87所示。单击确定按钮，系统弹出【出屑】对话框，如图9-88所示。

2. 创建几何体

在【出屑】对话框的【指定孔】区域中选择（选择或编辑孔几何体）图标，弹出【点到点几何体】对话框。单击选择按钮，弹出【选择点/圆弧/孔】对话框，在图形中依次选择图9-80所示的实体圆弧边。单击确定按钮，系统返回【点到点几何体】对话框，单击确定按钮，完成指定加工孔，系统返回【出屑】对话框。

3. 设置循环类型和循环参数

（1）设置循环类型　在【出屑】对话框的【循环】下拉列表框中选择【标准攻丝】选项，选择（编辑参数）图标，弹出【指定参数组】对话框，如图9-89所示。单击确定按钮，弹出【Cycle 参数】对话框，如图9-90所示。

（2）设置加工深度　在【Cycle 参数】对话框中单击Depth (Tip) - 0.0000（深度）按钮，弹出【Cycle 深度】对话框，单击刀肩深度按钮，如图9-91所示。在【深度】栏输入【12】，如图9-92所示。单击确定按钮，系统返回【Cycle 参数】对话框。

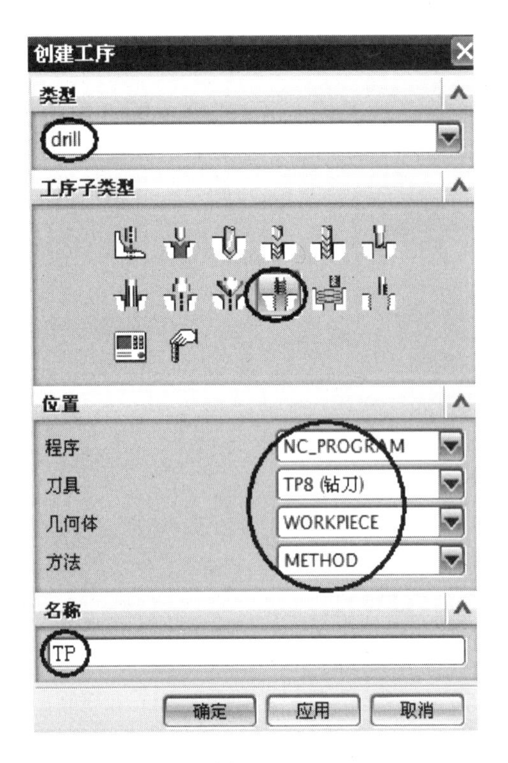

图　9-87

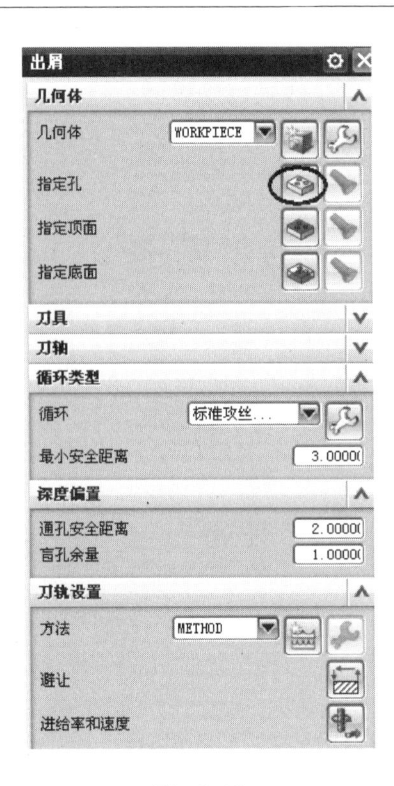

图　9-88

图　9-89

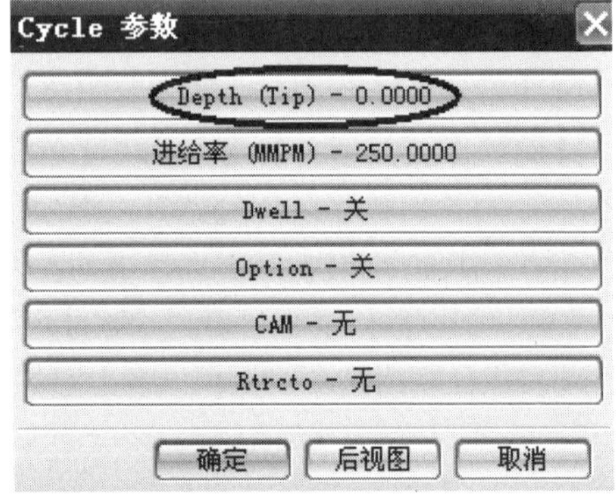

图　9-90

图　9-91

图　9-92

（3）设置进给率 在【Cycle 参数】对话框中单击 进给率 (MMPM) - 250.0000 （进给率）按钮，弹出【Cycle 进给率】对话框，在【MMPM】栏输入【187.5】，如图9-93 所示。单击 确定 按钮，系统返回【Cycle 参数】对话框，单击 确定 按钮，系统返回【出屑】对话框。

4. 设置主轴速度

在【出屑】对话框中选择（进给率和速度）图标，弹出【进给率和速度】对话框，如图9-94 所示。勾选【主轴速度（rpm）】选项，在【主轴速度（rpm）】栏输入【150】。按回车键，单击（基于此值计算进给和速度）按钮，单击 确定 按钮，完成设置进给率和速度参数，系统返回【出屑】对话框。

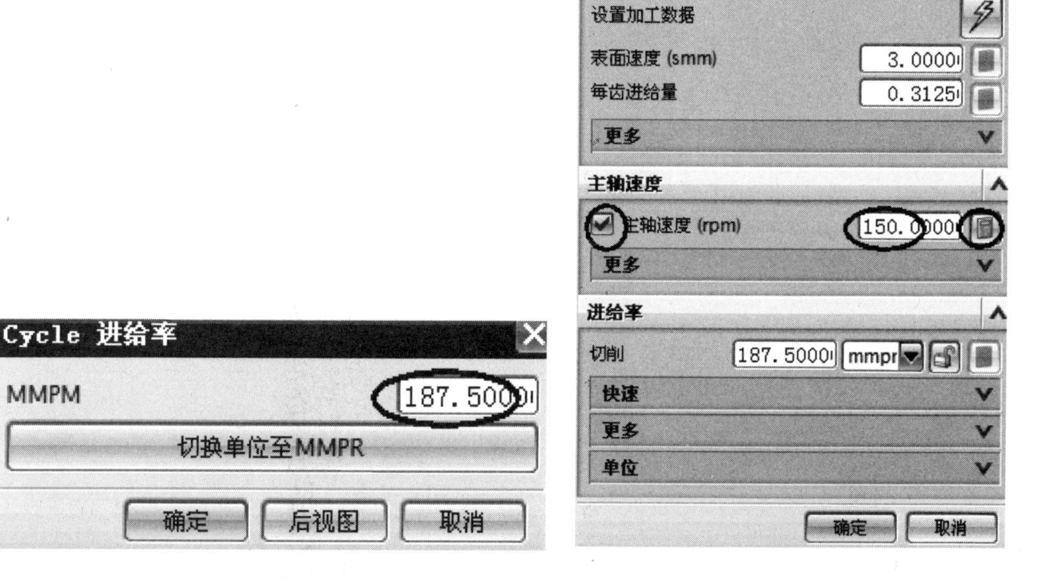

图 9-93

图 9-94

注意：主轴进给 F（mm/min）＝主轴转速 n（r/min）×每转进给 f（即螺距，mm/r）

5. 生成刀轨

在【出屑】对话框的【操作】区域中选择（生成刀轨）图标，系统自动生成刀轨，如图9-95 所示，单击 确定 按钮，接受刀轨。

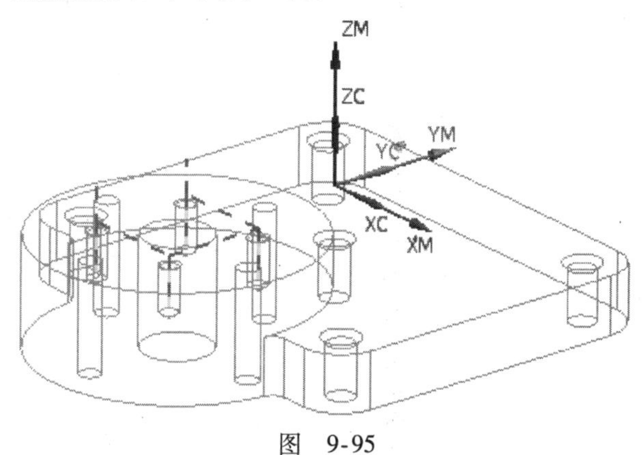

图 9-95

9.13 创建标准钻孔加工操作三

加工中间的大孔，按照步骤 9.10 操作。

1. 复制操作 DR1

在工序导航器程序机床视图中展开 DR8 节点，复制操作 DR1，如图 9-96 所示，并粘贴在 DR22 节点下，如图 9-97 所示，重新命名为“DR3”。

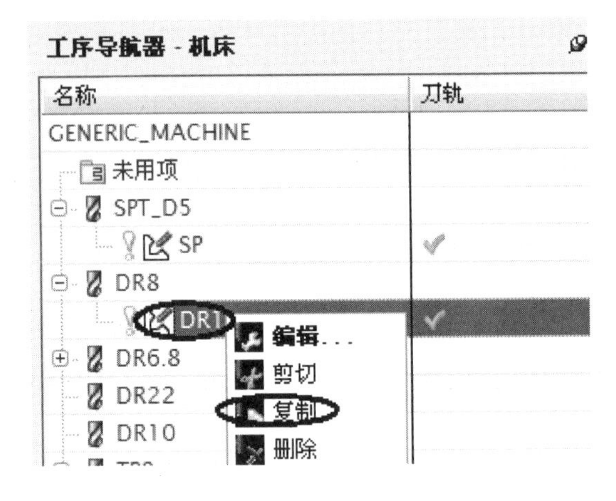

图 9-96

2. 编辑操作 DR3

在工序导航器下，双击 DR3 操作，系统弹出标准【钻】孔对话框，如图 9-98 所示。

3. 创建几何体

在标准【钻】孔对话框的【指定孔】区域中选择（选择或编辑孔几何体）图标，弹出【点到点几何体】对话框，单击

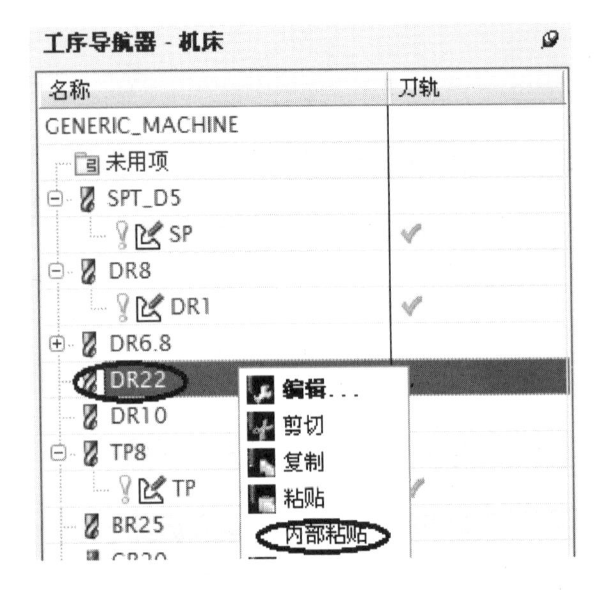

图 9-97

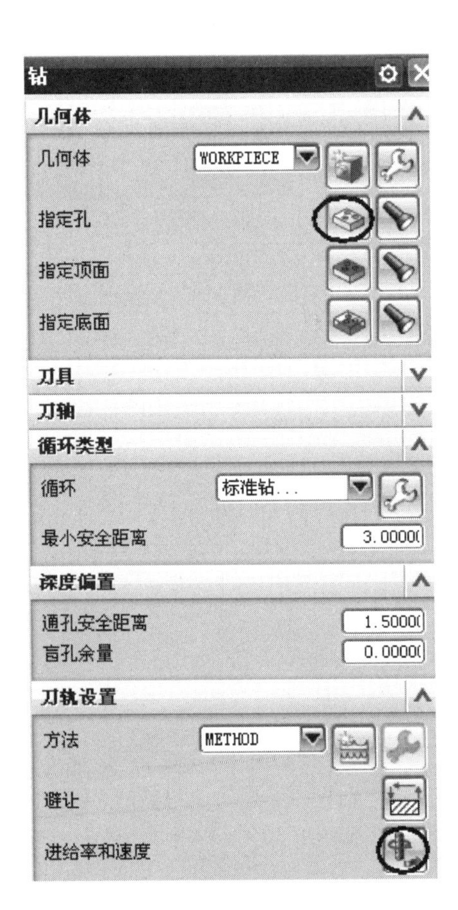

图 9-98

选择按钮，如图9-99所示，弹出省略现有点确认对话框。单击是按钮，如图9-100所示，弹出【选择点/圆弧/孔】对话框，在图形中选择图9-101所示的实体圆弧边。单击确定按钮，系统返回【点到点几何体】对话框，单击确定按钮，完成指定加工孔，系统返回标准【钻】孔对话框。

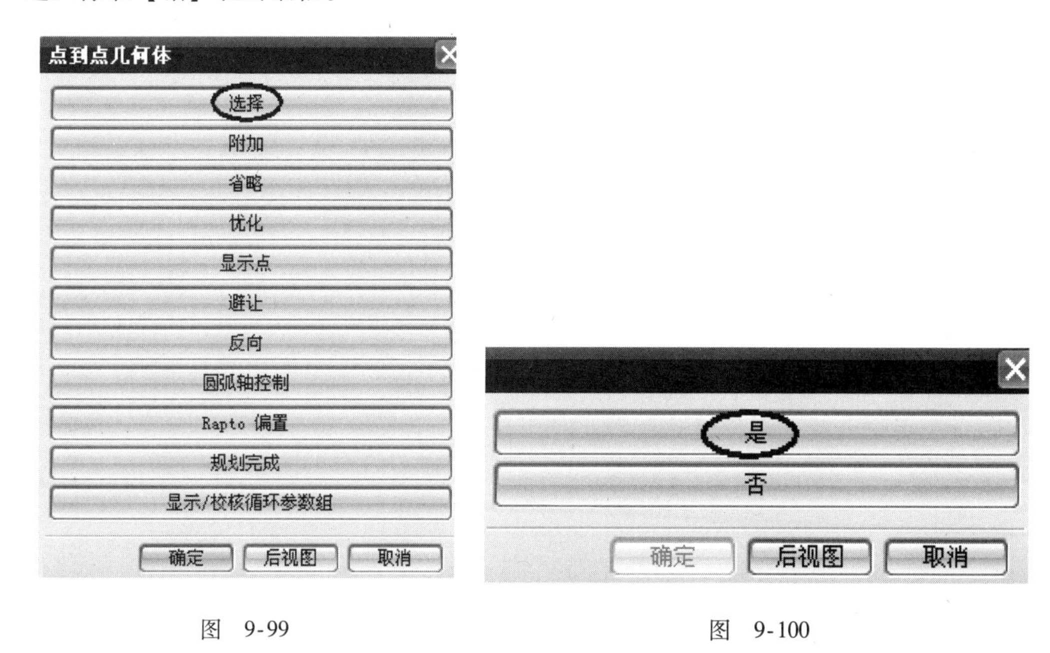

图 9-99　　图 9-100

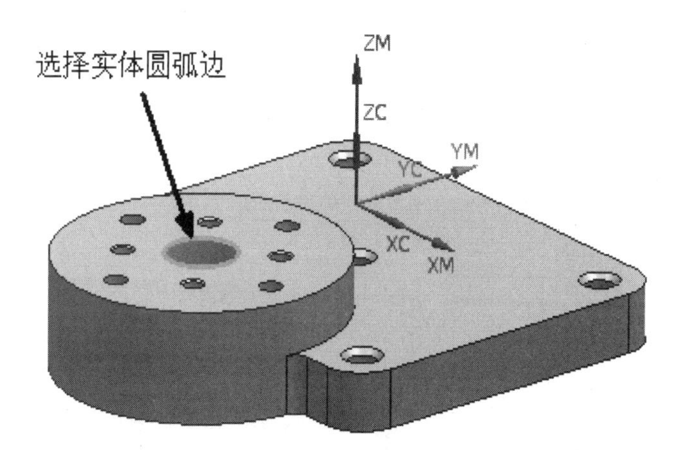

图 9-101

4. 设置主轴速度

在标准【钻】孔对话框中选择（进给率和速度）图标，弹出【进给率和速度】对话框，如图9-102所示。勾选【主轴速度（rpm）】选项，在【进给率】/【切削】栏输入【60】，在【主轴速度（rpm）】栏输入【300】。按回车键，单击（基于此值计算进给和速度）按钮，单击确定按钮，完成设置进给率和速度参数，系统返回标准【钻】孔对话框。

5. 生成刀轨

在标准【钻】孔对话框的【操作】区域中选择（生成刀轨）图标，系统自动生成刀轨，如图 9-103 所示。单击 确定 按钮，接受刀轨。

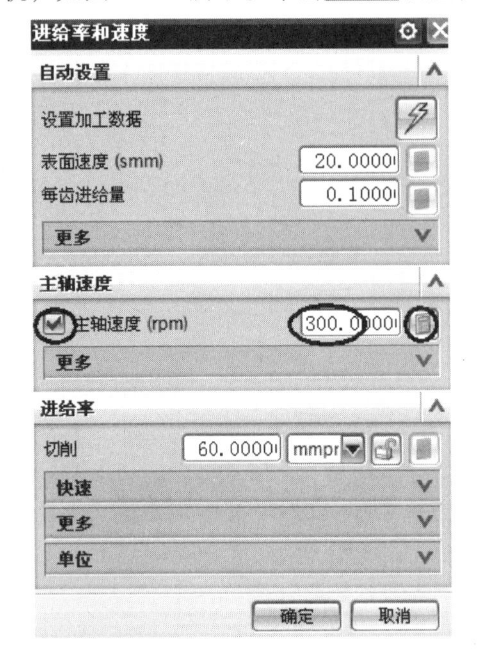

图　9-102

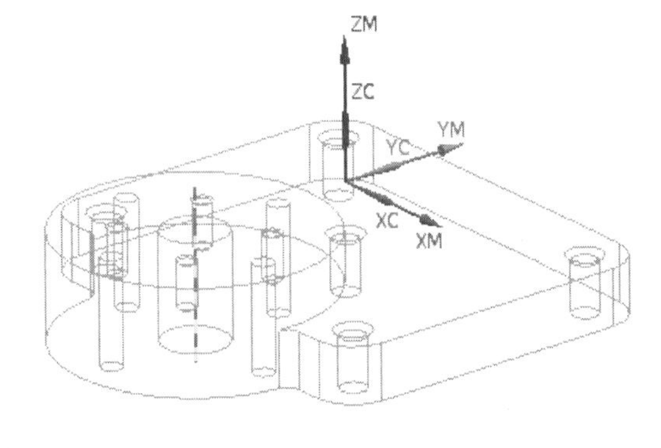

图　9-103

6. 创建切削仿真

1）设置工序导航器的视图为几何视图。选择菜单中的【工具】/【工序导航器】/【视图】/【几何视图】命令或在【导航器】工具条中选择（几何视图）图标。

2）在工序导航器中选择 WORKPIECE 父节组，在【操作】工具条中选择（确认刀轨）图标，弹出【刀轨可视化】对话框。选择【2D 动态】选项，然后再单击（播放）按钮，完成切削仿真，如图 9-104 所示。

图　9-104

9.14　创建镗孔加工

1. 创建操作父节组选项

选择菜单中的【插入】/【工序】命令或在【插入】工具条中选择（创建工序）图

标，弹出【创建工序】对话框，如图 9-105 所示。

在【创建工序】对话框的【类型】下拉列表框中选择【drill】选项，在【工序子类型】区域中选择（镗孔）图标，在【程序】下拉列表框中选择【NC_PROGRAM】程序节点，在【刀具】下拉列表框中选择【BR25（钻刀）】刀具节点，在【几何体】下拉列表框中选择【WORKPIECE】节点，在【方法】下拉列表框中选择【METHOD】节点，在【名称】栏输入【BR】，如图 9-105 所示。单击 确定 按钮，系统弹出【镗孔】对话框，如图9-106 所示。

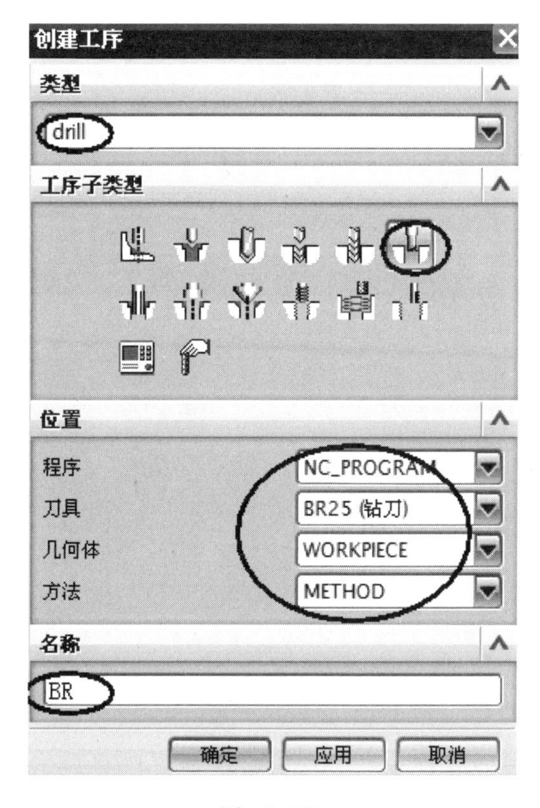

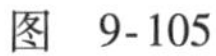
图 9-105

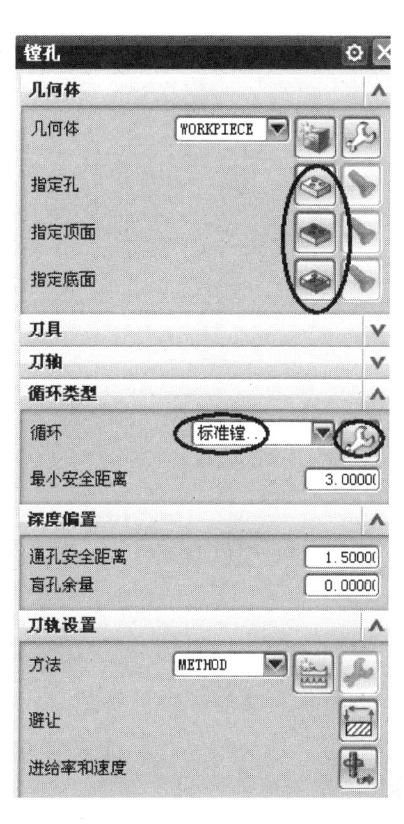

图 9-106

2. 创建几何体

（1）指定加工孔　在【镗孔】对话框的【指定孔】区域中选择（选择或编辑孔几何体）图标，弹出【点到点几何体】对话框，单击 选择 按钮，弹出【选择点/圆弧/孔】对话框，在图形中选择图 9-107 所示的实体圆弧边。单击 确定 按钮，系统返回【点到点几何体】对话框，单击 确定 按钮，完成指定加工孔，系统返回【镗孔】对话框。

（2）指定工件表面　在【镗孔】对话框的【指定顶面】区域中选择（选择或编辑工件表面几何体）图标，弹出【顶面】对话框，如图 9-108 所示。在【顶面选项】下拉框中选择 面 选项，然后在图形中选择图 9-109 所示的实体面，单击 确定 按钮，完成指定工件表面，系统返回【镗孔】对话框。

（3）指定底面　在【镗孔】对话框的【指定底面】区域中选择（选择或编辑底面几何体）图标，弹出【底面】对话框，如图 9-110 所示。在【底面选项】下拉列表框中选择面选项，然后在图形中选择图 9-111 所示的实体面，单击确定按钮，完成指定底面，系统返回【镗孔】对话框。

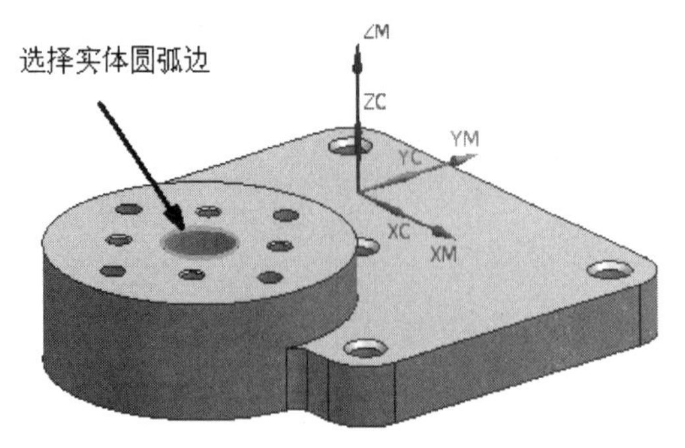

图 9-107

图 9-108

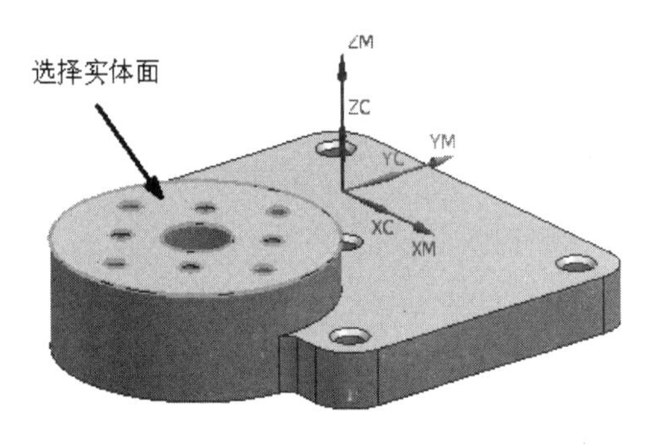

图 9-109

图 9-110

3. 设置循环类型和循环参数

（1）设置循环类型　在【镗孔】对话框的【循环】下拉列表框中选择【标准镗】选项，选择（编辑参数）图标，弹出【指定参数组】对话框，如图 9-112 所示。单击确定按钮，弹出【Cycle 参数】对话框，如图 9-113 所示。

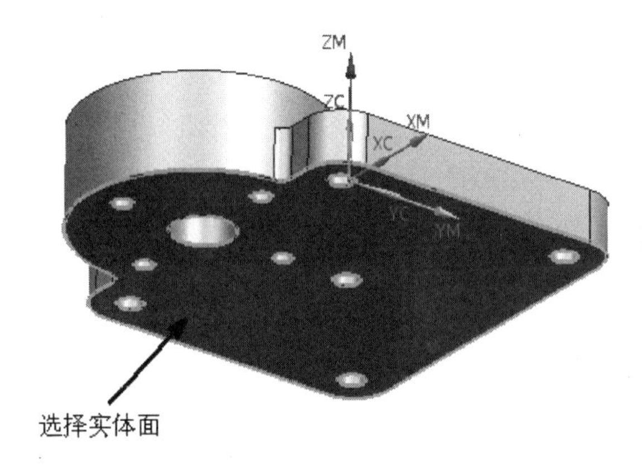

图 9-111

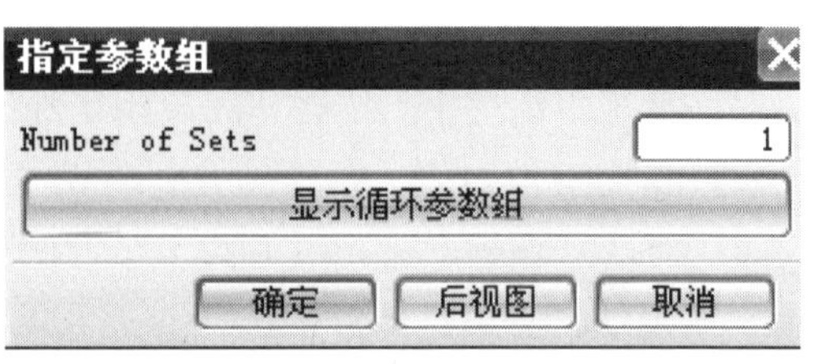

图 9-112

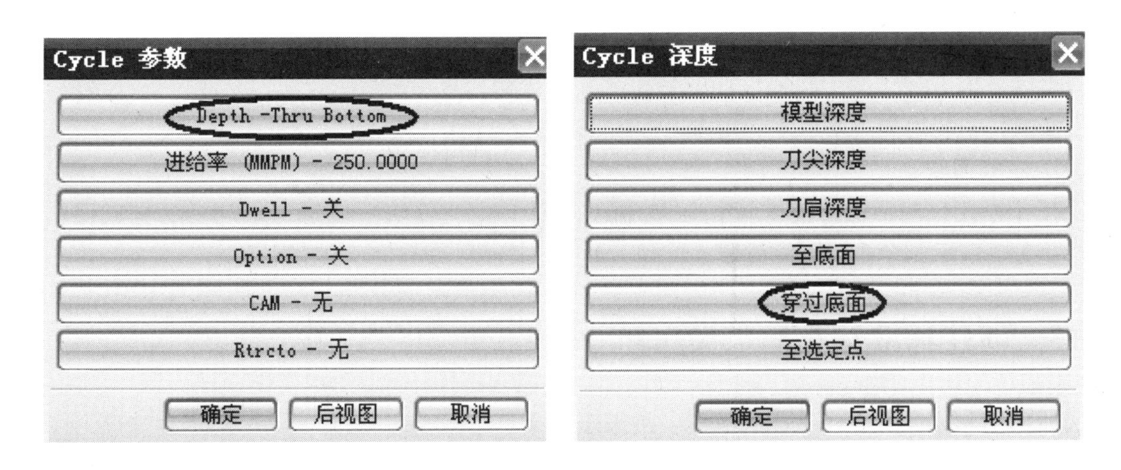

图 9-113　　　　图 9-114

（2）设置加工深度　在【Cycle 参数】对话框中单击 Depth -Thru Bottom （深度）按钮，弹出【Cycle 深度】对话框，单击 穿过底面 按钮，如图 9-114 所示。系统返回【Cycle 参数】对话框，单击 确定 按钮。

（3）设置进给率　在【Cycle 参数】对话框中单击 进给率 (MMPM) - 250.0000 （进给率）按钮，弹出【Cycle 进给率】对话框，在【MMPM】栏输入【50】，如图 9-115 所示。单击 确定 按钮，系统返回【Cycle 参数】对话框，单击 确定 按钮，系统返回【镗孔】对话框。

4. 设置主轴速度

在【镗孔】对话框中选择（进给率和速度）图标，弹出【进给率和速度】对话框，如图 9-116 所示。勾选【主轴速度（rpm）】选项，在【主轴速度（rpm）】栏输入【500】。

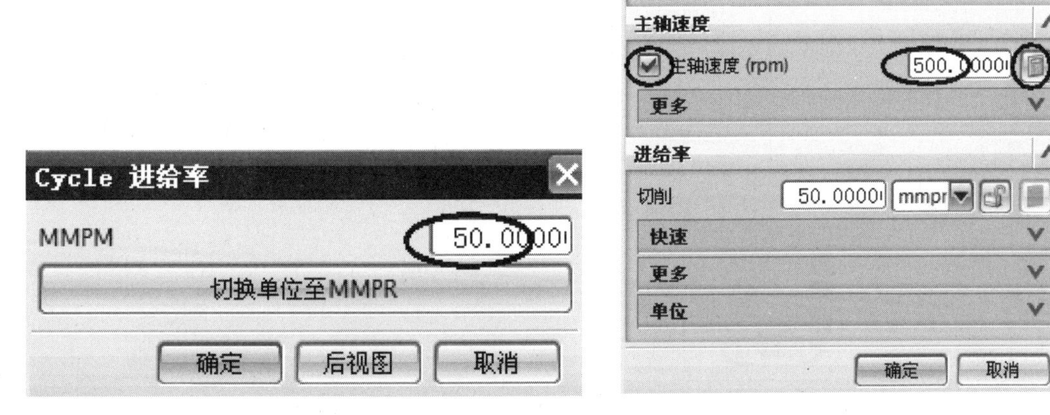

图 9-115　　　　图 9-116

按回车键，单击（基于此值计算进给和速度）按钮，单击确定按钮，完成设置进给率和速度参数，系统返回【镗孔】对话框。

5. 生成刀轨

在【镗孔】对话框的【操作】区域中选择（生成刀轨）图标，系统自动生成刀轨，如图 9-117 所示，单击确定按钮，接受刀轨。

9.15 创建标准钻孔加工操作四

加工长方体上 5 个埋头孔的基孔，按照步骤 9.10 操作。

1. 复制操作 DR1

在工序导航器程序机床视图中展开 DR8 节点，复制操作 DR1，如图 9-118 所示，并粘贴在 DR10 节点下，如图 9-119 所示，重新命名为“DR4”。

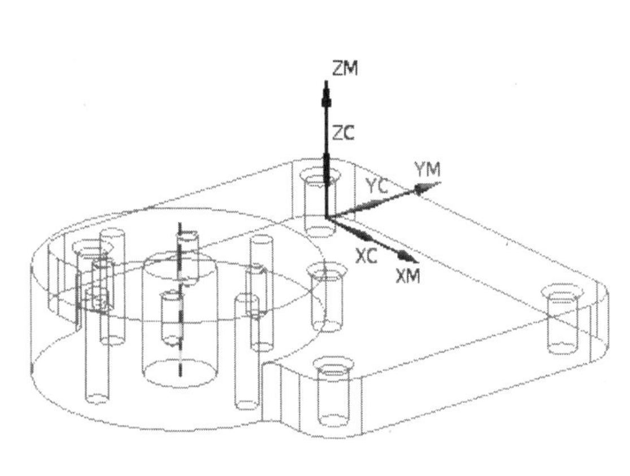

图 9-117

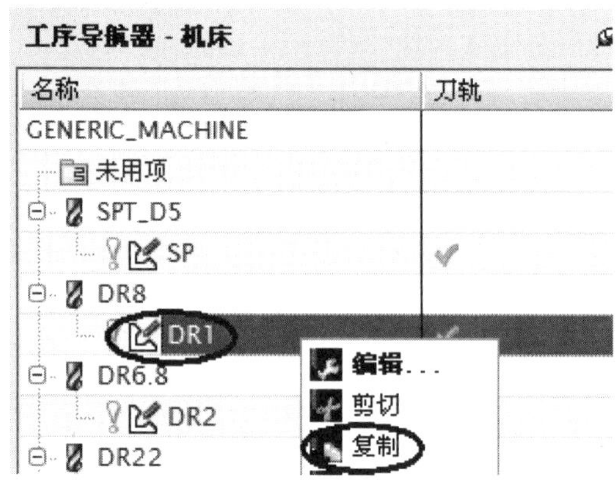

图 9-118

2. 编辑操作 DR4

在工序导航器下，双击 DR4 操作，系统弹出标准【钻】孔对话框，如图 9-120 所示。

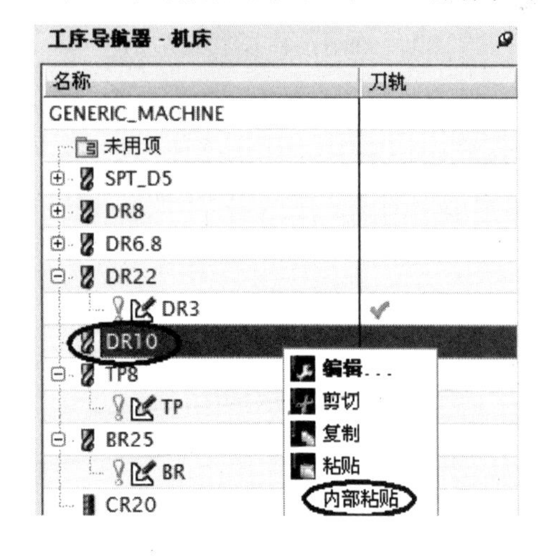

图 9-119

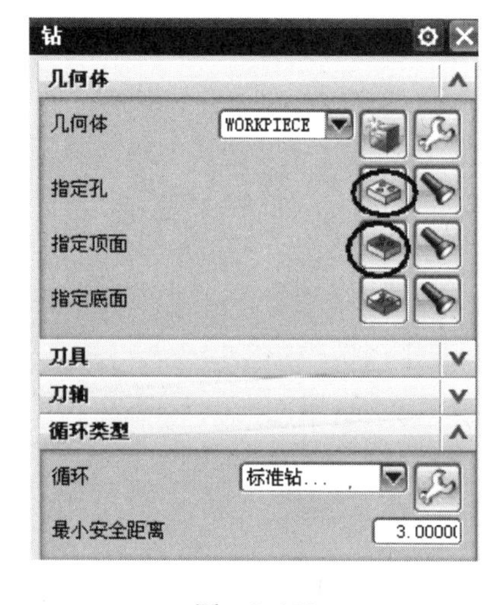

图 9-120

3. 创建几何体

（1）重新指定加工孔　在标准【钻】孔对话框的【指定孔】区域中选择（选择或编辑孔几何体）图标，弹出【点到点几何体】对话框，单击选择按钮，如图9-121所示。弹出省略现有点确认对话框，单击是按钮，如图9-122所示。弹出选择点/圆弧/孔对话框，单击面上所有孔按钮，如图9-123所示，弹出选择面对话框，如图9-124所示。

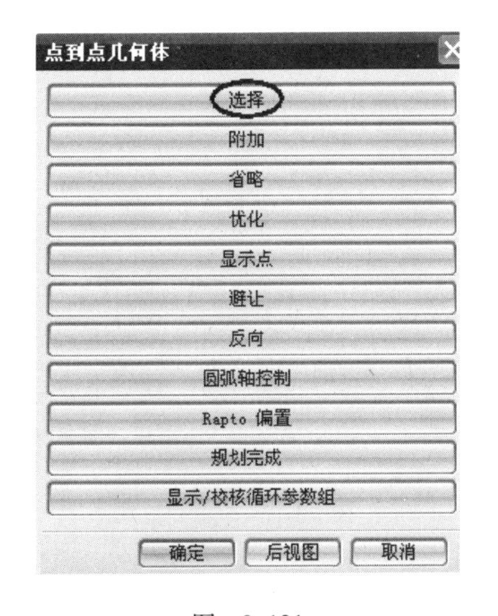

图　9-121

图　9-122

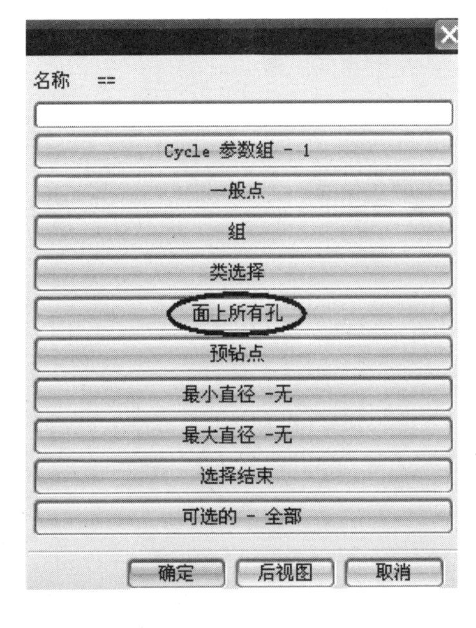

图　9-123

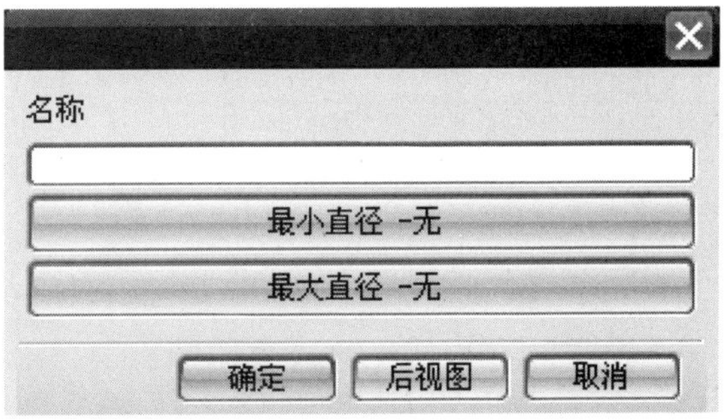

图　9-124

在图形中选择图9-125所示的实体面，单击确定按钮，系统返回选择点/圆弧/孔对话框，单击确定按钮，系统返回【点到点几何体】对话框。单击优化按钮，如图9-126所示，弹出优化点对话框，单击最短刀轨按钮，如图9-127所示，弹出优化参数对话框，单击优化按钮，如图 9-128 所示，弹出优化结果对话框，如图 9-129 所示，图形中显示加工孔的顺序，如图 9-130 所示。单击确定按钮，完成指定加工孔，系统返回【点到点几何体】对话框。单击避让按钮，如图 9-131 所示，弹出选择起点对话框，如图 9-132 所示，在图形中选择图 9-133 所示的圆心（1#孔），弹出选择终点对话框，在图形中选择图 9-134 所示的圆心（2#孔），弹出退刀安全距离对话框，单击安全平面按钮，如图 9-135 所示。单击确定按钮，系统返回【点到点几何体】对话框，单击确定按钮，完成指定加工孔。

图　9-125

图　9-126

图　9-127

图　9-128

（2）指定工件表面　在标准【钻】孔对话框的【指定顶面】区域中选择（选择或编辑工件表面几何体）图标，弹出【顶面】对话框，在图形中选择图 9-136 所示的实体面。单击确定按钮，完成指定工件表面，系统返回标准【钻】孔对话框。

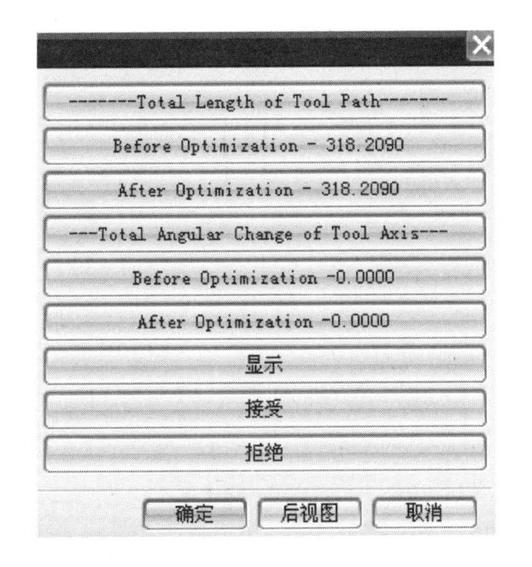

图 9-129

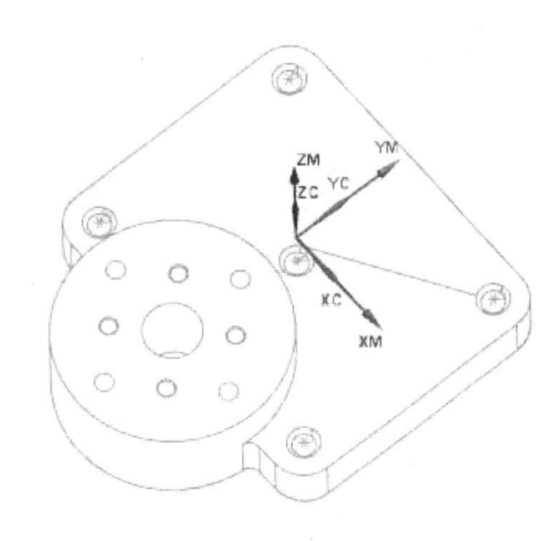

图 9-130

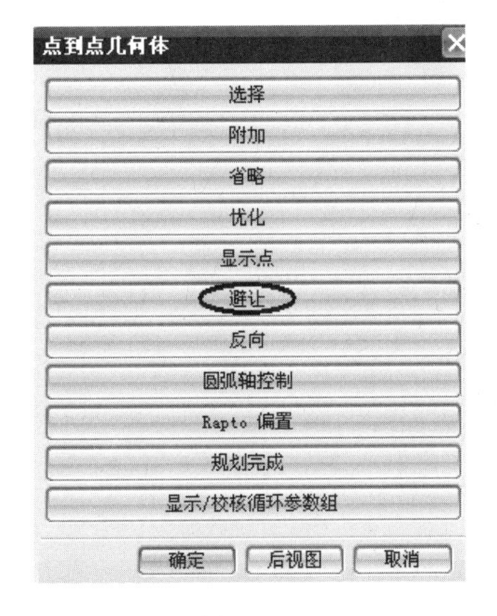

图 9-131

图 9-132

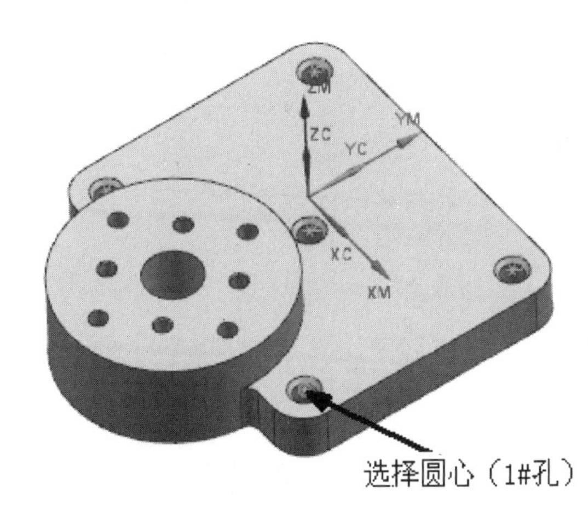

图 9-133

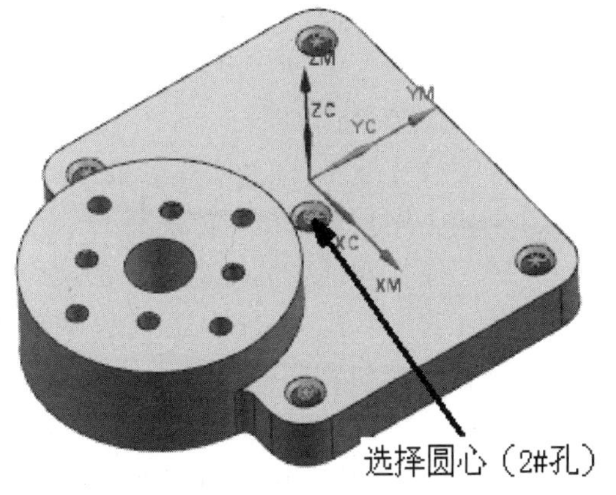

图 9-134

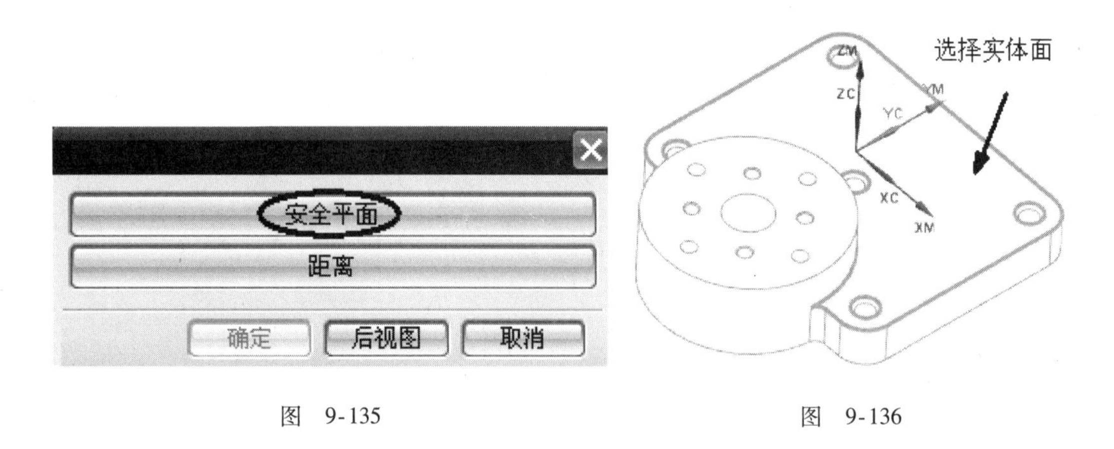

图　9-135　　　　图　9-136

4. 生成刀轨

在标准【钻】孔对话框的【操作】区域中选择（生成刀轨）图标，系统自动生成刀轨，如图 9-137 所示，单击确定按钮，接受刀轨。

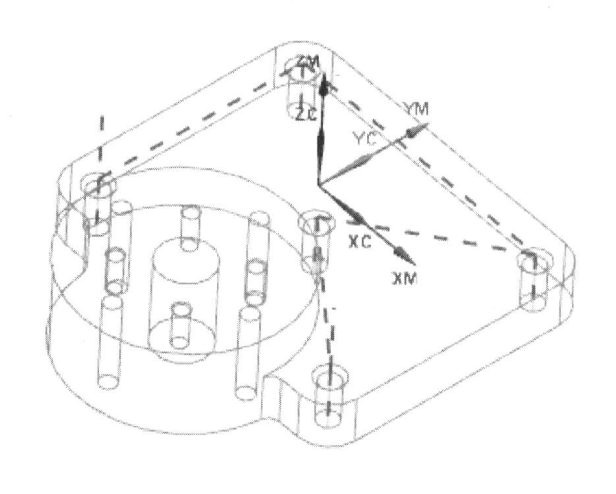

图　9-137

9.16　创建锪锥形孔加工操作

1. 创建操作父节组选项

选择菜单中的【插入】/【工序】命令或在【插入】工具条中选择（创建工序）图标，弹出【创建工序】对话框，如图 9-138 所示。

在【创建工序】对话框的【类型】下拉列表框中选择【drill】选项，在【工序子类型】区域中选择（锪锥形孔）图标，在【程序】下拉列表框中选择【NC_PROGRAM】程序节点，在【刀具】下拉列表框中选择【CR20（铣刀 -5 参数）】刀具节点，在【几何体】下拉列表框中选择【WORKPIECE】节点，在【方法】下拉列表框中选择【METHOD】节点，在【名称】栏输入【CR】，如图 9-138 所示。单击确定按钮，系统弹出【钻埋头孔】对话框，如图 9-139 所示。

2. 创建几何体

图 9-138

（1）指定加工孔　按照上述9.15节中步骤3的方法，在【钻埋头孔】对话框的【指定孔】区域选择（选择或编辑孔几何体）图标，弹出【点到点几何体】对话框。单击选择按钮，弹出省略现有点确认对话框，单击是按钮，弹出选择点/圆弧/孔对话框，单击面上所有孔按钮，弹出选择面对话框，在图形中选择长方体实体顶面。单击确定按钮，系统返回选择点/圆弧/孔对话框，单击确定按钮，系统返回【点到点几何体】对话框。单击优化按钮，弹出优化点对话框，单击最短刀轨按钮，弹出优化参数对话框，单击优化按钮，弹出优化结果对话框，图形中显示加工孔的顺序。单击确定按钮，完成指定加工孔，系统返回【点到点几何体】对话框。单击避让按钮，弹出选择起点对话框，在图形中选择图9-133所示的圆心（1#孔），弹出选择终点对话框，在图形中选择图9-134所示的圆心（2#孔），弹出【退刀安全距离】对话框。单击安全平面按钮，单击确定按钮，系统返回【点到点几何体】对话框，单击确定按钮，完成指定加工孔。

（2）指定工件表面　在【钻埋头孔】对话框的【指定顶面】区域中选择（选择或编辑工件表面几何体）图标，弹出【顶面】对话框，如图9-140所示。在【顶面选项】下拉

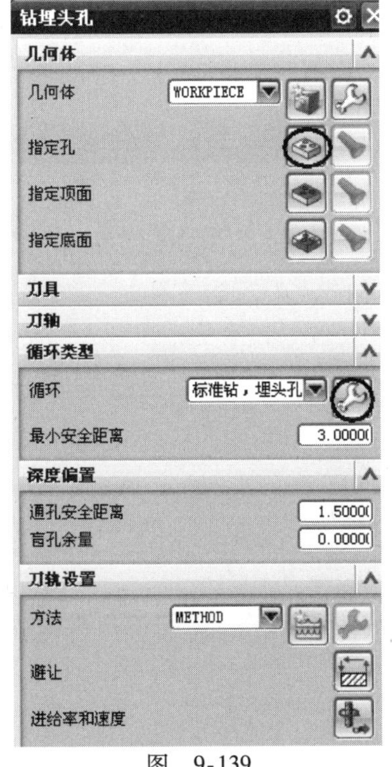

图 9-139

图 9-140

列表框中选择面选项，然后在图形中选择图9-141所示的实体面。单击确定按钮，完成指定工件表面，系统返回【钻埋头孔】对话框。

3. 设置循环类型和循环参数

（1）设置循环类型　在【钻埋头孔】对话框的【循环】下拉列表框中选择【标准钻，埋头孔】选项，选择（编辑参数）图标，弹出【指定参数组】对话框，如图9-142所示。单击确定按钮，弹出【Cycle 参数】对话框，如图9-143所示。

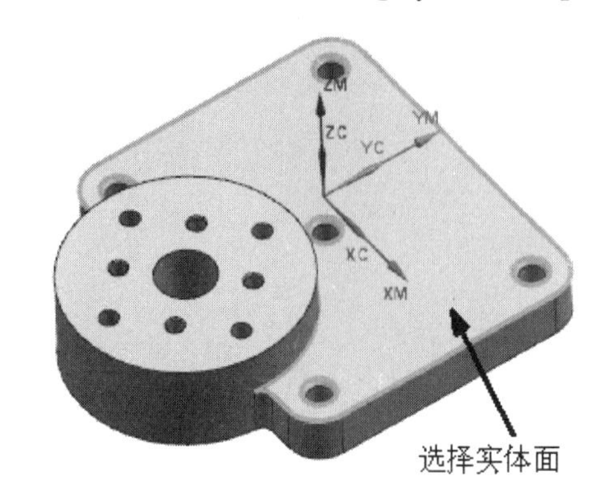

图　9-141

图　9-142

（2）设置加工深度　在【Cycle 参数】对话框中单击Csink 直径 - 0.0000（埋头孔上边沿直径）按钮，如图9-143所示，弹出Csink 直径参数设置对话框，在【Csink】栏输入【14】，如图9-144所示。单击确定按钮，系统返回【Cycle 参数】对话框。

图　9-143

图　9-144

（3）设置停留时间　在【Cycle 参数】对话框中单击Dwell - ##59（驻留）按钮，弹出【Cycle Dwell】（驻留）对话框，单击秒⊖按钮，如图9-145所示，弹出输入驻留值参数对话框，在秒栏输入【300】，如图9-146所示。单击确定按钮，系统返回【Cycle 参数】对话框。

（4）设置进给率　在【Cycle 参数】对话框中单击进给率 (MMPM) - 250.0000（进给率）按钮，弹

⊖　这里的“秒”为毫秒，属于软件翻译错误。

出【Cycle 进给率】对话框，在【MMPM】栏输入【80】，如图9-147所示。单击确定按钮，系统返回【Cycle 参数】对话框，单击确定按钮，系统返回【钻埋头孔】对话框。

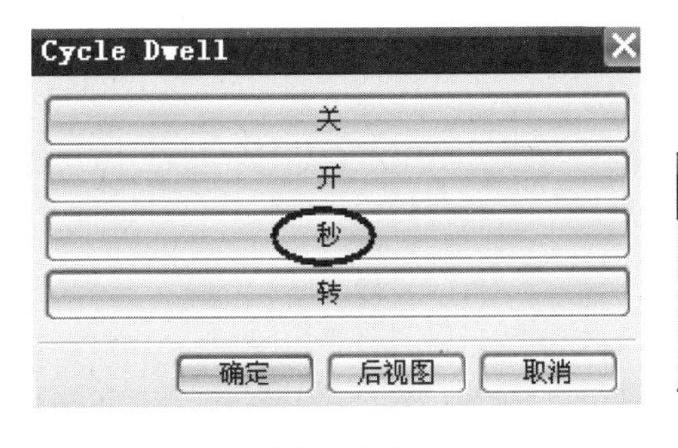

图　9-145

图　9-146

4. 设置主轴速度

在【钻埋头孔】对话框中选择（进给率和速度）图标，弹出【进给率和速度】对话框，如图9-148所示。勾选【主轴速度（rpm）】选项，在【主轴速度（rpm）】栏输入【800】。按回车键，单击（基于此值计算进给和速度）按钮，单击确定按钮，完成设置进给率和速度参数，系统返回【钻埋头孔】对话框。

图　9-147

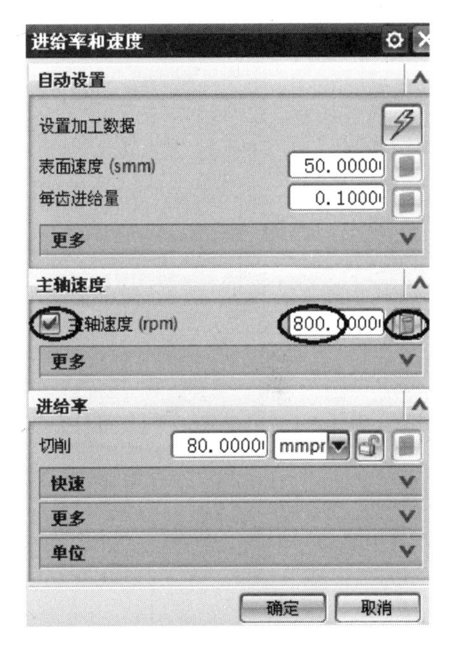

图　9-148

5. 生成刀轨

在【钻埋头孔】对话框的【操作】区域中选择（生成刀轨）图标，系统自动生成刀轨，如图9-149所示，单击确定按钮，接受刀轨。

6. 创建刀轨仿真验证

在工序导航器几何视图中选择【WORKPIECE】节点，然后在【操作】工具条中选择（确认刀轨）图标，弹出【刀轨可视化】对话框，如图9-150所示。选择【2D 动态】选项，单击▶（播放）按钮，图形中出现模拟切削动画，模拟切削完成后，在【刀轨可视化】对话框中单击 比较 按钮，可以看到切削结果，如图 9-151 所示。

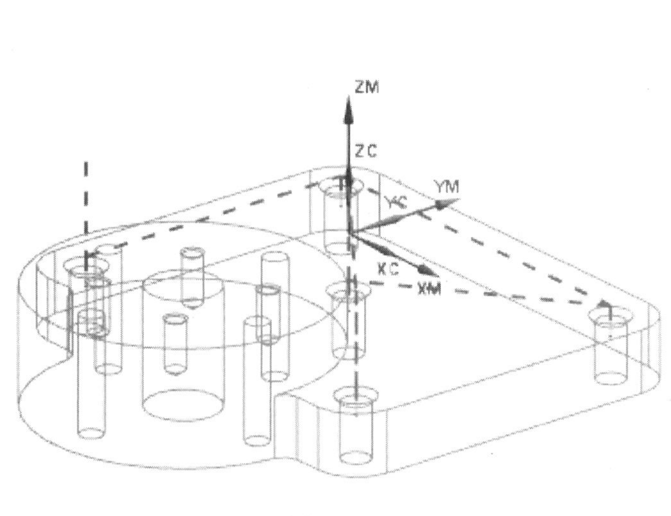

图　9-149

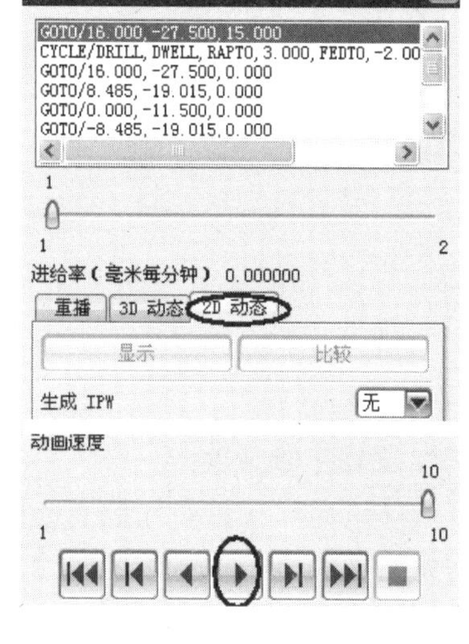

图　9-150

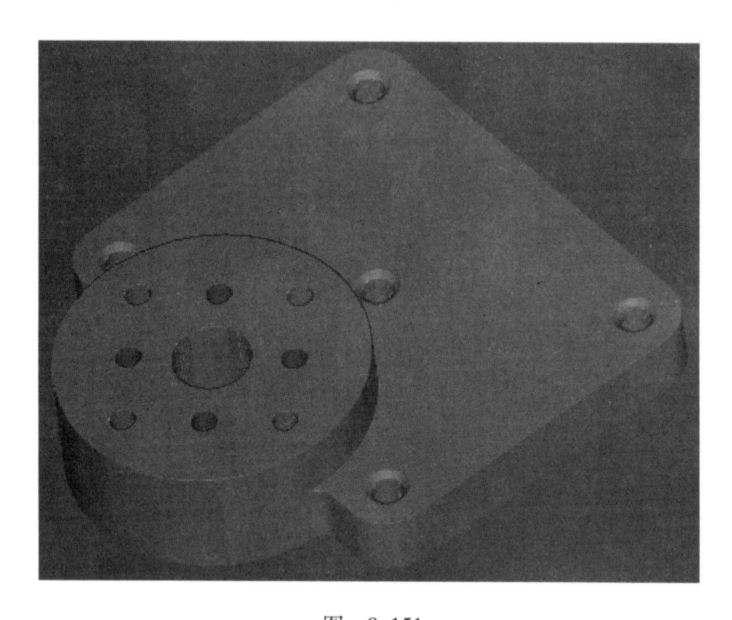

图　9-151

第 10 章 特征加工

10.1 特征加工的概念

UG 的特征加工可以直接在工件模型中创建制造特征，以多种方法实现几何信息的识别与提取。通过加工模板集提示系统如何识别特征，并且为此特征指定合适的加工方法。在模板里有两种加工模板类型：一种是孔加工模板，另一种是特征铣加工模板。加工特征的子类型是生成面特征、开口腔特征和封闭腔特征。

基于特征加工的过程如下：首先识别 CAD 特征或者使用用户自定义特征，指定几何体或标记几何体，并且将这些加工特征分类；然后将加工方法指定给加工特征，列出加工特征，并且将这些加工特征按加工方法排序，为这些分组的工步从刀库中自动赋予不同的加工刀具，按照加工规则给这些工步赋予不同的加工参数。

10.2 基于特征的智能加工实例

10.2.1 定义加工环境

1. 打开文件

选择菜单中的【文件】/ 打开(O) 命令或选择（打开）图标，弹出【打开】对话框，打开书配光盘中的 \ parts \ 10 \ feature. prt 文件，单击 OK 按钮，工件模型如图 10-1 所示。

2. 进入加工模块

选择菜单中 开始 下拉列表框中的 加工(N)... 模块，进入加工应用模块。

3. 设置加工环境

选择 加工(N)... 模块后，系统弹出【加工环境】对话框，如图 10-2 所示。在【CAM 会话配置】列表框中选择【reature _ machining】，在【要创建的 CAM 设置】列表框中选择【mill _ feature】，单击 确定 按钮，进入加工初始化。

10.2.2 设置加工坐标系及安全平面

1. 设置工序导航器的视图为几何视图

选择菜单中的【工具】/【工序导航器】/【视图】/【几何视图】命令或在【导航器】工具条中选择（几何视图）图标，工序导航器的视图更新为如图 10-3 所示。

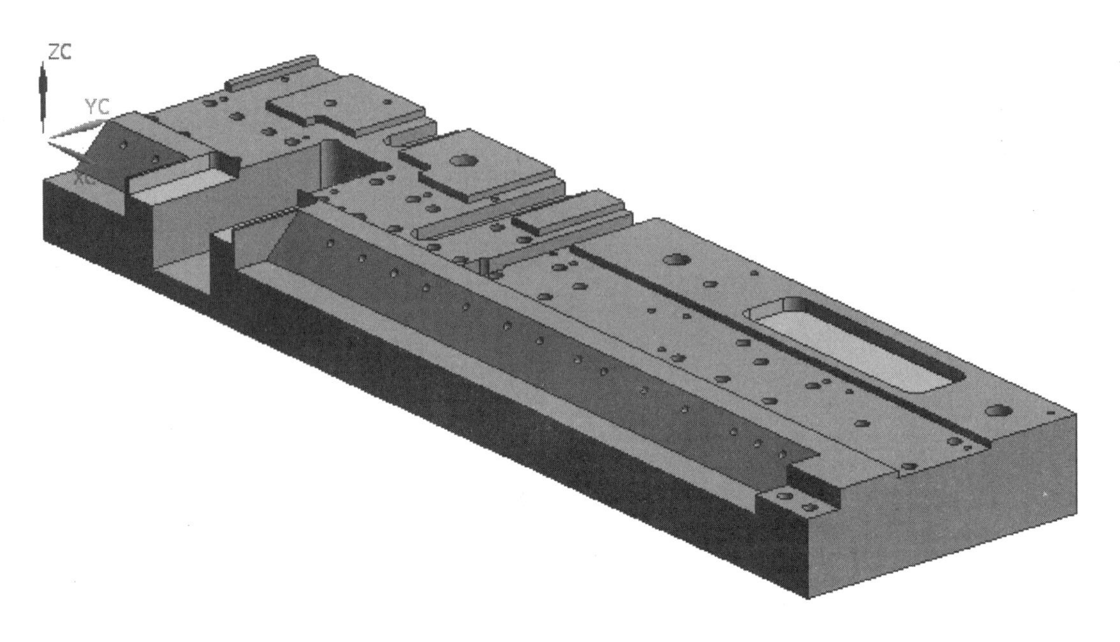

图　10-1

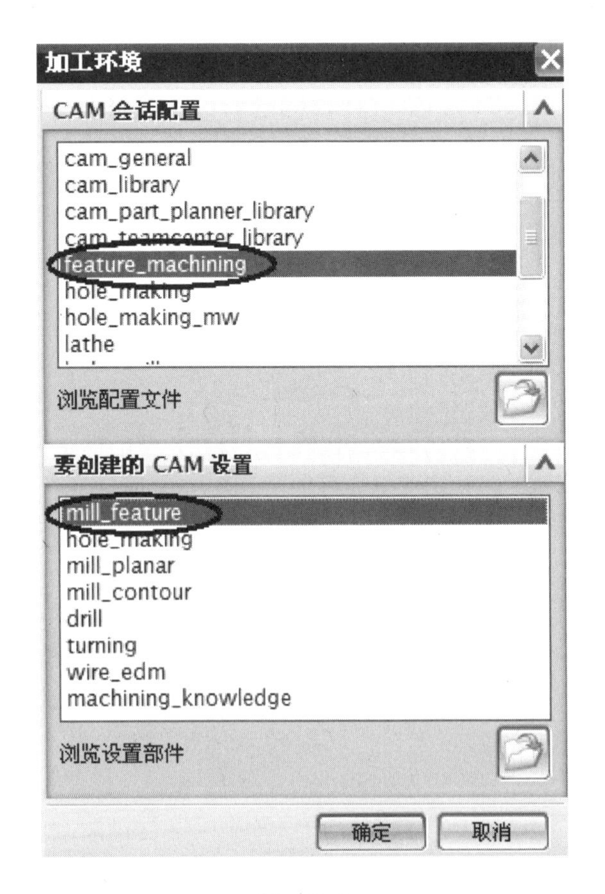

图　10-2

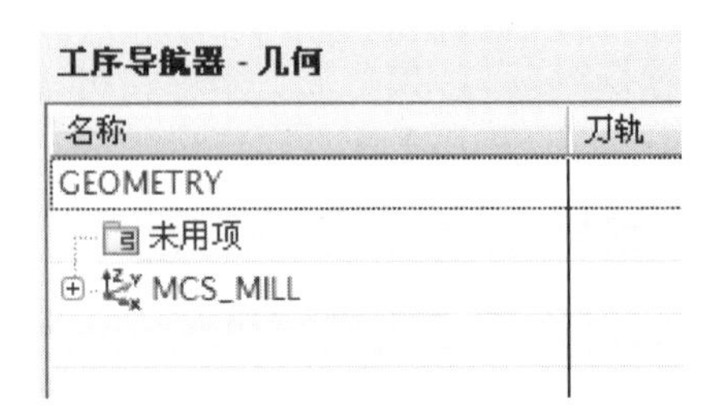

图　10-3

2. 设置加工坐标系

在工序导航器中双击MCS_MILL（加工坐标系）图标，弹出【Mill Orient】对话框，如图10-4所示。在【指定MCS】区域中选择（CSYS会话）图标，弹出【CSYS】对话框，如图10-5所示。在【类型】下拉列表框中选择动态选项，在【参考】下拉列表框中选择【WCS】（工作坐标系）选项，单击确定按钮，完成设置加工坐标系，即接受工作坐标系为加工坐标系，如图10-6所示。

注意：【Mill Orient】对话框不要关闭。

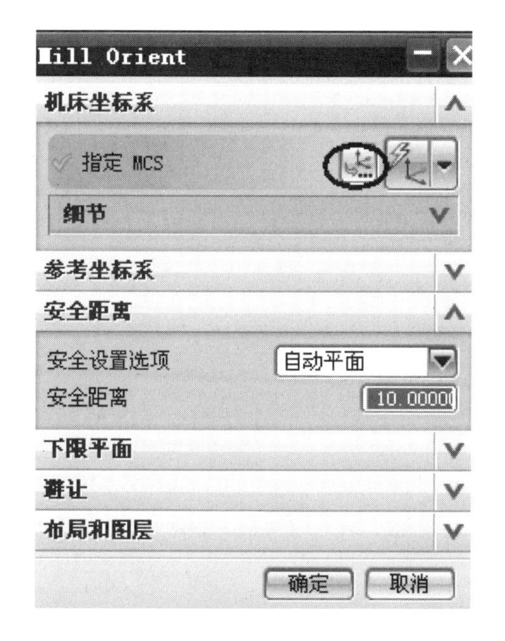

图　10-4

图　10-5

3. 设置安全平面

在【Mill Orient】对话框【安全距离】区域的【安全设置选项】下拉列表框中选择【平面】选项，如图10-7所示。在图形中选择图10-8所示的工件模型顶面，在【距离】

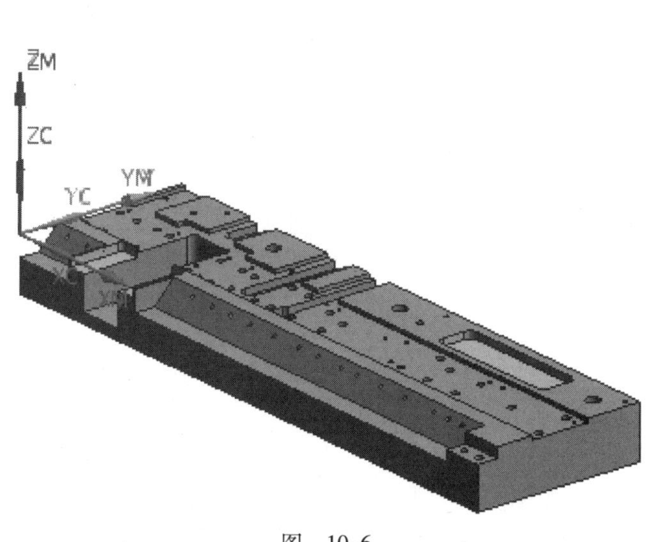

图　10-6

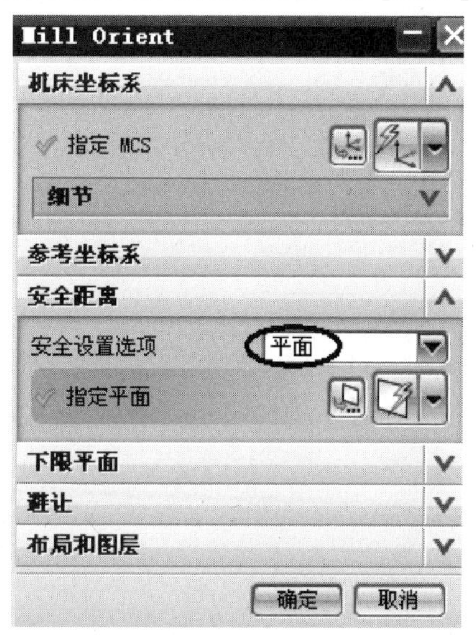

图　10-7

栏输入【10】，单击确定按钮，完成设置安全平面。

10.2.3 设置铣削几何体

1. 展开 MCS_ MILL

在工序导航器的几何视图中单击 MCS_MILL 前面的⊕（加号）图标，展开 MCS_ MILL。

2. 设置铣削几何体

在工序导航器中双击 WORKPIECE （铣削几何体）图标，弹出【铣削几何体】对话框，如图 10-9 所示。在【指定部件】区域中选择（选择或编辑部件几何体）图标，弹出【部件几何体】对话框，如图 10-10 所示。在图形中选择图 10-11 所示的工件，单击确定按钮，完成指定工件。

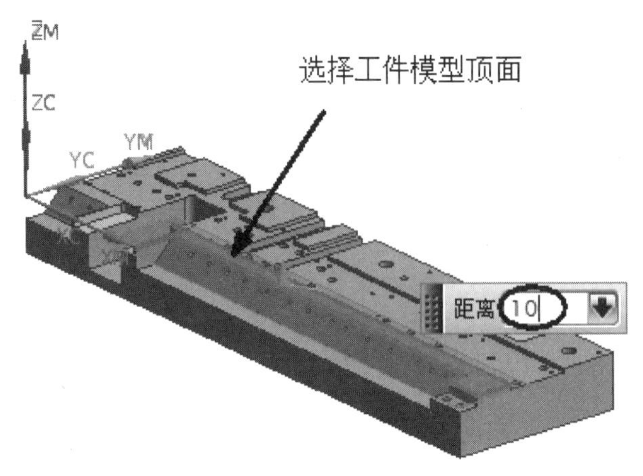

图 10-8

图 10-9

图 10-10

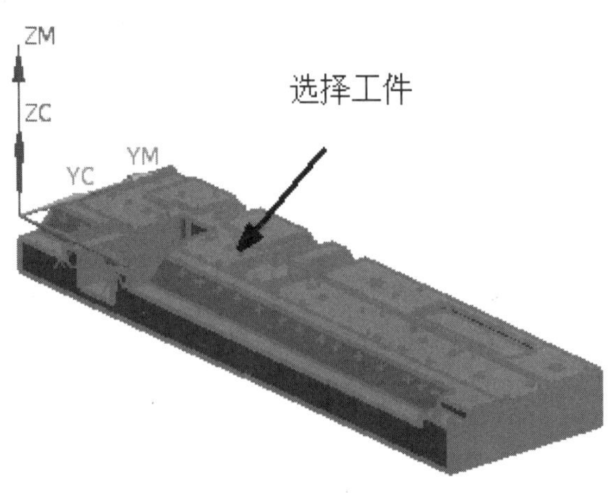

图 10-11

系统返回【铣削几何体】对话框，在【指定毛坯】区域中选择（选择或编辑毛坯几何体）图标，弹出【毛坯几何体】对话框，如图 10-12 所示。在【类型】下拉列表框中选择 包容块 选项，单击确定按钮，完成指定毛坯。系统返回【铣削几何体】对话框，单击确定按钮，完成设置铣削几何体。

10.2.4　特征识别与提取特征

1. 设置加工特征导航器的特征视图

选择菜单中的【工具】/【加工特征导航器】/【特征视图】命令或在【导航器】工具条中选择（加工特征导航器）图标，加工特征导航器的视图更新为如图 10-13 所示。

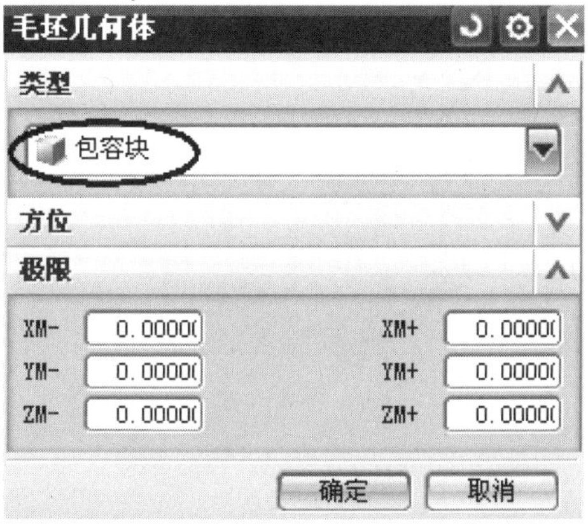

图　10-12

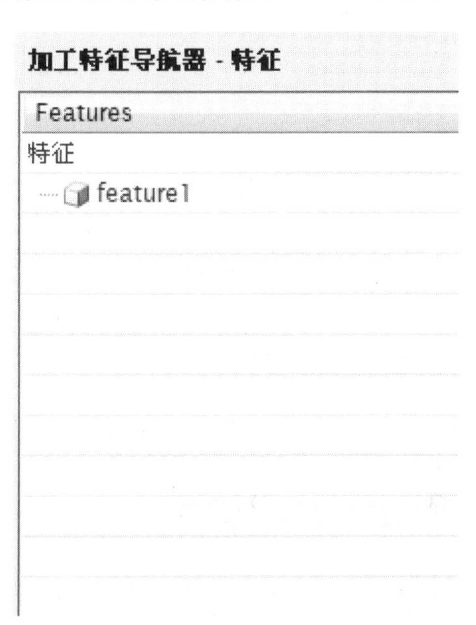

图　10-13

2. 创建特征标识

选择菜单中的【工具】/【加工特征导航器】/【查找特征】命令或在【特征】工具条中选择（查找特征）图标，弹出【查找特征】对话框，如图 10-14 所示。在【类型】下拉列表框中选择【特征标识】选项，在主界面的类型过滤器中选择【实体】选项，然后在图形中选择图 10-15 所示工件实体。在【查找特征】对话框的【要标识的特征】栏勾选【COUNTER _ BORE _ HOLE】（组合孔）、【FIT _ HOLE _ METRIC】（配合孔）、【POCKET】（腔体）、【SIMPLE _ HOLE】（简单孔）选项，在【加工进刀方向】区域的【指定矢量】下拉列表框中选择ZC选项，选择（标识特征）图标，单击确定按钮，完成创建特征标识，如图 10-15 所示。

3. 创建原有孔识别

选择菜单中的【工具】/【加工特征导航器】/【查找特征】命令或在【特征】工具条中选择（查找特征）图标，弹出【查找特征】对话框，如图 10-16 所示。在【类型】下拉列表框中选择【原有孔识别】选项，在主界面的类型过滤器中选择【实体】选项，然后在图形中选择图 10-17 所示工件实体。在【查找特征】对话框的【要标识的特征】栏勾选【COUNTER _ BORE _ HOLE】（组合孔）、【SIMPLE _ HOLE】（简单孔）选项，在【加工进刀方向】区域的【指定矢量】下拉列表框中选择ZC选项，选择（查找特征）图标，单击确定按钮，完成原有孔识别，一共找到 54 个特征，如图 10-17 所示。

图 10-14

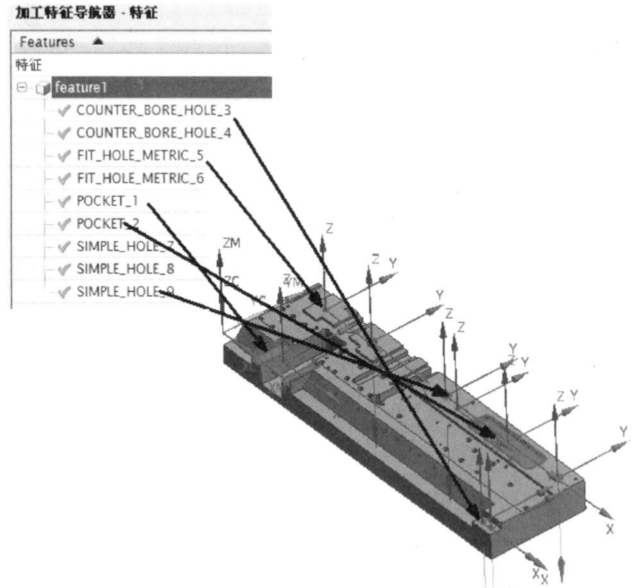

图 10-15

4. 创建原有腔体识别

选择菜单中的【工具】/【加工特征导航器】/【查找特征】命令或在【特征】工具条中选择（查找特征）图标，弹出【查找特征】对话框，如图 10-18 所示。在【类型】下拉列表框中选择【原有面和腔体识别】选项，在主界面的类型过滤器中选择【实体】选项，然后在图形中选择图 10-19 所示工件实体。在【查找特征】对话框的【要标识的特征】栏勾选【POCKET】(腔体）选项，在【加工进刀方向】区域的【指定矢量】下拉列表框中选择选项，在【选择面（8)】区域中选择（面）图标，在图形中依次选择图 10-20 所示八张实体面。选择（查找特征）图标，单击 确定 按钮，完成原有腔体识别，一共找到八个特征，如图 10-21 所示。

10.2.5 指定适合特征的加工工艺

1. 创建 GENERAL_ POCKET 腔体的加工工艺方法

在加工特征导航器的视图中选择图 10-22 所示的两个 POCKET 特征，单击鼠标右键，在右键菜单中选择 Create Feature Process...（创建特征工艺）选项，弹出【创建特征工艺】对话框，如图 10-23 所示。在【类型】下拉列表框中选择【基于模板的】选项，在【模板】下拉列表框中选择【mill _ feature】选项，在【工艺类型】栏勾选【GENERAL _ POCKET】选

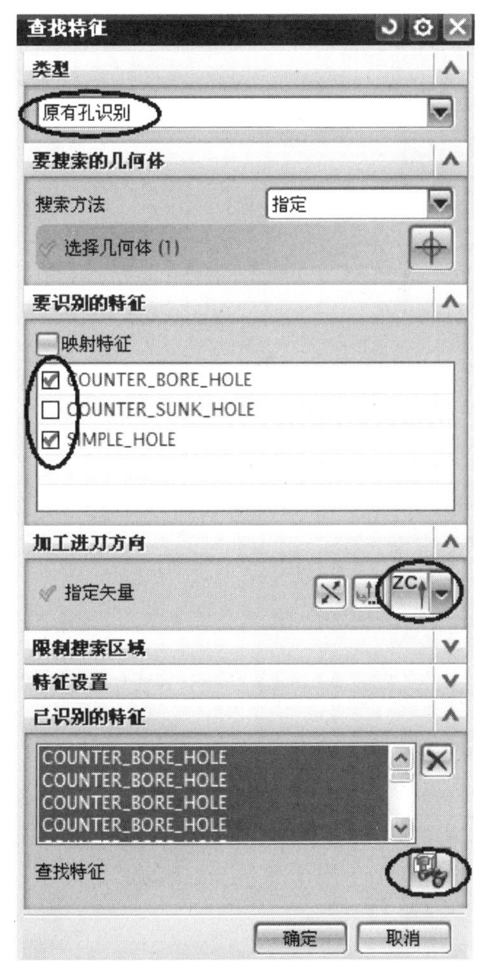
查找特征
类型
原有孔识别
要搜索的几何体
搜索方法
指定
选择几何体 (1)
要识别的特征
映射特征
COUNTER_BORE_HOLE
COUNTER_SUNK_HOLE
SIMPLE_HOLE
加工进刀方向
指定矢量
ZC
限制搜索区域
特征设置
已识别的特征
COUNTER_BORE_HOLE
COUNTER_BORE_HOLE
COUNTER_BORE_HOLE
COUNTER_BORE_HOLE
查找特征
确定
取消

图　10-16

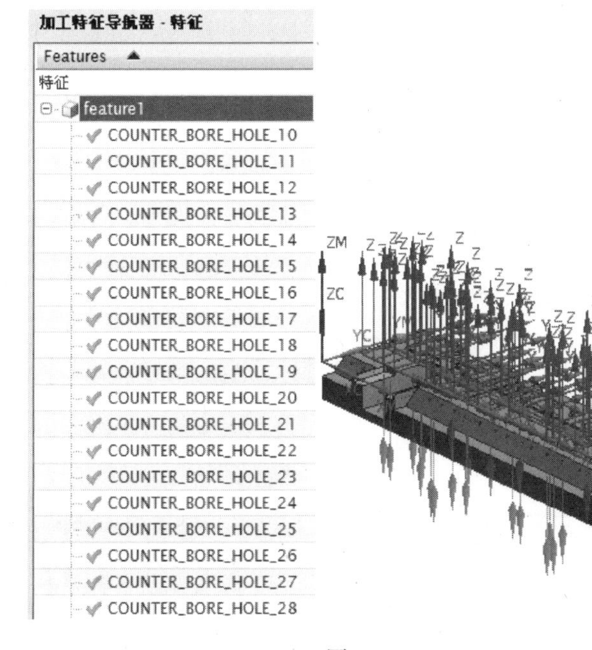
加工特征导航器 - 特征
Features
特征
feature1
COUNTER_BORE_HOLE_10
COUNTER_BORE_HOLE_11
COUNTER_BORE_HOLE_12
COUNTER_BORE_HOLE_13
COUNTER_BORE_HOLE_14
COUNTER_BORE_HOLE_15
COUNTER_BORE_HOLE_16
COUNTER_BORE_HOLE_17
COUNTER_BORE_HOLE_18
COUNTER_BORE_HOLE_19
COUNTER_BORE_HOLE_20
COUNTER_BORE_HOLE_21
COUNTER_BORE_HOLE_22
COUNTER_BORE_HOLE_23
COUNTER_BORE_HOLE_24
COUNTER_BORE_HOLE_25
COUNTER_BORE_HOLE_26
COUNTER_BORE_HOLE_27
COUNTER_BORE_HOLE_28
ZM
ZC
YC

图　10-17

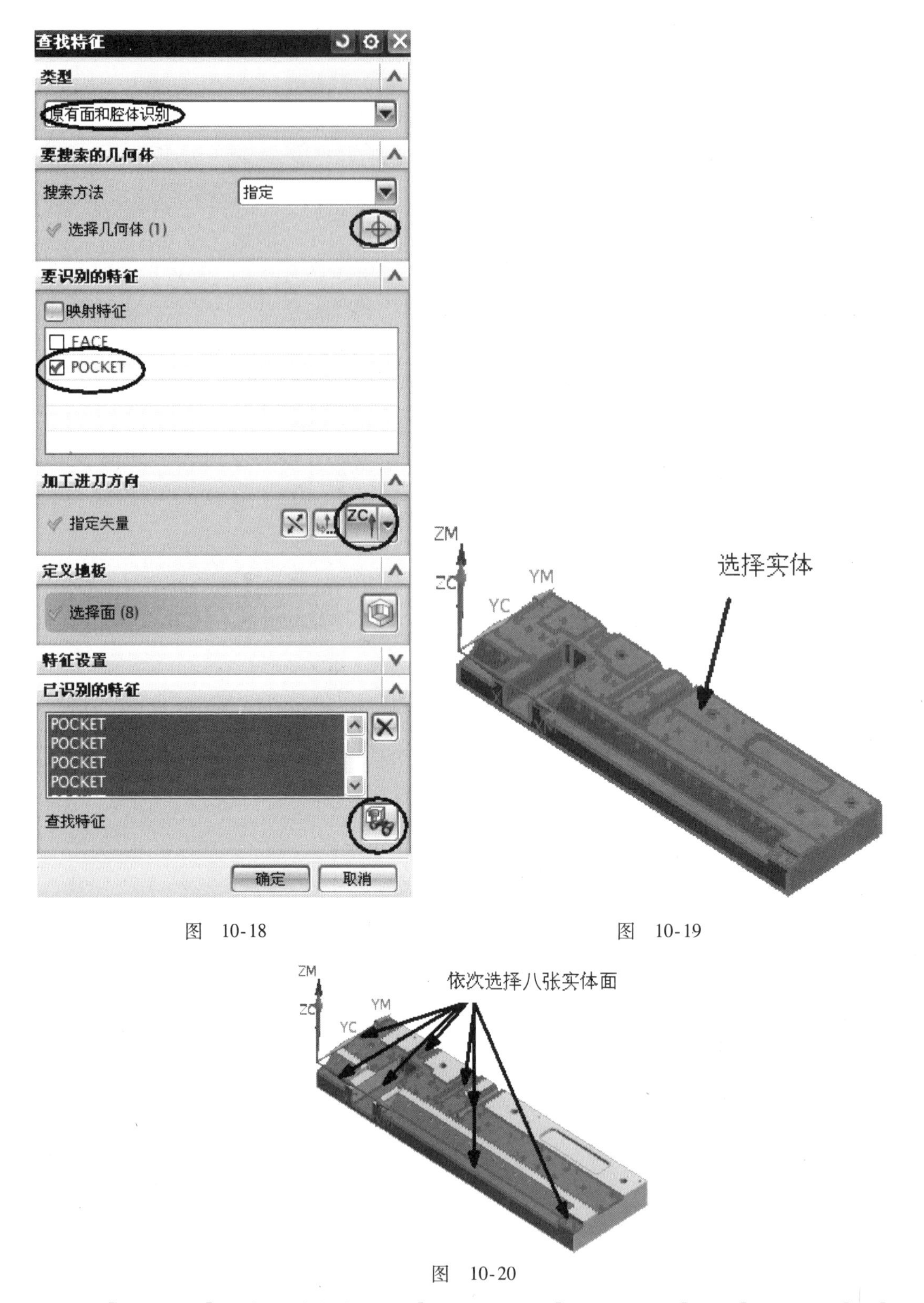

图 10-18

图 10-19

图 10-20

项，在【Geometry】下拉列表框中选择【WORKPIECE】选项，在【设置】区域的【组】下拉列表框中选择【始终新建】选项，单击确定按钮，完成创建 GENERAL_ POCKET 腔体的加工工艺，如图 10-24 所示。

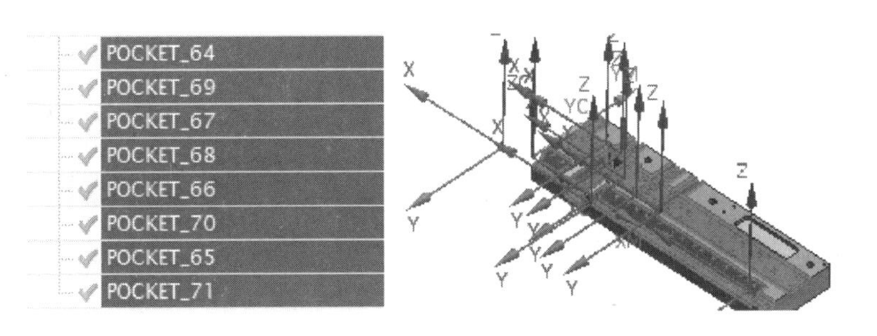

图　10-21

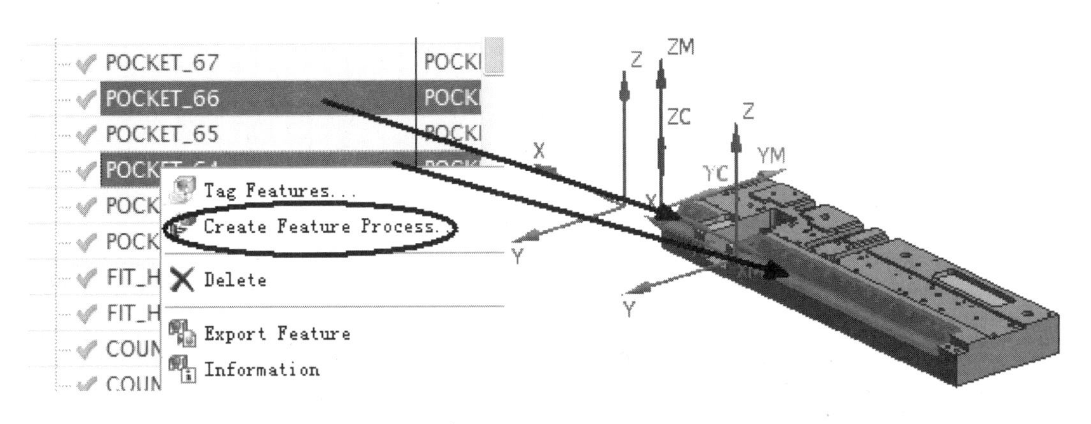

图　10-22

图　10-23

工序导航器 - 几何

名称	刀轨
GEOMETRY	
未用项	
MCS	
WORKPIECE	
GENERAL_POCKET	
ROUGH_GEN...	✕
WALL_GENER...	✕
FLOOR_GENE...	✕
GENERAL_POCKET_1	
ROUGH_GEN...	✕
WALL_GENER...	✕
FLOOR_GENE...	✕

图　10-24

2. 编辑相关操作，生成刀轨

1）编辑粗加工操作。在工序导航器中双击 ROUGH_GEN... 图标，弹出【型腔铣】对话框，如图 10-25 所示。在【最大距离】栏输入【2】，单击 确定 按钮，完成编辑粗加工操作。

2）编辑清壁精加工操作。在工序导航器中双击 WALL_GENER... 图标，弹出【型腔铣】对话框，如图 10-26 所示。在【最大距离】栏输入【0.2】，单击 确定 按钮，完成编辑清壁精加工操作。

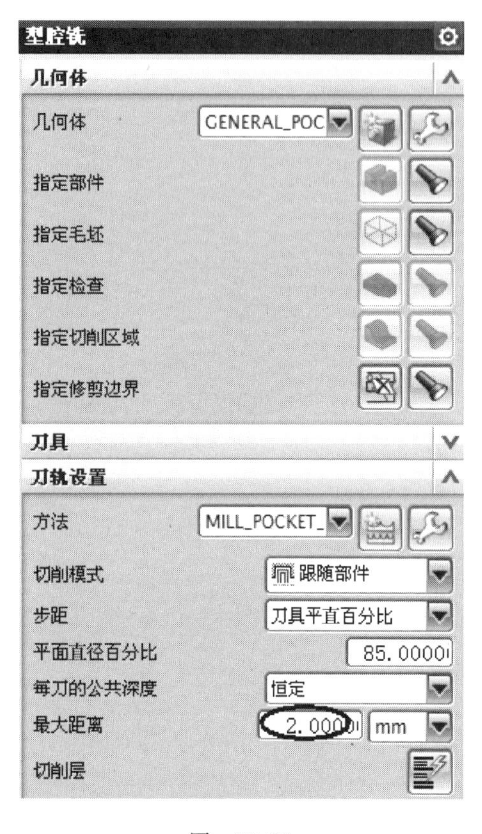

图 10-25

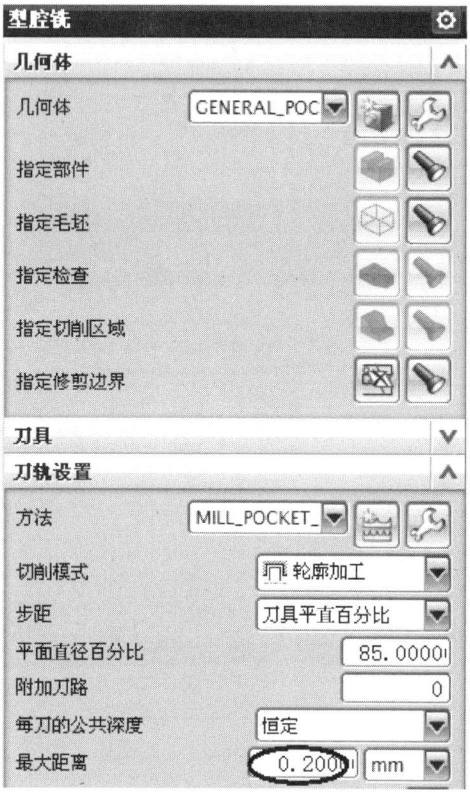

图 10-26

3）按照同样的方法，编辑另一 GENERAL_POCKET 腔体的加工参数。

4）生成刀轨，在工序导航器的几何视图中选择 WORKPIECE 图标，单击鼠标右键，弹出右键菜单，如图 10-27 所示。选择 生成 命令，系统弹出【刀轨生成】对话框，如图 10-28 所示。取消勾选【每一刀轨后暂停】、【每一刀轨前刷新】选项，单击 确定 按钮，系统自动生成六个刀轨，如图 10-29所示。

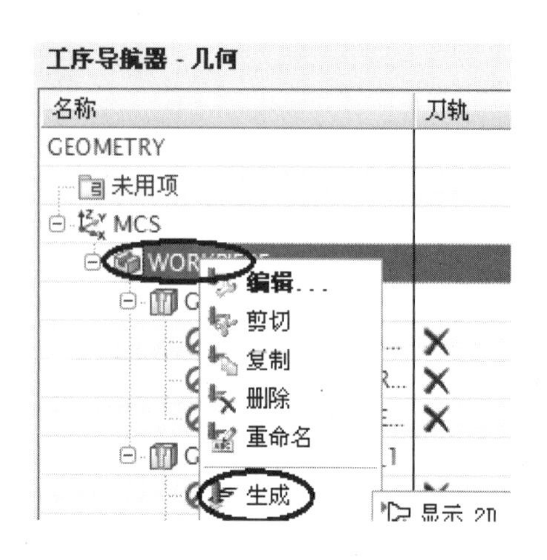

图 10-27

3. 创建 CLOSED_ POCKET 腔体的加工工艺方法

在加工特征导航器的视图中选择图 10-30 所示

的一个 POCKET 特征，单击鼠标右键，在右键菜单中选择 Create Feature Process...（创建特征工艺）选项，弹出【创建特征工艺】对话框，如图 10-31 所示。在【类型】下拉列表框中选择【基于模板的】选项，在【模板】下拉列表框中选择【mill _ feature】选项，在【工艺类型】栏勾选【CLOSED_POCKET】选项，在【Geometry】下拉列表框中选择【WORKPIECE】选项，在【设置】区域的【组】下拉列表框中选择【始终新建】选项，单击 确定 按钮，完成创建 CLOSED_ POCKET 腔体的加工工艺，如图 10-32 所示。

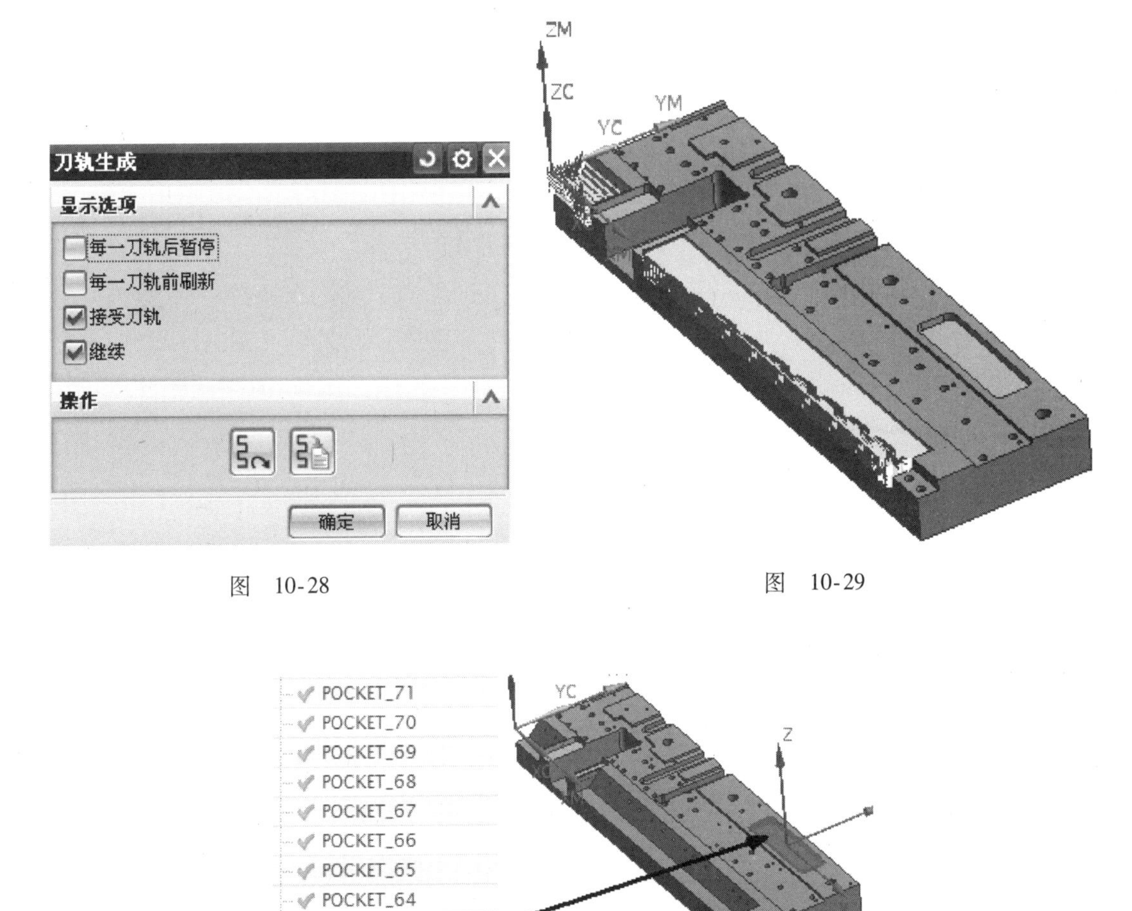

图 10-28

图 10-29

图 10-30

4. 编辑相关操作，生成刀轨

按照上述步骤 2 的方法编辑相关操作，生成刀轨，如图 10-33 所示。

5. 创建 OPEN_ POCKET 腔体的加工工艺方法

在加工特征导航器的视图中选择图 10-34 所示的两个 POCKET 特征，单击鼠标右键，在右键菜单中选择 Create Feature Process...（创建特征工艺）选项，弹出【创建特征工艺】对话框，如图 10-35 所示。在【类型】下拉列表框中选择【基于模板的】选项，在【模板】下拉列表框中选择【mill _ feature】选项，在【工艺类型】栏勾选【OPEN _ POCKET】选项，在【Geometry】下拉列表框中选择【WORKPIECE】选项，在【设置】区域的【组】下拉列表

图 10-31

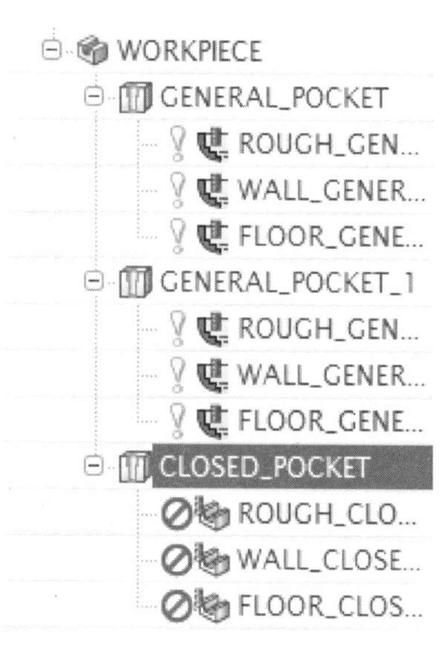

图 10-32

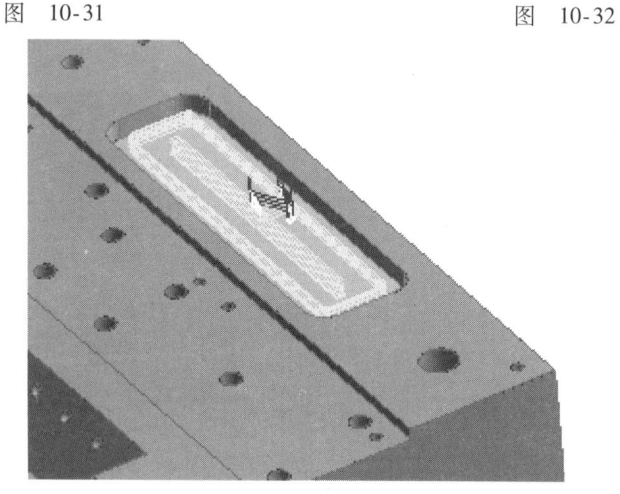

图 10-33

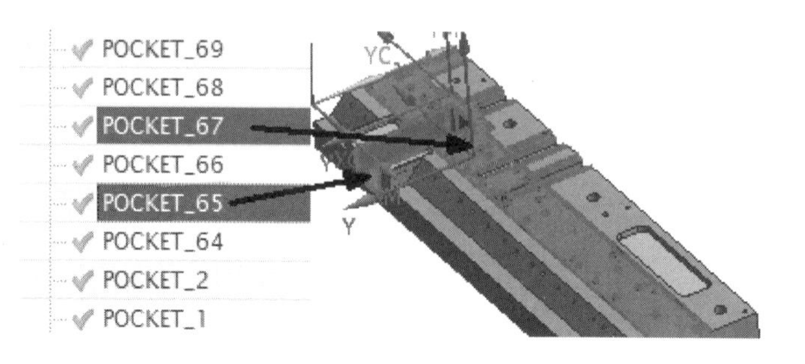

图 10-34

框中选择【始终新建】选项，单击确定按钮，完成创建OPEN_ POCKET腔体的加工工艺，如图10-36所示。

图　10-35

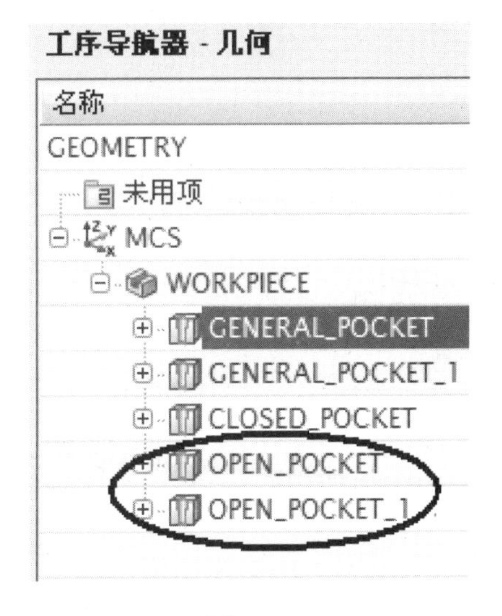

图　10-36

6. 编辑相关操作，生成刀轨

按照上述步骤2的方法编辑相关操作，生成刀轨，如图10-37所示。

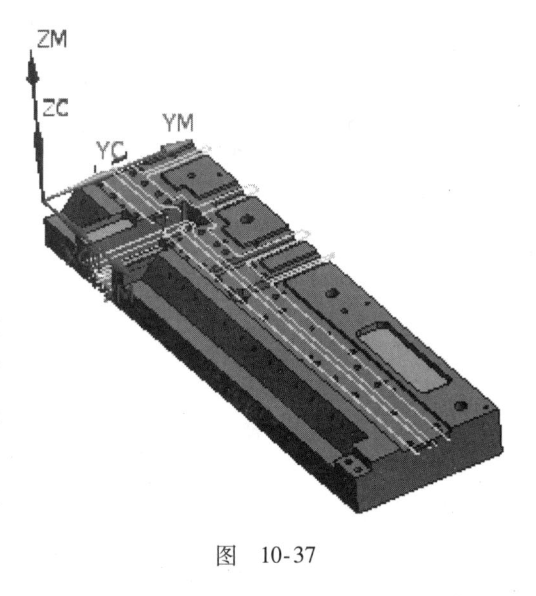

图　10-37

7. 创建OPEN_ POCKET腔体的加工工艺方法

在加工特征导航器的视图中选择图10-38所示的四个POCKET特征，单击鼠标右键，在右键菜单中选择Create Feature Process...（创建特征工艺）选项，弹出【创建特征工艺】对话框，如图10-39所示。在【类型】下拉列表框中选择【基于模板的】选项，在【模板】下拉列表框中选择【mill _ feature】选项，在【工艺类型】栏勾选【OPEN _POCKET】选项，在【Geometry】下拉列表框中选择【WORKPIECE】选项，在【设置】区域的【组】下拉列表框中选择【始终新建】选项，单击确定按钮，完成创建OPEN_ POCKET腔体的加工工艺，如图10-40所示。

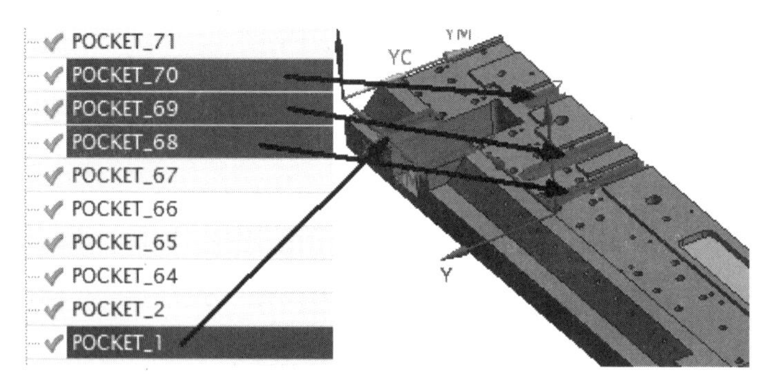

图 10-38

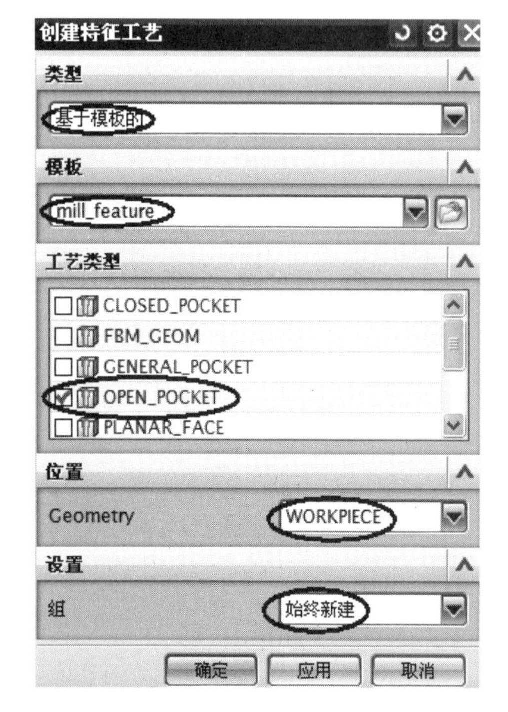

图 10-39

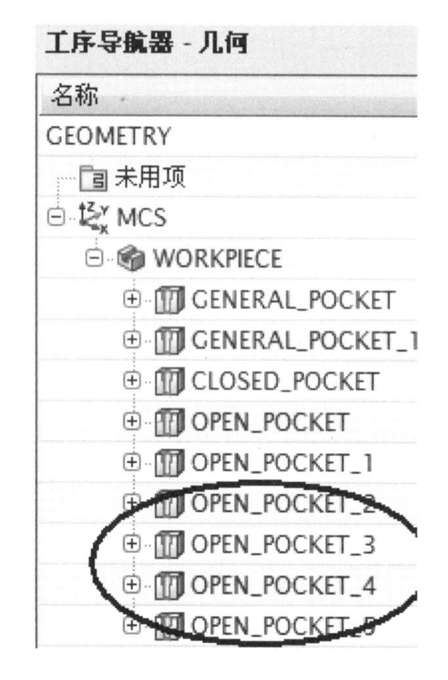

图 10-40

8. 编辑相关操作，生成刀轨

按照上述步骤 2 的方法编辑相关操作，生成刀轨，如图 10-41 所示。

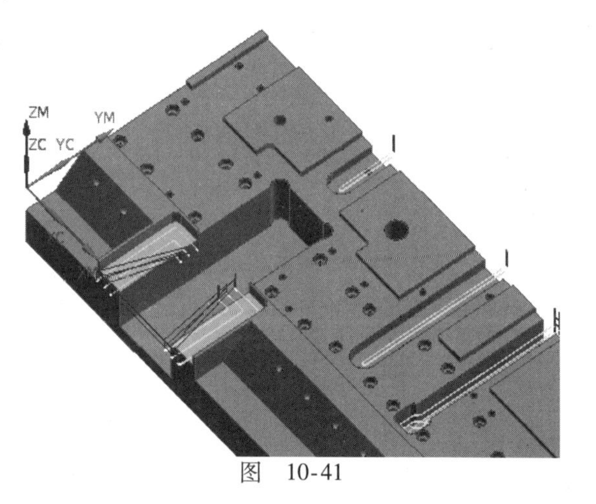

图 10-41

9. 创建 STEP_ POCKET 腔体的加工工艺方法

在加工特征导航器的视图中选择图 10-42所示的一个 POCKET 特征，单击鼠标右键，在右键菜单中选择 Create Feature Process...（创建特征工艺）选项，弹出【创建特征工艺】对话框，如图 10-43 所示。在【类型】下拉列表框中选择【基于模板的】选项，在【模板】下拉列表框中选择【mill _feature】选项，在【工艺类型】栏勾选【STEP _ POCKET】选项，在【Geometry】下拉列表框中选择【WORKPIECE】选项，在【设置】区域的【组】下拉列表框中选择【始终新建】选项，单击 确定 按钮，完成创建 STEP_ POCKET 腔体的加工工艺，如图 10-44 所示。

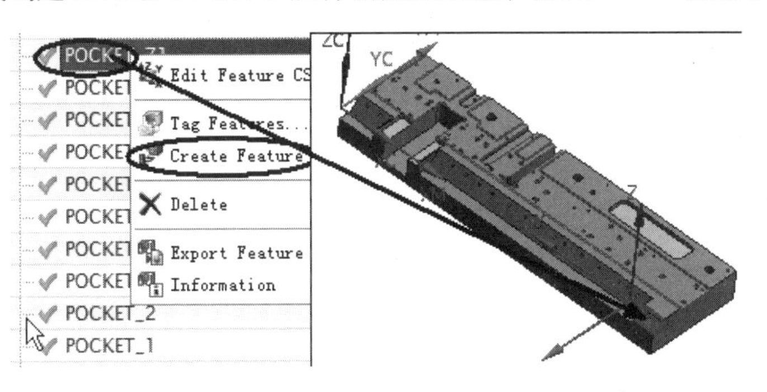

图　10-42

图　10-43

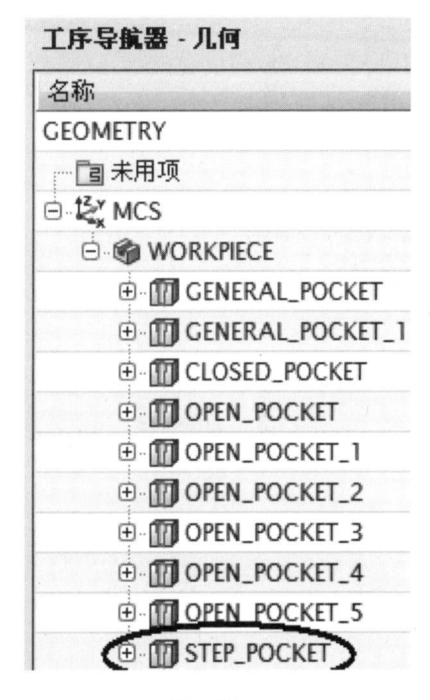

图　10-44

10. 编辑相关操作，生成刀轨

按照上述步骤 2 的方法编辑相关操作，生成刀轨，如图 10-45 所示。

11. 创建 SIMPLE_ HOLE 简单孔的加工工艺方法

在加工特征导航器的视图中选择图 10-46 所示的所有 SIMPLE_ HOLE 简单孔特征，单击鼠标右键，在右键菜单中选择 Create Feature Process...（创建特征工艺）选项，弹出【创建特征工艺】对话框，如图 10-47 所示。在【类型】下拉列表框中选择【基于模板的】

图 10-45

选项，在【模板】下拉列表框中选择【hole _ making】选项，在【工艺类型】栏勾选【SIMPLE _ HOLE】选项，在【Geometry】下拉列表框中选择【WORKPIECE】选项，在【设置】区域的【组】下拉列表框中选择【始终新建】选项，单击 确定 按钮，完成创建 SIMPLE_ HOLE 简单孔的加工工艺，如图 10-48 所示。

12. 编辑相关操作，生成刀轨

（1）创建 ϕ16mm 的钻（头）刀　由于刀库里没有合适的刀具，需要手工创建刀具。在工序导航器中双击 DRILL_TOL_SI... 图标，弹出【钻孔】对话框，如图 10-49 所示。在【刀具】区域选择（新建刀具）图标，弹出【新建刀具】对话框，如图 10-50 所示。在【刀具子类型】中选择（麻花钻）图标，在【名称】栏输入【SDR16】，单击 确定 按钮，弹出【钻刀】对话框，在【直径】栏输入【16】，如图 10-51 所示。单击 确定 按钮，完成创建 ϕ16mm 的钻（头）刀，系统返回【钻孔】对话框，单击 确定 按钮。

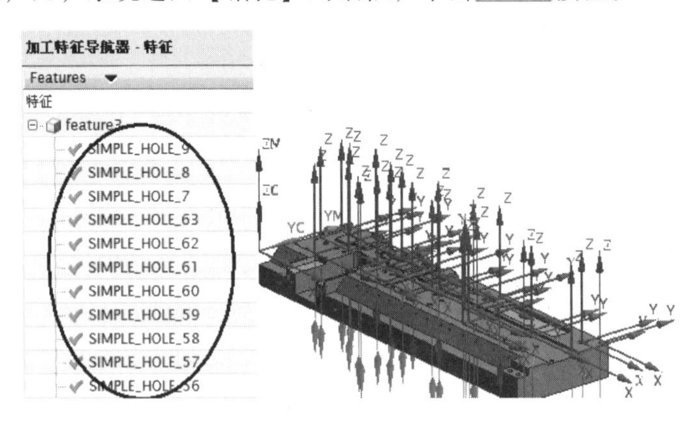

图 10-46

（2）创建 ϕ19.5mm 的镗刀　由于刀库里没有合适的刀具，需要手工创建刀具。在工序导航器中双击 DRILL_TOL_SI... 图标，弹出【钻孔】对话框，在【刀具】区域选择（新建刀具）图标，弹出【新建刀具】对话框，如图 10-52 所示。在【刀具子类型】中选择（镗

图 10-47

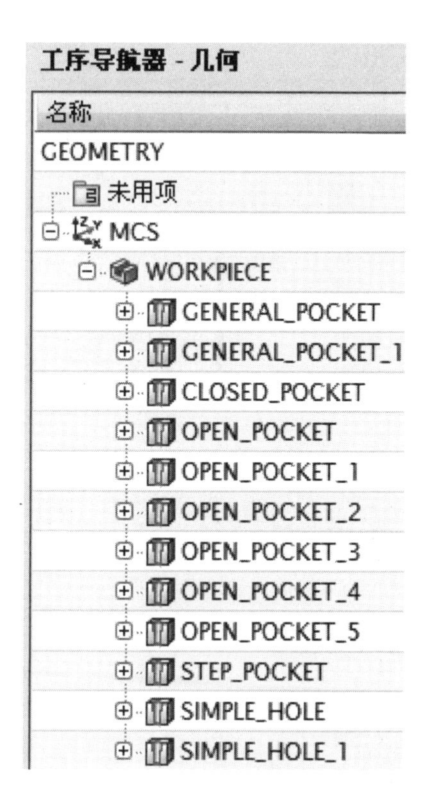

图 10-48

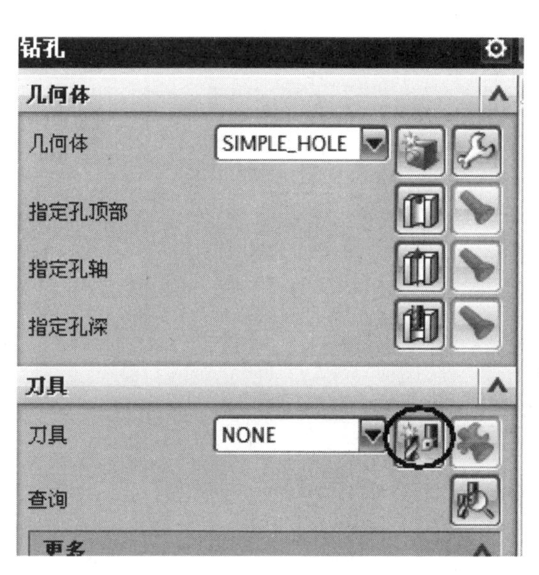

图 10-49

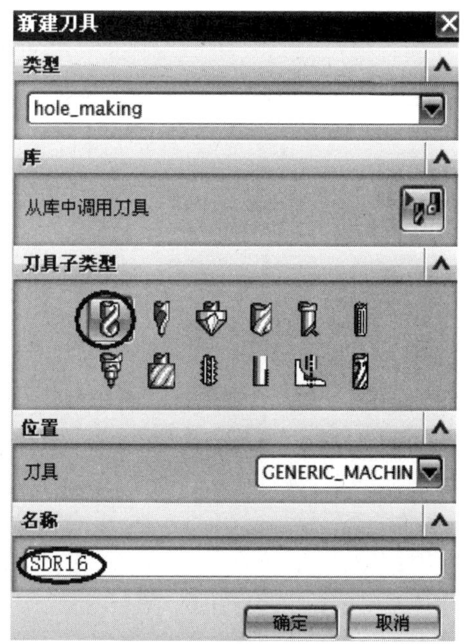

图 10-50

刀）图标，在【名称】栏输入【BR19.5】，单击 确定 按钮，弹出【镗孔工具】对话框，在【直径】栏输入【19.5】，在【颈部直径】栏输入【14】，如图 10-53 所示。单击确定按钮，完成创建 ϕ19.5mm 的镗刀，系统返回【钻孔】对话框，单击确定按钮。

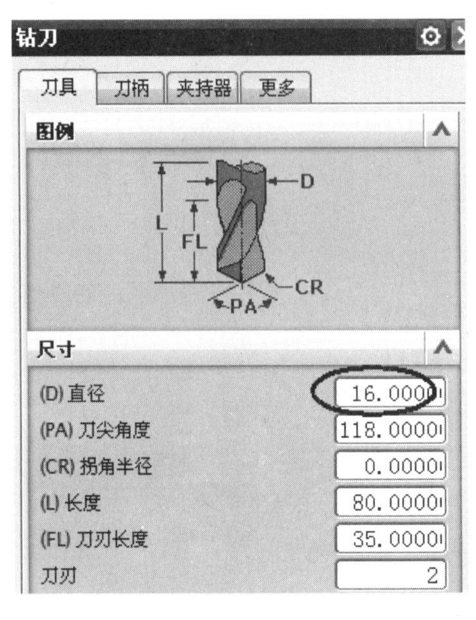

图 10-51

图 10-52

（3）删除不需要的操作　在工序导航器中选择 PRE_DRILL_T...、DEBUR_SIMP...两个图标，单击鼠标右键，在右键菜单中选择删除选项，如图 10-54 所示，完成删除不需要的操作。

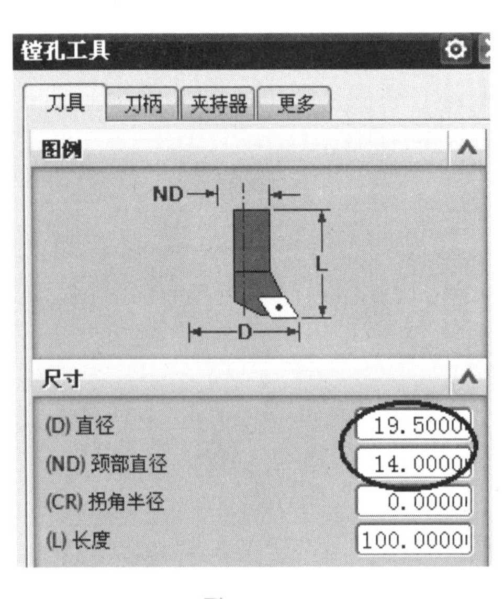

图 10-53

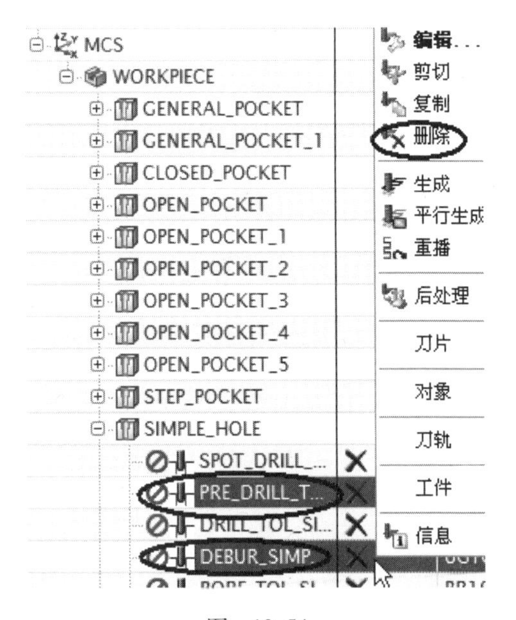

图 10-54

（4）生成刀轨　在工序导航器的几何视图中选择 SIMPLE_HOLE、SIMPLE_HOLE_1图标，单击鼠标右键，弹出右键菜单，如图 10-55 所示。选择生成命令，系统弹出【刀轨生成】对话框，取消勾选【每一刀轨后暂停】、【每一刀轨前刷新】选项，单击 确定 按钮，系统自动生成五个刀轨，如图10-56所示。

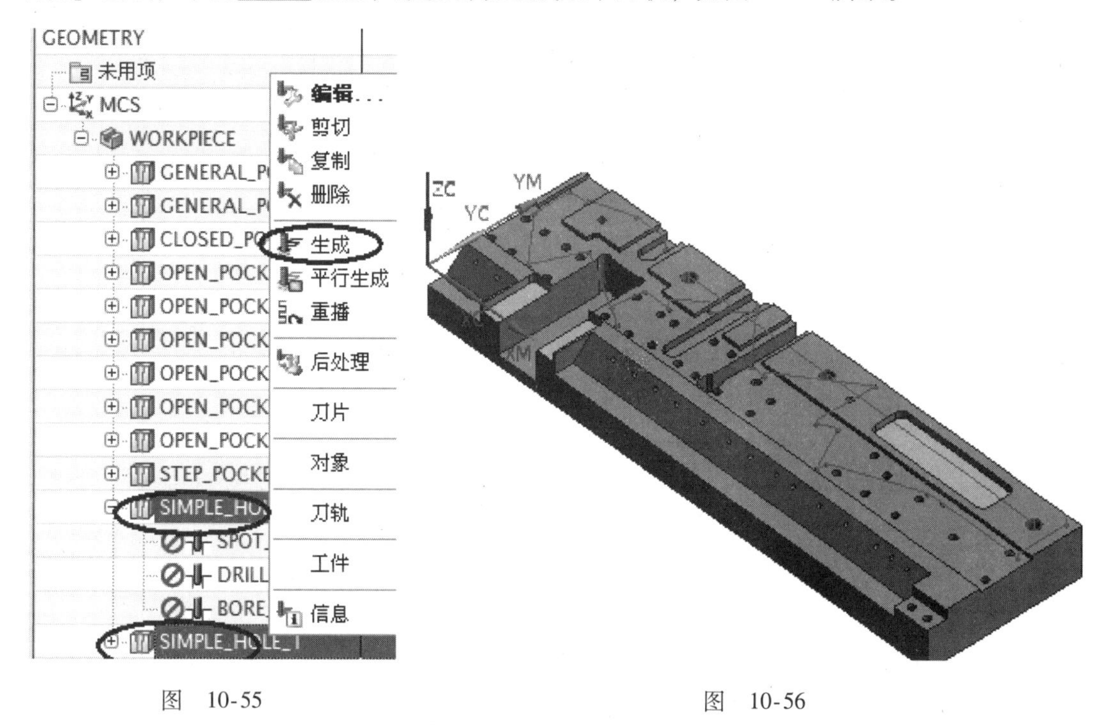

图　10-55　　　　图　10-56

13. 创建FIT_HOLE配合孔的加工工艺方法

在加工特征导航器的视图中选择图10-57所示的所有FIT_ HOLE配合孔特征，单击鼠标右键，在右键菜单中选择 Create Feature Process...（创建特征工艺）选项，弹出【创建特征工艺】对话框，如图10-58所示。在【类型】下拉列表框中选择【基于模板的】选项，在【模板】下拉列表框中选择【hole _ making】选项，在【工艺类型】栏勾选【FIT _ HOLE】选项，在【Geometry】下拉列表框中选择【WORKPIECE】选项，在【设置】区域的【组】下拉列表框中选择【始终新建】选项，单击 确定 按钮，完成创建FIT_ HOLE配合孔的加工工艺，如图10-59所示。

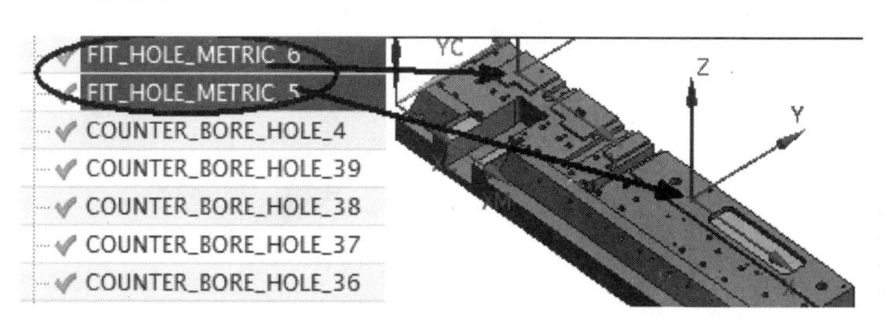

图　10-57

14. 生成刀轨

在工序导航器的几何视图中选择 FIT_HOLE 图标，单击鼠标右键，弹出右键菜单，选择 生成命令，系统弹出【刀轨生成】对话框，取消勾选【每一刀轨后暂停】、【每一刀轨前刷新】选项，单击 确定 按钮，系统自动生成四个刀轨，如图10-60所示。

图 10-58

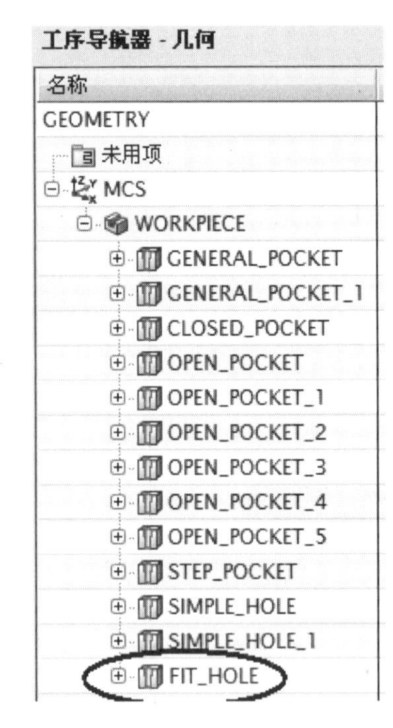

图 10-59

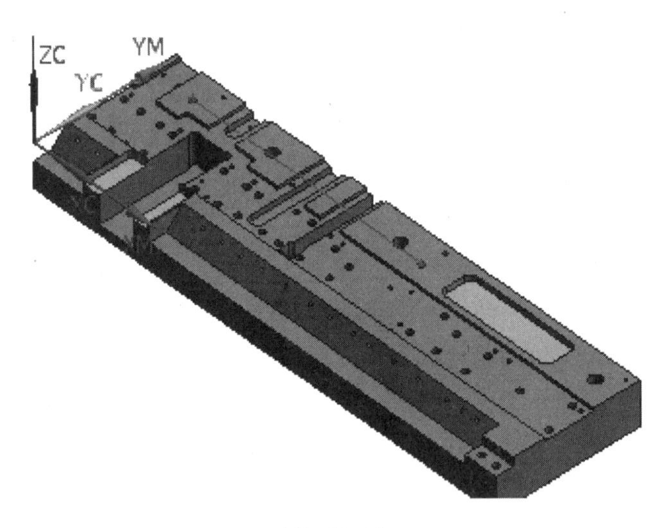

图 10-60

15. 创建 CB_HOLE 沉头孔的加工工艺方法

在加工特征导航器的视图中选择图 10-61 所示的所有沉头孔特征，单击鼠标右键，在右键菜单中选择 Create Feature Process...（创建特征工艺）选项，弹出【创建特征工艺】对话框，如图 10-62 所示。在【类型】下拉列表框中选择【基于模板的】选项，在【模板】下拉列表框中选择【hole_making】选项，在【工艺类型】栏勾选【CB_HOLE】选项，在【Geometry】下拉列表框中选择【WORKPIECE】选项，在【设置】区域的【组】下拉列表框中选择【始终新建】选项，单击 确定 按钮，完成创建 CB_ HOLE 沉头孔的加工工艺，如图 10-63 所示。

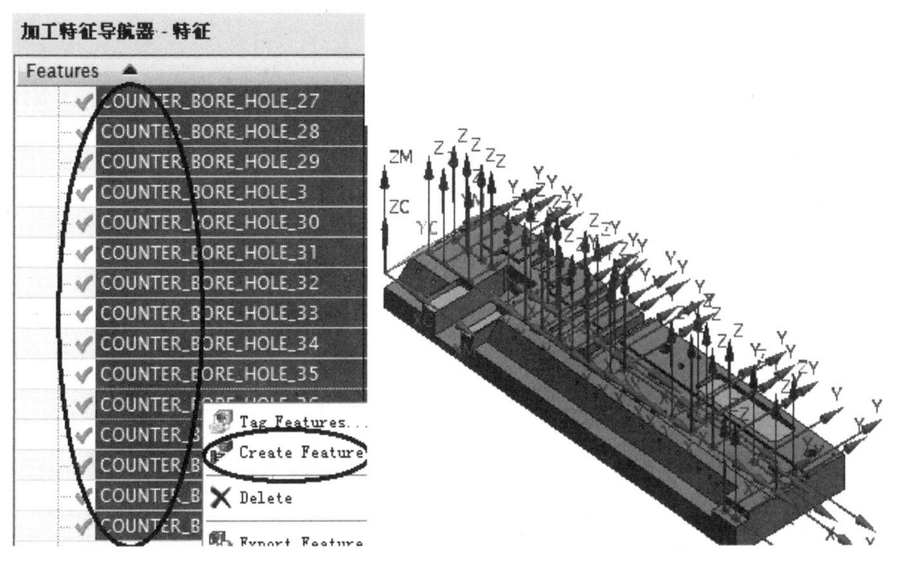

图　10-61

图　10-62

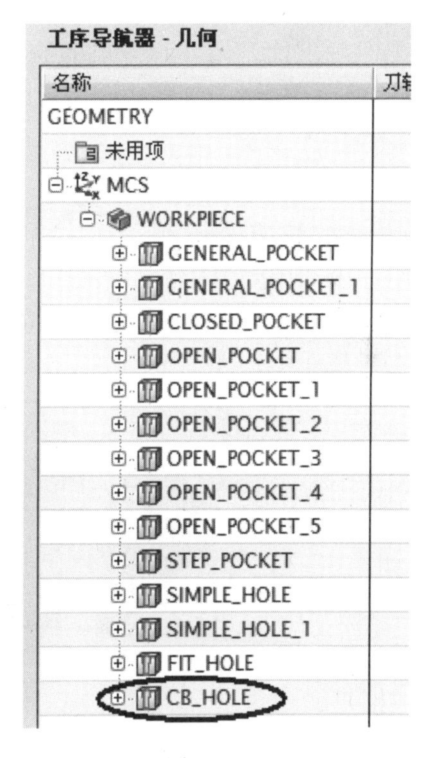

图　10-63

16. 编辑相关操作，生成刀轨

（1）编辑刀具长度　在工序导航器中双击 DRILL_CB_HOLE 图标，弹出【钻孔】对话框，如图 10-64 所示。在【刀具】栏区域中选择（编辑刀具）图标，弹出【Twist – Drill 5 Mm】

（5mm 麻花钻编辑）对话框，在【长度】栏输入【85】，单击确定按钮，完成编辑刀具长度，如图 10-65 所示，系统返回【钻孔】对话框，单击确定按钮。

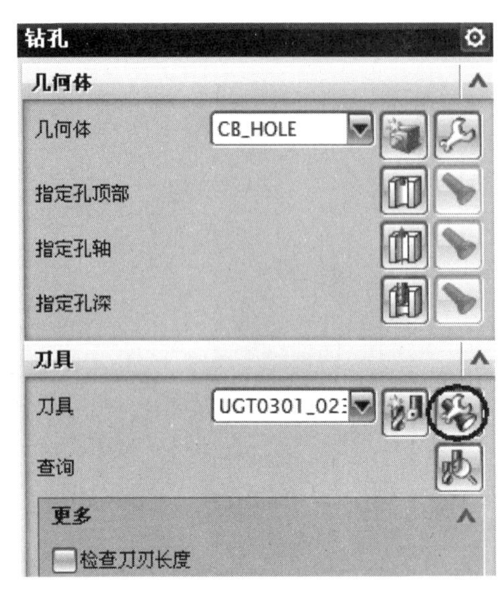

图　10-64

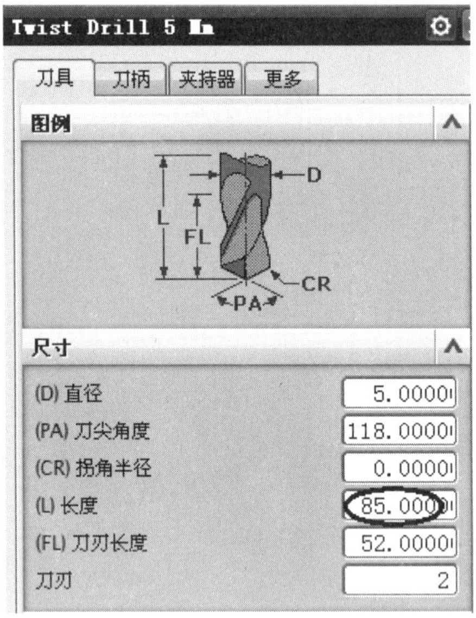

图　10-65

（2）生成刀轨　在工序导航器的几何视图中选择 CB_HOLE 图标，单击鼠标右键，选择 生成命令，系统弹出【刀轨生成】对话框，取消勾选【每一刀轨后暂停】、【每一刀轨前刷新】选项，单击确定按钮，系统自动生成三个刀轨，如图 10-66 所示。

17. 创建刀轨仿真验证

在工序导航器几何视图中选择【WORKPIECE】节点，然后在【操作】工具条中选择（确认刀轨）图标，弹出【刀轨可视化】对话框，如图 10-67 所示。选择【2D 动态】选项，单击（播放）按钮，图形中出现模拟切削动画。模拟切削完成后，在【刀轨可视化】对话框中单击比较按钮，可以看到切削结果，白色余量已经均匀，如图 10-68 所示。

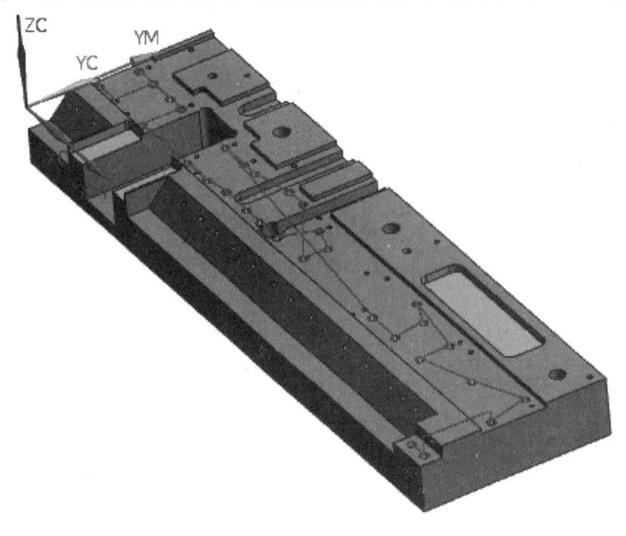

图　10-66

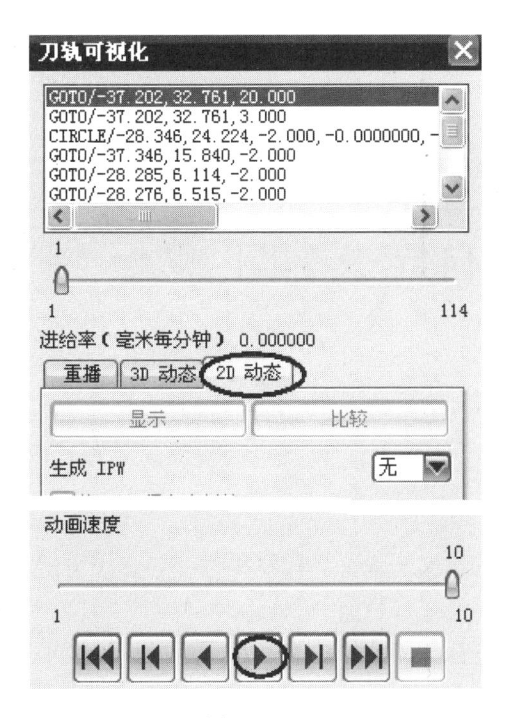
刀轨可视化
GOTO/-37.202,32.761,20.000
GOTO/-37.202,32.761,3.000
CIRCLE/-28.346,24.224,-2.000,-0.0000000,-
GOTO/-37.346,15.840,-2.000
GOTO/-28.285,6.114,-2.000
GOTO/-28.276,6.515,-2.000
1
1
114
进给率（毫米每分钟） 0.000000
重播
3D 动态
2D 动态
显示
比较
生成 IPW
无
动画速度
10
1
10

图 10-67

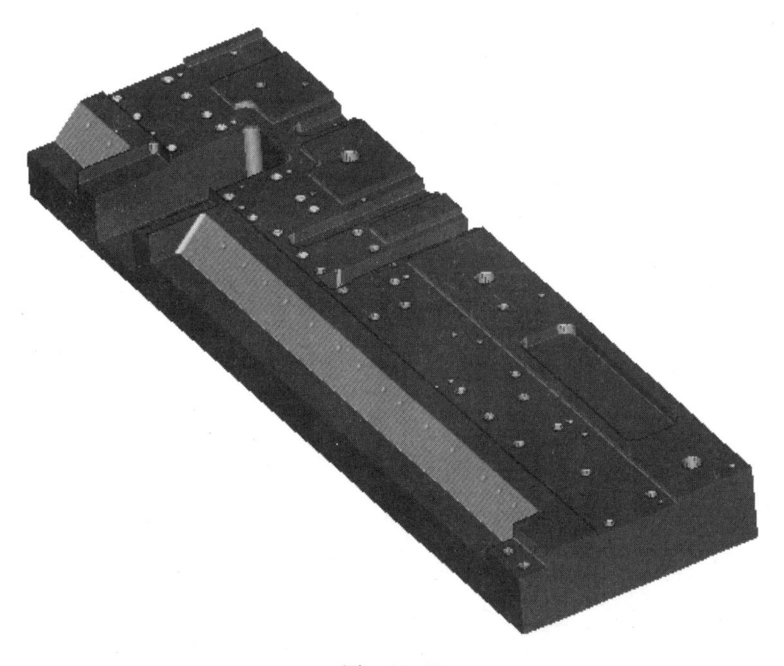

图 10-68

第 11 章 创建和调用自定义加工模板

11.1 模板的概念

模板是工件文件中加工数据的集合，包括操作、刀具、方法和几何体等节点，其各节点已经包含了预先设定的一些加工参数值。

模板可以根据设计人员自身的习惯以及产品自身的设计要求来设置。建立常用的符合加工要求的模板，消除了重复定义参数的烦琐工作，提高了工作效率。

模板的使用有三种方法，即使用系统自带的加工向导、调用模型模板和自定义模板。

11.2 使用系统自带的加工向导实例

本实例要求加工一个扇叶的型芯模型，毛坯开粗已完成，要求在半精加工前保证其余料均匀，因此需要进行剩余铣加工。

1. 打开文件

选择菜单中的【文件】/打开(O)命令或选择（打开）图标，弹出【打开】部件对话框。在【文件类型】下拉列表框中选择【Parasolid 文本文件（*.x_t）】选项，打开书配光盘中的\parts\11\sy.x_t文件，单击 OK 按钮，工件模型如图 11-1 所示。

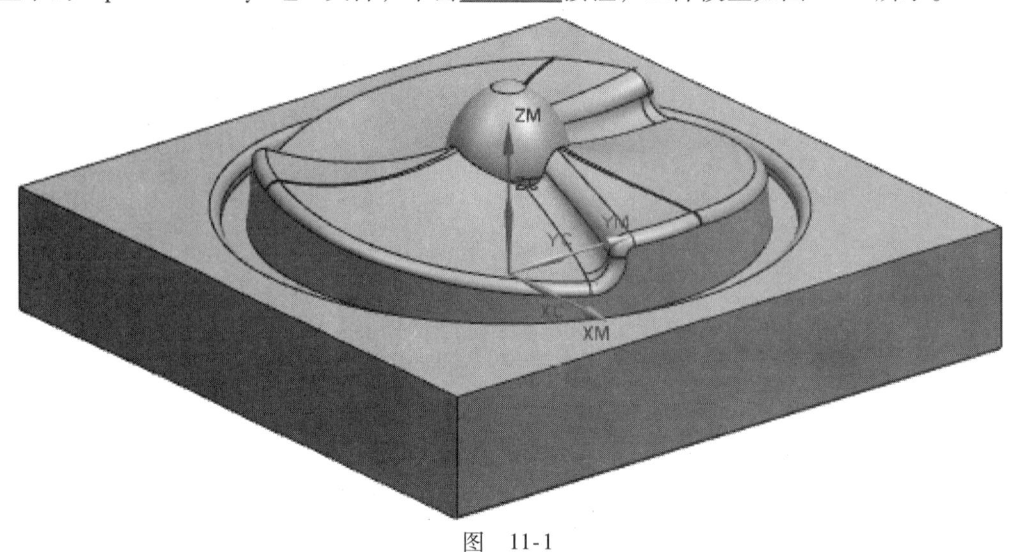

图 11-1

2. 进入加工模块

选择菜单中开始下拉框中的加工(N)...模块，进入加工应用模块。

3. 设置加工环境

选择加工(N)...模块后，系统弹出【加工环境】对话框，如图 11-2 所示。在【CAM 会话配置】列表框中选择【cam _ general】，在【要创建的 CAM 设置】列表框中选择【mill _ contour】，单击确定按钮，进入加工初始化。

图　11-2

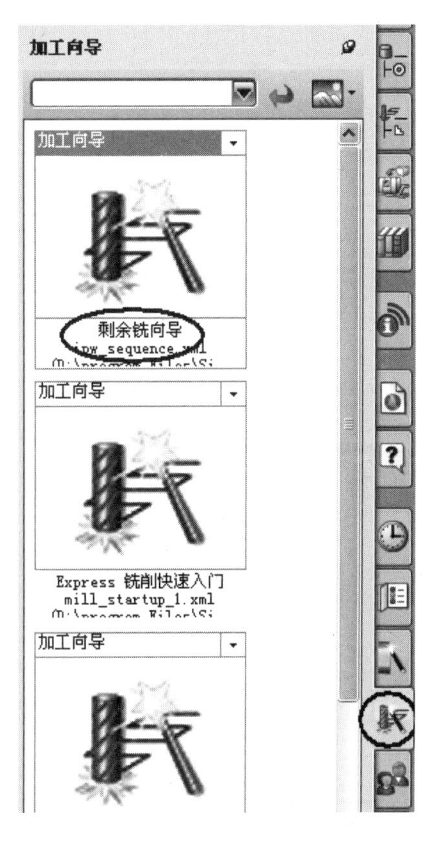

图　11-3

4. 创建剩余铣加工步骤

1）在导航器栏选择（加工向导）图标，弹出加工向导栏，如图 11-3 所示。

2）单击 剩余铣向导 ipw_sequence.xml 按钮，弹出【剩余铣向导】对话框，如图 11-4 所示。剩余铣向导第一步骤是欢迎界面，显示剩余铣向导的使用说明。

3）单击下一步 >按钮，进入创建 IPW 序列第二步骤第一小步，创建几何体组。系统提示输入要创建的几何组名称，如图 11-5 所示，这里使用默认名称。

4）单击下一步 >按钮，进入创建 IPW 序列第二步骤第二小步，选择父几何体。系统提示选择 WORKPIECE 或另一个包含 Part 和 Blank 几何体的几何体组，如图 11-6 所示，这里使用默认名称。

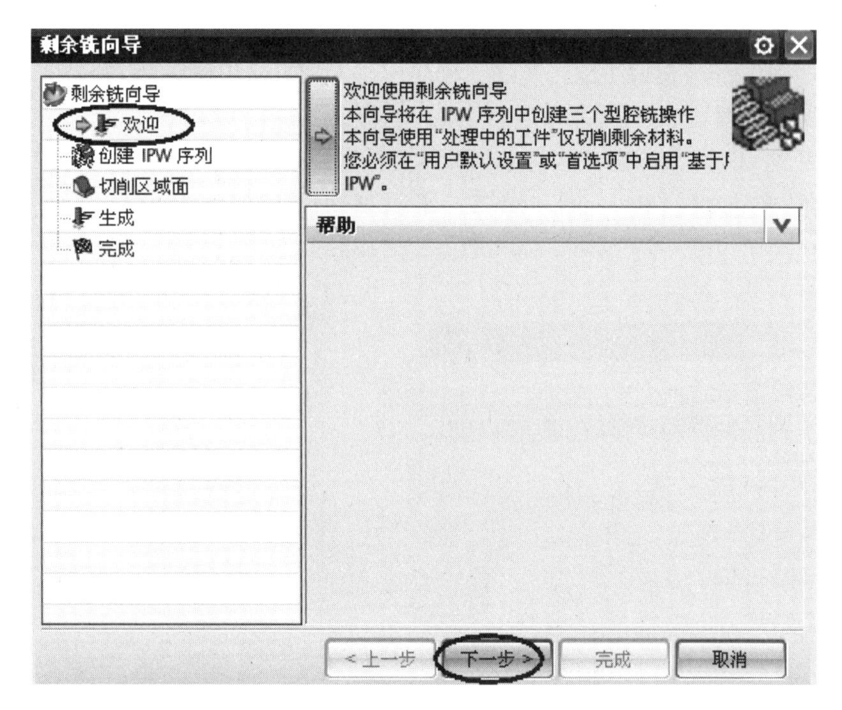
剩余铣向导
剩余铣向导
欢迎
创建 IPW 序列
切削区域面
生成
完成
欢迎使用剩余铣向导
本向导将在 IPW 序列中创建三个型腔铣操作
本向导使用"处理中的工件"仅切削剩余材料。
您必须在"用户默认设置"或"首选项"中启用"基于I
IPW"。
帮助
< 上一步
下一步 >
完成
取消

图 11-4

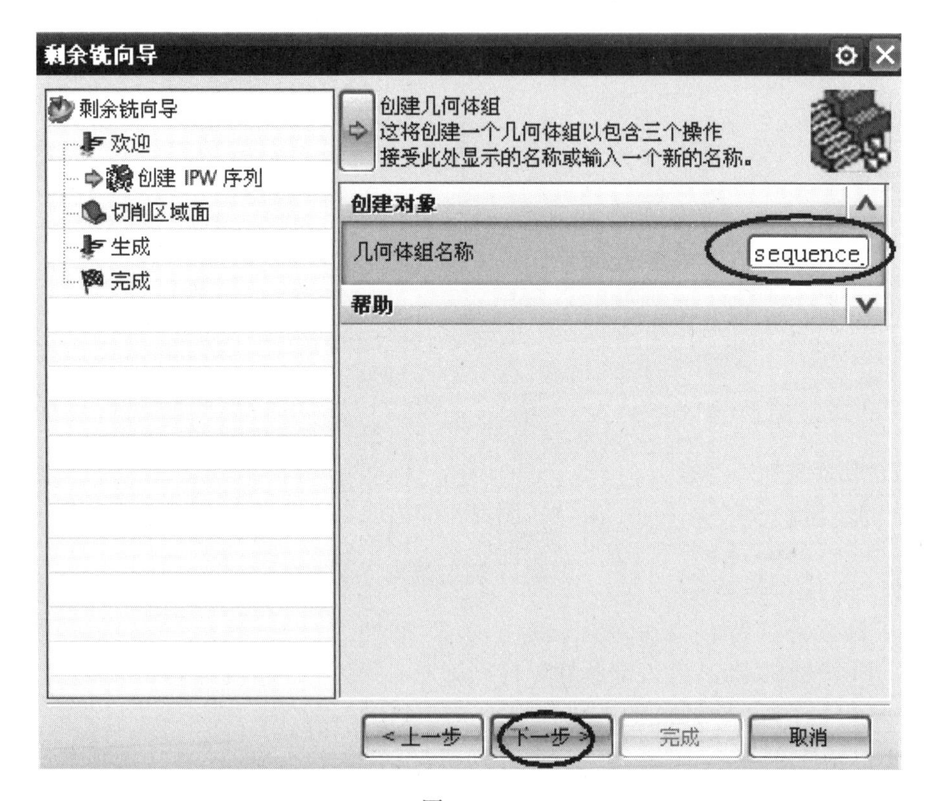
剩余铣向导
剩余铣向导
欢迎
创建 IPW 序列
切削区域面
生成
完成
创建几何体组
这将创建一个几何体组以包含三个操作
接受此处显示的名称或输入一个新的名称。
创建对象
几何体组名称
sequence
帮助
< 上一步
下一步 >
完成
取消

图 11-5

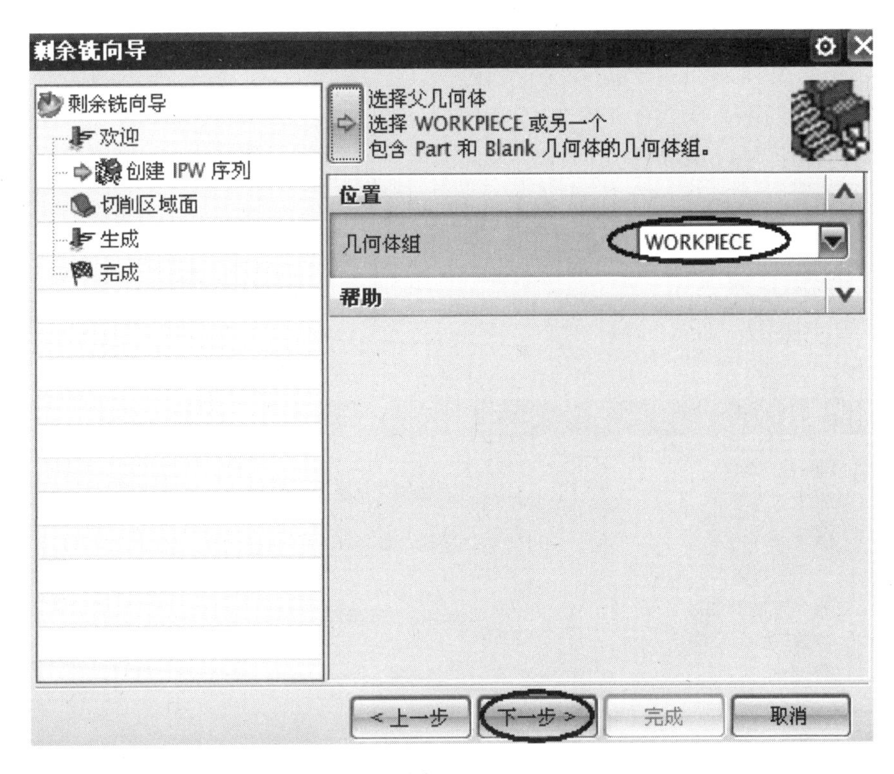

图　11-6

5）单击下一步>按钮，进入第三步骤，选择要切削的面。选择要切削的面，可以选择（选择或编辑切削区域几何体）图标，如图 11-7 所示，进入【切削区域】对话框，如图 11-8 所示；选择要切削的区域，这里默认全部区域要加工，可以不进行选择。

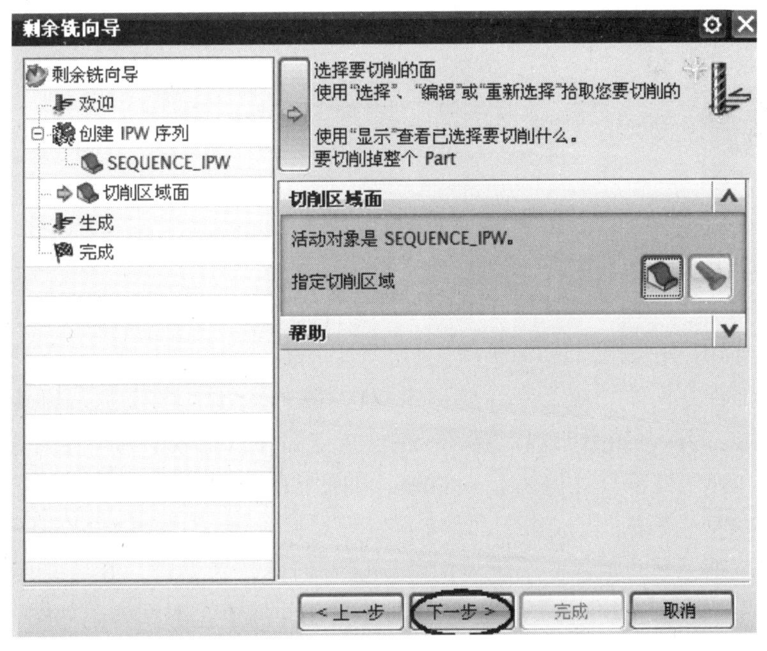

图　11-7

6）单击下一步按钮，进入第四步骤，生成刀轨，如图 11-9 所示。由于这里没有创建部件几何体，当使用基于层的 IPW 时，操作必须从“几何体组”继承部件几何体，因此直接单击下一步按钮。

7）系统进入第五步骤，弹出剩余铣向导完成界面，如图 11-10 所示。单击完成按钮，生成了三个操作，如图 11-11 所示。

图　11-8

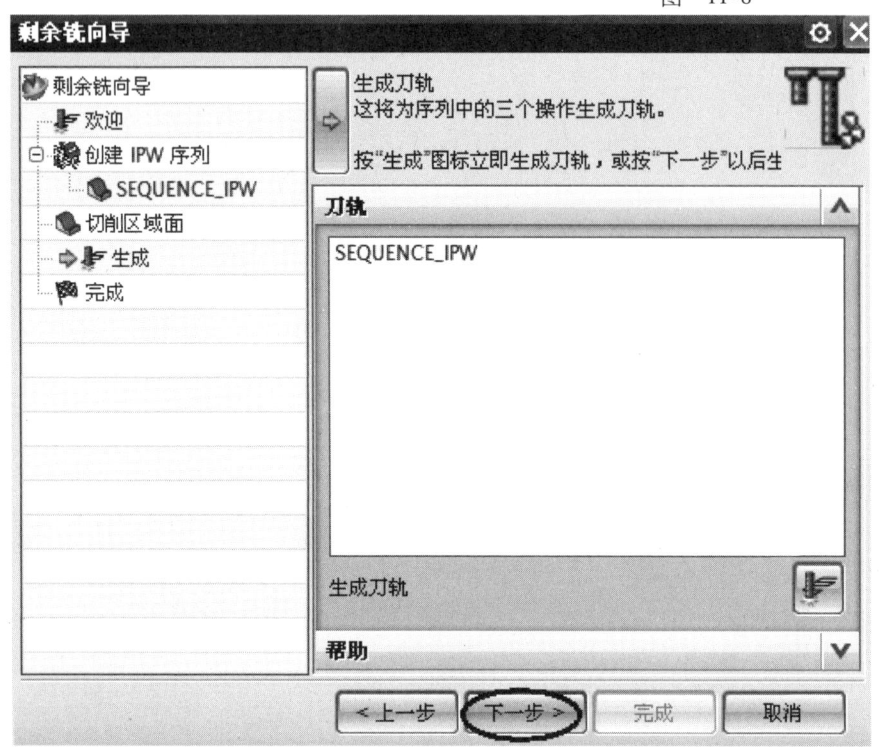

图　11-9

5. 创建铣削几何体

（1）展开 MCS_ MILL　在工序导航器的几何视图中单击 MCS_MILL 前面的 ⊕（加号）图标，展开 MCS_ MILL，如图 11-11 所示。

（2）创建部件几何体　在工序导航器中双击 WORKPIECE（铣削几何体）图标，弹出【铣削几何体】对话框，如图 11-12 所示。在【指定部件】区域中选择（选择或编辑部件几何体）图标，弹出【部件几何体】对话框，如图 11-13 所示。在图形中选择图 11-14 所示工件，单击确定按钮，完成指定部件。

（3）创建铣削毛坯几何体　系统返回【铣削几何体】对话框，在【指定毛坯】区域中选择（选择或编辑毛坯几何体）图标，弹出【毛坯几何体】对话框，如图 11-15 所示。在【类型】下拉列表框中选择部件的偏置选项，在【偏置】栏输入【2.5】，单击确定按钮，

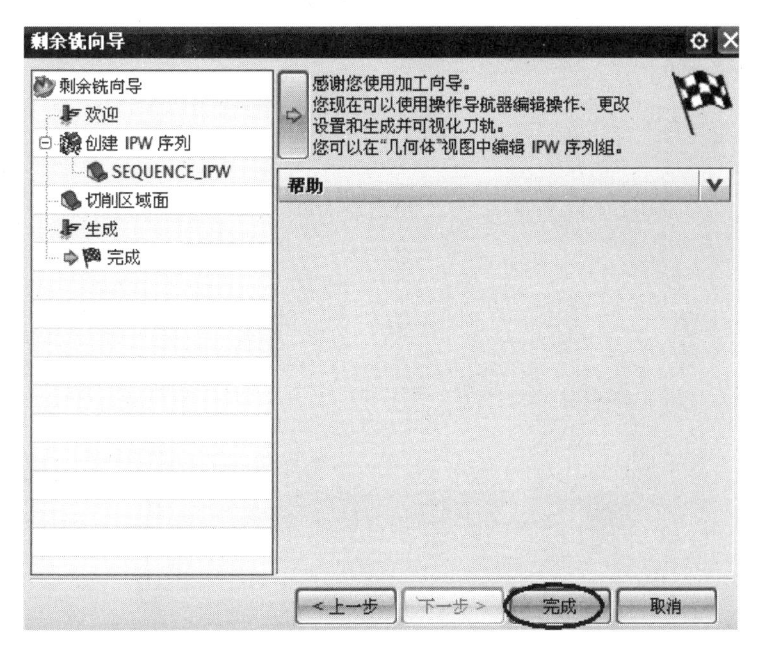

图　11-10

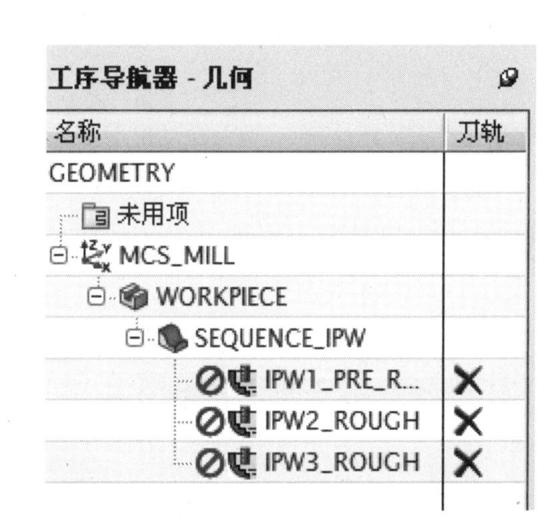

图　11-11

图　11-12

完成指定毛坯。系统返回【铣削几何体】对话框，单击确定按钮，完成设置铣削几何体。

6. 编辑 IPW 序列组

在工序导航器中双击SEQUENCE_IPW（IPW 序列组）图标，弹出【顺序 Ipw】对话框，如图 11-16 所示。在【指定切削区域】区域中选择（选择或编辑切削区域几何体）图标，弹出【切削区域】对话框，如图 11-17 所示。在视图工具栏中选择（前视图）图标，框选图 11-18 所示的工件面，单击确定按钮，完成指定切削区域几何体。

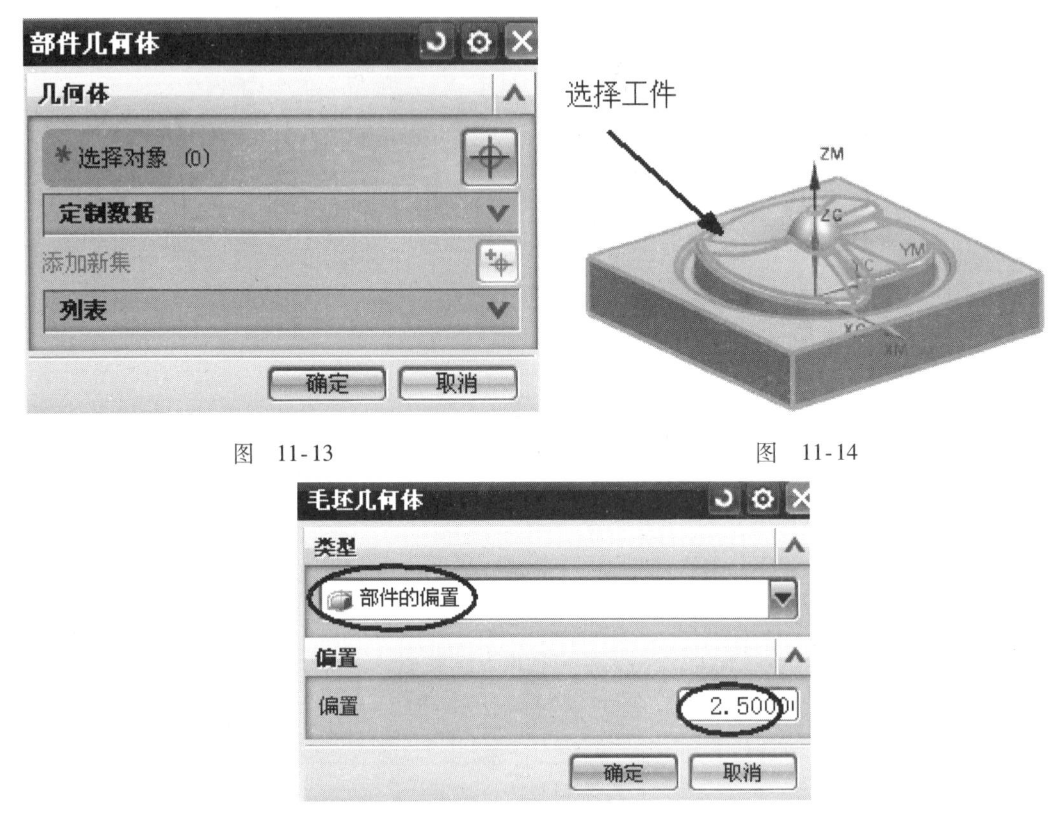

图 11-13

图 11-14

图 11-15

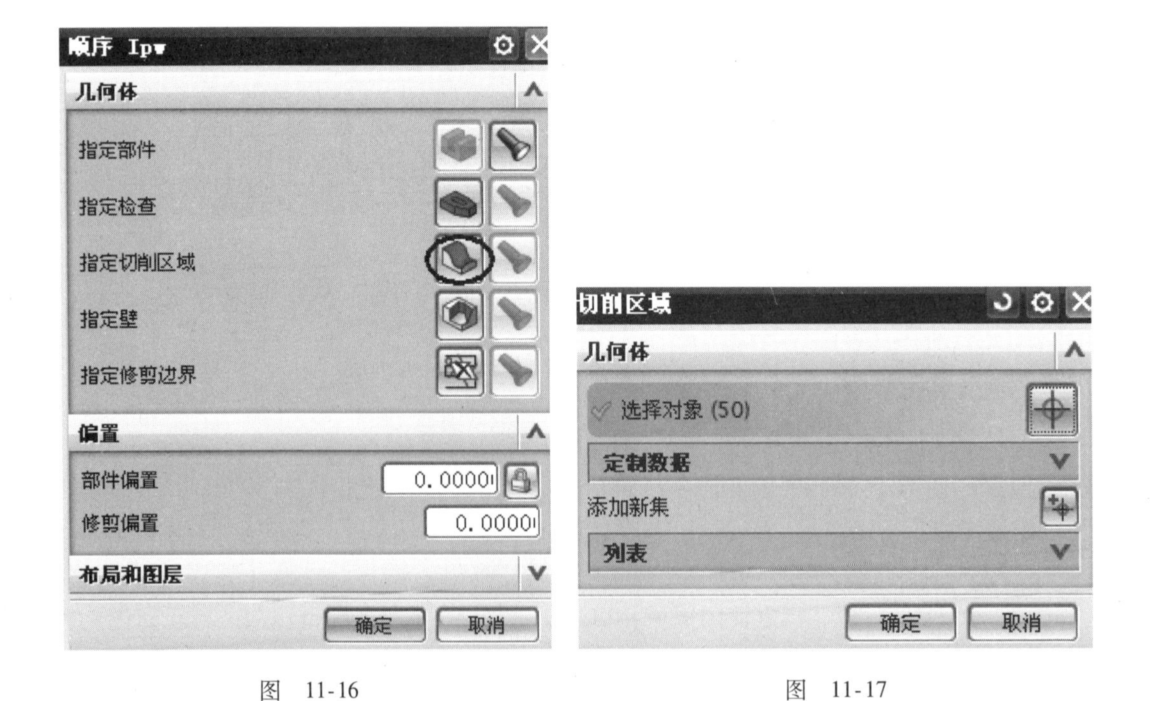

图 11-16

图 11-17

系统返回【顺序 Ipw】对话框，单击 确定 按钮，完成编辑 IPW 序列组。

7. 生成刀轨

在工序导航器的几何视图中选择 SEQUENCE_IPW（IPW 序列组）图标，单击鼠标右键，弹出右键菜单，如图 11-19 所示。选择 生成命令，系统自动生成三个刀轨，如图 11-20 所示，单击 确定 按钮，接受刀轨。

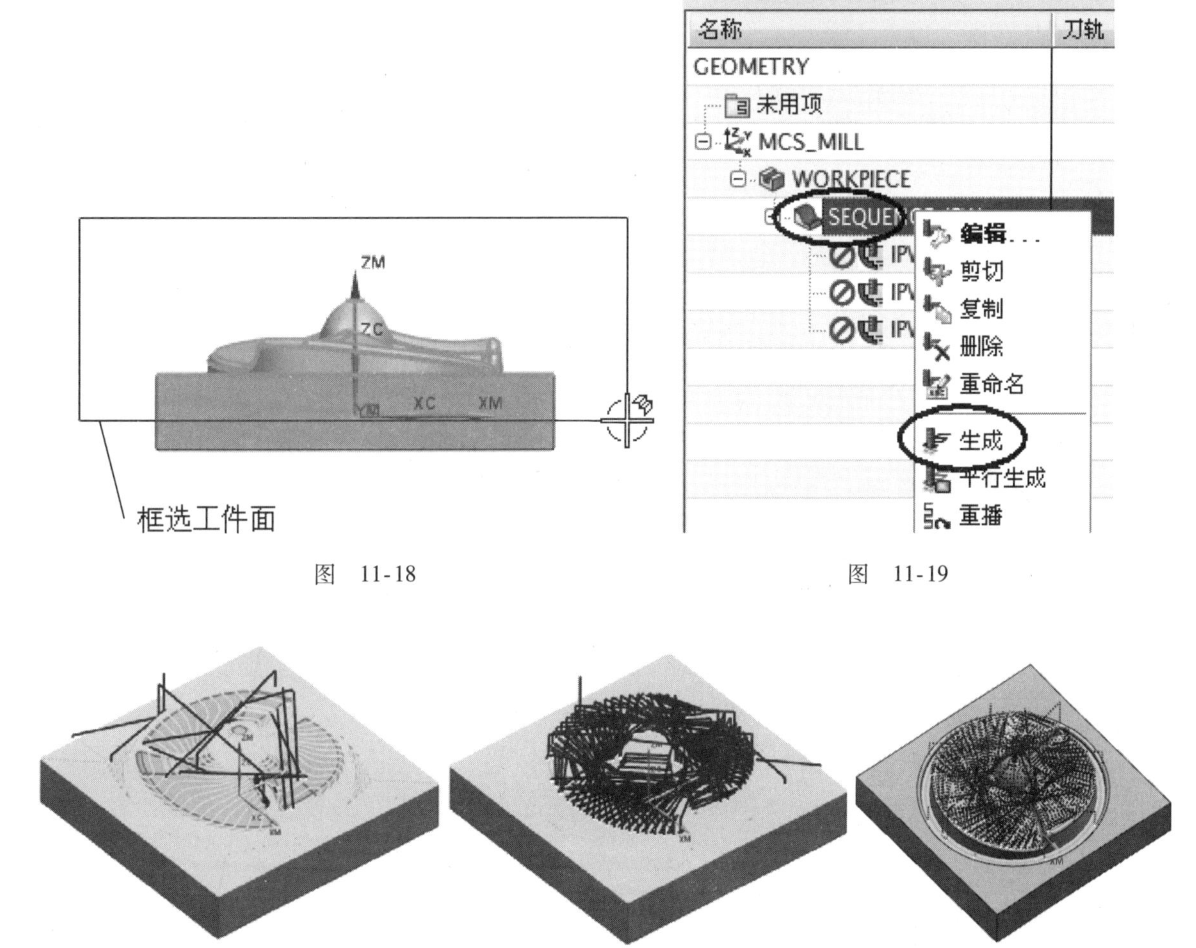

图　11-18

图　11-19

a)　b)　c)

图　11-20

8. 创建刀轨仿真验证

在工序导航器几何视图中选择【WORKPIECE】节点，然后在【操作】工具条中选择 （确认刀轨）图标，弹出【刀轨可视化】对话框，如图 11-21 所示。选择【2D 动态】选项，单击 （播放）按钮，图形中出现模拟切削动画。模拟切削完成后，在【刀轨可视化】对话框中单击 比较 按钮，可以看到切削结果，白色余量已经均匀，如图 11-22 所示。

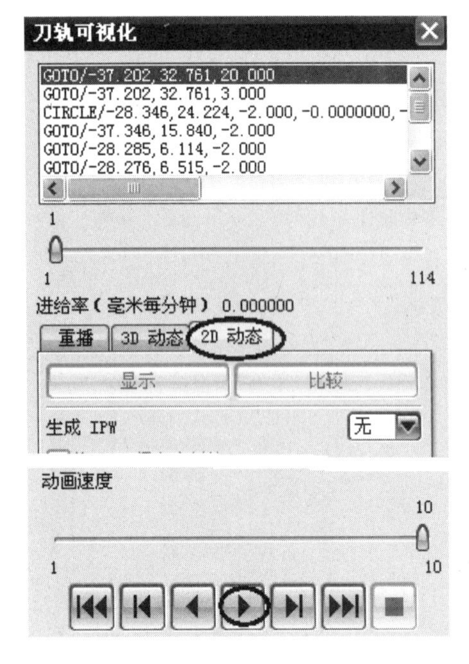

图 11-21

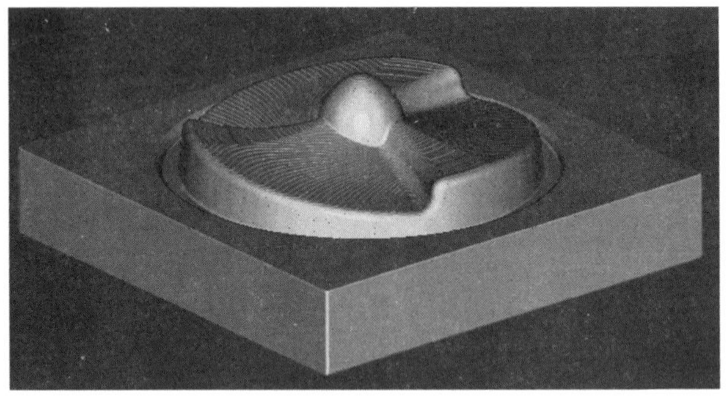

图 11-22

11.3 调用模型模板

11.3.1 定义模板文件

1. 打开文件

选择菜单中的【文件】/ 打开(O)命令或选择（打开）图标，弹出【打开】部件对话框。打开书配光盘中的\ parts \ 11 \ pm－1. prt 文件，单击 OK 按钮，工件模型如图 11-23 所示。

2. 进入加工模块

选择菜单中 开始 下拉框中的 加工(N)... 模块，进入加工应用模块。

3. 设置加工环境

选择 加工(N)... 模块后，系统弹出【加工环境】对话框，如图 11-24 所示。在【CAM 会话配置】列表框中选择【cam _ general】，在【要创建的 CAM 设置】列表框中选择【mill _ planar】，单击 确定 按钮，进入加工初始化，在导航器栏出现（工序导航器）图标，如图 11-25 所示。

4. 设置工序导航器的视图为几何视图

选择菜单中的【工具】/【工序导航器】/【视图】/【几何视图】命令或在【导航器】工具条中选择（几何视图）图标，工序导航器的视图更新为如图 11-25 所示。

5. 展开 MCS_ MILL

在工序导航器的几何视图中单击 MCS_MILL 前面的（加号）图标，展开 MCS_ MILL，如图 11-26 所示。

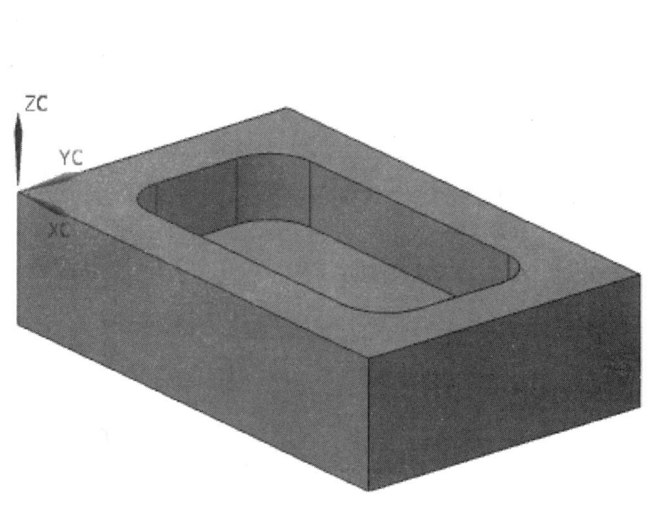

图　11-23

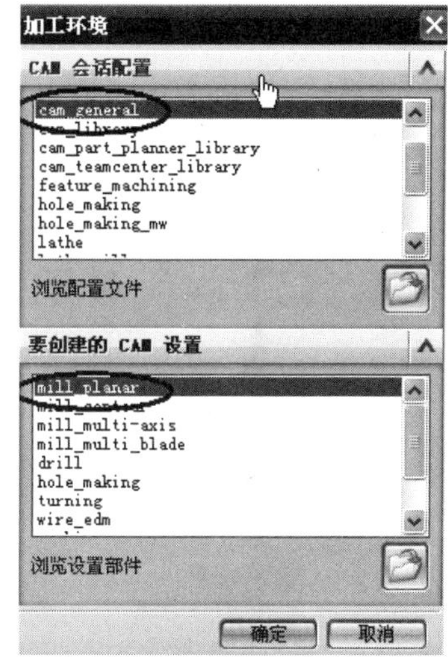

图　11-24

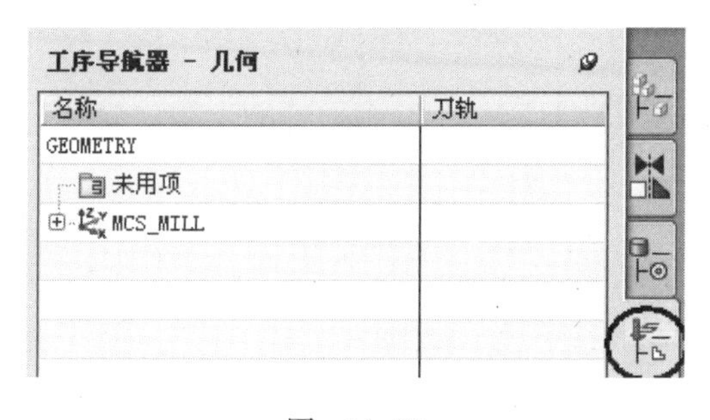

图　11-25

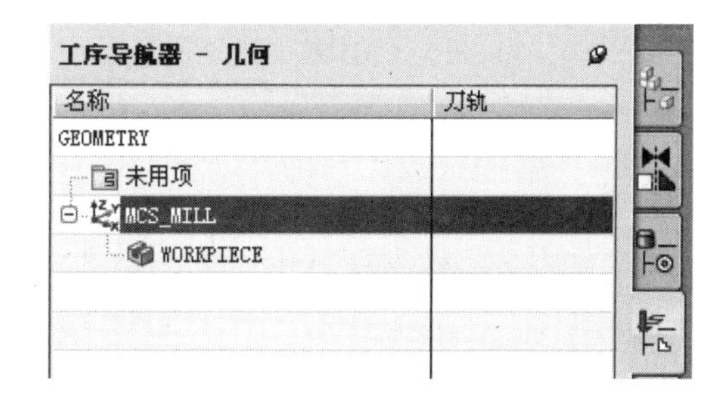

图　11-26

6. 创建边界几何体

在工序导航器的几何视图中右击 WORKPIECE 图标，如图 11-27 所示，在右键菜单中选择刀片 / 几何体...命令，弹出【创建几何体】对话框，如图 11-28 所示。

在【创建几何体】对话框的【类型】下拉列表框中选择【mill _ planar】选项，在【几何体子类型】中选择（铣削边界）图标，单击确定按钮，弹出【铣削边界】对话框，如图 11-29 所示。单击确定按钮，完成创建边界几何体，工序导航器的视图更新为如图 11-30 所示。

7. 设置工序导航器的视图为机床视图

选择菜单中的【工具】/【工序导航器】/【视图】/【机床视图】命令或在【导航器】工具条中选择（机床视图）图标。

8. 创建 EM12 立铣刀

选择菜单中的【插入】/【刀具】命令或在【插入】工具条中选择（创建刀具）图标，弹出【创建刀具】对话框，如图 11-31 所示。在【刀具子类型】中选择（铣刀）图标，在【名称】栏输入【EM12】。单击确定按钮，弹出【铣刀 -5 参数】对话框，如图 11-32 所示。在【直径】栏输入【12】，单击确定按钮，完成创建 ϕ12mm 的立铣刀。

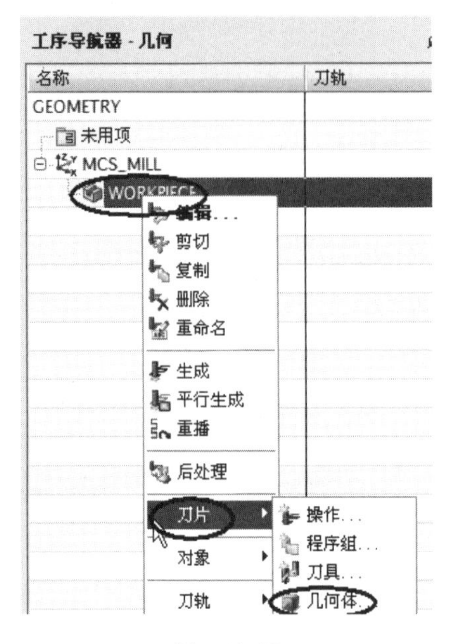

图 11-27

图 11-28

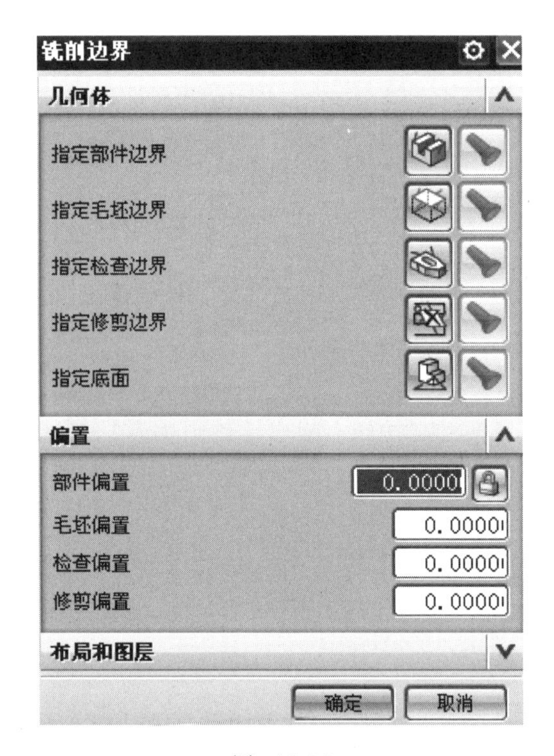

图 11-29

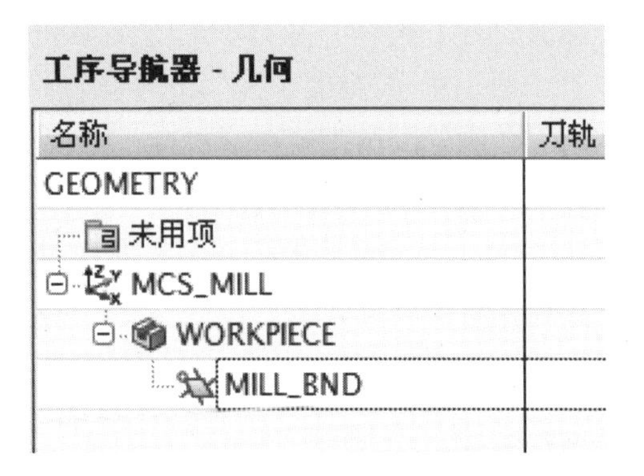

图 11-30

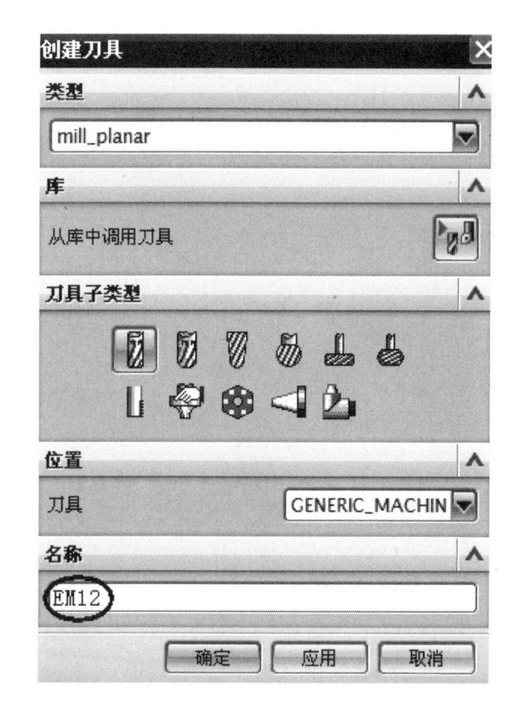

图　11-31

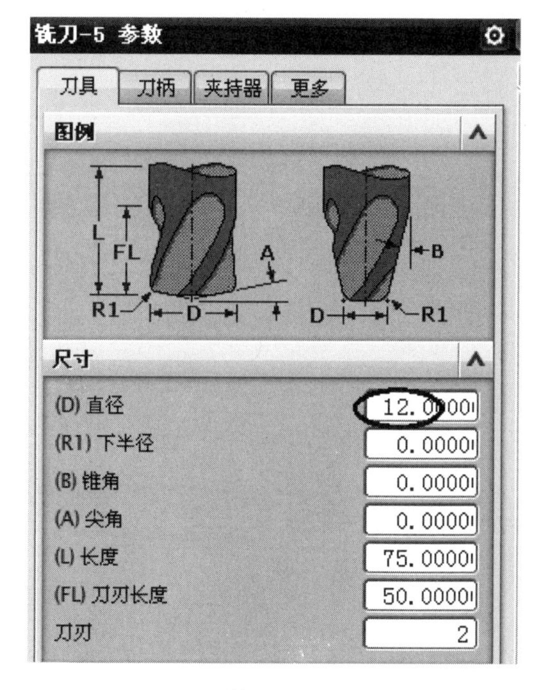

图　11-32

9. 创建跟随轮廓粗加工

选择菜单中的【插入】/【工序】命令或在【插入】工具条中选择（创建工序）图标，弹出【创建工序】对话框，如图 11-29 所示。

在【创建工序】对话框的【类型】下拉列表框中选择【mill _ planar】（平面铣），在【工序子类型】区域中选择（跟随轮廓粗加工）图标，在【刀具】下拉列表框中选择 EM12 (铣刀-5 参数) 刀具节点，在【几何体】下拉列表框中选择【MILL _ BND】节点，在【方法】下拉列表框中选择 MILL_ROUGH 节点，如图 11-33 所示。单击 确定 按钮，系统弹出【跟随轮廓粗加工】对话框，如图 11-34 所示。单击 确定 按钮，完成创建跟随轮廓粗加工。

10. 创建精加工底面

选择菜单中的【插入】/【工序】命令或在【插入】工具条中选择（创建工序）图标，弹出【创建工序】对话框。

在【创建工序】对话框的【类型】下拉列表框中选择【mill _ planar】（平面铣），在【工序子类型】区域中选择（精加工底面）图标，在【刀具】下拉列表框中选择【EM12（铣刀 -5 参数）】刀具节点，在【几何体】下拉列表框中选择【MILL _ BND】节点，在【方法】下拉列表框中选择【MILL _ ROUGH】节点，如图 11-35 所示。单击 确定 按钮，系统弹出【精加工底面】对话框，如图 11-36 所示。单击 确定 按钮，完成创建精加工底面。

11. 创建精加工侧壁

选择菜单中的【插入】/【工序】命令或在【插入】工具条中选择（创建工序）图标，弹出【创建工序】对话框。

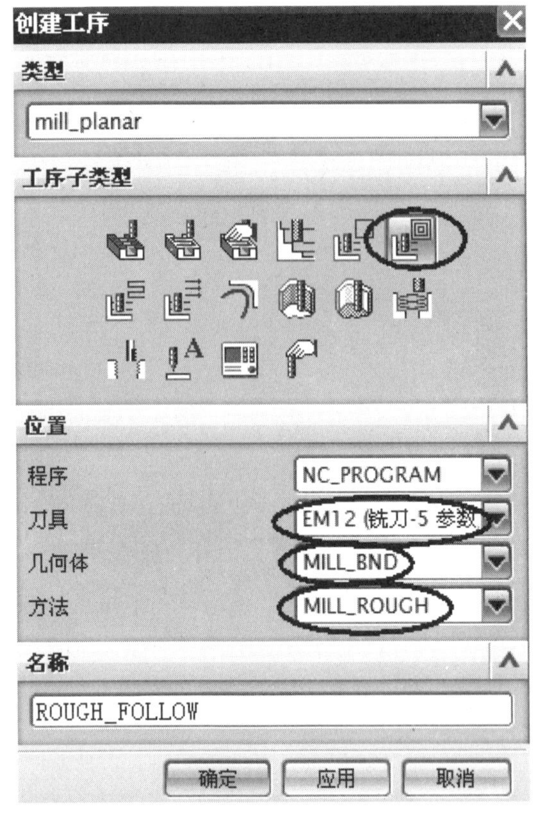

图　11-33

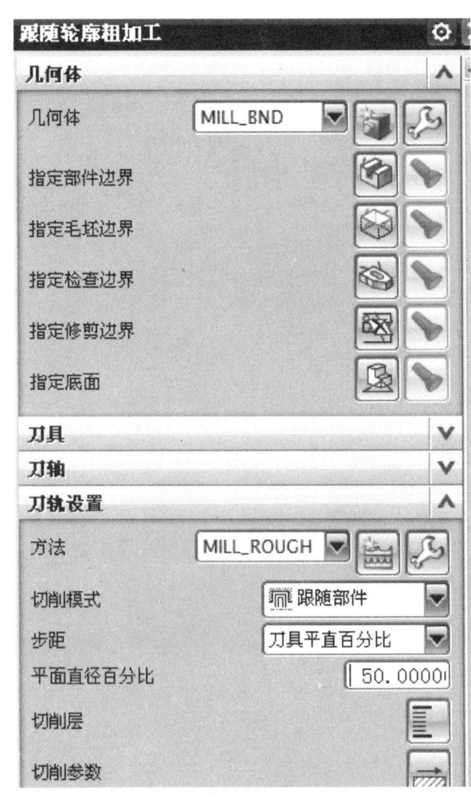

图　11-34

图　11-35

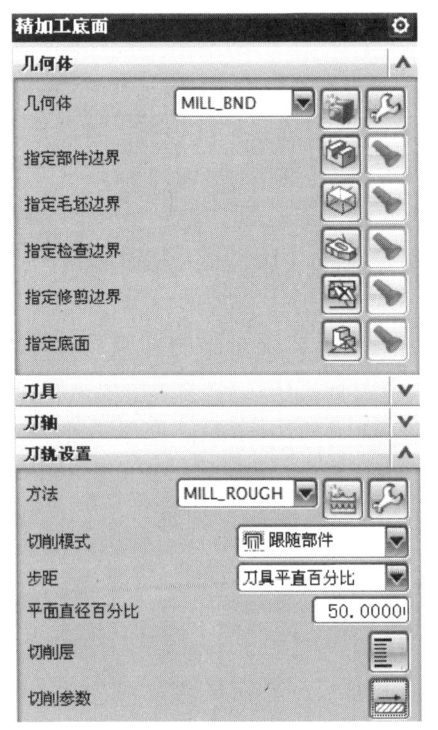

图　11-36

在【创建工序】对话框的【类型】下拉列表框中选择【mill _ planar】（平面铣），在【工序子类型】区域中选择（精加工壁）图标，在【刀具】下拉列表框中选择【EM12（铣刀 -5 参数）】刀具节点，在【几何体】下拉列表框中选择【MILL _ BND】节点，在【方法】下拉列表框中选择【MILL _ FINISH】节点，如图 11-37 所示。单击确定按钮，系统弹出【精加工壁】对话框，如图 11-38 所示。单击确定按钮，完成创建精加工壁。

12. 定义模板

在工序导航器的几何视图中右击MILL_BND图标，如图 11-39 所示，在右键菜单中选择【对象】/【模板设置】命令，弹出【模板设置】对话框。勾选【可将对象用作模板】选项，如图 11-40 所示，单击确定按钮，完成定义模板。

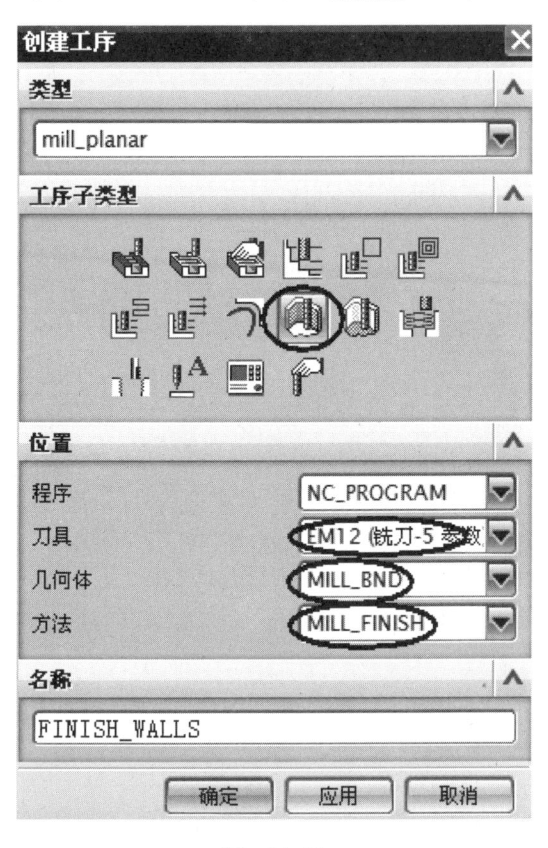

图　11-37

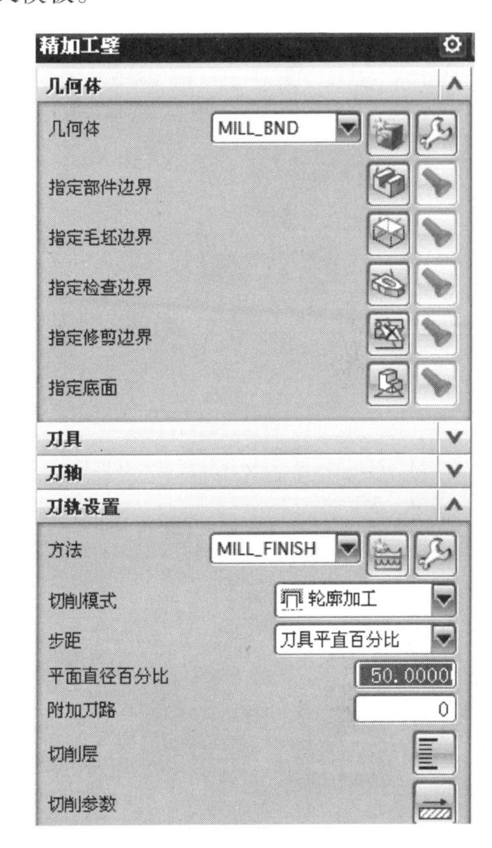

图　11-38

13. 定义加载的操作

按下【Shift】键，同时选中图 11-41 所示的三个工序。右键单击三个工序，如图 11-41 所示，在右键菜单中选择【对象】/【模板设置】命令，弹出【模板设置】对话框。勾选【如果创建了父项则创建】选项，如图 11-42 所示，单击确定按钮，完成定义加载的操作。

14. 保存文件

选择菜单中的【文件】/【另存为】命令，弹出【保存 CAM 安装部件为】对话框，在【文件名】栏输入【pm - 1 - mb. prt】，如图 11-43 所示，单击OK按钮。

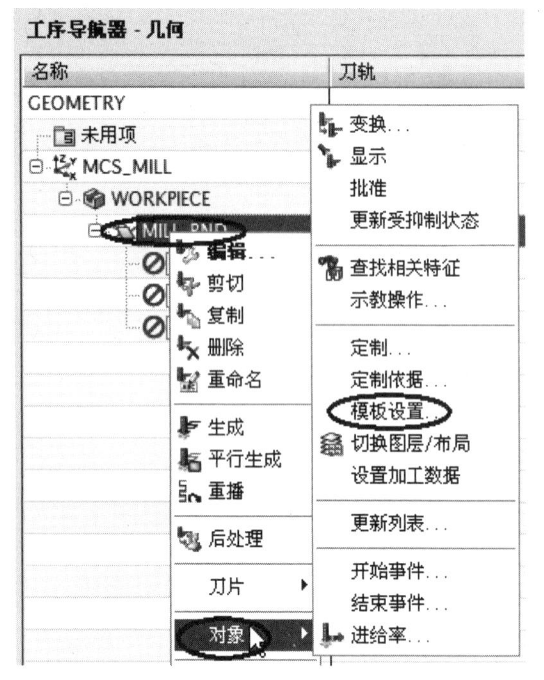

图 11-39

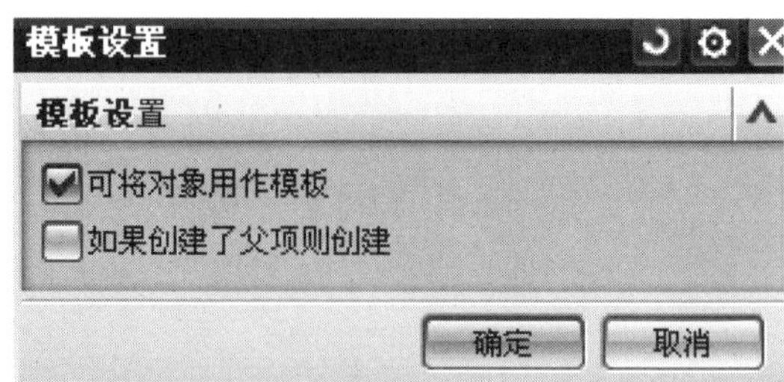

图 11-40

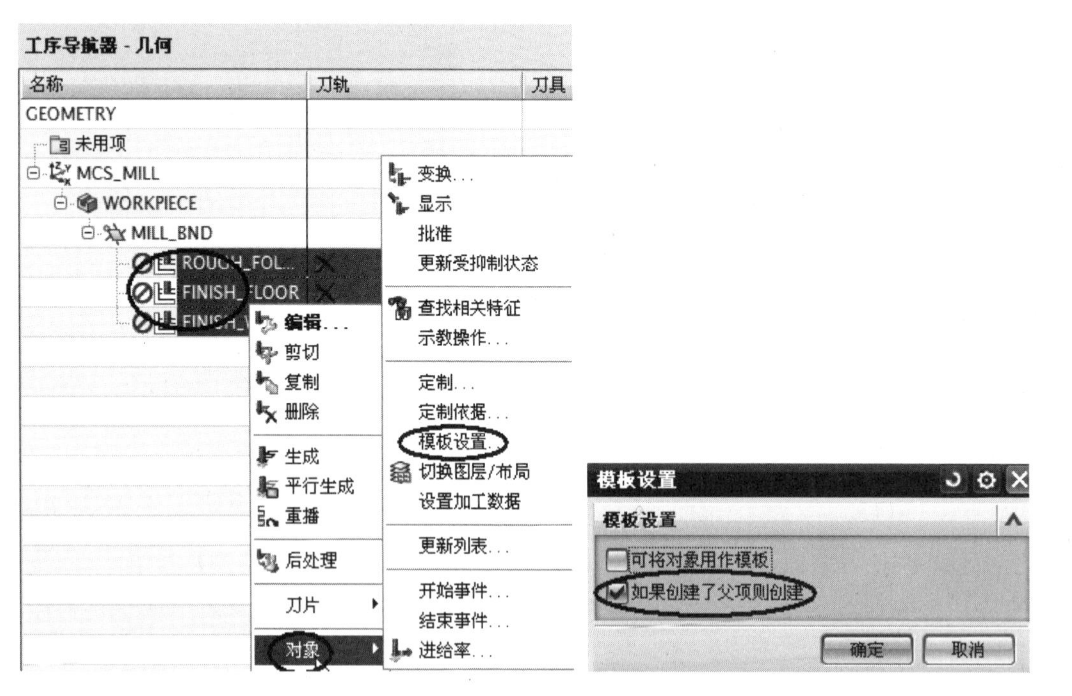

图 11-41

图 11-42

11.3.2　调用模板文件

1. 打开文件

选择菜单中的【文件】/【打开】命令或选择（打开）图标，弹出【打开】对话框，打开书配光盘中的 \ parts \ 11 \ pm－2. prt 文件，单击 OK 按钮，工件模型如图 11-44 所示。系统弹出【加工环境】对话框，在【CAM 会话配置】列表框中选择【cam_general】，在【要创建的 CAM 设置】列表框中选择【mill_planar】，单击 确定 按钮，进入加工初始化，在导航器栏出现（工序导航器）图标，如图 11-45 所示。

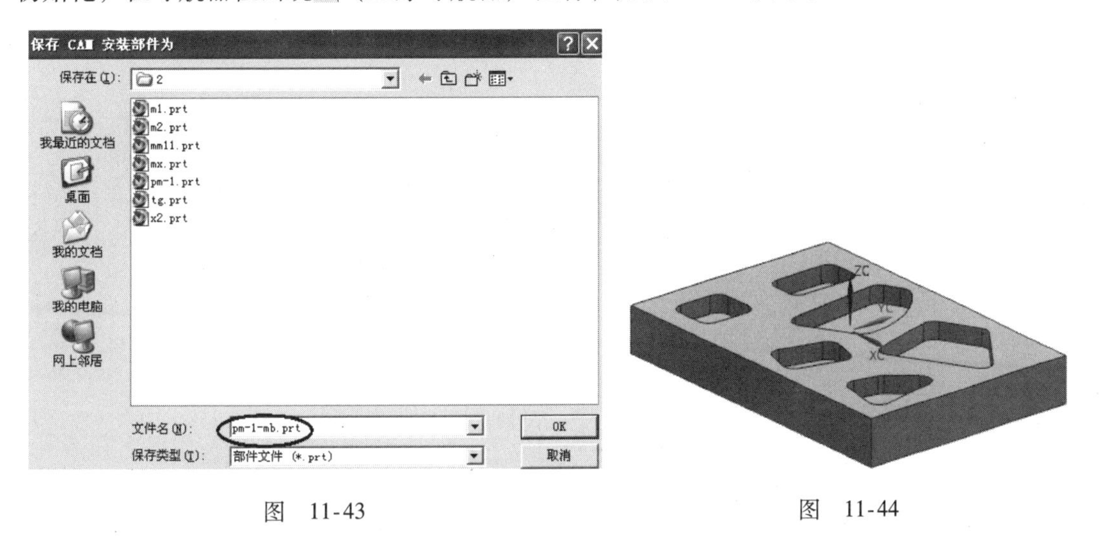

图　11-43　　　　图　11-44

2. 展开 MCS_ MILL

在工序导航器的几何视图中单击 MCS_MILL 前面的（加号）图标，展开 MCS_ MILL，如图 11-45 所示。

3. 设置铣削几何体

在工序导航器中双击 WORKPIECE （铣削几何体）图标，弹出【铣削几何体】对话框，如图 11-46 所示。在【指定部件】区域中选择（选择或编辑部件几何体）图标，弹出【部件几何体】对话框，如图 11-47 所示。在图形中选择图 11-48 所示工件，单击 确定 按钮，完成指定部件。

系统返回【铣削几何体】对话框，在【指定毛坯】区域中选择（选择或编辑毛坯几何体）图标，弹出【毛坯几何体】对话框，如图 11-49 所示。在【类型】下拉列表框中选择 包容块 选项，单击 确定 按钮，完成指定毛坯，系统返回【铣削几何体】对话框，单击 确定 按钮，完成设置铣削几何体。

4. 调入模板和操作

在工序导航器中右击 WORKPIECE （铣削几何体）图标，在右键菜单中选择 刀片 / 几何体... 命令，如图 11-50 所示，弹出【创建几何体】对话框，如图 11-51 所示。在【类型】下拉列表框中选择【浏览】选项，弹出【模板部件】对话框，如图 11-52 所示。选择前一步保存的【pm－1－mb. prt】文件，单击 OK 按钮，系统返回，弹出【创建几何体】对话框。在【几何体子类型】中选择（铣削边界）图标，如图 11-53 所示，单击 确定 按钮。

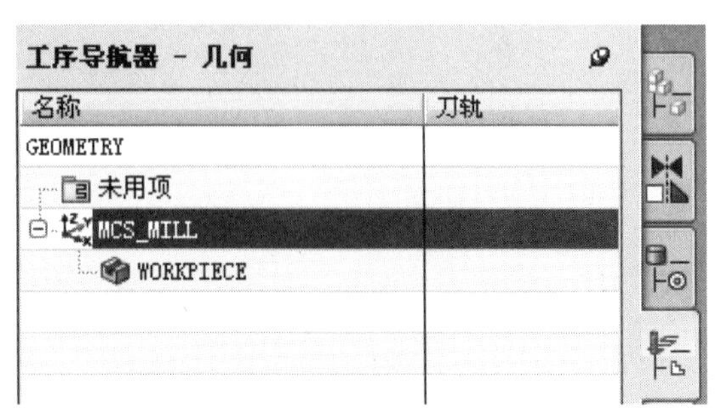

图 11-45

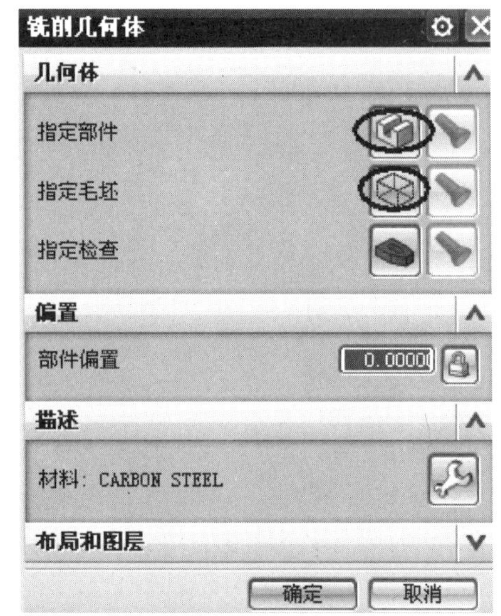

图 11-46

图 11-47

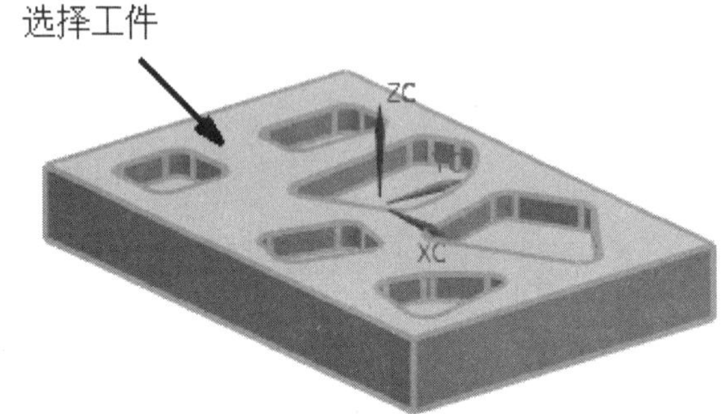

图 11-48

5. 设置部件边界和底平面

系统弹出【铣削边界】对话框，如图 11-54 所示。在【指定部件边界】区域中选择 （部件边界）图标，弹出【部件边界】对话框，如图 11-55 所示。在【过滤器类型】区域中选择 （面边界）图标，然后在图形中选择图 11-56 所示的平面为边界几何体，单击 确定 按钮，完成设置部件边界。

系统返回【铣削边界】对话框，在【指定底面】区域中选择 （选择或编辑底平面几何体）图标，弹出【平面】对话框，如图 11-57 所示。在图形中选择图 11-58 所示的平面为底平面，单击 确定 按钮，完成设置底平面。系统返回【铣削边界】对话框，单击 确定 按钮，完成设置部件边界和底平面。

6. 编辑跟随轮廓粗加工

在工序导航器中双击 ROUGH_FOL 图标（跟随轮廓粗加工），弹出【跟随轮廓粗加工】

图　11-49

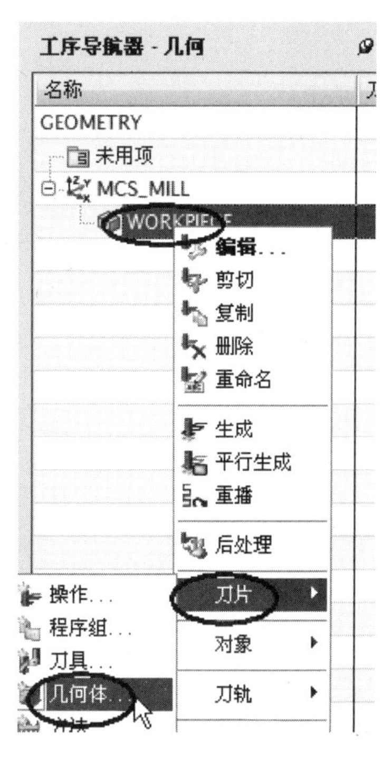

图　11-50

图　11-51

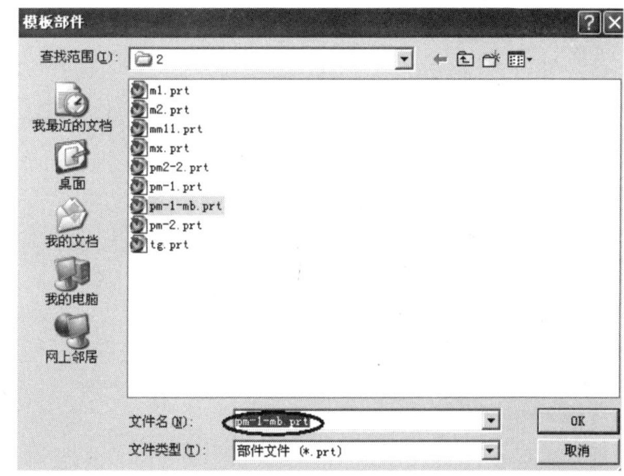

图　11-52

对话框。选择(切削层)图标，如图 11-59 所示，弹出【切削层】对话框。在【类型】下拉列表框中选择【恒定】选项，在【每刀深度】/【公共】栏输入【1】，如图 11-60 所示。单击确定按钮，返回【跟随轮廓粗加工】对话框，选择(生成刀轨)图标，系统自动生成刀轨，如图 11-61 所示。单击确定按钮，接受刀轨。

7. 编辑精加工底面

在工序导航器中双击 FINISH_FLOOR(精加工底面)图标，弹出【精加工底面】对话框。选择(生成刀轨)图标，系统自动生成刀轨，如图 11-62 所示。单击确定按钮，接

创建几何体
类型
pm-1-mb
几何体子类型
位置
几何体
WORKPIECE
名称
MILL_BND
确定
应用
取消

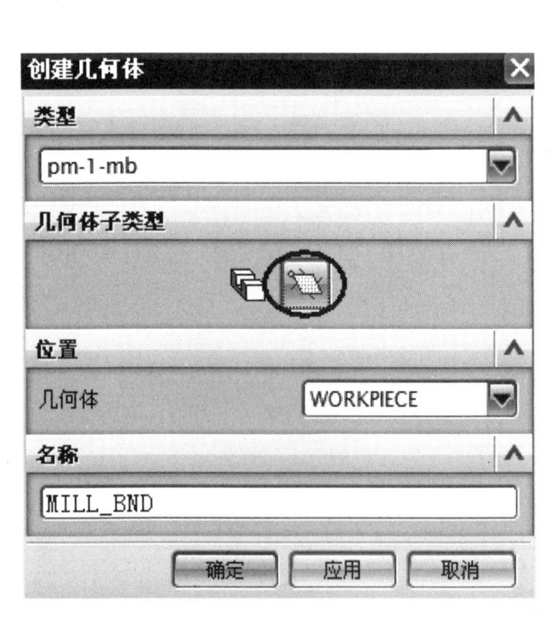

图　11-53

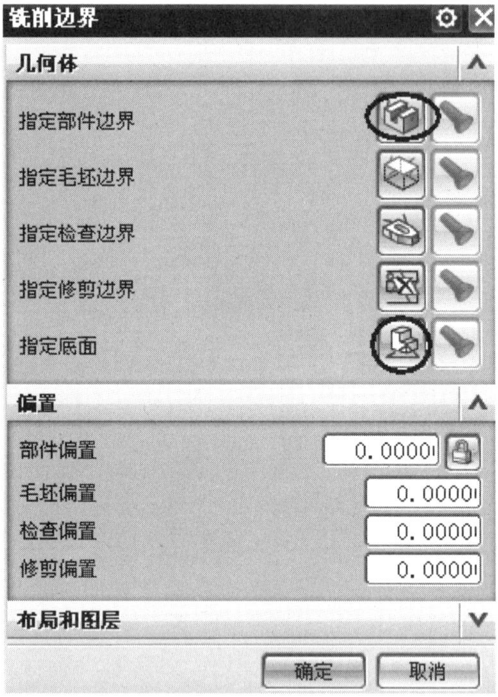

铣削边界
几何体
指定部件边界
指定毛坯边界
指定检查边界
指定修剪边界
指定底面
偏置
部件偏置
0.0000
毛坯偏置
0.0000
检查偏置
0.0000
修剪偏置
0.0000
布局和图层
确定
取消

图　11-54

部件边界
主要
定制数据
过滤器类型
点方法
成链
类选择
忽略孔
忽略岛
忽略倒斜角
平面
手工
自动
类型
封闭的
开放的
材料侧
内部
外部
移除上一个
创建下一个边界
确定
后视图
取消

图　11-55

选择平面为边界几何体
ZC
YM

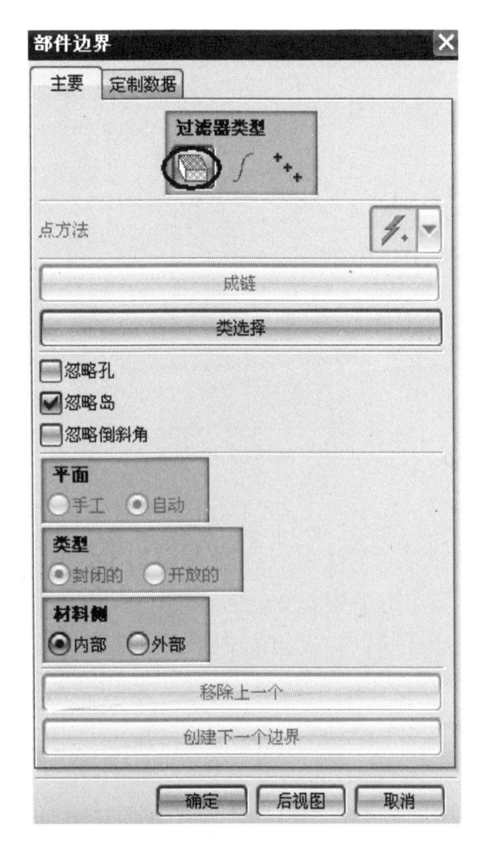

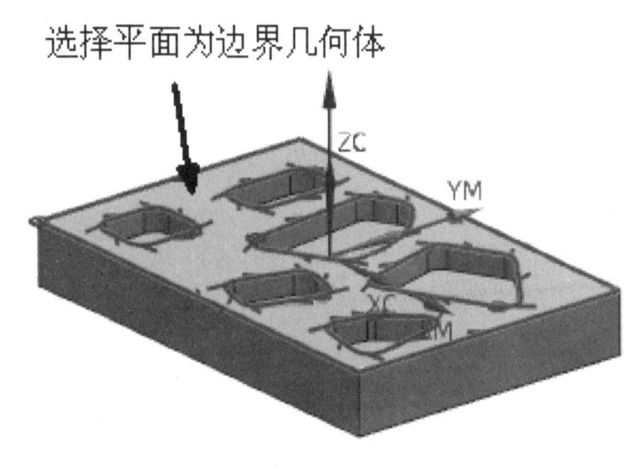

图　11-56

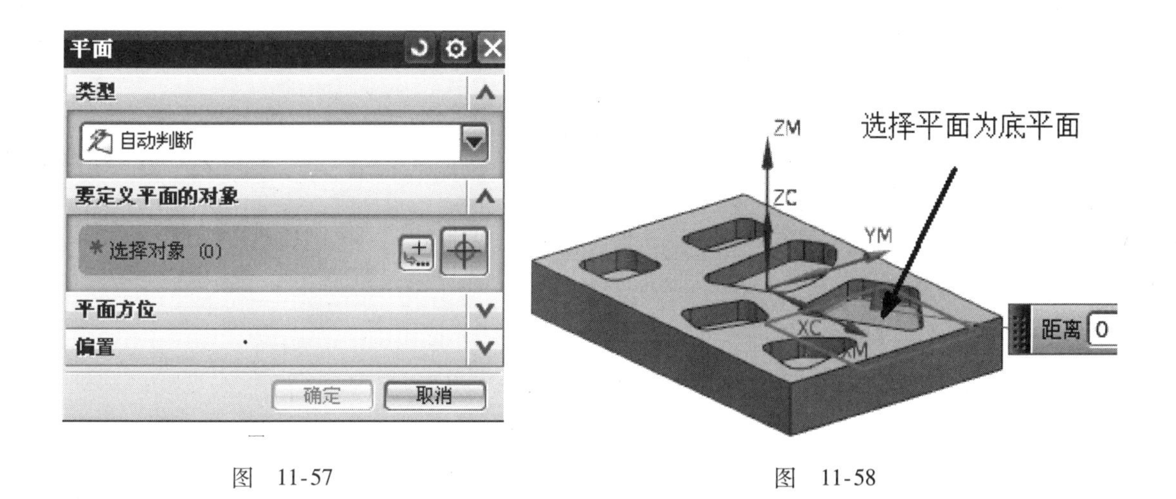

图　11-57　　　　图　11-58

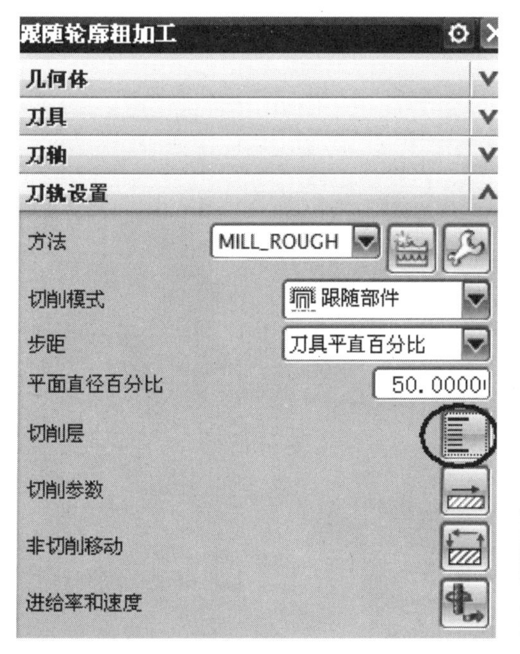

图　11-59

图　11-60

受刀轨。

8. 编辑精加工壁

在工序导航器中双击 FINISH_WALLS （精加工壁）图标，弹出【精加工壁】对话框。选择（生成刀轨）图标，系统自动生成刀轨，如图 11-63 所示。单击 确定 按钮，接受刀轨。

9. 创建刀轨仿真验证

在工序导航器几何视图选择【WORKPIECE】节点，然后在【操作】工具条中选择（确认刀轨）图标，弹出【刀轨可视化】对话框，如图 11-64 所示。选择【2D 动态】选项，单击（播放）按钮，图形中出现模拟切削动画。模拟切削完成后，在【刀轨可视化】对话框中单击 比较 按钮，可以看到切削结果，如图 11-65 所示。

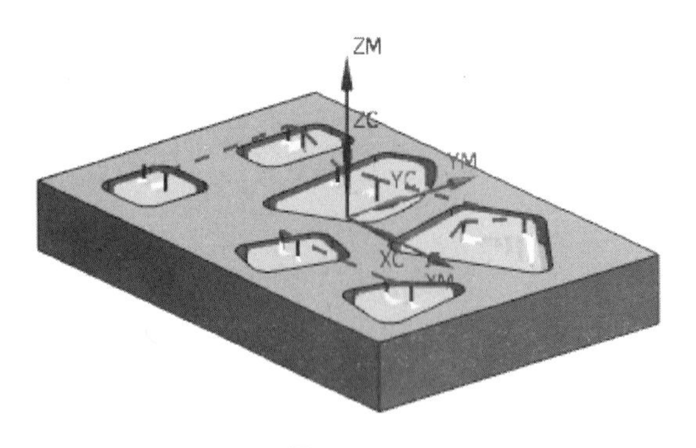

图 11-61

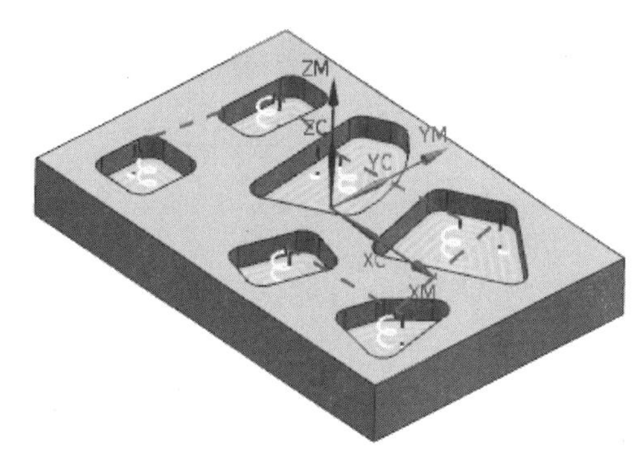

图 11-62

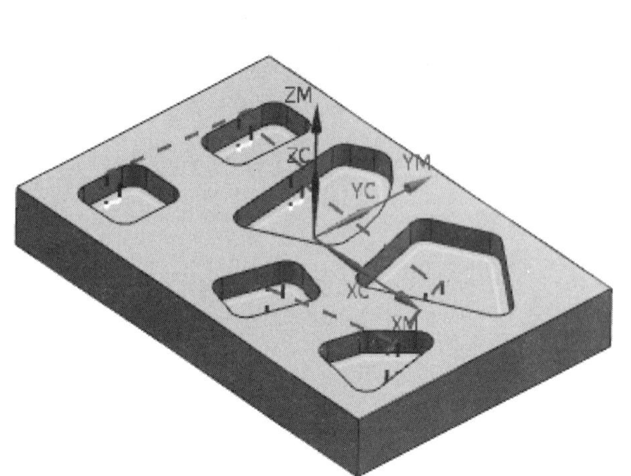

图 11-63

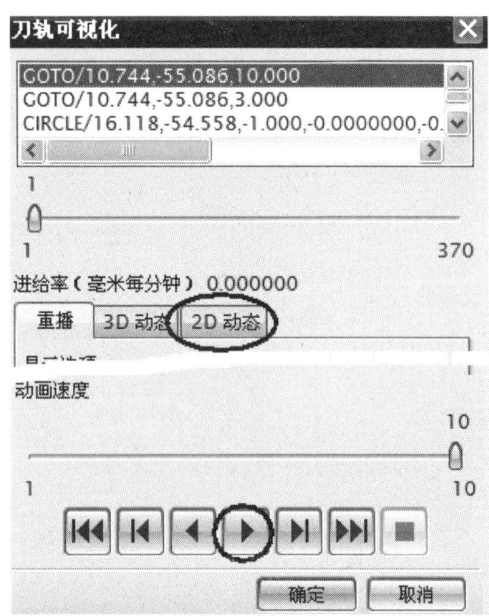

图 11-64

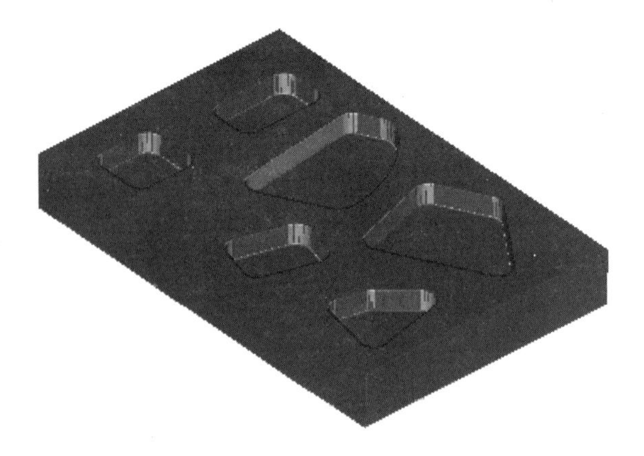

图 11-65

11.4　创建自定义模板

11.4.1　创建自定义模板文件

1. 打开系统模板文件

选择菜单中的【文件】/ 打开(O)... 命令或选择（打开）图标，弹出【打开】部件对话框，在系统模板文件目录 - - - \ Siemens \ NX 8.0 \ MACH \ resource \ template_ part \ metric 下找到 mill_ contour. prt 文件，如图 11-66 所示，单击 OK 按钮，打开文件。

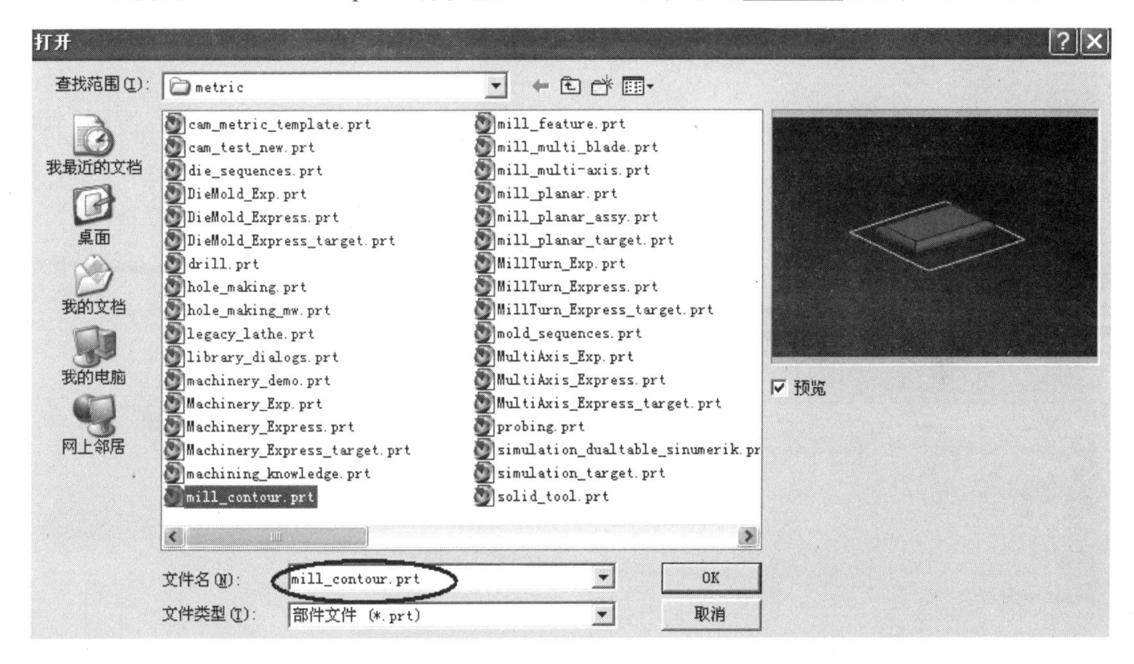

图　11-66

2. 另存文件

选择菜单中的【文件】/【另存为】命令，弹出【保存 CAM 安装部件为】对话框，在【文件名】栏输入【my_ contour. prt】，如图 11-67 所示，单击 OK 按钮。

11.4.2　自定义刀具库

1. 删除 MILL 节点外的其他刀具节点

选择菜单中的【工具】/【工序导航器】/【视图】/【机床视图】命令或在【导航器】工具条中选择（机床视图）图标，删除 MILL 节点外的其他刀具节点，结果如图 11-68 所示。

2. 创建 EM0.5 立铣刀

选择菜单中的【插入】/【刀具】命令或在【插入】工具条中选择（创建刀具）图标，弹出【创建刀具】对话框，如图 11-69 所示。在【刀具子类型】中选择（铣刀）图标，在【名称】栏输入【EM0.5】，单击 确定 按钮，弹出【铣刀 -5 参数】对话框，如图

11-70 所示。在【直径】栏输入【0.5】，单击 确定 按钮，完成创建 ϕ0.5mm 的立铣刀。

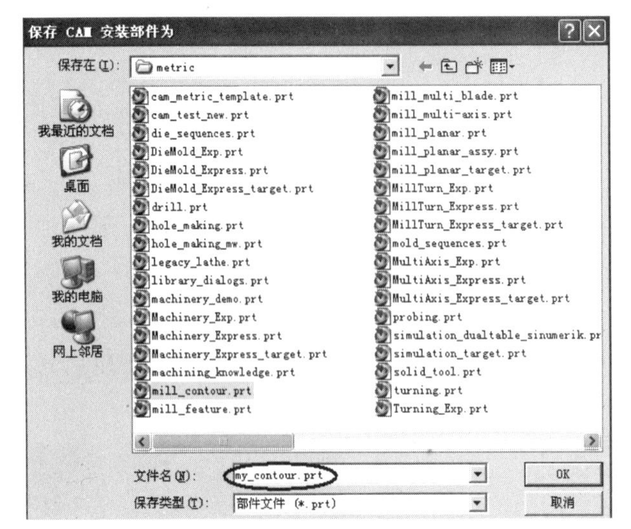

图 11-67

图 11-68

图 11-69

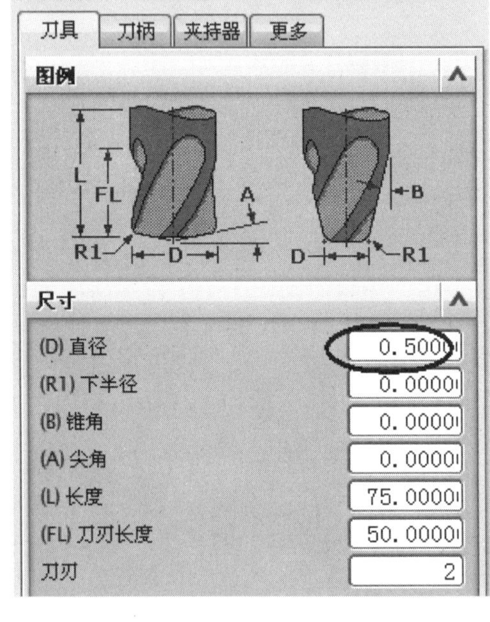

图 11-70

3. 创建其他刀具

按照上述步骤，创建常用的立铣刀（EM0.5 ~ EM25）、球头铣刀（BM0.5 ~ EM10）和圆鼻铣刀（EM6R0.5 ~ EM12R0.5，EM6R1 ~ EM16R1）。

4. 定义刀具模板

在工序导航器的机床视图中，按下【Shift】键，同时选中图 11-71 所示的全部刀具。在右键菜单中选择【对象】/【模板设置】命令，弹出【模板设置】对话框，勾选【如果创建了父项则创建】选项，如图 11-72 所示。单击 确定 按钮，完成定义加载的操作。

注意：以后打开其他工件文件在进入加工环境时，选择此文件作为初始化文件，则此文件定义的刀具将被加载到新文件中，省去再重复创建刀具的步骤。可以直接在刀具节点下选择任意刀具。

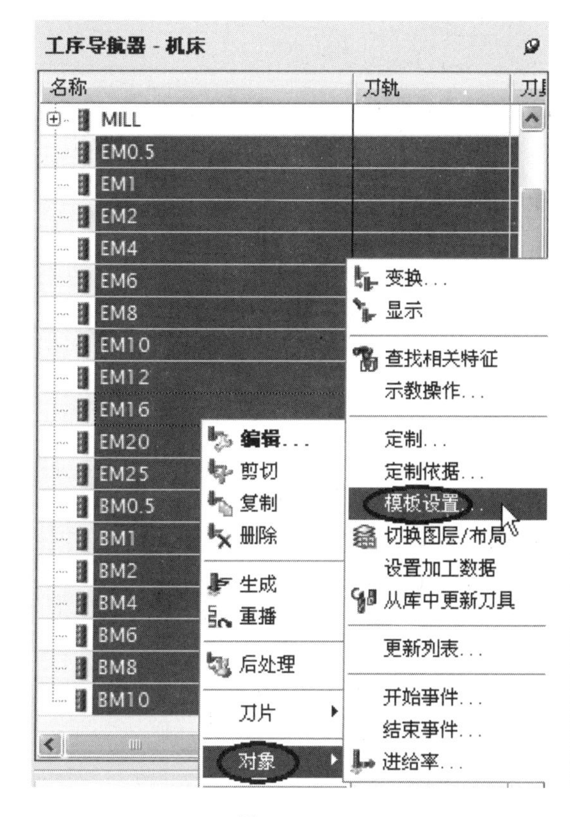

图　11-71

图　11-72

11.4.3　自定义方法库

1. 删除 MILL_ FINISH 节点外的其他加工方法节点

选择菜单中的【工具】/【工序导航器】/【视图】/【加工方法视图】命令或在【导航器】工具条中选择（加工方法视图）图标，删除 MILL_ FINISH 节点外的其他加工方法节点，结果如图 11-73 所示。

2. 创建余量 1.2mm 的加工方法

选择菜单中的 插入(S)/方法(M)... 命令或在【插入】工具条中选择（创建方法）图标，弹出【创建方法】对话框，如图 11-74 所示。在【名称】栏输入【MILL_ 1.2】，单击 确定 按钮，弹出【铣削方法】对话框，如图 11-75 所示，在【部件余量】栏输入【1.2】。单击 确定 按钮，完成创建部件余量 1.2mm 的加工方法。

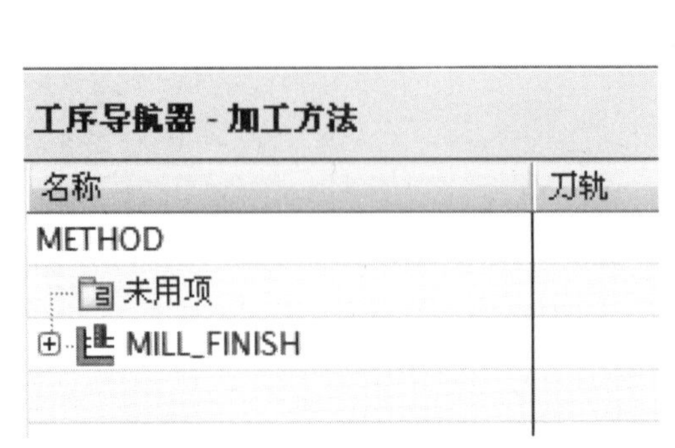

图 11-73

图 11-74

3. 创建其他余量的加工方法

按照上述步骤，创建常用余量的加工方法，结果如图 11-76 所示。

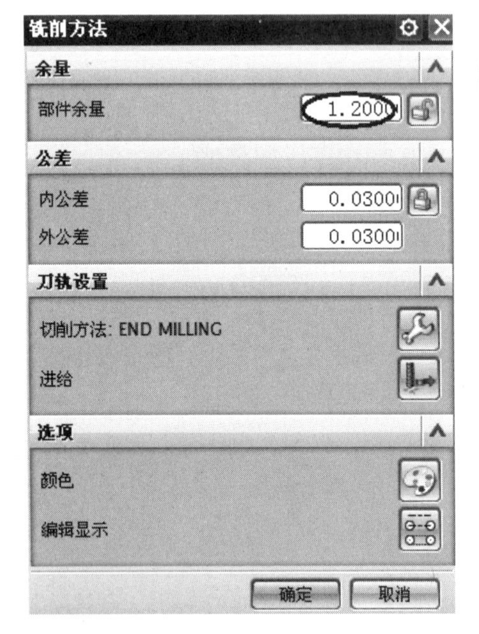

图 11-75

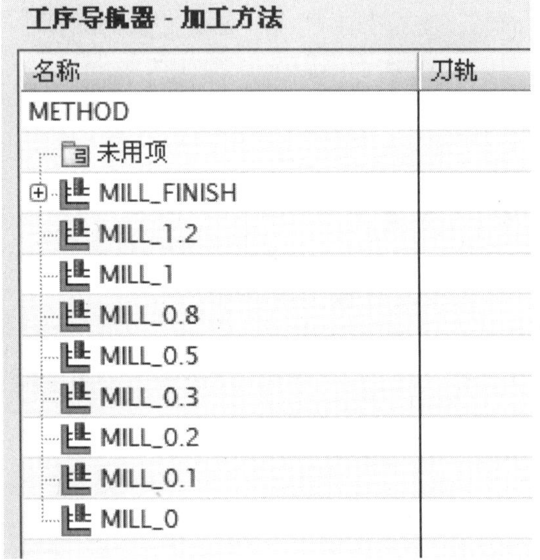

图 11-76

4. 定义加工方法模板

在工序导航的加工方法视图中右击 MILL_FINISH 图标，如图 11-77 所示，在右键菜单中选择【对象】/【模板设置】命令，弹出【模板设置】对话框。勾选 可将对象用作模板 选项，如图 11-78 所示，单击 确定 按钮，完成定义加工方法模板。

图　11-77

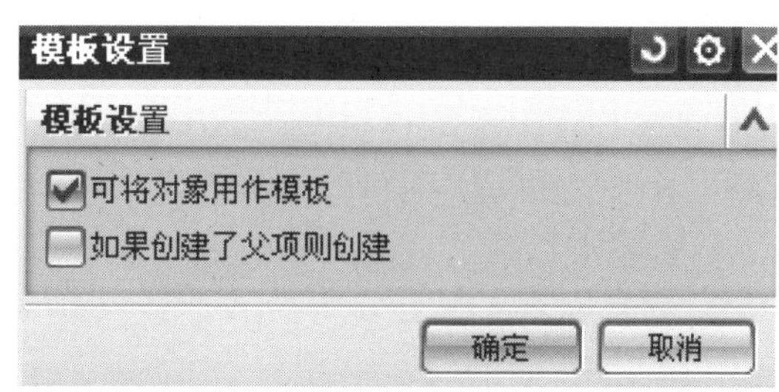

图　11-78

5. 定义加载的加工方法

按下【Shift】键，同时选中图 11-79 所示的全部加工方法，右击选定区域，在右键菜单中选择【对象】/【模板设置】命令，弹出【模板设置】对话框。勾选【如果创建了父项则创建】选项，如图 11-80 所示，单击 确定 按钮，完成定义加载的加工方法。

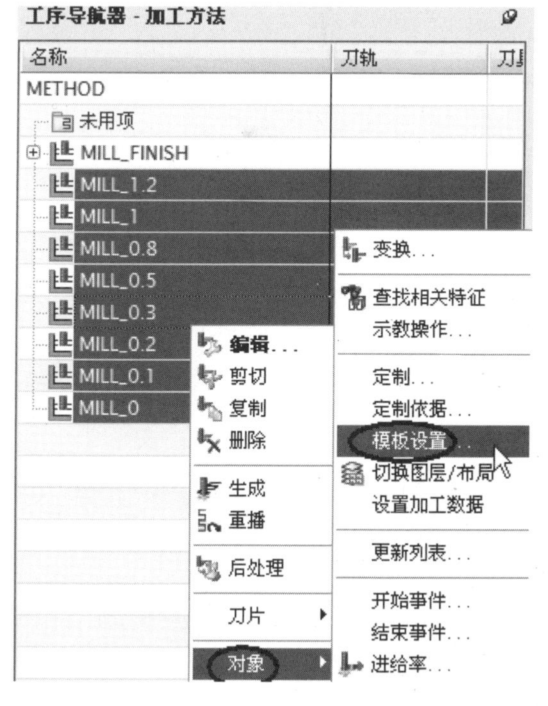

图　11-79

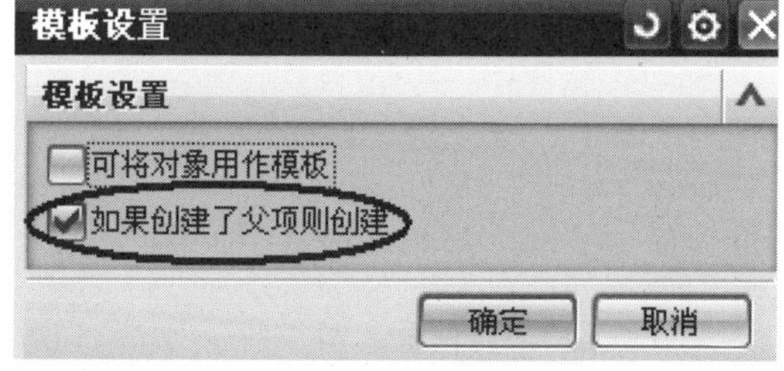

图　11-80

11.4.4　自定义操作和基本参数

1. 删除不常用操作节点

选择菜单中的【工具】/【工序导航器】/【视图】/【程序顺序视图】命令或在【导航器】工具条中选择(程序顺序视图) 图标，删除不常用操作节点，仅保留 CAVITY_ MILL、ZLEVEL_ PROFILE、ZLEVEL _ CORNER、FIXED _ CONTOUR、FLOWCUT _ REF _ TOOL、PROFILE_ 3D 和 CONTOUR_ TEXT 操作节点，结果如图 11-81 所示。

工序导航器 - 程序顺序

名称	换刀	刀
NC_PROGRAM		
未用项		
PROGRAM		
CAVITY_MILL		×
ZLEVEL_PROFILE		×
ZLEVEL_CORNER		×
FIXED_CONTOUR		×
FLOWCUT_REF_TOOL		×
PROFILE_3D		×
CONTOUR_TEXT		×

图　11-81

2. 创建平面铣加工

选择菜单中的【插入】/【工序】命令或在【插入】工具条中选择（创建工序）图标，弹出【创建工序】对话框，如图 11-82 所示。

在【创建工序】对话框的【类型】下拉列表框中选择【mill _ planar】（平面铣），在【工序子类型】区域中选择(平面铣加工）图标，在【刀具】下拉列表框中选择【MILL（铣刀 -5 参数)】刀具节点，在【几何体】下拉列表框中选择【WORKPIECE】节点，在【方法】下拉列表框中选择【MILL _ FINISH】节点，如图 11-82 所示。单击确定按钮，系统弹出【平面铣】加工对话框，如图 11-83 所示。单击确定按钮，完成创建平面铣加工。

3. 创建面铣加工

选择菜单中的插入(S)/工序(E)... 命令或在【插入】工具条中选择（创建工序）图标，弹出【创建工序】对话框，如图 11-84 所示。

在【创建工序】对话框的【类型】下拉列表框中选择【mill _ planar】（平面铣），在【工序子类型】区域中选择(面铣加工）图标，在【刀具】下拉列表框中选择【MILL（铣刀 -5 参数)】刀具节点，在【几何体】下拉列表框中选择【WORKPIECE】节点，在【方法】下拉列表框中选择【MILL _ FINISH】节点，如图 11-84 所示。单击确定按钮，系统弹出【面铣】加工对话框，如图 11-85 所示。单击确定按钮，完成创建面铣加工。

4. 创建钻孔加工

选择菜单中的【插入】/【工序】命令或在【插入】工具条中选择（创建工序）图标，弹出【创建工序】对话框，如图 11-86 所示。

在【创建工序】对话框的【类型】下拉列表框中选择【drill】（钻孔）选项，在【工序子类型】区域中选择（钻）加工图标，在【刀具】下拉列表框中选择【MILL（铣刀 -5 参数)】刀具节点，在【几何体】下拉列表框中选择【WORKPIECE】节点，在【方法】下拉列表框中选择【METHOD】节点，如图 11-86 所示。单击确定按钮，系统弹出【钻】加工对话框，如图 11-87 所示。单击确定按钮，完成创建钻孔加工。

图　11-82

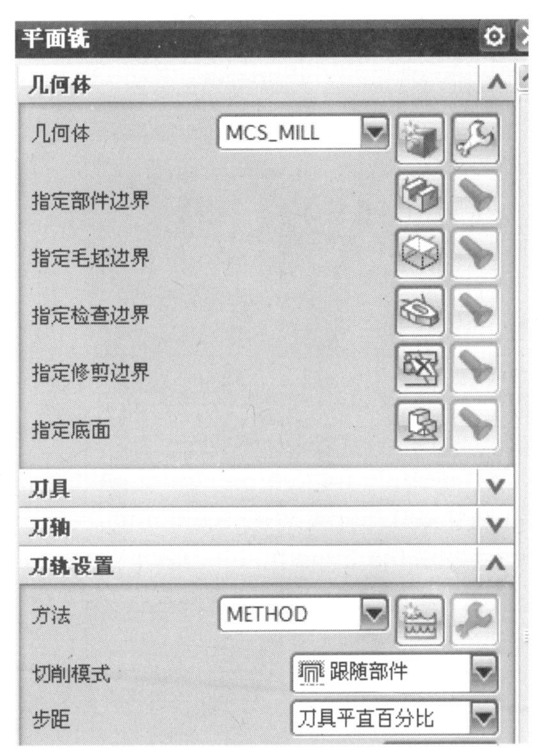

图　11-83

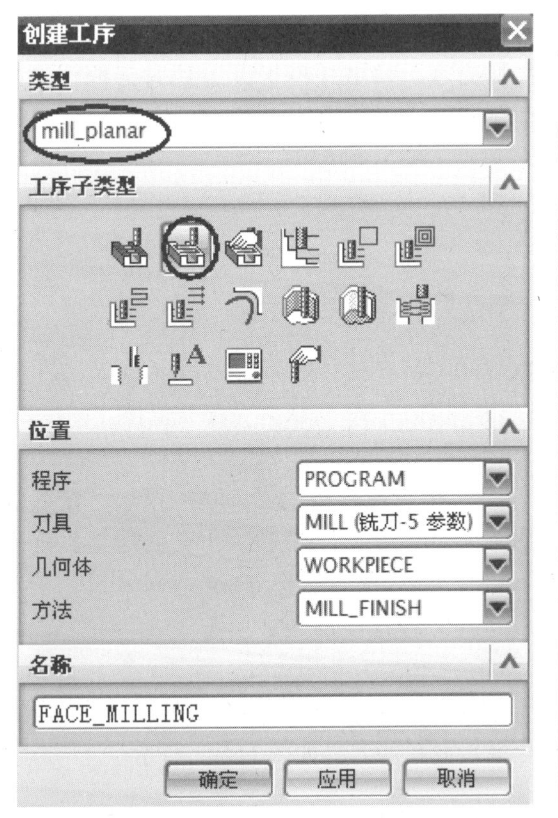

图　11-84

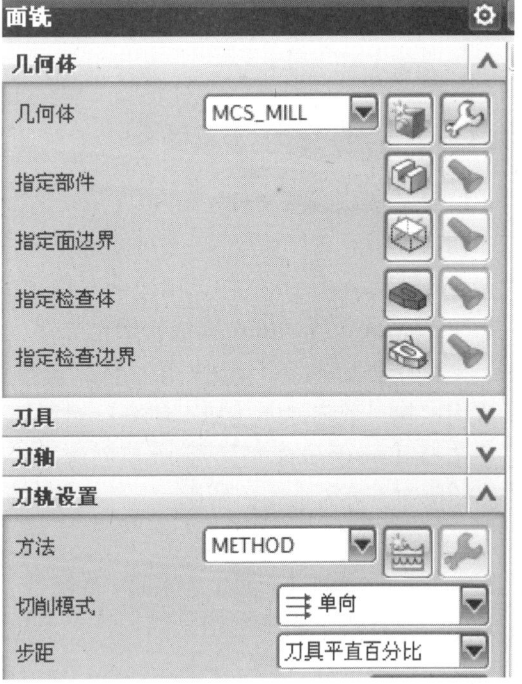

图　11-85

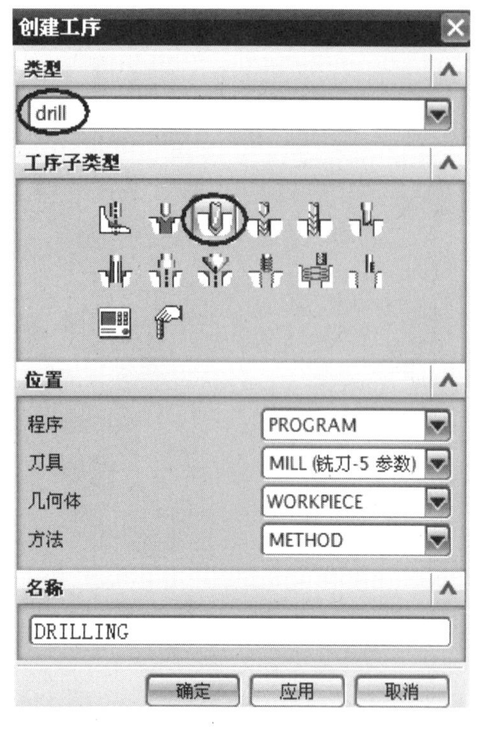

图 11-86

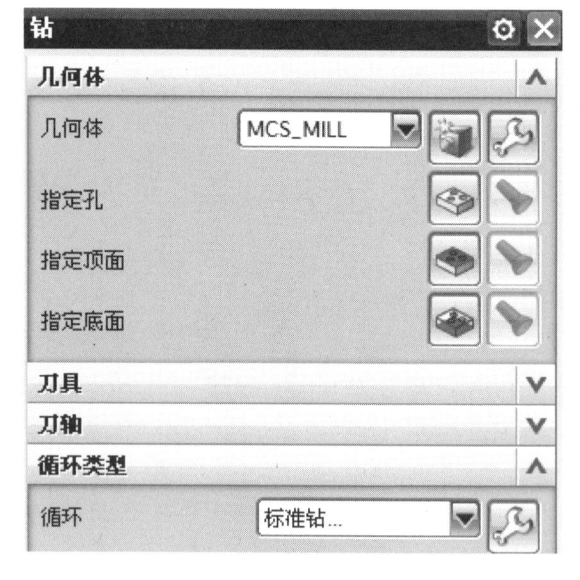

图 11-87

5. 定义加载的操作模板

按下【Shift】键，同时选中图 11-88 所示的全部操作，右键单击选定区域，如图 11-88 所示，在右键菜单中选择【对象】/【模板设置】命令，弹出【模板设置】对话框。勾选【如果创建了父项则创建】选项，如图 11-89 所示，单击确定按钮，完成定义加载的操作模板。

6. 保存文件（步骤略）

11.4.5 自定义模板设置文件

1. 编辑模板设置文件

在系统模板文件目录 - - - \ Siemens \ NX 8.0 \ MACH \ resource \ template_ set 下找到 cam_ general. opt 文件，用记事本打开，修改为如图 11-90 所示，保存并退出。

2. 调用 my_ contour 模板初始化文件

重新启动 UG8.0，新建一个文件，选择菜单中开始下拉框中的加工(N)...模块，进入加工应用模块，系统弹出【加工环境】对话框，如图 11-91 所示。在【CAM 会话配置】列表框中选择【cam _ general】，在【要创建的 CAM 设置】列表框中选择【my _ contour】，单击确定按钮，进入加工初始化。

3. 查看刀具

选择菜单中的【工具】/【工序导航器】/【视图】/【机床视图】命令或在【导航器】工具条中选择（机床视图）图标，显示初始化模板加载的刀具如图 11-92 所示。

图　11-88

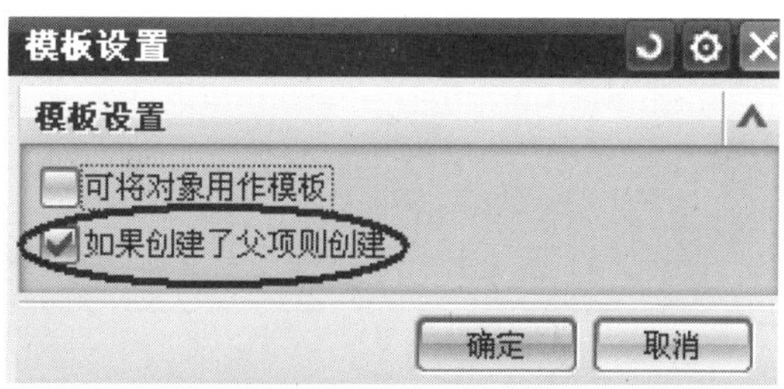

图　11-89

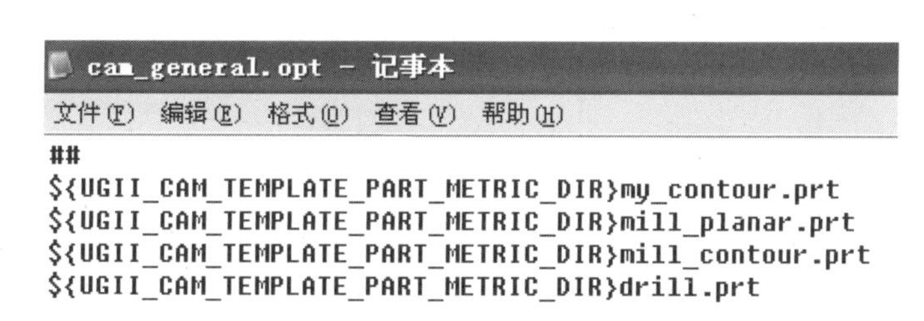

图　11-90

4. 查看加工方法

选择菜单中的【工具】/【工序导航器】/【视图】/【加工方法视图】命令或在【导航器】工具条中选择（加工方法视图）图标，显示初始化模板加载的加工方法，如图 11-93 所示。

5. 查看操作

选择菜单中的【插入】/【工序】命令或在【插入】工具条中选择（创建工序）图标，弹出【创建工序】对话框，显示了自定义的全部操作模板，如图 11-94 所示。

在【创建工序】对话框中单击【刀具】下拉列表框列表按钮，弹出自定义的全部刀具，如图 11-95 所示，可以任意选择一把刀具。在【创建工序】对话框中单击【方法】下拉列表框列表按钮，弹出自定义的全部方法，如图 11-96 所示，可以任意选择一种余量加工方法，证明该模板已经成功设置好。

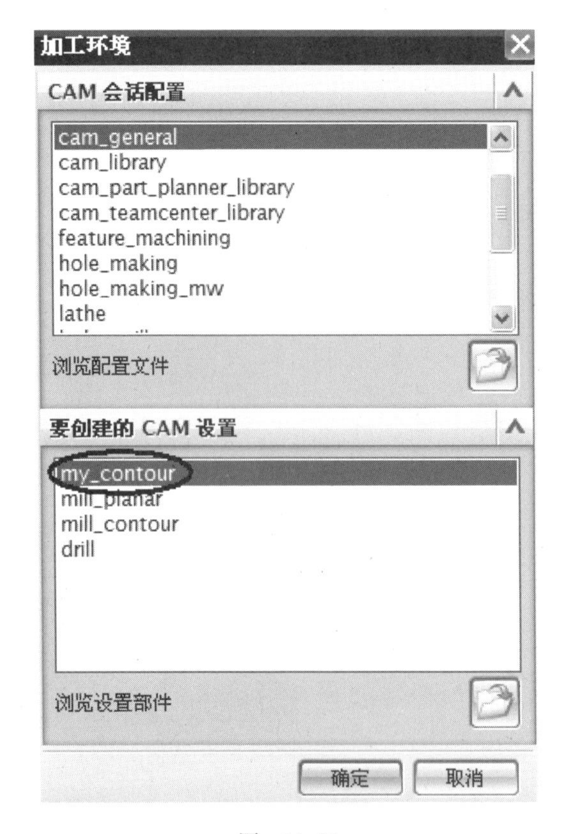

图　11-91

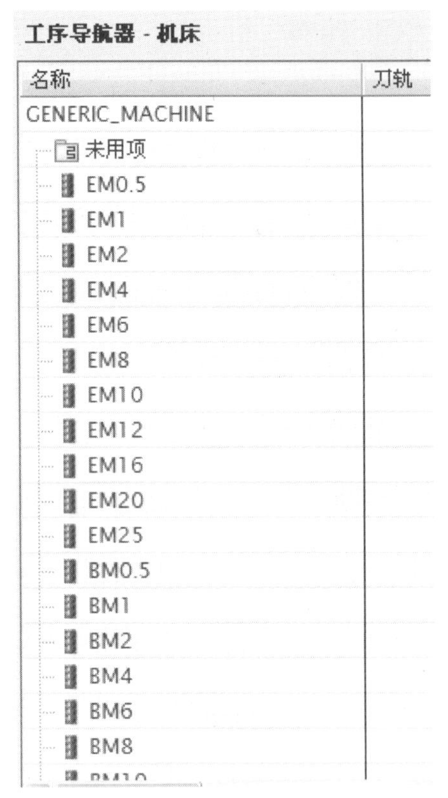

图　11-92

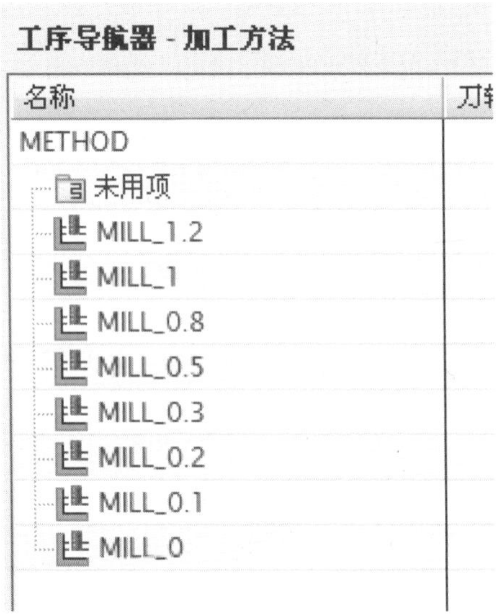

工序导航器 - 加工方法

名称
METHOD
未用项
MILL_1.2
MILL_1
MILL_0.8
MILL_0.5
MILL_0.3
MILL_0.2
MILL_0.1
MILL_0

图　11-93

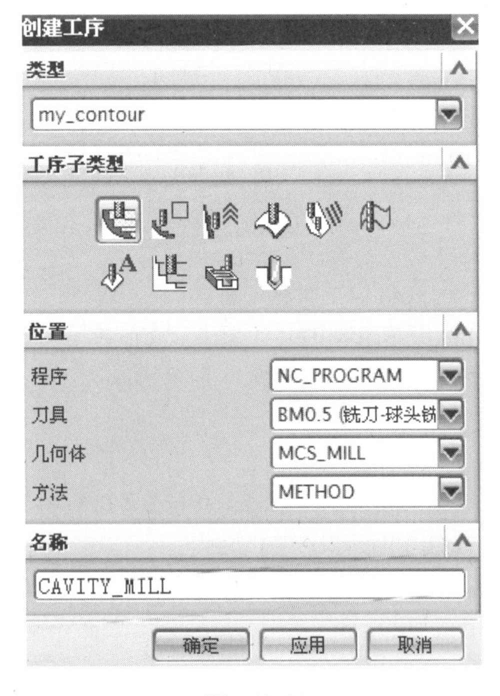

图　11-94

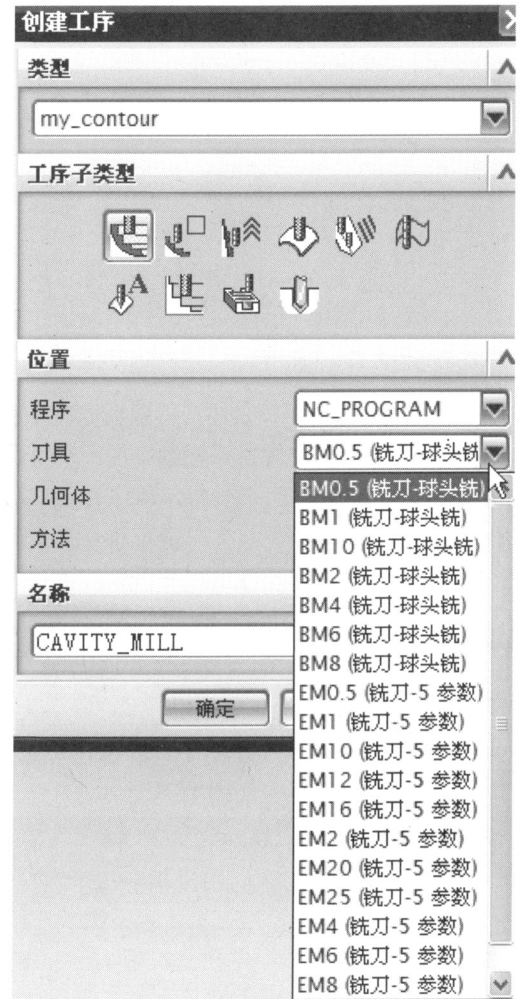

创建工序
类型
my_contour
工序子类型
位置
程序
NC_PROGRAM
刀具
BM0.5 (铣刀-球头铣
几何体
方法
名称
CAVITY_MILL
确定
BM0.5 (铣刀-球头铣)
BM1 (铣刀-球头铣)
BM10 (铣刀-球头铣)
BM2 (铣刀-球头铣)
BM4 (铣刀-球头铣)
BM6 (铣刀-球头铣)
BM8 (铣刀-球头铣)
EM0.5 (铣刀-5 参数)
EM1 (铣刀-5 参数)
EM10 (铣刀-5 参数)
EM12 (铣刀-5 参数)
EM16 (铣刀-5 参数)
EM2 (铣刀-5 参数)
EM20 (铣刀-5 参数)
EM25 (铣刀-5 参数)
EM4 (铣刀-5 参数)
EM6 (铣刀-5 参数)
EM8 (铣刀-5 参数)

图　11-95

创建工序
类型
my_contour
工序子类型
位置
程序
NC_PROGRAM
刀具
BM0.5 (铣刀-球头铣
几何体
MCS_MILL
方法
METHOD
名称
CAVITY_MILL
确定
METHOD
MILL_0
MILL_0.1
MILL_0.2
MILL_0.3
MILL_0.5
MILL_0.8
MILL_1
MILL_1.2
NONE

图　11-96

第 12 章 后处理构造器

后处理构造器即 Post Builder，是 UG 软件提供的一个后置处理程序，是用户可以根据机床和数控系统的特点定制后置处理的一种工具，它将产生的刀轨转换成指定的机床控制系统所能接收的加工指令。在 Post Builder 图形界面编辑工具下进行设置，可以建立两个与特定机床相关联的后置处理文件，即事件管理器文件（.tcl）和定义文件（.def），同时生成一个 .pui 文件。

12.1 NX/Post Builder 制作 fanuc 后处理

1. 启动 Post Builder

在操作系统中选择【开始】/【程序】/【Siemens NX8.0】/【加工】/【后处理构造器】命令，等待片刻后进入【NX/Post Builder Version 8.0.0】的起始对话框，如图 12-1 所示。

图 12-1

2. 修改语言设置为中文

在【NX/Post Builder Version 8.0.0】的起始对话框中选择【Options】/【Language】/【中文（简体）】命令，如图 12-2 所示，系统转换为中文界面，如图 12-3 所示。

图 12-2

图　12-3

3. 创建一个新的后处理文件

在【NX/后处理构造器 版本 8.0.0】对话框中单击（新建）按钮，弹出【新建后处理器】对话框。在【后处理名称】栏输入【fanuc】，选中 主后处理 单选选项，在【后处理输出单位】栏选择 毫米，在【机床】栏选择 铣 和【3 轴】，在【控制器】栏选择 库 选项，在 库 下拉列表框中选择【fanuc_6M】选项，单击 确定 按钮，完成创建一个新的后处理文件，如图 12-4 所示。

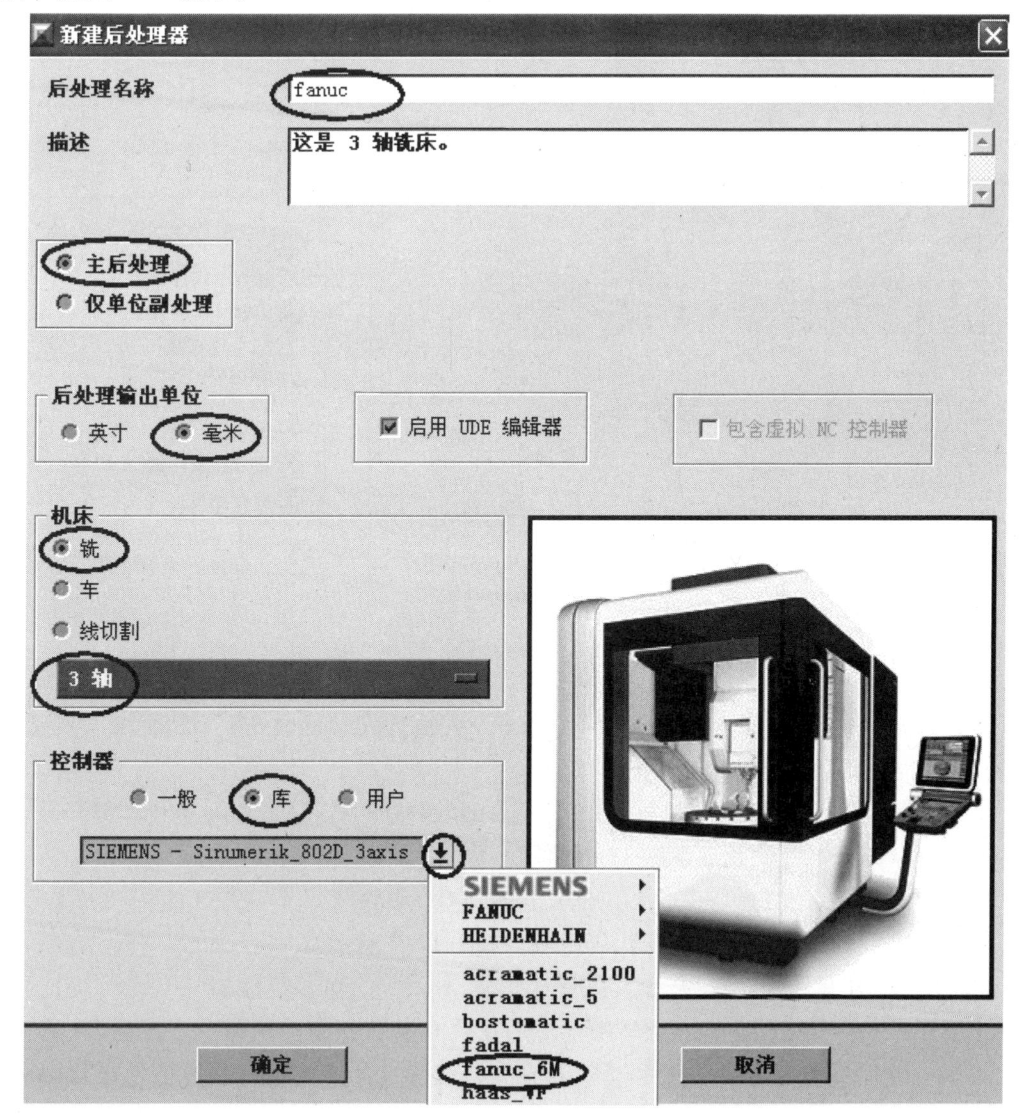

图　12-4

4. 指定机床运动学参数

（1）输出圆形记录　选择【是】选项，表示圆弧输出为圆弧，【否】选项表示圆弧输出为 G1 直线逼近。

（2）设定机床行程　在【线性轴行程限制】区域【X】、【Y】、【Z】栏分别输入【1540】【760】【660】。

（3）设定机床原点数据　在【回零位置】区域【X】、【Y】、【Z】栏均输入【0】。

（4）设定机床精度数据　在【线性运动分辨率】区域【最小值】栏输入【0.001】。

（5）设定机床移刀进给率　在【移刀进给率】区域【最大值】栏输入【16000】，即快速进给 G00 速度，编程时设置进给率不要超过该值，其他参数采用默认，如图 12-5 所示。

5. 定义程序头

在主界面选择【程序和刀轨选项卡】，选择程序起始序列来定义程序头，如图 12-6 所示。

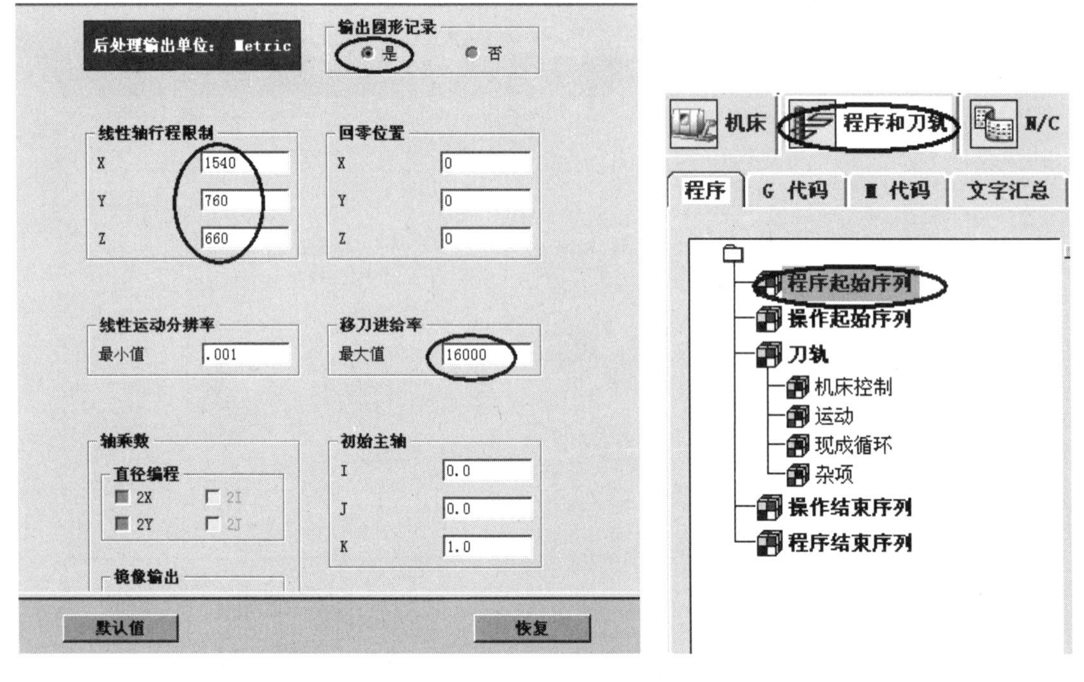

图　12-5　　　　图　12-6

（1）关闭程序序号　在窗口中选择 MOM_set_seq_on 并拖进（回收站），如图 12-7 所示，后处理出来的程序就没有程序序号了。

（2）编辑程序头 G 代码　在窗口中选择 G40 G17 G90 G71，进入【Start of Program – 块：absolute_ mode】子页面，如图 12-8 所示，将 G71 拖进（回收站）。

然后在页面中单击（块命令下拉框）选择【G _ adjust】/【G49 – Cancel Tool Len】命令，选择【添加文字】并拖动至 G 代码区域，如图 12-9 所示。

然后在页面中单击（块命令下拉框）选择【G _ motior】/【G80 – Cycle Off】命令，选择【添加文字】并拖动至 G 代码区域。然后在页面中单击（块命令下拉列表框）选择【G】/【G – MCS Fixture Offset（54 ~ 59）】命令，选择【添加文字】并拖动至 G 代码区域，结果如图 12-10 所示。

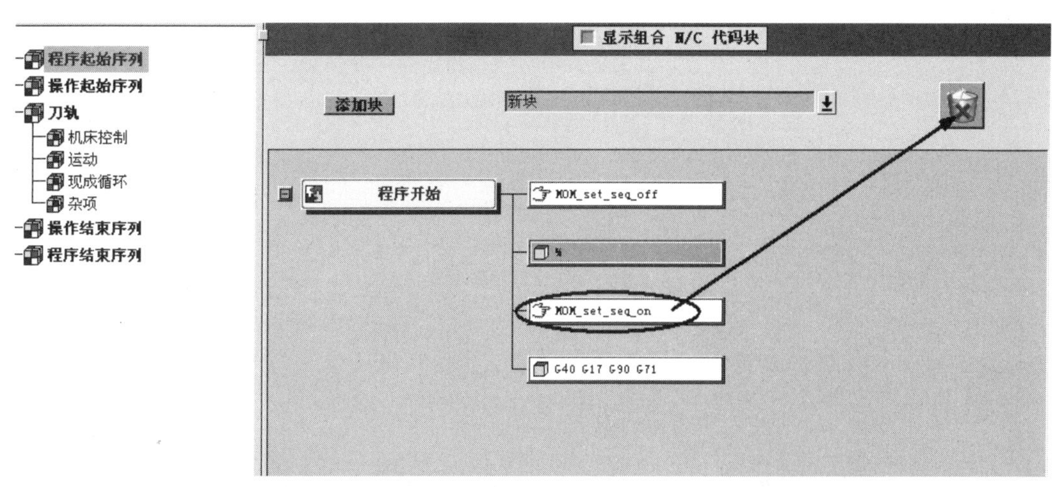

图　12-7

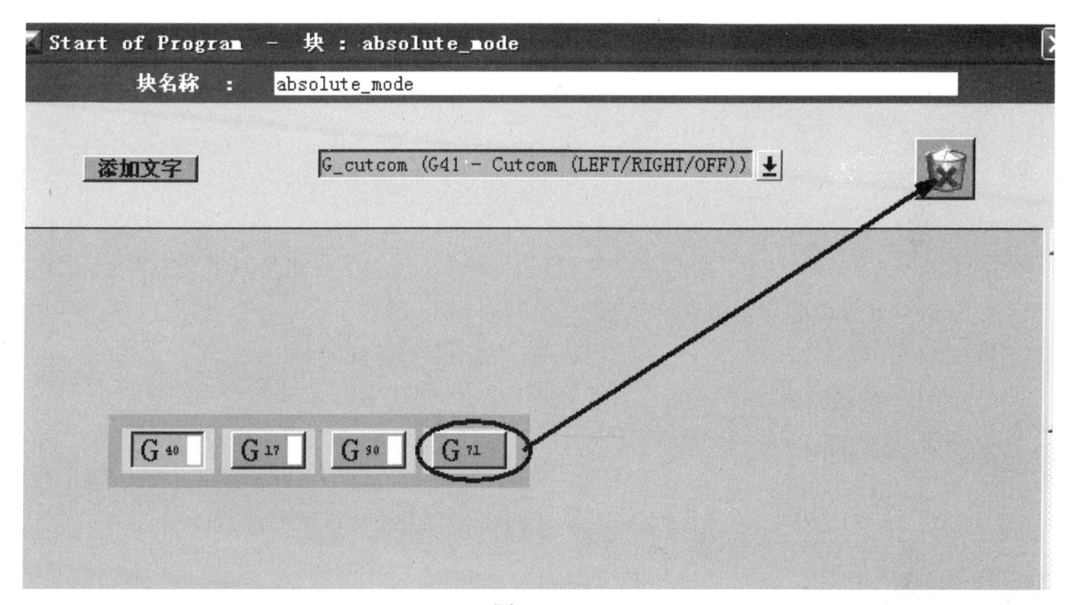

图　12-8

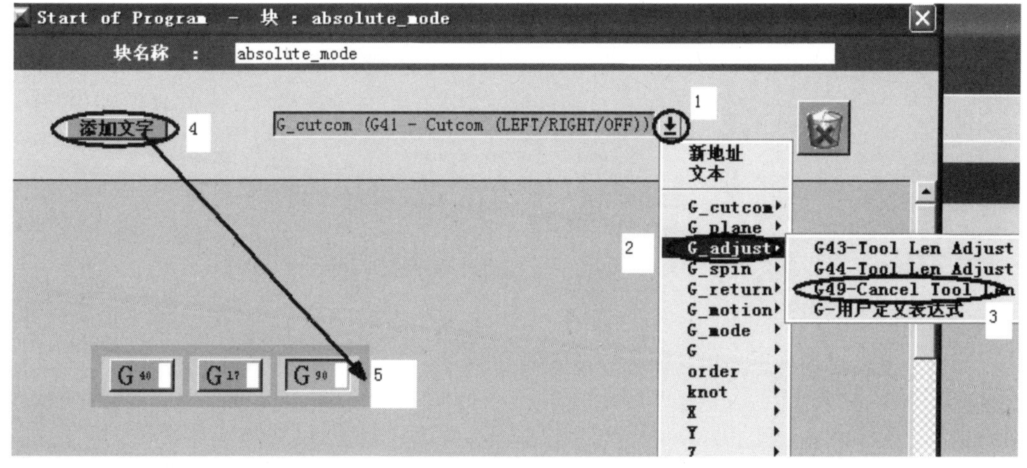

图　12-9

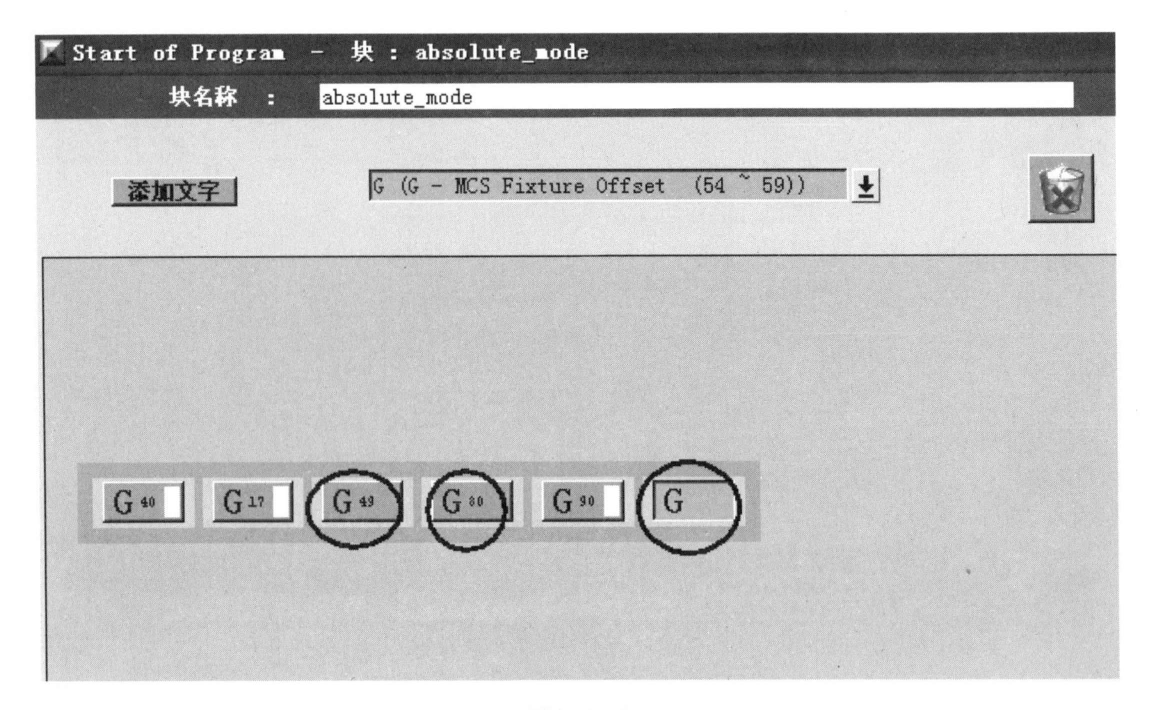

图　12-10

分别强制输出 G49、G80、G 命令。右键选择 G49 命令，在右键菜单中选择【强制输出】选项，如图 12-11 所示。按照同样的方法，强制输出 G80，G　命令。单击确定按钮，返回【程序和刀轨】选项卡。

6. 定义操作起始序列

在主界面选择【程序和刀轨】选项卡，选择【操作起始序列】来定义操作起始序列。

（1）修改强制关键字　在右侧窗口单击 PB_CMD_start_of_operat... 选项，如图 12-12 所示，弹出【定制命令】对话框，选择图 12-13 所示的 fourth_axis fifth_axis 并删除，单击确定按钮，返回【操作起始序列】页面。

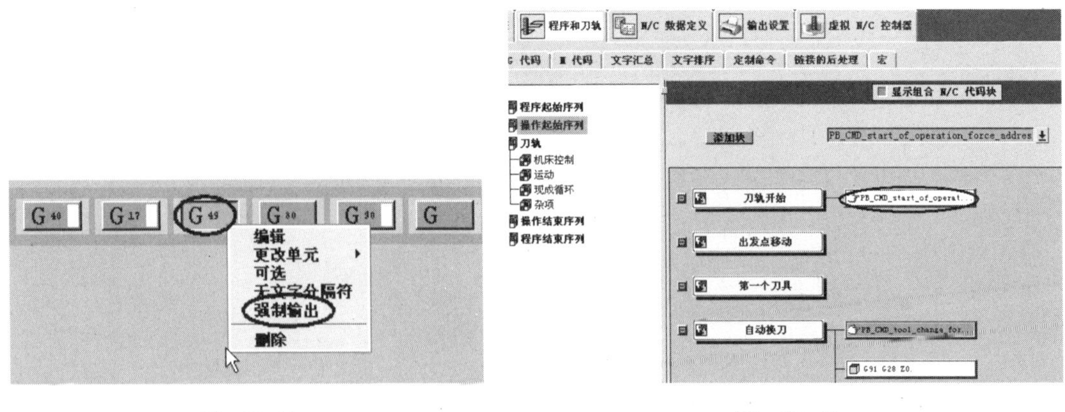

图　12-11　　　　　　　　　　　　图　12-12

（2）开启程序序号　在窗口的块下拉列表框中选择【MOM _ set _ seq _ on - -（MOM Command）】选项，然后选择【添加块】并拖动至 PB_CMD_start_of_operat... 下方，如

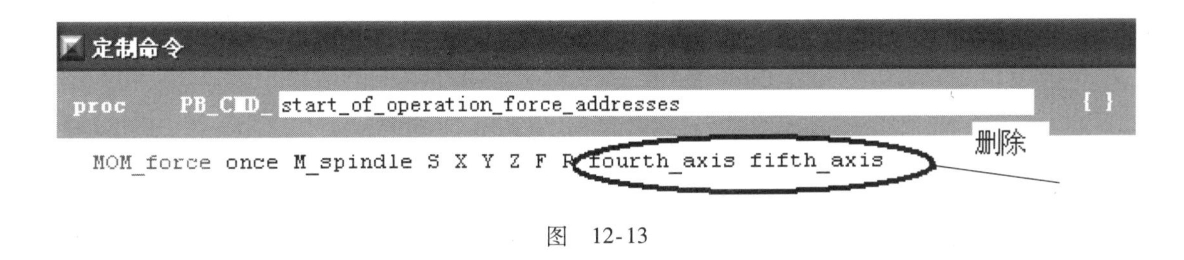

图　12-13

图 12-14 所示。

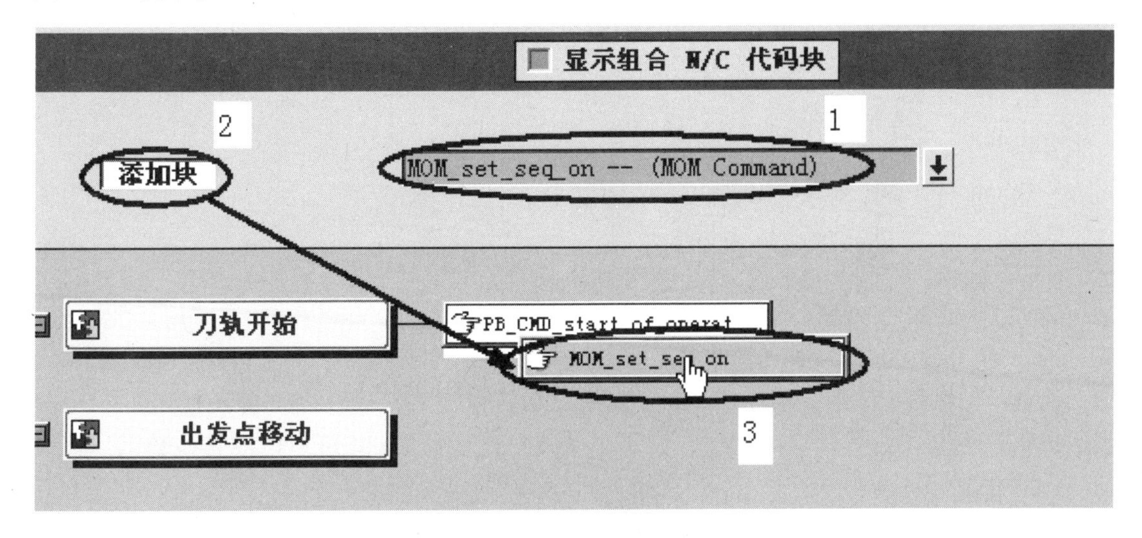

图　12-14

（3）添加程序名称　在窗口的块下拉列表框中选择【运算程序消息】选项，然后选择【添加块】并拖动至 MOM_set_seq_on下方，如图 12-15 所示。弹出【运算程序消息】对话框，输入“$momo_ path_ name”，如图 12-16 所示。单击确定按钮，返回【操作起始序列】页面。

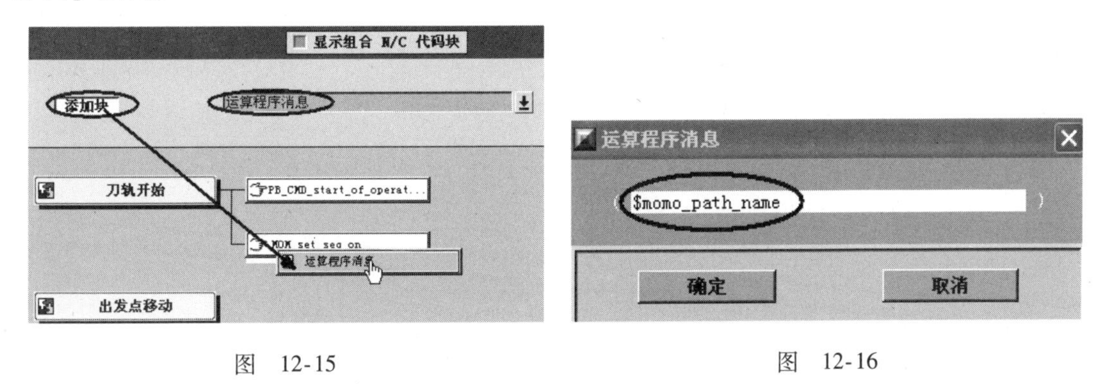

图　12-15　　　　图　12-16

（4）添加刀具信息　在窗口的块下拉列表框中选择【定制命令】选项，然后选择【添加块】并拖动至 ($momo_path_name)下方，如图 12-17 所示。弹出【定制命令】对话框，输入如下指令，如图 12-18 所示。单击确定按钮，返回【操作起始序列】页面。

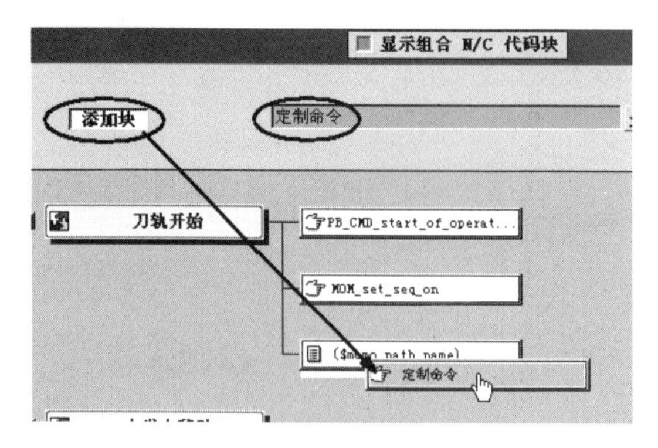

图 12-17

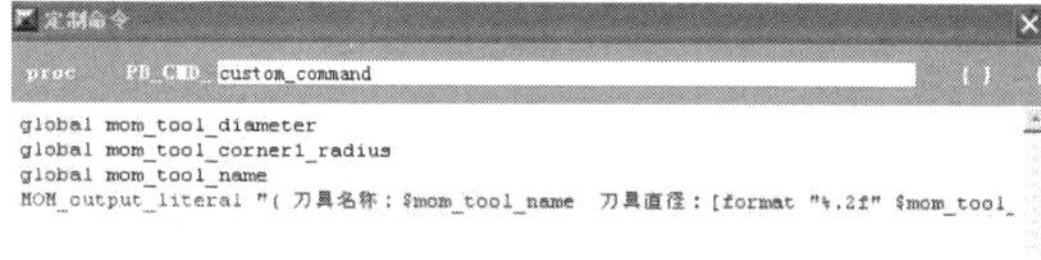

图 12-18

具体命令如下：

global mom_ tool_ diameter

global mom_ tool_ corner1_ radius

global mom_ tool_ name

MOM_ output_ literal "（刀具名称：$mom_ tool_ name 刀具直径：[format "%.2f" $mom_ tool_ diameter] 刀具 R 角半径：[format "%.2f" $mom_ tool_ corner1_ radius]）"

注意：如果机床不能识别汉字，刀具名称、刀具直径、刀具 R 角半径可以用 T、D、R 表示；%.2f 是输出刀具信息的精度，表示小数点后面两位数。2 可以改成其他数字，其他地方无需更改。

（5）关闭程序序号 在窗口的块下拉列表框中选择【MOM _ set _ seq _ off – –（MOM Command)】选项，然后选择【添加块】并拖动至 PB_CMD_custom_command下方，如图 12-19 所示。

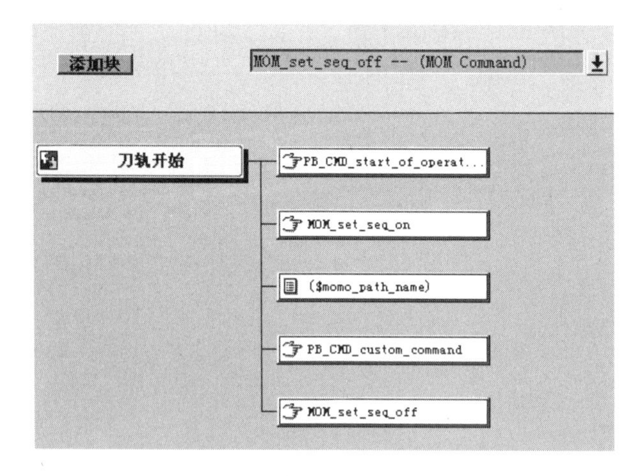

图 12-19

7. 定义操作结束序列

在主界面选择【程序和刀轨】选项卡，通过【操作结束序列】定义操作结束序列。

（1）添加关闭切削液命令 在窗口的块下拉列表框中选择【新块】选项，然后选择【添加块】并拖动至【刀轨结束】之后，如图 12-20 所示。弹出【定义块】对话框，在命令下拉列表框中选择【More】/【M_coolant】/【M09 – Coolant – Off】命令，如图 12-21 所示。选择【添加文字】并拖动至如图 12-22 所示，单击确定按钮，返回【操作结束序列】页面。

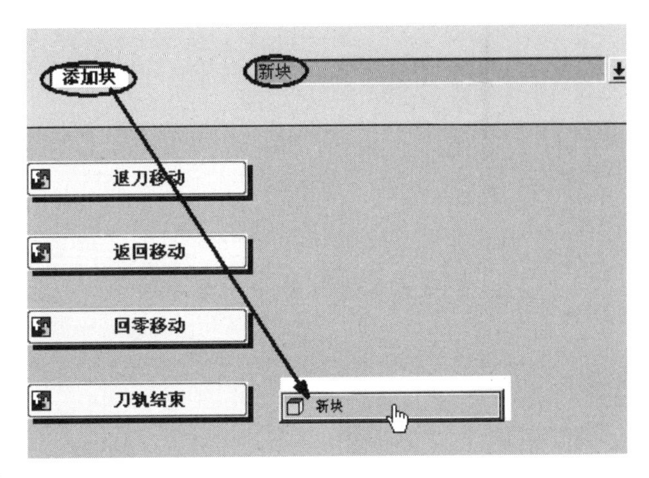

图　12-20

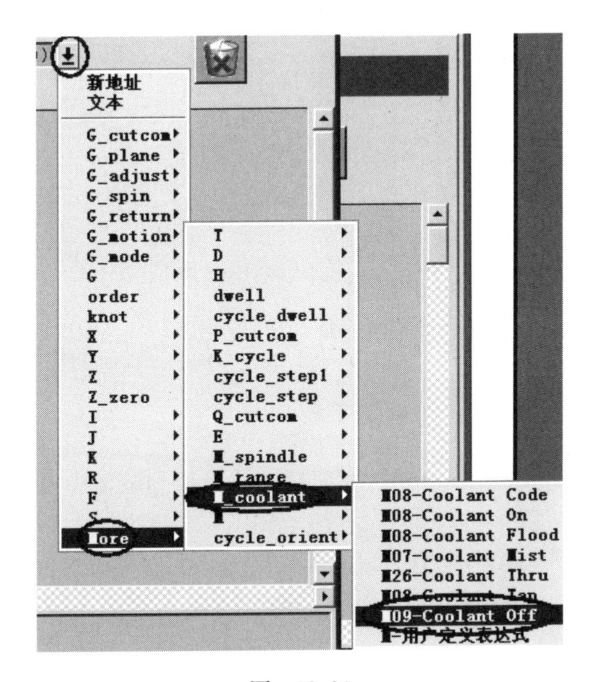

图　12-21

(2) 添加主轴停转命令　在窗口的块下拉列表框中选择【新块】选项，然后选择【添加块】并拖动至 M09之下，弹出【定义块】对话框。在命令下拉列表框中选择【More】/【M_spindle】【M05 – Spindle Off】命令，如图 12-23 所示。选择【添加文字】并拖动至如图 12-24 所示的位置，单击确定按钮，返回【操作结束序列】页面。

(3) 添加【G91 G28 Z0. – – – – (tool_change)】命令　在窗口的块下拉列表框中选择【G91 G28 Z0. – – – – (tool_change)】选项，然后选择【添加块】并拖动至 M05下方，如图 12-25 所示。

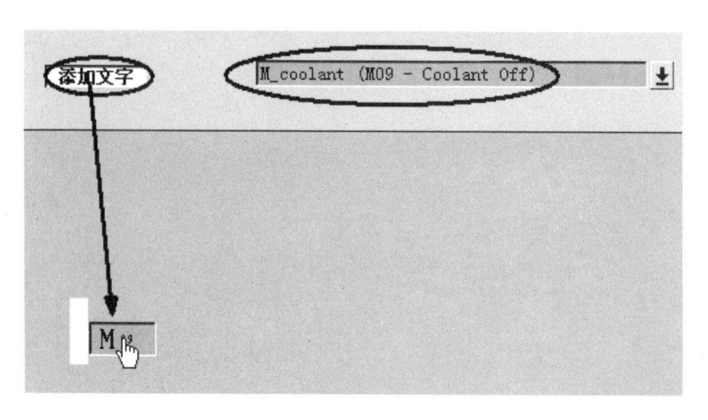

图　12-22

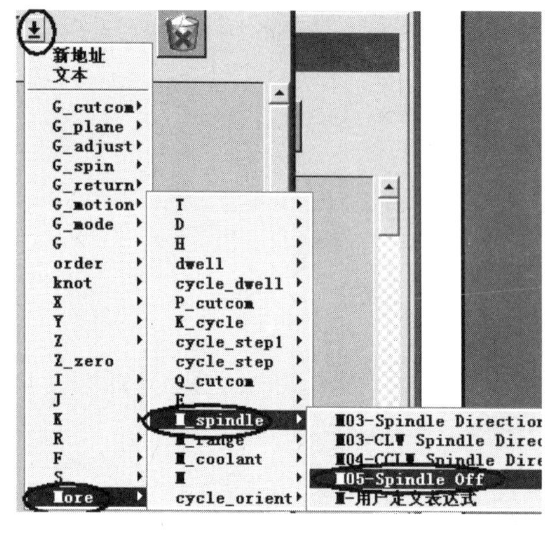

图　12-23

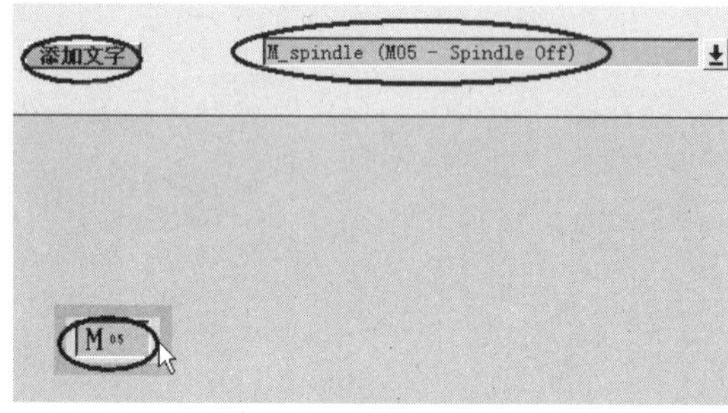

图　12-24

（4）添加 M01 - Optional Stop 命令　在窗口的块下拉列表框中选择【新块】选项，然后选择【添加块】并拖动至 G91 G28 Z0. 之下，弹出【定义块】对话框。在命令下拉列表框中选择【More】/【M】/【M01 - Optional Stop】命令，如图 12-26 所示。选择【添加文字】并拖动至如图 12-27 所示的位置，单击 确定 按钮，返回【操作结束序列】页面，如图 12-28 所示。

（5）强制输出上述 4 组命令　在窗口中右键选择 M09命令，弹出右键菜单，选择【强制输出】命令，弹出【强制输出一次】对话框，勾选【M09】命令，如图 12-29 所示。单击 确定 按钮，返回【操作结束序列】页面。

按照同样的方法，将 M05、 G91 G28 Z0. 、 M01块进行强制输出。

8. 定义程序结束序列

在主界面选择【程序和刀轨】选项卡，通过【程序结束序列】来定义程序结束序列。

（1）删除 MOM_set_seq_off块　在窗口中选择 MOM_set_seq_off并拖进（回收站），如图 12-30 所示。

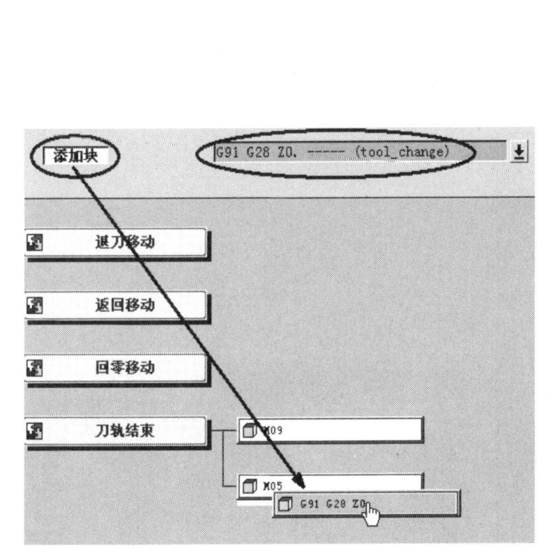

图　12-25

图　12-26

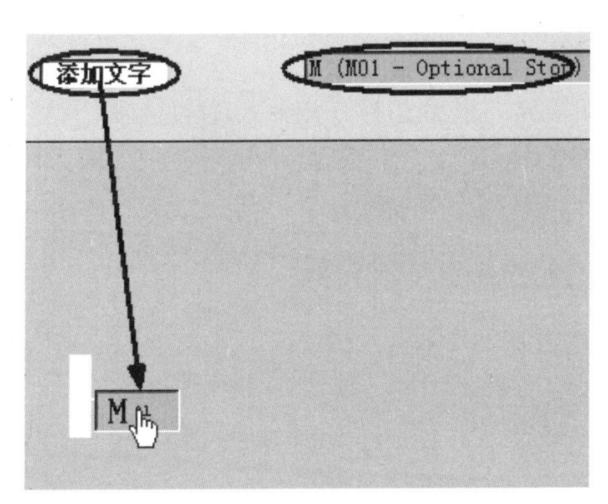

图　12-27

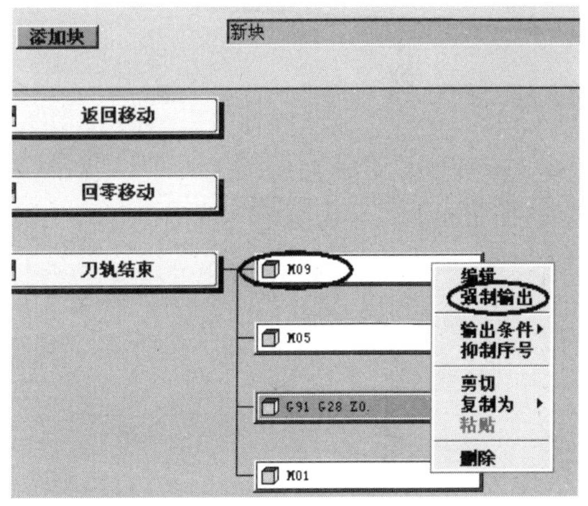

图　12-28

图　12-29

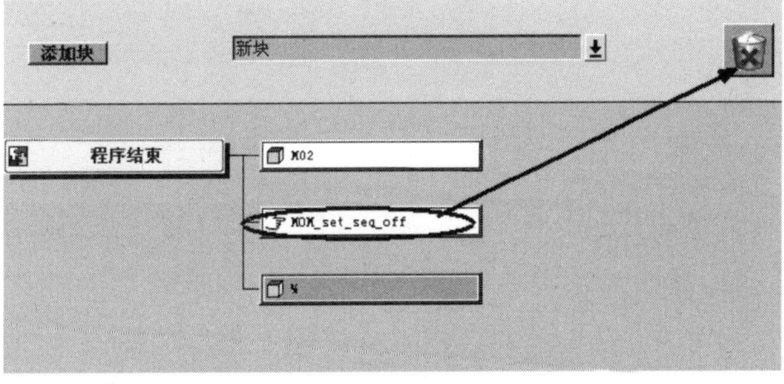

图　12-30

（2）修改程序尾　在右侧窗口单击 M02块，弹出【块】对话框。右键选择 M_{02}，弹出右键菜单，选择【更改单元】/【M30 - Rewind Program】命令，如图 12-31 所示。单击确定按钮，返回【程序结束序列】页面，如图 12-32 所示。

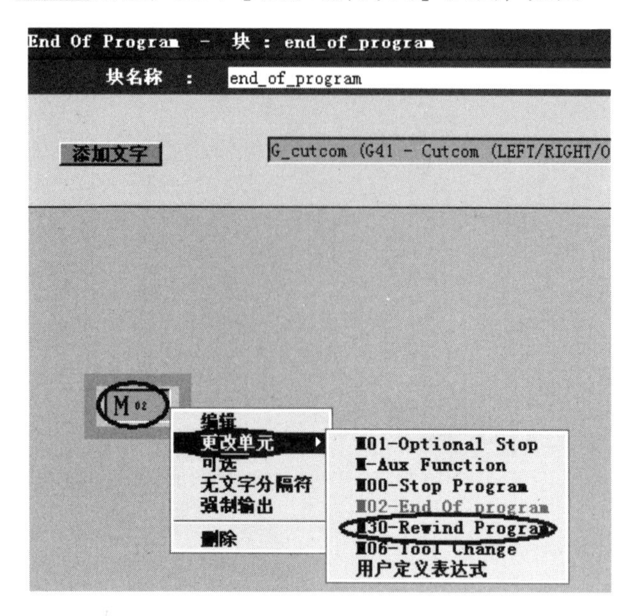

图 12-31

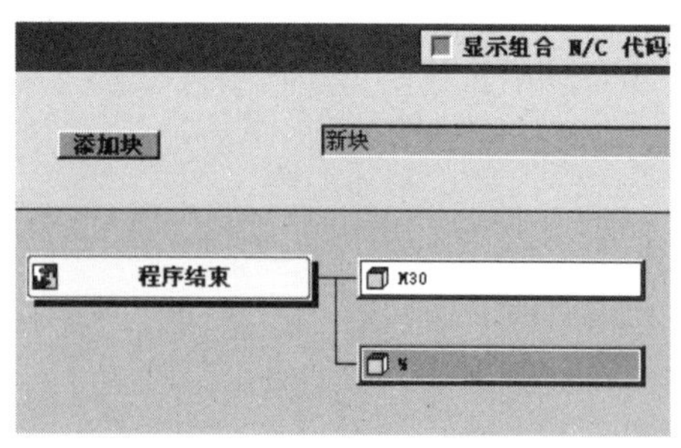

图 12-32

(3) 添加加工时间辅助信息　在窗口的块下拉列表框中选择【定制命令】选项，然后选择【添加块】并拖动至 % 下方，如图 12-33 所示。弹出【定制命令】对话框，输入图 12-34 所示指令，单击确定按钮，返回【程序结束序列】页面。

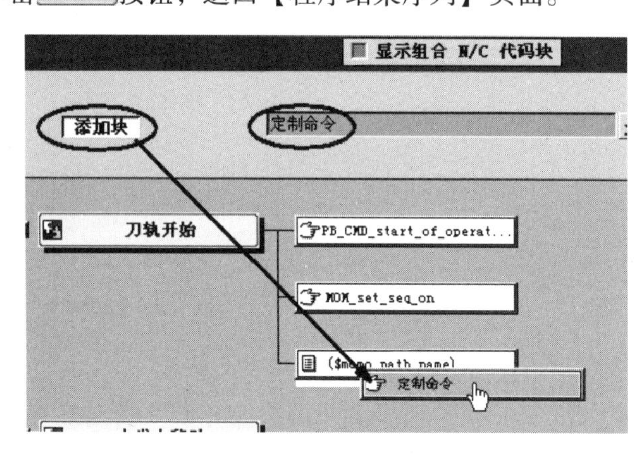

图 12-33

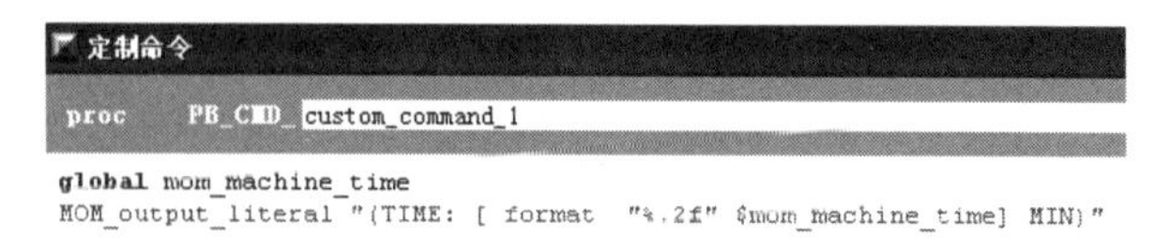

图 12-34

具体命令如下：

global mom_ machine_ time

MOM_ output_ literal " (TIME: [format "%.2f" $mom_ machine_ time] MIN)"

9. 保存后处理文件

选择菜单【文件】/【保存】，完成保存后处理文件。

12.2　编辑后处理模板文件

1. 打开后处理模板文件

在【NX/后处理构造器】的起始对话框中选择【实用程序】/【编辑模板后处理数据文件】命令，如图 12-35 所示，系统弹出【编辑后处理模板文件】对话框，如图 12-36 所示。

图　12-35

2. 添加后处理文件

在【编辑后处理模板文件】对话框中选择要插入的位置，单击 新建 按钮，弹出【打开】对话框。选择 fanuc. pui 文件，如图 12-37 所示，单击 打开(O) 按钮，则 fanuc. pui 文件被添加到模板文件中，如图 12-38 所示。单击 确定 按钮，弹出保存文件对话框，单击 保存(S) 按钮，弹出替换文件对话框，单击 是(Y) 按钮，完成编辑后处理模板文件。

图　12-36

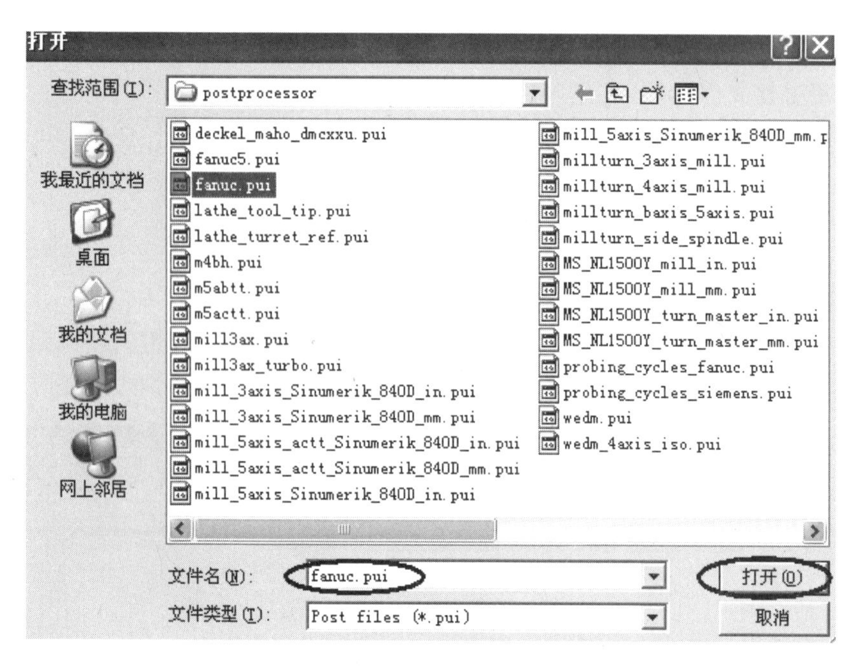

图 12-37

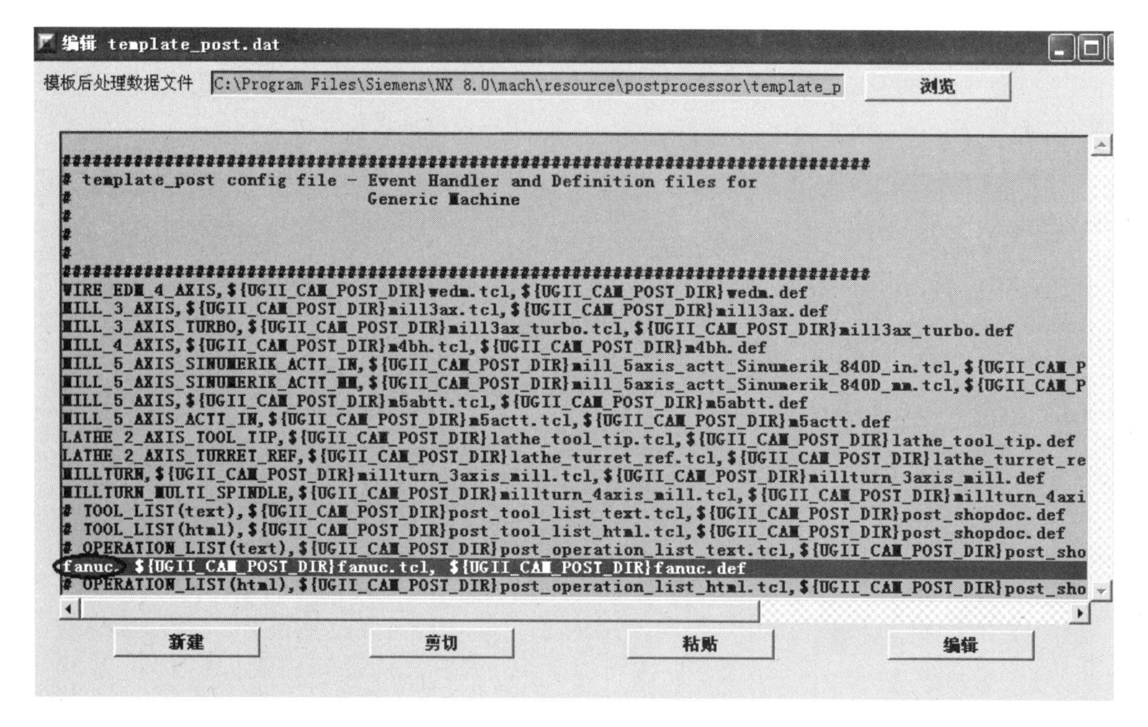

图 12-38

12.3 应用自制的后处理器进行后处理

打开已经编程好的 UG 文件，右键选择 R1 工序，在右键菜单中选择 后处理 命令，如图 12-39 所示。弹出【后处理】对话框，在【后处理器】列表框中选择【Fanuc】后处理器，在【设置】/【单位】下拉列表框中选择公制/部件选项，如图 12-40 所示。单击确定按钮，生成的程序如图 12-41 所示。

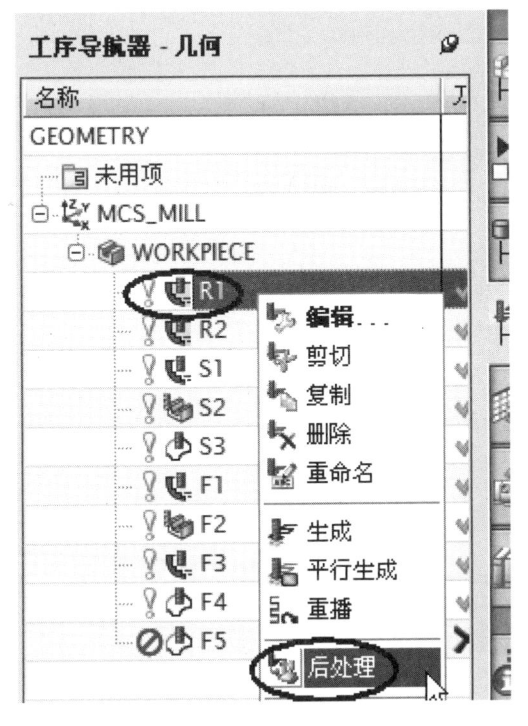

图　12-39

图　12-40

```
%
G40 G17 G49 G80 G90 G54
N0010 (程序名称: R1)
N0020 (刀具名称: EM20R4  刀具直径:=20.00 刀具R角半径:=4.00 )
G91 G28 Z0.0
T01 M06
G00 G90 X-121. Y-.003 S1500 M03
G43 Z10. H01
Z2.54
G01 Z-.46 F1000. M08
X-111.
    ⋮  ⋮
X-128.509
Z-32.615
G00 Z10.
M09
M05
G91 G28 Z0.0
M01
M30
%
(TIME: 288.51 MIN)
```

图　12-41

注意：必须在【Mill Orient】对话框的【装夹偏置】栏中输入【1】，如图 12-42 所示，否则后处理出来为 G53，不是 G54。

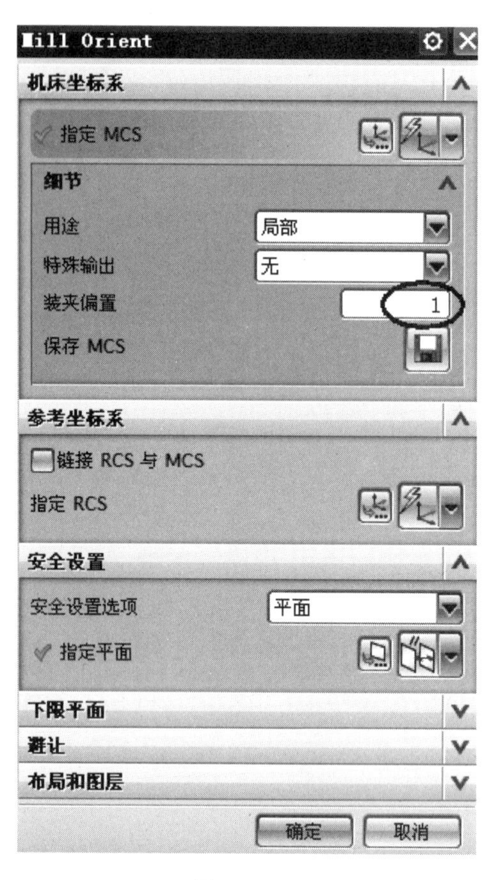

图 12-42

参考文献

[1] 李善术. 数控机床及其应用［M］.2 版. 北京：机械工业出版社，2012.

[2] 王平. 数控机床与编程实用教程［M］.2 版. 北京：化学工业出版社，2007.

[3] 恒盛接资讯. 精通 UG 中文版制造加工篇［M］. 北京：中国青年出版社，2006.

[4] 袁锋. UG CAM 数控自动编程实训教程［M］. 北京：机械工业出版社，2013.

[5] 傅杰. UG NX 数控加工案例精［M］. 北京：人民邮电出版社，2005.

[6] 韩思明，郑福禄，赵战峰. UG NX5 中文版模具加工经典实例解析［M］. 北京：清华大学出版社，2007.

[7] 陈永涛，陈建文，陈建威. 精通中文版 UG NX6 数控编程与加工［M］. 北京：清华大学出版社，2008.